超细粉体
制备技术

俞建峰　夏晓露　著

Preparation Technology of Ultrafine Powders

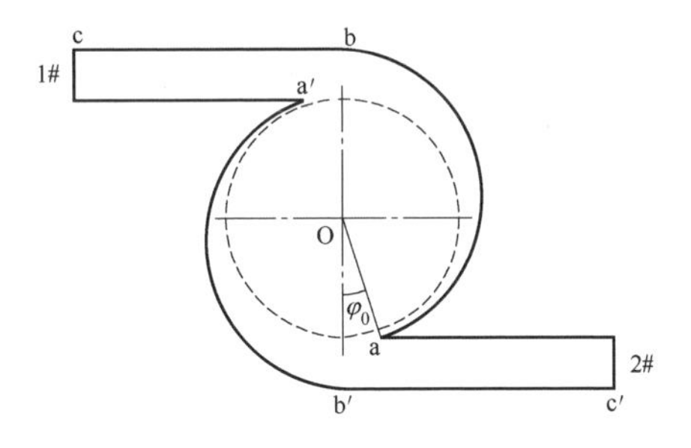

中国轻工业出版社

图书在版编目（CIP）数据

超细粉体制备技术/俞建峰，夏晓露著．—北京：中国轻工业出版社，2020.11

ISBN 978-7-5184-3212-7

Ⅰ．①超…　Ⅱ．①俞…②夏…　Ⅲ．①超细粉（金属）—制粉　Ⅳ．①TF123.7

中国版本图书馆CIP数据核字（2020）第189047号

策划编辑：钟　雨

责任编辑：钟　雨　　责任终审：劳国强　　封面设计：锋尚设计

版式设计：霸　州　　责任校对：朱燕春　　责任监印：张　可

出版发行：中国轻工业出版社（北京东长安街6号，邮编：100740）

印　　刷：三河市万龙印装有限公司

经　　销：各地新华书店

版　　次：2020年11月第1版第1次印刷

开　　本：710×1000　1/16　印张：24.5

字　　数：480千字

书　　号：ISBN 978-7-5184-3212-7　定价：80.00元

邮购电话：010-65241695

发行电话：010-85119835　传真：85113293

网　　址：http：//www.chlip.com.cn

Email：club@chlip.com.cn

如发现图书残缺请与我社邮购联系调换

191150K1X101ZBW

[前言]
PREFACE

超细粉体具有良好的理化特性，其在新材料、微电子、轻化工、生物医药、食品以及国防军事等诸多相关行业的应用越来越广泛。目前，发达国家粉体制备技术日新月异，以高新技术为特点的粉体加工与分级设备层出不穷，我国虽起步较晚，但近些年也取得了较快发展，在设备研发与应用方面取得了较大突破。

粉体技术包括粉体的制备、分级和输送等。物理法制备获得的粉体粒径可降低至亚微米级甚至纳米级、粒径分布也比较窄。粉体分级的意义在于将机械粉碎法制得的粉体分选得到满足工业要求的粒径范围产品，随着新设备和新技术的研发，分级粒径已可减小到亚微米级。气力输送是现代粉体领域不可或缺的重要环节，它以密封式输送管道代替传统的机械输送物料，是一种较为适合粉体物料输送的现代物流系统。此外，随着计算机技术的发展，现代仿真技术在粉体设备设计、分级效果评价等领域的应用越来越广泛。借助于仿真技术，可以详细分析设备内部的物理场分布、颗粒运动状态等，这对于粉体设备结构优化和开发具有重要意义。

本书总结近几年来课题组在粉体制备技术领域的科研成果，为从事该领域科学研究、技术开发以及生产应用的人员提供有价值的参考。

本书以粉体制备技术为主线，系统总结了粉体粉碎、分级以及输送技术的基础理论和研究成果。本书分为五篇，第一篇介绍超细粉体制备的基本理论；第二篇介绍课题组在超细粉体粉碎领域的研究成果，包括第三章气流粉碎机、第四章湿法砂磨机和第五章湿法超细剪切设备；第三篇介绍课题组在超细粉体分级分离领域的研究成果，包括第六章气流分级机、第七章静电场湿法分级装置和第八章微旋流分离装置；第四篇介绍课题组在超细粉体气力输送领域的研究成果；第五篇介绍课题组在粉体设备仿真技术领域的研究成果。

江南大学机械工程学院刘汇洋、王栋、石赛、楼琦、郑向阳、吴撼、梁洁、李志华、黄然、俞俊楠、汪洋、程洋等各位研究生在本书写作过程中参与撰写和校稿，在此表示感谢。本书得到了 2019 年度江南大学学术专著出版基金的资助和安徽景成新材料有限公司的大力支持。

作者写于江南大学

2020 年 6 月 8 日

[目录]
contents

第一篇　超细粉体基本理论

第二篇 粉体粉碎设备

第四篇　粉体气力输送技术

第五篇　模拟仿真技术

第一篇

超细粉体基本理论

第一章　总论

第一节　超细粉体材料特点及应用

一、超细粉体的定义与特性

一般来说，粉体是由大量固体颗粒所构成的聚集体或者堆积体，组成粉体的最小单元称为粉体颗粒，其粒径通常小于1mm。如图1-1所示的粉体颗粒粒径尺寸分布，超细粉体一般指粒径小于10μm的粉体物料，通常又可细分为微米粉体、亚微米粉体和纳米粉体。粒径在1～10μm范围的粉体称为微米粉体，在0.1～1μm范围的粉体称为亚微米粉体，在1～10nm范围的粉体称为纳米粉体。

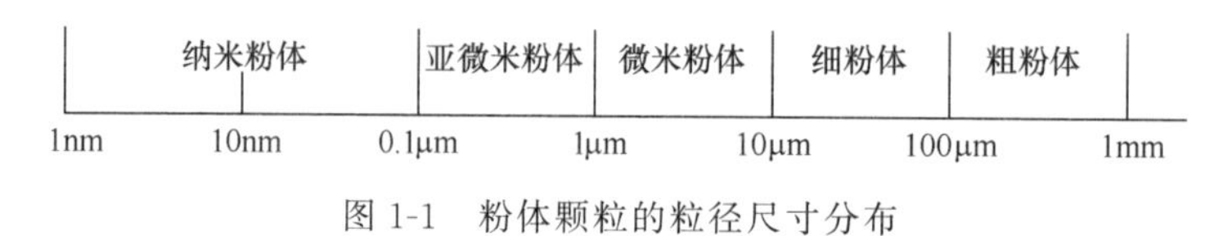

图1-1　粉体颗粒的粒径尺寸分布

随着颗粒尺寸的减小，颗粒表面结构及活性发生改变，比表面积增大，表面分子排列、电子分布结构及晶体结构均发生变化。当颗粒粒径达到超细粉体的尺寸范围时，颗粒具有的表面效应、小尺寸效应、量子效应和宏观量子隧道效应使其具有一系列优异的光学性能、磁性能、机械性能、化学性能以及表面与界面性能。这使得超细粉体具有化学反应速率快、溶解度大、溶解速率快、吸附性强和填充性好的特点，还拥有独特的分散性与流变性能。但也正是由于超细粉体颗粒的比表面积大、比表面能高，颗粒之间容易产生凝并和团聚现象，妨碍超细粉体的制备、分级、储藏、运输等过程，使超细粉体材料的优越性难以充分发挥。

超细粉体材料被利用在众多领域，尤其是高科技领域中。充分认识超细粉体材料的特性，深入分析超细粉体各种变化的内在原因和机制并对其加以开发利用，可以推进众多行业的发展，有效提高社会工业水平。

二、超细粉体的应用

作为伴随现代高技术和新材料产业发展起来的新兴产业，超细粉体工业是继信息产业之后发展最快的行业之一。自20世纪70年代以来，超细粉体已逐渐发展为许多国家的研究热点。随着对超细粉体的独特性质、制备工艺和加工技术的研究不断深入，超细粉体在诸多现代工业和高新技术产业中都获得了广泛应用并大大推进了相关领域的发展。超细粉体影响的主要领域包括新材料行业、微电子行业、轻化工行业、生物医药行业、食品行业以及国防军事工业等。

1. **新材料行业**

在新材料行业，超细粉体材料尤其是纳米材料备受青睐。纳米新材料是指在三维空间中至少有一维处于纳米尺寸或由它们作为基本单元构成的新型材料，主要应用有纳米陶瓷材料、纳米半导体材料以及纳米催化材料等。

传统陶瓷材料中晶粒不易滑动、材料质脆、烧结温度高，而纳米陶瓷材料的晶粒尺寸小，晶粒之间容易出现相对运动，具有高强度、高韧性以及良好的延展性，这些特性使纳米陶瓷材料可在常温或次高温下进行冷加工。例如高性能纳米陶瓷制备工艺，在次高温环境下将纳米陶瓷颗粒加工成形，然后进行表面退火处理，由此制成的高性能陶瓷表面保持常规陶瓷材料的硬度和化学稳定性，而内部则具有纳米材料高延展性的优点。

使用纳米硅、纳米砷化镓等材料制成的纳米半导体具有许多优异性能。例如部分纳米半导体中的量子隧道效应可以使材料的电子输运反常、导电率降低，导热系数也随颗粒尺寸的减小而下降，甚至出现负值。这些特性在大规模集成电路和光电器件上都发挥着重要作用。

纳米粒子也是一种极好的催化剂。由于纳米粒子尺寸小、表面体积分数较大、表面化学键状态和电子态与颗粒内部不同以及表面原子配位不全，导致纳米粒子表面活性位增加，使其具备了作为催化剂的基本条件。例如镍或铜锌化合物的纳米粒子对某些有机物的氢化反应是极好的催化剂，可替代昂贵的铂或钯催化剂；纳米铂黑催化剂可以使乙烯的氧化反应温度从600℃降低到室温。

2. **微电子行业**

超细材料对外部环境的敏感性很高，被认为是传感元器件最理想的基础材料。在微电子行业，超细粉体的典型应用主要体现在制备磁记录材料、电子浆料和电子陶瓷材料。

采用超细粉体制备的磁记录材料具有稳定性好、图像清晰、信噪比高以及失真小等优点。目前，磁记录材料所用的磁性颗粒尺寸处于亚微米级与纳米级之间，其代表材料是超细针状 Fe_3O_4 磁粉。使用超细磁粉制作的录音带和录像带记录密度是普通磁带的10倍。

电子浆料是微电子领域不可或缺的电极材料，按用途可分为导电浆、介电浆和电阻浆，用于导电浆的导电性粉末有Au、Pt、Pd、Ag、Cu、Ni等；用于介电浆的粉末有 $BaTiO_3$、TiO_2 等；用于电阻浆的粉末有 RuO_2、MoO_3、LaB_6、C等。电子浆料中的固体粉末均为超细粉体，使用电子浆料制作的电路器材成本与传统器材相近，但性能有极大提高，是未来超细粉体的重要应用之一。

制备超细超纯粉料是电子陶瓷行业的关键技术之一。行业中通常以 $BaTiO_3$ 微粉作为PTC热敏电阻和陶瓷电容器的主要原料，随着工艺设备的不断优化和PTC应用领域的不断扩大以及陶瓷电容需求量的持续增长，$BaTiO_3$ 微粉的市场前景非常广阔。此外，在显像管器件中同样需要超细粉体技术支持，显像管用的 Al_2O_3 微粉的平均粒径通常要求为1.5～5.5μm；黑底石墨乳的粒径（G-72B）要求小于1μm。

3. 轻化工行业

超细粉体具有的特殊的功能使其在轻工、化工行业有举足轻重的地位，典型应用包括制备化工催化剂、化妆品和多种功能性化工产品。

超细粉体具有很高的化学活性，被广泛应用于精细化工产品、高效催化剂等领域。例如将赤磷超细化后制成的高性能催化剂，利用其进行催化可使石油的裂解速度提高1～5倍。油漆、涂料等化工产品的固体颗粒成分经超细化后可大大提高产品的附着力，提高着色效果和持久度。

在化妆品领域，着色剂和填充粉料大量应用于化妆品中的粉底、眼影及粉饼类产品，为了使这些粉料能均匀地分散于乳化体系中，需要在粉料中添加少量悬浮剂以实现粉体的稳定分散，同时粉料还要具有良好的基色表现力和细腻润滑的肤感。这要求化妆品粉体除了具备与乳化体系良好的亲和性外，还必须具有足够小的粒径，超细化处理使化妆品粉体材料完全贴合上述要求，也是高档化妆品的必备工序之一。

随着化学工业的发展，超细非金属矿物材料在化学工业应用领域扮演越来越重要的角色。采用湿化学方法制造的超细高纯 Al_2O_3 粉体，因具有机械强度高、硬度大、高温绝缘电阻高、耐化学腐蚀性和导热性良好等优良性能，已被广泛应用在化工行业的各个生产环节之中。此外，将超细粉体材料用于废气和废水的处理有望成为未来环境保护发展的趋势。

4. 生物医药、农药行业

超细粉碎对于药品的意义在于能生产更细粒径的药物，有利于固体药物的溶解和吸收，可以提高难溶性药物的生物利用度。使用超细粉碎方法可以制备药物微粒和药物载体，可以显著提高治理效果。而对农药颗粒进行超细粉碎后，可以有效提高农药药效、降低农药残留并最大限度降低其对环境的影响。

对药物进行超细粉碎加工制备超细中药粉末，可以使其具有独特的小尺寸效应和表面效应，从而表现出许多优异性能。研究表明，难溶性中药材经超细粉碎后，溶解性和溶解速率得到改善，显著提高了难溶性药物被人体吸收的效率；当药物颗粒粉碎至10nm～1μm粒径时具有定量准确、易吸收、特异性以及靶向性等优点，更能充分发挥药物的作用，提高有效成分吸收率，节省用药量，减轻患者的经济负担。据预测，随着超细粉体技术在生物医药领域应用的逐步深化，超细粉碎技术将在一定程度上改变传统的制药工业，尤其是某些中药的传统制作工艺和使用方法。另外，超细粉体还可以作为治疗药物的载体，用于对药物表面进行包敷，在注入人体后对其进行外部磁场导航，使药物能够快速、准确到达病变位置，达到高效治疗的目的。这一方案在癌症的早期诊断和治疗中都起到十分重要的作用。

另外，采用超细粉碎技术将农药粉末从传统工艺制得的75μm以上粒径粉碎至5～10μm以下粒径，可以有效改善其均匀性和分散性，使农药性能得到较大提升。一方面，由于比表面积大、吸附能力强，超细农药粉体能够耐受雨水冲刷，保持药效持久；另一方面，由于表面活性强，农药具有更快的分解速率，农药残留量降低，减少环境污染。

5. 食品行业

纳米食品是指利用食品高新技术，对食品成分进行纳米尺度的处理和加工改造而得到的纳米级食品。目前常见的做法是将口感差但营养价值高的食材制成食品或保健品、将果蔬粉碎后制作食品添加剂、将果蔬制作成可食用的食品包装纸。

大部分果蔬的皮与核均含有丰富的维生素和微量元素，虽然口感很差但具有很好的营养价值，然而常规粉碎产品的粒径大，严重影响食品口感，超细粉碎后则可以显著改善食用口感和吸收，达到保健效果。例如将柑橘皮核粉碎制成的超细粉体中含有大量生物类黄酮，有良好消炎抗病毒效果，可作为保健品或者入药。

果蔬超细粉体由于溶解性和分散性好，容易消化吸收，被用于食品原料添加到糕点、果酱、冰淇淋、乳制品等诸多种类的食品中，不仅丰富了食品营养，显著延长食品保质期，而且能够增进食品的色、香、味等特性，增添食品品种。

不过需要注意的是，在食品行业中并非颗粒粒径越小越好。有研究表明：咖啡颗粒越细，味道就越浓，但如果太细则会导致苦味增加；巧克力颗粒太大，会使得口感粗糙，且需要较长时间方能品尝到美味，而颗粒过细则在生产中需要更长时间和更多能量，这会增加巧克力中可可脂含量。因此，严格控制食品颗粒粒径对食品领域而言同样重要。

6. 国防军事工业

国防军事和航空航天领域主要利用超细粉体及其复合材料的高耐热性、强吸收性、致密性和其他特定属性，制成具有隔热、吸光、吸波、吸收辐射等性能的特种材料和高效火箭推进催化剂。

利用超细粉体制造超硬塑性抗冲击材料，可以应用在防弹衣、坦克装甲或其他防护工事中，不但能减轻防护板的质量，还可以有效提高材料的抗冲击性能。将超细燃料加入火箭推进剂中，可以大大提高推进剂的燃烧速率，改善燃料中粉体的力学性能，从而提高火箭的命中精度和威力，对实现国防现代化极为重要。

第二节 超细粉体材料制备与分级

一、超细粉体制备与分级方法概述

科学技术的发展为超细粉体的制备提供了众多方法。从原料和介质的物质状态出发可以分为固相法、液相法和气相法。固相法主要包括剪切粉碎法、超声粉碎法、热分解法和爆炸法；液相法主要包括沉淀法、醇盐法、羰基法、喷雾热干燥法、冷冻干燥法、电解法和化学凝聚法；气相法主要包括气相反应法、等离子体法、高温等离子体法、蒸发法和化学气相沉积法。从制备原理出发可分为化学合成法和物理粉碎法：化学合成法是通过化学反应或物相转换，由离子、原子或分子等经过晶核形成和晶体长大而制备得到粉体，使用化学合成法所制备的超细粉体具有粒径小、粒径分布窄、粒形好及纯度高的优点，但其生产工艺复杂、成本高且产量低，因此仅应用于实验室研究或高性能材料制备，无法大规模推广；物理粉碎法又称机械粉碎法，是通过机械力的作用使物料粉碎。相对于化学合成法而言，物理粉碎法工艺简单、成本低且产量高，适应于大批量工业生产，且粉碎过程中产生的机械化学效应使得粉体活性提高。目前工业生产中，超细粉体材料的主要制备方法为物理粉碎法。

对超细粉体进行分级可以提高粉体产品的质量，避免过度粉碎、能量浪费和颗粒团聚。超细粉体的分级方法同样有多种分类方式，从分级设备是否具有运动部件出发可以分为静态分级法和动态分级法。静态分级法主要包括重力分级法、惯性分级法、旋风分级法、螺旋线式气流分级法和射流分级法；动态分级法主要指涡轮分级法。从分级介质出发可以分为干法分级和湿法分级：干法分级以气体为介质，分级成本低，操作简单，但会造成空气污染且分级精度不高；湿法分级以液体为介质，分级精度高、不产生爆炸性粉尘，但分级后还需进行脱水、干燥、分散、废水处理等后续处理。

工业应用对超细粉体的制备和分级方法提出了一系列严格要求，主要包括以下几点：①产品粒径均匀，分布范围窄；②产品纯度高，无污染；③低成本，高产量；④工艺简单连续，自动化程度高；⑤生产过程安全可靠。对于超细粉体的制备和分级而言，如何在粉体制备过程中实现超细粉碎、如何在粉体分级过程中实现精细分级是最关键的两个问题，下面对超细粉碎和精细分级所涉及的技术和装备进行深入探讨。

二、超细粉碎技术与装备

近半个世纪以来，国内外对超细粉碎理论、方法和设备进行了大量的深入研究，超细粉体行业已经取得了许多突破性进展。虽然超细粉碎方法众多，但机械粉碎法凭借其操作简单、生产规模大、生产连续性强、生产成本低等特点成为目前制备超细粉体最常用的方法，在金属、非金属、有机、无机药材、食品、农药、化工、材料、电子、军工以及航空航天等行业都有广泛应用。随着科学技术的发展以及工业应用对不同种类、不同要求物料粉碎的需要，各种类型的粉碎设备不断推陈出新。目前，工业上普遍应用的超细粉碎设备有气流磨、高速机械冲击磨、旋风自动磨、振动磨、搅拌磨、转筒式球磨机、行星式球磨机、研磨剥片机、砂磨机、高压辊磨机、高压水射流磨、高压均质机、胶体磨等。其中，气流磨、高速机械冲击磨、旋风自动磨和高压辊磨机等为干法超细粉碎设备；研磨剥片机、砂磨机、高压水射流磨和胶体磨等为湿法超细粉碎设备；振动磨、搅拌磨、旋转筒式球磨机和行星式球磨机等同时适用于干法超细粉碎和湿法超细粉碎；振动磨、搅拌磨、旋转筒式球磨机、行星式球磨机、研磨剥片机以及砂磨机等属于介质超细研磨机。

选择粉碎方式和设备时，需要综合考虑粉碎物料的硬度、韧性、热敏性、安全性、纯度、白度、颗粒形貌、含水率以及后续是否有湿法工序等因素。不同类型的超细粉碎设备的粉碎原理、给料粒径、产品粒径和应用范围如表 1-1 所示。

表 1-1　　超细粉碎设备类型及应用

设备类型	粉碎原理	给料粒径/mm	产品粒径 d_{97}/μm	应用范围
气流磨	冲击、碰撞	<2	1～30	化工原料、精细磨料、精细陶瓷原料、药品及保健品、金属及稀土金属粉等
高速机械冲击磨	冲击、碰撞、剪切、摩擦	<10	3～74	化工原料、中等硬度以下的非金属矿及陶瓷原料、药品及保健品等
振动磨	摩擦、碰撞、剪切	<5	1～74	化工原料、精细陶瓷原料、各种硬度的非金属矿、金属粉、水泥等
搅拌磨	冲击、碰撞、剪切、摩擦	<1	1～5	化工原料、精细陶瓷原料、各种硬度的非金属矿、金属粉、药品及保健品等
旋转筒式球磨机	摩擦、冲击	<5	5～74	化工原料、精细陶瓷原料、各种硬度非金属矿、金属粉、水泥等
行星式球磨机	压缩、摩擦、冲击	<5	5～74	各种硬度的非金属矿、化工原料、精细陶瓷原料等
研磨剥片机	摩擦、碰撞、剪切	<0.2	2～20	化工原料、涂料和造纸原料、填料、陶瓷原料、各种非金属矿等
砂磨机	摩擦、碰撞、剪切	0.2	≤1～20	化工原料、涂料和造纸原料、填料、陶瓷原料、各种非金属矿等
旋风自动磨	冲击、碰撞、剪切、摩擦	<40	10～45	化工原料、中等硬度以下的非金属矿及陶瓷原料、药品及保健品等
高压辊(滚)磨机	挤压、摩擦	<30	5～45	各种非金属矿、化工原料、精细陶瓷原料等
高压水射流磨	冲击、碰撞	<0.5	10～45	涂料和造纸原料及填料、中等硬度以下的非金属矿和陶瓷原料等

续表

设备类型	粉碎原理	给料粒径/mm	产品粒径 d_{97}/μm	应用范围
高压均质机	空穴效应、湍流、剪切	<0.03	1～10	食品、药品、涂料、颜料、轻化工原料等
胶体磨	摩擦剪切	<0.2	1～20	化工原料、涂料、石墨、云母等非金属矿，蔬菜、水果等食品和保健品等
超细剪切	剪切、冲击、摩擦	<20	1～10	主要适用于食品、药品中的纤维物料
低温粉碎	冲击、碰撞、剪切、摩擦	<10	1～25	食品、医药、化工、涂料、高分子材料、新材料及陶瓷原料等
超声粉碎	超声分散、空化效应	<10	<4	动植物细胞、病毒细胞以及脆度大且结构松散的材料

1. **高速机械冲击磨**

高速机械冲击磨机的工作原理是：利用高速转子上安装的冲击元件（锤头、叶片、刀片、棒等）的猛烈冲击，在空气涡流和离心力的双重作用下，使物料与物料之间、物料与转子之间发生强烈的剪切、研磨与碰撞，从而实现超细粉碎。高速机械冲击磨机在非金属矿行业应用较为普遍，适用于煤系高岭土、方解石、大理石、白垩、滑石等中等硬度以下非金属矿物的超细粉体生产。高速机械冲击制备的产品粒径 d_{97} 一般可达 10μm，这是由于当固体颗粒破碎至 10μm 以下时，空气阻力明显加大，输入的机械能大部分被空气吸收消耗。高速机械冲击磨机的优点是粉碎比大、细粉粒径可调、产能高、效率高，并且结构简单、配套设备少、占地面积小。典型的国产高速机械冲击磨机有山东省青岛派力德粉体工程设备有限公司生产的 PCJ 系列立式超细粉碎机、PWC 系列卧式超细粉碎机，上海世邦机器有限公司生产的 CM51、ACM53 等型号的超细粉磨机，上海细创粉体装备有限公司生产的 JCF 型机械粉碎机、JBL 系列棒式机械粉碎机。

2. **气流磨**

气流磨机即气流粉碎机，又称流能磨或喷射磨，其工作原理是：将干燥、无油的压缩空气通过喷嘴产生高压喷射气流，使粉体颗粒相互碰撞、剪切、摩擦从而达到破碎目的。气流磨是最常用的超细粉碎设备之一，广泛应用于滑石、大理石、高岭土等中等硬度以下的非金属矿、化工原料、保健食品、稀土等粉体的超细粉碎加工，产品粒径 d_{97} 一般可达 3～5μm。气流磨产品具有粒径细、粒径分布窄、颗粒表面光滑、颗粒形状规则、纯度高、活性大以及分散性好的优点。经过几十年的发展，气流磨结构不断更新、类型不断增多，目前气流磨机主要有扁平（圆盘）式、循环管式、靶式、对喷式、流化床逆向喷射式、气旋式等几种机型，其中流化床式气流粉碎机拥有最高效率。国产气流磨机的典型代表设备有江苏省昆山市密友装备制造有限责任公司生产的 QYF-600 型气流粉碎机、QBF 型惰性气体保护气流粉碎机等。

3. 振动磨

振动磨是一种以球或棒为研磨介质的超细粉磨设备，其工作原理是：在高频振动的筒体内，利用研磨介质的惯性对物料进行冲击、研磨与剪切等作用，使物料在短时间内被粉碎。振动磨有多种结构，按操作方式不同可分为间歇式和连续式，按磨筒数量不同分为单筒式和多筒式，按振动特点不同分为惯性式和偏旋式。振动磨机被广泛应用于建材、冶金、化工、陶瓷、玻璃、耐火材料和非金属矿等行业的超细粉体加工，产品粒径一般可达几微米。振动磨的优点是可直接与电机相连、结构紧凑、体积小、质量轻、介质填充率和振动频率高、单位筒体容积产量高、产品粒径均匀且能耗低以及节能效果好。代表设备有温州矿山机械厂生产的 MZ-200 型振动磨机。

4. 球磨机

球磨机是最早出现的研磨设备，被称为粉碎机之王。其工作原理是：球磨机筒体按规定的转速运转，筒体中的研磨介质与物料一起在离心力和摩擦力的作用下被提升到一定高度后，由于重力作用而脱离筒壁沿抛物线轨迹下落，此过程周而复始，使处于研磨介质之间的物料不断受到冲击作用而被击碎；同时，由于研磨介质的滚动和滑动，颗粒受研磨、摩擦以及剪切等作用而被磨碎。球磨机广泛应用于化工原料、陶瓷原料、涂料等产品的超细粉碎。其优点是对物料的适应性强，能连续生产，可满足现代工业大规模生产要求；粉碎比大，可达 300 以上，并易于调整研磨产品的粒径；结构简单，可靠性强，磨损部件易于检查和更换，维护方便；可适应多种工况，可以同时进行粉碎、干燥或混合工序，既可用于干法粉碎又可进行湿法粉碎。其缺点在于能耗高、占地面积大，另外球磨过程中物料局部温度可达 300～400℃，故球磨设备无法粉碎热敏性物料。现如今使用较多球磨设备除了旋转筒式球磨机，还有行星式球磨机。

行星式球磨机是一种内部无运动部件的球磨机，其工作原理是：由电机带动传动轴旋转，固定齿轮带动传动齿轮轴转动，使球磨筒体既产生公转又产生自转，从而带动磨腔内的球磨介质产生强烈的冲击与摩擦等作用，使介质之间的物料被粉碎和超细化。行星式球磨机研磨产品的最小粒径可达 0.1μm，被广泛应用于建材、陶瓷、冶金、电子、化工、轻工、医药以及环保等行业。

5. 搅拌磨

搅拌磨又称砂磨机或搅拌式研磨机，是最具有发展前景的超细粉碎设备，主要结构包括一个静止且内部填充有小直径研磨介质的研磨桶和一个旋转搅拌器。其工作原理是：搅拌器高速旋转搅动研磨介质产生强烈冲击，使物料和研磨介质作自转运动和多维循环运动，在研磨介质自身重力和螺旋回转产生的挤压力作用下，对物料进行冲击、研磨和剪切，从而达到超细粉碎的目的。搅拌磨实质上是一种内部有运动部件的球磨机，它是靠内部运动部件运动带动研磨介质运动实现对物料的超细粉碎。与传统球磨机相比，搅拌磨磨腔的物料填充率更大，一般可达75%～85%。搅拌磨具有结构简单、操作方便、振动小、噪声低、产品粒径可调节、粒径分布均匀、效率高以及能耗低等优点，因而受到普遍重视，广泛应用于建材、涂料、化工、医药、食品、农药、电子、冶金、陶瓷以及颜料等领域。

6. **旋风自动磨**

旋风自动磨是一种新型的干法细粉碎和超细粉碎设备，其工作原理是：利用独特的高速回转装置产生高频脉动旋转气流场，使粉碎机内的颗粒物料相互冲击、摩擦、剪切或切削以实现粉碎，主要适用于石灰石、大理石、高岭土等物料的粉碎，产品粒径一般在5～40μm。

7. **高压均质机**

高压均质机也称高压均浆机，是液体物料均质细化和高压输送的专用设备和关键设备。其工作原理是：通过机械作业或流体力学效应产生高压、挤压冲击和失压等作用，使料液中的颗粒在高压或超高压下挤研、在强冲击下发生剪切、在失压下膨胀，从而实现细化和均质的目的。高压均质机可以提高产品的均匀度和稳定性，延长保质期，改变食品黏稠度以改善产品口味和色泽等。高压均质机被广泛应用于食品、乳品、涂料、制药、精细化工和生物技术等领域，可将料液中的颗粒或油滴粉碎至0.01～2μm。代表设备有上海申鹿均质机有限公司生产的SRH系列高压均质机。

8. **胶体磨**

胶体磨又称分散磨，是一种超微湿法粉碎加工设备，主要由一对定子和高速转子组成。其工作原理是：物料在自身重力或螺旋冲击力的作用下通过定、转子之间的微小间隙时，受到强大的剪切、摩擦以及冲击等作用，同时在高频振动和高速旋涡的作用下，被有效地粉碎、分散、混合以及乳化。胶体磨设备适用于较高黏度以及较大颗粒的物料，产品粒径可达几微米甚至1μm以下，广泛应用于食品、涂料、颜料、化工原料、医药以及农药等行业。胶体磨具有定、转子磨体间隙可调、加工精度高、易于控制产品粒径、结构简单、操作维护方便、运转平衡以及噪声小等优点，是处理精细物料最理想的湿法加工设备。按其结构，胶体磨可分为立式、卧式以及管道式等类型。代表设备有温州胶体磨机器制造厂生产的JM系列立式胶体磨和沈阳新旭光机械设备制造有限公司生产的JT系列卧式胶体磨。

9. **超声波粉碎机**

超声粉碎主要是利用超声波振能使固体物料破碎。其工作原理是：将待粉碎的固体物料分散在液体介质中，置于料液中的超声波发生器产生强烈的高频超声振动，超声能传递给液体中的颗粒物料，当物料内部集聚的能量足以克服固体结构的束缚时，固体颗粒破碎，实现超声粉碎的目的。此外，超声波在液体中传播时产生剧烈的扰动作用使颗粒产生很大的速度，从而相互碰撞或与容器碰撞而击碎液体中的固体颗粒。超声粉碎后颗粒粒径在 4μm 以下，而且粒径分布均匀。但是，由于超声技术的局限性，对于物料的撞击作用面小、频率高、动能大，因此，超声粉碎主要适用于脆度较高的材料，如陶瓷、玻璃以及细矿石等非金属材料。

三、精细分级技术与装备

利用物理粉碎法生产的超细粉体，其粒径分布通常较宽，无法达到一些工业应用的严格要求。另外在超细粉碎过程中，颗粒受到的作用力并不均匀，产品的粒径纯度往往不足，即只有部分粉体达到了粒径要求。若不能及时将这部分已达到粒径要求的颗粒产品分离出去，而是将它们与未达到粒径要求的产品一起继续粉碎，就会造成物料的过粉碎和能源浪费，而且当颗粒细化到纳米级或亚微米级程度后，不及时进行处理还会出现颗粒团聚现象，影响粉碎精度。因此，在超细粉体生产过程中要对产品进行分级处理。粉体分级是根据不同粒径的颗粒在介质中受到离心力、重力以及惯性力大小的不同，产生不同的运动轨迹，从而实现不同粒径颗粒的分离，进入到各自收集装置中。对粉体进行分级时需要满足高效率、连续分级、避免颗粒团聚等一系列要求，因此粉体分级问题也已成为制约粉体技术发展的关键，是粉体技术中的基础技术之一。

根据分级介质的不同，超细粉体的精细分级方式可以分为干法分级和湿法分级两大类。干法分级以空气为流体介质，成本较低且方便易行，随着高速机械冲击式和气流式粉碎设备的大量应用，干法分级得到大力发展。湿法分级以液体为流体介质，分级精度较高且均匀性好。根据分级设备是否具有运动部件可以分为静态分级和动态分级。根据分级时作用力场的不同又可分为重力场分级、离心力场分级、惯性力场分级以及电场力分级等。选择超细粉体分级方式时必须根据超细粉体的具体特性，利用合适的力场对超细粉体进行高效分级。虽然分类方法众多，但工业中普遍根据分级介质进行区分，即分为干法分级和湿法分级两大类。表 1-2 所示为主要超细粉体精细分级机的性能及应用。

表 1-2 主要超细粉体精细分级机的性能及应用

分级方式	设备名称	处理能力/(kg/h)	应用范围
干法分级	MS 型微细分级机	50～12000	矿物、金属粉、化工原料、颜料、填料、感光材料、粉剂农药等
	MSS 型微细分级机	30～8000	矿物、金属粉、化工原料、颜料、填料、感光材料等
	ATP 型微细分级机	50～35000	矿物、金属粉、化工原料、颜料、填料、磨料、稀土金属等
	LHB 型微细分级机	500～5000	矿物、金属粉、化工原料、颜料、填料、磨料、稀土金属等
	O-Sepa 分级机	30～8000	主要应用于水泥等非金属矿产品
	射流式分级机	100～500	矿物、金属粉、化工原料、颜料、填料、稀土金属等

续表

分级方式	设备名称	处理能力/(kg/h)	应用范围
湿法分级	GSDF超细旋分机	1～25(1m³ 浆料)	矿物、金属粉、化工原料、颜料、填料等
	小直径水力旋流器(组)	1～50(1m³ 浆料)	矿物、金属粉、化工原料、颜料、填料等
	卧式螺旋离心分级机	1～20(1m³ 浆料)	矿物、金属粉、化工原料、颜料、填料等
	FLWL卧式离心分级机	3～16(1m³ 浆料)	黏土矿物、金属粉、化工原料、颜料等

干法精细分级通常以干燥空气为流体介质，目前工业领域实际应用的干法精细分级装置，基本都是伴随高速机械冲击超细磨和气流磨设备发展起来的，这些设备都是基于离心力场实现颗粒分级。因此常见的干法分级方法是通过在各种分级设备内部引入特定的机械运动装置，以增大颗粒在分级机内所受的离心力，从而提高分级效率和分级精度，这类分级设备通常采用圆盘、叶轮或涡轮等作为分级机内的运动部件。目前占市场主导地位的几种机型是MS、MSS、ATP、LHB型和O-Sepa分级机。

湿法精细分级设备可分为两种类型：基于重力沉降分级原理的水力分级机和基于离心力沉降分级原理的旋流式分级机。旋流分级机是目前主要的湿法分级设备，典型设备包括GSDF超细旋分机、小直径水力旋流器（组）、卧式螺旋离心分级机以及FLWL卧式离心分级机等，这些分级设备可单独使用也可与湿法超细粉碎设备配套使用。

四、超细粉体的评价标准

不同种类的超细粉体具有不同的特性和用途，所以对不同超细粉体的首要评价标准也不同。目前对超细粉体的具体评价并没有统一标准，但总的来说可以从以下四个方面评价超细粉体的性能：粒径、纯度、表面特性和微粒力学性能。

1. 粒径

粒径是定义超细粉体的直接标准，也是大部分矿物粉体的首要性能评价指标。常使用筛分法、光学显微镜、电子显微镜、重力沉降、离心力沉降、激光衍射等方法对颗粒粒径进行检测。对于形态较为特殊的粉体，还需要准确测定其表面几何特征，这种情况下电子或图像显微镜是最有效的检测手段。

2. 纯度

粉体的纯度包括粒径纯度、相纯度和表面成分纯度三个指标。粒径纯度指标一般用在制备和分级过程中粒径组成呈正态分布的超细粉体种类中，适用于组成成分单一的高性能粉体；相纯度指标可以表征粉体颗粒的物相组成，由于某些颗粒本身的性质和特殊加工过程，可能造成颗粒物相不单一的现象，相纯度适用于组成成分单一但物相不单一的粉体；表面成分纯度的使用范围较小，只适用于对表面成分有特定要求的粉体。

3. 表面特性

粉体的表面性能主要包括比表面积、表面能、表面结构和表面亲和性、表面电性等指标。比表面积较大是超细粉体的重要特性之一，对于球形颗粒一般直接使用粒径计算其比表面积，对于异形一般使用流体透过法计算；表面能也称机械活化能，对粉体进行加工时部分机械能转化为粉体表面张力、晶格缺陷和微裂纹由此产生表面能，常使用表面理化方法进行检测；表面结构、表面亲和性和表面电性一般都和粉体表面官能团有关，常使用现代表面与界面理论和微束手段进行测定，但此方面的研究积累较少、测定成本较高，目前还难以指导实际生产。

4. **微粒力学性能**

目前超细粉体的微粒力学性能研究较少，一般对于在二维空间变化极不均匀，如纤维状、片状的异形粉体，可以通过对微粒的力学行为或流变行为进行分析，进行微粒力学性能评价。

第三节 超细粉体物理制备技术发展趋势

随着现代科技的进步和工程技术的飞速发展，粉体超细化技术在微纳米食品、纳米医学、新材料等高新技术领域的研究开发中扮演着愈来愈重要的角色，粉体超细化技术在很大程度上影响着现代工业技术的发展。一方面，得益于现代工业自动控制技术的发展，网络化和智能化将成为未来机械设备发展的必然趋势，粉体超细化加工设备也将朝着该方向发展。另一方面，随着工业应用对超细粉体的粒径大小、粒径分布和颗粒粒形的要求越来越严格，优化粉体超细化加工工艺，不可避免地成为粉体超细化技术发展的重要方向。

一、技术装备的网络化和智能化

现代超细粉体加工企业通常依据市场需求调整超细粉体产品的生产计划，为了及时应对各种产量计划变动的情况，需要粉体超细化加工设备具有产量柔性和自愈性，即拥有一定的产量调控与适应性能，能够自动调节工作状况以规避人工调节的低精度与滞后性。现代工业控制技术的发展为新时代粉体超细化加工设备发展指明了方向，网络化和智能化成为粉体超细化加工设备发展的主要趋势，这主要体现在两个方面：对于整体生产过程的粉体超细化加工设备的集成化操作与智能控制趋势；对于单个生产设备的智能监控、检测、远程故障诊断与维护趋势。

1. **集成化操作与智能控制**

粉体超细化加工设备的集成化操作与智能控制技术主要包括：自动进料系统、粉体粒径在线监测与控制系统、自动出料与包装系统和产能自适应系统。对于连续化生产的粉体超细化加工设备，自动进料系统能根据生产项目要求，结合在线监测技术自动调节进料流量，以保证实际生产量和计划生产量相匹配。超细粉碎的粒径检测和控制系统，是实现超细粉体工业化连续生产、提高超细粉体产品性能可靠性的重要保障，而传统的粒径监测方法需要在超细粉碎设备停止粉碎作业条件下，进行取样和粒径分析工作，耗时耗力并严重影响工业连续化生产。粉体粒径在线监测与控制系统能够通过多种传感器元件，在超细粉碎设备运行过程中自动采集粉碎样品参数，对其进行实时粒径测试并生成报告，既保证了连续化生产，又为操作工艺的调整提供了最新参考资料。自动出料与包装系统是在粉碎完成后，对超细产品进行分装处理，这将大大提高超细粉体产业的生产效率。产能自适应系统为超细粉碎生产线或整个生产车间提供产量柔性和自愈性，也是目前智能控制所能达到的最高级别技术水平，这一系统可以将超细粉碎设备和后续所有工序相连，通过神经网络算法实时调节各个工序的给料量和进度，即使是临时调节生产计划、或由于某些意外原因导致部分设备停产，整个工厂依然能够维持自动运行，不造成原料浪费，即拥有产量柔性和自愈性。

2. 智能监控、检测、远程故障诊断与维护

多数超细粉碎设备和精细分级设备的关键部件均存在不同程度的磨损问题，如气流磨机的内衬、球磨机的磨介、水力旋流器内壁以及离心分级机的高速旋转轴等。为了保证生产安全和产品质量，这些关键部件一般都要求具有很强的连续工作能力和较低的故障率，因此，有必要在工业生产中对这些关键而易磨损部件进行准确的监测和探伤，并及时进行设备维护。应用传感器技术、远程通信技术与故障诊断技术对粉体超细化加工设备进行在线智能监控与检测、远程故障诊断与维护，实现粉体超细化加工设备的监控与故障诊断数字化、自动化和智能化。采用多传感器融合技术，在粉体超细化加工设备内部设置多种类型传感器，可以通过探测设备内部关键部件的振动频率、温度与压力等物理特征值；结合基于网络的信息传输技术，供设备生产厂商与设备应用企业同时对设备进行远程监控，可以准确判断关键部件的磨损等使用状况，及时进行维护作业，将大大提高工作效率，有利于安全生产和设备集中管理。

二、制备技术工艺的优化

工业应用对超细粉体的性能评价指标不仅体现在颗粒粒径，还包括粒径分布和颗粒粒形等方面，通常要求产品粒径分布窄，粒形规则。因此，在粉体超细化加工工艺优化方面，粉体超细化技术的发展趋势表现在以下三个方面：超细粉碎技术的工艺优化与新技术开发、精细分级工艺优化与新技术开发、多功能一体化超细化设备的开发。

1. 超细粉碎技术的工艺优化与新技术开发

超细粉碎技术的工艺优化与新技术开发是粉体超细化加工工艺研究的重点。采用现有的超细粉碎设备及粉碎工艺，制得的超细粉体产品往往粒径分布较宽，且颗粒形状不一，为得到满足工业应用要求的超细粉体产品，还需要进行烦琐的精细分级等后续操作，增加了生产时间成本和人力成本。进一步优化粉体超细粉碎技术，使得粉碎产品粒径分布在一个较窄的范围，直接满足工业应用要求，将大大节约劳动力、降低生产成本。一方面，工业生产中应用的超细粉碎设备通常不是仅对一种物料进行超细粉碎加工，发展能适应不同性质物料，满足不同粒径和级配要求，具有不同生产能力的超细粉碎成套工艺设备生产线和生产技术是超细粉碎工业优化的重要方向。另一方面，从具体物料特性出发，针对某一类型物料开发特种设备实现超细粉碎设备的个性化，也是一个前景可观的方向。此外，研究非机械力超细粉碎技术也是一个重要思路。如当前备受关注的超声粉碎技术，这种非机械力超细粉碎技术往往具有工艺简单、能耗低、效率高以及便于实现工业生产等优点。

2. 精细分级工艺优化与新技术开发

精细分级是当前粉体超细化产业中不可缺少的操作单元。在现阶段，由于超细粉碎设备制得的产品还不能直接满足工业应用需求，精细分级工艺优化与新技术开发仍将是粉体超细化技术领域的重要部分。在现有超细粉碎设备的基础上，开发与其相配备的精细分级设备也是粉体超细化工业研究的重要方向之一。研究开发超细粉碎与分级设备相结合的闭路工艺，实现连续化生产，对于提高生产效率、降低能耗以及保证合格产品粒径等方面具有积极促进作用。从整个工艺系统的角度出发，可以在现有粉碎设备的基础上改进、配套和完善相关分级、产品输送以及其他辅助工艺设备，优化超细粉碎设备和精细分级设备的配套组合工艺，从而大大提高生产效率，降低能耗，保证产品的精度要求。

3. 多功能一体化超细化设备开发

将超细粉碎后的物料进行分级、干燥或混合是目前常见的超细粉体产品生产工序，如将超细粉碎和后续工序结合、超细粉碎与表面改性相结合、机械力化学原理与超细粉碎技术相结合，可以扩大超细粉碎技术的应用范围，也是粉体超细化的一个重要发展方向，目前也已有将超细粉碎与表面改性相结合的设备研究。功能一体化的超细化设备可以及时对物料进行分级以避免团聚，或是借助于超细颗粒表面包覆和固态互溶现象制备一些具有独特性能的新材料。

第二章　超细粉碎的理论基础

现今，微纳化粉体在各个领域行业应用广泛，制备微纳化粉体技术的重要性十分显著。粉体在粉碎机中粉碎具有随机性，会生成大小不一的细微粉体颗粒。随着颗粒粒径不断变小，其比表面积和比表面能都在不断增大，进而增加了细微颗粒间的团聚趋势。当颗粒达到粉碎极限（粉体粉碎与团聚为动态平衡状态）时，物料粉体中包含粗颗粒和细颗粒，但无法通过粉体破碎将其粒径再减少。为了解决粉碎极限问题、提高粉碎效率和降低能耗，其最重要的方法是将分级设备与粉碎设备相互配合，即在粉碎的过程中及时分离出合格的细粒级产品，不仅可提高粉体产品质量，而且能避免粉碎过程中合格粒径的产品在磨机中过度粉碎。故制备超细粉体的工艺理论主要涉及两个方面：粉体破碎理论和粉体分级理论。

第一节　超细粉体破碎机制

一、超细粉碎的理论基础

1. 粉碎的基本概念

粉碎是指固体物料在外力作用下，如人力、机械力、热核力等，克服颗粒内的内聚力使物料的粒径减小、比表面积增大的过程。根据原料粒径以及产品粒径大小的不同，将粉碎分为破碎和粉磨，大块物料破碎为小块物料称为破碎，小块物料粉碎为细粉的过程称为粉磨，具体分类如表 2-1 所示。破碎和粉磨之间的界限并不明显，有时也将细磨称为超细粉碎。

表 2-1　粉碎的类型

粉碎类型		进料粒径/mm	出料粒径/mm
破碎	粗碎	1500～1000	350～200
	中碎	350～200	100～80
	细碎	100～80	10～3
	超细碎	15～8	0.08～0.06
粉碎	粗磨	—	0.3～0.1
	细磨	—	≈0.06
	超细磨	—	≤0.005

2. 粉碎比

定义原始物料的颗粒粒径为 D，粉碎后粒径为 d，将比值 $i=D/d$ 称为粉碎比，i 用于物料破碎时称为破碎比。粉碎比用来描述物料粉碎前后粒径变化的程度，比较各种粉碎机械的粉碎能力。一般来说，破碎机的破碎比为 3～100；粉磨机的粉碎比为 500～1000 或更大。

粉碎通常为多段粉碎，即将多台粉碎设备串联使用，总粉碎比 i_0 与各级粉碎比 i_1、i_2……i_n 之间有以下关系：

$$i_0 = i_1 i_2 \cdots i_0 \tag{2-1}$$

粉碎段数增加会导致粉碎流程复杂化，同时增加设备的检修工作量。因此在满足生产要求的前提下，粉碎段数越少越好，粉碎或粉磨的段数不应超过 4 段。

3. **与粉碎相关的参数**

（1）强度　强度是指固体物料抵抗外力破坏的能力，表现为物料粉碎的难易程度。材料强度表示为物料单位面积上的受力大小，根据破坏方式的不同，材料强度可分为压缩强度、拉伸强度、弯曲强度和剪切强度等。

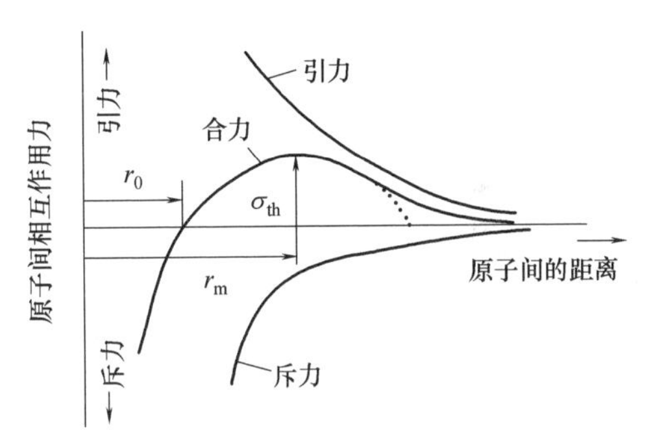

图 2-1　原子间距和原子间相互作用力

理论强度是指不含任何缺陷、完全均质材料的强度，相当于原子、离子或分子间的结合力。当所受应力达到其理论强度时，原子间或分子间的结合键将发生破坏。原子间相互作用的引力和斥力如图 2-1 所示，原子间作用力随原子间距发生变化并在 r_0 处保持平衡。理想强度即为破坏这一平衡的强度，其计算公式如下：

$$\sigma_{th} = \left(\frac{\gamma E}{\alpha}\right)^{\frac{1}{2}} \tag{2-2}$$

式中　γ——表面能
　　　E——弹性模量
　　　α——晶格常数

实际上材料被粉碎后颗粒的组成不均一，表明材料各质点间的结合力不一致，即存在局部结合相对薄弱的现象，导致材料受力还未达到理论强度时发生破坏，因此材料的实际强度要低于理论强度，一般为理论强度的百分之一到千分之一。即使是同一材料，因内部的裂纹大小不同，其测量的实际强度也不同。理想强度和实测强度之间的差异如表 2-2 所示。

（2）硬度　硬度是指材料抵抗外物压入其表面的能力，表现为材料的耐磨性。硬度的测试方法包括刻痕法、压入法、弹子回跳法和磨蚀法等。利用划痕法测出的硬度称为莫氏硬度；利用压入法测出的硬度称为布氏硬度、洛氏硬度和维氏硬度等；利用弹子回跳法测出的硬度称为肖氏硬度。

表 2-2 **理想强度和实测强度**

材料	理想强度/GPa	实测强度/MPa	材料	理想强度/GPa	实测强度/MPa
金刚石	200	≤1800	氧化镁	37	100
石墨	1.4	≤15	氧化钠	4.3	≤10(多结晶状试料)
钨	86	3000(拉伸的硬丝)	石英玻璃	16	50(普通试料)
铁	40	2000(高张力用钢丝)			

虽然硬度测定方式不同，但是都反映了物料变形及破坏情况。因此各种方法测得的硬度可以互相换算。例如，莫氏硬度约为维氏硬度的三分之一。典型矿物的莫氏硬度值如表 2-3 所示。

表 2-3 **典型矿物的莫氏硬度值**

矿物名称	莫氏硬度	晶格能/(kJ/mol)	表面能/(J/m^2)
滑石	1	—	—
石膏	2	2595	0.04
方解石	3	2713	0.08
萤石	4	2671	0.15
磷灰石	5	4396	0.19
长石	6	11304	0.36
石英	7	12519	0.78
黄晶	8	14377	1.08
刚玉	9	15659	1.55
金刚石	10	16747	—

晶体的硬度测试结果表明：

① 硬度不仅与晶体的种类有关，还与结构有关；

② 离子或原子越小、离子电荷或电价越大以及晶体的质点堆积越密集，都会造成平均刻划硬度和研磨硬度都越大；

③ 同一晶体的不同晶面甚至同一晶面的不同方向的硬度都有差异。

(3) 韧性和脆性　脆性材料因强度极限一般低于弹性极限，在粉碎过程中只出现极小的弹性变形而不出现塑性变形。脆性材料如陶瓷、玻璃等抵抗动载荷或冲击的能力差，抗拉能力远低于抗压能力，因此常采用冲击法将其粉碎。

韧性材料的抗拉和抗冲击性能较好，但抗压性能差，食品物料都属于韧性材料，如谷物、麦麸、茶叶等，在粉碎时应采用剪切或快速打击的方法，或者采用低温冷冻法降低物料的韧性。

(4) 易碎性　易碎性物料颗粒破碎或磨碎的难易程度取决于在一定条件下，将物料从一定粒径粉碎至设定粒径所需要的比功耗大小，或使一定物料达到指定粉碎粒径所需要施加的能量大小。粉碎除了取决于材料物性外，还受到如粒径、粉碎方式（粉碎设备和粉碎工艺）等因素的影响。

易碎性的表示方法有很多，下面主要介绍 Bond 粉碎功指数。

采用有效内径305mm，有效长度305mm的球磨机，内装各级别钢珠共285个，钢珠级配如表2-4所示。

表2-4　Bond磨钢珠级配

球径/mm	36.5	30.2	25.4	19.1	15.9
个数	43	67	10	71	94

试验方法：

① 取700cm^3粒径小于3360μm的原料装入磨中，球磨机转速为70r/min，粉碎一定时间后，将粉碎产物按规定筛目D_{PI}（μm）进行筛分，记录筛余量W（g）和筛下量（W_p-W），求出磨机每一转的筛下量G_{bp}；

② 取与筛下质量相等的新试料与筛余量W混合作为新物料加入磨中，磨机转速按保持循环符合率的250%计算，反复上述试验过程直至G_{bp}达到稳定；

③ 取最后三次的G_{bp}并求平均值$\overline{G}_{bp}$，且G_{bp}的最大值和最小值之差小于$\overline{G}_{bp}$的3%，$\overline{G}_{bp}$即为易碎性值，按下式计算Bond粉碎功指数：

$$W_i=\frac{44.5}{D_{PI}^{0.23}\times\overline{G}_{bp}^{0.82}\left(\frac{10}{\sqrt{D_{P80}}}-\frac{10}{\sqrt{D_{F80}}}\right)}\times1.10 \quad (2\text{-}3)$$

式中　D_{F80}——80%的试料可以通过筛孔的孔径

D_{P80}——80%的产品可以通过筛孔的孔径

很显然，W_i值越小，物料的易碎性越好；反之物料越难粉碎。

二、超细粉体的特征

1. 纳米颗粒和微米颗粒

超细粉碎是指将物料粉碎至微米甚至亚微米级，相比于粗粉和细粉，超细粉碎产品的比表面积和比表面能显著增大，导致在超细粉碎中，微细颗粒的团聚趋势也明显增强。因此在超细粉碎过程中，物料经一段时间的粉碎后，将处于粉碎-团聚的状态，当这一状态达到平衡时，此时物料的粒径为“粉碎极限”。物料超细粉碎的过程伴随着粉碎物料晶体结构和物理化学性质的变化，这些变化明显地改变了超细粉体的一些性质，将这种变化称为粉碎过程机械化学效应。

对于粒径为微米或亚微米的超细粉体，其物理化学性质与块状颗粒相差不大。随着颗粒尺寸的减小，造成颗粒的比表面积增大、表面能增大、表面活性提高，导致颗粒之间相互吸引发生团聚，又导致比表面积减小，表面化性降低。因此在超细粉体的制备时必须考虑颗粒的分散。

对于纳米材料，其物理化学性质与块状材料相差很大。它既不同于原子，也不同于结晶体，对纳米材料而言，其特殊性质如下。

（1）小尺寸效应　随着颗粒粒径减小到纳米尺寸，其物理性质（如声、光、电、磁、热等力学特性)、化学性质发生显著改变，将这种变化称为小尺寸效应(体积效应)，其特征包括：

① 纳米材料的熔点远低于块状本体。这是因为纳米颗粒中包含的原子数低，表面原子的热运动比内部原子激烈，这一特性有利于粉末冶金工业和陶瓷工业生产技术的改善，同时也降低了能源消耗，提高生产效率。

② 纳米材料的硬度和强度显著增大。纳米材料基本上是由微细的晶粒和大量的晶界组成，普通粗晶粒材料的形变是位错运动，而纳米材料位错基本不存在，因此纳米材料的硬度要高出传统粗晶材料 3～5 倍。

③ 纳米磁性材料的磁有序状态发生本质变化。纳米磁性材料和常规磁性材料在磁结构上差异很大，在纳米材料中，当晶粒尺寸减小到单磁畴临界尺寸时，因纳米材料中晶粒的无向性，各晶粒的磁矩也是混乱排序的，磁化方向不再是固定的易磁化方向，使得纳米磁性材料有超顺磁性。

(2) 表面效应　随着颗粒尺寸的减小，纳米颗粒表面原子数与总原子数之比急剧增大，从而引起一些性质发生变化，称为表面效应。随着粒径的减小，粒子比表面积、比表面能和比界面结合能力迅速增大。表面原子受力不平衡而处于高能状态，其化学活性高，因此纳米颗粒极易发生团聚现象。利用纳米颗粒的表面效应可显著提高催化剂的催化效率，也可做成助剂改善某些制品的性能。

(3) 量子尺寸效应　1963 年，日本科学家久保提出了量子尺寸效应，当纳米粒子的尺寸减小到一定值时，金属费米能级附近的电子能级由准连续变为离散能级的现象，并给出了能级间距 δ 和组成原子数 N 的关系：

$$\delta=\frac{1}{3}\frac{E_F}{N} \tag{2-4}$$

式中　E_F——费米能级

对于宏观物体，其包含无限个原子，即 $N\rightarrow\infty$，可得能级间距 $\delta\rightarrow 0$；对于纳米颗粒，其包含的原子数，δ 有一定的值，即能级发生了分裂。当能级间距大于热能、磁能、光子能量或超导态的凝聚能时，量子尺寸效应必会导致纳米材料的声、光、电、磁、热能性能与常规材料不同，如特异的光催化性、高光学非线性及电学特征等。

(4) 宏观量子隧道效应　把电子穿越壁垒参与导电过程的效应称为隧道效应，当微观粒子的总能量小于势垒高度时，粒子仍能穿越这一壁垒，一些宏观量如微颗粒得磁化强度等也具有隧道效应。

2. 粉碎颗粒的表面能和表面活性

由于超细颗粒表面质点各方向作用力不平衡、表面分子作用力与内部分子之间的作用力不对称以及表面分子与介质间的作用力不平衡，使得颗粒表面聚集了表面能，在宏观上表现为吸附、极化、附着团聚、界面张力等。除了静电作用力、毛细管作用力和磁性作用力外，超细颗粒表面的范德华力也是其重要作用力之一。

3. 超细颗粒间的作用力

（1）颗粒间引力　分子间的引力又称为范德华力，是根据势能叠加原理近似计算出的相近两分子间的作用力，作用距离极短，约为 1nm，是典型的短程力。而颗粒间的范德华力是多个分子综合相互作用的结果，其有效距离大于分子间范德华力，可达 50nm，属于长程力。半径分别为 d_1 和 d_2 的两个相近球形颗粒间的范德华力为：

$$F_v = -\frac{A_{11}}{12a^2} \times \frac{d_1 d_2}{d_1 + d_2} \tag{2-5}$$

式中　a——颗粒间间距

A_{11}——颗粒在真空中的 Hamaker 常数

Hamaker 常数是物质固有的特征常数，与材料性质和环境有关。一些典型材料的 Hamaker 常数如表 2-5 所示。

表 2-5　一些颗粒的 Hamaker 常数

颗粒-颗粒	Hamaker 常数/eV		颗粒-颗粒	Hamaker 常数/eV	
	真空	水		真空	水
Au-Au	3.414	2.352	MgO-MgO	0.723	0.112
Ag-Ag	2.793	1.153	KCl-KCl	1.117	0.277
Cu-Cu	1.917	1.117	合金-合金	1.872	—
C-C	2.053	0.943	Al_2O_3-Al_2O_3	0.936	—
Si-Si	1.614	0.833	H_2O-H_2O	0.341	—

对于等径颗粒以及颗粒与平面之间的情况，式（2-5）简化为：

$$F_v = -\frac{A_{11} D}{24(D+s)^2} \tag{2-6}$$

式中　s——颗粒表面间的距离

D——颗粒直径

对于处于真空中的两个颗粒而言，Hamaker 常数取各自的几何平均值，其表达式为：

$$A = \sqrt{A_{11} A_{12}} \tag{2-7}$$

式中　A_{11}、A_{12}——颗粒 1、颗粒 2 在真空中的 Hamaker 常数

对处于液体介质 3 的颗粒 1 而言，应考虑液体分子和组成颗粒的分子群的作用以及此作用对颗粒间分子作用力的影响，使用有效 Hamaker 常数，其近似表达式为：

$$A \approx (\sqrt{A_{11}} - \sqrt{A_{33}})^2 \tag{2-8}$$

式中　A_{33}——液体颗粒在真空中的 Hamaker 常数

由此可知，若固体颗粒和液体颗粒的性质相近，即 A_{11} 和 A_{33} 接近，A 值越小。

对处于液体介质 3 的颗粒 1 和颗粒 2 而言，其相互作用的 Hamaker 常数表达为：

$$A \approx (\sqrt{A_{11}} - \sqrt{A_{33}})(\sqrt{A_{22}} - \sqrt{A_{22}}) \tag{2-9}$$

式中 A_{22}——固体颗粒 2 在真空中的 Hamaker 常数

颗粒吸附气体后的范德华力 F_a 通常大于其在真空中的数值：

$$F_a = F_V = 1 + \frac{2B}{AZ}S \tag{2-10}$$

式中 B——气体吸附常数，与气体和颗粒分子的本征特性有关

（2）电荷引力 当颗粒间的介质为不良导体（如空气）时，流动的固体颗粒因互相撞击和摩擦等作用易产生净电荷。两相等径球形颗粒所引起的静电引力为：

$$F = \frac{Q_1 Q_2}{D^2}\left(1 - \frac{2a}{D}\right) \tag{2-11}$$

式中 Q_1、Q_2——两颗粒的表面带电量

（3）毛细管力 在超细粉末的过滤、干燥、造粒过程中，粉末间往往含有水分，超细颗粒空隙中均会形成毛细管现象，表现为两颗粒附近的水分因表面张力收缩作用引起颗粒间的牵引运动，称为毛细管力。

（4）磁性作用力 根据磁性材料磁化后去磁的难易程度可将它们分为硬磁性材料和软磁性材料。当磁性材料被粉碎至单磁畴，临界尺寸以下的颗粒只含有一个磁畴，称为单畴颗粒。磁性材料的超细颗粒在磁场作用下更容易发生磁化，两个等体积的磁性颗粒之间的磁性吸引力与其中心距的四次方称反比：

$$F_m = -\frac{2M^2V^2}{Z^4} \tag{2-12}$$

式中 V——单个颗粒的体积

M——颗粒的磁化强度

4. 粉碎产品的粒径特性

为评价粉碎机的粉碎效果及粉碎产品的质量，需确定产品粒径的组成和粒径特性曲线。通常采用筛分法来确定混合物中粒径的组成，根据筛分结果可以做出给料、破碎产品和粉末产品的粒径特性曲线。粒径特性曲线反映了产率和物料粒径之间的关系，其横坐标为产品粒径，纵坐标为筛余物累积产率或筛下物累积产率，如图 2-2 所示。通过该曲线可方便地了解某一产品的粒径分布情况、产品粒径大于某一粒径时对应的产率等。

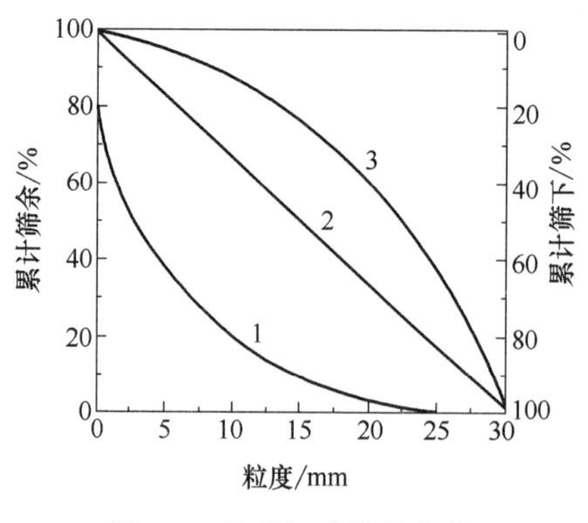

图 2-2 粒径组成特性曲线

图中，曲线 1 呈凹形，表明物料中细粒级物料占多数；曲线 2 近似直线，表明物料粒径均匀分布；曲线 3 呈凸形，表明物料中粗粒级物料占多数。根据粒径特性曲线，可以比较各种物料的破碎难易程度，也可用于比较不同粉碎机械粉碎同一物料时的粉碎能力。

三、物料粉碎方式

采用机械法对物料进行超细粉碎的过程中，物料在切割和粉碎过程中通常受到剪切力、冲击力和挤压力的联合作用。根据物料粉碎过程中工件对物料作用方式的不同可将物料粉碎方式分为：

① 挤压法。如图 2-3（1）所示，物料在冲击力 P 的作用下被两块工作面挤压粉碎，挤压力大于物料的压碎强度，这种方法适用于脆性、坚硬物料的粗碎。

② 劈裂法。如图 2-3（2）所示，物料在两个楔形工作体的作用下受到挤压，物料与楔尖接触面受到强烈的张应力，当张应力达到材料的抗劈强度时，物料被劈裂，该方法适用于低腐蚀性、脆性材料的破碎。

③ 折断法。如图 2-3（3）随时，物料受到弯曲作用，可视作承受集中载荷的二支点梁或多支点梁。当物料的弯曲强度达到极限时，物料被折断。

④ 磨削法。如图 2-3（4）所示，工作面与物料之间或物料与物料之间发生相对运动时因摩擦引起的剪切作用使物料被磨削粉碎，该方法适用于小块物料的细磨。

⑤ 冲击法。如图 2-3（5）所示，运动的工件作用于物料或运动的物料撞击到固定面上而使物料受到冲击粉碎，该方法适用于松脆性材料的破碎。

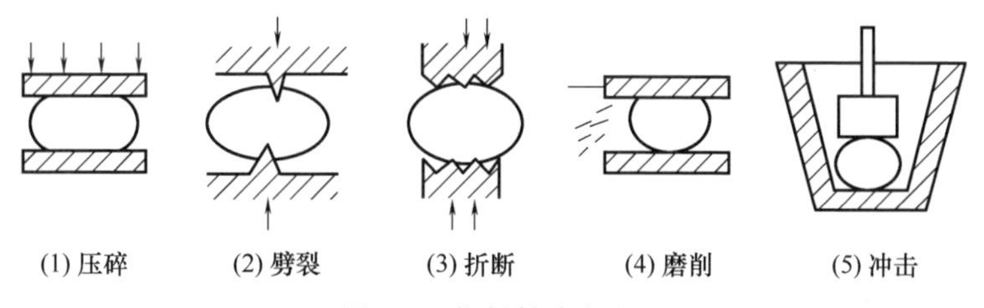

图 2-3　物料粉碎方法

物料在粉碎过程中，不是单纯地只受到一种作用力作用，往往是多种作用力的综合作用发生粉碎。一般来说，较大或中等粒径的坚硬颗粒在破碎时主要采用挤压和冲击方式，粉碎工具表面带有不同形状的齿牙；较小粒径的坚硬物料主要通过压碎或冲击方式，粉碎工具表面光滑；粉末状物料主要通过研磨、冲击或压碎等；腐蚀性较弱的材料破碎时采用冲击、打击、劈碎、研磨等，粉碎工具表面带有尖利的齿牙；腐蚀性强的物料以压碎为主，粉碎工具表面光滑；强度大的物料粗碎时适宜采用挤压法；脆性物料宜采用冲击破碎或劈裂破碎；韧性大的物料宜采用磨削或挤压等。

一种粉碎机械的施力方式并不唯一，往往是多种粉碎方式的组合，如在球磨机中粉碎方式有：颗粒与颗粒之间的摩擦引起的剪切力，颗粒与衬板之间的摩擦引起的剪切力以及颗粒抛落时受到的冲击作用等，其区别在于机械粉碎时主导的作用力不同。

四、物料粉碎模型

Rosin-Rammler 等学者认为，物料粉碎后其粒径分布具有二成分性，即粒径合格的颗粒和不合格的颗粒。不合格颗粒的分布取决于破碎机排料口间隙的大小，称之为过渡成分；合格颗粒与破碎机的结构无关，只取决于原材料的物料，称之为稳定成分。由二成分性可推断出，颗粒的破坏和粉碎并不是仅由一种粉碎方式形成的，而是两种及以上不同破坏形式的组合。目前认为物料粉碎过程中有以下三种粉碎模型，如图 2-4 所示。

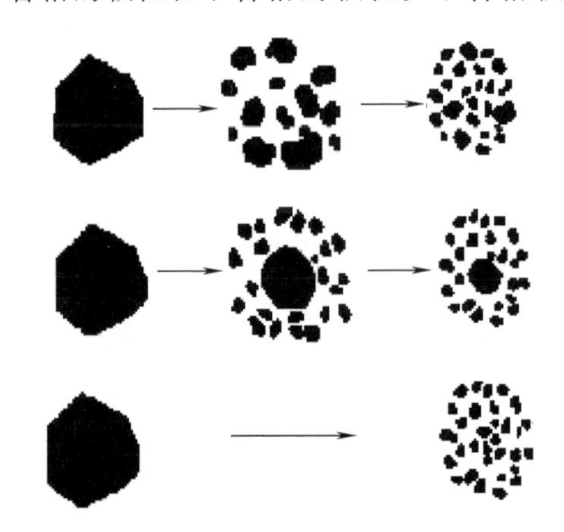

图 2-4　三种粉碎模型

（1）体积粉碎模型　颗粒整体破碎，粉碎生成的多为粒径大的中间物，且随粉碎的进行，这些中间物被进一步粉碎为具有一定粒径分布的微粒，最后累积成细粉成分，即稳定成分。

（2）表面粉碎模型　外力作用于颗粒时，仅在颗粒的表面发生破坏，且不断地从颗粒表面削下微细粉，只作用于颗粒表面。

（3）均一粉碎模型　颗粒在外力作用下产生分散性破坏，直接被粉碎成微细粉。

以上三种模型中，均一粉碎模型适用于物料结合非常松散的情况，如药片等，一般不考虑这种模型。因此实际上物料的粉碎模型，是前两种模型的叠加，第一种构成过度成分，第二种构成稳定成分，从而形成二成分分布。这两种粉碎模型对应的粒径分布随时间的变化情况如图 2-5 所示，从图中可以看出，体积粉碎模型中，颗粒的粒径分布范围窄，但细颗粒占比小；表面粉碎模型中，颗粒的粒径分布范围宽，粗颗粒占比大。

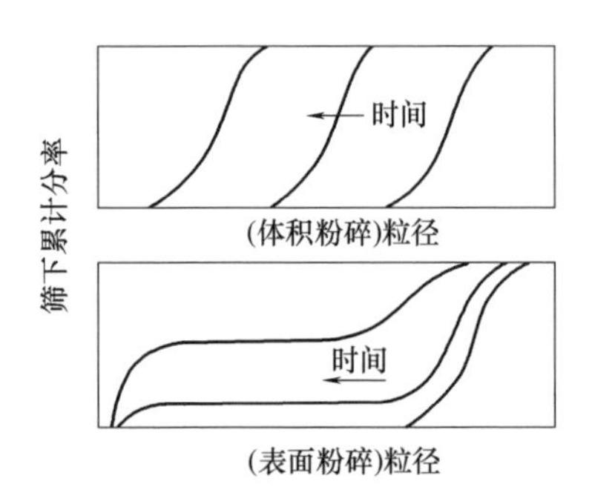

图 2-5　体积粉碎和表面粉碎的粒径分布

五、物料粉碎理论

1. 粉碎能耗理论

粉碎能耗的研究一直是人们关注的重点。经典的粉碎理论主要从能耗角度研究粉碎过程。物料粉碎时沿最脆弱的断面裂开，因此在粉碎过程中，脆弱点和脆弱面先消失，随着物料粒径的减小，物料越来越坚固，需要更多的能量来进行粉碎。物料粉碎所消耗的功，一部分用于粉碎物料的变形并以热能散失，一部分用于形成新的表面，转化为表面自由能。

目前被普遍接受的三大能耗理论有：雷廷格（P. R. Rittinger）的表面积假说，基克（F. Kick）的体积假说和邦德（F. C. Bond）的裂缝学说等。

（1）表面积假说　表面积假说是德国学者 P. R. Rittinger 于 1867 年提出，该假说认为物料粉碎是外力所做的功用于产生新的表面，即粉碎能耗与粉碎后物料的新生表面积成正比，粉碎单位质量物料所消耗的功与物料破碎后表面积的增量成正比：

$$A \propto \Delta s \text{ 或 } A/\Delta s = k_1 \tag{2-13}$$

式中　A——粉碎能耗

Δs——粉碎后物料表面积增量

k_1——比例系数

因为表面积假说只考虑了生成新表面所需的功，所以只能近似计算粉碎比很大时粉碎的总能耗。

（2）体积假说　体积假说是由德国学者 F. Kick 等提出的，该假说认为，粉碎所消耗的能量与颗粒的体积成正比，粉碎能耗 A 与物料粉碎前后产品平均粒径之间的关系为：

$$A = k \lg \frac{\overline{D}}{\overline{d}} \tag{2-14}$$

式中　$\overline{D}$——物料粉碎前的平均粒径

$\overline{d}$——物料粉碎后的平均粒径

k——常数

因为体积假说只考虑了变形功，所以只能近似计算粗碎和中碎时的粉碎总能耗。

（3）裂缝假说　裂缝假说是 F. C. Bond 于 1952 年提出的一种介于表面积假说和体积假说之间的一种粉碎理论。该假说认为，物料在外力作用下粉碎时，先发生变形，当外力超过其极限强度时，物料产生裂缝并被粉碎成许多小块，考虑了表面能和变性能两项。该假说计算能耗的公式为：

$$W = 10w\left(\frac{1}{\sqrt{d_{80}}} - \frac{1}{\sqrt{D_{80}}}\right) \tag{2-15}$$

式中　W——将单位质量的物料从 D_{80} 粉碎至 d_{80} 所消耗的能量

w——功指数

D_{80}、d_{80}——分别为物料粉碎前后细粒累计含量为80%的粒径

以上三种假说都有各自的局限性和适用范围，一般来说，表面积假说适用于产品粒径在0.55～0.074mm的细磨作业；体积假说适用于产品粒径大于50mm的粗碎和中碎；裂缝假说适用于产品粒径为0.5～50mm的粗磨和细碎。

1957年，R. I. Charles提出了能耗微分式：

$$\mathrm{d}W=-cx^{-n}\mathrm{d}x \tag{2-16}$$

式中 $\mathrm{d}W$——颗粒粒径减小$\mathrm{d}x$时的粉碎能耗

x——颗粒粒径

c、n——系数

对式（2-16）积分得：

$$W=\int_D^d -cx^n\mathrm{d}x \tag{2-17}$$

式中 D、d——分别为物料粉碎前后的平均粒径

若把$n=1$、1.5、2代入式（2-17）中，分别可得上述的基克体积假说、邦德裂纹假说和雷廷格表面积假说。

当$n>1$时，对式（2-17）积分可得：

$$W=\frac{c\left(\frac{1}{d^{n-1}}-\frac{1}{D^{n-1}}\right)}{n-1}=k\left(\frac{1}{d^m}-\frac{1}{D^m}\right) \tag{2-18}$$

$$m=n-1$$

$$k=\frac{c}{n-1}$$

令$\dfrac{D}{d}=i$（给料平均粒径与产物平均粒径之比），则式（2-18）可写为：

$$W=\frac{k}{D}(i^m-1) \tag{2-19}$$

m与物料性质、产物粒径及粉碎设备的类型有关。

（4）粉碎功耗新观点

① 田中达夫粉碎定律。1954年，田中达夫提出了用比表面积表示功耗定律的通式：

$$\frac{\mathrm{d}S}{\mathrm{d}W}=k(S_\infty-S) \tag{2-20}$$

式中 S——比表面积

W——粉碎能耗

S_∞——粉碎平衡时的极限比表面积

对式（2-20）积分，当$S_\infty=S$时可得：

$$S=S_\infty(1-\mathrm{e}^{-kW})\quad(k\text{ 为系数}) \tag{2-21}$$

这表明物料越细时，单位能量所产生的新表面积越小，即越难粉碎。

② Hiorns 公式。英国学者 Hiorns 在粉碎 Rittinger 定律和粒径 Rosin-Rammler 分布的基础上，提出了如下公式：

$$E=\frac{C_R}{1-k_r}\left(\frac{1}{x_2}-\frac{1}{x_1}\right) \tag{2-22}$$

式中　k_r——固体颗粒间的摩擦力

可见，k_r 值越大，粉碎能耗越大。

粉碎导致固体表面积增加，粉碎功耗计算公式可表示为固体比表面能和新生表面积的乘积：

$$E=\frac{\sigma}{1-k_r}(S_2-S_1) \tag{2-23}$$

③ Rebinder 公式。苏联学者 Rebinder 和 Chodakow 认为，在粉碎过程中，固体粒径的变化伴随着晶体结构和表面物理和化学性质等变化，他们在基克定律和田中达夫定律的基础上增加了表面能 σ、转化为热能的弹性能的储存及固体表面某些机械化学性质的变化，提出了能耗公式：

$$\eta_m E=\alpha\ln\frac{S}{S_0}+[\alpha+(\beta+\sigma)S_\infty]\ln\frac{S_\infty-S_0}{S_\infty-S} \tag{2-24}$$

式中　η_m——粉碎机粉碎效率

α——与弹性有关的系数

β——与固体表面物理化学性质有关的常数

S_0——粉碎前的初始比表面积

2. 粉碎过程动力学

粉碎过程动力学通过研究粉碎过程中速度及相关影响因素来控制粉碎过程。假设粗颗粒级别物料随粉碎时间的变化率为 $-\mathrm{d}Q/\mathrm{d}t$，且影响粉碎速度的因素及影响程度分别为 A、B、C…和 a、b、c…，粉碎速度公式表示为：

$$-\frac{\mathrm{d}Q}{\mathrm{d}t}=KA^aB^bC^c \tag{2-25}$$

式中　K——比例系数

$a+b+c$ 之和为动力学级数，和为 0、1、2 时分别称为零级、一级、二级粉碎动力学。

（1）零级粉碎动力学　假设粉碎原料都为粗颗粒，当粉碎条件不变的情况下，原料中粗颗粒的减少只与时间有关，零级粉碎动力学方程为：

$$-\frac{\mathrm{d}Q}{\mathrm{d}t}=K_0 \tag{2-26}$$

式中　K_0——比例系数

（2）一级粉碎动力学　一级粉碎动力学认为，粉碎速度与物料中不合格的粗颗粒的含量（R）成正比，E. W. Davis 等提出了一级动力学方程为：

$$-\frac{\mathrm{d}Q}{\mathrm{d}t}=K_1R \tag{2-27}$$

对式（2-27）积分得：

$$\ln R = -K_1 t + C \tag{2-28}$$

当 $t=t_0$ 时，$R=R_0$，得出 $C=\ln R_0$，代入式（2-28）中得：

$$\ln R = -K_1 t + \ln R_0 \tag{2-29}$$

$$\frac{R}{R_0} = e^{-K_1 t} \tag{2-30}$$

V. V. Aliavden 进一步提出：

$$\frac{R}{R_0} = e^{-K_1 m} \tag{2-31}$$

式中 m——随物料的均匀性、强度和粉磨条件变化

（3）二级粉磨动力学 F. W. Bowdish 提出，应将研磨介质的尺寸分布特征作为影响粉末速度的主要因素。因此，在一级粉碎动力学基础上，增加研磨介质表面积的影响，得到二级粉磨动力学公式：

$$-\frac{dR}{dt} = K_2 A R \tag{2-32}$$

介质表面积在一定时间内可视为常数，对上式积分得：

$$\ln \frac{R_1}{R_2} = K_2 A (t_2 - t_1) \tag{2-33}$$

3. 粉碎速度理论

粉碎速度论是指将粉碎过程看作速度变化的过程并用数学式进行表达。1948年，Epstein 提出了粉碎过程中的数学模型的基本观点，认为如果一个重复粉碎过程可以用概率函数和分布函数描述，那么第 n 段粉碎之后的分布函数近似于对数正态分布。

（1）粉碎过程矩阵模型

① 破裂函数。用于表述颗粒粒径的对数正态分布的 Rosin-Rammler 公式的形式为：

$$F = 100[1 - \exp(-bx^N)] \tag{2-34}$$

式中 F——颗粒的累计分布数

b——与粒径有关的常数

N——与被测颗粒系统物质特性有关的指数

1956 年，Broadbent 和 Callcott 提出用 Rosin—Rammler 修正式来表示破碎函数：

$$B(x, y) = (1 - e^{-x/y}) / (1 - e^{-1}) \tag{2-35}$$

式中 $B(x, y)$——原来粒径为 y 的颗粒经粉碎后粒径小于 x 的那部分颗粒的质量分数式（2-35）表明，破碎物料的粒径分布与给料粒径无关

Epstein 假设破碎函数可进行标准化，即 $B(x, y) = B(x/y)$。则破碎函数的取值范围：

$$B(x/y)\leqslant 1, x\leqslant y$$
$$B(x/y)=1, x>y \tag{2-36}$$

Broadbent 和 Callcot 进一步定义参数 b_{ij} 来代替累积破碎分布函数 B（x，y），b_{ij} 表示由第 j 粒级的物料破碎后产生的第 i 粒级的质量比率。则破碎函数用矩阵表达为：

$$\boldsymbol{B}=\begin{bmatrix} b_{11} & 0 & \cdots & 0 \\ b_{21} & b_{22} & & \vdots \\ \vdots & \vdots & \ddots & \\ b_{i1} & b_{i2} & \cdots & b_{ij} \end{bmatrix} \tag{2-37}$$

假设 $\boldsymbol{F}$ 和 $\boldsymbol{P}$ 分别表示物料粉碎前后的粒级元素，那么 $\boldsymbol{F}$ 和 $\boldsymbol{P}$ 可表示为

$$\boldsymbol{F}=[f_1 f_2 f_3 f_4 \cdots f_n]^T \tag{2-38}$$

$$\boldsymbol{P}=[p_1 p_2 p_3 p_4 \cdots p_n]^T \tag{2-39}$$

则 $\boldsymbol{F}$ 和 $\boldsymbol{P}$ 之间有如下关系式：

$$\boldsymbol{P}=\boldsymbol{B}\cdot\boldsymbol{F} \tag{2-40}$$

用矩阵表达为：

$$\begin{bmatrix} b_{11} & 0 & \cdots & 0 \\ b_{21} & b_{22} & & \vdots \\ \vdots & \vdots & \ddots & \\ b_{n1} & b_{n2} & \cdots & b_{nn} \end{bmatrix}\begin{bmatrix} f_1 \\ f_2 \\ \vdots \\ f_n \end{bmatrix}=\begin{bmatrix} b_{11}\cdot f_1+0+\cdots+0 \\ b_{21}\cdot f_1+b_{22}\cdot f_2+0+\cdots+0 \\ \vdots \\ b_{n1}\cdot f_1+b_{n2}\cdot f_2+\cdots+b_{nn}f_n \end{bmatrix}=\begin{bmatrix} p_1 \\ p_2 \\ \vdots \\ p_n \end{bmatrix} \tag{2-41}$$

② 选择函数。粉碎过程中，各粒级颗粒的破碎具有随机性，有的粒级破碎多，有的少，有的直接进入产品中，这就是“选择性”或“概率性”。

用 s_i 表示被选择破碎的第 i 粒级的一部分，那么选择函数 $\boldsymbol{S}$ 的对角矩阵形式为：

$$\boldsymbol{S}=\begin{bmatrix} s_1 & & 0 \\ & s_2 & \\ & & \ddots & \\ 0 & & & s_n \end{bmatrix} \tag{2-42}$$

粉碎过程中被粉碎颗粒的质量分布表示为 $\boldsymbol{S}\cdot\boldsymbol{F}$，选择函数矩阵式为：

$$\begin{bmatrix} s_1 & & & 0 \\ & s_2 & & \\ & & \ddots & \\ 0 & & & s_n \end{bmatrix}\begin{bmatrix} f_1 \\ f_1 \\ \vdots \\ f_1 \end{bmatrix}=\begin{bmatrix} s_1\cdot f_1 \\ s_2\cdot f_2 \\ \vdots \\ s_n\cdot f_n \end{bmatrix} \tag{2-43}$$

则未被粉碎的颗粒质量分布为（$\boldsymbol{I}-\boldsymbol{S}$）$\cdot\boldsymbol{F}$，其中 $\boldsymbol{I}$ 为单位矩阵。

（2）粉碎过程的矩阵表达式　由上述分析可知，一次粉碎后产品的质量分布可表达为：

$$\boldsymbol{P}=\boldsymbol{BSF}+(\boldsymbol{I}-\boldsymbol{S})\boldsymbol{F} \text{ 或 } \boldsymbol{P}=(\boldsymbol{BS}+\boldsymbol{I}-\boldsymbol{S})\boldsymbol{F} \tag{2-44}$$

对于 n 次重复粉碎，第一次的 $\boldsymbol{P}$ 可以作为第二次的 $\boldsymbol{F}$，以此类推。于是可得

n 次重复粉碎的产品质量分布为：

$$\boldsymbol{P}_n=(\boldsymbol{BS}+\boldsymbol{I}-\boldsymbol{S})^n\boldsymbol{F} \tag{2-45}$$

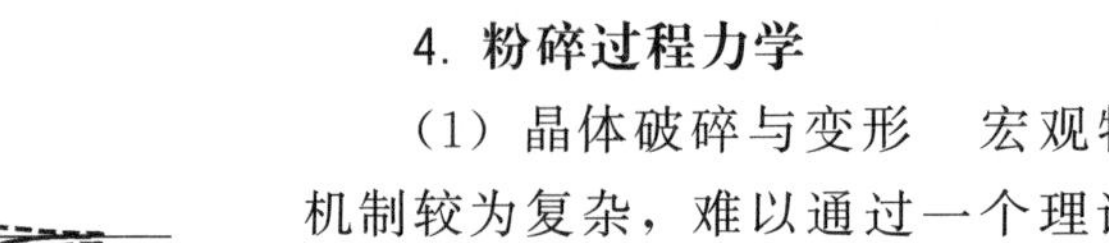

4. 粉碎过程力学

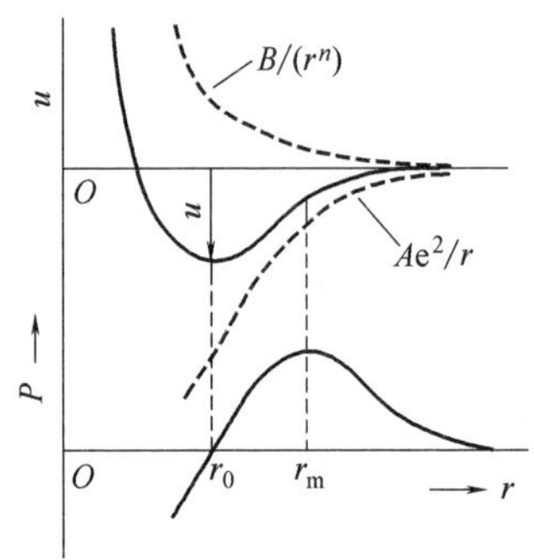

图 2-6 晶体间质点间距和作用力及结合能的关系

u—结合能 P—相互作用力 r_0—平衡时质点间距 r_m—断裂时质点间距 $B/(r^n)$—斥力产生的能量 Ae^2/r—引力产生的能量

（1）晶体破碎与变形 宏观物体的粉碎机制较为复杂，难以通过一个理论进行精确描述，但可参照晶体的破碎理论和变形理论来研究固体的粉碎机制。构成晶体的基本单位——晶胞，是由离子、原子或分子在空间以某种规律做周期性排列，一个周期构成一个晶胞。晶体内部质点间存在吸引力和排斥力以维持平衡。但有时质点会产生热振动致使质点逃离平衡位置。质点间的吸引力源于异性电荷和库仑力，与质点间距离的平方成反比；但当两质点充分接近时，质点间又存在排斥力，且随着距离的减小而急剧增大，如图 2-6 所示。这两种力的综合作用性成了质点间的相互作用力，作用力用 P 表示，其值为结合能对距离的微分。

结合能 u 表示为：

$$u=-\frac{Ae^2}{r}+\frac{B}{r^n} \tag{2-46}$$

式中 B/r^n——斥力产生的能量

r——质点间的距离

n——和晶体类型有关

B——和晶体结构有关的常数

$-Ae^2/r$——引力产生的能量

e——质点所带的电荷量

A——麦德隆常数

则作用力 P 表示为：

$$P=\frac{du}{dr}=\frac{Ae^2}{r^2}-\frac{nB}{r^{n+1}} \tag{2-47}$$

当 $r=r_0$ 时，质点处于平衡位置，$P=0$，u 有最小值 u_0，代入式（2-47）中得：

$$B=\frac{Ae^2}{n}r_0^{n-1} \tag{2-48}$$

将式（2-48）代入式（2-46）中得：

$$u=\frac{Ae^2}{r}\left[\frac{1}{n}\left(\frac{r_0}{r}\right)^{n-1}-1\right] \tag{2-49}$$

当 $r=r_0$ 时：

$$u_0=\frac{Ae^2}{r_0}\left(\frac{1-n}{n}\right) \tag{2-50}$$

将式（2-48）代入式（2-47）中得：

$$P=\frac{Ae^2}{r^2}\left[1-\left(\frac{r_0}{r}\right)^{n-1}\right] \tag{2-51}$$

当晶体受到压缩时，$r<r_0$，质点间斥力增大程度大于引力增大程度，多余的斥力用于抵抗外界压力；当 $r>r_0$，引力减小低于斥力减小，多余的引力用于抵抗外界拉力。随着质点间距离不断增加，质点间相互作用力不足以抵抗外界的拉伸时，晶体发生破碎或永久变形。

晶体只有在足够的能量作用下才会发生破碎，这个能量用 Δu 表示。晶体破碎后表面积增量用 ΔS 表示。物料表面晶胞的结合能高于其内部，表面晶胞只有吸收足够的能量后才会形成新的表面，这个能量就是表面能 σ，又称表面张力或表面自由能。

$$\sigma=\frac{\Delta u}{\Delta S} \tag{2-52}$$

表面能是物质表面分子和体内分子作用力不均衡引起的，是物质的本质属性。晶体在外力作用下发生变形或断裂后，其热力学性质也会发生变化。当没有外力作用时，晶体的自由能最低，当存在外力作用时，其自由能发生变化，这一变化可表示为：

$$d_f=d_A=P\mathrm{d}l=\mathrm{d}u-T\mathrm{d}s \tag{2-53}$$

并有

$$P=\left(\frac{\partial u}{\partial l}\right)_T-T\left(\frac{\partial s}{\partial l}\right)_T \tag{2-54}$$

式中　d_f——自由能的变化

d_A——使晶体变形所做的功

P——使晶体变形所施加的外力

l——变形尺寸

u——内能

T——热力学温度

S——系统熵值

晶体发生变形会导致其自由能增大，且在外力作用下晶体内能增加、熵值减小。当晶体在外力作用下发生断裂时，部分内能会转化为新生面的表面能。

（2）裂纹及其扩展　1920 年格里菲斯（Griffith）提出了微裂纹理论。该理论认为，材料内部存在很多微裂纹。在理想条件下，如果施加的外力未达到物体的应变极限，那么物体被压缩发生弹性变形，去除外力后，物体恢复原状。但是由于微裂纹的存在，即使上述过程中没有产生新的表面，物体内部的裂纹也会发生扩展并产生新的微裂纹，从而导致应力集中现象。当应力到达一定程度时，裂纹发生扩展导致材料断裂，这一理论适用于脆性材料的断裂。对于延性材料的塑性变形，Orowan 在格里菲斯理论的基础上，引入了延性材料的塑性功来描述延性材料的断裂。理论指出，裂纹在外力作用下的形成和扩展是固体物料尤其是脆性物料粉碎的主要过程之一。

（3）力和能量　力和能量是裂纹的产生和扩展所必须满足的两个条件。

① 力的条件。裂纹尖端处的局部拉应力必须大于裂纹尖端处分子间的黏合力，通过拉伸-断裂试验得抗拉强度通常比分子之间的黏合力小 2～3 个数量级，因此裂纹尖端处的集中拉应力比实际抗拉强度大 2～3 个数量级。

分子间结合力：

$$\sigma_{th}=\sqrt{\frac{E\overline{\gamma}}{a}} \tag{2-55}$$

实际抗拉强度：

$$\sigma_{t}=\sqrt{\frac{E\overline{\gamma}}{l}} \tag{2-56}$$

式中　γ——比表面能

a——裂纹尖端半径

l——裂纹长度

因此：$\frac{\sigma_{th}}{\sigma_t}=\sqrt{\frac{l}{a}}=10^2$，可得出 $l=10^4a$。

裂纹尖端半径 c 等于原子之间的间距，假如 $a=1\text{nm}$，则裂纹长度 $l=10\mu\text{m}$。即为了克服裂纹尖端的结合力，裂纹长度至少应有数个微米。

② 能量条件。材料破碎时，所提供的能量主要用于两个方面：一是裂纹扩展产生新表面时所需的表面能 S；二是因弹性变形而储存在固体中的能量 u。如果载荷施加的能量或因物体断裂而释放的弹性能可以满足产生新表面所需的表面能，则裂纹就可能扩展。裂纹扩展条件可表示为：

$$\frac{\mathrm{d}u}{\mathrm{d}l}\geqslant\frac{\mathrm{d}S}{\mathrm{d}l} \tag{2-57}$$

$$S=2l\gamma$$

$$u=\frac{\pi\sigma_t^2l^2}{4E}$$

式中　σ_t——拉应力

因此，式（2-57）可表达为：

$$\frac{\pi\sigma_t^2l}{2E}\geqslant2\gamma \tag{2-58}$$

由此可得裂纹扩展的临界应力为：

$$\sigma_c=\sqrt{\frac{4E\gamma}{\pi l}} \tag{2-59}$$

因此，只要施加的外力大于 σ_c，便会引起裂纹扩展。

$$\frac{\mathrm{d}u}{\mathrm{d}l}=\frac{\pi\sigma_{\mathrm{t}}^{2}l}{2E}=G \tag{2-60}$$

根据式（2-58）可知，$G\geqslant2\gamma$，称 G 为裂纹扩展力，可用弹性变形理论进行近似计算。在对数坐标中，函数 $G=f(l)$ 是一条斜率为 1 的直线，其大小取决于 σ_{t} 和 E，如图 2-7所示，其中 $2\gamma_{\mathrm{t}}$ 表示破碎所需的比表面能，且最小值 $2\gamma_{\min}$ 代表裂纹开始产生时的比表面能，最大值 $2\gamma_{\max}$ 表示裂纹开始扩展时的比表面能。格里菲斯长度 $l_{(\mathrm{griff})}$ 是表面能曲线 2γ 和 G 曲线的交点，临界裂纹扩展力 G_{c} 对应于临界裂纹长度 l_{c}。一般来说，对于脆性材料，产生新表面时，$\gamma_{\min}\approx\gamma$；对于塑性材料，$\gamma_{\min}>\gamma$。

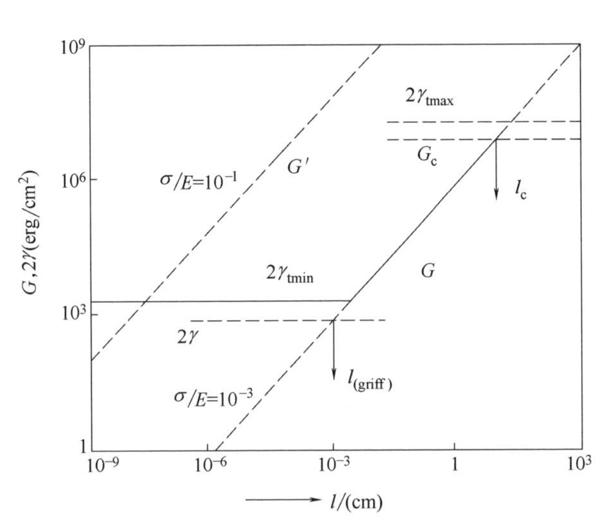

图 2-7　裂纹扩展 G、比表面能 2γ 与裂纹长度 l 的关系

（4）裂纹扩展速度及物料的粉碎速度　如果提供给裂纹尖端的能量大于裂纹断裂和扩展所需的能量，那么多余的能量将转化为动能促使裂纹扩展，扩展速度 V 可表示为：

$$V\approx0.38v_{\mathrm{c}}\sqrt{1-l_{\mathrm{c}}/l} \tag{2-61}$$

$$v_{\mathrm{c}}=\sqrt{\frac{E}{\rho}}$$

式中　v_{c}——固体中的声速，其中 ρ 为物料密度

l_{c}——裂纹的长度，且 l_{c}/l 也可用 $(S+Z)/u$ 来表达

S——裂纹尖端处的表面能

Z——裂纹尖端处的塑性变性能

u——裂纹尖端处的弹性能

假设物料粉碎后生产的新面积为 F，则物料的粉碎速度为：

$$v=\frac{\mathrm{d}F}{\mathrm{d}t} \tag{2-62}$$

它与物料中的声速 v_{c} 之间的关系可表示为：

$$v=k/\rho v_{\mathrm{c}}^{2} \tag{2-63}$$

式中　k——与粉碎条件和粉碎设备相关的常数

（5）裂纹尖端的能量平衡　在外力作用下，裂纹尖端的能量平衡可表示为：

$$\sum G_{i}=G+G_{\mathrm{h}}+G_{\mathrm{t}}+G_{\mathrm{k}} \tag{2-64}$$

式中 G——单位长度裂纹的外应力（能）

G_h——因晶格缺陷产生的单位长度的内应力（能）

G_t——裂纹尖端热性质变化所产生的单位长度裂纹的内应力（能）

G_k——裂纹尖端因承受外应力和内应力作用而引起的化学能的变化

其中，G_h 和 G_t 被称为弹性能。

当前，粉体微纳化破碎理论主要分为气流冲击粉碎理论、剪切粉碎理论和研磨粉碎理论。

第二节 气流冲击粉碎理论

根据气流粉碎原理，其基础理论研究主要包括了以下几个方面：高速气流的形成，颗粒在高速气流中的加速规律，粉碎冲击颗粒表面应力分析，颗粒粉碎能分析和冲击粉碎临界速度的研究。

一、喷嘴高速气流的形成

1. 喷嘴

高压气流磨或喷射磨的粉碎主要依靠高速气流（300～500m/s，1～3 倍声速）或过热蒸汽（130～400℃）的能量带动物料运动进行碰撞、剪切中粉碎，其中高速气流是气流通过喷嘴后将高压空气（0.3～1.4MPa）或高压热气流（0.7～4MPa）喷出后，气流的内能转化成动能，因此喷嘴对于气流粉碎起到至关重要的作用。过热蒸汽为介质的气流磨（简称蒸汽气流磨），在降低能耗和加大粉碎强度上非常显著，在相同的压力、温度条件下，过热蒸汽的黏度比空气低得多，用小分子量的过热蒸汽粉碎物料，比压缩空气能得到更细的产品。目前喷嘴可分成直孔型的亚声速喷嘴、渐缩型的等声速喷嘴和缩扩型，目前缩放型喷嘴应用较为广泛。喷嘴常采用的工作介质有压缩空气、过热蒸汽和惰性气体三种，工业应用中常采用空气作为介质。

2. 高速气流的加速运动方程

目前公认的理论指出，气流经喷嘴加速后射流轴心的衰减速度在 10～20d_e，可以确定气流粉碎最佳中心点的位置。

喷嘴出口的速度根据工作介质的不同表达式不同，两种介质的出口速度如下：

压缩空气的出口速度为

$$v_{p1}=\left\{\frac{2k}{k-1}p_0v_0\left[1-\left(\frac{p_{p1}}{p_0}\right)^{\frac{k-1}{k}}\right]\right\}^{1/2} \tag{2-65}$$

式中 p_0、p_{p1}——喷嘴进口、出口的压力

v_0——进口处的比容

k——定熵指数，空气的 k 值为 1.4

过热蒸汽工质喷嘴的出口速度为：

$$v_{p1}=[2(i_0-i_{p1})]^{0.5} \tag{2-66}$$

式中　i——比焓，J/kg

3. 工质流量的计算

喷嘴的设计需要根据工质流量对喷嘴的临界截面 S 进行限定，喷嘴截面 S 与每个喷嘴的工质理论质量流量之间的方程，可以利用流体力学的连续性方程推导出：

$$G=\frac{Su}{v_s} \tag{2-67}$$

式中　S——喷嘴内某一截面处的面积

u——工质在截面处的流速

v_s——工质在截面处的比容

通过式（2-66）和式（2-67）可得：

$$G=S\sqrt{2g\frac{kp_1}{(k-1)v_1}\left[\left(\frac{p_2}{p_1}\right)^{\frac{2}{k}}-\left(\frac{p_2}{p_1}\right)^{\frac{k-1}{k}}\right]} \tag{2-68}$$

4. 喷嘴的设计

喷嘴的有效设计是提高气流粉碎机粉碎效率的关键，其中喷嘴设计的关键是将气体的压强能转化为速度能，选择喷嘴型式和喷嘴的几何尺寸。缩扩型喷嘴的组成如图 2-8 所示，包括稳定段 l_0、亚声速渐缩段 l_1、喉部临界截面 S^*、超声速扩张段 l_2。

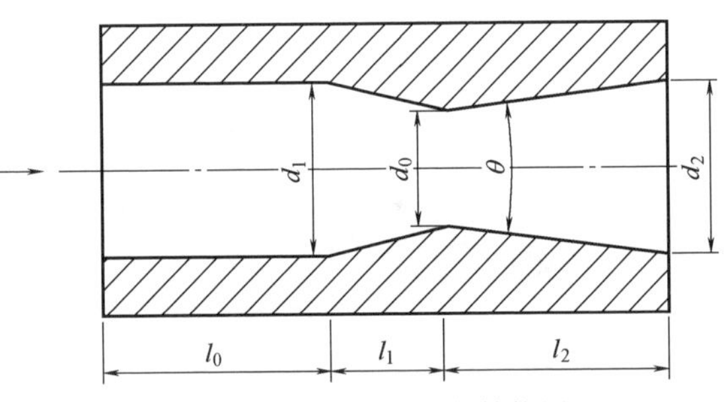

图 2-8　缩扩型喷嘴内部结构图

由式（2-69）推导出：

$$S=\frac{G}{\sqrt{2g\frac{kp_1}{(k-1)v_1}\left[\left(\frac{p_2}{p_1}\right)^{\frac{2}{k}}-\left(\frac{p_2}{p_1}\right)^{\frac{k-1}{k}}\right]}} \tag{2-69}$$

各截面面积 S 与喉部临界截面 S^* 的比值为：

$$\frac{S}{S^*}=\sqrt{\left(\frac{2}{k+1}\right)^{\frac{k+1}{k-1}}\frac{k-1}{2\varepsilon^{2/k}(1-\varepsilon^{\frac{k-1}{k}})}} \tag{2-70}$$

已知气流在喷嘴内部的压强变化规律就可以用式（2-71）推导出喷嘴内腔的截面面积，根据截面面积方程定出理想的内腔面积。实际设计需要采用更大的扩大度 f（喷嘴出口截面 S_2 与喉部临界截面 S^* 的比值）的喷嘴来进行设计：

$$f=\frac{S_2}{S^*}=\frac{1}{M_2}\sqrt{\left[\frac{1+\frac{k-1}{2}M_2^2}{1+\frac{k-1}{2}}\right]^{\frac{k+1}{k-1}}} \tag{2-71}$$

$$S^*=\frac{GV^*}{u^*}$$

喷嘴从喉部临界截面 S^* 到出口 S_2 一段为超音速喷嘴的扩散段，由式（2-70）和式（2-72）所知，扩散段的母线不是直线的关系。据学者对喷嘴的研究，其扩散段存在三种类型，包括直母线型、一般曲线母线型和气动力特性曲线母线型。对于一般不太精确的工程设计，可采用直母线圆锥体腔型的扩散段，如图2-8所示。锥角 θ 常取 10°～12°，扩散段长度 l_2 可以通过下式计算出：

$$l_2-\frac{d_2-d^*}{2\tan\frac{q}{2}} \tag{2-72}$$

二、颗粒的加速规律

在气流粉碎时，物料颗粒的加速过程包括两个方面：气固混合时对物料的加速和气固混合后在喷嘴中的加速。目前，对物料和压缩气体混合后进入喷嘴的加速规律方面的研究比较透彻。

气流加速的公式中忽略了颗粒对气流流速的影响，也未考虑在气流中加速运动的情况，因此在实际气流粉碎计算中需要对公式进行修正，满足理论对实际情况的指导作用。目前几种颗粒在高速气流中的加速理论如下。

G. Rudinger 研究了单个粉体颗粒，建立了速度与时间之间的函数为一次函数的方程，并从理论上推导了单个粉体颗粒与喷嘴气流出口速度之间的方程，方程如下：

$$v_s=u(t)-b\tau_v+u_e\left(\frac{b\tau_v}{u_e}-1\right)\exp\left(-\frac{t}{\tau_v}\right) \tag{2-73}$$

$$\tau_v=\frac{\rho_s d_s^2}{18\mu_g}$$

式中 v_s——颗粒速度随时间变化的数值

u_e、$u(t)$——气流出口速度和气流速度随时间变化的函数值

τ_v——运动的速度松弛时间

t——时间

b——常数

ρ_s、d_s——颗粒密度和粒径

μ_g——气流的黏性系数

对式（2-73）进行分析：

当 $b=0$ 时，

$$u_s=u(t)-u_e\exp\left(-\frac{t}{\tau_v}\right) \tag{2-74}$$

随着 t 增大 $\exp$（$-t/\tau_v$）趋向于 0，因此喷嘴的气流速度会和颗粒的运动速度近似趋近，最后保持恒定。

当 $b>0$ 时，

$$u_s=u(t)-b\tau_v \tag{2-75}$$

随着 t 增大 $\exp$（$-t/\tau_v$）趋向于 0，颗粒的速度比气流速度小 $b\tau_v$。

当 $b<0$ 时，

$$u_s=u(t)-b\tau_v \tag{2-76}$$

随着 t 增大 $\exp$（$-t/\tau_v$）趋向于 0，颗粒的速度比气流速度大 $b\tau_v$。

G. Rudinger 通过七个方程对喷嘴中气固运动情况进行分析，方程包括连续性方程、固体颗粒的连续性方程、气固混合物的动量方程、由于气体与固体的速度差而产生的曳力方程、热传递方程、状态方程和能量方程。由于可压缩流体密度会改变，在上述七个方程的前提下补充了压力方程、温度方程和密度方程。同时发现物料颗粒越密集，加速时损耗的动量就越小；只有当喷嘴的速度足够大时，颗粒才可以更好进行粉碎；喷嘴压力存在一个临界值，超过临界值后压缩机能耗会急剧增大，降低粉碎的能源利用率。

Voropayev 指出，压入混合区的气体和物料充分混合后，由于压力差（混合室的压力稍低于喷射气流）导致混合时速度较低，减少了气流能量的损失。经过气流和物料间的动量传递和能量转换，物料和气流形成气固均质二相流。

具体方程如下，令 u 为 x 方向的气流速度，v_p 为颗粒的速度，τ_v 为速度的松弛时间。假设颗粒以 x 方向的速度分量 $u_{p,0}$，y 方向的速度 $v_{p,0}$ 进入气流，拖拽力系数为标准拖拽力系数，则：

$$\frac{\mathrm{d}v_p}{\mathrm{d}y}=-\frac{1+a\left(\frac{v_p}{v_{p,0}}\right)^{2/3}}{\tau_v} \tag{2-77}$$

$$a=\frac{1}{6}\left(\frac{\rho D v_{p,0}}{\mu}\right)^{2/3}\left[1+\left(\frac{\mu-\mu_{p,0}}{v_{p,0}}\right)^2\right]^{2/3}$$

式中　ρ——气体密度

此式中前一项参数代表与颗粒初速度相关的雷诺数。

令 $Z=\left(\frac{v_p}{v_{p,0}}\right)^{1/3}$，对式（2-77）积分，得：

$$y=\tau_v v_{p,0}\frac{3}{a}\left[1-\frac{\cot a^{\frac{1}{2}}Z}{a^{\frac{1}{2}}}-\frac{\cot a^{\frac{1}{2}}}{a^{\frac{1}{2}}}\right] \tag{2-78}$$

所以当 $Z=0$ 时，获得颗粒的最大渗透量 y_{max}：

$$y_{max}=t_v v_{p,0}\frac{3}{a}\left[1-\frac{\cot a^{\frac{1}{2}}Z}{a^{\frac{1}{2}}}\right] \tag{2-79}$$

同理，可得：

$$x_{\max}=t_{\mathrm{v}}u\ \frac{3}{2}\ln\frac{1+aZ^{2}}{Z^{2}(1+a)}-\frac{u}{v_{\mathrm{p},0}}\left(1-\frac{v_{\mathrm{p},0}}{u}\right)y \tag{2-80}$$

D. Eskin 建立了气流粉碎气固混合流的动力学模型，不同颗粒浓度下对颗粒的冲击粉碎性能进行分析和设计。模拟分析的结果表明：固体颗粒的质量流量和颗粒尺寸对气流能量的损失有很大的影响，间接影响了物料颗粒的加速。其中决定流动过程中颗粒速度的重要参数之一是气固流量比 μ。论文中还指出，颗粒与喷嘴内壁的摩擦还需要更深入的研究，但是动能损失的范围可以通过方程粗略地估算出来，根据能量守恒和动量守恒方程，假设气固喷嘴中的流动损失为等压过程和进料速度为 0，气固的非弹性气固作用而引起的，此时气体动能经过计算估算后能量损失为：

$$DE_{\mathrm{loss}}=E_{\mathrm{kin}}\left[1-\frac{1}{(1+\mu)}\right] \tag{2-81}$$

式中 E_{loss}——气体的动能损失

E_{kin}——气体流过喷嘴的动能

式（2-81）表明，对于高 μ 值的气固流，喷嘴加速效率不高，能量损失大。因此喷嘴气流粉碎机效率的降低主要是由颗粒的加速过程引起的。

Eskin 还提出了一维单分散模型，它考虑了流体的多分散性与喷嘴壁的摩擦，推导出一般方程，研究提出气固流的黏性是引起喷嘴能量损失的主要原因，能量损失的流动模型的方程为：

$$\frac{\mathrm{d}l_{\mathrm{dis}}}{\mathrm{d}x}=\frac{0.75}{\mu u(1-\varepsilon)}\sum_{i=1}^{n}\frac{\varepsilon_{i}C_{\mathrm{D}i}}{d_{i}}\left|u-u_{si}\right| \tag{2-82}$$

D. Eski 和 H. Kalman 提出了简单颗粒与喷嘴壁摩擦能损失的估算模型，认为摩擦时的动能损失是由于颗粒与喷嘴壁碰撞引起的。D. Eskin 对颗粒在喷嘴中的加速研究做了大量的工作，颗粒的影响因素上的研究只停留在定性分析，对于具体的方程没有明确定义。

O. triesch 和 M. Bohnet 通过 CFD 程序（Fluent，v. 4. 4. 8）模拟管道和扩散器中的上游气固流动，并使用拉格朗日方法计算分散相。研究轴向粒子速度和固体浓度发热关系，通过使用常数参数描述了添加的模型对所研究的量的个体影响，成功将 Fluent 应用于固体载荷的变化以及扩散器内部和后面的减速流动。

三、冲击粉碎理论

颗粒的碰撞概率是颗粒碰撞时比较复杂的问题，颗粒加速后相互碰撞及碰撞概率对气流粉碎的能量利用率起着至关重要的作用。

1. 气流冲击粉碎应力分析

冲击力和摩擦力是气流粉碎对粉体材料进行粉碎的主要作用力，并且这种颗粒粉碎现象是瞬间完成的。瞬间冲击力作用在物体上，将会以应力波的形式在物体中传播，输入是冲击压应力波，背面反射产生拉应力波，并在物体内传播。由于材料的抗拉强度远远低于其抗压强度，只要拉应力大于材料的抗拉强度，物体就会发生粉碎破坏。因此，物体的破碎首先发生在材料结合强度的薄弱处。

1959 年，RumPf 应用赫兹（Hertz）理论分析了颗粒碰撞的应力分布与冲击速度的关系，得出在一定速度下碰撞时两颗粒间最大应力方程为：

$$S_{\max}=0.0098^{\frac{1}{5}}\left(\frac{m_1 m_2}{m_1+m_2}\right)^{\frac{1}{5}} u_s{}^{\frac{2}{5}}\left(\frac{1}{r_1}+\frac{1}{r_2}\right)^{\frac{3}{5}}\left(\frac{1-m_1^2}{Y_1}-\frac{1-m_2^2}{Y_2}\right)^{-4/5} \tag{2-83}$$

式中　m_1、m_2——两颗粒的质量，kg

r_1、r_2——两颗粒的泊松比

Y_1、Y_2——两颗粒的弹性模量

u_s——颗粒的相对速度，m/s

在一些特殊情况下，

$$\frac{\sigma_{\max}}{Z}=0.382\left(\frac{\overline{u_s}}{\partial}\right)^{2/5} \tag{2-84}$$

式中 $\partial=\sqrt{Z/\rho}$，∂ 为声音在介质中的速度。研究发现，颗粒在应力强度超过 $\sigma_{\max}$时会发生破损，根据上述原理，Rumpf 计算了球体与球体之间、球体和板相互碰撞时的 $\sigma_{\max}/Z$ 的数值。由式（2-84）可知，较大的冲击速度有利于粉体颗粒具有更大的撞击动能。

2. 气流冲击粉碎撞击能量分析

撞击过程中，由于粉体颗粒是不规则的球体，导致粉体与粉体之间撞击时，颗粒的变形和能量不能很好计算，因此研究气流粉碎撞击时可以将粉体颗粒接触时近似看成球体接触，这时就可以采用赫兹（Hertz）的理论对撞击粉碎的问题进行理论上的研究。赫兹的理论认为：半径为 R_1 和 R_2 的球体碰撞接触时，如果粉体颗粒间没有压力，那么它们只会在一个点上进行接触，没有发生局部变形。如果粉体颗粒间存在压力 P，那么在接触点附近会发生局部变形，变形后粉体颗粒间的接触面是一个圆形面，这个圆形面就是压力面。

赫兹（Hertz）理论在实际粉体碰撞时会有弹性状态和小变形量的限制，但是其理论可以将球体的粉体变形、作用力和撞击能量相互联系，进而推算出粉体颗粒间作用力随时间变化的作用力方程、碰撞时间的长短和最大变形量等。因此，赫兹理论对粉体撞击理论、单颗粒之间的碰撞破碎仍有重要的意义。

粉体颗粒间发生气流冲击粉碎时，撞击作用在一瞬间使粉体颗粒承受很大的冲击，颗粒间的应力急剧增大，造成裂纹快速延伸，材料的应变速率过大引起脆性破坏，理论指出两颗粒间的撞击能量方程如下：

$$\frac{1}{2}m_1 v_1^2+\frac{1}{2}m_2 v_2^2=U+\frac{1}{2}(m_1+m_2)v^2 \tag{2-85}$$

式中　v_1——第一个粉体颗粒的速度

v_2——第二个粉体颗粒的速度

U——系统的弹性形变能

根据动量守恒方程，由（m_1+m_2）$v=m_1v_1+m_2v_2$与式（2-85）得出弹性形变能为：

$$U=\frac{1}{2}\left(\frac{m_1m_2}{m_1+m_2}\right)(v_1-v_2)^2 \tag{2-86}$$

因此弹性形变能U的大小对两粉体颗粒质量的大小和颗粒间的速度差起到决定性作用。形变能在碰撞的瞬间存在于两个颗粒粉体上，分别为U_1和U_2，两颗粒间形变能的比值的方程如下：

$$\frac{U_1}{U_2}\approx\frac{E_2}{E_1}\cdot\frac{1-\mu_1^2}{1-\mu_2^2} \tag{2-87}$$

由式（2-86）可知，粉体颗粒间发生冲击碰撞时，每个颗粒都会受到一半能量的冲击。但是当颗粒与靶板进行冲击粉碎时，由于它们之间的泊松比很小，因此主要由弹性模量E决定，但是靶板的弹性模量E比颗粒要大很多，因此根据式（2-87）可以得出，粉体颗粒会得到更多的弹性形变能而发生粉碎。因此为了粉体颗粒更好进行粉碎，需要对粉体颗粒的弹性模量进行分析，有研究从过原位纳米测试技术测定灵芝孢子的弹性模量方程为：

$$E_s=\frac{E_iE_r(1-V_s^x)}{E_i-E_r(1-V_i^2)} \tag{2-88}$$

式中 E_r——约合模量，可根据载荷-压痕曲线和弹性接触理论计算出

E_i——压针的弹性模量

V_i——压针的泊松比

E_s——试样的弹性模量

V_s——试样的泊松比

对于大多数材料，弹性模量值对泊松比的变化不敏感，当泊松比在0.25±0.1间变动时，E仅会产生5%的误差。

研究指出，粉体颗粒间的对心碰撞适用于上述方程，也适用于偏心不太大的碰撞。

Yashima S. 等对一些天然材料进行破碎实验，实验表明当材料的尺寸小于500μm时，粉碎所需的能量迅速增加。研究发现特定的断裂能随着尺寸的减小而增加。

Janet L. Green等在以前选择性研磨PET和PVC混合物的基础上，对加工窗口内的工作条件进行改进，发现冲击研磨将确保一种聚合物在延性模式下失效而另一种在脆性模式下失效，这会造成在研磨的聚合物之间产生尺寸和形状的差异。研究开发了PET和PVC切屑冲击研磨的尺寸分布模型，分配系数可与研磨条件和聚合物的失效机制有关，这对选择性研磨过程操作和控制的有着重大意义。

M. Mebtoul的研究证明，在冲击粉碎的设备中，碎裂通过两种机制进行：

①喷嘴中的磨损；②真实破裂的分裂。其中磨损随固体浓度和速度而增加，在高固体浓度下，由于颗粒速度较低，磨损减少粒子-粒子之间相互作用。在目标上碰撞时真正的断裂发生分裂，为了获得更细的粒子，需要对粉体颗粒进行重复冲击。

3. 颗粒碰撞概率

颗粒间的碰撞概率大小是研究冲击粉碎的难点，颗粒加速后能否进行有效碰撞直接决定了冲击粉碎的效率，因此为了探究粉碎概率对气流粉碎的能耗比的影响，国外科学家对此进行了研究。

Rumpf 提出了颗粒间平均距离的方程：

$$\lambda=\frac{d_{s}}{10(1-\varepsilon)} \tag{2-89}$$

式中　λ——颗粒间的平均距离

$1-\varepsilon$——固体容积浓度

Rumpf 指出，λ 越小，颗粒间碰撞的可能性越大。λ 的大小决定了颗粒需要加速的速度大小，因为如果颗粒速度太小，在到达碰撞的临界点前无法达到碰撞的能量要求，就无法实现有效碰撞。从另一方面来说，颗粒间固体容积浓度增大，有利于增大颗粒之间的碰撞概率，提高粉碎效率，但是固体容积溶度不宜过大而干扰颗粒间正常的流动，降低粉碎效率。

Eskin 等研究对对流喷射铣削过程进行了简单的数值分析。考虑喷嘴和喷射中的粒子加速以及相对的气体-粒子射流的相互作用。同时估计了喷射研磨系统中颗粒加速的效率，还确定了对置喷射磨机有效操作的原始粒径范围。

研究时提出了 I_{95} 的概念，即 95％的颗粒与其相反方向运动的颗粒在喷嘴轴向方向的碰撞位置，具体公式如下所示：

$$I_{95}=\frac{0.45\rho_{s}d_{s}u_{s}}{\mu\rho_{a}u_{a}} \tag{2-90}$$

分析式（2-90）并结合实验，I_{95} 的数值很小，因此碰撞区内粒子碰撞频率将非常高。这种强烈的碰撞过程必然会导致粒子快速减速。反过来，这将导致碰撞区内颗粒浓度和液压阻力急剧增加。与自由喷射中的值相比，碰撞区内的 μ 值也将非常大。

其中的重要问题是估计气体对碰撞区内碰撞过程的影响。因此为了研究方便，对于所使用的模型，我们做出以下假设：

① 有两种相互作用的气固介质。具体地说，将有一个快速的气体-固体射流和一个流入停滞的研磨区；

② 由强烈的气固流减速引起的高固体浓度区域形成在研磨区的中心。此外，在研磨区中假设气体和颗粒速度均为零；

③ 在喷射区入口处，假设喷射器内的气体和粒子速度均相等，$u=u_{s}$；

④ 铣削区域内的值等于喷射内的值。有意地将该值设定为假定为远低于实

际（未知）比率的值，以确保获得可靠的最低估计影响；

⑤ 粒子碰撞模型与用于计算喷嘴内气体-固体流的模型相同。

研究假设射流内的粒子在没有改变方向的情况下穿透到研磨区域，然后通过与研磨区域内的停滞粒子的碰撞而减速，比如通过停滞气体的运动引起的黏性摩擦减速。根据该方法，粒子与粒子碰撞的过程可以被视为作用在粒子上的形成力。该力可以进一步被认为沿着其他粒子介质内的自由路径是恒定的，并且可以计算为：

$$f^*_{coll}=(1+k)\frac{\pi d_s^2}{4}\rho_s\varepsilon u_s^2 \tag{2-91}$$

式中　k——粒子与粒子间碰撞的恢复系数

这里，我们假设粉碎区内的粒子碰撞是完全塑性的，即 $k=0$。这是因为碰撞通常伴随着碎裂，所以假设弹性是合理的。颗粒的能量要么损耗在颗粒破坏上，要么变形完全是塑性的。在粉碎区入口处碰撞的形状力 f^*_{coll} 与黏性力 f^*_g 的比值可以计算为：

$$\psi=\frac{f^*_{coll}}{f^*_g}=\frac{\left[m_s\frac{du_s}{dt}\right]_{coll}}{\left[m_s\frac{du_s}{dt}\right]_g}=2\frac{\mu}{c_D}=\frac{2\mu}{0.386\times1.325^{(\lg Re-3.87)2}} \tag{2-92}$$

其中 Re 是雷诺数，基于快速移动的粒子的速度，因为粒子在停滞的气体内移动。公式的适用范围是在 $0.5\leqslant Re\leqslant10000$ 有效。其中值得注意的是，如果假设碰撞区内的碰撞是完全弹性的，那么在式（2-92）中不是乘数“2”，而是必须使用乘数“4”。

上述研究没有从微观角度和颗粒间的相互作用方向进行研究，因此颗粒碰撞时的裂纹研究、颗粒具体的运动、能量传递没有设计，因此后续理论会向颗粒断裂本质研究。

4. 粉体冲击粉碎临界碰撞速度

Kanda Y. 通过碰撞实验的探究，考虑颗粒强度的尺寸效应，推导了破碎能与颗粒粒径的关系，得出了造成颗粒出现破损时与冲击速度之间的方程：

$$W_s=\left[0.15(6)^{5/3m}p^{(5m-5)/3m}\left(\frac{1-v^2}{Y}\right)^{2/3}(S_0V_0)^{5/3}\right]d_s^{3m-5/m} \tag{2-93}$$

$$U_s=\left[1.79(6)^{5/3m}\rho_s^{-1}\pi^{(5m-5)/3m}\left(\frac{1-v^2}{Y}\right)^{2/3}\times(S_0V_0)^{5/3}d_s^{-5/2m}\right] \tag{2-94}$$

式中　W_s——为颗粒粉碎能

U_s——为颗粒碰撞速度

Y——为颗粒的弹性模量

v——为泊松比

S_0——单位体积颗粒的抗压强度

V_0——单位体积

m——威布尔（Weibull）均质系数

Kanda Y. 等还研究了一种基于断裂力学的研磨方法，以生产超细颗粒。将尺寸减小能量定义为弹性应变能量，该能量存储在试样中直至断裂瞬间。Kanda Y. 假设研磨介质或颗粒的动能完全转化为破裂能，计算破裂所需的冲击速度与颗粒尺寸之间的关系，或者是颗粒破碎所需的研磨介质的冲击速度与介质质量之间的关系。结果发现对于超细研磨，研磨介质与颗粒碰撞的假设比颗粒碰撞介质更合理可行。因为产生的颗粒数量与颗粒尺寸的立方数成反比，因此有必要增加碰撞概率，最后通过球磨机对上述结论的实验验证，发现基本符合理论情况。

第三节　剪切粉碎理论

一、剪切粉碎模型

建立合适的粉碎动力学模型是进行粉碎过程分析的关键步骤，模型可以更合理地对颗粒的粉碎过程进行分析，这种方法已经在很多领域有良好的效果。建立良好、正确的剪切粉碎模型，有助于更好地对粉碎过程和粉碎机制进行研究，并与材料学、机械学、统计学等学科紧密相关，目前对高速切割粉碎的建模主要包括以下几种。

1. 基于单颗粒的粉碎模型

粉碎可以看成一种能量的转化过程，因此模型先前从粉碎和能耗的角度进行分析，对消耗的有效粉碎能和粉体破碎之间的联系进行了分析。其中 Lewis 公式如下：

$$-\mathrm{d}W=C\frac{\mathrm{d}x}{x^{m}} \tag{2-95}$$

式中　$\mathrm{d}W$——消耗功变化

$\mathrm{d}x$——颗粒粒径的微分

m——常数

分析式（2-95）可以发现，粒径的变化直接影响了消耗功的大小，粒径的变化和颗粒粉碎消耗的能量成正比。

在以上研究的基础上，不少科学家对其进行深入研究，公式不断具体化，这些公式包括雷廷格定律、邦德、基克提出了面积学说、裂缝学说和体积学说，它们的具体方程为：

$$W=C_{\mathrm{R}}\left(\frac{1}{x_2}-\frac{1}{x_1}\right) \tag{2-96}$$

$$W=C_{\mathrm{B}}\left(\frac{1}{\sqrt{x_2}}-\frac{1}{\sqrt{x_1}}\right) \tag{2-97}$$

$$W=C_{\mathrm{K}}\lg\left(\frac{x_2}{x_1}\right) \tag{2-98}$$

式中 x_1、x_2——粉碎前后物料的粒径

C_R、C_B、C_K——常数

体积学说适用于颗粒中粗颗粒和细颗粒之间的粉碎，面积学说适用于细粒粉碎，而裂缝学说则同时考虑了变形能和表面能两项，其适用范围介于粗粒与细粒之间的粉碎。该模型揭示了物料强度、粒径与产品粒径及功耗等重要因素之间的关系，在一定程度上反映了粉碎过程的实质，上述公式为粉碎模型的研究提供了理论指导和依据。

2. 粒群粉碎模型

随着人们对粉体生产量和质量的提高，单位时间内颗粒粒径的减小或者单位时间颗粒表征的表年华不能满足人们的需要，因此需要建立整体的粉体（即粒群）粉碎的模型。模型的目的是将粉碎的机制和消耗能量建立一个桥梁，并认为粉碎的粒群在分布上满足连续或不连续的函数方程规律，从而模拟整个粉碎的过程，并和实际粉碎相比较，力求保持相似或一致，主要包括动力学模型和输运模型。

（1）动力学模型　该模型把粉碎看作一种粒径不断减小的速率过程。颗粒破碎速率的简单一级动力学模型最早由 Laveday 提出：

$$\frac{d_w(D)}{d_t}=-k(D)\cdot w(D) \tag{2-99}$$

式中 $w(D)$——粒径为 D 的颗粒的质量分数

$k(D)$——粒径为 D 的颗粒粉碎速率常数

（2）输送模型　一些特殊的粉体颗粒在粉碎时会出现，由于分子间密度不同，出现扩散现象；由于分子间能量不同，出现热传导现象；由于分子的动量不同，出现黏性有关的分子运动现象，这些现象都属于输送现象。其中，当粉体中能量高与能量低颗粒间混合时，粉碎过程和机制可采用一种流体输送模型，这种模型基于物理、化学等基本理论，结合能量守恒、动量守恒方程，又称为总体平衡模型。粉碎腔内某系统的特性在任何几何位置中随时间为变化在控制体内遵循收支平衡规律为输入减输出等于累积减去生成物。

这类模型的建立需要各种流型及速度的分布情况，考虑粉碎腔内颗粒的浓度对粉体的输送进行一个综合分析。但是由于模型中采用了一些部分实验的测试数据，分析粒群的运动特性，因此对其他粉碎机的应用是否合理还需要进一步研究。

除了上述单颗粒和粒群模型外，为了对粉碎时颗粒的破碎机制进行深入研究与分析，还有比如随机模型、基于粒群理论的力学模型等。

二、剪切粉碎理论

1. 送料分析

粉体颗粒的破碎形式主要依靠转子刀片和定子刀片间相互运动产生的压力和

剪切力形成粉碎，而剪切力和压力作用的具体流体效应分别为湍流效应和空穴效应。

（1）湍流效应　大气层中空气密度的无规则起伏称为大气湍流，湍流对光束传输的影响称为湍流效应，此处是由于物料之间由于剪切粉碎强中部件和空气流动造成气流分布不均引起气体形成湍流，气流发生湍流现象而造成粉体物料分布不均就是湍流效应。

（2）空穴效应　指当混合的粉体颗粒和空气系统中出现大量的细微粉体，破坏了液流的连续性。当大量粉体颗粒随着气流运动到转子刀片和定子刀片间压力较高的部位时，较大的粉体颗粒在高压和强大的剪切力作用下迅速粉碎，并又由于压力迅速合成一个整体，使颗粒所占的体积突然减小而形成真空，周围高压气体迅速回流进行补充的结果。

流体力学学者研究得出以下结论：颗粒的变形、破碎主要由韦伯准数 W_e 和分散相黏度与连续相黏度之比 R 决定。高速剪切机内部，电机带动转子刀片快速旋转，高速粉碎腔内的流体处于湍流状态，此时剪切作用由腔体内湍流强度决定，有文献可知，此时的韦伯准数为：

$$W_e=\frac{\rho \overline{u'^2} d}{\sigma} \tag{2-100}$$

式中　$\overline{u'^2}$——脉动速度均方值

d——粒径

σ——界面张力

$\rho \overline{u'^2}$——湍流张力（又称为雷诺力），大小代表湍流强度的大小。

切割过程中可以认为，转动转子顶部任一点空间上粉体颗粒，各个方向上的速度统计学特征没有很大的差别，即高速粉碎腔内的湍流为各向同性湍流。湍流场中的脉动速度二重相关量 $\overline{u'^2}$ 可由 Kolmogoroff 式进行计算：

$$\overline{u'^2}=K_1\varepsilon_r^{2/3}x^{2/3} \tag{2-101}$$

式中　ε_r——耗散能量

其中耗散能量为：

$$\varepsilon=n^3 d_e^2 \tag{2-102}$$

式中　n——转动转子转速

d_e——转动转子顶部的等效直径

它与切割头的直径 d 的关系为：

$$d_e=K_e d \tag{2-103}$$

式中　K_e——等效系数，由转子刀片顶部的进行实验确定

将式（2-100）、式（2-101）、式（2-102）代入式（2-103）可得：

$$W_e=\frac{K_1\rho n^2 d_e^{4/3}x^{5/3}}{\sigma} \tag{2-104}$$

Hinze 研究指出，存在一个临界韦伯准数对颗粒进行切割粉碎，该临界韦伯准数关于是 R 的函数。当在湍流应力作用下的韦伯准数大于临界韦伯准数时，则颗粒破碎。

2. **断裂力学**

切割粉碎和断裂力学密不可分，因此需要对断裂力学进行研究，根据上、下裂纹表面的相对位移不同，目前较为常见的裂纹力学特征分为三种基本形式如图 2-9 所示。

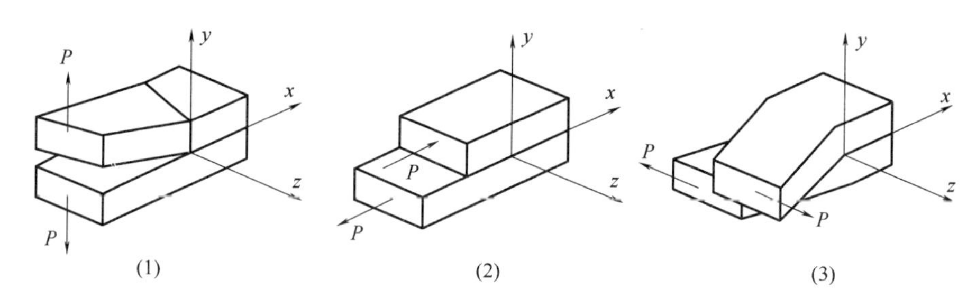

图 2-9 不同类型的裂纹特性图

（1）张开型裂纹；（2）面内滑移型裂纹；（3）撕裂型裂纹

研究发现，在高速剪切时物料和机构间处于紧压夹紧状态时，即满足轴向方向上的间距接近于零，同时剪切力到达物料的临界破碎应力，那么这时物料的破碎形式主要和图 2-9（2）相似，满足面内滑移的高速剪切又称规则剪切。

为了进一步研究断裂时裂纹的形成，对于断裂力学的研究指出，对于任意的裂纹形式，假设作用在颗粒裂纹处的外应力为 F，根据应变能密度因子理论可知裂纹体的应变密度因子为：

$$S=a_{11}K_{a}^{2}+2a_{12}K_{a}K_{b}+a_{22}K_{b}^{2}+a_{33}K_{c}^{2} \tag{2-105}$$

$$a_{11}=\frac{1}{16\pi\mu}[(3-4v-\cos\theta)(1+\cos\theta)]$$

$$a_{12}=\frac{1}{16\pi\mu}2\sin\theta(\cos\theta-1+2v)$$

$$a_{22}=\frac{1}{16\pi\mu}[4(1-v)(1-\cos\theta)+(1+\cos\theta)(3\cos\theta-1)]$$

$$a_{33}=\frac{1}{4\pi\mu}$$

式中 μ——剪切弹性模量

θ——极角

K_{a}、K_{b}、K_{c}——(a)（b）（c）型裂纹的应力强度因子

v——泊松比

高速剪切在规则剪切的时候，裂纹体的应变密度因子可以简化为：

$$S=a_{22}K_{b}^{2} \tag{2-106}$$

对于规定了剪切的物料，裂纹体的应变密度因子和临界开裂能相同，即：

$$S=S_c=\frac{1}{4\pi\mu}K_b^2 \tag{2-107}$$

其中，夹紧状态下的高速剪切可以将（b）型内滑移裂纹看作裂纹在均匀垂直作用力下的理想状态方程：

因此将式（2-107）代入式（2-106）中，可以得到：

$$S=\frac{1}{16\pi\mu}[4(1-v)(1-\cos\theta)+(1+\cos\theta)(3\cos\theta-1)]K_b^2 \tag{2-108}$$

根据应变能密度因子理论得，可以从两个方程来控制裂纹的延伸方向，两个方程如下：

$$\frac{\partial S}{\partial\theta}=0 \tag{2-109}$$

$$\frac{\partial S}{\partial\theta^2}>0 \tag{2-110}$$

对式（2-110）求导得：

$$\frac{\partial S}{\partial\theta}=\frac{K_b^2}{16\pi\mu}[2\sin\theta(1-2v-3\cos\theta)] \tag{2-111}$$

令 $\partial S/\partial\theta=0$，则 $\theta_1=0$，$\theta_2=\arccos\dfrac{1-2v}{3}$。

经验证 θ_2 在满足 $\partial S/\partial\theta^2>0$ 时，高速剪切的裂纹扩展方向的 θ_2 的计算方程为：

$$\theta_2=\arccos\frac{1-2v}{3} \tag{2-112}$$

对上式公式进行分析，规则剪切会产生横向的粉体。裂纹产生后，泊松比是控制扩展方向的主要因素，研究表明，一般食品物料的裂纹扩展方向接近 90°。

3. 剪切裂纹的形成

传统的粉碎机由于电机转速较低，转子和粉体发生剪切时，粉体在接触面的塑性流动比较差。每个切割板在切割边缘处具有多个连续的碎屑切割刀片，这些切割刀片间隔设置，并且夹在头部中的相邻切割板中的碎屑相对于切割刀片的切割边缘可横向移位，将材料研磨成粉末。剪切面与作用力作用点的距离会逐渐增大，从而在剪切面上作用更大的弯矩，会对剪切面作用局部的拉应力，甚至影响裂纹裂口的延伸方向。

在裂纹产生的时候，裂纹断裂会出现极大面积的扩展，对于弹塑性较好的食品颗粒，剪切塑性变形带来的应力集中现象会逐渐减小，断裂形成的颗粒出现尖端现象的情况会大大减小，但是可能物料充分剪切的概率增大，会造成物料粉碎不完全。综上所述，物料最终进行粉碎断裂的原因不是由于最先产生的裂纹决定的，而是后期形成的裂缝延伸走向决定的，同时裂纹延伸的方向不是呈现一维方向延伸的，而是由于剪切应力的松弛程度不同决定的，造成物料撕裂或者剪碎。

高速剪切时，粉体间的塑韧性对剪切粉碎的影响会逐渐变小，断裂韧度会下降。由于物料在高速剪切时，在大的离心力作用下在转子边缘压紧，压紧后剪切面上的局部拉应力减小甚至完全消除，塑性变形量也随之减小，使侧向挤压力进一步减小。

断裂韧度的增大会造成材料的脆性断裂概率增大，这会造成剪应力无须达到材料的临界断裂时就可以对材料进行粉碎。裂缝刚刚出现时，刀刃挤入粉体颗粒的深度较浅，塑性变形和侧向剪切力的减小会造成距离刀片较近出现的切割深度方向与粉体颗粒间的挤压力方向更为接近，从而裂纹的初始方向进是由切割面的形状决定的，这为裂纹是由刀具结构所预定规划的方向决定提供了一定的保证和理论依据。

剪切裂纹是断裂的前奏，从初始裂纹慢慢延伸形成初始的裂纹根源，由于粉体颗粒的塑性较差，会造成刀片边缘的塑性变形量极小，裂纹在物料表面形成后，物料在出现裂纹的尖端处出现应力集中现象，粉体颗粒由于塑性变形量小无法及时变形造成应力松弛现象，因此塑性区会大大减小，剪切速度的增大会使剪切面上应力的差异性越大。裂纹源在达到一定大小时，应力集中现象粉体颗粒会发生脆性断裂，初始裂纹会沿着初始裂纹切口的方向不断延伸，发生脆性断裂。

4. **受力分析**

剪切粉碎腔是剪切粉碎的核心，它主要由安装在粉碎腔上的定子和转动的转子组成，其三维的结构如图 2-10 所示。

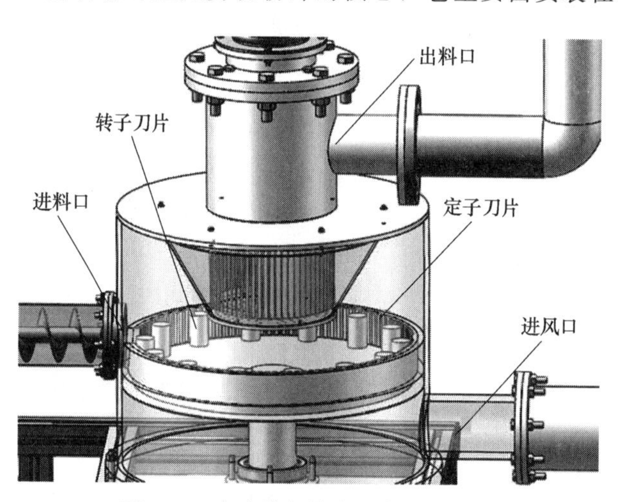

图 2-10 高速剪切粉碎设备三维模型

高速剪切设备运行的时候，鼓风机将空气吹入粉碎腔，粉体颗粒从进料口在螺旋输送机作用下进入剪切粉碎腔，在空气作用带动粉体颗粒进行分散处理，粉体颗粒充分分散后，由于转子刀片在电机作用下进行旋转，粉体颗粒在离心力作用下运动到转子外围，与转子外围的转子刀片进行碰撞，部分颗粒较大的粉体在冲击中发生破碎，但其中大部分粉体会运动到转子底部，在转子刀片和定子刀片之间发生剪切作用，由于转子刀片相对于定子刀片存在很大的切向速度，因此物料在转子和定子刀片之间会受到很大的剪切力而发生粉碎。

如图 2-11 所示为粉体具体的切割粉碎受力分析图，图中 α 表示刀片的偏转角度，ω 表示转子刀片的角速度，V 表示物料的运动方向，方向与刀片的后刀面平行，F 表示物料受到的离心力，P 为粉体物料发生切割时受到的剪切力。它的

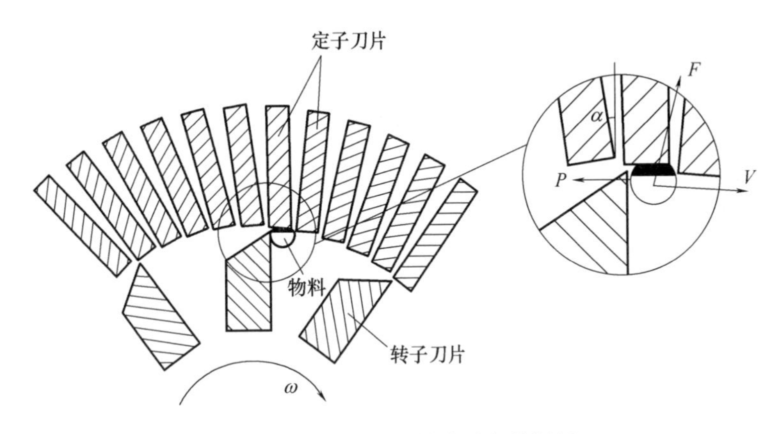

图 2-11　粉体切割粉碎受力分析图

原理是物料随着转子刀片运动，当粉体物料在离心力 F 作用下运动到转子刀片的外端，颗粒与定子刀片相接触，物料在定刀和动刀之间受到剪切力的作用下产生裂纹，同时随着转子刀片向前推进，剪切力 P 不断增大，裂缝开始不断延伸，粉体颗粒的内部也产生裂缝。高速剪切条件下裂尖的塑性小范围屈服近似于弹性屈服，裂纹沿横向扩展的比较充分，所以裂纹产生后将以脆断形式在物料内部沿达到裂纹应变值的方向传播。重复上述过程直至粉体物料被切碎到预期尺寸，颗粒的大小可以通过改变定子刀片和转子刀片之间的距离进行调整。

高速切割粉碎设备的粉碎腔上的定子刀片的安装形式、数量和形状会很大地影响粉体颗粒的粉碎效果。在刀片排列半径不变的前提下，定子刀片的高度、间隙、安装状态会决定切割深度 h_1 和刀片间隙 h_2，根据转子刀片和定子刀片之间的距离和安装位置不同，定子刀片主要有以下 6 种不同的安装形式，如图 2-12 所示。

以图 2-12（3）为例，对切割深度 h_1 和刀片间隙 h_2 分析定子刀片的排列方式。

刀片安装在半径为 r 的圆周上，每把定刀片的宽度为 b，刀片安装的角度偏转为 α，安装的定子刀片数量为 n，通过计算得到两个刀片之间的夹角为 γ 方程为：

$$\gamma=2\pi/n \tag{2-113}$$

切割深度 h_1 可表示为：

$$\theta_2=\arccos\frac{1-2v}{3} \tag{2-114}$$

将式（2-114）代入式（2-113）中，可以得到切割深度 h_1 方程为：

$$h_1=r\,\frac{2\pi}{n}\sin\left(\frac{\pi}{n}+\alpha\right) \tag{2-115}$$

刀片间隙 h_2 方程可以表示为：

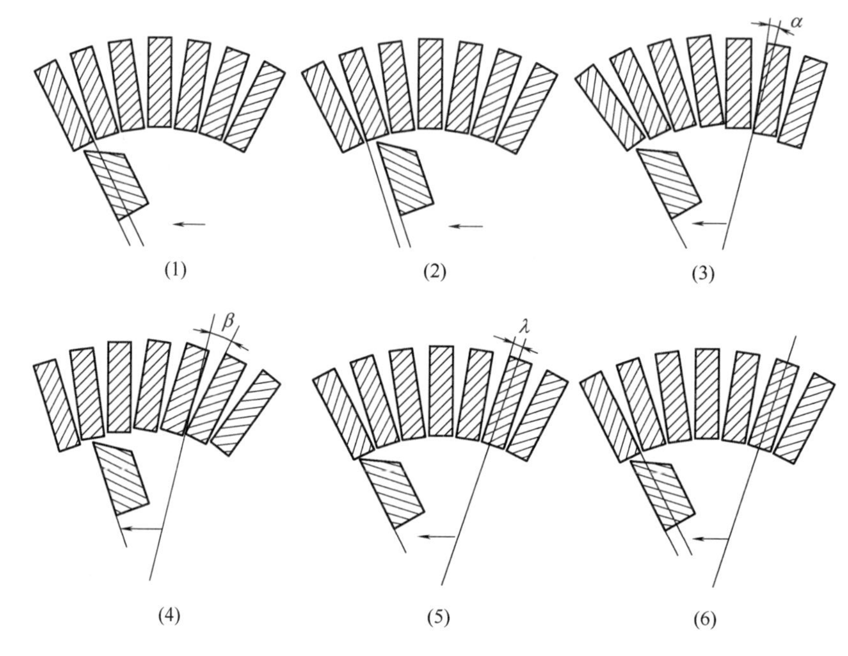

图 2-12 高速粉碎转子刀片安装的 6 种不同形式

(1) 定子刀片上游面与转子刀片后刀面共面；(2) 定子刀片下游面与转子刀片后刀面共面；
(3) 定子刀片逆向偏转某个角度 α；(4) 定子刀片顺向偏转某个角度 β；
(5) 定子刀片偏心布置；(6) 定子刀片对中布置

$$h_2 = r\gamma\cos(\gamma+\alpha) - b\cos\alpha \tag{2-116}$$

将式（2-116）代入式（2-115）中，可以得到刀片间隙 h_2 方程可以表示为：

$$h_2 = r\frac{2\pi}{n}\cos\left(\frac{2\pi}{n}+\alpha\right) - b\cos\alpha \tag{2-117}$$

由式（2-115）和式（2-117）可知，当排列刀片安装的圆半径 r 保持不变，随着定子刀片的数量 n 增加，切割深度 h_1 和刀片间隙 h_2 逐渐减小，刀片的偏转角度 α 逐渐增大；随着定子刀片的宽度 b 的增大，定子刀片的间隙 h_2 逐渐减小。

切割深度 h_1 可以对粉体物料切割粒径粉碎出的粒径大小进行限制，直接决定了切割粉碎机的粉体颗粒大小。刀片间隙 h_2 会对剪切粉碎后粉体颗粒的顺利排出起决定作用，当刀片间隙 h_2 偏大时，粉体物料可能会没有充分剪切粉碎影响剪切粉碎效率，当刀片间隙 h_2 偏小时，就会对粉碎后的粉体颗粒排料造成不畅通，造成转子刀片和定子刀片间发生堵塞。因此，切割间隙 h_1 和刀片间隙 h_2 的作用相反，一个因素的变好会造成另一个因素变差，彼此矛盾，因此为了提高高速剪切粉碎机的粉碎效率，减小粉碎粉体颗粒的粒径，需要根据不同的进料粒径、物料性质和产品的粒径要求确定切割间隙 h_1 和刀片间隙 h_2。

如表 2-6 所示，随着刀片间隙的减小，就需要增加刀片的刚度，充值定子刀片的宽度要适宜，导致粉碎的粉体物料需要经过一个较长的通道，应该需要出料的通道具有很大的长径比（l/d），如图 2-12 所示。剪切粉碎时需要保持排料顺畅，需要对出料通道的长径比进行减小，当定子刀片的长度 l 及刀片开口间隙 h_2 对高速粉碎设备无法进行更改的情况下，需要对转子刀片进行一些形状的改变来提高高速粉碎粉碎机的粉碎效率。其中一种改变的方式是可以通过在静刀刀片上切削面上开斜槽，增大锥形出料口的斜度来保持排料的顺畅，提高高速剪切粉碎机的分级效率，开斜槽的方式如图 2-13 所示。

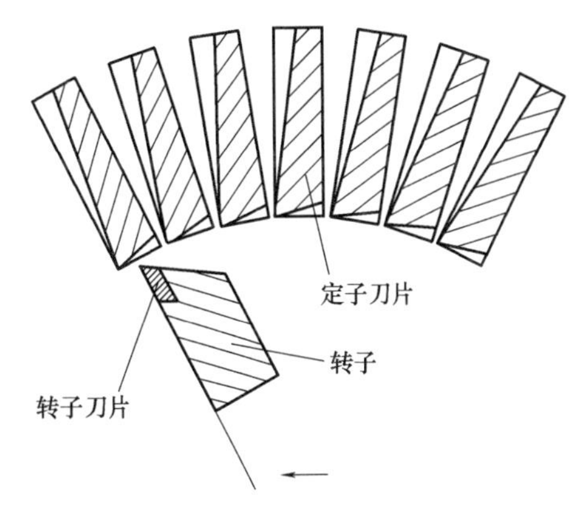

图 2-13　定子刀片上开槽的示意图

表 2-6　　不同排列形式的切割深度和刀片间隙

定子刀片数量/个	刀片偏转角度/°	切割深度/mm	刀片间隙/mm
180	0	0.0463	0.5513
180	2	0.1388	0.5477
180	5	0.2773	0.5411
200	0	0.0375	0.2764
200	2	0.0792	0.2851
200	5	0.1208	0.2836
206	0	0.0354	0.2170
206	1	0.0758	0.2157
212	0	0.0334	0.1515
212	1	0.0727	0.1503
216	0	0.0322	0.1098
216	1	0.0707	0.1087

为了提高高速剪切粉碎的粉碎效率，需要对动静刀片之间的间距 δ 进行一定的调整，动静刀片之间的间距 δ 指的是定子刀片的切割边缘与转子刀片的切割边缘之间的径向距离，如图 2-13 所示。为了减小粉碎后的粉体颗粒粒径，转子刀片的顶端在转子刀片和定子刀片间隙的剪切面上，即转子刀片顶端和粉体物料进行正面相交。同时，转子旋转时会发生偏心、变形、振动，为防止转子刀片和定子刀片发生碰撞，对高速粉碎切割机造成破坏，因此需要对动静刀片之间的间隙 δ 进行合适的取值，一般间隙 δ 取 0.1～0.2mm。

5. 应力方程

剪切的过程在传统情况下，物料在一种自然状态下受到剪切力的作用，剪切时物料会受到弯曲力矩，剪切区的粉体物料会因此受到侧向挤压力的作用，剪切力和挤压力的合力方向就是裂纹的延伸方向，弯曲力矩会影响粉碎的效率。传统的剪切粉碎裂纹尖端应力方程如下所示：

$$\sigma_x=-\frac{K_b}{\sqrt{2\pi r}}\sin\frac{\theta}{2}\left(2+\cos\frac{\theta}{2}\cos\frac{3\theta}{2}\right) \tag{2-118}$$

$$\sigma_y=-\frac{K_b}{\sqrt{2\pi r}}\cos\frac{\theta}{2}\sin\frac{\theta}{2}\cos\frac{3\theta}{2} \tag{2-119}$$

$$\tau_{xy}=\frac{K_b}{\sqrt{2\pi r}}\cos\frac{\theta}{2}\left(1-\sin\frac{\theta}{2}\sin\frac{3\theta}{2}\right) \tag{2-120}$$

式中 σ_x、σ_y——颗粒受到的挤压应力

τ_{xy}——物料受到的剪切应力

θ——裂纹延伸方向和原裂纹面的夹角

采用粉体物料用高速粉碎机粉碎时，物料在离心力的作用下在定子上进行压紧，剪切力产生的弯曲粒径会平衡，引起侧向挤压力减小，σ_x、σ_y 趋向于零。颗粒切割粉碎时根据刀具结构对颗粒裂缝的延伸起到决定性作用，纯剪切过程以此形成，从而每个定子刀片按照刀片的深度进行切割，最后达到指定的粒径大小。

6. **切割速度**

（1）从力学分析切割 从物料粉碎裂纹的延伸方向的角度出发，研究切割速度对切割粉碎的影响进行分析，研究发现材料的应变率随着切割速度的增大而逐渐增大，剪切速度到达脆性临界速度时，裂纹的延伸范围就会大大减小，此时线弹性力学关于切缝前段位移场的理论仍适应于此剪切过程。根据断裂力学观点，裂纹尖端附近区域位移场的表达式为：

$$u=\frac{(1+v)K_b}{G}\sqrt{\frac{r}{2\pi}}\sin\frac{\theta}{2}\left(k+1+2\cos^2\frac{\theta}{2}\right) \tag{2-121}$$

$$v=\frac{(1+v)K_b}{G}\sqrt{\frac{r}{2\pi}}\cos\frac{\theta}{2}\left(-k+1+2\sin^2\frac{\theta}{2}\right) \tag{2-122}$$

式中 G——物料的剪切弹性模量

对式（2-121）和式（2-122）进行分析，当 θ 趋向于零时，v 会远远大于 u，说明高速剪切粉碎时，剪切方向决定了裂纹延伸的方向，切割的深度由刀片的切割深度为准，因此可以控制粉碎粉体的粒径，减小粉体粒径的粒径分布减小，提高粉碎机的粉碎效率。

（2）切割临界速度 物料在进行切割粉碎时，由于转子旋转产生的离心力作用下将物料压在定子的表面，在切割的时候粉体物料会被压在定子上无法运动，对物料进行切割粉碎。粉碎的过程中由于转子旋转与粉体物料接触时，将转子上的机械能转化成撕裂粉体颗粒的剪切能。因此，为了防止物料的移动造成剪切效率下降，需要增大转速提供足够的挤压力。

水平分力与垂直分力的合力 N 的方程如下：

$$N=P_v\sin\theta+P_h\cos\theta \tag{2-123}$$

切向力 T 在法向方向上的方程为：

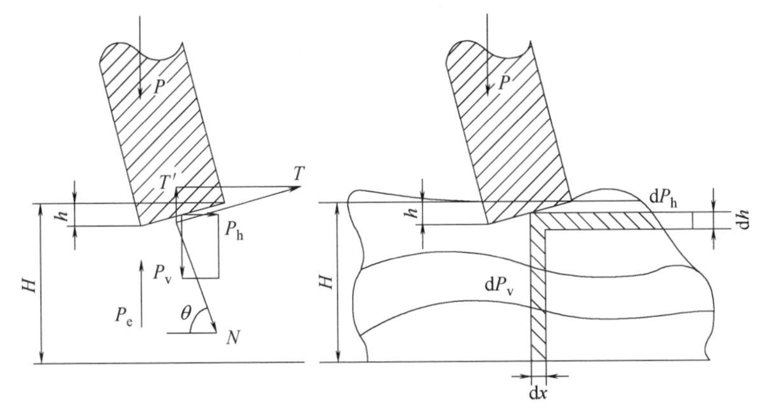

图 2-14　切割时刀片上的受力分析

$$T=\mu N \tag{2-124}$$

T'为 T 的垂直分力，其式如下：

$$T'=T\cos\theta \tag{2-125}$$

将式（2-123）、式（2-124）代入式（2-125）中，T 方程演化成：

$$T=\mu N\cos\theta=\mu(P_v\sin\theta\cos\theta+P_h\cos^2\theta) \tag{2-126}$$

在切割物料的瞬间，刀刃上产生的力 P_e 可以如下所示：

$$P_e=tL\sigma_B \tag{2-127}$$

式中　t——刀刃厚度

L——刀刃单位强度

σ_B——刀刃作用下粉体的屈服强度

垂直方向上的平衡方程如下：

$$P=P_e+P_v+T \tag{2-128}$$

对 dP_v 进行积分，垂直分力 P_v 的方程可以表示为：

$$P_v=\overline{E}h^2\tan\theta/2H_0 \tag{2-129}$$

$$P_h=v\overline{E}h^2/2H_0 \tag{2-130}$$

式中　$\overline{E}$——平均形变模量

h——物料初始被切割厚度

H_0——物料总厚度

假设物料为弹性体，切割物料的原理可以用胡克定律解释，有文献指出刀片单位长度的平衡力 ρ 可以表示为：

$$\rho=t\sigma_B+\overline{E}h^2(\tan\theta+\mu\sin^2\theta+v\cos^2\theta)/2H \tag{2-131}$$

式中　$t\sigma_B$——有效切割力，影响 $t\sigma_B$ 的因素为屈服强度 σ_B 和刀片厚度的影响

$\overline{E}h^2(\tan\theta+\mu\sin^2\theta+v\cos^2\theta)/2H$——用于克服其他阻力的额外作用力，它的大小由切割开始的初始被切割厚度 h 的平方决

定，与物料的总厚度 H 成反比，它的大小还与角度 θ、物料的泊松比 v 有关

刀片单位宽度用于挤压及切割物料所需合力 F_T 的方程可以表示为：

$$F_T=[t\sigma_B+\overline{E}h^2(\tan\theta+\mu\sin^2\theta+v\cos^2\theta)]/2h \tag{2-132}$$

其中由于分级体力所受离心力大小为：

$$F=\frac{mv^2}{r} \tag{2-133}$$

当物料受到剪切时，根据二力平衡，$F_T=F$，即方程为：

$$\frac{mv^2}{r}=[t\sigma_B+\overline{E}h^2(\tan\theta+\mu\sin^2\theta+v\cos^2\theta)]/2h \tag{2-134}$$

对式（2-137）进行推导可以得到临界速度的方程为：

$$v=\sqrt{[t\sigma_B+\overline{E}h^2(\tan\theta+\mu\sin^2\theta+v\cos^2\theta)]r/2mh} \tag{2-135}$$

第四节 研磨粉碎理论

根据德国学者 Kwade 等的研究，搅拌介质研磨机的工作原理是用研磨介质通过摩擦，冲击和压力研磨达到粉碎物料的作用。搅拌介质研磨机中粉碎的过程，主要由研磨腔中作用于物料颗粒的次数以及应力的大小决定的。因此，研磨机制需要从两个方面考虑：

① 基于搅拌介质磨机的研磨理论，也即搅拌介质磨机相关应力模型；

② 基于物料颗粒的破碎理论，也即颗粒相关应力模型。

一、研磨粉碎模型

根据 Kwade 等的研究，搅拌介质磨机相关应力模型的思路是搅拌介质磨机的粉碎行为由搅拌介质磨机每单位时间提供的应力事件数决定，即所谓的应力事件频率（Frequency of Stress Events，SF）；以及搅拌介质磨机在每个应力事件下能够提供给产品颗粒的能量，即所谓的应力能（Stress Energy，SE）。颗粒相关应力模型的基本思路是，物料颗粒在粉碎或分散过程中可以达到的产品质量和细度由每个物料颗粒被冲击和摩擦的频率，也就是进料颗粒受到的应力数量（Stress Number，SN）与每个应力事件的强度有多高，也就是每个应力事件的应力强度（Stress Intensity，SI）两个因素决定。应力事件数量对产品质量或细度的影响是显而易见的：随着每个进料颗粒的应力事件数量不断增加，产品质量或细度增加。应力强度决定了转移到产品的能量的高低，也决定了产品所能达到的质量（细度）。

1. 应力事件中应力强度

在搅拌介质磨机中，研磨发生的有效区域位于搅拌器附近和研磨腔壁面附近的速度梯度较大的位置，Kwade 等研究具有搅拌器的搅拌介质磨机中介质的运

动，分析得出产品物料颗粒受到应力作用而产生破碎的方式主要有三种。

① 研磨介质与研磨室壁碰撞破碎；

② 颗粒受到离心加速度与研磨腔壁冲击碰撞破碎；

③ 研磨介质互相碰撞破碎。

Kwade 和 Schwedes 在研究湿法搅拌介质研磨时，发现当进料材料的弹性远小于研磨介质的弹性时，转移到颗粒上的能量正比于研磨介质获得的动能，应力强度与研磨介质的应力强度成正比：

$$SE \propto SE_{GM} = d_{GM}^3 \cdot (\rho_{GM} - \rho) \cdot v_t^2 \tag{2-136}$$

式中　d_{GM}——研磨介质的直径

ρ_{GM}——研磨介质的密度

v_t^2——搅拌器的圆周速度

ρ——溶液的密度

只要研磨腔的几何形状是恒定的，其应力能量分布不会改变，SE_{GM}是研磨腔内平均应力能的一种度量。当产品悬浮液具有低黏度，研磨介质的杨氏模量与产品颗粒相比显著升高，并且研磨机几何形状不变情况下。研磨介质的应力能为：

$$SE_{GM} = d_{GM}^3 \cdot \rho_{GM} \cdot v_t^2 \tag{2-137}$$

2. **应力数的计算**

Kwade 等发现在研磨过程中每个进料颗粒或由其产生的碎片受到的平均应力事件的数量，即所谓的应力数量（Stress Number，SN），由介质接触的数量 N_C，颗粒在介质接触处被捕获并且受到足够的应力的概率 P_S 以及搅拌磨机内的进料颗粒的数量 N_P 确定：

$$SN = \frac{N_C P_S}{N_P} \tag{2-138}$$

其中假定介质接触的数量 N_C 与搅拌器转数 n，研磨时间 t 和研磨室中的研磨介质 N_{GM}的数量成正比：

$$N_C \propto ntN_{GM} \propto nt \frac{V_{GC}\varphi_{GM}(1-\varepsilon)}{\frac{\pi}{6}d_{GM}^3} \tag{2-139}$$

式中　n——每单位时间搅拌器的转数，s^{-1}

t——粉碎时间，s

V_{GC}——研磨室的体积，m^3

φ_{GM}——研磨介质的填充率，%

ε——大量研磨介质的孔隙率

关于粉碎材料的破损行为，原则上可以区分两大类粉碎过程：

① 团聚体的解聚和细胞的分解；

② 研磨晶体材料（单晶或晶体聚集体）。

颗粒在介质接触处被捕获并受到应力的概率取决于粉碎过程的类型，即取决于材料的破损行为。在分散解聚和破碎细胞时，颗粒在介质接触处被捕获的概率 P_S 与研磨介质表面成正比，因为在介质表面之间作用的剪切应力已经足以分别破坏附聚物或细胞。小部分附聚物或细胞在有效体积中也受到应力。然而，由于这些团聚体或细胞的数量与其他团聚体或细胞的数量相比较小，有效体积是研磨介质表面的一部分，因此：

$$P_S \propto d_{GM}^2 \tag{2-140}$$

在研磨晶体材料（例如矿物质和陶瓷材料）的情况下，概率与两种研磨介质之间的有效体积成正比。颗粒主要受法向应力。该有效体积与研磨介质的直径成正比。因此：

$$P_S \propto d_{GM} \tag{2-141}$$

进料颗粒的数量与进料颗粒的总体积 $V_{P,tot}$ 的比例成正比，其公式为：

$$NP \propto V_{P,tot} = V_{GC}\{1-\varphi_{GM}(1-\varepsilon)\}c_V \tag{2-142}$$

其中 c_V 是颗粒悬浮液的体积固体浓度。结合式（2-138）和式（2-142），可以得到分散解聚和破碎细胞以及研磨晶体材料时的应力数的比例关系为：

$$SN \propto \frac{\varphi_{GM}(1-\varepsilon)}{[1-\varphi_{GM}(1-\varepsilon)]c_v} \cdot \frac{nt}{d_{GM}} \propto c \cdot SN_D \tag{2-143}$$

研磨晶体材料：

$$SN \propto \frac{\varphi_{GM}(1-\varepsilon)}{[1-\varphi_{GM}(1-\varepsilon)]c_v} \cdot \frac{nt}{d_{GM}^2} \propto c \cdot SN_D \tag{2-144}$$

$$c = \frac{\varphi_{GM}(1-\varepsilon)}{[1-\varphi_{GM}(1-\varepsilon)]c_v}$$

以上的计算都是基于湿法研磨而言的，针对干法研磨的应力模型与湿法类似，Rácz 和 Csöke 开展了针对干法研磨实验的研究，并且提出了相关的应力模型及其应用的细节。根据他们的发现，干法研磨中应力数计算如下：

$$SN_D = \frac{(1-\varepsilon)x^3}{\varepsilon_{GM}(1-\varepsilon)\varphi_m} \cdot \frac{nt}{d_{GM}^2} \tag{2-145}$$

式中 n——转数

t——停留时间

ε_{GM}——研磨介质的孔隙率

φ_m——材料填充率

$$\varphi_m = \frac{V_m}{V_{P,GM}} \tag{2-146}$$

材料填充率 φ_m 是材料体积 V_m 和研磨介质 $V_{P,GM}$ 之间孔隙体积的商。

SN 和 *SI* 的值与搅拌介质磨机无关，难以确定搅拌介质磨机的研磨效率。搅拌介质磨机的粉碎行为由每单位时间由工厂提供的应力事件的数量，即所谓的应力事件频率 *SF* 和在每个应力事件下磨机可以供应给产品颗粒的能量，即所谓的应力能量 *SE* 因素决定。

应力事件频率 SF 和平均粉碎时间 t_c 的乘积称为应力事件总数 SN_M。应力事件的频率 SF 完全是搅拌介质磨机的特征，与颗粒无关。

$$SN_M = SF \cdot t_c \tag{2-147}$$

应力能量 SE 定义为在一次应力事件中转移到一个或多个产品颗粒的能量。

二、理论的应用

研磨介质和产品颗粒的运动是一个动态过程，描述应力事件数量和应力强度应使用分布函数来描述，目前为止还没有一个能够确切描述这两个因素的数值，因此我们使用特征参数来表述。特征参数取决于研磨材料的破损行为，Kwade等推导出描述应力事件的相对数量和应力强度的特征参数。

1. 解聚和细胞的分解

在解聚和细胞分解时，研磨过程的目的是分解团块或分解细胞。只要团聚体一旦被破坏或细胞被分解，继续研磨并不会导致产品质量（细度）的进一步改善。破碎聚集体或分解细胞的应力强度相对较小，研磨介质之间的剪切应力足以破裂。在细胞分解的应力事件中，细胞组织会很快被分解成单个细胞或者直接被破壁；在解聚应力事件中，除了团聚物保持其原始形式或团聚物的初级粒子中完全分解之外，在研磨腔中，团聚物会很快分解成少量较小的初级粒子组成的团聚物或初级粒子。

在理想的应力强度下，团聚体可以解聚或者细胞可以被分解，进一步加大应力强度并不会进一步提高产品的质量（细度）。因此，在理想应力强度范围内，产品质量只是应力数量的函数，而不是应力强度的函数。此外，产生某种产品质量（细度）所需的具体能量应与使用的应力强度成正比，这意味着如果应力强度是最佳应力强度的两倍（即团聚体或单元刚刚破裂的应力强度），则比能量要求也是最小特定值的两倍尽管最终产品质量相同，但使用大的应力强度造成了能量的浪费。

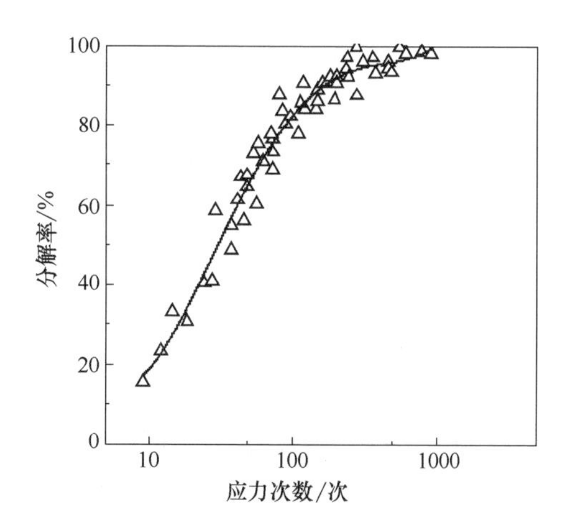

图 2-15　酵母细胞的分解速率与应力数之间的关系

以 Bunge 使用搅拌介质磨机来分解酵母细胞为例，图 2-15 是将酵母细胞分解率作为应力数目的函数表达（Bunge 在计算应力数目时采用的是角速度而不是转速，但只需要乘以一个常数因子即可换算），实验中研磨介质填充率为 80%，搅拌器尖端速度 8m/s，研磨介质直径在 0.5～4mm 范围内。

图 2-15 中的拟合曲线是在应力

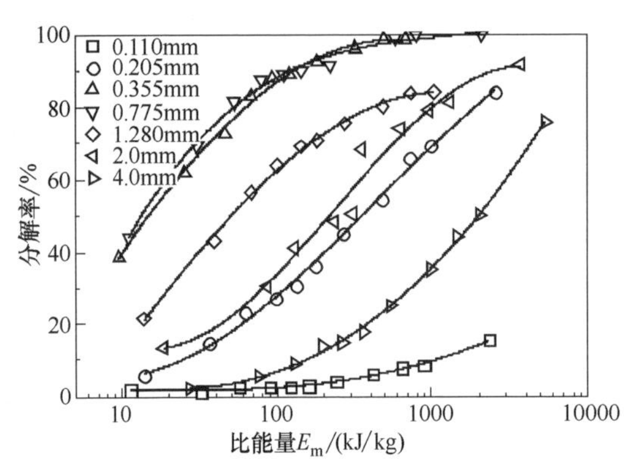

图 2-16 分解速率与比能量之间的关系

强度（研磨介质直径和搅拌器尖端速度）足以破坏细胞壁的情况下，分解速率 A 相对于应力数量 SN 的一级近似描述。当应力强度不足以破坏细胞壁时，相同应力数下，分解速率要低于拟合曲线的速率。为了寻找分解速率和输入能量之间的关系，在不同直径的研磨介质下，对分解速率和比能量之间拟合，得到如图2-16所示的关系。

在恒定比能量时，分解速率与研磨介质尺寸之间并没有确定关系，而是在研磨介质尺寸为 0.355mm 和 0.775mm 时获得的最佳应力强度曲线，此时产生最大的分解速率。过大的研磨介质尺寸以及因此导致的过高应力强度，会使得分解速率下降。在最佳应力强度（研磨介质尺寸）以外情况下只能通过改变应力数而不是增加应力强度来提高分解速率。

将分解率为 60%所需的比能量看作应力强度 SI 的函数，可以得到图 2-17 中所示的关系。在小的应力强度下，需要大量的特定能量，在最佳应力强度下，应力强度恰好足以分解细胞，需要较少的应力数就可以分解细胞。当应力强度进一步增加，则比能量与应力强度成比例地增加，因为在恒定的崩解速率下，大应力强度所需要的应力数量并不会有明显减少。

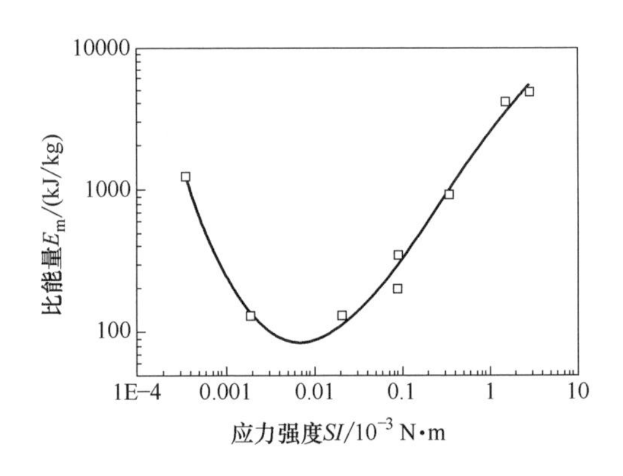

图 2-17 分解率为 60%所需的比能量与应力强度之间的关系

2. 研磨晶体材料

在相同的研磨晶体材料（单晶或晶体聚集体）时，产品的细度随应力强度增加而增加，研磨介质之间必须通过相对较高的正应力来捕获颗粒并对其施加应力。随着应力强度的增加，晶体进料颗粒碎片的尺寸稳定下降，直到达到最小粒径。不同晶体材料的断裂行为的差异只是物料颗粒（晶体的单晶或聚集体）在一定的应力强度下断裂时产生碎片的数目和碎片尺寸的不同。

以 Kwade 等利用搅拌介质磨机研磨石灰石为例，由于石灰石是一种中等硬度的材料，石灰石的中值尺寸与应力数之间的关系如图 2-18 所示，实验中研磨介质密度 2894kg/m³，搅拌器尖端速度 9.6m/s，研磨介质填充率 80%。

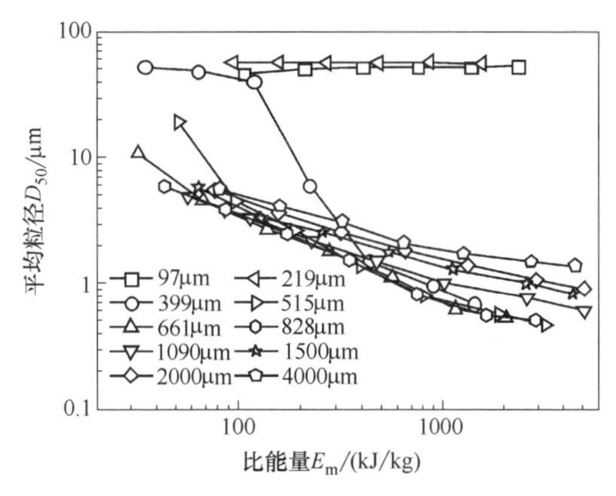

图 2-18　石灰石中值粒径与应力数的关系

随着研磨介质直径的减小，产生相同产品所需的应力数量增加，产生 2μm 粒径的石灰石颗粒，当研磨介质直径为 4000μm 时，应力数量大约为 400，当研磨介质直径为 399μm 时，应力数要增长 200 倍。当研磨介质（97μm 和 219μm）非常小时，应力强度也很小，尽管应力数量非常高，但粉碎几乎没有取得进展。主要是因为此时应力强度太小，不能达到破坏晶体颗粒所需要的能量。

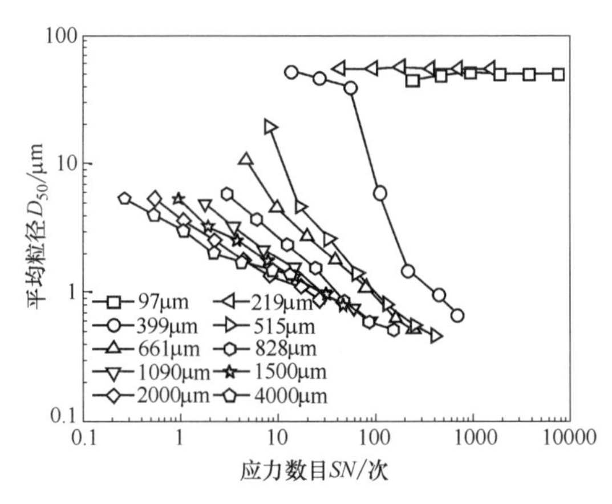

图 2-19　石灰石中值粒径与比能量之间的关系

图 2-19 所示为中值粒径与比能量之间的关系，对于不同的研磨介质尺寸（应力强度），产品细度和比能量之间存在不同关系，实验中研磨介质密度 2894kg/m³，搅拌器尖端速度 9.6m/s，研磨介质填充率 80%。

图 2-19 中最低曲线不属于最高应力强度（最大研磨介质尺寸），研磨介质尺寸为 661μm 和 838μm 时，可获得给定比能量下的最高的产品细度。最佳介质尺寸以及因此最佳应力强度位于这两个介质尺寸的范围内。对于尺寸大于 838μm 的研磨介质，相同的比能量输入生产的产品粒径较粗。这是由于随着应力强度的增加，能量利用率的下降。对于较小的介质（399μm 和 661μm），对于低的比能量输入，较大的介质会产生更精细的产品，而对于较高的比能量，较小的介质则是有利的。在研磨过程开始时，尺寸在 399～661μm 的研磨介质的应力强度不足以快速研磨物料颗粒，因此需要更大的应力强度。初步破碎之后，中等尺寸的研磨介质足以提供破碎物料的能量，达到最佳状态。研磨介质尺寸为 97μm 和 219μm，应力强度非常低，产品细度几乎没有变化。

图 2-20 为中值尺寸 x_{50} 为 2μm 所需的比能量作为应力强度函数 SI 的函数表

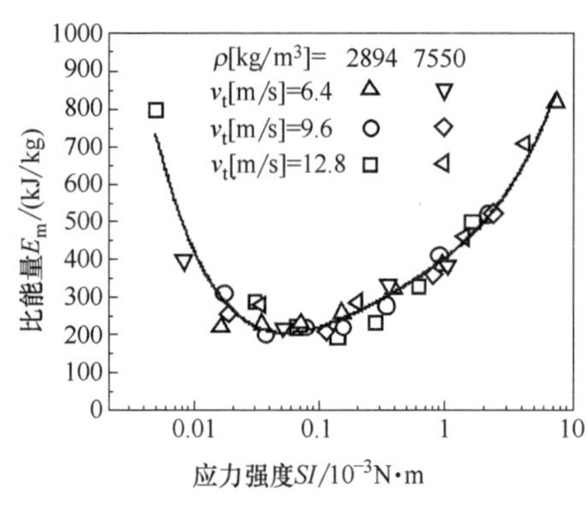

图 2-20 产生 2μm 石灰石中值粒径所需比能量与应力强度之间的关系

达，比能量在最佳应力强度下具有最小值，最佳应力强度下的能量利用率最高，应力数量，应力强度和比能量对产品质量（例如产品细度或分解速率）之间的关系取决于粉碎材料的破损特性。如果在高于最佳应力强度下进行团聚体解聚或细胞分解过程，则产品质量只是应力数量的函数，而不是应力强度的函数。与此相反，在研磨晶体材料时，物料比较坚韧，其中在应力事件下碎片的细度与应力强度成比例（即能量利用率恒定），操作参数对产品的影响细度只能通过比能量来描述。

第五节 精细分级理论

一、粉体分级概述

超细粉体在各个生产行业领域的快速发展，如电子元件、材料、化工、生物医药及涂料、中医药保健食品、日用化工等行业，使得对超细粉体颗粒的细微性和粒径均匀性有着更高的要求，而在获得超细粉体的方法中有机械法和化学合成制备法，其粉体粒径都不是均匀存在，并不能达到工业生产要求。分级技术便成为获得某一稳定范围粒径粉体的关键技术之一，不仅可以增加粉碎效率，减少粉碎过程中的“过磨”问题，而且可获得很细粒径和很窄粒径分布的粉体产品。

粉体分级是根据粉体颗粒的密度、颜色、化学成分、形状、静电和放射性等特性的差异，从而分离出不同粒径组分的方法。

按照分级标准的不同，超细粉体的分级方法也有很多分类。从广义上，粉体分级可分为有网分级和无网分级。有网分级即筛分，适用于粉体颗粒较大的筛选。对于粒径小于 100μm 的颗粒则采用无网分级即流体力学分级，流体力学分级是利用粒径不同的颗粒在流体介质中所受力不同，导致形成不同的沉降速度或运动轨迹，达到将合格产品分离出分级设备的目的，其基本原理是遵循了层流状态下的斯托克斯定律。根据物料分级时所处介质的差异，粉体分级可分为干法分级和湿法分级，干法分级又可根据内部是否具有动件，分为动态和静态分级，内部有运动部件的设备有叶轮分级机、涡轮式分级机等，该类设备内设有叶片、回转腔等，结构复杂，耗能大，适用于分级精度较高的；内部无运动部件的设备有有效碰撞分级器、射流分级器等，该类设备结构简单，成本低，但不适用于精密分级。值得注意的是，近些年来研究出一种超临界分级，该分级是一种介于湿法和干法的分级方法；根据分级设备中对分级物料所施加的力场不同，分为重力场分级、离心力场分级、惯性力分级、热梯度力分级、色谱力分级和磁场力分级等，其中包括一些正在研究的新型分级方法，如色谱力分级、热梯度力分级和磁场力分级等。

二、主要分级理论

1. 网筛分级

筛分是在带有不同直径筛孔的筛面上，将松散的物料分为不同粒径组分的操作，筛分方法按颗粒粒径筛分出的顺序不同可分为序列法、重叠法和混合法。它可以处理较大粒径的各种各样的物料，在环境、化工、冶金、医药、建材、粮食加工和矿业等领域有着广泛的应用，大致可以分为这五种：准备筛分、预先筛分、检查筛分、最终筛分和脱水、脱泥、筛选。目前普通筛孔已达到 20μm 左右，采用电气制作而成的筛孔已经达到 3μm，激光技术可制成 1μm 的筛孔。

随着超细粉体的重要性日益突出，筛分设备上的新研究、新技术也在不断发展，如近些年，已有研究人员将超声波技术运用到筛分作业上，解决了筛分过程中筛孔堵塞问题，使得以往一些能使用流体分级的物料颗粒也可采用筛分作业分级，增加了筛分作业的使用领域；马晓东对旋流分级筛的分级原理进行研究，推出柱段分级模型下的分级粒径公式和边壁层筛分过程的粒径分级公式，并且做试验对其得出的理论进行验证。中联重科在 2015 年自主研制了筛宽为 2.5m，处理量为 25t/h 的概率筛，处理量为国内最大。

在一些领域如选煤、选矿行业中，筛分较之其他分级设备，分级效率最高。

目前较为成熟的筛分原理包括概率等厚筛分原理、概率筛分原理和强化筛分原理等，其中强化筛分原理适用于筛分时筛孔堵塞问题。物料筛分理论在大量实验研究下逐渐完善，主要包括物料在筛面上的运动理论和透筛概率理论。

(1) 筛分运动规律理论　物料颗粒群在筛面上的组成和运动都十分复杂，直接去模拟物料群的运动规律较难实现，故大多研究者通常先模拟单颗粒物料运动，建立数学和物理模型，根据不同的因素引入相关的修正系数。

① 单颗粒运动理论。混沌运动理论和定常运动理论是单颗粒运动的两个主要理论。单颗粒运动理论指出，混沌运动理论和定常运动理论中粉体颗粒会受到筛分机的抛射强度 K_p 的影响而在筛面上的运动轨迹会发生改变。定常运动理论是忽略了粉体颗粒在筛网上滚动，即假设粉体颗粒间为完全塑形碰撞，在此假设基础上推导出颗粒在筛面上的线性运动方程。当 $K_p=3.3$ 时，物料颗粒从筛面离开到再接触筛面刚好为筛面的一个运动周期。李耀明等研究了抛射强度，得出筛面的法向加速度和重力加速度是影响抛射强度的主要因素。对于较多的物料颗粒和较厚的物料层，将其看成颗粒与筛面之间是塑形碰撞，定常运动理论所展现

的运动规律可以很好地对颗粒进行预测和解释。

在定常运动假设的基础上，对混沌运动理论进行修正，假设粉体颗粒之间、颗粒与筛面间的碰撞为弹塑性碰撞，并考虑了粉体颗粒在筛面上的碰撞冲击效应，指出了颗粒在筛面上运动众多的影响因素，运动形态十分复杂。刘初升等学者利用混沌运动理论分析了筛面上的单个颗粒运动状态，得到了颗粒在筛面上的非线性运动，并做了进一步的研究发现颗粒在筛面上的运动并非周期性运动。此后，更有许多学者建立了遵循有关物理学的运动学微分参数方程，并借助计算机的方式进行模拟验证。

② 物料群运动理论。单颗粒运动理论是研究筛分物料运动的基础，但这种理论存在着将复杂问题过于简单化的问题，在实际的筛分工作中，颗粒不可能理想化的单个存在，物料层存在着一定的厚度，它们之间相互干扰，相互影响。物料群运动理论主要是在碰撞模型理论的基础上，模拟了物料群在筛面上运动，并得出了物料群的运动学参数关系。在筛分技术的发展中，不少学者的研究发现使得物料群运动理论不断完善，如在单个颗粒运动模型上得出料层线型振动模型，建立碰撞速度传递公式，随后相关学者便通过引入概率学理论来分析物料群运动，从统计学和概率理论上建立了概率运动学模型，如 Monica Soldinger 推导出了在圆形振动筛上物料运动的计算公式，反映筛面上物料随机运动的过程。

对于物料群的运动分层理论，Williams 研究过在筛分过程中垂直的振动频率对大颗粒物料上浮的影响。Ahmad 和 Smallwy 试验研究对粗颗粒上浮的影响因素。有学者研究指出颗粒群运动分层时，不仅颗粒粒径起着很大的作用，而且颗粒密度也会影响粗颗粒的分层行为，试验中会出现大密度的大颗粒下沉而小密度的小颗粒上升的现象，这种现象称为反分层现象。

（2）筛分透筛概率理论　研究运动理论的思路可以运用到研究物料在筛面上的透筛概率上，也可以先从单颗粒的透筛概率出发，由此得出的物料群透筛概率理论，单颗粒和物料群透筛概率理论均是在统计学和概率论的基础上研究的。

① 单颗粒透筛概率理论。振动筛在物料筛分过程中是在概率论基础上进行的，所以其筛分过程的工作原理实际上就是透筛概率。在球形物料颗粒运动方向与筛面垂直情况的研究中，如图 2-21 所示，1939 年 Gaudin 和 Taggart 最先提出了相关透筛概率理论的计算公式：

$$P=\frac{(a-d)^2}{(a+b)^2}=\frac{a^2}{(a+b)^2}\left(1-\frac{d}{a}\right)^2 \tag{2-148}$$

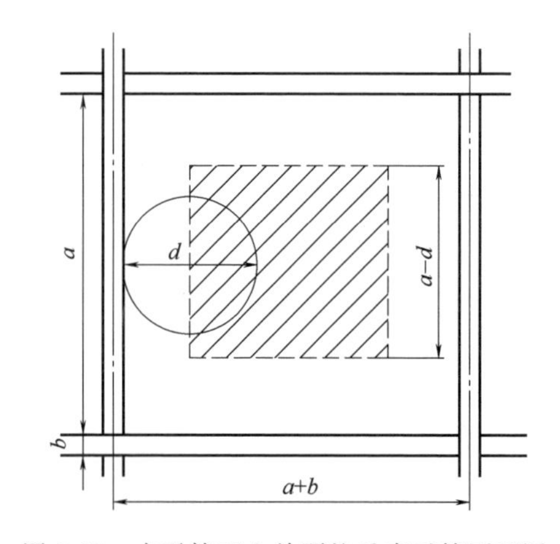

图 2-21　水平筛面上单颗粒垂直透筛原理图

式中　P——颗粒透筛概率

a——筛孔的边长

b——表示筛丝的直径

其中 d/a 为相对粒径，$a^2/(a+b)^2$ 为筛孔的开孔率。由式（2-148）可以得出，当其他条件不变时，粉体颗粒的相对粒径越大，颗粒透筛概率越小；筛面上的开孔率越小，物料颗粒的透筛概率越小。

随后，在 20 世纪 60 年代瑞典学者 Mogensen 在研究球形颗粒与筛面倾斜方向投入时，如图 2-22，主要研究了筛分时难筛颗粒的阻碍作用，提出了透筛概率理论的计算公式：

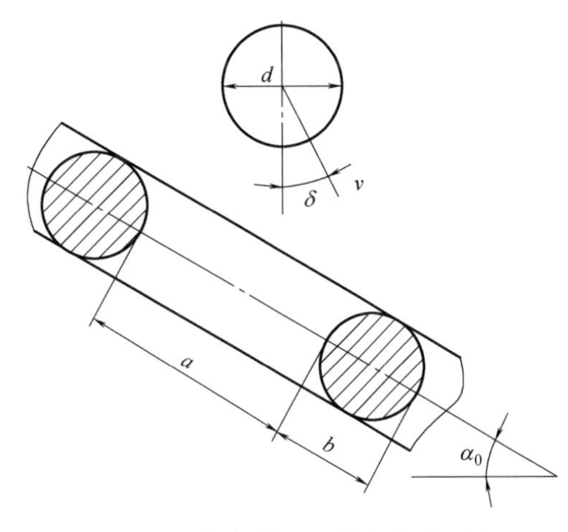

图 2-22　倾斜筛面透筛概率原理图

$$P_t=\frac{(a-\beta_r d-d)[(a+b)\cos(\alpha+\delta_0)-(1-\beta_r)b-d]}{(a+b)^2\cos(\alpha+\delta_0)} \tag{2-149}$$

式中　β_r——可以透过筛孔系数

a——筛面的倾角

δ_0——物料颗粒的运动速度和垂直方向的夹角

上式将颗粒在筛分过程中影响透筛概率的各种因素较为全面的考虑进去了。由式（2-149）知，当透筛概率为零时，可得该相对粒径透过筛孔的临界筛面倾角：

$$a_0=\cos^{-1}\left[\frac{d+(1-\beta)b}{a+b}\right]-\delta \tag{2-150}$$

由上式可知，物料相对粒径和颗粒运动速度方向与垂直方向的夹角都会影响临界筛面倾角，故概率筛使用较大的筛孔尺寸去分级较小的颗粒粒径，这样不仅透筛的概率高，而且减缓了堵塞情况。Mogensen 同时还对物料透过多层筛面过程的概率进行了研究，得出了当 n 层筛面时，颗粒的透过概率的计算公式，之后学者 Brereton 总结了透筛概率，并提出两个评定筛分效果的指标：分离力度和可能偏差。这些公式均是在理想的情况下，实际中物料颗粒是不规则形状，并非是规则的球形，颗粒中包含的含泥量与水分也会对透筛概率造成影响，因此对单颗粒透筛概率进行计算时，必须对物料颗粒分配方程进行修正，符合实际情况。

② 物料群透筛概率理论。单颗粒透筛概率理论得出后，吸引了许多学者对颗粒群的透筛概率研究做进一步的研究。20 世纪 60 年代，瑞典学者调整筛面倾角来控制分离粒径的筛分概率。到 70 年代，法国学者 E·布尔斯特莱因通过实验研究，提出了等厚筛分理论，其原理是通过调节筛面的倾角和筛分机的抛射加速度，使得物料获得足够的抛射强度和运动速度从而分层，同时控制出口速度，

提高细颗粒的透筛概率并保证筛面上厚度一致。W. Schuhz 和 B. Tippin 试验得出物料群颗粒在沿筛面方向运动的分配方程。陈清如等从摩根森著名的透筛概率公式中进行深入的研究，引入平均触网概率概念，建立了网筛分级时筛分效果与筛分机各参数之间定量关系的数学模型，给出了建立数学模型的新思路，并进行筛分模拟实验，得出在概率筛分中，各段筛分长度物料的透筛概率基本不变。Viasberg 等建立了筛分概率模型；Beeckmans 采用 Monte Carlo 方法研究了在直线振动筛上物料颗粒的透筛概率，闻邦椿研究出粒径相同的物料群颗粒在倾斜筛面上的透筛概率规律，并得到公式：

$$\eta_x = [1-(1-w_x)^n] \times 100\% \tag{2-151}$$

式中 η_x——物料透过筛孔的百分比

w_x——每一次做抛掷运动时物料颗粒的透筛概率

我国学者王跃民在统计学原理的基础上，对物料群颗粒的分层透筛过程进行研究，他把同一种颗粒直径在筛面上的停留时间作为一个随机变量，建立了物料颗粒群沿筛面方向的透筛概率分布模型，筛分概率的公式如下：

$$P = 1 - e^{-AL^B} \tag{2-152}$$

式中 P——筛分概率

L——筛面长度

A、B——参数，且均大于 0

经过实验证明，多种筛分机械的颗粒透过概率符合上述公式，模型能更好地贴合实际筛分作业的情况。

(3) 潮湿物料干法深度筛分理论　Norgate 和 Weller 等针对潮湿物料颗粒中黏性较大的颗粒提出筛分模型，发现铁矿石的含水量对干法筛分效率和筛分产品质量会产生影响。学者们还发现在大量潮湿物料干法深度筛分的设备中，容易出现堵孔问题，为了解决此类问题研制了电热振动筛。陈清如等在研究潮湿物料中黏附力对干法筛分效率的影响时，发现物料分配曲线上在细粒区间会出现“鱼钩效应”，据此现象提出反常上翘理论并建立筛分概率模型。

近年来各国学者开始从筛面研究转向对物料颗粒表面物理特性以及化学特性的研究，并设计了弹性振杆筛、强化筛和立式圆筒等筛分机械。

2. 流体力学分级

流体分级是根据悬浮颗粒在不同的力场下产生不同运动轨迹来分离分散物质的过程。流体通常是水或空气，力场一般为重力场或离心力场，还有颗粒与流体介质之间的相对流动产生阻力，以及颗粒因运动加速的惯性力。

在对超细粉体分级机制论研究方面上，北京科技大学和清华大学共同合作并进行了计算机数值模拟。分级机的流场理论是基于斯托克斯方程这个数学模型之上，研究层流状态下，分级流场中的颗粒所受压力和速度分布，但使用斯托克斯公式有两个重要条件，一是分级介质处于层流状态；二是粉体颗粒在流体介质中的运动为自由沉降，即颗粒在沉降过程中不受附近其他颗粒的阻碍。

假设尺寸小于100μm的细微粉体颗粒为规则球形，在介质中做自由沉降运动，忽略颗粒间的相互作用力。在受重力（离心力）的作用时，颗粒在最初时受到的合加速度最大，其运动速度逐渐增大，随之而来的是所受反向介质阻力（主要指阻力和浮力）也增大，颗粒受到的合力随之减小，沉降加速度也在降低。最后，当物料颗粒受到的重力（或离心力）与反向介质阻力相平衡时，颗粒沉降速度达到最大将以此时的速度继续沉降，该速度称之为沉降末速V。

在重力场中，微细球形颗粒在介质中沉降时所受的介质阻力为：

$$F_S=3\pi\eta dV \tag{2-153}$$

式中　η——介质黏度，Pa·s

V——颗粒的沉降速度，m/s

颗粒所受的重力为：

$$F_g=\frac{\pi}{6}d^3(\delta-\rho)g \tag{2-154}$$

式中　δ、ρ——分别为颗粒物料及介质的密度，kg/m³

g——重力加速度，m/s²

由$F_S=F_g$，即得沉降末速为：

$$V_0=\frac{\delta-\rho}{18\eta}gd^2 \tag{2-155}$$

即为微细颗粒的沉降末速公式，称之为斯托克斯公式。

由上式可知，在某一介质（空气或者水）中，温度一定下，同一密度的颗粒，颗粒的直径决定了其沉降末速。由此，便可以根据颗粒末速不同进行分级。在实际分级作业中，物料颗粒的形状并非是规则的球形，则需要对上式的沉降末速引入形状系数加以修正，可得：

$$V_{or}=P_s\frac{\delta-\rho}{18\eta}gd^2 \tag{2-156}$$

式中　P_s——形状修正系数

V_{or}——颗粒形状不规则的沉降末速，m/s

由于上式是在颗粒自由沉降的条件下进行推导的，但实际分级作业中并不能达到这种条件，最终颗粒沉降速度需要调整以获得实际速度，即滑移速度，颗粒若具有与水上流速度相等的滑移速度，故需加以修正化简为：

$$V_{sh}=P_sV_{oh}=P_sV_o(1-\lambda)^6 \tag{2-157}$$

式中　V_{oh}——颗粒的干涉速度，m/s

λ——物料浓度（单位物料悬浮液体积中物料颗粒占有的体积）

在离心力场中，微粒在介质中所受阻力与离心力相反，可使用托斯克斯阻力公式为：

$$F_d=3\pi\eta dV_r \tag{2-158}$$

密度为δ的颗粒所受到的离心力为：

$$F_c=\frac{\pi d^3 V_t^2}{6r}=\pi d^3(\delta-\rho)w^2 r/6 \tag{2-159}$$

式中 r——颗粒的回转半径，m

w——颗粒的回转角速度，r/min

V_t——颗粒的切向速度，m/s

若 $F_d>F_c$ 时，即颗粒受到的阻力大于离心力，故颗粒会飞向分级设备壁面，并排出被收集成为粗颗粒，若 $F_d<F_c$ 时，即颗粒受到的离心力大于阻力，颗粒便会随着气流排出被收集成细颗粒，若 $F_d=F_c$ 时，理论上该颗粒群将会一直做圆周运动。这时，可得到离心沉降末速和分级粒径分别为：

$$V_{or}=\frac{d^2(\delta-\rho)w^2 r}{18\eta} \tag{2-160}$$

$$d_r=\frac{1}{v_t}\sqrt{\frac{18\eta r v_r}{\delta-\rho}} \tag{2-161}$$

式中 d_r——分级粒径，m

v_t——叶轮平均圆周速度，m/s

v_r——介质流速，m/s

V_{or}——沉降末速，m/s

由式（2-161）可知，在某一介质（空气或者水）中，温度一定下，其他条件（如颗粒的密度，受到的离心加速度）均相同时，颗粒的离心沉降末速只与颗粒的直径有关。由此，便可以根据颗粒末速不同进行分级。与重力分级一样，实际情况中，颗粒形状多样，需对上式的沉降末速和分级粒径引入形状修正参数加以修正或者换算成球体的当量直径 d_0：

$$d_e=\sqrt{\frac{6V}{\sqrt{\pi A}}} \tag{2-162}$$

式中 V、A——为颗粒的体积和表面积

对于细微颗粒，球体当量直径一般可以取 $0.7\sim0.8d$。而当被分级物料达到一定的浓度时，颗粒的沉降速度相比自由沉降来说要来得更小，并且随着颗粒浓度的增大，沉降速度越小。故需引入容积浓度影响因素，一般取值 $(1-\lambda)^{5.5}$，λ 为悬浮液中固体物料的容积浓度。

当粉体颗粒粒径在 100～2000μm 时，斯托克斯定律已经不再适用，在这个区域的颗粒，其受到的阻力由表面阻力（由于表面粗糙度引起的阻力）变成了黏性压力阻力，需要考虑阻力系数和雷诺数来建立方程。

利用重力和离心力场进行分级，无论是湿法还是干法，都有着广泛的应用，且都是利用不同粒径颗粒在力场中的沉降末速不同进行分级。上升流分级原理、淘洗分级原理和错流分级原理等都是利用了重力场分级理论，利用离心力场分级的设备有卧式螺旋离心分级机、转子式分级机和静态涡流式分级机等。接下来是对干法分级和湿法分级分别进行阐述。

（1）干法分级　干法分级是以空气为介质进行粉体分级的工艺，如空气旋流式分级、转子式气流分级等分别采用离心力场和惯性力场对粉体颗粒进行分级，气流分级是典型的干法分级。

干法分级的优点是分级后的产品不需要再干燥和分散等后处理操作，成本低。其不足的地方是分级精度不高，随着工业生产对颗粒粒径越来越细，干法分级无法满足产品要求。许多学者提出干法分级理论，使干法分级设备得到广泛使用。其分级理论总结出来后，主要有以下几种。

① 附壁效应理论。附壁效应理论是利用细微粉体可以随气流沿着弯管壁面运动的特点，由 Leschonski 和 Rumft 提出，如图 2-23 所示。具体理论内容为：设物料到上下壁面的距离分别为 S_2、S_1，高速物料从一侧设置有弯曲壁面的喷嘴中喷出，因有 S_1 大于 S_2，下壁面对流体的卷吸速度明显的小于上壁面，故物料在两侧的卷吸速度不一样形成压力差，气流路径便会向下偏转，细颗粒惯性小会沿器壁做附壁运动，而粗颗粒会因惯性力大被抛出，从而将粗细颗粒进行分级。

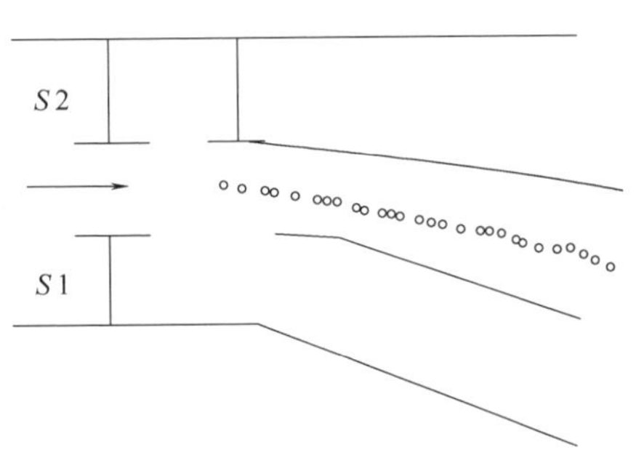

图 2-23　附壁效应原理图

德国人提出射流式分级机的分级原理，并在日本制造出实用机械，利用了沿半圆柱面射流流动时旋转产生的离心力，具有诸多优点，如分级效率和粒径都高、可获得多级产品、工作可靠等，如图 2-24 所示。

② 惯性分级理论。惯性分级理论分为一般惯性分级理论和特殊惯性分级理

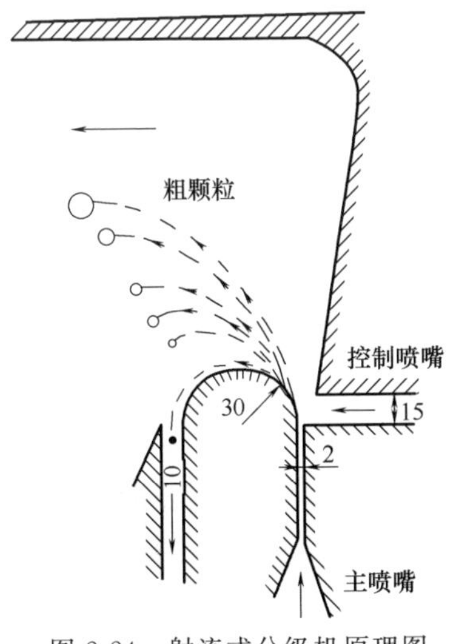

图 2-24　射流式分级机原理图

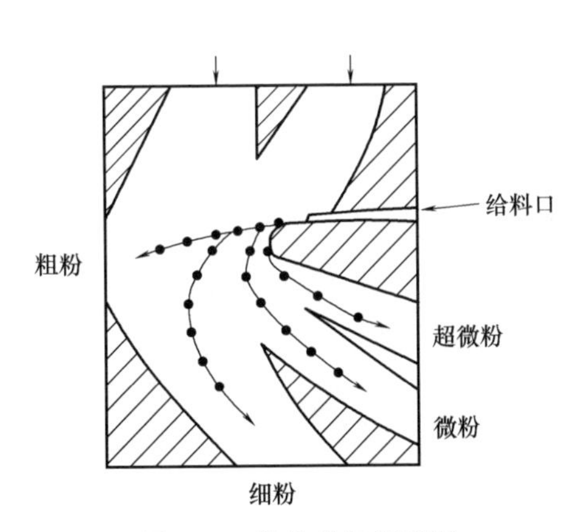

图 2-25　惯性分级原理图

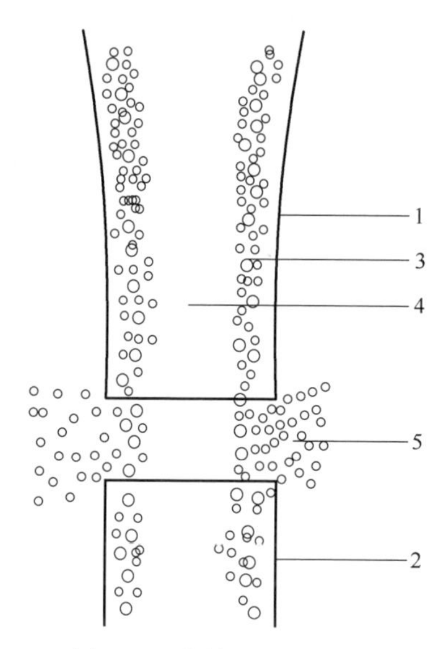

图 2-26 有效碰撞分级原理
1—加速圆筒 2—直圆筒 3—清净空气流 4—颗粒流 5—侧向出口

论，如图 2-25 所示，利用不同质量物料颗粒有相同的速度，具有一定的动能时，当颗粒运动方向上的作用力发生改变，颗粒因惯性力不同产生不同的运动路径，其中粗颗粒的惯性力与细颗粒相比较大，所以运动方向发生较小的偏转，达到分级效果。有两种运用惯性分级理论的特殊惯性分级器，分别是：有效碰撞分级机和叉流弯管式分级机。运用这种理论的分级设备，分级粒径可达到 1μm，处理量达 1800kg/h；有效碰撞分级机如图2-26所示，分级粒径已经达到 0.3μm，处理量高达 1800kg/h。

③ 新型超细分级原理。迅速分级原理、减压分级原理和高压静电分级原理均是近些年来研究发现的新型超细分级原理。迅速分级原理如图 2-27 所示，由于细微粉体表面具有强大的比表面能，粉体颗粒之间有强烈的吸引力，特别是那些粒径与分级粒径接近的颗粒在分级室的停留时间越长，越容易发生团聚。故在分级空间中，采用适当的流场将接近分级粒径的粉体从分级设备中分离出去，通过缩短该粒径的颗粒停留时间，即快速高效分级的方法。

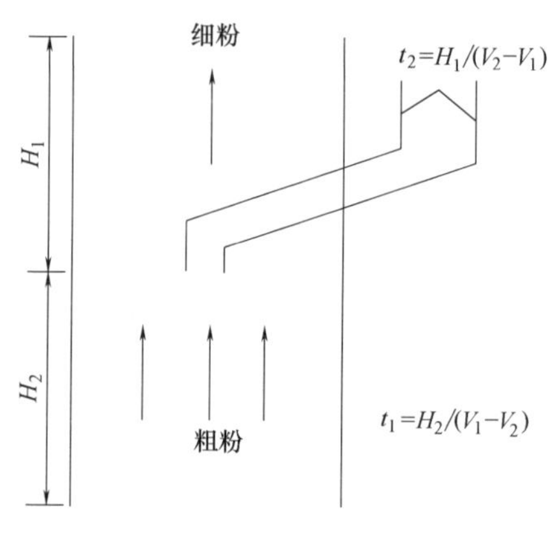

图 2-27 迅速分级理论

减压分级理论是利用当颗粒粒径与介质气体分子的运动平均自由行程相近时，因颗粒四周产生分子滑动而导致所受阻力减小。所以在重力场或离心力场进行分级时，颗粒的沉降速度都会增加，这将导致分级设备可分离出更细粒径的颗粒。在常压下，压力影响颗粒沉降速度的程度与颗粒粒径有关，粒径越大，影响程度越小，而减压会使得分级粒径减小到 1/10 以下。即总的来讲，颗粒受到的气体阻力与 Cunningham 效应系数有关，气体分子的平均自由行程与压力有关，压力越小，分子的自由行程越大，Cunningham 效应系数越大，分级粒径越小。

如图 2-28 所示为高压静电分级理论原理图，预处理是先将空气和粉体颗粒混合形成溶胶状态，接着将混合溶胶从给入口处均匀进入，颗粒经过放电极板并

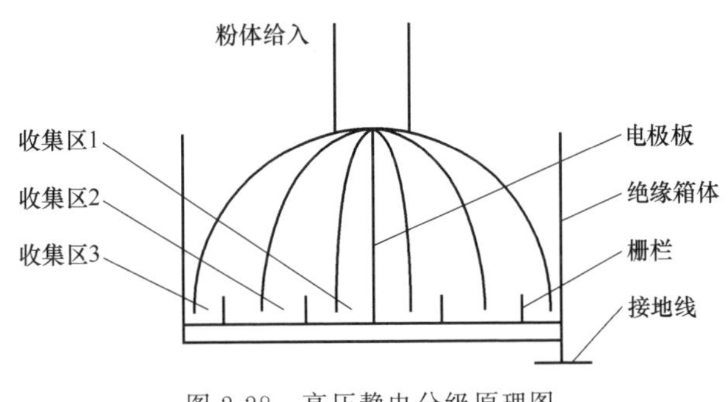

图 2-28　高压静电分级原理图

带上正负电荷。当带电粉体在加有高压静电场的设备上进行分级时，带电粉体会受到静电力和重力的共同作用。因带电物料颗粒重力加速度不变，故颗粒的合成加速度受电场力的作用效果十分明显，颗粒的运动轨迹会因颗粒自身质量而有所不同，较粗颗粒的偏离中心距离较小，较细颗粒的偏离中心距离较大，由此，粗细颗粒分级进入不同的收集区，达到分级效果。但该原理的使用一般在实验室使用，且要求施加的电压较高。

（2）湿法分级　湿法分级是指粉体颗粒在分级时的介质是液体。当分级物料处于液体中，因为液体本身具有分散作用，粉体颗粒在分级时几乎可以达到完全分散的状态，这是干法分级所不具备的。湿法分级较之干法分级，其优点在于当物料处于液体介质中，介质可以产生很好的分散度，获得更细的粒径产品，控制粒径在很窄的范围内，而且适用于易爆炸性的粉尘颗粒。不足之处在于分级后的产品需要进行复杂的脱水，干燥和防团聚等后处理问题。

对于一些易燃易爆的物料或不要求产品为干燥状态时，应选择湿法分级。李凤生等学者做了硅酸锆的静电场湿法分级实验，证明在湿法分级的基础上施加静电场可提高分级效率，间断施加离心力可获得较窄的产品粒径。

根据分级时所利用的力场不同，超细粉体的湿法分级大体上可分为两种类型：一是水力分级，利用重力沉降末速的原理；二是旋流式分级，利用离心力沉降末速的原理。湿法分级的主要分级设备有卧式螺旋离心分级机、蝶式分级机和水力旋流器等。以下介绍这两种类型的分级原理以及设备。

① 重力沉降原理及设备。图 2-29 是错流式分级机的原理图。物料的进料方向和介质的运动方向成一定的夹角（通常是两者垂直），进料方向与重力场的方向平行，即物料所受到的阻力和重力相反。物料受到的重力决定物料颗粒的下落时间，流体黏滞阻力影响颗粒的运动速度。在重力方向上，可得颗粒的运动距离 $h(t)$ 为：

$$h(t)=\frac{d^2(\delta-\rho)gt}{18\mu} \tag{2-163}$$

式中　μ——介质动力黏性系数

ρ——介质密度，kg/m^3

t——运动时间，s

在介质的运动方向上，可以将介质的运动速度当作颗粒的运动速度，那么运

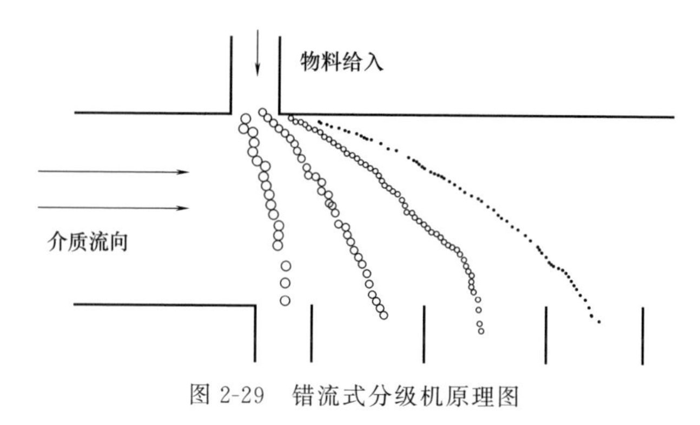

图 2-29　错流式分级机原理图

动时间 t 为：

$$t-\frac{L}{v_{\mathrm{r}}} \tag{2-164}$$

式中　L——颗粒的水平运动距离，m

由式（2-166）和式（2-167）可得：

$$d=\sqrt{\frac{18\mu v_{\mathrm{t}}H}{(\delta-\rho)gL}} \tag{2-165}$$

式中　H——流道平板的高度，m

由上式可知，分级粒径和介质速度、分级机的几何结构有关。当其他条件一定时，颗粒的水平运动距离 L 越大，颗粒粒径 d 越小。当被分级物料颗粒的浓度较低时，颗粒之间相互作用很小，可以忽略不计。故不同粒径的颗粒形成不同的运动轨迹，在分级设备的水平方向上从左至右形成了粒径谱线，可获得多级不同粒径的物料产物。

② 离心沉降原理及设备。由于细微颗粒所受重力微弱，在重力场下进行分级的效果不明显，分级时间长，故应用离心力场对细微颗粒进行分级就能显著缩短分级时间。

水力旋流器是一种利用离心力场进行分级的设备。它由圆筒和圆锥组成，内部无回转运动部件，分级效果较好，分级粒径一般在 3～25μm。该设备的分级原理为：通过切向加入物料，由于物料带有初速度可在设备内部高速旋转，产生较大的离心力，粉体颗粒在离心力和重力作用下，粗颗粒会甩向器壁沿器壁做螺旋向下运动从底流口排出进行收集；细颗粒会随大部分介质向上运动，形成旋流从溢流管排出。同时在旋流器内部，由于不同高度方向上物料粉体的速度梯度大，颗粒间会产生较大的剪切力，防止物料发生团聚。

因为旋流器设备的分级精度不高，引起了国内外的学者进行研究，其中国外典型模型有 Lynch-Rao 和 Plitt 模型。

卧式螺旋离心分级机是由离心沉淀机的基础上发展而来，主要由机座、机壳、推料器、差速器和转鼓等组成，分级粒径可达到 1～10μm，分级特点是可连续出料和进料，由于分级平衡度是由轴向位移和径向位移决定，造成物料无法完全分级。具体的分级原理为：待分级的悬浮液物料由进料管进入推料器的料仓，并在转鼓内与转鼓一起旋转，物料在离心力场的作用下快速分层，较粗颗粒向器壁移动并在内壁上沉淀形成渣层，之后在螺旋推料器的作用下推送到排渣口排出，而较细颗粒的液相在溢流环处分离液层溢出。

3. 其他特殊分级原理

（1）毛细管色谱力分级　毛细管色谱力分级（CHDC）是由液相流动色谱（HDC）原理的基础上延伸发展而来。其基本原理是物料颗粒流在圆柱形管中传输时，发生径向位移，在轴线和器壁之间的固定距离处沿平行于管轴线的轨迹运动。物料颗粒运动时的速度呈现抛物线分布，中间流体速度大，靠近壁面流体速度小。因大颗粒占据中心位置，故它们比小颗粒的速度大而先排出管外；小颗粒在器壁边上较后排出。这样便达到了分级的效果。

（2）毛细管区带电泳分级　毛细管区带电泳（CZE）可分离出多种带电物料颗粒，在CZE中使用弹性石英或玻璃毛细管作为分离介质通道。带电粒子在毛细管缓冲液中的迁移速度等于电泳和电渗流的矢量和，解决了在常规平板凝胶电泳中使用的半刚性凝胶的需要。非常窄的毛细管允许使用非常高的电压（30 kV），其结果是小电流产生的焦耳热从狭窄的毛细管中迅速消散，同时允许粒子快速分离。

（3）超临界分级　超临界分级是以二氧化碳为分级介质，利用二氧化碳在超临界条件下的性质对粉体颗粒进行分级。二氧化碳在超临界条件下，是以一种介于气体和液体的状态存在，从微观分子看由于二氧化碳是直链型分子，分子间作用力只存在范德华力，故被分级物料颗粒既具有在液体介质中的高分散性，也具有在气体介质中受到的低黏度阻力。当介质二氧化碳在临界条件下时，施加离心力场对物料粉体进行分级，只需调节离心设备的转速在低速时便可实现不同粒径的分级。该方法的缺点是分级设备复杂，费用大，只适用于无极物料粉体的分级。

（4）热梯度力分级　当上下板面存在温度差时，粉体颗粒经过两板之间时会受到热梯度力，且不同粒径颗粒受到的热梯度力不同，导致了粒径不同的颗粒运动轨迹不一样，从而达到分级的效果。

（5）微空隙分级及膜分级　在近期发展起来的众多分级方法中，微空隙分级是一种高效的，且可工业化应用的分级方法。其分级原理是利用激光、微孔技术等一些特殊技术将分级所用的板、片和膜等制造成孔径为亚微米级甚至纳米级的分级板、片或膜。该种方法主要应用于悬浮浆料或者气溶胶的分离或分级。

三、评价参数

1. 分级指数

（1）分级粒径　在分级作业中，根据沉降末速或介质的上流速度得出在同一颗粒级的临界粒径为分级粒径，也有采用分级后颗粒群的中值粒径作为分级粒径。由于颗粒密度不同，故在得到的同一级中包含密度大的小颗粒和密度小的大颗粒，这将会对分级效率产生影响。

（2）分级效率

① 分级效率的定义。分级效率的实质是分离后获得的某一成分的质量与分离前粉体中所含该成分的质量之比，其中，设 η 为分级效率，m_0、m_1 分别为分级前后某种粒径的质量，用式可表示为：

$$\eta=\frac{m_1}{m_0} \tag{2-166}$$

设 F、A、B 分别为原料、粗粒物料和细粒物料中实有的合格粗粒级物料的含量，x_f、x_a、x_b 分别为相应的合格细颗粒含量，假设分级过程中物料无损耗，可由物料平衡推导出：

$$F=A+B \tag{2-167}$$

$$x_f=x_aA+x_bB \tag{2-168}$$

$$\eta=\frac{x_a(x_f-x_b)}{x_f(x_a-x_b)}\times 100\% \tag{2-169}$$

上式表明，分级效率与三种粉体颗粒群中含合格颗粒的百分比有关系，其中，减小 X_b 和增大 X_a 有助于分级效率的提高。

将物料颗粒分成不同的组分后，可以从两个方面对分级效果做定量分析评价：一是分析不同颗粒粒径分级效果的部分分级效率；二是分析粗细颗粒整体分级结果的综合分级效率。

② 牛顿分级效率（综合分级效率）。计算分级效率在实际中并不好操作，因为工厂的处理量很大，不易称重，并且不能完全的得到某一成分，其中会掺杂着些许其他颗粒。表示分级效率的方法有很多，如分配误差法、使用分配曲线等，常用的方法是牛顿分级效率公式，可综合性地体现分级设备的分级性能和分级产品的合格率，也即综合分级效率，其可表示为：

$$h_N=\frac{A}{C}-\frac{B}{D} \tag{2-170}$$

式中 A——粗粒中实有的粗料量

B——粗料中实有的细料量

C——原料中实有的粗料量

D——原料中实有的细料量

设 a、b、c 分别为原料、粗粒物料和细粒物料中实有的合格粗粒级物料的含量，由物料平衡推导出：

$$\eta_N=\frac{(a-c)(b-a)}{a(1-a)(b-c)}\times 100\% \tag{2-171}$$

上式表明，综合分级效率的物理意义是在粉体分级时颗粒能实现完全分级的质量比。

③ 部分分级效率。分级前粒径和分级后粗细粒径分布如图 2-30 所示，a、b 和 f 分别为分级后细粉、粗粉以及分级前原料的粒径分布频率。将连续的粒径颗粒分成了一个个小的区间，分别来计算不同区间粒径的分级效率。设粒径区间在 d 和 Δd 中的，物料粉体颗粒的部分分级效率 η 可表示为：

$$\eta_N = \frac{w_b}{w_f} \times 100\% \tag{2-172}$$

式中　w_b——粗粒级中粗粉所含质量

　　　w_f——原物料所含质量

由上式便可算出不同粒径的部分分级效率，以部分分级效率为纵坐标，颗粒粒径为横坐标，便绘制出了部分分级效率曲线如图 2-31 所示，由图中可知，分级效率随着指定粒径的不同而随之改变。η_N 是通过分级颗粒的合格率，综合考察了分级程度，在实际的分级作业中，可根据综合和部分分级效率看分级产品是否达到质量要求。

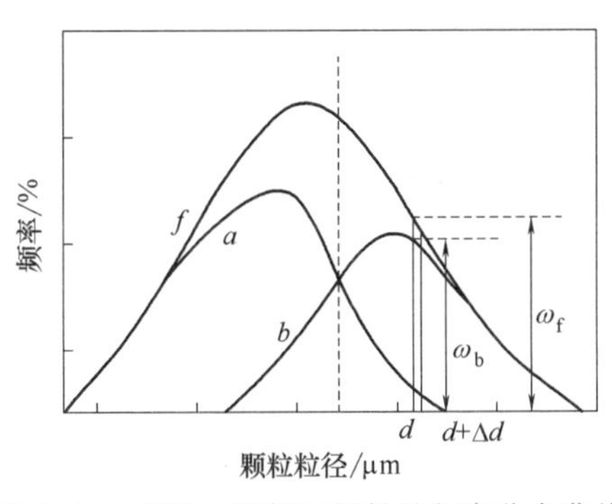

图 2-30　原料、细粉和粗粉的频率分布曲线

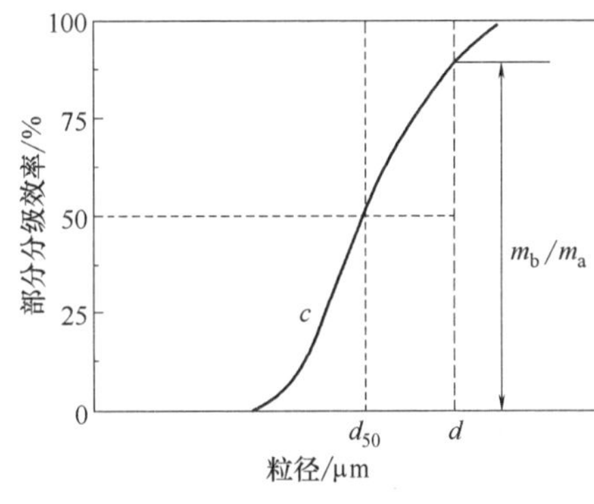

图 2-31　部分分级效率曲线

（3）分级粒径　衡量分级技术的一个重要指标是分级粒径，又称切割粒径。为部分分级曲线，曲线 c 在粒径 d_{50} 处的斜率发生突变，这表示着分级后粒径 $d>d_{50}$ 的粗颗粒主要位于粗粉中，故在粗产品颗粒中的分配率大于 50%；粒径小于 d_{50} 细颗粒主要集中于细粉中，故在粗产品颗粒中的分配率小于 50%。粒径在 50%附近的颗粒在粗产品和细产品各占一半，故把颗粒粒径 d_{50} 称为切割粒径，d_{50} 越小，细产品颗粒越细。

（4）分级精度指数　分级精度表示着分级过程中分级机的灵敏程度，又称分级清晰度。图 2-32 表示着三种不同情况的部分分级效率曲线，其中曲线 1 是理想状态下的分级效率曲线，曲线 2、3 均为实际作业的部分分级效率曲线，但因实际条件不一样导致分级曲线有所差别。评定部分效率曲线的分级效率的参数是用分级精度 K，即 $K=d_{75}/d_{25}$（或 $K=d_{25}/d_{75}$）表示分级设备的分级效果，d_{75}、d_{25} 分别指部分分级效率为 75%和 25%所对应的颗粒粒径。理想状况下的分级特性曲线如曲线 1，其分级精度为 1，K 越接近 1，分级效率越高，故图中三

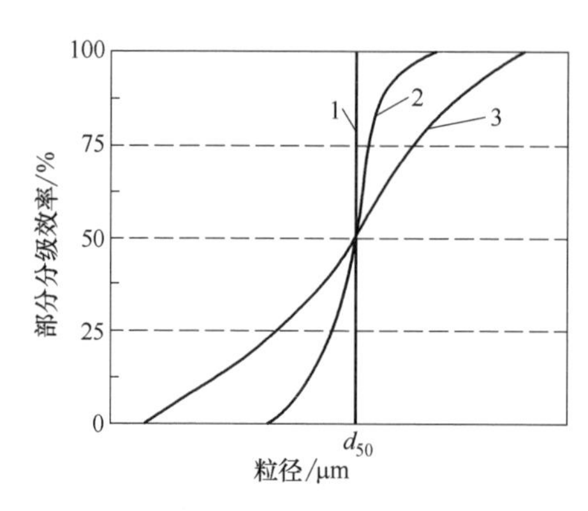

图 2-32 三种部分分级效率曲线
1—理想分级曲线 2、3—实际分级曲线

种曲线的分级效率由大到小为 1、2、3。在实际进行分级作业时，分级精度如曲线 1、2 一般处于 1.4～2.0，当 K 大于 2 时，分级效果可以认为较差了；当 K 小于 1.4，且越接近 1 时，部分分级效率曲线越陡峭，分级精度越高，分级效果越好，分级后所得到的产品粒径分布就越窄。若分级粒径有较宽的分布范围，分级精度指数也可以用 $K=d_{90}/d_{10}$（或 $K=d_{10}/d_{90}$）来表示，评定方式一致。

除分级精度来表示分级效率外，还可以用 Terra 指数 E_p 和不完全度 I 来表示，其中 $E_p=(d_{p75}-d_{p25})/2$，在某一分级粒径下，分级精度越好，指数 E_p 值越小；不完全度则是对指数 E_p 进行了修正，即 $I=\dfrac{E_P}{d_{p50}}$。

（5）分级效果的综合评价　单一的根据某个分级效率指标来评判一个分级设备的分级效果往往是不够全面和准确的，因分级效果会受多个因素的综合作用，所以分级效果的综合评价需要从分级粒径分布，多种分级效率和分级精度指数等对分级设备进行考察。例如，当 η_N 和 d_{50} 不变时，K 的值越大，也即部分分级效率曲线越平缓，分级效果越差；当 K 和 d_{50} 不变时，η_N 越大，分级效果越好。若分级后的产品颗粒粒径为二级及以上，则需要考察多种级别的分级效率。

（6）分级极限　在一定的力场（离心力或重力场）下，分级的颗粒粉体粒径已经不能再小时，称达到了沉降分级极限，当颗粒粒径达到分级极限时，物料颗粒处于一种高浓度、细微粒团聚成假的大颗粒状态，无法再进行分级。

高度分散的超细粉体颗粒具有在重力场或者离心力场作用下悬浮于液体介质而不发生沉降的特性，这种现象在胶体化学原理的解释下，可以理解为细微颗粒分子必然存在无规律的布朗运动，表现为扩散运动，即细微颗粒分子会自发的从高浓度处向低浓度处做扩散运动。当细微颗粒受到的离心力或者重力与颗粒自身的布朗运动产生的压力差相平衡时，单位时间单位面积所沉降的颗粒质量为因浓度梯度，细微颗粒反向做扩散运动的质量。故分子的布朗运动规律和分级施加的力场都会影响沉降极限的颗粒直径。

在细微颗粒扩散的过程中，扩散系数为 $D=\dfrac{kT}{6\pi d\eta}$，设在时间 t 内，在离心力场中，颗粒以沉降速度 V 所沉降的距离为 $h=vt$，由于颗粒直径很小，速度 V 按托斯克斯公式计算，于是可得：

$$h=\frac{6kT}{\pi d^3(\delta-\rho)w^2r}=\frac{6kT}{\pi d^3\Delta\rho w^2r} \tag{2-173}$$

式中　k——波尔茨曼常数，$k=1.38\times10^{-16}$达因·厘米/°K

r——回转半径，cm

w——转鼓回转角速度，1/s

$\Delta\rho$——固体颗粒与液体的密度差，g/cm^3

由上式可知，确定了扩散的水平位移 h 即可得到分级极限粒径。

对于工业上对物料分级的任一设备，其分级粒径都是有限度，人们对于降低分级粒径的研究做了很多的努力，值得关注的是德国教授 Leschonski 设计出一台涡轮分级机，当设备线速度达到 100m/s 时，其可以分级粒径为 0.3μm，处理量达到 5kg/h。

2. 分散性

（1）颗粒团聚的因素　颗粒粉体在流体中进行分级时，由于受到复杂的相互作用力，粉体在流体介质中处于团聚和分散的动态平衡状态。若分级机想打破动态平衡，使其往分散的方向进行，需先了解发生团聚的原因，总结有以下几点。

① 团聚的根本原因是分子间作用力。颗粒间的范德华力本远小于自身重力，随着粉体颗粒的不断细化，颗粒间距离减小，其范德华力与重力的比值急剧增大，此时范德华力表现为分子间引力。

② 分子间的氢键及其他化学键也会使粉体发生团聚。

③ 在粉体粉碎的过程中，颗粒与颗粒之间的碰撞和摩擦发生电荷转移且形成的新细粒形状非常不规则，分别在凹凸处带上了正负电荷，微粒极易在库仑力的作用下团聚。

④ 因粉碎过程中，粉碎设备给粉体颗粒施加压力、剪切力等，使得细微粒获得大量的热能，比表面积和表面能都增大，粉体颗粒因能量高而不稳定，颗粒需要能量互补而发生团聚。

⑤ 若粉体颗粒在相对湿度超过 60%的空气中粉碎时，空气中的水蒸气便会在颗粒表面凝结形成液桥，导致颗粒间黏连。

从以上几点，可以得出团聚与颗粒的粒径、孔隙率、颗粒表面粗糙度、流场作用力以及阻碍的冲突力等因素有关。

（2）分散理论　粉体分级的前提是分散：要想获得较高精度的粒径产品，必须使得超细粉体的分散状态良好。粉体颗粒在流体中的分散机制就是控制流体介质与粉体颗粒、颗粒与颗粒之间的相互作用力，按颗粒间的排斥力产生机制可分为：空间位阻机制和静电稳定机制。处于流体中的颗粒主要受到库仑力、分子间作用力、双电层的静电排斥力等。若介质是液体，则还会有憎水力，溶剂化力等；当分级介质是气体时，粉体颗粒会另外受到气体曳力和黏性力等。在制备粉体时，粉体分散性会直接影响着分级产品粒径分布及均匀性。

李化建通过做实验研究了碳化硅等颗粒在介质中分散度与分散剂、pH 以及表面活性剂的关系，得出 pH 会改变颗粒间双电层的静电排斥力；适当添加分散剂会增加水中颗粒的分散性；分散剂对于高分子的分散机制是通过增加颗粒的位阻排斥能和水化膜排斥能，而分散剂对于无机电解质是通过增加粉体颗粒表面间的双层静电排斥能。

由于分散物料颗粒的充分性决定着颗粒分级的效果，不少研究人员对颗粒在流体介质的分散体系进行了实验研究。其中 DLVO 理论是较为成熟的，且被研究学者广泛认可的理论。该理论的具体内容为双电层静电排斥能和范德华作用能作用于颗粒时，分别能体现出颗粒的分散和团聚的状态，即两种作用能中较大的能决定颗粒的表现形态。但是颗粒在流体介质中受力复杂，故需要在 DLVO 理论的基础上将颗粒的总势能调整为所受作用能的总和。其他描述分散机制且较为成熟的理论有：空缺稳定理论和空间稳定理论。

（3）粉体分散的措施　由 DLVO 以及经调整后的理论可知，增大颗粒间的相互排斥作用力会使得粉体颗粒在介质中的分散度变高；有粉碎极限机制可知，阻止粉体颗粒的团聚趋势会促使颗粒向分散的方向进行，提高分散度。根据物料所处介质的不同，使用提高分散度的方法也有所差别：在液体介质中可使用介质调控和药剂调控；在气体介质中可以使用静电分散、干燥分散、表面调控和机械分散等。故在气体中增大分散度的方法可以总结如下。

① 静电分散。若粉体颗粒带上相同电荷，颗粒之间的静电力作用为排斥反力，当排斥作用力大于分子间范德华力时，颗粒在团聚和分散相互转化的过程中将向着分散方向进行，所以当 Zeta 电位绝对值越大时，颗粒间的静电斥力越大，分散度越高。常用感应带电和接触带电等方法使颗粒带电。

② 干燥分散。即是对气体介质进行干燥处理，避免气体中的水蒸气附着在物料颗粒的表面，进而形成水桥。加温干燥方法在干燥分散中经常使用到。超临界干燥技术和冷冻干燥技术是在对介质干燥后进一步研究得出来的，其中冷冻干燥技术基于假设颗粒表面的水蒸气不存在，避免形成水桥产生团聚；超临界干燥技术则是控制颗粒的运动轨迹，阻碍相互靠近团聚。

③ 表面调控。即是通过物理和化学方法（一般是添加表面活性剂），有目的性的使颗粒表面发生改性。其作用有两点：一是当颗粒粉碎时产生裂纹，分子自身会通过分子间作用力愈合，而活性剂会渗透到裂缝中去，附着在颗粒表面形成薄膜，从而阻止颗粒间的团聚；二是活性剂对于易潮颗粒可以为防潮剂，这样颗粒表面形成的水膜不完整，颗粒间的水桥无法形成。

④ 机械分散。即是使用机械力将团聚颗粒打碎，是一种强制性的方法，其中必须要机械力大于颗粒之间的吸引力，较为容易实现。该种方法主要是运用在干法分级中撒料盘的使用。撒料盘对粉体颗粒产生的机械力，使得粉体分散均匀且带有一定初速度进入分级设备，产生的分级效果良好。

在液体介质中抗团聚增加分散度的方法主要如下。

① 介质调控。因为物料在液体介质中具有极性相同原则，非极性物料颗粒在非极性液体介质中易分散，极性物料颗粒在极性液体介质也易分散。故需要了解物料颗粒和液体介质的物料化学性质，合理选择液相介质，颗粒可以呈现良好的分散状态。

② 药剂调控。在分级过程中加入分散剂，有目的性的对超细粉体表面进行改性处理，其作用在于降低粉体表面电势和比表面能，减弱分子间的范德华力，增大颗粒间的相互排斥力。

其他的分散方法还有超声分散、电磁分散和撞击流法等。另有学者如沈志刚等研究出强湍流气流对粉体的分散效果良好，张亚南等借助数值模拟研究出事先将物料分散，细粉产率、综合分级效率将提高。

3. **力场**

粉体分级的关键是有可设计的、稳定的力场：在对超微粉体进行分级时，颗粒之间有着相差很细微的质量和体积，只有稳定强大、可设计的力场能保证分级的顺利进行。在分级过程中，颗粒之间的作用力是瞬间产生的，而分级设备给分级区域上所施加的作用力是持续的。粉体颗粒会因自身的物理和化学性质不同，相同的力场和介质中均表现不同，故分级力场的设计需要对粉体颗粒和介质有深入的了解。

粉体在分级设备的分散程度和施加的力场对分级效果会产生很大影响，无论采用哪种设备对粉体颗粒进行分级，粉体事先均要处于良好的分散状态并且分级过程中有稳定的力场。总的来讲就是当颗粒在粉碎的过程中，颗粒重力的减小趋势远远大于分子间的相互作用力和受到的力场，且颗粒的比表面积和比表面能不断增大，如果形成的超细粉体不能得到充分的分散，便会形成粉碎团聚的一个逆过程。

第二篇

粉体粉碎设备

第三章　气流粉碎机

第一节　引　　言

一、研究背景

随着现代粉体技术的发展以及粉体市场需求的不断扩大，人们在各领域对物料的细度、纯度和粒径都有了更高更明确的生产要求。市场上现有的多数传统粉碎设备都侧重于对物料的初步粉碎，如辊磨、机械磨等，这些粉碎方式的特点是粉碎产品的细度不高，一般产品粒径很少达到 10μm 以下，没有达到超细的概念。

传统粉碎机在粉体生产方面存在着诸多不足，存在的不足之处在于，无法满足当下食品、化工、医药、航空、电子通信等各个领域所需的超细粉体的细度和粒径要求，仅能进行初步的不均匀的粉碎工作。设备能耗大，产品粒径大、粒径分布不均匀，设备易过热易磨损，且存在因原料无法进行充分利用导致的浪费与环境污染问题。

现有的几种比较具有代表性的超细气流粉碎设备包括：对撞式气流粉碎机、扁平式气流粉碎机、流化床气流粉碎机和冲击环式气流粉碎机。上述几种超细气流粉碎设备都具有粉碎速度快，粉碎程度高，粉体粒径细度均匀，污染较小的特点，对比传统粉碎设备显然更能满足当下干法超细粉碎的生产需求，使原本面临的诸多问题得到了有效解决。

气流粉碎机又称（高压）气流磨或喷射磨或流能磨，是最常用的干法超细粉碎设备之一。它是一种利用高速气流（300～500m/s）的能量使颗粒互相产生冲击、碰撞和摩擦，从而实现颗粒粉碎的设备。最终这些物料会以超细粒子的形态分散在空气中，而且在后期对物料的收集也是在这种分散状态下进行的。产品粒径上限取决于混合气流中的固体含量，与单位能耗成反比。在固体含量较低时，粒径可保持 5～10μm；但当固体含量较高时，增大到 20～30μm。经过预先粉碎，降低入磨粒径，可得到平均粒径 1μm 的产品，其粒径的范围可以在 0.8～2.5μm 之间。

二、研究意义

超细粉体因其特殊的性能，在现代工程技术发展过程当中有着巨大的需求量。其中，超细粉体因为其较大的比表面积，以及良好的催化性、光吸收性、导热性和磁性，在医药、化工、航空、军事、电子通信等领域有着极其广泛的应用。超细粉体这一材料是目前制造隐身材料的重要原材料之一，而在化工领域内，将催化剂进行超细化处理之后能够促使石油的裂解效率最大可升高5倍以上；对药物采取超细粉碎处理后，可大大增加其接触表面积，由此也使得药物的药用价值得以大幅度提升，更加有助于人体的吸收。由此可见，超音速气流粉碎机生产的粉体产品拥有着广阔的应用前景。

现有的干法粉碎机存在着诸多局限性，在生产上无法加工出满足当前国内市场所需粉体材料，尤其是超细粉体材料的需求。传统干法粉碎机由于存在能耗大，对于材料磨损较为严重，粉碎作用随机且粒径分布不均匀，粒径分布太宽泛等问题，已不能满足生产方面的需要，超音速气流粉碎机的出现则有效解决了这些问题。

本章重点研究扁平式气流粉碎机中超音速喷嘴与粉碎室内腔的设计。综合机械设计以及流体力学、工程热力学、材料力学等相关理论知识，针对现在粉碎机存在的不合理之处，对其关键性部件与环节进行优化设计。最终使所设计出的扁平式超音速气流粉碎机更加高效、方便、低污染，以期降低超细粉体生产的成本，为各行业提供更高质量的粉体产品。

第二节　粉碎机制

一、粉碎原理

压缩空气或过热蒸汽通过喷嘴后，产生高速气流且在喷嘴附近形成很高的速度梯度，通过喷嘴产生的超音速高湍流作为颗粒载体。物料经负压的引射作用进入喷管，高压气流带着颗粒在粉碎室中作回转运动并形成强大旋转流场，不仅物料颗粒之间会发生撞击，而且气流对物料颗粒也要产生冲击、剪切作用，同时物料还要与粉碎室发生冲击、摩擦、剪切作用。消耗的能量将部分转化成为颗粒的内能和表面能，从而导致颗粒比表面积和比表面能的增大，晶体晶格能迅速降低，并且在损失晶格能的位置将产生晶体缺陷，出现机械化学激活作用。在粉碎初期，新表面将倾向于沿颗粒内部原生微细裂纹或强度减弱的部位（即晶体缺陷形成处）生成，如果碰撞的能量超过颗粒内部需要的能量，颗粒就将被粉碎。粉碎合格的细小颗粒被气流推到旋风分级室中，较粗的颗粒则继续在粉碎室中进行二次粉碎，从而达到粉碎的目的。

本章对扁平式气流粉碎机进行气流粉碎的基本工作原理进行介绍。扁平式气流粉碎机又称圆盘气流磨，扁平式气流粉碎机实物图如图3-1所示，扁平式气流粉碎机主要由料斗、超音速喷嘴、气流分配室、导筒等组成。由于机器的各喷嘴的倾角都是相等的，所以各喷气流的轴线切于一个假象圆中，这个圆周称为分级圆。整个粉碎-分级室被分级圆分成两个部分，分级圆外侧到座圈内侧之间的为粉碎区，内侧到中心排气管为分级区。待粉碎物料由超音速喷嘴加速至超音速倒入粉碎室内，而高压气体经入口进入气流分配室，分配室与粉碎室相通，气流在自身压力下通过喷嘴时产生超音速甚至每秒上千米的气流速度。

图 3-1 扁平式气流粉碎机实物图

在粉碎区内物料收到喷嘴处喷射气流的高速冲击，使得颗粒之间互相冲击碰撞，达到粉碎目的。由于喷嘴的倾角小于 90°，并且粉碎腔轮廓又是圆形的，所以各喷射的气流在运动一定时间后，势必会汇集成一股强大以高速旋转的旋流，这股旋流称为主旋流。在粉碎区，相邻两喷嘴喷射的气流之间的气体又会形成若干个进行强烈旋转的小旋流。这些小旋流与主旋流的旋转方向相反，进入粉碎腔的颗粒物料在小旋流中进行激烈的冲击和摩擦，从而达到粉碎的目的。

由于喷射气流和小旋流的激烈运动，处于工质中的物料高度的湍流运动，颗粒以不同的运动速度和运动方向以极高的碰撞概率互相碰撞而达到粉碎的目的。还有部分的颗粒与粉碎室内部发生碰撞，由于冲击和摩擦而被粉碎，与粉碎腔内壁发生碰撞而被粉碎的颗粒占总颗粒的 20%左右。

在粉碎机内的工质喷射气流既是粉碎的动力，也是分级的动力。被粉碎物料由主旋流代入分级区以层流的形式运动而进行分级，粒径较大的粗粉在离心力作用下被甩回粉碎室周壁做循环粉碎，符合粒径要求的微细颗粒在向心气流带动下被导入分级腔的排气管进入旋风分离器进行分离与收集。

二、性能特点

气流粉碎机是最常用的超细粉碎设备之一，广泛应用于非金属矿物及化工原料等的超细粉碎，具有如下特点。

① 粉碎效率高。采用粉碎机和分级机一体化设计，在粉体物料粉碎分级的同时，采用分级轮对物料进行分级，可以在粉碎室内形成稳定、完整的分级流场，同时装置中安装过粉碎控制装置和细粉提净装置，可有效地保证产品粒径的一致性，能够处理大批量物料，处理性能强。

② 产品细度均匀，粒径分布较窄、颗粒表面光滑、颗粒形状规则、纯度高、活性大、分散性好，粒径可达数微米甚至亚微米级。

③ 产品受污染少。气流破碎机是根据物料间相互摩擦的原理而对物料进行

粉碎，粉碎的动力是空气。粉碎腔体对产品的污染少，粉碎是在负压状态下进行的，颗粒在粉碎过程中不发生任何泄露。只要空气经过净化，就不会造成新的污染源。因此特别适于药品等不允许被金属和其他杂质玷污的物料粉碎。

④ 适合粉碎具有低熔点、热敏性的材料、生物活动制品及爆炸性物料。由于压缩空气在喷嘴处绝热膨胀会使系统温度降低，整个粉碎空间是低温环境，颗粒的粉碎是在低温瞬间完成的，从而避免了某些物质在粉碎过程中产生热量而破坏其化学成分的现象发生，尤其适用于热敏性物料的粉碎。

⑤ 气流粉碎属于物理行为，既没有其他物质渗入其中，也没有高温下的化学反应，因而保持物料的原有天然性质，纯度较高。

⑥ 生产过程连续，生产能力大，自控、自动化程度高。

⑦ 粉碎精度高，耗时少。通过调节分级机的转速和系统负压等参数，可以控制产品粒径分布在很小的范围内，并且分级机的调整是完全独立的，对一些有特殊要求的中药材加工十分有利。

⑧ 分散性能好。气流粉碎的物料具有极好的润湿性和分散性。

⑨ 颗粒活性大。气流粉碎的某些物料，物料的反应活性明显增大。活性增大的原因如下：随着工质压强增大，喷气流速度很高。这种高速喷气流所具有的能量，不仅使颗粒发生冲击破碎，而且还会使颗粒内部组织特别是表面状态，发生一定程度的变化。这样，粉体物料在超微粉碎的同时，颗粒内能或表面能增大，物料颗粒的活性大大提高。

⑩ 实现联合操作。当用过热高压饱和蒸汽进行粉碎时，可同时进行物料的粉碎和干燥（包括脱结晶水）。这不仅缩短了工艺过程，而且节约了动力。这种粉碎与干燥的联合作业，多应用与凝聚体的解磨过程。由于物料在工质气流中处于高度湍流状态，气流粉碎机也是一种高效的混合机。气流粉碎与混合相结合，即气流粉碎可同时粉碎、混合两种以上物料，在常温下实现物料一边粉碎，一边混合。产品粉碎细度可调节，混合均匀度可控制，可避免机械混合中结块、结团混合不均匀现象，防止机械混合中产生的热量对物料的影响。

第三节　气流粉碎机的结构与分类

一、靶式气流磨

靶式气流磨的结构与工作原理如图 3-2 所示，主要由加料斗、高压气体进口、靶板以及物料与气流出口等组成。

其工作原理是：高速气流挟带物料冲击到前方的靶上，在冲击力作用下进行粉碎，粉碎后的物料随气流经出口排出，进入后续的分级器中。活动靶式气流磨中的靶板呈圆柱形，且可以缓慢转动，物料冲击倾斜的圆柱形靶而得到粉碎。

二、流化床式气流粉碎机

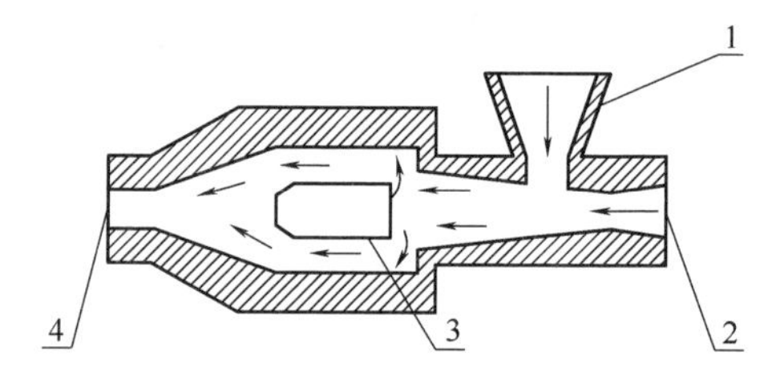

图 3-2　QBN-450 型靶式气流磨的结构与工作原理
1—加料斗　2—高压气体进口
3—靶板　4—物料与气流出口

图 3-3 所示为流化床式气流粉碎机结构图，通过供料装置和料位显示器控制的双翻板阀将物料送入料仓，翻板阀的作用在于避免空气进入料仓。物料通过给料螺旋最终送入粉碎室内。压缩空气通过粉碎喷嘴急剧膨胀加速产生超音速喷射流，在粉碎室下部形成向心逆喷射流场，在压差作用下使粉碎室底部的物料实现流态化。

如图 3-4 所示为流化床内对撞气流交汇点示意图，气流通过喷嘴进入流化床，颗粒在高速喷射气流交点碰撞，该点位于流化床中心。颗粒是在气流的高速冲击及粒子间的相互碰撞作用下被粉碎，与腔壁接触少、影响小，因而腔壁磨损大大减弱。

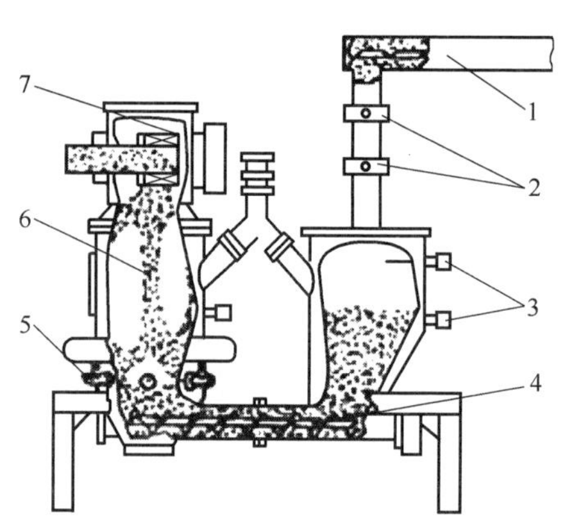

图 3-3　流化床式气流粉碎机结构图
1—供料装置　2—双翻板　3—料位显示器
4—料位显示器　5—给料螺旋　6—喷嘴
7—喷嘴

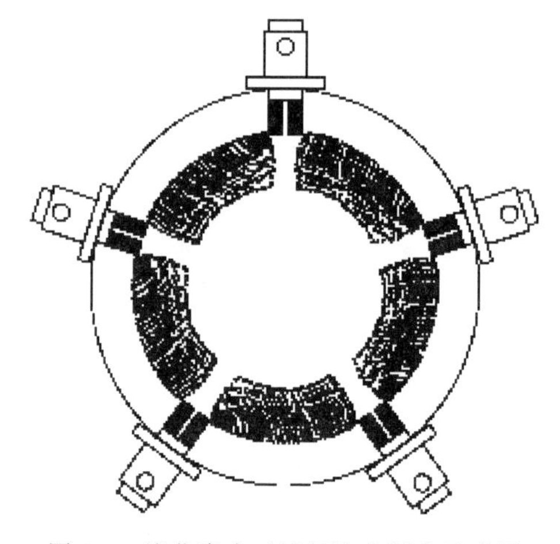
图 3-4　流化床内对撞气流交汇点示意图

进入粉碎腔内的物料利用多个喷嘴喷出的气流冲击，以及由气流膨胀成流态化床悬浮翻腾而产生碰撞、摩擦进行粉碎。经粉碎的物料随气流上升至粉碎室上部的涡轮分级机中，在高速涡轮所产生的流场内，粗粉在离心力作用下被抛向筒壁附近回落到粉碎室下方再进行粉碎，而符合细度要求的微粉则通过分级片流道，经排气管输送至旋风分离器作为产品收集；少量微粉由袋式捕集器作进一步气固分离；净化空气由引风机排出机外。这种分级机优点在于它几乎不受进料粒径和进料量的影响。经过分级后的细粉进入旋风分离器和脉冲袋式除尘器中，从气流中分离出来。

三、扁平式气流粉碎机

扁平式气流粉碎机又称圆盘气流磨，如图3-5所示，扁平式气流粉碎机主要由料斗、文丘里喷嘴、文丘里管、上级颗粒分级装置、气孔环、下级颗粒分级装置、导筒等组成。由于机器的各喷嘴的倾角都是相等的，所以各喷气流的轴线切于一个假象圆中，这个圆周称为分级圆。整个粉碎—分级室被分级圆分成两个部分，分级圆外侧到座圈内侧之间的为粉碎区，内侧到中心排气管为分级区。待粉碎物料由文丘里喷嘴加速至超音速倒入粉碎室内，而高压气体经入口进入气流分配室，分配室与粉碎室相通，气流在自身压力下通过喷嘴时产生超音速甚至每秒上千米的气流速度。

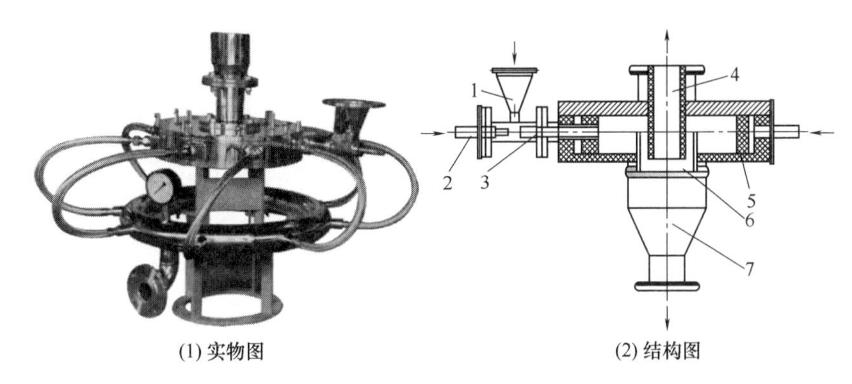

(1) 实物图　(2) 结构图

图3-5　扁平式气流粉碎机

1—料斗　2—文丘里喷嘴　3—文丘里管　4—上级颗粒分级装置
5—气孔环　6—下级颗粒分级装置　7—导筒

在粉碎区内物料收到喷嘴处喷射气流的高速冲击，使得颗粒之间互相冲击碰撞，达到粉碎目的。由于喷嘴倾角$\alpha<90°$，并且粉碎轮廓又是圆形的，所以各喷气流运动一定时间后，必定汇集成一股强大的高速旋转的旋流，称为主旋流。在粉碎区，相邻两喷气流之间的气体又形成若干个强烈旋转的小旋流。小旋流与主旋流的旋转方向相反，在小旋流中物料进行激烈的冲击和摩擦，达到粉碎的目的。

由于喷气流和小旋流的激烈运动，处于工质中的物料高度的湍流运动，颗粒以不同的运动速度和运动方向以极高的碰撞概率互相碰撞而达到粉碎的目的。还有部分的颗粒与粉碎室内部发生碰撞，由于冲击和摩擦而被粉碎，这部分颗粒占总颗粒的20%。

在粉碎机内的工质喷气流既是粉碎的动力，也是分级的动力。被粉碎物料由主旋流代入分级区以层流的形式运动而进行分级，粗粉在离心力作用下被甩向粉碎室周壁做循环粉碎，微细颗粒在向心气流带动下被导入粉碎机中心排气管进入旋风分离器进行捕集。

四、循环管式气流粉碎机

循环管式气流粉碎机主要由机体、机盖、气体分配管、粉碎喷嘴、加料系统、接头、分级叶轮、混合室、加料喷嘴、文丘里管等组成。压力气体通过加料喷射器产生的高速射流使加料混合室内形成负压，将粉体原料吸入混合室并被射流送入粉碎腔。粉碎、分级主体为梯形截面的变直径、变曲率环管形环道，在环道的下端有由数个喷嘴有角度地向环道内喷射高速射流的粉碎腔，在高速射流的作用下，使加料系统送入的颗粒产生激烈的碰撞、摩擦、剪切、压缩等作用，使粉碎过程在瞬间完成。

被粉碎的粉体随气流在环道内流动，其中粗颗粒进入环道上端，在逐渐增大曲率的分级腔中由于离心力和惯性力的作用被分离，经下降管返回粉碎腔继续粉碎，细颗粒随气流与环道气流成130°夹角逆向流出环道。流出环道的气固两相流在出粉碎机前以很高的速度进入一个蜗壳形分级室进行第二次分级，较粗的颗粒在离心力作用下分离出来，返回粉碎腔；细颗粒随气流通过分级室中心出料孔排出粉碎机，进入捕集系统进行气固分离。

如图3-6所示，循环管式气流粉碎机的主要粉碎部位是进料喷射器和粉碎室。进料口下来的原料受到进料喷射器出来的高速气流冲击而不断加速，由于粒子粗细不均匀造成在气流中运动速度不同，因而使粒子在混合室与前方粒子冲撞造成粉碎，这部分主要是对较大颗粒进行粉碎。粉碎腔是整个粉碎机的主要粉碎部位。气流在喷射口以高的速度向粉碎室喷射，使射流区域的粒子激烈碰撞造成粉碎。在两个喷嘴射流交叉处也对粉体冲击形成粉碎作用；此外旋涡中每一高速

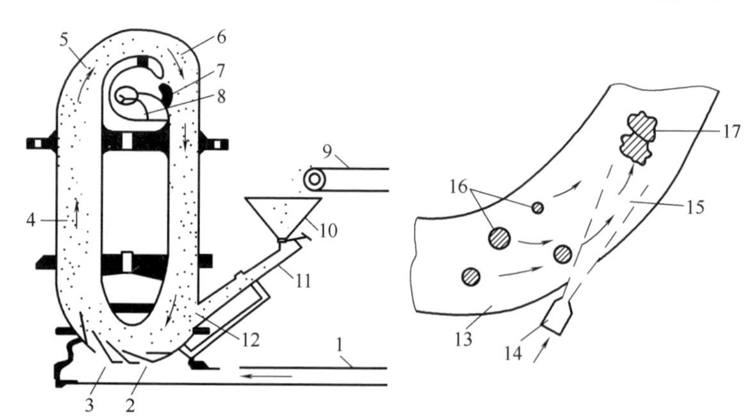

图3-6　循环管式气流粉碎机结构及工作原理示意图

1—气流管　2—喷嘴　3—粉碎室　4—上行管　5、6—分级区　7—惯性分级装置　8—产品出口　9—送料器　10—料斗　11—喷射式进料器　12—粉碎区　13—粉碎室　14—喷嘴　15—喷气流　16—运动颗粒　17—相互碰撞的颗粒

流周围产生低压区域，形成很强的旋涡粉体在旋涡中运动，相互激烈摩擦造成粉碎。

五、对喷式气流粉碎机

对喷式气流粉碎机在粉碎室内有数个相对设置的喷嘴，根据其粉碎方式的不同可分为两种形式。一种如图 3-7（1）所示，物料与气流一起进入喷嘴，其特点是：能量利用率高、粉碎效率高，但喷嘴磨损严重，物料易被污染。另一种如图 3-7（2）所示的形式，物料不经过喷嘴，而是通过螺旋进料器进入粉碎室，然后在喷嘴射流的吸附作用下加速，物料彼此从两个或多个方向相互进行冲击和碰撞而呈现流态化，物料由于受到剧烈碰撞、摩擦力而被粉碎，其特点是：成品粉纯度高，喷嘴基本不磨损，粉碎效率也很高，是目前应用较广泛的一种气流粉碎机。由于物料的高速对撞，冲击强度大，能量利用率高，可用于粉碎莫氏硬度 9.5 级以下、脆性、韧性的各种物料，产品粒径可达亚微米级。

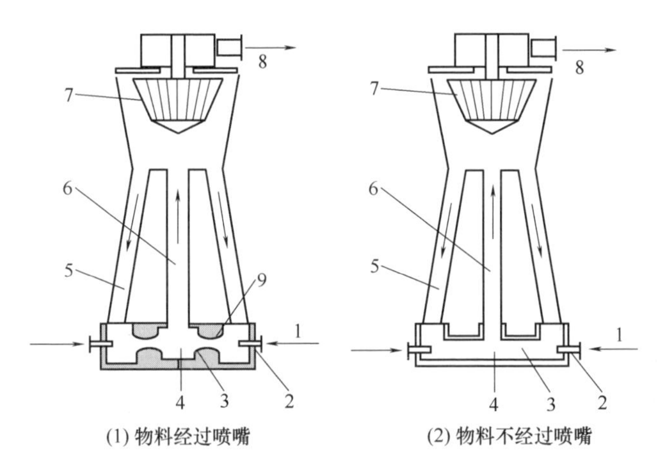

图 3-7　对喷式气流粉碎机的两种结构形式

1—压缩气体　2—喷嘴　3—带料射流　4—粉碎室　5—分级后返回的粗粒　6—粉碎后的料　7—离心分级轮　8—成品粉出口　9—过滤喷嘴

第四节　影响因素

气流粉碎机的粉碎效果一般用粉碎率表示，粉碎率根据产品粒径、产生能力和能量利用率来衡量，其中产品粒径是关键的指标。为降低产品粒径，首先要增加粉碎区内物料颗粒的相互碰撞概率 p_c，然后再增大颗粒在相互碰撞时发生破裂概率 p_σ。用以表征物料颗粒粉碎细度的比表面积增量 Δs 与 p_c、p_σ 和物料粒径有关，即：

$$\Delta s \propto p_c p_\sigma d^{-\beta} \tag{3-1}$$

式中 d——物料粒径，mm

　　β——修正系数

影响 p_c 和 p_σ 的因素众多，比如工质压力、进料速度、进料粒径等。

一、操作参数对气流粉碎的影响

1. 工质压力

气流粉碎的关键在于高压气流产生的高度湍流和能量转换流可以使物料之间发生相互剧烈的冲击、碰撞和摩擦。压缩空气喷气流的动能分别与其质量流量的一次方和速度的二次方成正比，因此，喷气流的速度是影响物料破碎程度的一个重要因素。通常，喷气流的速度与气流入口的压强成正比，压缩空气的压强越大，具喷气动能越大，粉碎效果越好。图 3-8 所示为采用两种国产布洛芬原料粉碎的实验曲线。在进料压力 0.5MPa、进料速度 15kg/h 的条件下，压缩空气的压力越大，粉碎效果越好，布洛芬微粉的粒径越小，粒径分布范围也越窄。

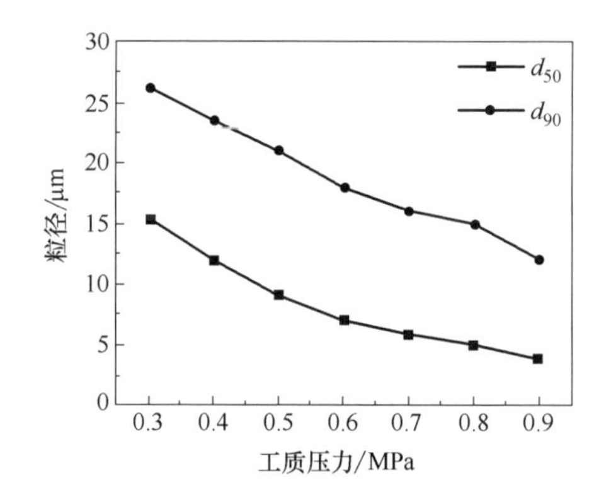

图 3-8 布洛芬微粉的粒径随工质压力的变化曲线

当喷嘴形状为渐缩形时，气体入口压力达到某一临界值时，出口速度也达到临界值。此时继续增加压力，速度将不再增大。若此时增大气流密度，依然可以增大喷气流所具有动能。当喷嘴为超音速喷嘴时，多余的压力在喷嘴出口处全部变成速度，使其变为超临界速度。理论上讲，常用的压缩空气或过热蒸汽，其入口压力达到 0.2MPa 时，出口速度即可达到临界速度。但此时喷气流密度太小，动能不大，粉碎效果不好。为获得强劲的喷气流，实际压力需要比临界压力大许多倍。

2. 工质温度

影响气流粉碎动能的另一操作参数是工质入口温度。喷气流出口速度与入口温度的平方根成正比。虽然使用温度较高的工质对粉碎是有利的，但它会使工质的黏度增大，影响分级效果。

3. 工质黏度

工质黏度越大，对物料的分级越不利，但对物料的粉碎有利。气体黏度随其温度升高而变大。以压缩空气为介质的气流粉碎机（简称空气气流粉碎机），虽然在制备超微粉的效果上比较好，但存在着能耗大、成本高等问题，并给设备大型化造成极大困难；而以过热蒸汽为介质的气流粉碎机（简称蒸汽气流粉碎机），在降低能耗和加大粉碎强度上非常显著，在相同的压力、温度条件下，过热蒸汽的黏度比空气低得多，用小分子量的过热蒸汽粉碎物料，比压缩空气能得到更细的产品。并且过热蒸汽的临界速度高，因而粉碎动能比压缩空气大。粉碎同样的物料，对于过热蒸汽的气固比，较之空气工质的气固比小，也即粉碎单位质量的物料需要的工质流量低。再加上过热蒸汽比空气工质便宜。综上，采用过热蒸汽为工质成本低，经济性高。

4. **加料量**

同一物料由于加料量不同，粉碎效果不同。一般来说，加料量与产品的粒径成正比。如果加料量过小，颗粒之间碰撞的机会小而影响粉碎效果；如果加料量过大，由于总的粉碎能量是一定值，加料量的大小决定粉碎室内每个颗粒所受能量的大小，因此导致颗粒碰撞能量降低，粒径减小。由图 3-9 可见，加料量为 40g 时的微粉粒径要比 60g 时的大，这是由于加料量过小，粉碎室内存在的颗粒数目不多，颗粒之间碰撞机会减少，影响了粉碎效果。当进料量增大到 100g 以上时，加料量过大，颗粒碰撞能量降低，产品粒径也增大。因此，加料量不宜超过 100g。

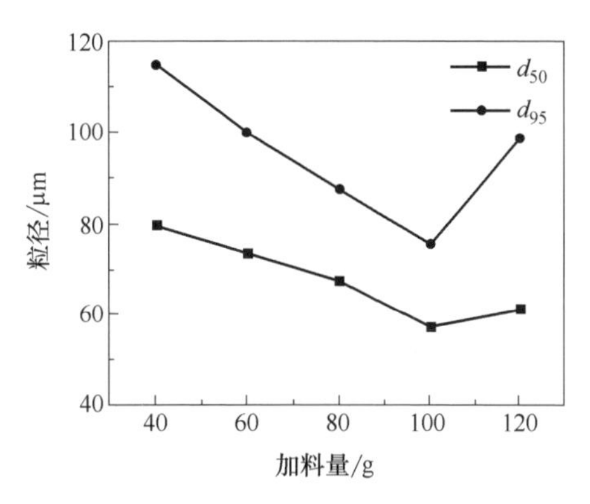

图 3-9　加料量对粉碎效果的影响

5. **进料粒径**

进料粒径的大小与粉碎物料的硬度、韧性、成品粒径以及气流粉碎机的结构型式、规格大小等因素有关。粉碎物料硬度越大，成品粒径要求越高，进料颗粒的尺寸应当越小。通常超微气流粉碎坚硬且密度很大的物料。最大进料粒径不应当低于 932～3250μm，平均进料粒径一般控制在 65～130μm 较好；对于超微气流粉碎中等硬度的脆性物料，最大进料粒径可以为 2600～6500μm，平均进料粒径，一般控制在大约 185～325μm 较好；粉碎较软和易粉碎的物料，进料粒径以小于 650μm 为好。

6. **进料速度**

在气流粉碎工艺中，产品粒径通常与进料速度成正比。采用布洛芬作为原料，在进料压强 0.5MPa 左右，粉碎压强在 0.6～0.8MPa，不同进料速度下进行试验，研究进料速度对布洛芬微粉粒径分布的影响。从图 3-10 的试验结果可以看出：布洛芬微粉粒径随着进料速度的增加先减小后增大。通过试验研究表明，采用扁平式气流粉碎机制备布洛芬微粉的最佳加料速度为 15～18kg/h。

二、操作参数对气流粉碎的影响

除了操作因素如加料量、进料粒径、工质压力、工质温度和黏度等外，影响气流粉碎机的因素还有结构参数。结构参数主要指气流粉碎机的喷嘴、粉碎分级腔形状。喷嘴是气流粉碎机中极为重要的组成部分。它的功能就是把工质的压强能转换为速度能。显然气流粉碎机的性能很大程度上取决于喷嘴的性能。喷嘴的型式、数目、偏角、安装位置等均会对粉碎产生影响。

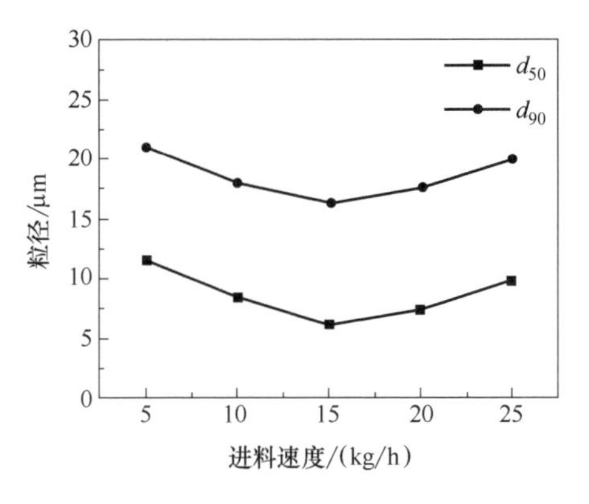

图 3-10 布洛芬微粉粒径随进料速度的变化曲线

1. **喷嘴形式**

可以将气流粉碎机的喷嘴简单地分为 3 种，即直孔型亚声速喷嘴，渐缩型等声速喷嘴和缩扩型超音速喷嘴，如图 3-11 所示。

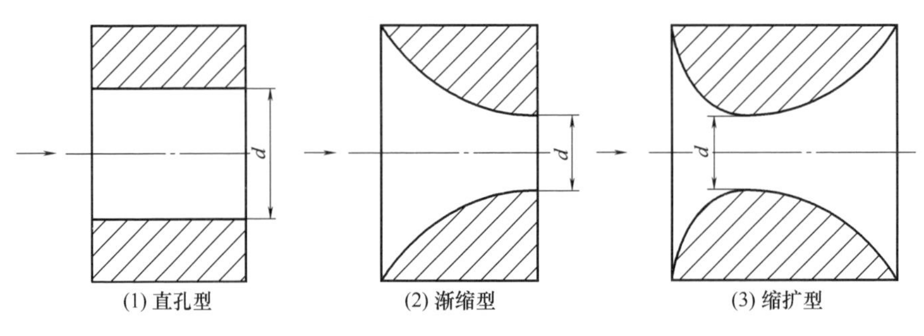

图 3-11 气流粉碎机用喷嘴

直孔型喷嘴虽然结构简单，制造容易，但由于它喷出的工质气流处于亚声速范围内，并且其摩擦损失较大，效率低，所以除了小型气流粉碎机还采用外，较大型的气流粉碎机，几乎都采用渐缩型喷嘴和缩扩型喷嘴。渐缩型喷嘴只能在喉部提供等声速的喷气流，但由于喷气流的流型好（膨胀角小），而且在工质入口压强高于临界压强的情况下，喷射出的喷气流中多余的压强能在粉碎区中进一步膨胀，从而形成高度湍流状态。进而产生巨大的吸力，使其从粉碎机中收集颗粒，从而循环气体并促进颗粒之间的碰撞，这对于气流粉碎过程是有利的。并且当工质进入喷嘴前的状态参数发生变化，偏离设计值时，对渐缩型喷嘴的正常工作影响不大。缩扩型喷嘴能产生超音速喷气流，但由于喷气流比较发散（膨胀角大），不利于颗粒分级，所以早期的气流粉碎机不常采用。但通过对缩扩型喷嘴内腔型面的不断优化改进，设计出的超音速喷嘴一般由四部分构成：稳定段、亚音速渐缩段、喉部临界截面和超音速扩散段，如图 3-12 所示。这四部分用光滑的圆弧相连接，构成一个光滑的内腔型面。这种超音速喷嘴可以得到发散程度很小的气流，喷气流的出口速度可达数马赫，增加了粉碎能力，改善了分级效果，提高了生产效率，故近些年来常应用于扁平式气流粉碎机中。

2. **喷嘴数量**

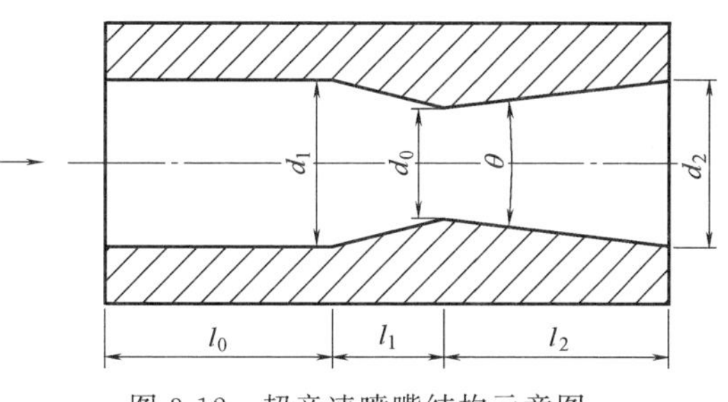

图 3-12　超音速喷嘴结构示意图

通常认为喷嘴多时，能使气流更加均匀，粉碎-分级室内表面磨损更轻且均匀，粉碎和分级效果更好。经验证明，对于像二氧化钛这样对粒径要求极严格的物料，以用喷嘴较多的扁平式气流粉碎机粉碎为宜。但是喷嘴数目过多时，在侧壁分布过分拥挤，喷嘴直径必定变小，从而使喷嘴易被工质可能夹带的机械杂质堵塞，不利于粉碎和分级。

3. **喷嘴位置**

扁平式气流粉碎机的喷嘴一般都安装在粉碎分级室的侧壁，即喷嘴圈的中间，但也有安装在粉碎分级室底平面上。必须保证各喷嘴的轴线严格地位于同一水平面，否则会极大地影响到粉碎效果。

4. **喷嘴偏角**

喷嘴的偏角通常指喷嘴轴线与粉碎室半径的夹角 α，它直接限定了分级圆半径 r_0，一般 α 值通常多为 32°～45°，在可能的条件下，尽可能取较大值。

5. **粉碎-分级腔形状**

粉碎-分级室是由上盖、下盖、喷嘴圈和碰撞环围成的空腔。它是气流粉碎机的关键部位之一，腔体形状直接影响粉碎效果。短圆柱腔体形状粉碎-分级室是扁平式气流粉碎机-分级室最基本的腔型，这种腔体形状的特点是高度 H 在整个直径上是相等的，如图 3-13 所示。

这种粉碎室的 H 和 D 有如下关系：$H/D=0.05 \sim 0.3$，小值用于容易分级的场合，大值用于需要严格分级的产品上。双截头圆锥腔型粉碎-分级室如图 3-14所示。

分级区高度 H_2 与 D 的关系为 $H_2/D=0.05 \sim 0.1$。这种粉碎室是将位于周边的粉碎区设计成圆锥形，而把位于中部的分级区设计成圆柱形，这样由于粉碎

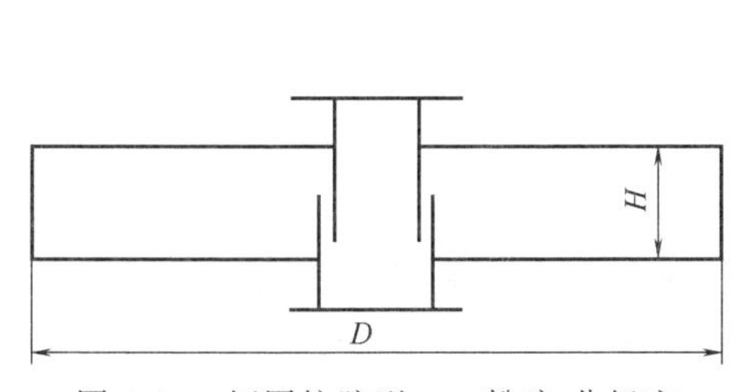

图 3-13　短圆柱腔型——粉碎-分级室

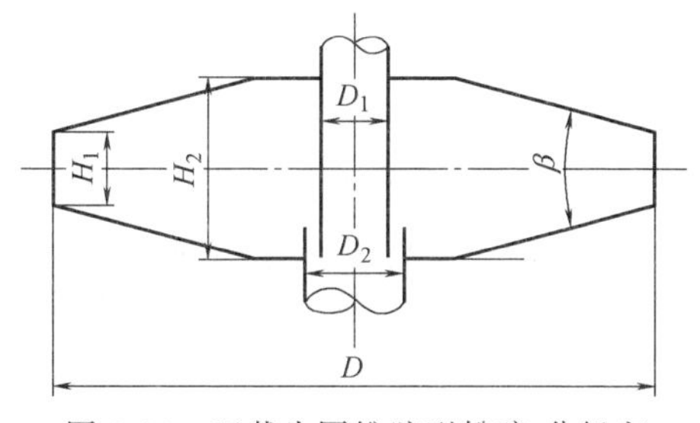

图 3-14　双截头圆锥腔型粉碎-分级室

区空间小，既保证物料与工质在该区内的浓度大，因此使工质的流速变大，物料颗粒相互碰撞的机会变大，增大了粉碎强度，强化粉碎过程，同时由于圆柱形分级区高度 H 增加，有利于分级过程的进行。一般控制粉碎室的锥角 $\beta=12^\circ\sim14^\circ$；柱锥形粉碎-分级室如图 3-15 所示。

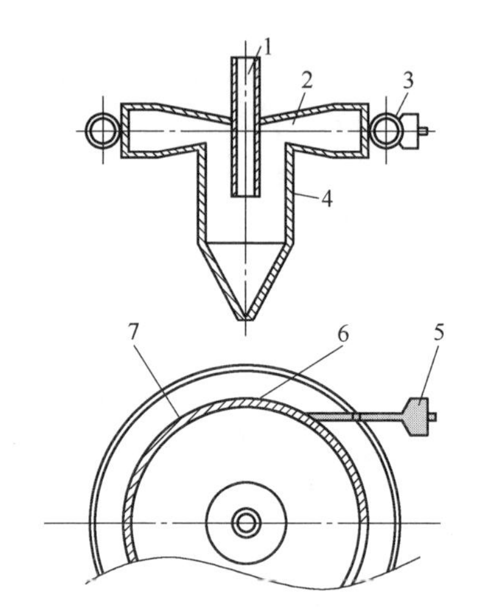

图 3-15　柱锥形粉碎-分级室

1—工质排出管　2—分级区　3—工质分配室　4—成品收集器　5—加料器　6—喷嘴圈　7—喷嘴

这种扁平式气流粉碎机的分级区设计成向中心收缩的锥形结构，使物料从粉碎区向分级区推进过程中，不停顿地进行分级，因此待分级颗粒不会在工质主旋流中发生大量堆积，从而防止发生物料周期性堵塞粉碎-分级室现象，并能够防止粗大颗粒不规则地进入成品中。分级区的收缩锥度一般为 $\beta=12^\circ$ 左右；阶梯腔体形状是为了防止粗大颗粒进入粉碎成品中而设计的，如图 3-16 所示。

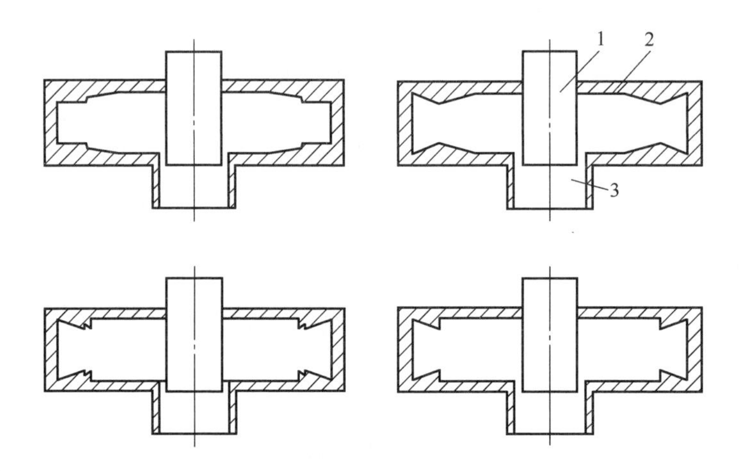

图 3-16　阶梯腔体形状的粉碎-分级室

1—工质排出管　2—粉碎-分级室　3—成品收集区

实验证明，物料在粉碎室中的径向速度非常高，而且边界层内的径向速度更高于平均值，一些颗粒较大的粒子正是通过这个边界层进入了成品。为了截断粗大粒子逃经的通道，破坏边界层，就在粉碎室的分级段界面上，设计有凸起的、不连续的结构。内壁上的凸起物可以是多种形状的，但必须上下对称，其位置最好在 0.7～0.8R 处，即位于分级圆附近。这种腔体形状的粉碎-分级室，能得到粒径细、粒径分布窄的优质粉碎产品，并且粉碎-分级室不易堵塞。

第五节　气流粉碎设备设计

一、超音速气流粉碎机总体设计

1. 颗粒气流粉碎总体工艺流程设计

本章对扁平式气流粉碎机的总体工艺流程进行设计，包括四个子系统：进气与进料系统、超音速气流粉碎系统、颗粒分级系统及出料系统。本设计的整体工艺流程为：空气压缩机将外界空气送至气流分配室中，在输送气体的过程中设置过滤装置，保证进入装置的空气为纯净空气；气流分配室将纯净空气输送至超音速喷管中，由超音速喷管将气流加速至超音速后由喷嘴喷出；待喷射气流稳定后，用送料装置将原料颗粒输送至粉碎腔中进行粉碎，并打开装置尾端引风机，令粉碎颗粒在气流带动作用下进入分级轮；在分级轮中，粗颗粒在离心力作用下被甩出分级轮在粉碎腔中继续进行粉碎，符合粒径标准的细颗粒则跟随气流离开分级腔；携带着细颗粒的气流经过管道通过旋风分离器，由旋风分离器对符合粒径要求的细颗粒进行分离与收集，余下的气体则由旋风分离器出口排出；旋风分离器排出的空气最后经过袋式除尘器进行除尘操作后排出到周围环境中，有效减轻了对周围环境的污染。气流粉碎机工艺流程图如图 3-17 所示。

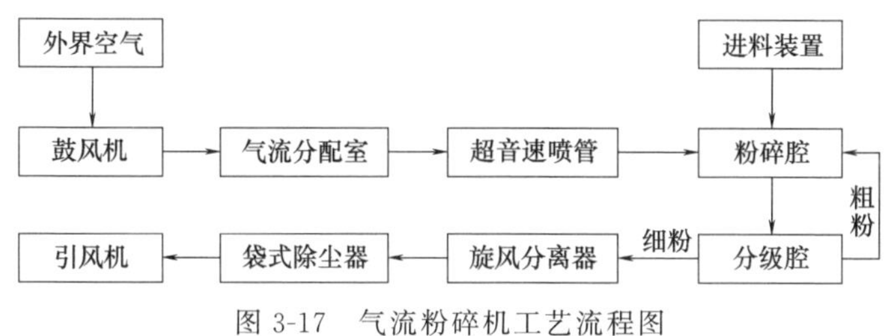

图 3-17　气流粉碎机工艺流程图

2. 进气与进料系统设计方案

本设计涉及的扁平式超音速气流粉碎机有一进气与进料系统。本章设计的扁平式气流粉碎机考虑到生产的安全性及实际需要，选用空气压缩机进行进气，并在空气压缩机送入空气路径中添加储气罐及过滤装置，最大程度减少送入空气中的杂质，防止污染颗粒物料，从而获得较为纯净的超细粉体产品，过滤后的空气被送入气流分配室进行分配。送料方面则选用螺旋进料方式，以保证送料的稳定性与密封性。

3. 超音速气流粉碎系统设计方案

本设计涉及的扁平式超音速气流粉碎机有一超音速气流粉碎系统。超音速气流粉碎系统为本章设计的扁平式气流粉碎机的核心系统之一。送入气流分配室的空气通过管道进入预先进行设计制作的复数的超音速喷管中，通过喷管将空气加速至超音速并喷入粉碎腔内，带动输入到粉碎腔中的颗粒物料进行高速冲击或与粉碎腔内壁进行撞击从而达到颗粒高效粉碎的目的。

二、进气与进料系统设计

1. 空气压缩机型号与储气罐选择

本章所设计的扁平式超音速气流粉碎机压缩空气消耗量为6m³/min，故针对这一点，选用能够满足运行过程需要的BLT-60A型空气压缩机机组，BLT-60A型空气压缩机机组性能与尺寸参数如表3-1所示。

表 3-1 BLT-60A 型空气压缩机机组性能与尺寸参数表

型号	功率/kW	排气压力/MPa	排气量/(m³/min)	出口管径/mm	外形尺寸/mm	质量/kg
BLT-60A	45	0.8	8.0	DN50	172060A组性能与尺寸	870

通常情况下，空气压缩机后均需配套相应储气罐。第一，配套储气罐可稳定出气压力，防止空气压缩机停机期间，压缩空气反向导入压缩机，对压缩机造成损伤；第二，储气罐可以减少气路的不稳定性，保证空压机工作稳定；第三，储气罐能够沉淀空气中的杂质和水分等异物，提高空气质量。且由于空气压缩机内部没有储存压缩空气的位置，若不使用配套储气罐的话，所产生的压缩空气必须即出即用，这种工作方式非常不理想。通常储气罐的容积在空压机排气量的1/5～1/3，故本设计选用2.0m³申江立式储气罐与空压机进行配套，2.0m³申江立式储气罐尺寸参数如表3-2所示。

表 3-2 2.0m³ 申江立式储气罐尺寸参数表

容积(m³)	工作压力/MPa	容器总高/mm	容器内径/mm	进口高度/mm	进口管径/mm	出口高度/mm	出口管径/mm
2.0	0.8	2780	1000	760	DN50	2320	DN50

2. 过滤装置选型

本章设计的扁平式气流粉碎机的粉碎介质为空气。但是由于空气中含有多种颗粒杂质，尤其在工业生产场合，空气中颗粒杂质的浓度会明显增大。且空气在外界与空压机中都会有一定的含油量，因此，为提高气流粉碎机生产的超细粉体质量，需在外界空气进入粉碎腔前，对其进行过滤净化操作。本章设计所选用过滤装置为在空气压缩机储气罐与气流分配室间安装除油器。除油器的型号参数见表3-3。

表 3-3 除油器型号参数表

型号	处理量/(m³/min)	工作压力/MPa	出口含油量/(mg/m³)	出口粒径/μm	压力降/MPa	质量/kg
LN23-12/8Z	12	0.8	≤1	≤1	≤0.012	115

3. **气流分配室设计**

本章气流分配室选用304不锈钢进行加工制造。本章选用304不锈钢，加工制造内径为450mm，外径为600mm，厚度为1.5mm的环形气流分配室。分配室依照喷嘴数量对称加工8个用于与超音速喷管相连的螺纹孔。下面开设57mm大小的孔，通过管道和法兰与除油器相连接。

4. **进料装置选择**

本章所设计的扁平式超音速气流粉碎机生产能力为30～100kg/h，故可将生产能力定为50kg/h。又因查阅资料可以了解到，螺旋输送机具有输送量大、输送能耗低、密封性好、操作安全、不易产生污染、使用寿命长、较为经济实惠等优点，所以在本设计中可选择与生产能力相对应的WLS-50型螺旋输送机作为进料装置，螺旋输送机型号参数见表3-4。进料装置通过管道与法兰与粉碎腔连接。

表3-4　螺旋输送机型号参数

<table>
<tr><th>型号</th><th>喂料量
/(kg/h)</th><th>电压
/V</th><th>电机功率
/kW</th><th>转速
/r/min</th><th>备注</th><th>材质</th></tr>
<tr><td>WLS-0.5</td><td>0.5</td><td>380/220</td><td>0.18</td><td>25</td><td rowspan="5">可配调速电机
调速方式:无级变速
变频调速
调速电机(220V)</td><td rowspan="8">碳钢
不锈钢</td></tr>
<tr><td>WLS-1</td><td>1</td><td>380/220</td><td>0.18</td><td>25</td></tr>
<tr><td>WLS-2</td><td>2</td><td>380/220</td><td>0.18</td><td>25</td></tr>
<tr><td>WLS-3</td><td>3</td><td>380/220</td><td>0.18</td><td>25</td></tr>
<tr><td>WLS-5</td><td>5</td><td>380/220</td><td>0.18</td><td>25</td></tr>
<tr><td>WLS-10</td><td>10</td><td>380</td><td>0.25</td><td>34</td><td rowspan="3">可配调速电机
调速方式:无级变速
变频调速</td></tr>
<tr><td>WLS-20</td><td>20</td><td>380</td><td>0.37</td><td>34</td></tr>
<tr><td>WLS-50</td><td>50</td><td>380</td><td>0.37</td><td>34</td></tr>
<tr><td>WLS-80</td><td>80</td><td>380</td><td rowspan="4">根据进出
料口长度</td><td rowspan="4">根据物
料密度</td><td rowspan="4">可配调速电机、防爆电机
调速方式:无级变速
电磁调速</td><td rowspan="4">碳钢
不锈钢
非金属材料</td></tr>
<tr><td>WLS-100</td><td>100</td><td>380</td></tr>
<tr><td>WLS-200</td><td>200</td><td>380</td></tr>
<tr><td>WLS-300</td><td>300</td><td>380</td></tr>
</table>

通常，扁平式气流粉碎机进料方式分为上方进料与侧方进料。由于本章设计扁平式气流粉碎机粉碎腔上部接有分级装置，故上方进料不方便，选择侧面进料。螺旋输送机连接至粉碎装置的粉碎腔，输送进粉碎腔的物料在喷嘴高速气流的带动作用下进行气粉混合与粉碎。

三、粉碎系统设计

1. **超音速喷嘴设计**

(1) 超音速喷嘴的工作原理　超音速喷嘴（拉瓦尔管）是本章设计的关键部件之一。超音速喷嘴的基本结构为扩-缩-扩形式，本质上为一缩放喷管。具有一定压力和初始速度的洁净气体通过管道进入喷嘴中，在喷嘴的前半段，气体遵循流体动力学中流体在管道截面变小时，流速变快；在管道截面变大时，流速减慢的原理，因而，在喷嘴的前半段，气体可不断加速，到达管道截面积最小处，也就是喉部时，气体可加速至当地声速。可当气体继续向前流动至超过喉部位置时，由于流体在跨音速运动时，不再遵循“截面小处流速大，截面大处流速小”的原理，而是反之，当截面变大时，流速也随之变大，故在喷嘴的后半段，随着截面积的变大，气体被进一步加速，当气体喷出喷嘴时，便可被加速至超音速（相对于当地声速）。

（2）超音速喷嘴数量与安装角度选定　在进行超音速喷嘴参数计算前，对其数量及安装角度进行确定。本章设计扁平式气流粉碎机制备的超细粉体产品粒径在 10μm 以下，故当安装角度为 45°时，可以满足粉碎粒径要求，此时可取喷嘴数量为 8 个。

（3）拉瓦尔管相关参数的计算　在拉瓦尔管中，气体的流动为可压缩流动。通常，在实际情况之下，可压缩流动是一种复杂的综合性现象，但由于拉瓦尔管中的流动近似等熵流动，故当进行拉瓦尔管的设计计算时，可将其作为一维等熵流进行计算。

① 气流的滞止参数计算。已知气体在喷管的入口处流速 $c_1=100\text{m/s}$，气体在喷管入口处温度 $T_1=300\text{K}$，在当前工作条件下，空气的定压比热容 $c_p=1.005\text{kJ/(kg}\cdot\text{K)}$，故气流的滞止焓 h_0 可根据上述条件由式（3-2）求出。

$$h_0=c_p\cdot T_1+\frac{c_1^2}{2}=1.005\times300+\frac{100^2}{2}=306.5\text{kJ/kg} \tag{3-2}$$

气流的滞止温度 T_0 可根据上述条件由式（3-3）求出。

$$T_0=\frac{h_0}{c_p}=\frac{306.5}{1.005}=304.975\text{K} \tag{3-3}$$

设定喷管进气口压强 $p_1=0.5\text{MPa}$，在当前工作条件下，空气的 K 值等于 1.4，故由式（3-4）可求出气流的滞止压强 p_0。

$$p_0=p_1\cdot\left(\frac{T_0}{T_1}\right)^{\frac{k}{k-1}}=0.5\times\left(\frac{304.975}{300}\right)^{\frac{1.4}{1.4-1}}=0.5296\text{MPa} \tag{3-4}$$

因空气的气体常数 $R_g=287\text{J/(kg}\cdot\text{K)}$，故由式（3-5）可以求得气流的滞止比体积 v_0。

$$v_0=\frac{R_g\cdot T_0}{p_0}=\frac{287\times304.975}{5.296\times10^5}=1.6527\text{m}^3/\text{kg} \tag{3-5}$$

② 气流的临界参数计算。查找技术手册可知，在当前环境下，流经喷管气流的临界压力比 $v_{cr}=0.528$，故气体的临界压力 p_{cr} 可由式（3-6）求得：

$$p_{cr}=v_{cr}\cdot p_0=0.528\times0.5296=0.2796\text{MPa} \tag{3-6}$$

拉瓦尔喷管的喉部流速即为其临界流速，也可称为当地声速可结合之前求得的气流的滞止压强 p_0，以及气流的滞止比体积 v_0，联系式（3-7）求得：

$$c_{f,cr}=\sqrt{\frac{2k}{(k+1)}\cdot p_0\cdot v_0}=\sqrt{\frac{2\times1.4}{(1+1.4)}\times5.296\times10^5\times1.6527}=319.554\mathrm{m/s} \tag{3-7}$$

③ 拉瓦尔管的尺寸的计算。根据气体稳定流动的连续性方程可知，气体通过喷管的任何截面的质量流量都是相等的。因此，通常情况下，无论计算喷管哪一截面的流量，其计算结果均应该是等同的。但不论是何种形式的喷管，其流量大小均受到喷管最小截面的制约，所以当对拉瓦尔喷管进行流量计算时，通常按其喉部截面积即最小截面积通过式（3-8）进行计算：

$$q_m=\frac{P_1A_{cr}}{\sqrt{T_1}}\sqrt{\frac{k}{R}\left(\frac{2}{k+1}\right)^{\frac{k+1}{k-1}}} \tag{3-8}$$

式中　q_m——通过拉瓦尔喷管喉部气体的质量流量

A_{cr}——喷管喉部的截面积

R——气体常数，对于空气，取 $R=0.287\mathrm{kJ/(kg\cdot K)}$。

又因本章设计的扁平式气流粉碎机的超音速喷嘴数量为 8 个，所选 BLT-60A 型空气压缩机机组的压缩空气进气量为 $8\mathrm{m^3/min}$，故每根喷管的气体流量 $Q=1.0\mathrm{m^3/min}$。查表可得，当前工作环境下，空气的密度 $\rho=1.1769\mathrm{kg/m^3}$，将式（3-8）与式（3-9）联立：

$$q_m=Q\cdot\rho \tag{3-9}$$

并将相关参数的数据代入，可求得拉瓦尔喷管的喉部面积 $A_{cr}=5.31\mathrm{mm^2}$，根据面积公式，可以较容易求得喷管的喉部直径 $D_{min}=2.6\mathrm{mm}$。

参考相关文献可知，拉瓦尔喷管的压力比与马赫数之间的关系可表示为式（3-10）。

$$Ma=\left\{\frac{2}{k-1}\left[\left(\frac{p_0}{p_2}\right)^{\frac{k-1}{k}}-1\right]\right\}^{1/2} \tag{3-10}$$

式中　Ma——马赫数，是一表示气流运动速度与当地声速之比的无量纲参数

p_2——喷管出口处的气体压强（p_2 设为 1 个大气压）

将数据代入式（3-10）计算可得，本章设计的拉瓦尔喷管马赫数为 1.75。

拉瓦尔管的扩张尺寸，可由式（3-11）计算得到。

$$\frac{A_2}{A_{cr}}=\frac{1}{Ma}\left\{\left(\frac{2}{k+1}\right)\cdot\left[1+\frac{(k-1)}{2}\cdot Ma^2\right]\right\}^{\frac{k+1}{2(k-1)}} \tag{3-11}$$

式中　A_2——拉瓦尔喷管出口处截面积

将相关数据代入计算可得，喷管出口截面积 $A_2=1.3865A_{cr}$，故计算可得喷管出口直径 $D_2=1.2D_{min}=3.12\mathrm{mm}$。

喷管扩张部分的长度通常依照经验确定，如果过短，则气流扩张过快，易引起扰动导致气流内部产生摩擦造成能量损失；如果过长，则气流与管壁间的摩擦损失也会增加，通常取扩张段顶锥角 $\varphi=10°\sim12°$，本设计取 $\varphi=10°$，通过式（3-12）可求得喷管扩张部分长度 L：

$$L=\frac{D_2-D_{\min}}{2\cdot\tan\left(\frac{\varphi}{2}\right)}=\frac{3.12-2.6}{2\times\tan\left(\frac{10^\circ}{2}\right)}=3\text{mm} \tag{3-12}$$

拉瓦尔喷管的收缩段长度若过长，则加速时间较长，气流能量损失较大，经验上一般取收缩段顶锥角 $\varphi_1=30^\circ\sim60^\circ$，本设计取 $\varphi_1=60^\circ$，由于喷管入口直径 $D_1=14.56\text{mm}$，故计算可得喷管收缩段长度 $L_1=10.36\text{mm}$。

故本章设计拉瓦尔喷管尺寸为：喷管入口直径 $D_1=14.56\text{mm}$；喷嘴直径 $D_{\min}=2.6\text{mm}$；喷管出口直径 $D_2=3.12\text{mm}$；扩张部分长度 $L=3\text{mm}$；喷管收缩段长度 $L_1=10.36\text{mm}$；扩张段顶锥角 $\varphi=10^\circ$；收缩段顶锥角 $\varphi_1=60^\circ$，拉瓦尔喷管结构如图 3-18 所示。

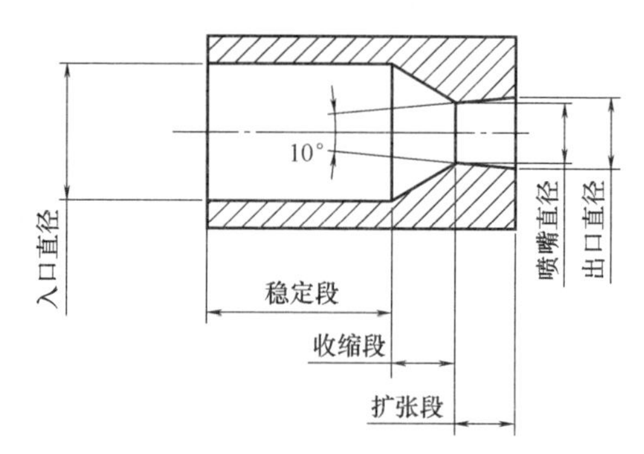

图 3-18　拉瓦尔喷管结构图

(4) 拉瓦尔管的流场模拟与结构优化　本部分对拉瓦尔管进行优化设计，故利用 Fluent 软件对拉瓦尔管内部气体流场进行模拟。通过调整拉瓦尔管结构，对不同情况下模拟的气流流场进行分析，确定出在本章设计工作条件下超音速喷嘴拉瓦尔管的最佳尺寸。

首先对理论计算所得的拉瓦尔管初始结构的气流速度场进行模拟，拉瓦尔喷管流场模拟结果如图 3-19 所示。理论计算所得拉瓦尔管出口气流速度应在 550m/s 左右，而模拟结果出口处最大速度约为 530m/s。显然，理论计算与实际流场情况间存在偏差，故需调整优化拉瓦尔管结构，使出口速度能够达到或超过理论计算值，从而保证粉碎效果。

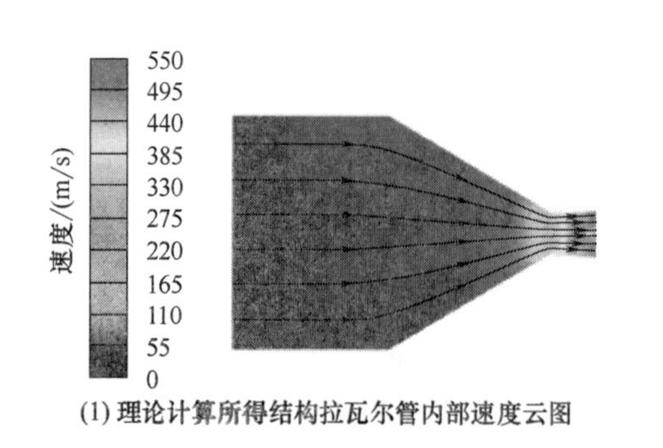

(1) 理论计算所得结构拉瓦尔管内部速度云图

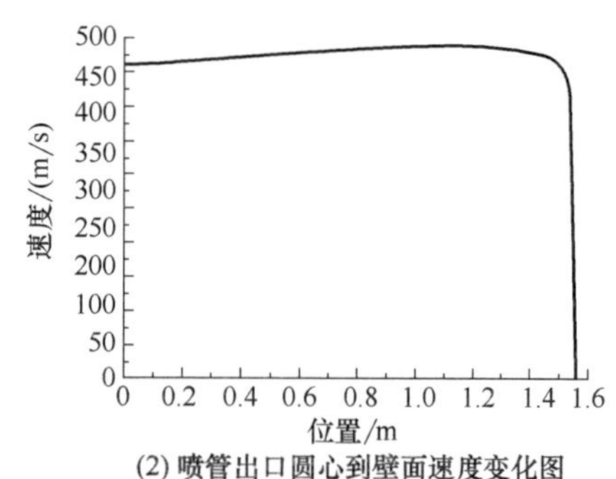

(2) 喷管出口圆心到壁面速度变化图

图 3-19　拉瓦尔喷管流场模拟结果

根据相关文献可知，拉瓦尔管的出口速度与其出口直径有很大的关系，出口直径越大，出口速度越快，而其他因素如入口直径、收缩角、扩张角等，对出口速度几乎无影响。因此，本章设计对喷管结构进行调整，不同程度地加大喷管出口直径，从而增大拉瓦尔管出口处气流速度。同时，为稳定气流，将收缩角调整为40°，扩张角调整为5°，其余条件不变，并进行模拟，通过分析模拟结果选择最为合适的拉瓦尔管结构。

首先，将出口直径较大幅度地由3mm增加至5mm，对此时喷管内速度场进行模拟，拉瓦尔喷管流场模拟结果如图3-20所示。从模拟结果可以看出，虽然较大幅度增大喷管出口直径可使出口速度激增，最大可以达到606m/s，但在出口处产生了明显的回流，会导致出口处气流不稳且平均速度快速下降，显然，这是不符合工作要求的。

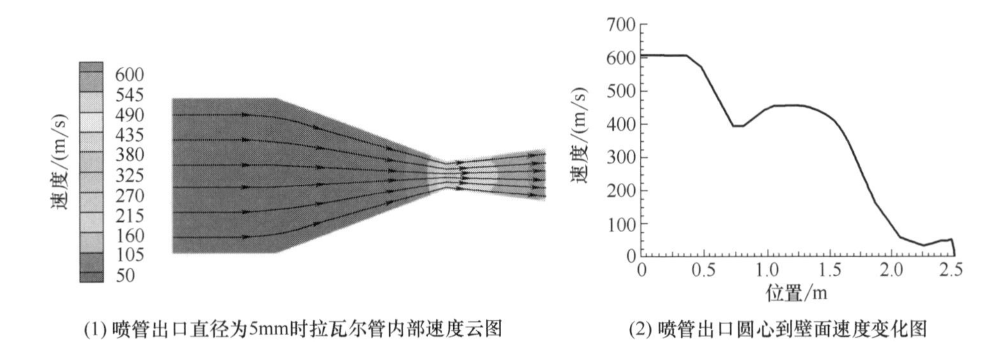

(1) 喷管出口直径为5mm时拉瓦尔管内部速度云图　(2) 喷管出口圆心到壁面速度变化图

图3-20　喷管出口直径为5mm时拉瓦尔喷管流场模拟

在其他条件不变的情况下，将出口直径调整至4.3mm，对此时喷管内速度场进行模拟，拉瓦尔喷管流场模拟结果如图3-21所示。从模拟结果可以看出，当出口直径为4.3mm时，虽然喷管出口速度有所下降，但是回流现象有所好转，但因出口处气流仍然不稳，平均速度仍有一定程度下降，故仍有调整优化余地。

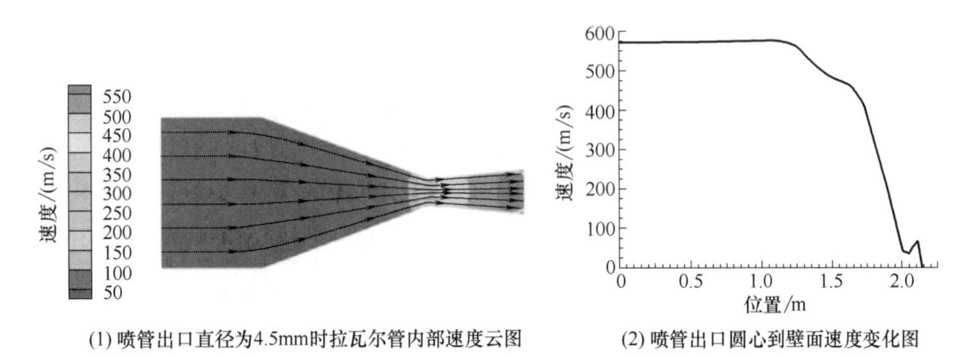

(1) 喷管出口直径为4.5mm时拉瓦尔管内部速度云图　(2) 喷管出口圆心到壁面速度变化图

图3-21　喷管出口直径为4.5mm时拉瓦尔喷管流场模拟

在其他条件不变的情况下，将出口直径调整至4mm，对此时喷管内速度场进行模拟，拉瓦尔喷管流场模拟结果如图3-22所示。此时，从模拟结果可以看出，当出口直径为4mm时，速度能够达到566m/s，超过理论计算速度，且喷管出口处没有回流现象产生，气流与出口处平均速度均比较平稳，是较为理想的情

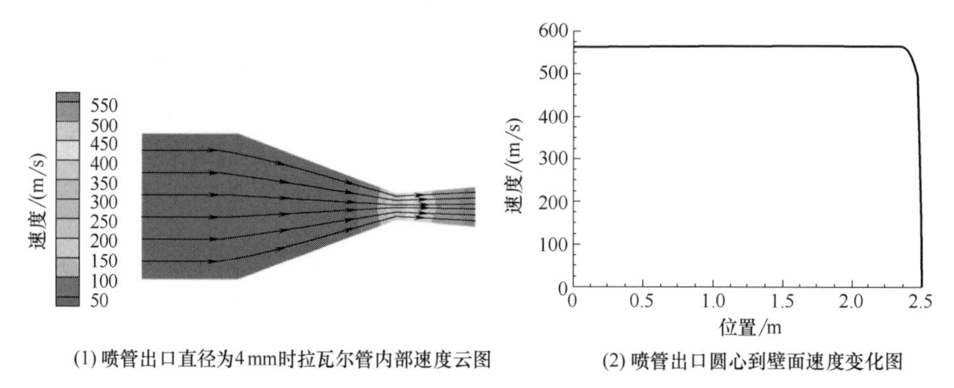

(1) 喷管出口直径为4mm时拉瓦尔管内部速度云图　　(2) 喷管出口圆心到壁面速度变化图

图 3-22　喷管出口直径为 4mm 时拉瓦尔喷管流场模拟

况，满足拉瓦尔管结构优化需求。

故本章设计进行优化后的拉瓦尔喷管结构尺寸为：喷管入口直径 $D_1=14.56$mm；喷嘴直径 $D_{min}=2.6$mm；喷管出口直径 $D_2=4$mm；扩张部分长度 $L=8$mm；喷管收缩段长度 $L_1=16.43$mm；扩张段顶锥角 $\varphi=5°$；收缩段顶锥角 $\varphi_1=40°$。

(5) 超音速喷嘴的制作　市场上通常选用 303 不锈钢与 304 不锈钢进行超音速喷嘴的制作。但 304 不锈钢相较而言性价比更高，综合性能更好，应用更广泛，故本设计选用 304 不锈钢，用数控车和电火花复合微细加工进行超音速喷嘴的制作。

2. 粉碎机内腔设计

(1) 粉碎机内腔筒体设计　对粉碎机内腔筒体尺寸，可参考与本章设计相关参数相似的 BPQ-300 扁平式气流粉碎机尺寸进行设计，BPQ 系列扁平式超音速气流粉碎机技术参数如表 3-5 所示。筒体的直径选为 500mm，筒高定为 300mm。

表 3-5　BPQ 系列扁平式超音速气流粉碎机技术参数

型号	粉碎压力/MPa	耗气量/(m^3/min)	生产能力/kg/h	质量/kg
BPQ-50	0.6～0.9	0.6～0.8	0.5～2	80
BPQ-100		1.75～2.2	0.5～5	140
BPQ-200		3～3.8	5～40	55
BPQ-300		6～7.5	10～50	80
BPQ-400		10～12.5	50～200	180
BPQ-500		20～25	200～500	250
BPQ-600		25～32	300～600	330

基于无缝钢管耐压高、坚固、韧性好的特点，选取制造粉碎机内腔筒体材料为无缝钢管。由于 40Cr 钢相较于普通的 45 号钢而言，具有更好的抗疲劳强度和韧性，属于优质碳素结构钢，适合于当前高速气流持续冲击的工作环境，故制造无缝钢管的钢材选择 40Cr 钢。

已知粉碎腔内工作压力 p 为 0.7MPa，筒体的直径 $D_{筒}$ 定为 520mm，当压力小于 7MPa 时，钢管压力系数 $S=8$，钢材 40Cr 的抗拉强度 $[\sigma_b]\geqslant 980$MPa，可由式（3-13）求得无缝钢管的壁厚：

$$\delta=\frac{p\cdot D_{筒}\cdot S}{2[\sigma_b]}=\frac{0.7\times 0.52\times 8}{2\times 980}=1.45\text{mm} \tag{3-13}$$

故可以选择外径为 530mm，壁厚为 15mm 的无缝钢管。在筒体下方用相同厚度 40Cr 钢板做筒底，与筒壁进行焊接。

（2）粉碎腔内衬选取　本章设计粉碎腔内选用碳化硅耐磨内衬。扁平式气流粉碎机的粉碎腔因长时间受到高速气流和颗粒的冲击，极易磨损，故需要选用内衬，保护筒体的同时，防止原料颗粒因桶壁磨损而受到污染。碳化硅耐磨内衬具有硬度高（仅次于金刚石）、特耐磨、抗冲击、抗腐蚀的特点，符合生产要求。

使用碳化硅耐磨内衬的内筒耐磨内衬的厚度一般为 6～25mm，其结构是将烧结好的陶瓷管安装进相应口径的钢管里，两端用胶黏接；或者直接嵌套进无缝钢管中。本章考虑到成本及实际需求，设计粉碎腔选用厚度为 6mm 的碳化硅耐磨内衬即可。

四、辅助部件的选择与设计

1. 进气系统管道与管法兰的选型

（1）空气压缩机出口　按照压力容器设计手册要求，空气压缩机出口采用 ϕ57mm× 3.5mm 无缝钢管。配用突面板式平焊管法兰：HG/T 20592 法兰 PL50-1.0 RF。

（2）储气罐入口　按照压力容器设计手册要求，储气罐入口采用 ϕ57mm×3.5mm 无缝钢管。配用突面板式平焊管法兰：HG/T 20592 法兰 PL50-1.0 RF。

（3）储气罐出口　按照压力容器设计手册要求，储气罐出口采用 ϕ57mm×3.5mm 无缝钢管。配用突面板式平焊管法兰：HG/T 20592 法兰 PL50-1.0 RF。

（4）除油器入口　按照压力容器设计手册要求，储气罐出口采用 ϕ57mm×3.5mm 无缝钢管。配用突面板式平焊管法兰：HG/T 20592 法兰 PL50-1.0 RF。

（5）除油器出口　按照压力容器设计手册要求，储气罐出口采用 ϕ57mm×3.5mm 无缝钢管。配用突面板式平焊管法兰：HG/T 20592 法兰 PL50-1.0 RF。

（6）气流分配室入口　按照压力容器设计手册要求，储气罐出口采用 ϕ57mm×3.5mm 无缝钢管。配用突面板式平焊管法兰：HG/T 20592 法兰 PL50-0.6 RF。

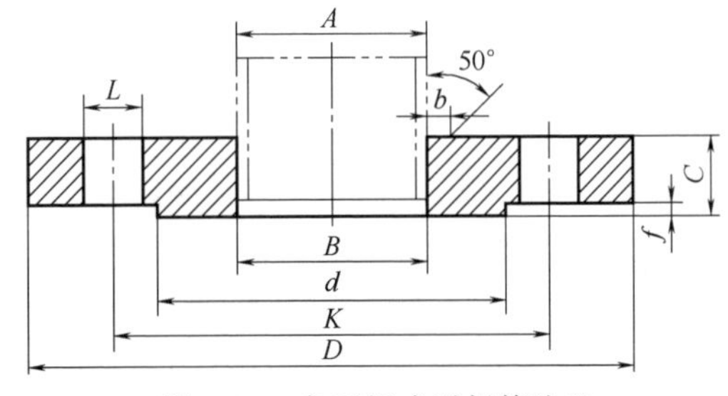

图 3-23　突面板式平焊管法兰

突面板式平焊管法兰具体结构如图 3-23 所示。根据 HG/T

20592—2009 确定突面板式平焊管法兰的参数见表 3-6。

表 3-6 气流分配室突面平焊管法兰参数 单位：mm

接管名称	公称直径 DN	接管外径 A	连接尺寸					
			法兰外径 D	螺栓中心圆直径 K	突面直径 d	螺孔直径 L	突面高度 f	法兰厚度 C
空气压缩机出口	50	57	165	125	102	18	2	19
储气罐入口	50	57	165	125	102	18	2	19
储气罐出口	50	57	165	125	102	18	2	19
除油器入口	50	57	165	125	102	18	2	19
除油器出口	50	57	165	125	102	18	2	19
气流分配室入口	50	57	140	110	90	14	2	16

法兰 PL50-1.0 RF 采用 4 枚 M16 螺栓来相互连接，每个法兰的质量为 2.5kg。法兰密封采用 1.5mm 厚的耐油石棉橡胶垫片，标记为：HG/T 20606 垫片 RF 50-1.0 XB450。

法兰 PL50-0.6 RF 采用 4 枚 M16 螺栓来相互连接，每个法兰的质量为 1.5kg。法兰密封采用 1.5mm 厚的耐油石棉橡胶垫片，标记为：HG/T 20606 垫片 RF 50-1.0 XB450。

（7）链接软管 气流分配室与喷嘴相连的管道选用抗压性强，便于安装且寿命长的螺纹式不锈钢金属软管，与气流分配室和喷嘴进行螺纹连接。为保证超音速喷管的进气口速度，软管内径可定为 14.56mm。

2. 粉碎与分级系统法兰的选型

粉碎腔法兰的设计。按照压力容器设计手册要求，由于粉碎腔选用无缝钢管外径为 530mm，故配用突面板式平焊管法兰：HG/T 20592 法兰 PL500-1.0 RF。根据 HG/T 20592—2009 确定突面板式平焊管法兰的参数见表 3-7。

表 3-7 粉碎腔突面平焊管法兰参数 单位：mm

名称	公称直径 DN	接管外径 A	连接尺寸					
			法兰外径 D	螺栓中心圆直径 K	突面直径 d	螺孔直径 L	突面高度 f	法兰厚度 C
分级腔	400	426	540	495	465	22	2	28
粉碎腔	500	530	670	620	585	26	2	38

法兰 PL500-1.0 RF 采用 20 枚 M24 螺栓来相互连接，每个法兰的质量为 40kg。法兰密封采用 3mm 厚的耐油石棉橡胶垫片，标记为：HG/T 20606 垫片 RF 500-1.0 XB450。

法兰 PL400-0.6 RF 采用 16 枚 M20 螺栓来相互连接，每个法兰的质量为 20kg。法兰密封采用 3mm 厚的耐油石棉橡胶垫片，标记为：HG/T 20606 垫片 RF 400-0.6 XB450。

因为分级腔顶部需进行密封，故按照压力容器设计手册要求，选取配用法兰盖：HG/T 20592 法兰盖。BL400-0.6 RF 法兰盖结构示意图如图3-24。

根据 HG/T 20592—2009 确定法兰盖的参数见表 3-8。

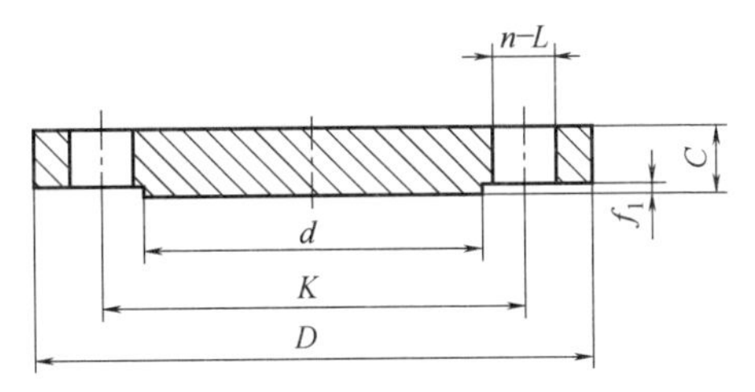

图 3-24　法兰盖结构示意图

表 3-8　**法兰盖参数**　单位：mm

公称直径 DN	连接尺寸					
	法兰盖外径 D	螺栓中心圆直径 K	突面直径 d	螺孔直径 L	突面高度 f_1	法兰盖厚度 C
400	540	495	465	22	2	22

第六节　气流粉碎机的应用

气流粉碎以其生产能力大、自动化程度高、产品粒径细、粒径分布较窄、纯度高、活性大、分散性好等特点广泛应用于化工、矿业、材料、食品、医药、颜料、涂料和化妆品等行业。气流粉碎主要的应用领域如下。

（1）高硬度物料　碳化硅、各种刚玉、碳化硼、氧化铝、氧化锆、石榴石、锆英砂、金刚石等。

（2）矿业　方解石、白云石、高岭土、重晶石、石英、滑石、硅灰石、煤粉、轻质碳酸钙、云母、铝矾土、凹凸棒石、水镁石、膨润土、石榴石、菱镁矿、红柱石、叶蜡石、钾长石、透辉石、累托石、硅藻土、石膏、珍珠岩等。

（3）化工　氢氧化镁、氢氧化铝、硅胶炭、黑白炭、除草剂、杀虫剂、可湿性粉剂、沉淀硫酸钡、发泡剂、荧光粉、催化剂、聚四氟乙烯、聚乙烯、聚丙烯、聚乙烯醇、染料、高氯酸钾、丙烯酸树脂、碳酸钠、二酸氧化钛、瓜尔胶、元明粉、活性炭、环氧粉末、硬脂酸、聚磷醣铵、聚乙烯蜡、纤维素、钛白粉、木粉、竹粉、木薯纤维、硫黄等。

（4）食品医药　花粉、山楂、珍珠粉、灵芝、各种蔬菜粉、各种中草药、各种保健品、化妆品、抗生素类药物等。

（5）金属材料　铝粉、铁粉、锌粉、铜粉、镁粉、二硫化钼、钼粉、钴粉、锡粉、碳化钨、五氧化二钒、金属硅、不锈钢粉、合金粉末等。

（6）电池新材料　磷酸铁锂、碳酸锂、钴酸锂、锰酸锂、二氧化锰、三元材料、天然石墨、人造石墨、沥青、焦炭、镍钴酸锂、氧化钴、氢氧化锂、四氧化三钴、草酸亚铁等。

（7）纳米新材料　油墨、纳米轻钙、纳米陶瓷材料、纳米磁性材料、纳米催化剂、纳米纤维等。

第四章　湿法砂磨机

第一节　引　　言

砂磨机是一种传统的粉体研磨设备，已有将近有100年的发展历史。砂磨机的早期原型是超细搅拌磨机，其后在1952年美国杜邦公司首次推出了立式砂磨机。立式砂磨机改变了传统搅拌磨机顶部网筛式的研磨介质分离方式，转变为密封罩式的研磨介质分离方式，可实现更好的研磨和分散效果，但存在着一些不足：如研磨介质分散不均、研磨后的物料粒径差异化明显、所需启动转矩较大等。19世纪80年代，欧洲科学家分析得到立式砂磨机的一些缺陷都是由于重力引起的，针对该问题开发设计了全新的卧式砂磨机，不仅继承了立式砂磨机的优点，而且增加了强制分离自动清洗装置，提高了能力利用效率和研磨介质的填充率，同时也延长了砂磨机的使用寿命，减少了噪声和污染。

我国的砂磨机研究始于20世纪70年代初，第一台砂磨机由重庆化工机械厂独立研发设计。

在20世纪80年代之后在国外超细搅拌磨机的基础上先后研制出卧式砂磨机、棒销式砂磨机、纳米砂磨机等超细粉碎设备。80年代初期，长沙矿冶研究院研制出JM-600型和JM-1000型塔磨机，秦皇岛黑色冶金设计研究院研制出MQL500型塔磨机。90年代末，清华大学独立研制出GJM-1000型干式搅拌磨机，徐州采掘机械厂研发出SJM-1500型湿式搅拌磨机。在2002年，武汉理工大学非金属矿研究设计的LQM-300型干式离心搅拌磨机在物料的研磨粒径上取得新的突破，该超细搅拌磨机的研磨粒径可达到0.1×3μm。2006年，长沙矿冶研究院对超细搅拌磨机的搅拌器进行优化，将盘式搅拌器和叶片式搅拌器相结合，并且成功研制出了LXJM-3600型超细搅拌磨机。

由于卧式砂磨机的诸多优点，20世纪80年代以来人们扩大了其在超细粉体行业的应用，并且根据需求不断完善卧式砂磨机的结构。卧式砂磨机逐渐取代了搅拌磨机和立式砂磨机的位置，成为超细粉体加工行业的主流。

第二节　结构与分类

砂磨机主要由进料系统、研磨筒体、搅拌系统、传动系统、电控系统和冷却系统共同组成。如图 4-1 所示为砂磨机结构简图。砂磨机的基本结构是一个圆柱形的研磨筒体，研磨筒体外围带有冷却夹套，筒体中心设计有搅拌轴，在搅拌轴上固定有多个按一定间距分布的搅拌叶片或搅拌棒。在砂磨机工作时，研磨筒体内部填充一定比例的研磨介质，由进料系统将已经预先混合分散均匀的物料按生产工艺需求送入研磨筒体内部。搅拌轴由传动系统进行驱动，研磨筒体内部的研磨介质和研磨物料在搅拌轴带动下做高速旋转运动，研磨介质与研磨筒体内壁碰撞并弹回，可形成研磨湍流区。相邻研磨介质之间、研磨介质与旋转搅拌器之间以及研磨介质与研磨筒体内壁之间的剧烈碰撞运动，对物料颗粒产生强烈的冲击、挤压、摩擦和剪切作用。在进料系统的连续供料条件下，物料中的固体颗粒依次通过各个研磨湍流区被多次研磨粉碎，颗粒细度及粒径分布达到研磨要求的物料经过分离装置与研磨介质分离，并从出料口排出。进料系统可控制物料进料流量，以控制物料在研磨筒内的研磨时间。

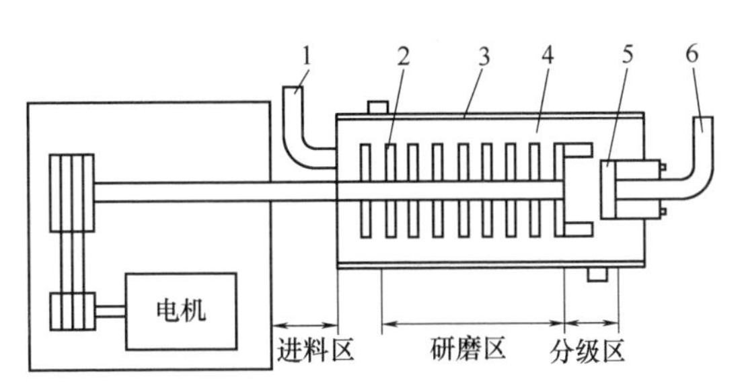

图 4-1　砂磨机结构简图
1—进料口　2—分散器　3—筒体　4—研磨介质　5—分离器　6—出料口

砂磨机可按照不同的依据进行分类：根据旋转搅拌器的结构形状可分为盘式砂磨机、棒式砂磨机、凸块式砂磨机；根据研磨筒体的排布方式可以分为立式砂磨机和卧式砂磨机；根据研磨筒体的容积大小可分为实验室型砂磨机、小型砂磨机、中型砂磨机、大型砂磨机和超大型砂磨机；根据研磨介质的分离方式可分为静态砂磨机和动态分离砂磨机。根据能量密度（单位体积装机功率）可分为低能量密度砂磨机和高能量密度砂磨机。

第三节　影响因素

砂磨机又被称为珠磨机，因其早期是使用天然砂或玻璃珠作为研磨介质而得名。常用的研磨介质有玻璃珠、钢珠、硅锆珠和氧化锆珠等。由于砂磨机是通过研磨介质对物料实现研磨作用的，因此，研磨介质的各个参数都对砂磨机的研磨效果有较大的影响。影响砂磨机研磨效果的主要因素如下。

（1）研磨介质填充率　在砂磨机工作时，研磨筒体内部填充一定容积比例的研磨介质，具体的添加量由待研磨物料的黏度、研磨物料的温度、物料研磨需要达到的粒径以及产能等因素共同决定。一般情况下，待研磨物料的黏度越大，需要添加的研磨介质越少，黏度越小，所需添加的研磨介质越多。通常研磨介质的填充率在60%～85%。当填充率低于60%时，研磨介质太少，对物料颗粒的摩擦作用较弱，研磨效果较差。当填充率超过85%时，研磨介质过多，研磨过程中会产生“珠磨珠”现象，不仅会加剧研磨介质的磨损，还会导致研磨筒体内的温度迅速上升。

（2）研磨介质材料　研磨介质的材料为耐磨性较好的陶瓷材料或合金材料，在选择研磨介质的材质时需要结合具体的研磨工艺共同考虑，例如在研磨制作电子器件的物料时，应该避免使用含有铁元素和铜元素研磨介质，因此不选择含有氧化铁和硫酸铜的研磨介质，常用氧化锆作为研磨介质。此外，若研磨过程中以酸性溶液为溶剂，则应该避免使用金属类研磨介质，应使用耐腐蚀的陶瓷材料。

（3）研磨介质形状　研磨介质的形状一般为球形，由于砂磨机在研磨过程中，研磨介质在研磨筒体内部做高速旋转运动，研磨介质对物料颗粒的研磨作用以撞击、剪切和摩擦为主，在等体积条件下，球形研磨介质与物料颗粒接触的表面积更大，对物料颗粒的研磨作用更显著，故使用球形研磨介质可获得更好的研磨效果。

（4）研磨介质粒径大小　随着研磨过程的进行，物料颗粒的粒径越来越细，则研磨介质对物料的研磨作用以摩擦作用为主，摩擦作用是研磨介质外表面与物料颗粒的外表面相接触，因此，粒径越小的研磨介质，与物料颗粒的接触面越大，研磨介质对物料颗粒的摩擦作用效果越显著，最终得到的产品粒径也越小，同时还能够提升研磨效率，减少研磨时间。但是，研磨介质的粒径并非越小越好，粒径太小的研磨介质所具备的动能太小，不仅对物料颗粒的摩擦作用小，而且难以分离物料颗粒聚集体，还容易堵塞筛网，增加出料装置的设计要求。一般情况下，研磨介质的最小粒径应大于筛网孔径的2.5倍。当使用单台砂磨机生产时，可选择不同粒径的研磨介质进行混合，粒径较小的研磨介质可填充在粒径较大的研磨介质接触间隙，并增加研磨介质之间的接触点，提高研磨介质与物料颗粒的接触概率，增强研磨介质对物料颗粒的摩擦作用，从而提升研磨效率。在选择不同粒径的研磨介质的分配比例时，需要考虑研磨物料的黏度、研磨物料的初始粒径、研磨产品所需达到的粒径要求以及已粉碎物料在研磨过程中的再团聚现象等因素。当使用多台砂磨机串联生产时，可采用先大后小的方案，逐台减小研磨介质的粒径，以减小研磨时间，提升研磨效率。

第四节　设备设计

卧式砂磨机主要由机架、电机、传动系统、搅拌系统、进料装置、出料装置、电控系统和冷却系统等组成。根据研磨工艺要求，通过变频控制电机转速，实现研磨筒体内物料的研磨。为带走研磨过程产生的热量，降低研磨筒体内部温度，不仅可在研磨筒体外部设有冷却夹套，还可以在旋转主轴和端盖处设计冷却系统，提高整个砂磨机的冷却性能，保证物料研磨质量。冷却系统用的冷水由外部冷水机提供，以实现整个设备的温度调节。图 4-2 所示是卧式砂磨机的三维模型图。

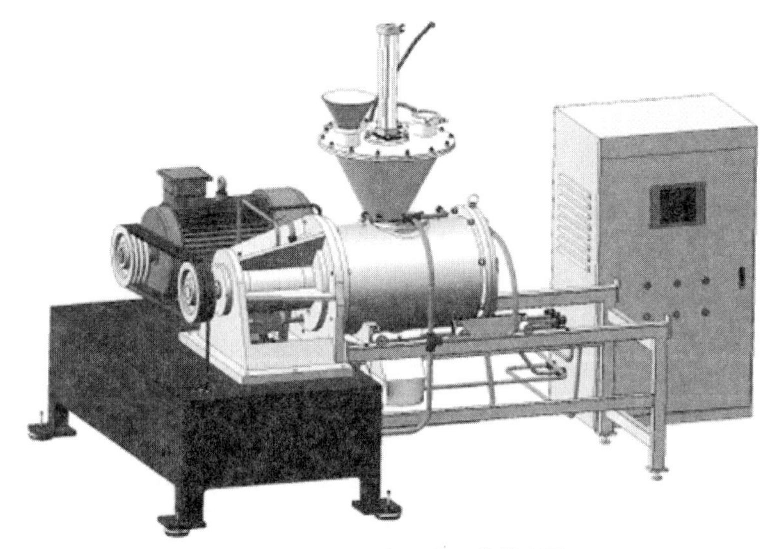

图 4-2　卧式砂磨机的三维模型图

主轴部件是卧式砂磨机实现旋转运动的核心部件，其主要由主轴与安装在主轴上的各个传动件和密封件等共同组成。传动件为轴承，密封装置为机械密封。轴承在运转过程中需要注入润滑液，起到冷却和润滑作用。机械密封需要添加冷却液，一方面起到密封作用，确保研磨筒体内部的物料不会向传动装置泄漏，另一方面循环流动的冷却液能够带走机械密封产生的热量，降低机械密封的温度。主轴部件不仅要传递电机提供的动力，还需要承受物料研磨过程中径向力和轴向压。因此，合理的设计卧式砂磨机的主轴部件，对实现设备稳定高效的研磨具有重要意义。

一、主轴设计

主轴是卧式砂磨机的核心部件，主要起传递动力的作用，是设备实现正常运转的关键。一旦主轴出现问题，整个设备就需要停机维修，无法正常工作。因此主轴的材料一定要满足各方面的要求。表 4-1 是轴的常用材料及其力学性能参数。

表 4-1　轴的常用材料及其力学性能参数

材料	硬度/HBS	抗拉强度极限/MPa	屈服强度极限/MPa	弯曲疲劳极限/MPa	剪切疲劳极限/MPa	许用弯曲应力/MPa
Q235-A	156～180	375～390	215	170	105	40
45	162～217	570	285	245	135	55
40Cr	241～286	685	490	335	185	70

续表

材料	硬度/HBS	抗拉强度极限/MPa	屈服强度极限/MPa	弯曲疲劳极限/MPa	剪切疲劳极限/MPa	许用弯曲应力/MPa
40CrNi	229～286	735	590	365	210	70
38SiMnMo	229～286	685	540	345	195	70
38CrMoAl	277～302	835	685	410	270	75
20Cr	56～62	640	390	105	160	60
3Cr13	241	835	635	395	230	75
1Cr18Ni9Ti	192	490	195	180	110	45

首先对主轴的受力情况进行分析：主轴通过旋转搅拌物料，产生扭矩；旋转搅拌器在搅拌研磨过程中，由于研磨介质的填充，导致主轴的上端受力小于下端受力，故产生弯矩。主轴的具体尺寸设计可以按照扭矩强度估算主轴的最小直径：

$$\tau_T = \frac{T}{W_T} \approx \frac{95000000\dfrac{P}{n}}{0.2d^2} \leqslant [\tau_T] \tag{4-1}$$

式中 τ_T——扭转切应力，MPa

T——主轴所受的扭矩，N·mm

W_T——主轴的抗扭截面系数，mm^3

n——轴的转速，r/min

P——轴的传递功率，kW

d——所计算截面处的直径，mm

$[\tau_T]$——许用扭转切应力，MPa

式（4-2）为最小轴径计算公式：

$$d = \sqrt[3]{\frac{9500000P}{0.2[\tau_T]n}} \tag{4-2}$$

在确定主轴的最小轴径之后，再根据主轴的轴向定位要求、结构性能要求、工艺参数和力学特性等因素，最终确定出各段轴的直径与长度。

二、轴承选择

在选择轴承的过程中需要考虑轴承载荷与轴承转速两个因素。

1. 轴承载荷

选择轴承的主要依据是轴承能够承受的载荷大小，以及能够承载的载荷方向。在依据轴承能够承受的载荷大小来选择时，滚子轴承与球轴承相比能够承受更大的载荷，其在工作过程中是线接触方式，故能够承受较大载荷，同时承受载荷后发生的形变也较小。球轴承在工作中为点接触方式，故也其能够承受的载荷相对较小。在依据轴承的能够承受的载荷方向来选择时，推力轴承可以承受较大的轴向载荷，深沟球轴承或者圆柱滚子轴承可承受较大的径向载荷。对于既要承受较大径向载荷又要承受一定的轴向载荷，则更适合使用角接触球轴承。

2. **轴承转速**

球轴承在工作过程为点接触方式，接触面积小，适用于高速运动的环境。滚子轴承在工作过程为线接触方式，接触面积大，适用于中低速的工作环境。由于轴承的实际工作转速不得超过额定极限转速，因此可以选择公差等级较大或者游隙较大的轴承，这样可以通过添加润滑油来保证轴承的正常工作。卧式砂磨机在工作中既要承受较大的径向载荷又要承受一定的轴向载荷，因此选择深沟球轴承和圆柱滚子轴承组合使用，具体型号根据轴径和转速来确定。图 4-3 所示是深沟球轴承和圆柱滚子轴承的外形结构图。

(1) 深沟球轴承

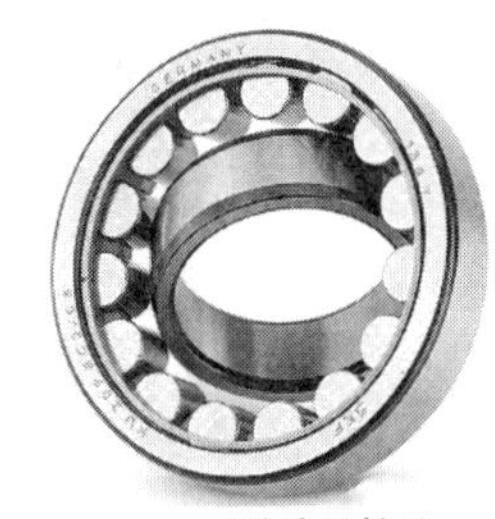

(2) 圆柱滚子轴承

图 4-3　深沟球轴承和圆柱滚子轴承外形图

三、密封结构设计

密封性对于砂磨机来说至关重要。在砂磨机的结构设计中，所有与流体直接接触的零部件以及隔离两流体区域的零部件，都需要设计密封装置。在卧式砂磨机工作过程中，主轴处于高速旋转状态，轴承座固定不动，且传动部件中存在润滑油，而研磨筒体内充满液体状态的研磨物料，因此研磨筒体与传动部件质之间需要设定密封装置，砂磨机中常采用机械密封的方式。由于机械密封在砂磨机的研磨筒体内可能受到研磨物料及研磨介质的摩擦和挤压作用，这对机械密封的结构和材料要求较高。同时在满足安全生产要求的前提下，还需要满足环保要求。

由于砂磨机对机械密封要求较高，所以选择双端面机械密封。双端面机械密封具有诸多优点：如密封性能好、端面温度低、端面耐磨性好、使用寿命长等。双端面机械密封有两个密封端面，它们的方式安装有面对面、背对背和面对背。一般双端面密封都需要使用密封液，循环流动的密封液不仅能够起到密封作用，还可以对机械密封摩擦端面进行润滑和冷却。其中当一级密封发生泄漏时，二级密封仍然具有密封作用，可防止被密封液体泄露出去。

由于卧式砂磨机所使用的机械密封要求耐磨性较好，所以机械密封动静环要选择碳化硅陶瓷材料，在进行轴承座结构设计时，需要与机械密封的外形尺寸完全配合，防止产生间隙，发生泄漏。为确保动静环的能紧密接触，需要在两密封端面之间安装弹簧。同时还需要用循环泵促使密封液循环输送流通，以保证整个双端面机械密封正常工作。最终选择 MSMDU 型砂磨机专用机械密封。图 4-4 是砂磨机用机械密封外形结构图和内部结构图。

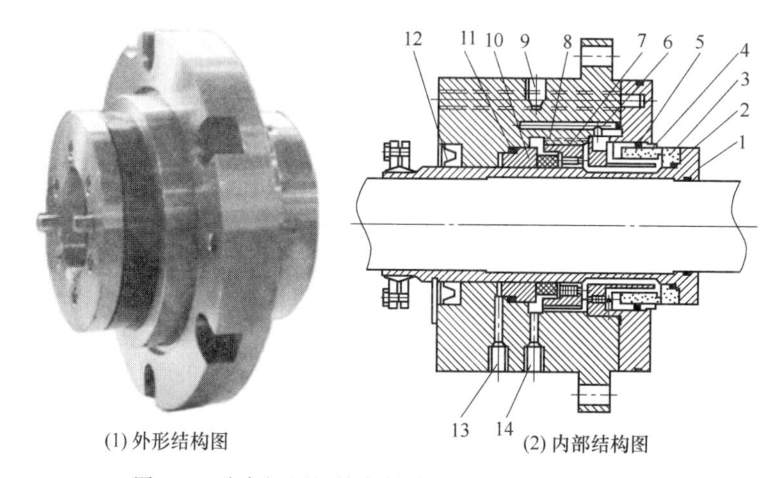

(1) 外形结构图 (2) 内部结构图

图 4-4 砂磨机用机械密封外形结构图和内部结构图

1—轴套密封圈 2—介质端动环 O 型圈 3—介质端动环 4—介质端静环 5—介质端静环密封圈 6—弹簧 7—大气端动环 O 型圈 8—大气端动环 9—密封液出口 10—大气端静环 11—大气端静环 O 型圈 12—骨架油封 13—密封液进口 14—泄露液出口

四、冷却系统设计

卧式砂磨机在研磨过程中，研磨筒体内部研磨介质和研磨物料做高速旋转运动，研磨介质与物料颗粒相互碰撞、摩擦、挤压会产生大量的热，致使研磨筒体内部温度不断升高，这不仅会影响卧式砂磨机的正常工作，还会对产品的品质造成影响。因此卧式砂磨机需要一个良好的冷却系统，把研磨过程中的热量带走，将温度控制在正常使用的范围之内。

卧式砂磨机的冷却主要是依靠冷却水的循环流动带走机器产生的热量，因此，要在研磨筒体外层设计一个冷却夹套，通过水泵实现冷却水在夹套内循环冷却。为了保证机器的使用寿命，需要使用纯净水或者自来水，以免对设备造成腐蚀。流经夹套的水需要降温后才能再次循环使用，以达到预期的冷却效果，所以需要冷水机来降低冷却水的温度。使用水管将整个系统连通，保证整个冷却系统的正常工作。

图 4-5 冷水机外形结构图

冷水机的选择，需要根据砂磨机冷却夹套的水容量来确定，一般卧式砂磨机中所需冷却水循环量较小，故选择小型冷水机就可满足冷却需求。图 4-5 所示是某冷水机外形结构图。表 4-2 所示是某一小型冷水机的相关技术参数。

表 4-2　小型冷水机的相关技术参数

型号	功率 /W	温控范围 /℃	精度 /℃	电压 /V	流量 /(L/min)	容积 /L	外形尺寸 /mm
DW-LS-2500	1100	5～30	±1	220	10～20	15	630×460×780

五、润滑系统设计

润滑系统的作用就是在设备工作过程中，连续不断地将润滑剂（润滑油或润滑脂）输送到两相互接触，且有相对运动状态的摩擦面，在摩擦表面之间成一定厚度的润滑油膜，实现液体摩擦，从而大大减小摩擦系数、降低摩擦面的温度、减轻零部件的磨损，以提升设备的可靠性和稳定性，延长设备的使用寿命。

卧式砂磨机在工作过程中，需要提供润滑的零部件主要包括两部分。一是滚动轴承部分。卧式砂磨机的主传动轴在研磨工作中做高速旋转运动，滚动轴承支承主传动轴，并保持主传动轴的正常工作位置以及旋转精度，为保证滚动轴承的正常运转，避免滚动体与保持架之间的直接接触，减少滚动轴承内部的摩擦和磨损，延长滚动轴承的使用寿命，则需要对滚动轴承进行润滑。滚动轴承常用的润滑剂有液体状态的润滑油，也有固体状态或半固体状态下的润滑脂。润滑油适用于速度大、温度高且载荷大的场合，而润滑脂不宜在高速条件下使用，其承受载荷大，不易流失，一次充脂后可使用较长的时间。二是机械密封部分。卧式砂磨机用机械密封在工作过程中，动环组件与静环组件之间存在相对运动，两密封面之间会相互摩擦产生大量的热量，导致机械密封温度升高，加剧机械密封磨损，缩短其使用寿命，因此，机械密封需要使用密封介质液。

在卧式砂磨机的结构设计中，需要对滚动轴承的润滑要求作全面的分析，确定所使用润滑剂的品种，在轴承座结构设计过程中需要预留手孔，以便为滚动轴承添加润滑剂。机械密封用的密封介质液类型，需要综合考虑具体的生产工艺，可使用循环泵实现密封介质液在机械密封内部的循环流动。

第五节　仿真分析

为了研究砂磨机湿法研磨过程中研磨介质的运动规律，通过 EDEM 和 Fluent 软件耦合进行砂磨机研磨过程数值分析。首先，对数值模拟过程中网格对结果的影响进行分析。其次，对研磨介质动能和碰撞数量进行提取，并与颗粒应力相关模型中应力强度和应力数进行对比，验证数值模拟的合理性。最后，基于研磨介质相对速度和能量转化率的变化趋势讨论搅拌器转速、研磨介质直径和研磨介质填充率对砂磨机研磨性能的影响。

一、模型建立

1. 几何模型

本文以实验中所用到的砂磨机为研究对象，考虑到模拟计算的方便，忽略进出口的影响，通过对砂磨机研磨腔的测量，获得了研磨腔及搅拌器结构尺寸如图4-6所示。

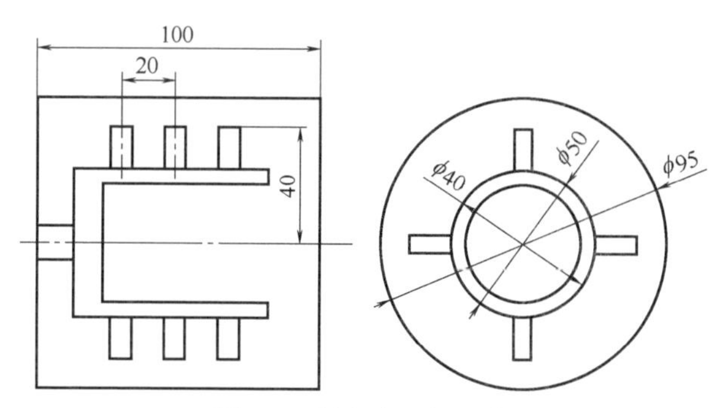

图 4-6　研磨腔几何尺寸

2. 网格划分

应用 Fluent 17.0 的前处理软件 CFD ICEM 来建立流体计算域网格模型。网格划分时，首先，在 Solidworks 软件中建立模拟区域的三维实体，然后，保存成 stirred media mill. x _ t 文件后，最后，导入 ICEM 中划分。实际研磨腔中的圆角、倒角等细节对结果的影响有限，为了提高运算效率和节省时间，在模拟中将上述细节省略。基于之前的分析，研磨腔流体区域计算采用滑移网格模型。因此，在划分网格时需要将流体计算区域分为两部分，包含搅拌器在内的旋转区域和静止区域，静止区域与旋转区域之间需要定义动静耦合交界面（interface）。网格划分中采用非结构化网格，节点数 103340 个，单元数 573983 个。流体区域网格划分见图 4-7。

3. Fluent 计算模型

Fluent 17.0 中设置的参数包括：湍流模型设置为 Realizable k-ε 模型；模型设置无进出口边界条件，壁面边界采用无滑移边界；旋转区域与搅拌器的接触面设置相对速度为零。压力-速度耦合算法采用隐式 SIMPLE 算法；压力方程采用二阶格式离散计算；动量方程采用具有二阶精度的迎风格式离散计算。

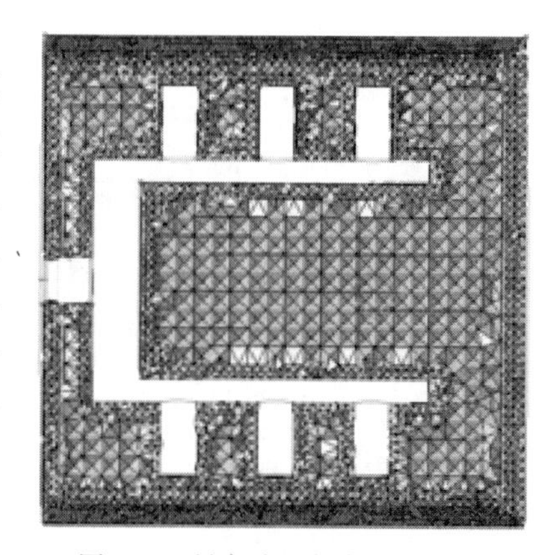

图 4-7　研磨腔网格与节点分布

4. EDEM 计算设置

EDEM 和 Fluent 模拟中采用同一网格

模型。完整的 EDEM 计算模型设置是在 EDEM 软件的前处理 Creator 中进行。EDEM 计算模型设置包括：全局参数定义，材料属性定义，原型颗粒设置，几何体和颗粒工厂设置。

离散元部分基于 EDEM 软件。在物理属性中选择 particle to particle（颗粒与颗粒）、particle to geometry（颗粒与几何体）的接触模型为 Hertz-Mindin (no slip)，即无滑动接触模型。重力方向设置为 Z 轴负方向。模拟中定义材料属性为钢（steel）和氧化锆材料物理属性。砂磨机研磨腔体及搅拌器材料为钢(steel)，研磨介质材料为氧化锆（ZrO_2），表 4-3 为 EDEM 中设置的钢和氧化锆材料物理属性。砂磨机研磨腔体及搅拌器材料为钢（steel），研磨介质材料为氧化锆（ZrO_2）。表 4-4 为材料之间的相互作用参数。

表 4-3　材料的物理属性

物理参数	密度/(kg/m^3)	泊松比	剪切模量/GPa
钢	7800	0.3	70
氧化锆	6067	0.29	70

表 4-4　材料的相互作用参数

恢复系数	静摩擦因数	滚动摩擦因数
(钢-氧化锆)0.4	(钢-氧化锆)0.6	(钢-氧化锆)0.01
(氧化锆-氧化锆)0.4	(氧化锆-氧化锆)0.6	(氧化锆-氧化锆)0.01

设置研磨介质填充率为 60%，模拟中研磨介质数量的计算公式为：

$$N \approx 1.2\frac{V_Q}{d_{GM}^3} = 1.2\frac{\varphi \cdot V_0}{d_{GM}^3} \tag{4-3}$$

式中　N——研磨介质数目

V_0——研磨腔容积，mm^3

φ——研磨介质填充率，%

d_{GM}——研磨介质直径，mm

填充率为 60 %时，不同研磨介质直径的研磨介质个数如表 4-5 所示。

表 4-5　研磨介质个数

研磨介质直径/mm (模拟中放大后直径)	0.6(1.8)	0.8(2.4)	1.0(3.0)	1.4(4.2)
研磨介质数量	61728	26041	13334	4859

设置好全局参数，利用 EDEM 软件的 Simulator 模块进行仿真计算。模拟时为减小计算难度，将研磨介质氧化锆球的直径放大 3 倍。时间步长选为 Rayleigh 时间步长的 35%；网格尺寸设为最小颗粒半径的 3 倍；数据保存时间间隔为 0.1s，模拟时间为 2s。

EDEM 2.7 和 Fluent 17.0 其基本耦合过程为：①在 EDEM 2.7 软件中设置

颗粒相关工程参数；②打开耦合服务，启动 Fluent 17.0 软件设置流体相关参数，设置 Fluent 仿真时间步长设置要为 EDEM 的整数倍；③打开 Fluent 耦合界面设置耦合路径；④在 Fluent 17.0 启动计算，计算收敛后，利用 EDEM 软件 Analyst 部分对氧化锆研磨介质球质量，研磨介质碰撞总次数，研磨介质相对法向平均速度的数据进行提取。

二、网格无关性分析

流体区域网格可以以结构化或非结构化形式划分。在三维模拟的结构复杂情况下，如曲面较多，弯曲形式复杂等，采用结构化网格形式的前处理阶段是一项非常繁杂的工作。本研究中的搅拌器结构形式较复杂，因此，采用非结构网格形式。由于 EDEM-Fluent 软件耦合涉及流固耦合问题，在流固耦合模拟中，流体区域的网格对结果存在一定的影响。为评估这种影响，选择四种不同网格进行网格无关性检查。表 4-6 为网格无关性检查的四种网格特性。

表 4-6　网格无关性验证方案

方案	单元数	节点数	方案	单元数	节点数
1	573983	103340	3	1341509	241138
2	1047693	184496	4	1448322	250658

在研磨腔中，速度场是研究比较感兴趣的地方。四种不同方案的流场速度梯度图如图 4-18 所示。在这四种方案中，流场最大速度在 9.8m/s 左右，不同网格方案之间的差异小于 0.0003m/s，误差在 0.005%，为了节省计算资源，提高仿真效率，本研究选用方案一的网格进行下面的分析。

从图 4-8 中可以看到，在搅拌器棒销周围的区域中，流体朝向研磨腔壁加速，在研磨腔壁处，流体改变方向并向两个棒销之间的流动。在搅拌器内部，近壁面才有流体流动，搅拌器内部中心部位出现空腔。在搅拌器的棒销周围速度等高线较为密集，速度梯度较大，特别是棒销的末端部位速度梯度达到最大。这些区域的功率密度远高于平均功率密度，存在于这些地方的研磨介质碰撞较为激烈，研磨效果更好。这是因为速度梯度越大，表示在这些区域的研磨介质之间相对速度较大，在工作过程中发生碰撞，摩擦的概率和动能都会增大，这些地方也正是研磨腔中有效研磨的区域。这与学者 Kwade 等和 Blecher 等的研究结果类似，他们通过实验和理论分析发现，研磨腔中局部能量较大的位置是在搅拌器附近到研磨腔壁面之间，这个区域只占研磨腔体积的 10%，但是要消耗掉输入研磨腔能量的 90%以上。因此，提高砂磨机研磨效果和能量利用率的有效途径之一便是尽可能增大研磨腔的高能密度区。在砂磨机的结构设计优化中多采用降低搅拌器的棒销边缘与研磨腔壁面距离，并延长研磨腔长度的设计，为了防止研磨介质的积聚和堵塞，可以在搅拌器设置内外循环通道。

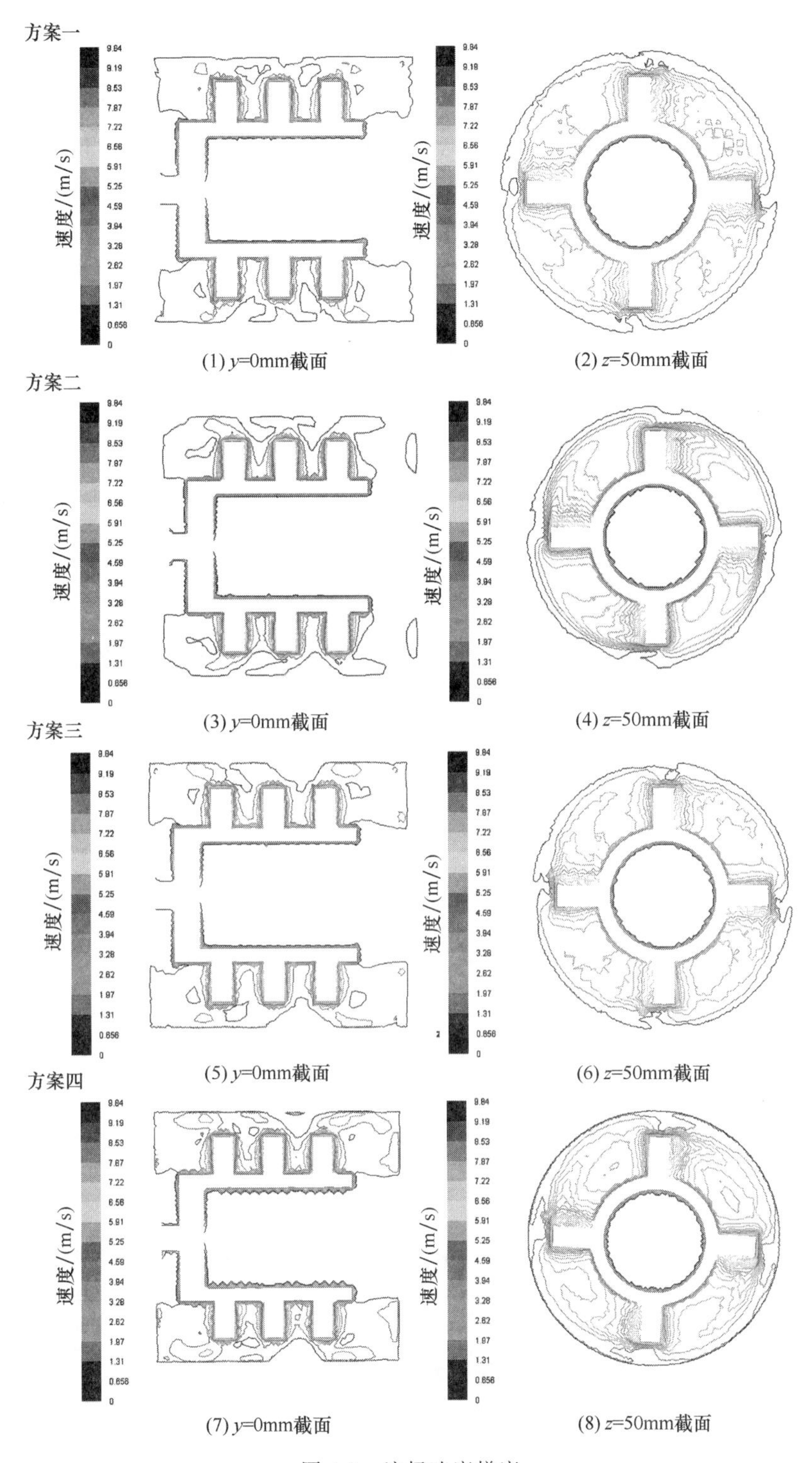

(1) y=0mm截面　(2) z=50mm截面

(3) y=0mm截面　(4) z=50mm截面

(5) y=0mm截面　(6) z=50mm截面

(7) y=0mm截面　(8) z=50mm截面

图 4-8　流场速度梯度

三、应力强度与应力数

1. 应力强度

为了确定的数值模拟的合理性，本部分通过 CFD-DEM 耦合，在 EDEM 软件中提取相关数据，与应力强度和应力数的进行对比。

颗粒应力相关模型是针对湿法砂磨机开发的。应力强度表征应力能量分布特征值，用来衡量物料在研磨腔内受到的能量和作用力的强度。物料受到的应力强度是由研磨介质动能和物料体积决定的，如式（4-4）所示：

$$SI_{GM}=d_{GM}^3\cdot\rho_{GM}\cdot v_t^2 \tag{4-4}$$

通过改变研磨介质的直径和搅拌器的边缘速度可以获得不同的应力强度。研磨介质的直径和搅拌器的边缘速度之间的关系如式（4-4）中所示。研磨介质平均动能 E 是描述运行过程中两个研磨介质碰撞动能大小的物理量，可以直接从 EDEM 软件中提取。为了将应力模型与模拟结果进行比较，在研磨介质的直径、搅拌器的边缘速度参数在相同的条件下的应力强度与模拟得到的研磨介质动能进行对比，对数据进行线性回归并确定修正后的相关系数。图 4-9 显示了基于由应力相关模型得到的应力强度 SI 和研磨介质平均动能 E 的关系。

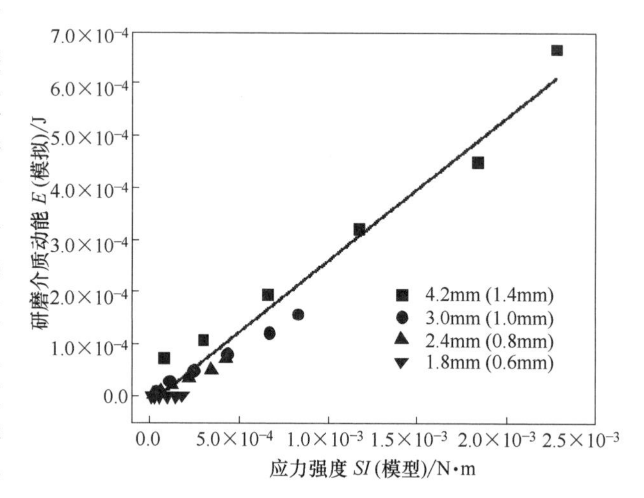

图 4-9 应力强度（模型）与碰撞能量（模拟）之间的关系

颗粒应力模型中的应力强度只是应力能量的特征值，只用来描述与应力能量的比例关系，因此，图中数据的应力强度和模拟结果具有不同的数量级。从图4-9中可以看到，关于砂磨机中研磨介质碰撞能量的衡量方式，颗粒应力模型和 EDEM 模拟结果之间的良好一致性。为了检验 x 轴和 y 轴的直线关系在总特水平上是否成立，这里采用方差分析的方法进行验证。方差分析是将 y 轴变量分解成可以由回归解释的部分和不能解释的部分，即回归与剩余，然后构建 F 统计量来进行分析，计算如式（4-5）所示。

$$F=\frac{SS_{回归}/v_{回归}}{SS_{剩余}/v_{剩余}}=\frac{MS_{回归}}{MS_{剩余}} \tag{4-5}$$

如果线性回归直线拟合较好可以看到 $SS_{回归}$ 明显大于 $SS_{剩余}$，当回归直线拟合非常好，即全部点都在线上，则 $SS_{剩余}$ 将会为 0，若拟合效果非常不好，则

$SS_{回归}$较小，$SS_{剩余}$将会增大，F 值会相对非常小。因此，需要将 F 值与临界值作比较，如果大于临界值，则回归方程成立。

经计算得到 F 值为 9.33×10^{-18}，回归系数不为 0，x 与 y 之间存在线性相关关系。同时线性拟合的 R^2 系数为 0.9644，接近于 1，拟合效果较好。因此，用应力强度来近似表征研磨介质之间的能量是合理的，同时也验证了数值模拟的准确性，两者都可以用于工艺参数的优化。但是当进行结构参数优化时，不同结构参数下应力强度计算模型中搅拌器边缘速度 v_t，直径 d_{GM} 和研磨介质的密度 ρ_{GM} 的指数可能略有差异。应力强度指数的确定对于不同砂磨机之间以及同型号磨机的中试放大研究方面具有重要应用。

2. **应力数**

颗粒应力模型中应力数的计算中有时间项的存在，EDEM 中研磨介质碰撞数的提取也是提取一定时间的数目，由于应力数和研磨介质碰撞数的具体时间的差异，对应力模型和数值模拟结果进行对比时存在影响。因此，将颗粒应力模型的时间项省略，通过应力频率即单位时间研磨介质接触的次数 N_c/t 表示，由颗粒应力模型的分析可以推导 N_c/t 的计算如式（4-6）所示：

$$\frac{N_c}{t}\propto n\cdot\frac{V_{gc}\cdot\varphi_{GM}\cdot(1-\varepsilon)}{d_{GM}^3\cdot\pi/6}=n\cdot N_{GM} \tag{4-6}$$

式中　n——砂磨机搅拌器的转速

V_{gc}——研磨腔的体积

φ_{GM}——研磨介质的填充率

ε——研磨介质的孔隙率

N_{GM}——研磨介质数量

应力频率 N_c/t 可以简化为搅拌器转速 n 和研磨介质数量 N_{GM} 的乘积。基于 EDEM 软件，可以提取到一定时间内的研磨介质碰撞总数，将碰撞总数除以时间项可以得到碰撞频率 C。为了验证数值模拟的有效性，将应力频率 N_c/t 和碰撞频率 C 进行线性拟合，得到应力模型与模拟结果关于介质接触数目的关系。基于应力相关模型得到的应力频率 N_c/t 和模拟得到的研磨介质碰撞频率 C 的关系如图 4-10 所示。

从图 4-10 可以看到，关于砂磨机中研磨介质碰撞数量的衡量方式，颗粒应力模型和数值模拟结果之间的良好一致性。经计算得到 $F=2.52\times10^{-18}$，回归系数不为 0，x 与 y 之间存在线性相关关系，而且线性拟合的确定系数 $R^2=0.9257$，应力频率与碰撞频率之间存在相关关系。因此，可以看到 CFD-DEM 耦合模拟在研磨介质运动规律方面是合适的。

四、模拟结果分析

1. 搅拌器转速对研磨介质运动规律的影响

研磨介质是砂磨机与研磨材料之间能量传递的通道，而在研磨腔中的研磨介

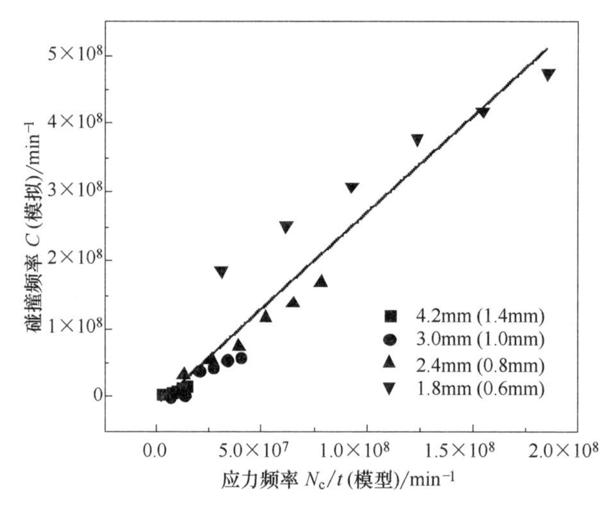

图 4-10 应力频率（模型）与碰撞频率（模拟）之间的关系

质由于工况复杂，受到的影响因素较多，一直以来研磨介质的运动行为的研究都是砂磨机结构优化和工艺优化的重点。本章采用控制变量法，基于数值模拟的结果分析不同搅拌器转速，研磨介质直径和介质填充率对介质速度参数的变化规律，综合评估三者对砂磨机研磨介质运动规律和能量转化率的影响。

根据之前的实验结果可以发现，搅拌器边缘速度即搅拌器转速时对荷叶粉研磨速率和能量利用率的影响很大。为此，本章模拟当研磨介质直径为 4.2mm，填充率为 60%的情况下，不同搅拌器转速下研磨腔中研磨介质的空间分布和速度分布。图 4-11 所示分别为在搅拌器转速为 1000、2000 和 3000r/min 时研磨腔内 $y=0$mm 和 $z=50$mm 截面处的研磨介质速度云图。

从图 4-11 中可以看到，研磨介质在搅拌器的驱动下在搅拌器外圈周围形成了一个圆柱形空腔，而且可以发现研磨介质主要存在的区域是研磨腔壁面附近和搅拌器内部区域，这部分研磨介质之间的相对速度较大，碰撞过程中能量较高。在研磨腔底部堆积有部分研磨介质，这部分研磨介质速度较小，对物料的研磨效果较差，这与之前在 Fluent 软件获得的速度云图相似。从图中还可以看到，当搅拌器转速分别为 1000、2000 和 3000r/min 时，研磨介质最大的速度分别为 4.26，8.41 和 11.72m/s，最大速度与搅拌器边缘的线速度大致相同，研磨介质速度随搅拌器转速的变化表明了砂磨机研磨效率会随着搅拌器转速的增加而增大。研磨介质速度是最大的位置时在搅拌器边缘附近，并且研磨介质的速度从搅拌器边缘向壁面依次递减，速度梯度较大的部分是研磨腔内发生有效研磨的区域，这也验证了 Fluent 模拟得到的结果。

在研磨腔中，研磨介质依靠相互之间的碰撞和摩擦来进行物料粉碎。研磨介质只有在速度大的区域才会存在大的相对速度，研磨介质之间的相对速度越大（速度梯度越大）物料研磨效果更好。研磨介质在接触过程中会在法向和切向方

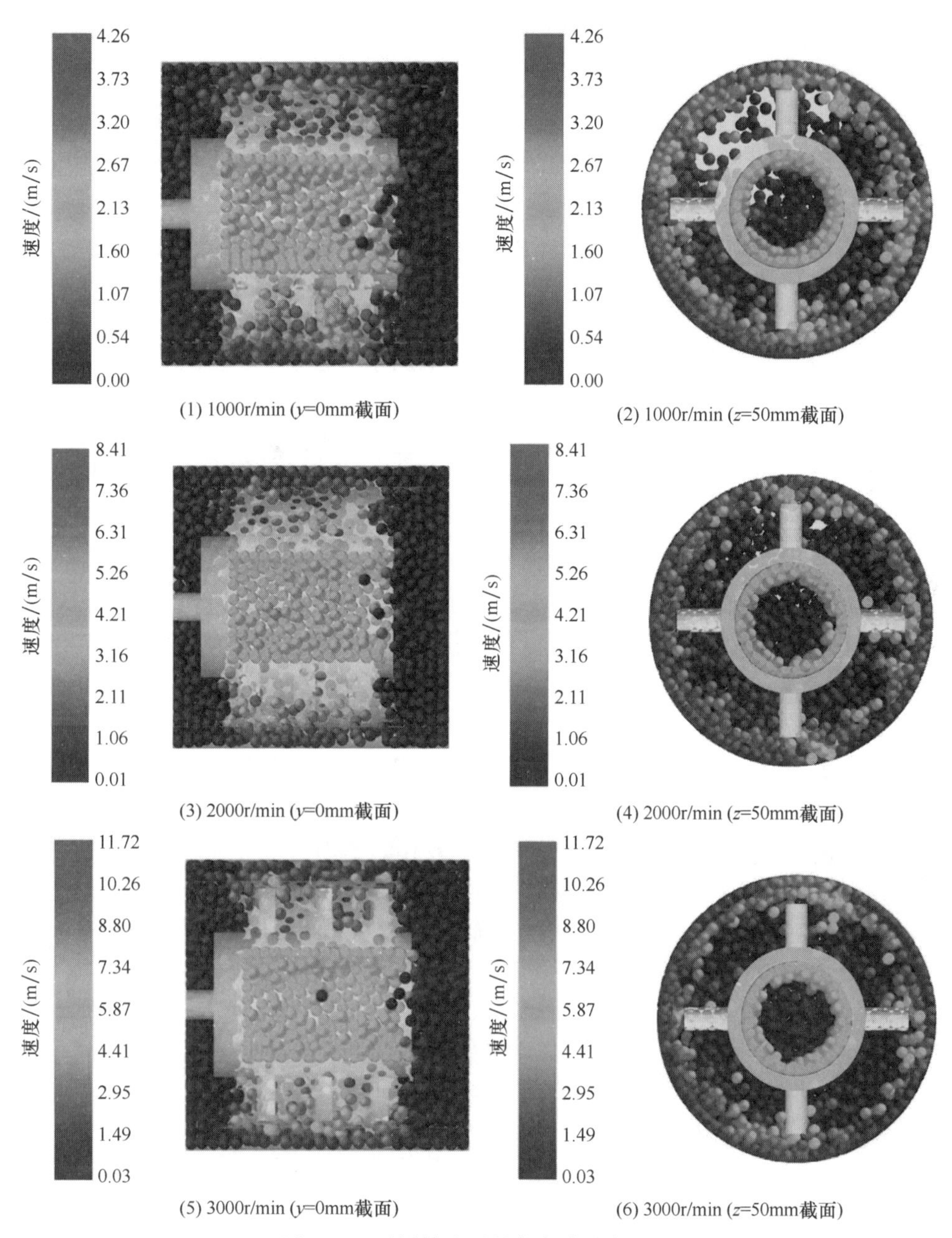

图 4-11　不同转速下研磨介质速度云图

向发生碰撞和摩擦运动，研磨效果由碰撞和摩擦的剧烈程度决定，评价这种剧烈程度的参数是研磨介质的相对法向速度和相对切向速度。图 4-12 显示不同搅拌器转速时研磨介质之间相对速度的变化。

从图 4-12 中可以看到，在 500～3000r/min 范围内，随着搅拌器转速的增加，研磨介质之间相对法向速度和相对切向速度都在增加。由此可以得到，无论是研磨介质的碰撞还是摩擦都会随着搅拌器转速的增加而愈发剧烈。而且从图 4-12 中可以发现，研磨介质的相对切向速度随着搅拌器转速增加而线性增加的幅度要比相对法向速度增加的幅度更大。基于离心以及搅拌器体积等因素，在搅拌器高转速和低转速下，搅拌器驱动的研磨介质数目不同，而且研磨介质的线速度也不同，因此，会导致研磨介质的相对法向速度和相对切向速度的变化速率不同。研究还发现搅拌器转速的改变还会导致碰撞破碎和摩擦破碎的比例发生改变。

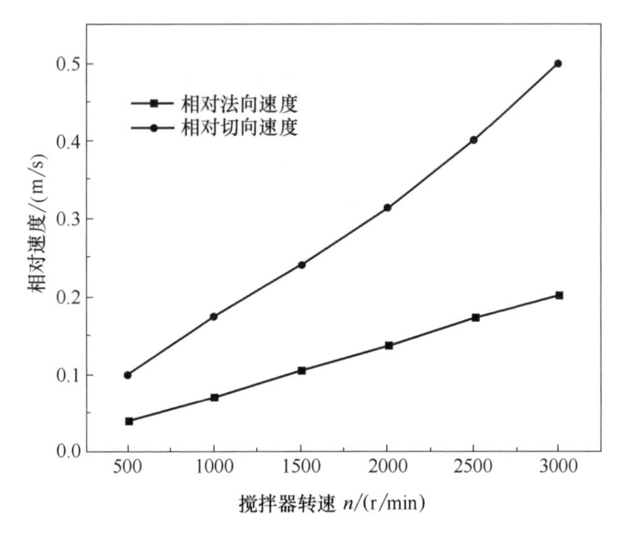

图 4-12 不同转速下研磨介质的相对速度

评价砂磨机研磨性能的好坏不能仅仅从研磨介质获得动能角度看，还有综合评估不同工艺参数下的砂磨机能量转化率来表征。之前的研究发现，输入砂磨机内的能量大部分以热量和其他形式耗散掉了，只有少部分能量被用以物料破碎。能量转化率是表征输入研磨腔内部的能量转化为研磨介质动能的比率。EDEM 软件可以提取到研磨介质动能和搅拌器转矩等参数，这些参数可以用来得到能量转化率。砂磨机能量转化率的计算公式为：

$$\eta=\frac{E}{P \cdot t} \tag{4-7}$$

式中 E——研磨介质动能，J；可以从 EDEM 软件中直接提取

P——搅拌器功率

搅拌器功率可以由式（4-8）得到：

$$P=\frac{T \cdot n}{9550} \tag{4-8}$$

式中 T——搅拌器转矩，Nm；可以从 EDEM 软件中直接提取

n——转速，r/min

图 4-13 所示为不同搅拌器转速下的功率和能量转化率的变化趋势。

从图 4-13 中可以看到，与实验获得的结论相似，搅拌器的功率会随着转速的上升而增加，但能量转化率却随着搅拌器转速的增加而降低。搅拌器转速为 500r/min 时，砂磨机能量转化率大于 60%，当搅拌器转速继续增大时，研磨介质获得的动能变大，但是过高的动能导致工作过程中输入砂磨机的能量转化为热

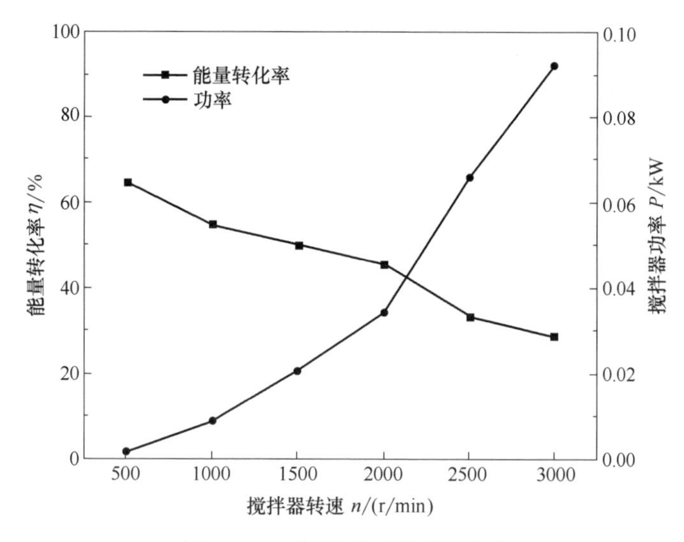

图 4-13　不同转速下能量转化率

能的部分增加，导致砂磨机能耗的急剧增加，搅拌器转速上升到 3000r/min 时，能量转化率降低到 30%以下。增高搅拌转速导致能量利用率降低，而且搅拌器转速越大，研磨介质对搅拌器和研磨腔壁面的冲击与磨损也会加剧，在进行砂磨机工艺参数优化时，应在适当范围内选择较小的转速。

2. 研磨介质直径对研磨介质运动规律的影响

研磨腔中研磨介质填充率为 60%，搅拌器转速为 2000r/min 情况下，研磨介质的直径 d 分别为 1.8、3.0 和 4.2mm 时，研磨腔内 y=0mm 和 z=50mm 截面处的研磨介质运动速度图如图 4-14 所示。

从图 4-14 中可以看到，相同填充率和搅拌器转速下，随着研磨介质直径的增加导致搅拌器驱动的研磨介质活动范围增大，使得研磨腔内有效粉碎的区域变大，这对提高研磨腔能量利用率以及研磨效率是有利的。对于直径小的研磨介质，其比表面积更大，物料被捕获研磨的概率更大，想要获得更小的粒径物料（如纳米和微米级的物料）使用直径较小的研磨介质是有利的。但是研磨介质速度一致时，直径较小的研磨介质动能较小，获得一定质量的物料需要更多的时间进行研磨。尽管提高转速可以增大动能，但是会造成研磨介质做离心和回转运动，无法进行物料的研磨且增大了能耗。直径大的研磨介质动能较大，研磨介质之间的挤压和剪切力更大。研磨介质尺寸不仅影响砂磨机的产能，也决定着颗粒的最终粒径，所以生产中有必要根据不同的粉体材料及粒径要求选择适当的研磨介质直径。

相同的搅拌器转速和填充率条件下，研磨介质之间相对速度随研磨介质直径的变化趋势如图 4-15 所示。

从图 4-15 中可以看到，研磨介质的相对法向速度和相对切向速度都会随着

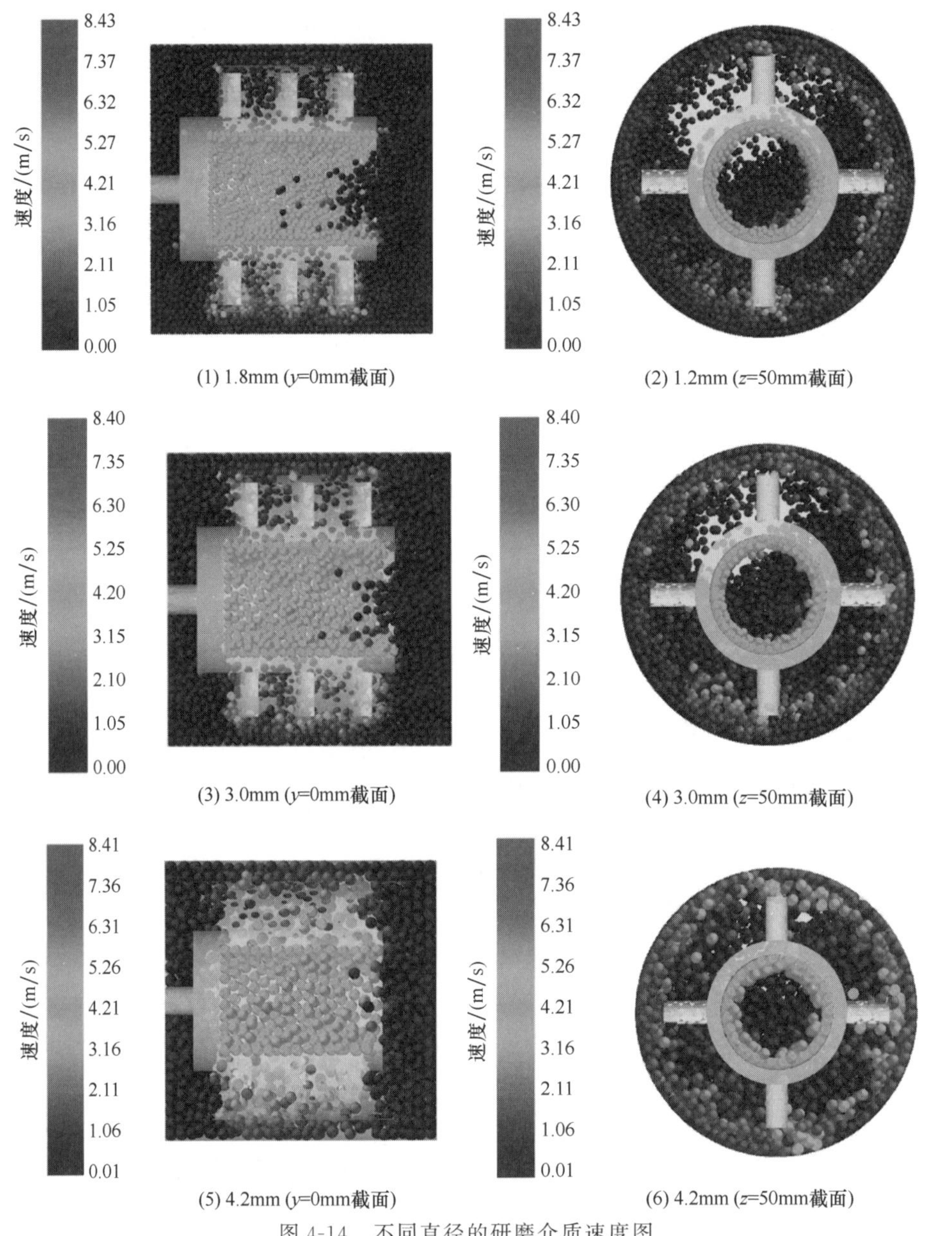

图 4-14　不同直径的研磨介质速度图

研磨介质直径的增加而增大。在相同的搅拌转速下，直径为 1.8mm 时的研磨介质相对法向速度和相对切向速度分别为 0.03m/s 和 0.07m/s。而直径为 4.2mm 的研磨介质相对法向速度和相对切向速度分别增加到 0.12m/s 和 0.31m/s，可以看到直径大的研磨介质无论相对法向速度还是相对切向速度都要比直径小的研磨介质更大。在图 4-15 中可以看到直径大的研磨介质比直径小的研磨介质活动区域更大，研磨介质之间的空隙更大，在搅拌器的驱动下可以获得更高的相对速度。而且大直径的研磨介质自身的质量更高，直径较大的研磨介质动能更高。

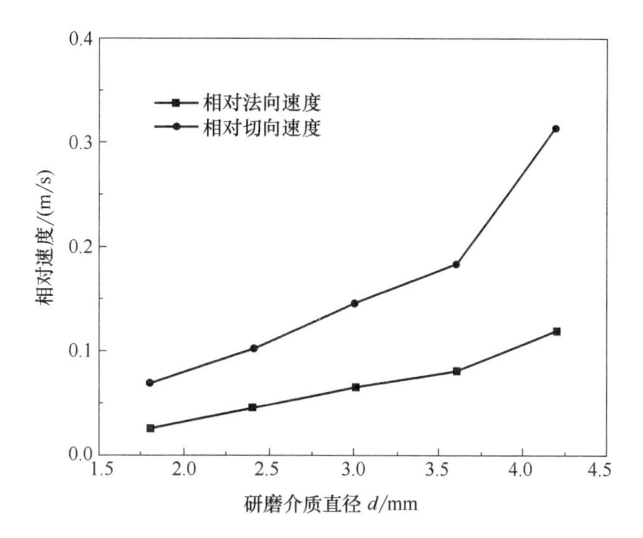

图 4-15　不同转速下研磨介质的相对速度

不同研磨介质直径下的功率和能量转化率的变化趋势如图 4-16 所示。从图 4-16 中可以看到，搅拌器功率随着介质直径增加而小幅度地增加，不同直径的研磨介质的搅拌器的功率在 0.033～0.034kW 小幅度变化，大直径的研磨介质需要的能量较小直径的研磨介质略多一点。对比不同直径下的能量转化率，直径为 1.8mm 时的能量转化率为 21.6%，而研磨介质直径为 4.2mm 时的能量转化率为 45.2%。可以看到随着研磨介质直径的增加能量转化率也在增加。这与实验中观察到的荷叶粉粒径下降到 20μm 粒径时，研磨介质直径越大比能量越小的规律相符合。这可能是由于相比于大直径的研磨介质，同样填充率时，小直径的研磨介质数量要远远大于大直径的研磨介质数量，由于数量较大，在运动中需要的驱动能量较大，而且研磨介质之间活动范围变小，造成小直径的研磨介质挤压严重，浪费了更多的能量。

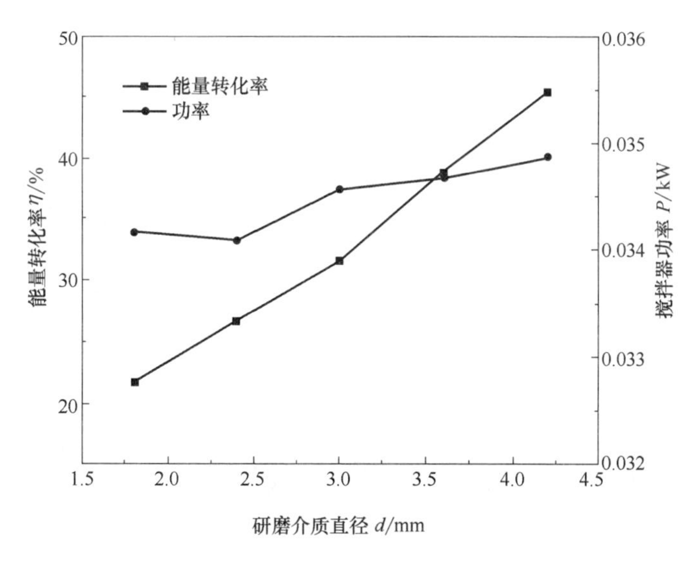

图 4-16　不同直径研磨介质时能量转化率变化

3. 研磨介质直径对研磨介质运动规律的影响

研磨介质填充率的变化会导致最佳转速的变化，并且还会影响研磨腔中研磨介质的运动形态。为此需要研究研磨介质填充率不同时砂磨机研磨介质的运动状态和能量转化规律。当转速为 2000r/min，介质直径为 4.2mm 时，不同研磨介质填充率的研磨介质个数如表 4-7 所示。

当研磨介质填充率分别 40%、60%和 80%时，研磨腔 $y=0$mm 和 $z=50$mm 截面的研磨介质运动速度云图如图 4-17 所示。

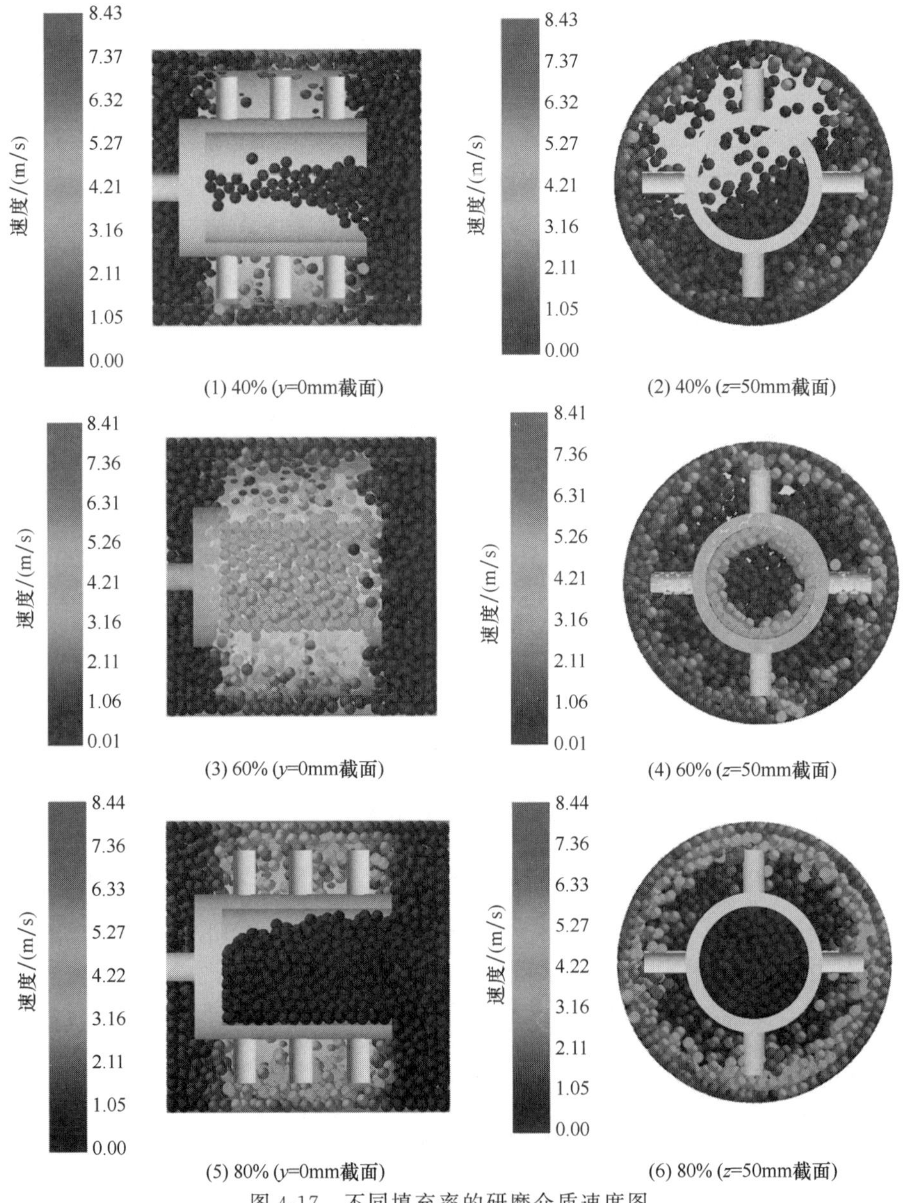

图 4-17 不同填充率的研磨介质速度图

表 4-7　**研磨介质个数**

研磨介质填充率/%	40	50	60	70	80
研磨介质数量/个	3239	4049	4859	5668	6478

从图 4-17 中可以看到，研磨介质填充率的变化会导致研磨介质运动形态的改变。随着介质填充率的增加，获得最高速度的研磨介质数量增加，而且速度较大的研磨介质存在的区域也明显扩大。当研磨介质填充率为 40%时，由于介质数量较少，搅拌器在驱动中接触到的介质较少，研磨腔中腔体两端和贴近壁面的介质被搅动的概率小，研磨腔中介质速度普遍较低。当研磨介质填充率为 80%时，搅拌器在运动过程中接触到的介质更多，研磨腔中被搅动的介质数目明显增多，输入研磨腔的能量被更有效地传递给研磨介质。研究还发现，在较高的研磨介质填充率下，研磨介质的自转作用减弱，最外层研磨介质与研磨腔壁面的相对滑动变弱，可以有效提高研磨效率。

研磨介质填充率不同时研磨介质的相对速度变化趋势如图 4-18 所示。

从图 4-18 中可以看到，随着填充率的增加，研磨介质之间的相对法向速度和相对切向速度都在增加。其中当填充率由 40%增加到 80%时，相对法向速度和相对切向速度均增加为原来的 2 倍。其中，相对法向速度由 0.088m/s 增加到 0.189m/s，相对切向速度由 0.196m/s 增加到 0.448m/s，相对切向速度相较于相对法向速度增加幅度更大一些。

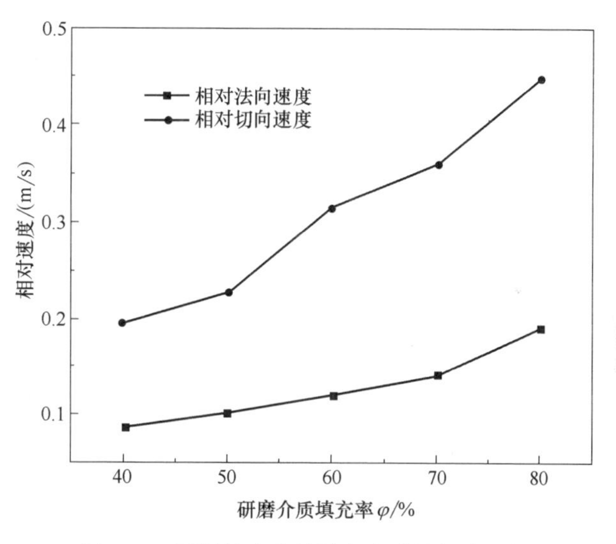

图 4-18　不同填充率的研磨介质的相对速度

图 4-19 所示为能量转化率及搅拌器功率与研磨介质填充率之间的关系。从图中可以看到，填充率对搅拌器功率的影响非常明显。随着填充率的增加，搅拌器的功率逐渐增加。随着研磨介质数量的增加，研磨介质之间的相对速度增加，研磨腔提供给物料粉碎的能量也随之增加，搅拌器需要输入更多的能量才能使研磨介质发生运动。

从图 4-19 中可以发现，在不同研磨介质填充率下，能量转化率经历先升高后降低的过程，填充率为 60%和 70%的能量转化率分别为 45.2%和 43.3%，可以认为存在最佳的能量转化率。当研磨介质填充率在 40%～60%时，能量转化率随填充率的增加而升高，这可能由于填充率较低时，搅拌器捕捉研磨介质的概

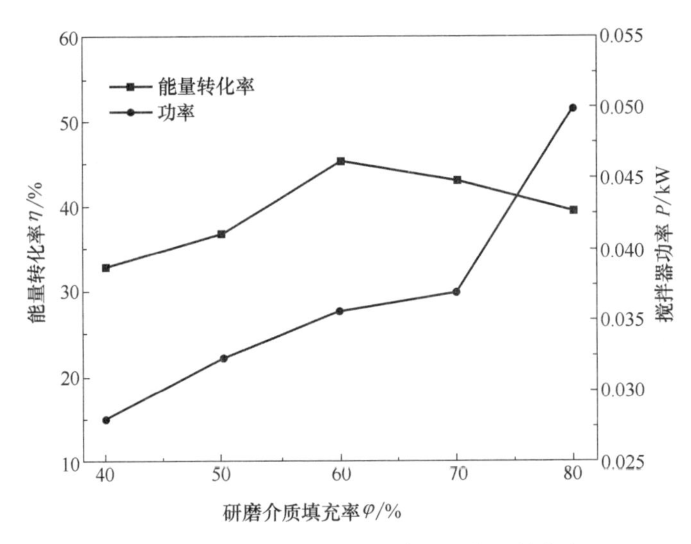

图 4-19 不同研磨介质填充率下的能量转化率

率低，搅拌器提供的能量转化为介质动能的效率变低。而且由于研磨介质之间的间隙较大，在传递能量过程中消耗的能量更多造成能量转化率低。当研磨介质填充率达到 80%时，搅拌器功率很大，能量转化率变低。较高的填充率会导致搅拌器启动转矩较大，容易造成电机过载，降低设备使用寿命。因此，在研磨实验中需要选择 60%～70%的填充率是比较合适的。

第六节 气流粉碎机的应用

研究砂磨机湿法制备荷叶粉的研磨动力学，通过改变研磨时间、搅拌器边缘速度和研磨介质直径获取不同的应力条件，以荷叶粉中值粒径和颗粒形貌作为评价指标，分析应力强度和应力数对荷叶粉研磨中粒径下降速率的影响，并基于颗粒应力模型中功率密度的公式，寻找能耗最低时的应力参数。

一、实验材料与方法

1. 材料与仪器

粗荷叶粉购买于鲲鹏中药材批发零售店（安徽亳州）。荷叶粉的初始中值粒径在（58±1）μm 范围内。荷叶的电镜照片如图 4-20 所示，可以发现荷叶表面微米级的蜡质乳突结构，由于存在此结构，露水和灰尘不会黏附于荷叶表面，即

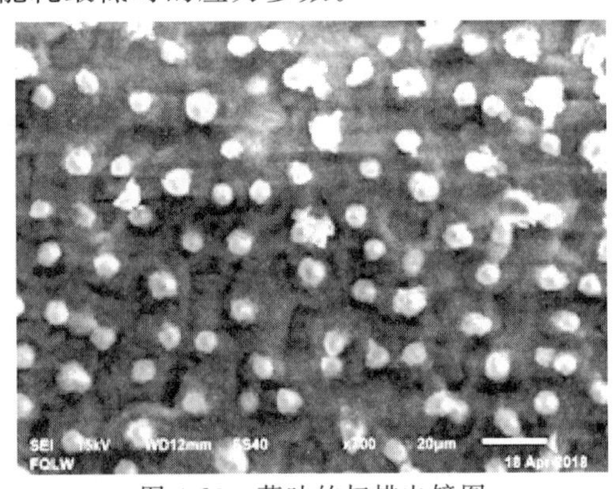

图 4-20 荷叶的扫描电镜图

著名的“荷叶效应”。通过使用酒精作为介质的比重瓶法测定荷叶粉的密度，荷叶粉的密度约为1.5g/cm^3。实验设备如表4-8所示。

表4-8　仪器设备

名　称	型　号	厂　家
恒温鼓风烘干干燥箱	DHG-9076A型	上海精宏实验设备有限公司
蠕动泵	BT100-2J型	保定兰格恒流泵有限公司
激光衍射粒径分析仪	Mastersizer2000型	英国马尔文仪器有限公司
傅里叶变换红外光谱仪	Digilab FTS-1300型	美国DIGILAB公司
扫描电子显微镜	Quanta-200型	美国FEI公司
砂磨机	PHN-0.5CA型	广州派勒纳米科技有限公司

实验所用砂磨机如图4-21所示。搅拌器形状为棒销式，搅拌器和研磨腔的结构如图4-22所示。搅拌转速在200～3000r/min，研磨腔容量为0.5L。研磨腔直径为95mm，研磨腔长度为100mm。

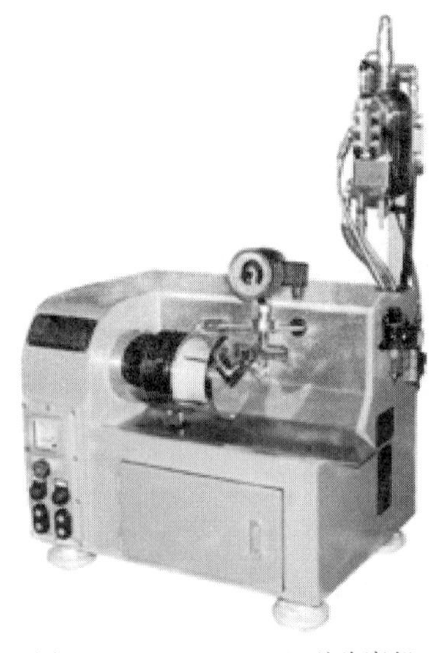

图4-21　PHN-0.5CA型砂磨机

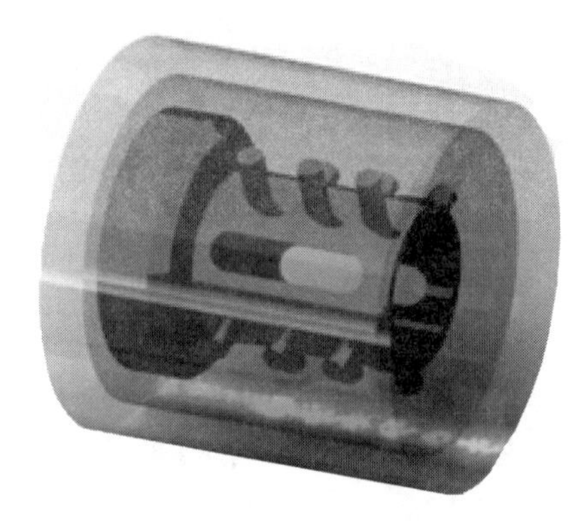

图4-22　研磨腔及搅拌器示意图

2. **表征方法**

（1）激光粒径分析仪　使用Mastersizer 2000型激光衍射粒径仪进行荷叶粉粒径分布测试。粒径仪测试范围为0.2～2000μm。测试过程中使用分散器分散荷叶粉颗粒，转速为1800r/min。

（2）傅里叶变换红外光谱　使用Digilab FTS-1300傅里叶变换红外光谱仪，采用KBr压片法进行傅里叶红外光谱测定。光谱范围4000～400cm^{-1}，分辨率4cm^{-1}，扫描速度10kHz，扫描次数20次。

(3) 扫描电镜　使用Quanta-200（荷兰FEI公司）扫描电子显微镜进行荷叶粉表面的微观变化的观察，加压电压在200V～30KV，放大倍率在25～200000倍。

3. 实验设计

在每组实验之前将干燥的荷叶粉与水按2.5g/L的比例配好。研磨介质选择氧化锆（密度$6067kg/m^3$），填充率为60%。研磨过程中分别在不同时间从出料口取料测量粒径分布。借助于颗粒应力模型研究砂磨机湿法制备荷叶粉的研磨动力学，通过改变研磨时间、搅拌器边缘速度以及研磨介质直径获取不同的应力条件。应力条件如表4-9所示。

表4-9　应力条件

应力参数	1	2	3	4	5	6	7
搅拌器边缘速度/(m/s)	2.1	4.2	6.3	8.4	10.5	11.7	
研磨介质直径/mm	0.6	0.8	1.0	1.4			
研磨时间/min	2	5	10	15	20	25	30

二、实验结果与分析

使用介质研磨的方法降低荷叶粉粒径可以极大地提高荷叶粉在食品工业中的应用以及提高荷叶粉有效成分的利用率。本研究的主要目标是获得比市面上荷叶粉更低粒径的产品，预期的荷叶粉粒径为20μm。通过分析中值粒径D_{50}随时间t的变化来研究荷叶粉湿法搅拌介质研磨期间的研磨动力学。由于应力条件中应力强度项是不包含时间项的，所以接下来讨论由搅拌器边缘速度和研磨介质直径改变导致的应力条件变化对荷叶粉研磨动力学的影响。

1. 搅拌器边缘速度对研磨动力学的影响

保持研磨介质直径为1.4mm，通过改变搅拌器边缘速度获得不同的应力强度。在不同的应力强度下，荷叶粉中值粒径D_{50}与颗粒应力模型的应力数SN之间的关系，如图4-23所示。

从图4-9中可以看到，在应力强度$SI=0.95\times10^{-4}N\cdot m$（搅拌器边缘线速度$v=2.1m/s$）时，荷叶粉的中值粒径下降曲线平缓，粒径下降速度缓慢，最终的荷叶粉中值粒径未下降到20μm以下。这是由于此时应力强度较小，难以提供破碎荷叶粉颗粒所需的能量，尽管应力数在不断增加，但中值粒径减小较慢，不足以达到预期的研磨粒径。当应力强度$SI\geqslant3.71\times10^{-4}N\cdot m$时，荷叶粉可以被有效研磨，并且发现初始阶段的荷叶粉中值粒径的下降速率较大，研磨一段时间后中值粒径均下降到20μm以下，之后的粒径下降速率变缓。这是因为应力强度的增加会导致输入应力能量的增加，赋予了研磨介质更多的机械能，并且使传递到物料颗粒上的能量相应增加，研磨效率得到提高。当荷叶粉颗粒较大时，颗粒破碎需要的能量相对较小，随着颗粒粒径的下降，破碎需要的能量急剧增加。随着荷叶粉粒径的减小，通过增加应力强度已很难提高研磨速率。由于存在研磨极限，荷叶粉在研磨过程中所能达到的最终粒径也趋于相同。

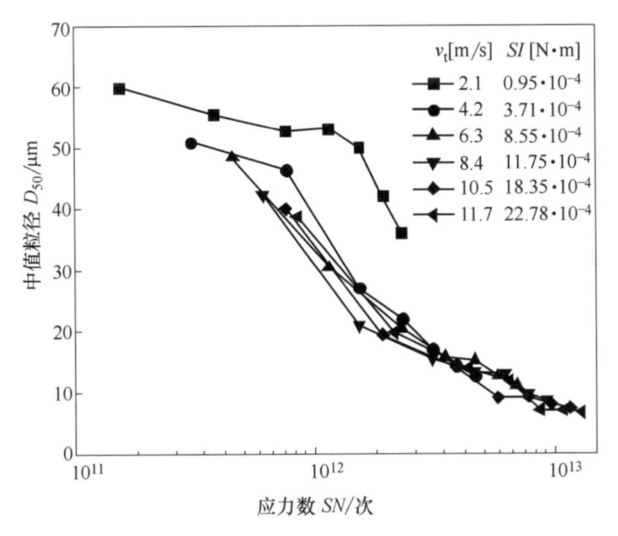

图 4-23　荷叶粉中值粒径与应力数之间的关系

比能量 E_m 和应力强度 SI 是介质研磨过程中比较重要的两个因素。比能量 E_m 是描述研磨过程中单位质量物料所消耗能量的参数。图 4-24 表示的是通过改变搅拌器边缘速度获得的不同应力强度，在不同应力强度下中值粒径 D_{50} 与比能量 E_m 之间的关系。

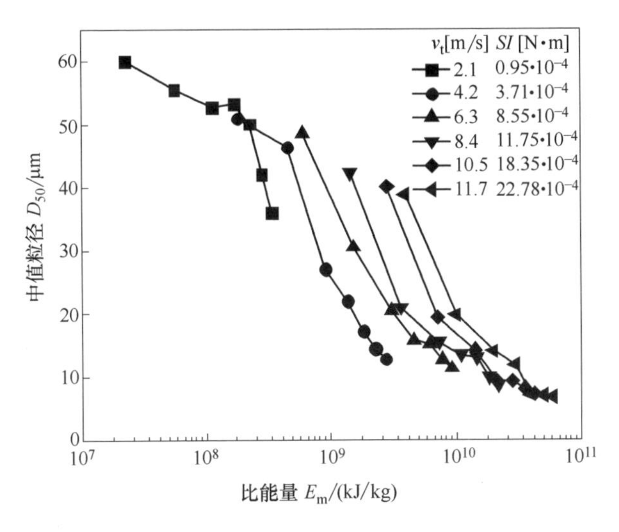

图 4-24　不同应力强度下的中值粒径与比能量之间的关系

从图 4-24 中不难发现，在研磨到相同的中值粒径时，比能量 E_m 随着应力强度的增加而增加，即说明达到相同粒径时应力强度越高能耗也越高。从图 4-24 中可以看到对于应力强度为 0.95×10^{-4}N·m（即搅拌器边缘线速度为 2.1m/s）的研磨过程中，由于搅拌器边缘速度较小，导致输入的比能量也较少，使得最终颗粒达不到预期的 20μm 粒径，不满足生产需要。对于大于 3.71×10^{-4}N·m 的应力强度，由于改变搅拌器边缘速度既改变应力强度也改变应力数，导致不同应力条件研磨荷叶粉时出现比能量在数量级上的差异。对于 3.71×10^{-4}N·m 的应力强度，其能量足以破碎荷叶粉颗粒，继续增加应力强度会导致过量的能量输入，获得相同质量的荷叶粉时能耗过高。因此，在搅拌器边缘速度即搅拌器转速的参数选择上，并非转速越高越好。而且正如 Breitung-Faes 所发现的，过高的转速使得研磨介质和研磨介质以及研磨介质与研磨腔壁之间的碰撞增强，导致研磨介质变形加剧以及研磨腔和搅拌器的磨损加剧，造成产品污染。而且由于输入能量更多地转化为热量，对于热敏材料而言，过多的热量导致材料的变性损失。在进行工艺参数优化时，需综合考虑转速对研磨速率和能耗的影响。

2. **研磨介质直径对研磨动力学的影响**

保持搅拌器边缘速度为 8.4m/s，通过改变研磨介质直径获得的不同应力强度。在不同应力强度下，荷叶粉中值粒径 D_{50} 与应力数 SN 之间的关系如图 4-25 所示。

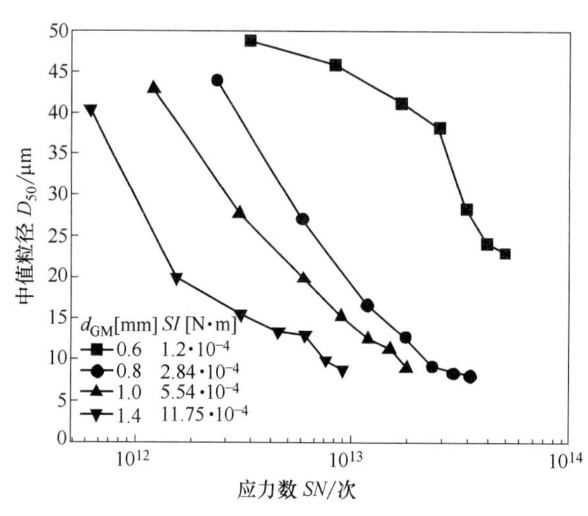

图 4-25 荷叶粉中值粒径与应力数之间的关系

从图 4-25 中可以发现，在所有应力强度下，荷叶粉的中值粒径都随着应力数的增加而减小。其中，在应力强度 $SI=1.2\times10^{-4}$N·m，即研磨介质直径为 0.6mm 情况下，由于应力强度太低，不足以破碎荷叶粉物料颗粒，即使应力数增大到较大值，荷叶粉的粒径并没有减小很多，最终粒径没有达到预期的 20μm，研磨效率较低。与此相对应，从图中可以发现当应力强度大于 2.84×10^{-4}N·m 时，随着应力强度的增加，研磨达到荷叶的特定粒径所需的应力数明显减少。当应力强度为 2.84×10^{-4}N·m 时，荷叶粉目标的粒径为 20μm，最小应力数为 1.77×10^{13} 次，而当应力强度为 11.75×10^{-4}N·m（研磨介质的直径 $d_{GM}=1.4$mm）时，所需的应力数减小一个数量级，最小应力数仅需 1.54×10^{12} 次。因此，增大研磨介质直径有助于提高荷叶粉的研磨效率。

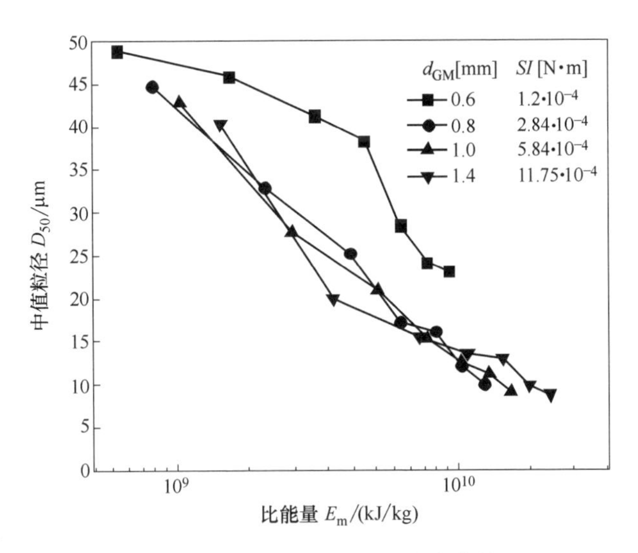

图 4-26　不同应力强度下的中值粒径与比能量之间的关系

从图 4-26 中可以发现，研磨初期荷叶粉粒径下降速率较快，所需的能量较小，当荷叶粉中值粒径下降到一定阶段时，由于荷叶粉粒径变小被研磨介质捕获的可能性降低，导致进一步降低粒径所需的比能量明显增加。在通过改变研磨介质直径获得不同的应力强度情况下，当应力强度 SI 在 $2.84\times10^{-4}\sim11.75\times10^{-4}$N·m 内时，荷叶粉研磨至 20μm 粒径时，应力强度越大所需要的能量越小。这可能是因为大的应力强度使得荷叶粉研磨至特定粒径时需要应力数小，导致其比能量也较小。在这个意义上，荷叶粉湿法研磨过程中应选择直径较大的研磨介质直径。当荷叶粉粒径继续下降到 15μm 以下后，呈现出应力强度越大，达到特定粒径所需比能量也越大的关系，这可能是因为荷叶粉粒径变小，被大尺寸研磨介质碰撞捕获的概率变小，比能量增加。

3. 应力参数对研磨过程中能耗的影响

对于每种应力强度，存在颗粒细度和应力数之间以及颗粒细度和比能量之间的确定关系。换句话说，对于每种应力强度，只有一定的应力数或比能量才能产生一定的荷叶粉细度。根据前面的研究发现最大的能量利用率是在应力强度能够百分百破碎荷叶粉时获得的。为了达到最佳的能量利用率，最大限度地降低能耗，有必要研究应力强度和比能量之间的关系。图 4-27 所示为预期粒径为 20μm 时最佳比能量的优化过程。

从图 4-27 中可以得到，比能量与应力强度的关系存在先减小后增大的变化趋势。在较小的应力强度情况下，荷叶粉破碎到 20μm 时需要的应力数比较大，造成比能量较大。达到最佳应力强度后，应力强度已足够使荷叶粉破碎，并且能量浪费较小，进一步增加应力强度会造成比能量成倍增加。图 4-27 中凹点对应的应力强度为 11.75×10^{-4}N·m（研磨介质直径 1.4mm、搅拌器边缘速度为 8.4m/s）。在这个最佳应力强度下，可以使比能量达到最小，获得最佳的能量利用率。

综合上述分析，可以发现荷叶粉在湿法搅拌介质研磨过程中，最小的应力强

度为 2.84×10^{-4} N·m。尽管在这个应力强度下荷叶粉就可以被有效粉碎，但是由于荷叶中所含抗氧化物质较多，为了有效利用这些成分，减小研磨时间，在工艺参数选择中，应该选择大应力强度和小应力数。由于应力强度受搅拌器边缘速度和研磨介质直径影响，可以通过改变搅拌器边缘速度和研磨介质直径获得大应力强度和小应力数的应力条件，

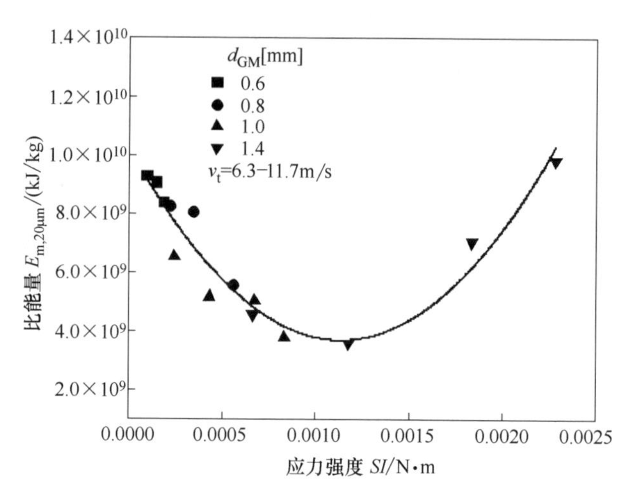

图 4-27 荷叶粉研磨的比能量与应力强度的关系

但是对于改变搅拌器边缘速度会造成比能量明显增加，因此，在荷叶粉湿法研磨过程中，在一定范围可以选择较大的研磨介质直径来增加应力强度。进一步地通过比能量与应力强度之间关系分析，可以发现在荷叶粉湿法研磨实验中获得 20μm 粒径的荷叶粉的最佳的应力条件为应力强度 11.75×10^{-4} N·m，应力数 1.54×10^{-12}次，所对应的工艺参数为研磨介质直径 1.4mm、搅拌器边缘速度为 8.4m/s。在此应力条件下研磨 10min 就可以将荷叶粉中值粒径降到 20μm 以下。

三、荷叶粉形貌变化及结构变化

1. 扫描电镜分析

为了观察研磨过程中荷叶粉的颗粒形貌变化，在最佳应力强度 $SI=1.52\times10^{-4}$ N·m 情况下（工艺参数研磨介质直径 1.4mm，搅拌器边缘速度为 8.4m/s）下，研磨 20min 和 30min 时的荷叶粉 SEM 图如图 4-28（1）和（2）所示。从图 4-28 中可以明显观察到超细研磨使荷叶粉的植物细胞和纤维结构被破坏，荷叶粉

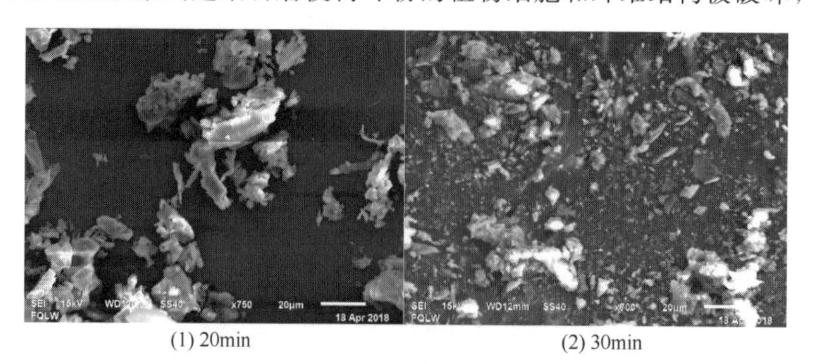

(1) 20min (2) 30min

图 4-28 荷叶粉的 SEM 图

颗粒产生各种形状。在图 4-28（1）中，可以发现多个不同尺寸的荷叶粉末颗粒，并且观察到大颗粒表面具有微细裂纹，表明此时发生了强烈的荷叶粉颗粒破碎行为。研磨 30min 后，如图 4-28（2）所示，发现几乎所有颗粒都低于 20μm，并且大颗粒已经被小颗粒代替，颗粒尺寸之间的差异减小。

对比 20min 和 30min 研磨时间下的 SEM 图，可以发现 30min 时刻获得的荷叶粉粒径更小。如果定义荷叶粉粒径跨度为 $SP=(D_{90}-D_{10})/(2\cdot D_{50})$。研磨 20min 时，$SP$ 是 4.13，30min 时 SP 变为 3.60。这些结果表明，超细粉碎可以改变荷叶粉的原始结构，研磨时间的延长使得粒径分布范围更窄，获得的粒径更小，从而引起物理化学性质的变化。在食品超细研磨领域，材料的粒径大小以及粒径分布范围变化，会带来很多有利的特性，较小的粒径使得某些颗粒营养成分释放更充分，窄的粒径分布使得食品口感更好。

2. 傅里叶红外光谱分析

砂磨机的工作原理是用研磨介质通过摩擦，冲击和压力来研磨材料。研磨过程中不可避免地会产生大量的热量，这对热敏材料来说是灾难性的。荷叶粉湿法研磨的主要要求是材料的结构不会被研磨介质的碰撞和摩擦产生的热量破坏。为了在实验中减少热量对荷叶粉末活性物质的影响，在一系列实验中进料温度为约 25℃，研磨腔夹套用 10℃水循环冷却。

荷叶中含有生物碱、黄酮、多酚和蛋白质在内的多种成分，为了研究湿法研磨对荷叶粉中有效成分的影响，采用傅里叶红外光谱分析研究不同阶段的荷叶粉的化学结构。傅里叶红外光谱分析是物质定性和定量分析的一种常用方法。图 4-29所示为不同研磨时刻的傅里叶红外光谱图。从 FTIR 光谱图中看到在研磨过程中官能团没有变化，荷叶粉的化学结构并没有发生改变。本研究对荷叶粉研磨过程的有效成分变形有一定借鉴作用。

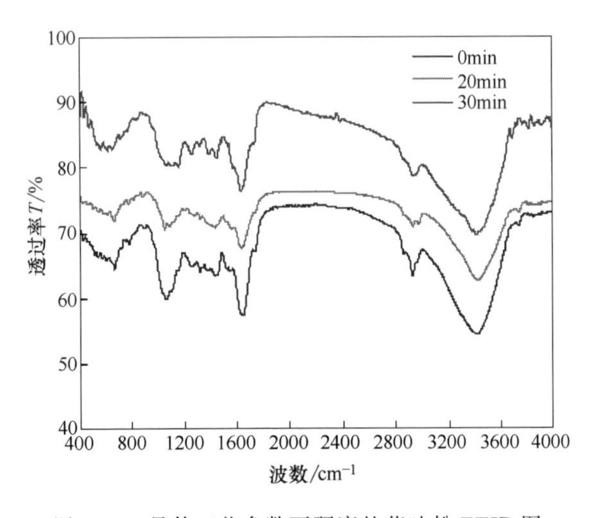

图 4-29　最佳工艺参数下研磨的荷叶粉 FTIR 图

图 4-29 中各峰所代表的化学结构如表 4-10 所示。研磨过程中荷叶粉有效成分浓度的变化还需要进一步研究。

表 4-10 荷叶粉 FTIR 光谱中各峰分布

波数/cm^{-1}	各峰分布	波数/cm^{-1}	各峰分布
3446	与酚结构中的—OH 伸缩有关	1377	与—CH_3 的变形振动有关
2927	与—CH_2 伸缩振动有关	1263	不含 H 键的 C—O 伸缩振动
2962	对应于—CH_3 的伸缩振动	1062	不含 H 键的 C—O 伸缩振动
1635	与 C=O 伸缩振动有关	1263	不含 H 键的 C—O 伸缩振动
1456	与—CH_3 的变形振动有关	669	无取代的苯环变形振动吸收峰

第五章　湿法超细剪切设备

第一节　引　　言

剪切粉碎是指在定子与转子之间的强剪切力的作用下，飞速运动的物料被剪切粉碎从而形成微粒的过程。剪切粉碎技术由切割粉碎技术发展而来，采用的是一种渐次剪切的原理，解决了现有技术中存在的能耗高、颗粒大小不均、产量低等问题。剪切粉碎中，依靠动刀头与定子的静刀头的配合进行超细剪切，在主轴的高速旋转带动下，物料一次性地通过动子与静子之间的微小间隙，粉碎后的物料大小均匀且产量高，颗粒的粒径可达到微米级。国内的技术研究起步晚，国外此项技术起步早，且研究深入，国内与国外的差距较大。

美国的尤索公司在高速剪切粉碎设备的技术研究上处于世界领先地位，其研发的 Comitrol 型高效粉碎机，如图 5-1 所示，采用模块化设计，剪切的刀头可进行自由拆换，可满足不同物料颗粒对不同尺寸的要求及对流体物料的超细化处理，可加工多种物料。

Comitrol 型高效粉碎机采用离心切割的方式，适用于花生酱、大豆组织蛋白、玉米露、豆乳等各类食品工业化大产量的粒化、浆化、乳化等工作。

日本的高速剪切粉碎技术也比国内成熟，日本增幸产业株式会社研制的 Mikuromaisuta 型超精密高速粉碎机的粉碎产品可达到微米级，转速可达 12000r/min，广泛应用于食品、化妆品、化学品和调味料等行业，如图 5-2 所示。

Mikuromaisuta 型超精密高速粉碎机是世界上最先能够同时安装精密切割头、笼式切割头和磨盘头的三机一体的多功能高速粉碎机。通过油路循环结构，使得连续高速运转也不会发热，同时可以保证加工品的品质稳定。该设备配备了变频器，可在 6000～12000r/min 范围内调节。

图 5-1　Comitrol 型高效粉碎机

图 5-2 Mikuromaisuta 型超精密高速粉碎机

第二节 粉碎机制

一、剪切粉碎机制

1. 颗粒粉碎机制

物料颗粒根据其特性可分为两种情况：一种是孤立颗粒，这种颗粒在流体中随着流线运动，只是进行了混合，并不存在分散；而对于聚集体颗粒，是由各孤立颗粒之间相互作用而形成。根据聚集体颗粒的团聚力和破坏力的大小可将破碎机制分为三种：①大颗粒直接破碎的粉碎机制；②大颗粒一层一层剥离的磨蚀机制；③大颗粒破碎为尺寸相近颗粒，尺寸相近颗粒再破碎的破裂机制。

2. 剪切粉碎理论

不同剪切设备的粉碎原理都大致相同，其主要工作部件均为定子和转子。在剪切设备内物料粉碎的剪切力产生的原理主要有以下三种：

（1）使液层产生速度差　流体流动形态由雷诺数决定，当流体在直管中流动时流动状态开始变为湍流时的雷诺数称为临界雷诺数，若大于临界雷诺数，则流体就属于湍流流动，反之流体就属于层流流动。高黏度流体一般均处于层流状态，而对于非均相流体，除高黏度流体外大多是处于湍流状态。

① 层流剪切。在用剪切粉碎设备处理高黏度物料时，我们认为物料处于层流状态。物料在定转子之间成为旋转流，定转子之间存在速度梯度，产生剪切力。由不可压缩流体的连续性方程和 N-S 方程，其剪切应力 τ_θ 可以近似得出下列公式：

$$\tau_\theta=-\frac{2\mu(w_1-w_2)R_1^2R_2^2}{(R_2^2-R_1^2)}=-\frac{2\mu\omega_1R_1^2R_2^2}{(R_1+R_2)\delta r^2} \tag{5-1}$$

式中　w_1——转子转速，r/min

w_2——定子转速，r/min，这里 $w_2=0$

R_1——转子直径，m

R_2——定子直径，m

r——定、转子间隙内任意半径，m

δ——定、转子间隙，$\delta=R_2-R_1$，m

由上式可知，转子速度越大，定转子间隙越小，则剪切应力越大。当物料处于层流状态时，最大剪切应力在转子壁面处。我们可以通过减小间隙与提高转速提高剪切应力，使物料的剪切粉碎效果更好。

② 湍流剪切。高速旋转的叶轮带动叶轮区的液体流动，就会形成强烈的湍流，当物料处于湍流状态时，其脉动速度引起的脉动压力是引起颗粒破碎的主要原因，湍流运动可以由湍流时连续性方程和雷诺方程描述：

$$\frac{\partial V_i}{\partial t}+\frac{\partial(V_iV_j)}{\partial_t x_j}=\frac{1}{\rho}\frac{\partial p}{\partial x_i}+v\nabla^2V_i-\frac{\partial}{\partial x_i}(V_i'V_j') \tag{5-2}$$

式中　$V_i'V_j'$——一个二阶张量

v——物料运动速度

$\rho V_i'V_j'$——雷诺应力，用 τ_{ij}' 表示

两种应力之比为：

$$\frac{\tau_{ij}'}{\tau_{ij}}\approx R_e\left(\frac{V_0'}{V_0}\right) \tag{5-3}$$

式中　V_0'/V_0——脉动速度与时均速度的比值，通常小于 1

τ_{ij}——黏性应力

由此可以看出，湍流时物料的粉碎主要是由雷诺应力引起的，比在层流状态下效果好。

(2) 空穴效应　根据伯努利方程，流体所具有的动能和压力之和是常数，因此高剪切设备的转子高速旋转时会因液体速度迅速升高而在其中心形成很强的负压区。当压力低到工作流体的饱和蒸汽压时，就会沸腾，产生大量的气泡，气泡随液体流向定转子齿圈中被剪碎或随压力升高破裂。气泡破裂产生的高速微射流速度可以达到 100～300m/s，微射产生的脉冲压力接近 200MPa，这就是空穴效应。强大的压力波可使软性、半软性颗粒、硬性团聚细小颗粒等被粉碎。

(3) 机械剪切、撞击作用　对于含固体颗粒物料的粉碎均质，机械剪切与撞击起主导作用，转子高度旋转产生强大的离心立场，在转子中心形成很强的负压区，料液从定转子中心被吸入，在离心力的作用下，物料由内圈向外圈运动，线速度越来越高，形成极大的压力梯度场，在该场中，物料收到强大的剪切、摩擦、撞击以及物料间的相互碰撞、摩擦实现固相在微粒与液相的乳化。

① 平均剪切速率。剪切粉碎设备的定转子在高速运转过程中，定转子之间缝隙会形成高剪切区，其中包括径向剪切与轴向剪切两部分，根据斯托克斯方程，利用数学理论分析方法，得到径向平均速率：

$$\gamma_r=\frac{4K^2w\ln(1/K)}{(1-K^2)^2} \tag{5-4}$$

式中 γ_r——径向平均剪切速率，m/s

K——转子外径与定子外径之比

由于定子与转子运动过程产生循环而使物料的轴向运动形成的轴向平均速率：

$$\gamma_a=\frac{D\Delta P}{\eta L}\left[\frac{1-K}{\ln(1-K)}-\frac{1+K+K^2}{3(1+K)}\right] \tag{5-5}$$

式中 D——定子外径，m

η——液体黏度，Pa·s

L——料液触及的轴长，m

ΔP——进出口的压差，Pa

由上式可知，剪切式粉碎机的关键结构参数对粉碎过程的剪切率存在一定的影响。

② 颗粒与定转子的碰撞。颗粒与定转子的碰撞结果如下：

$$X=n^2D_i^2M \tag{5-6}$$

$$Z=e_s\frac{M_m}{\varepsilon_m} \tag{5-7}$$

式中 X——质量为 M 的颗粒碰撞之后的能量，J

n——转子的转速，r/min

D_i——转子所在圆周的直径，m

M_m——颗粒质量的中间值，kg

ε_m——颗粒吸收能量的中间值，J

e_s——转子在空转和工作时的能量差值

Z——碰撞次数

由于定转子在粉碎过程中的能量关系是由电能到机械能再到粉碎能，机械能主要是由转子的电能实现，即电流能量差值实现以机械能的形式分布在定转子的间隙内，在定转子的粉碎区都有一定能量分配值，可用如下关系表示：

$$\Delta E=0.5M(v_2^2-v_1^2) \tag{5-8}$$

式中 v_1——转子所处圆周旋转线速度，m/s

v_2——定子所处圆周旋转线速度，m/s

M——颗粒的质量，kg

ΔE——定转子中某颗粒所吸收的能量，J

整理得颗粒的碰撞次数为：

$$Z_i=\frac{\Delta E}{X}=\frac{0.5M(v_2^2-v_1^2)}{n^2D_i^2M} \tag{5-9}$$

$$v_1=\pi nD_1$$

$$v_2=\pi nD_2$$

式中 D_1——转子靠近下侧定子所处圆周的直径，m

D_2——转子靠近上侧定子所处圆周的直径，m

进一步化简可得，可得物料在定转子缝隙内的碰撞次数为：

$$Z_i=\frac{4\pi^2\Delta L}{(D_1+D_2)} \tag{5-10}$$

$$\Delta L=\frac{D_2-D_1}{2}$$

式中　ΔL——定子在径向的宽度，m

由上式可知颗粒与定转子的碰撞次数与定转子的结构参数有关。

③ 剪切能耗分析：根据雷廷格表面积假说，可以分析超细剪切粉碎在物料粉碎过程中的能耗问题。一般来说刀头的能耗主要由三部分组成：刀头对物料的粉碎能耗 E、刀头对浆料的搅拌能耗 P 以及刀头粉碎过程中设备自身的能耗损失 Q，但是由于刀头粉碎过程中的主要工作是粉碎和搅拌，设备自身的能耗损失相对粉碎和搅拌可以忽略不计，所以设备整个能耗可以表示为：$W=E+P$。而刀头对物料的粉碎 E 和刀头对浆料的搅拌 P 可分别用式（5-11）和式（5-12）表示：

$$E=MK_R\left(\frac{1}{D_0}-\frac{1}{D_1}\right) \tag{5-11}$$

$$P=\varphi\rho n^3 d^5\left(\frac{n^2 d}{g}\right)^{\left(\frac{\alpha-\lg Re}{\beta}\right)}t \tag{5-12}$$

式中　D_0——物料粉碎后的粒径，m

D_1——物料粉碎前的颗粒平均粒径，m

M——粉碎的物料质量，kg

K_R——雷廷格常数

φ——功率准数

α、β——系数

Re——雷诺数

d——粉碎头直径，m

n——转速，r/min

g——重力加速度，m/s^2

t——运行时间，s

所以整个设备功耗可以写成：

$$W=MK_R\left(\frac{1}{D_0}-\frac{1}{D_1}\right)+\varphi\rho n^3 d^5\left(\frac{n^2 d}{g}\right)^{\left(\frac{\alpha-\lg Re}{\beta}\right)}t \tag{5-13}$$

实际能耗计算公式：

$$Q=2piMN \tag{5-14}$$

式中　Q——实际计算能耗，J

M——力矩，J

N——转速，r/min

式（5-14）是理论设备内部能耗分析，通过该式可以计算整个设备在粉碎物

料过程中的能耗。

二、超细剪切原理

如图 5-3 所示，剪切设备一般由定子、电机、转子、密封件和叶轮等组成。超细剪切的工作原理是：高速旋转的叶轮转子所产生的离心力给转子中心区带来强大的负压。运行产生的离心力将进入粉碎腔的物料甩向四周。受到叶轮与内圈定子的剪切作用和叶轮中心区的空化作用后，物料得到初步破碎。破碎后的物料在离心力的作用下进入定转子区域。如图 5-4 所示，当物料从转子齿槽进入到工作区后，在剪切、撞击、摩擦等作用下而进一步破碎。在带有多级定转子齿圈的剪切设备中，物料越接近外圈工作区，受到的剪切粉碎效果越好。

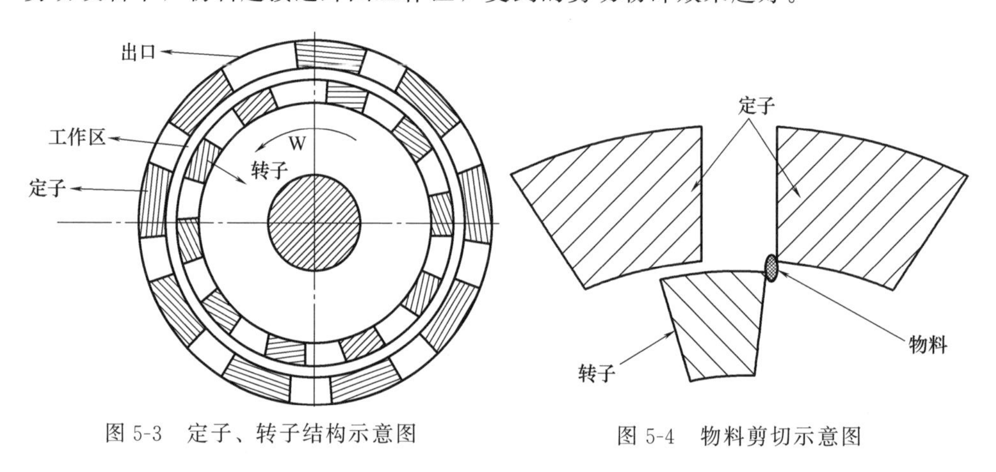

图 5-3 定子、转子结构示意图

图 5-4 物料剪切示意图

三、超细剪切粉碎特点

1. 粉碎速度较快，产生热量较少

高速剪切粉碎设备的转速高且粉碎时间极短，物料可瞬间通过定子与转子之间的间隙，减少了物料与刀片之间的摩擦，从而产生的热量较少，物料的温度不易升高，因此特别适用于粉碎热敏性的物料。对于生物材料来说，可以保留生物材料中的活性成分，从而可以制得高品质的产品。

2. 粉碎颗粒精细，粒径分布均匀

由于高速剪切粉碎设备的刀片切割边缘比较锋利，同时静刀片之间的间隙大小比较均匀，从而使得粉碎过程中物料不会出现随机移动，粉碎颗粒大小均匀，平均粒径在几十微米左右，且粒径分布非常集中，这就使得粉体的比表面积增加，粉体的吸附性和溶解性也得到了提升。由于湿法粉碎比干法粉碎物料处理的接触面积更大，所以被细化的粒径更小。

3. 粉碎过程卫生无污染

高速切割粉碎设备粉碎腔采用不锈钢材质，设备上装有循环管道系统和物料

收集系统，整个系统构成密封的空间，可防止外界灰尘进入，且湿法粉碎可避免设备内出现大量灰尘的情况，剪切粉碎得到的细颗粒被直接融合到悬浮液中，保证了粉碎过程的卫生安全。

4. 设备操作简单，使用寿命长

高速切割粉碎设备的刀座的拆装方便，可以根据不同的粒径尺寸要求经行快速更换，同时方便清洁和维护。叶轮部件有多种类型，可适应不同原始尺寸的物料粉碎要求，叶轮末端的刀片也可在磨损后随时进行更换。

第三节　湿法超细剪切设备的结构与分类

在食品、化工、制药等行业，粉碎技术已成为提高产品品质的关键。目前在食品工业中物料的粉碎方法可分为湿法和干法两种。干法粉碎得到的物料细度分布均匀，粒径小，但是能耗大，易发热，粉尘处理复杂。在实际生产中有些时候采用湿法粉碎更能与现有工艺有机结合。湿法超细粉碎的特点主要体现在低能耗、无粉尘污染、高效率、产品质量稳定等方面。基于剪切原理的食品物料湿法粉碎设备在工业上已大量地被应用。

基于剪切原理的湿法超细粉碎设备主要包括胶体磨、高剪切均质机、高速切割粉碎机等几种，主要用于聚合状态颗粒的分散、纤维状物料的破碎等，同时对物料也有一定的乳化均质效果。

一、胶体磨

胶体磨又称分散磨，是由固定磨子（定子）和高速旋转磨体（转子）组成，两表面间有可调节的微小间隙。胶体磨由于采用的是不锈钢定转子组合的磨头，所以对物料加工具有非常高的剪切能力。由于胶体磨物料处理流量大，连续工作等特点，所以在食品工业、化学工业、日用工业、制药工业等许多领域都有广泛的应用。图 5-5 为胶体磨工作原理示意图。

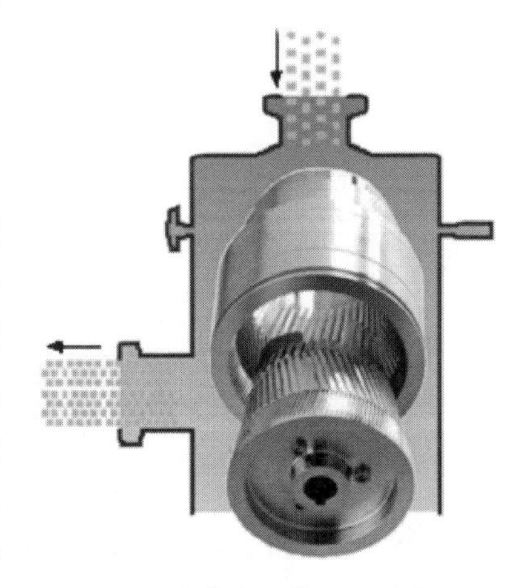

图 5-5　胶体磨工作原理示意图

1. 结构与工作原理

胶体磨工作原理就是当物料从进料口进入通过定转子之间的微小间隙时，由于转子的高速旋转，使附着于转子表面上的物料速度大，而附着于定子上面的物料速度为零，这样产生了急剧的速度梯度，从而使物料受到强烈的剪切、摩擦、高速振动等物理作用，被有效地研磨、粉碎、分散，在出料口获得均质细颗粒。

胶体磨通常设计成锥形结构，在定子与转子的间隙内形成的流场如图5-6所示。胶体磨产生的剪切力主要是有高速旋转的定转子之间的速度梯度引起的，对于聚合状的物料，当剪切应力大于其临界应力时，物料被粉碎。通过增加转速，减小定转子之间的间隙可以有效地提高剪切力，从而提高粉碎效果。工程上常用的胶体磨定转子间隙调节范围在0.005～1.5mm，转速高达3000～15000r/min。

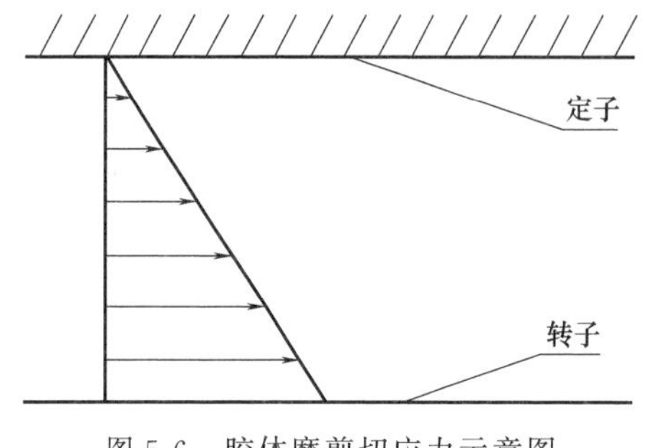

图5-6 胶体磨剪切应力示意图

2. **性能特点**

胶体磨的性能特点在于：①结构简单，设备养护方便，适用于较高黏度物料以及较大颗粒的物料；②胶体磨产品除电机及部分零部件外，凡与物料相接触的零部件全部采用高强度不锈钢制成，具有良好的耐腐性和耐磨性，使所加工的物料无污染，卫生纯洁；③处理量大，高效连续，操作方便，适用范围广，易于大规模生产。

二、高剪切均质机

高剪切均质机是一种提高流体及半流体产品品质必不可少的机械设备。具有处理量大、粒径分布范围窄，匀度高、节约能耗、省时、效率高、噪声低、运转平稳等特点。因为高剪切均质机可使物料在短时间内完成微粒化、乳化、搅拌、调匀、分散等，故从食品行业到化工行业再到医药行业都得到广泛的运用。

1. **结构与工作原理**

图5-7为高剪切均质机结构示意图。高剪切均质机间是由定子、电机、转子、密封件和叶轮等组成的湿法粉碎设备，它提供给物料粉碎的剪切力来源于层流效应、空穴效应和湍流效应等各种流体力学效应。高剪切均质机的工作原理是：高速旋转的叶轮转子所产生的离心力给转子中心区带来强大的负压。高剪切均质机运行而产生的离心力将进入粉碎腔内的物料甩向四周。在向四周扩散过程中，物料首先受到叶片的搅拌，并在叶片端面与定子齿圈内侧窄小间隙内受到剪切，然后进入内圆转齿与定齿的窄小间隙内，在机械力和流体力学效应的作用下，产

图5-7 高剪切均质机结构示意图

生很大的剪切、摩擦、撞击以及物料间的相互碰撞和摩擦作用而使分散相颗粒或液滴破碎。随着转齿的线速度由内圈向外圈逐渐增高，粉碎环境不断改善，物料在向外圈运动过程中受到越来越强烈地剪切、摩擦、冲击和碰撞等作用而被粉碎得越来越细从而达到均质乳化目的。同时，在转子中心负压区，当压力低于液体的饱和蒸汽压时，液体中会产生大量气泡，气泡随液体流向定转子齿圈中被剪碎或随压力升高而溃灭，从而产生强大的射流和冲击波，增强均质机均质乳化的效果。

2. **性能特点**

高剪切均质机的性能特点在于：①处理量大，适合工业化在线连续生产；②粒径分布范围窄，匀度高；③节约能耗、省时、高效；④噪声低、运转平稳；⑤消除批次间生产的品质差异；⑥无死角，物料100%通过分散剪切；⑦具有短距离、低扬程输送功能；⑧使用简单，维修方便，可实现自动化控制。

三、高速切割粉碎机

高速切割粉碎技术是国外近些年来发展起来的性能优异的粉碎技术，其技术源于食品加工中的切割粉碎技术，如对果蔬、肉类制品的切丁、切片与切块等。高速切割粉碎机采用渐次剪切原理，使产品一次性通过静止的粉碎切割头，能达到均匀的颗粒大小，并取得高产量，该技术的关键在于精密配合的粉碎切割头部件与高速稳定运转的叶轮转子。

1. **结构与工作原理**

图5-8为高速切割粉碎机的总体结构图。高速切割粉碎机的工作原理如下：电机通过带轮驱动主轴上的叶轮高速旋转，物料从进料口进入切割粉碎室。在粉碎室内叶轮叶片的撞击和离心力的作用下，物料随叶轮叶片高速旋转并被甩向外端密布的刀片。如图5-9所示，叶轮叶片的切割边缘线速度很大，物料在撞向静止刀片的刃口的瞬间受到强剪切力的作用而破碎并从静止刀片的间隙排出得到满

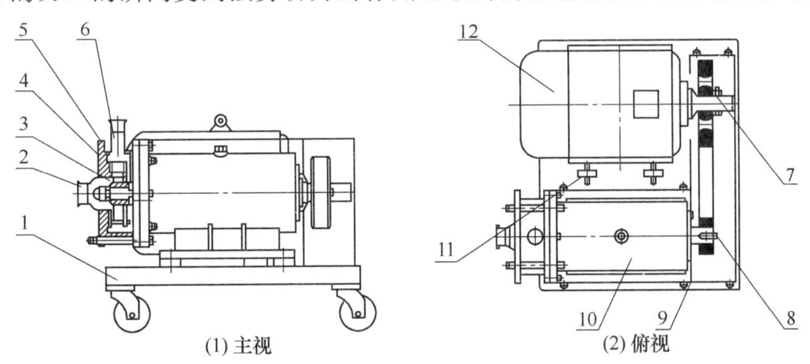

图5-8　结构示意图

1—机座　2—进料口　3—叶轮　4—定子　5—主轴　6—出料口　7—大带轮　8—小带轮　9—罩壳　10—机筒　11—电机调节装置　12—电机

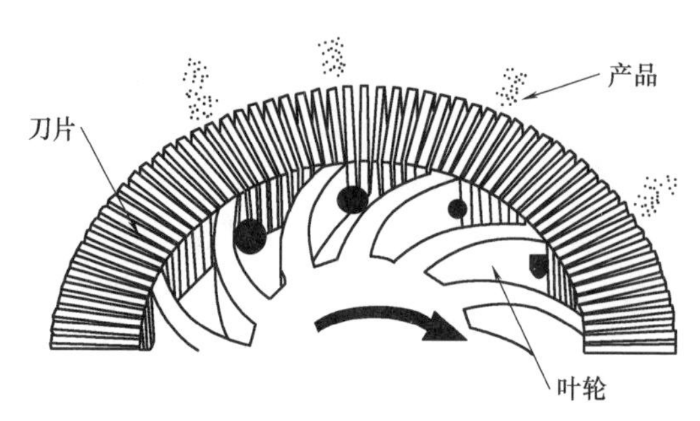

图 5-9 高速切割粉碎示意图

足要求的产品，未受剪切或者剪切后颗粒不足以从刀片间隙排出的物料将继续被切割粉碎。

2. **性能特点**

高速切割粉碎机的性能特点在于：①粉碎速度快，温升小，特别有利于对热敏性物料的粉碎，对生物材料可以最大限度地保留粉体的生物活性成分，以利于制成高质量产品；②粉碎后颗粒粒径细小且分布均匀；③通过产品收集系统，可使产品在密封条件下生产，防止灰尘、蒸汽和液体的污染；④调试方便，维护简单。

第四节　影响因素

一、操作参数的影响

1. **叶轮转速**

叶轮的转速越高，则转子中心负压区的压力越易达到液体的饱和蒸气压而产生空化效应，有利于物料的初步破碎。同时，叶轮与刀片之间的物料受到的机械力和流体力学效应也更加强烈，提高其粉碎速度与出料速度。因此，提高叶轮转速对提高粉碎效率具有重要的作用。然而，转速提高的同时，零件的损伤会加快，会导致设备成本增加，所以在选择叶轮的转速的同时，要考虑粉碎效果与经济性的平衡。

2. **粉碎时间**

粉碎时间是指设备对物料进行连续粉碎时，颗粒在粉碎机内的平均停留时间，其是由颗粒的进料速度 F 和粒子在粉碎机内的停留量 H 决定的，有以下公式：

$$t_r=\frac{H}{F} \tag{5-15}$$

由式（5-15）可知，随着 F 和 H 的不断变化，粉碎时间也会出现波动，就会影响产品的粒径分布。所以颗粒在粉碎机内停留的时间是一个重要的参数，颗粒的停留时间分布函数用下式表示：

$$P_e(t)=\frac{M_0}{6t\sqrt{2\pi}}\exp\left[\frac{(\log t-\log t_e)^2}{2\sigma^2}\right] \tag{5-16}$$

式中　t_e——物料停留的平均时间，s

M_0——常数

σ——物料的分散度

由上式可知，随着粉碎时间的增加，物料的粉碎效率越高，但是高速剪切设备的粉碎时间收到结构参数以及进料、出料粒径的限值。

3. 粉碎温度

粉碎温度对物料的粉碎效果具有较大的影响，对于一些特定的物料，存在一个最佳的粉碎温度。在对一些物料进行粉碎操作前，往往需要对物料进行预热，随着温度的上升，物料的黏度会有所下降，此时便可能产生湍流，有利于物料的剪切作用，但是温度太高会影响物料的营养成分。因此，对于不同的剪切粉碎机，不同的物料，要选择适宜的粉碎温度。

二、结构参数的影响

1. 叶轮结构

叶轮是高速剪切设备的关键部件，叶轮的结构形式包括直叶片式叶轮、涡轮式叶轮、旋桨式叶轮等。针对不同物料，适当选择叶轮的结构，可以提高物料的粉碎效率。

2. 尺寸切割数

通常用尺寸切割数 L_s 表示剪切程度，其值越高表明剪切效果越好，尺寸切割数根据定刀与动刀安装在转盘上的情况，可表示为：

$$L_s = \frac{Z_1 Z_2 L_n N a_n^2}{60} \tag{5-17}$$

式中　Z_1——转子上的刀片数

Z_2——定子上的刀片数

L_n——刀片的长度

N——定子的转速

a_n——活动件及不活动件切割物料特征数

从式（5-17）可知，刀片数、叶轮转速、刀片长度都与尺寸切割数有关。通过改变以上参数，可以提高粉碎效果，通常情况下，尺寸切割数都控制在几十万到一百万的范围内。

3. 切割深度与刀片间隙

相邻刀片的偏转角度 γ 可表示为：

$$\gamma = \frac{\pi}{n} \tag{5-18}$$

切割深度和刀片间隙可分别表示为：

$$d_1 = R\gamma \sin\left(\frac{\gamma}{2} + \alpha\right) \tag{5-19}$$

$$d_2 = R\gamma \cos(\gamma + \alpha) - d\cos\alpha \tag{5-20}$$

式中 R——刀片的排列直径，m

α——刀片的偏转角度，°

d——刀片厚度，m

将式（5-18）代入式（5-19）、式（5-20）可得：

$$d_1=R\frac{\pi}{n}\sin\left(\frac{\pi}{2n}+\alpha\right) \tag{5-21}$$

$$d_2=R\frac{\pi}{n}\cos\left(\frac{\pi}{n}+\alpha\right)-d\cos\alpha \tag{5-22}$$

可以看出，切割深度和刀片间隙主要受刀片个数和刀片的偏转角度影响。切割深度与刀片半径、刀片个数、刀片偏转角度有关，切割深度反映了物料被切割粉碎后的粒径大小，与粉碎后产品的粒径有直接的关系。开口间隙与刀片的厚度有关，开口间隙决定了物料被粉碎后的出料情况，间隙过大会导致没有被粉碎的物料直接从刀片间隙排出，过小则会造成出料堵塞。综上所述，切割深度与刀片间隙应该由进料粒径，物料性质，以及成品粒径来确定，同时刀片厚度应该按照可靠性确定。

4. **刀片与叶轮间隙**

刀片与叶轮之间的间隙是指刀片间隙在正对叶轮顶端处的距离。为了使粉碎效果更好，叶轮叶片顶端在刀片间隙处应位于物料剪切面上，同时叶轮在高速转动的情况下，会受到偏心、变形、振动的影响，为了防止叶轮与刀片发生碰撞致使叶轮和刀片损坏，间隙应该在一个合适的范围内，一般取 0.2mm。

第五节 仿真分析

由于转子高速旋转所产生的高切线速度在转子与定子间的狭窄间隙中形成极大的速度梯度，以及由于高频机械效应带来的强劲动能，使物料在定转子的间隙中受到强烈的液力剪切离心挤压、液层摩擦、撞击撕裂和湍流等综合作用，使不相溶的固相、液相、气相在相应成熟工艺和适量添加剂的共同作用下，瞬间均匀精细地分散均质，经过高频的循环往复，最终得到稳定的高品质产品。均质头的成本较高，同时又对物料的均质效果起决定性的作用，故研究其内部的三维流场有着重要的意义，其结构如图 5-10 所示。

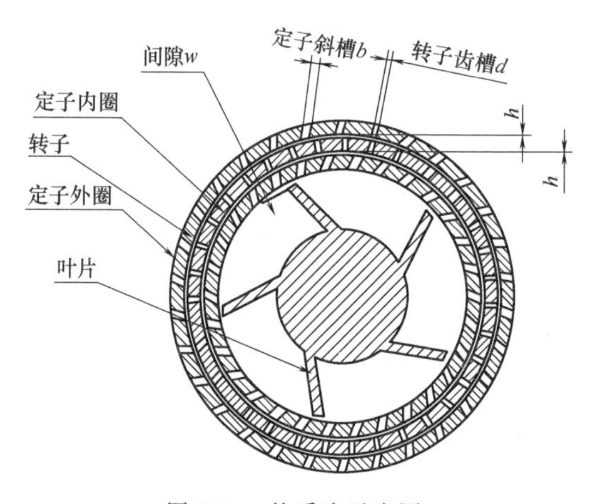

图 5-10 均质头示意图

一、理论分析

1. 定转子周向流的流场分析

如图 5-11 所示，设定转子的间距为 2h，流体为牛顿流体。因为在周向运动过程中，摩擦力引起的流体所具有的机械能沿着周向逐步减少，压力梯度变化呈现周期性不断减少的趋势，所以假设在圆周 x 方向作用有压力梯度 $\mathrm{d}p/\mathrm{d}x=\cos nt<0$；假设流体运动速度和温度边界条件均与 x 无关，且叶片间流体流动速度分布和温度分布也与无关，只是 y 的函数，$v=v(y)$。

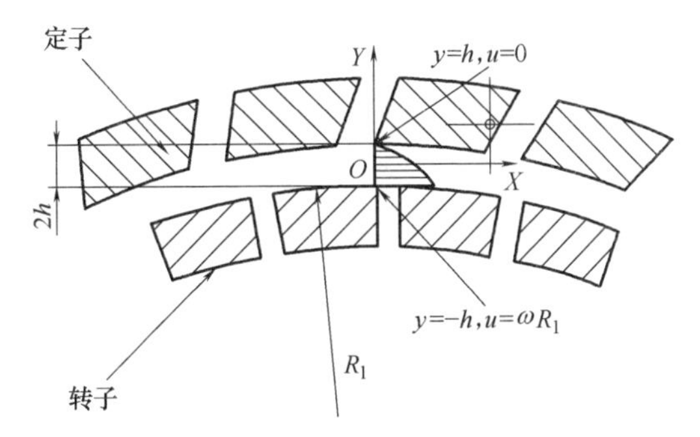

图 5-11　定转子间流场分布

此时库埃特流动矢量形式的微分方程组如式（5-23）、式（5-24）所示：
连续性方程：

$$\nabla \vec{v}=0 \tag{5-23}$$

则动量方程：

$$\rho\left(\frac{\partial v}{\partial t}+v\nabla v\right)=-\nabla\tilde{p}+\mu\nabla^2 v \tag{5-24}$$

式（5-24）可简化为：

$$-\frac{\mathrm{d}p}{\mathrm{d}x}+\mu\frac{\mathrm{d}^2 u}{\mathrm{d}y^2}=0 \tag{5-25}$$

相应的边界条件为：

$y=h$ 时，　　$u=0$

$y=-h$ 时，　　$u=R_1\omega$　　(5-26)

将边界条件式（5-26）代入式（5-25）得流场速度分布方程：

$$u=-\frac{1}{2\mu}\frac{\mathrm{d}p}{\mathrm{d}x}(h^2-y^2)+\frac{R_1\omega}{2}\left(1-\frac{y}{h}\right) \tag{5-27}$$

式中　$\frac{\mathrm{d}p}{\mathrm{d}x}$——流体在 x 方向的压力梯度（常数）

μ——黏度，Pa·s

w——转子角速度，rad/s

R_1——转子半径，m

h——定转子间隙，m

由式（5-27）可知，定转子间流场的流速与黏度、转子转速、转子半径、定转子间隙有关。

2. 开槽区的流场分析

槽道内的流体运动由两部分合成。一是由高速旋转的转子引起的圆周运动，二是在离心力作用下流体在槽道的射流运动。开槽区物料的相互碰撞是由流场的作用而引起的，所以槽道内流体的流动可假设为径向流动。开槽区流场分布见图5-12，所示坐标系原点为槽道中点。

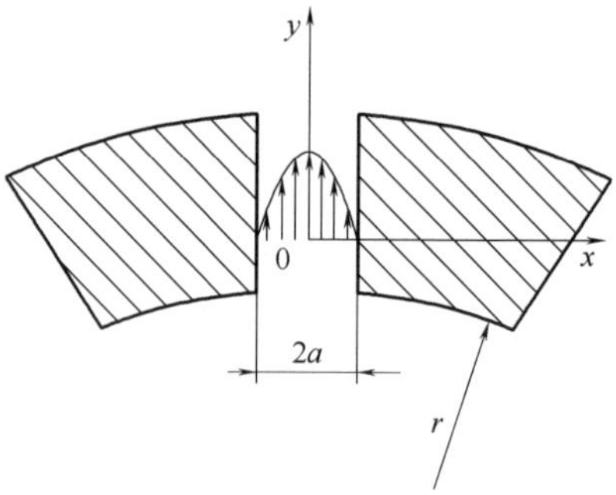

图 5-12 开槽区流场分布

取 Navier-Stokes 方程第二项并化简可得：

$$\frac{\partial^2 v}{\partial x^2}=\frac{1}{u}\frac{\partial p}{\partial y}-\omega^2 r\frac{\rho}{\mu} \tag{5-28}$$

并结合边界条件可得出槽道内流场速度方程：

$$v=\frac{x^2}{2\mu}\left(\frac{\partial p}{\partial y}-\rho\omega^2 r\right)+\frac{a^2}{2\mu}\left(\rho\omega^2 r-\frac{\partial p}{\partial y}\right) \tag{5-29}$$

式中 $\frac{\partial p}{\partial y}$——流体在 Y 方向的压力梯度

ω——转子角速度，rad/s

μ——黏度，Pa·s

ρ——密度，t/m^3

r——开槽区任意位置半径，m

二、模拟结果分析

本部分以高剪切均质机为例，分析不同操作参数和结构参数下均质机腔体内流场分布的基本规律。图5-13为高剪切均质机的结构示意图。该均质头由叶轮、转子和双圈定子组成，叶轮叶片后弯45°。

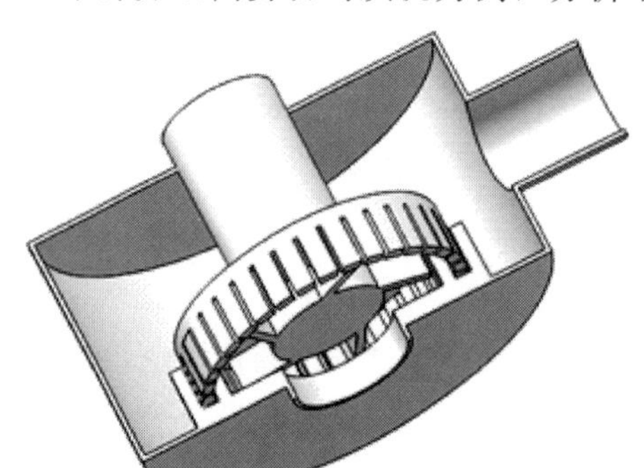

图 5-13 高剪切均质机结构示意图

1. 操作参数的影响

考虑到结构参数对流场的影响，本部分采用同一种结构并设置不同操作参数进行模拟，主要结构参数见表5-1。其中定子齿开槽方向为与直槽呈30°侧开。

（1）黏度 如图5-14所示，同在1000rpm转速下，黏度为7.15Pa·s的60%浓度甘油溶液与黏度为0.001Pa·s的水在 $z=-5$mm 平面上的速度场分布基本规律存在差异。比较图5-14（1）和图5-14（2），发现在不同黏度下，均质头的剪切缝隙和转子区域流体速度大，在定子区域流体速度小，存在着很大的速度梯度。以水为介质的速度场内的整体速度大于甘油溶液，且黏度较高的甘油溶液在叶轮旋转区域速度场分布与水相比较为均匀、规律。原因是在高速旋转的均质头中，流体黏度越低越易产生湍流，导致流体速度大的区域流动复杂。以水为介质的流场内，外端定子齿槽出口处存在着明显的射流区，而以甘油溶液为介质的流场内未见明显射流区，所以流体黏度越高，远离剪切头的区域流体速度就越低且越容易存在死区。

表 5-1　　均质头的主要结构参数

结构名称	尺寸/mm	结构名称	尺寸/mm
定转子高度	10	内圈定子外径	53.5
转子外径	59.5	定子齿数	30
叶轮外端-定子内径间隙	1	定子齿槽宽	2
转子齿数	35	剪切宽度	0.5
转子齿槽宽	1	齿尖-基座距离	1
外圈定子外径	66		

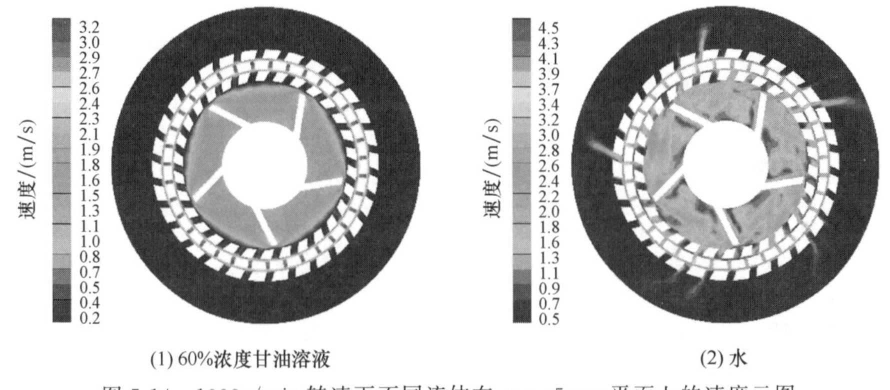

(1) 60%浓度甘油溶液　　(2) 水

图 5-14　1000r/min 转速下不同流体在 $z=-5$mm 平面上的速度云图

（2）转速　转子的转速越高，转子与定子间的剪切作用就越强烈，会形成有利于提高均质效果的强烈流场，并且提高粉碎速度与出料速度。图5-15所示为 100r/min 转速下 60％浓度甘油溶液在 $z=-5$mm平面上的速度矢量图，此时流体处于层流状态。在侧开 30°的定子齿槽内，流体沿离心方向运动，且在外端定子射流区未见有回流。图 5-16 所示为 1000r/min 转速下水在 $z=-5$mm 平面上的速度矢量图，此时流体处于湍流状态。在定子齿槽

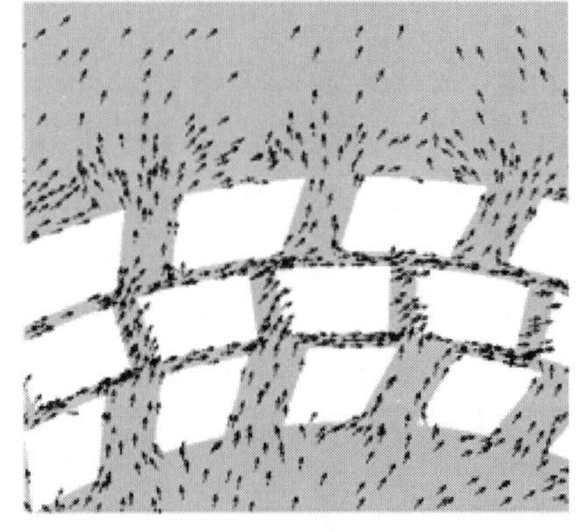

图 5-15　100r/min 转速下 60％浓度甘油溶液在 $z=-5$mm 平面上的速度矢量图

内和外端定子射流区有一定的回流产生。如图5-17所示，当转速增加到5000r/min时，$z=-5$mm平面内速度矢量分布规律与1000r/min转速下的基本相同。随着转子转速的升高，定子齿槽内和射流区的回流现象会增强，甚至在外端定子齿槽内及附近区域形成强涡流。

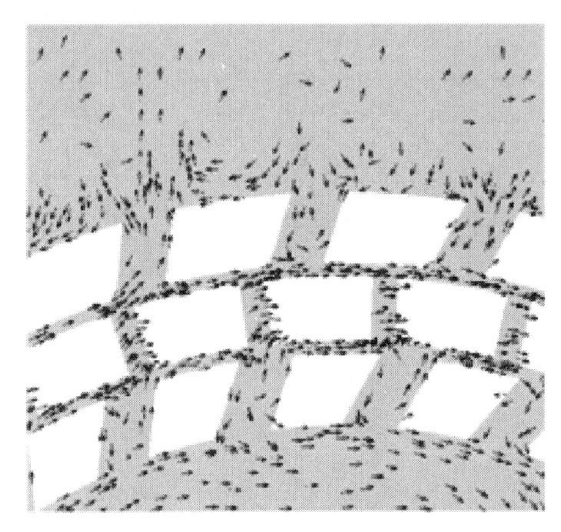

图5-16　1000r/min转速下水在$z=-5$mm平面上的速度矢量图

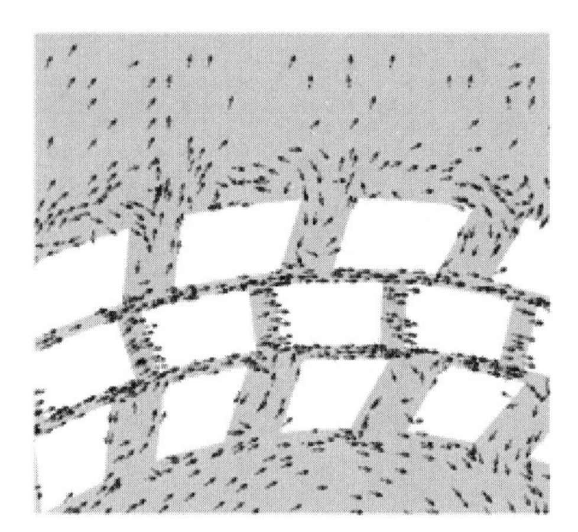

图5-17　5000r/min转速下水在$z=-5$mm平面上的速度矢量图

（3）流量　流量不同时，流体域内的速度场和压力场的分布规律基本一致，由表5-2可知流量增加时，流场内的转速和剪切率也相应增大，均质机内存在的死区也会随之减少。流量的增加对压力场的影响很小。

表5-2　不同流量下内部流场主要参数

流量/(L/h)	最大转速/(m/s)	最大剪切率/s^{-1}	最小压力/Pa
500	4.34	17595.91	−3649.26
1000	4.73	21045.39	−3658.07

2. 结构参数的影响

本部分模拟采用的操作参数一致，其中工作流体为水，转速为1000r/min，流量为500L/h。

（1）定转子剪切宽度　在不改变定转子齿厚且齿形均为直齿的情况下，通过改变定转子直径来改变剪切宽度，模拟不同定转子剪切宽度对剪切速率的影响。图5-18中转子转速为1000r/min时，不同剪切宽度下定转子区域的最大剪切率变

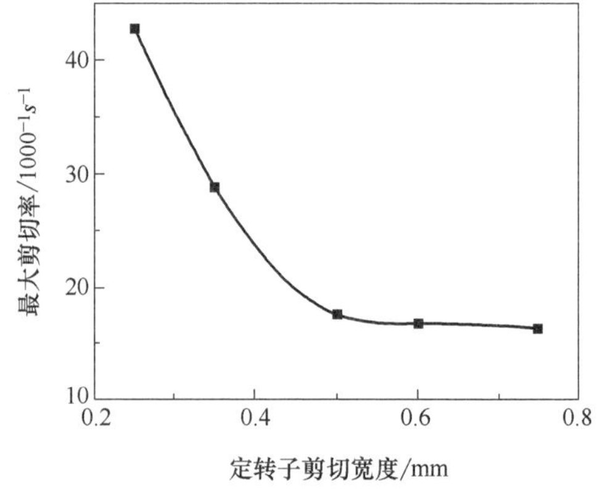

图5-18　转速为1000r/min时不同定转子剪切宽度的最大剪切率图

化图。从图中可以看出，随着剪切宽度的增加，剪切率也在相应地下降，剪切宽度从 0.25mm 增加到 0.5mm 时，最大剪切率迅速下降，当继续增加剪切宽度时，最大剪切率的下降趋势趋于平缓。为了提高均质机的剪切粉碎效果，减小剪切宽度有明显的效果。但是考虑到制造、安装、振动、流体流动损耗等因素的影响，剪切宽度并不是越小越好。

图 5-19 所示为不同定转子剪切宽度下剪切速率的直方分布图，可以看出在不改变定转子齿厚且齿形均为直齿的情况下，不同剪切宽度下剪切速率分布规律基本一致，随着剪切宽度的减小，整个流体域内的剪切速率会相应地增大。从流场内低剪切速率的占比来看，可能是在远离均质头处存在着低流速区或滞留区。

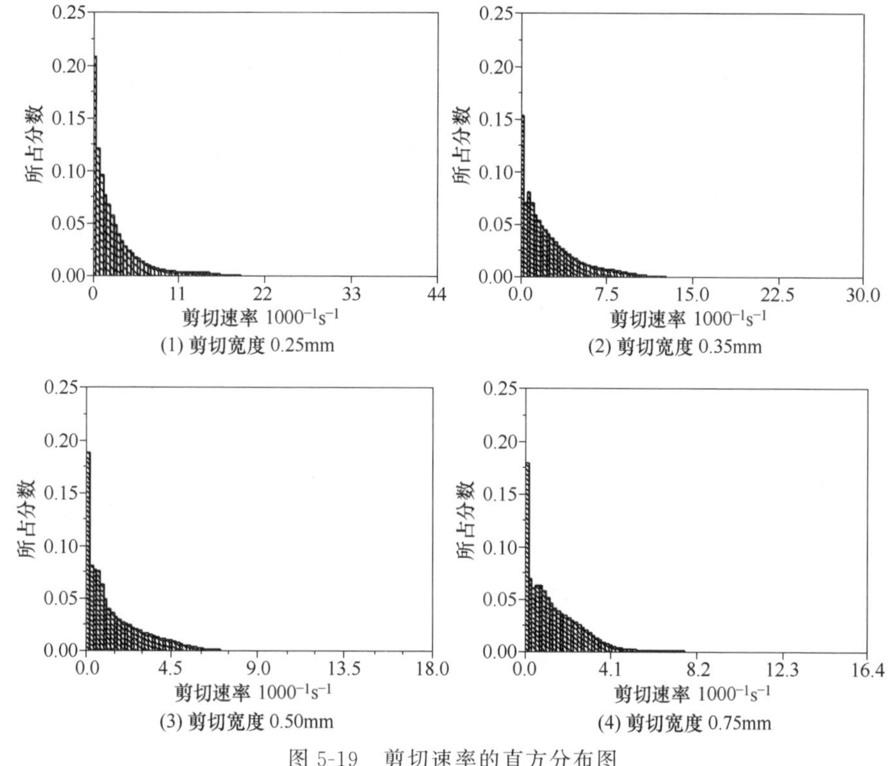

图 5-19　剪切速率的直方分布图

(2) 定子开槽方向　在均质头其他参数不变的情况下，模拟不同定子齿槽开槽方向对均质机内部流场的影响。表 5-3 所示为不同定子齿槽开槽方向下，均质机内流场的一些主要参数。

表 5-3　不同定子开槽方向下内部流场主要参数

开槽方向	最大转速/(m/s)	最大剪切率/s^{-1}	最小压力/Pa
直槽	4.34	17595.91	−3649.26
与直槽呈 30°侧开	4.23	17832.28	−5127.45
与直槽呈 15°斜开	4.35	19678.21	−2872.42

由图 5-20 可知，在定子开槽方向不同的情况下，速度场分布规律基本相同。当叶轮高速旋转时，叶轮旋转区域的流体受离心力和叶轮外缘环向流场的影响以一定的角度射入内圈定子齿槽内。从图 5-20（2）中可以看出，与直槽呈 30°侧开的内圈定子齿槽流速明显高于其余两种，说明定子齿槽侧开有利于流体流经定子齿槽从而增加均质头部分的流量。必须注意的是当侧开内圈定子齿槽内流速增加后，以一定角度射入的流体会影响内圈定子与转子间的剪切缝隙和转子齿槽内的速度。

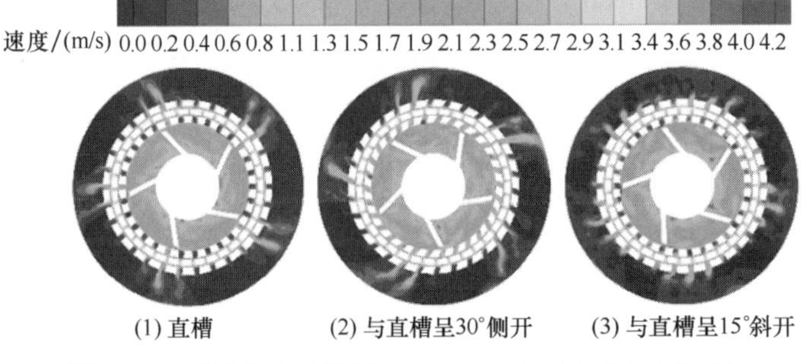

图 5-20 不同定子开槽下 $z=-5\text{mm}$ 平面上的速度云图

图 5-21 所示为不同定子开槽下流体域内剪切速率的直方分布图，其跨度在 $0\sim20000\text{s}^{-1}$，分为 100 组。不同定子开槽方向的均质机其剪切速率均在 $0\sim200\text{s}^{-1}$

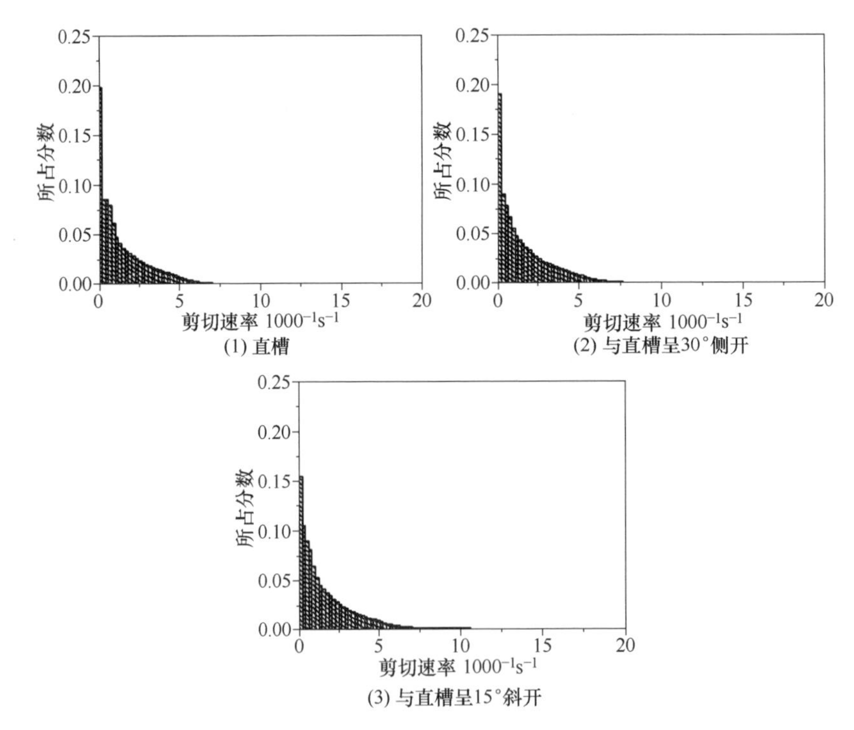

图 5-21 不同定子开槽下流体域内剪切速率的直方分布图

有较高的分布，说明流体域内存在一些低流速区甚至死区。通过比较图5-21（1）、（2）、（3），开槽方向为与直槽呈15°斜开时，剪切速率在0～200s^{-1}的所占分数明显较少且由表5-3可知其最大剪切率也明显较高。所以当定子开槽方向为与直槽呈15°斜开时，均质机的均质乳化的效果较好。

图5-22所示为不同定子开槽下$z=-5mm$平面上的静压云图，从图中可以看出在叶轮中心处存在负压区。原因是高速旋转的叶轮转子所产生的离心力给叶轮中心区带来强大的负压。当负压大于液体的汽化压力时，液体中将产生大量气泡。由于定转子剪切或升压作用后气泡会突然破灭，从而产生强大的射流和冲击波，有利于增强均质机的均质乳化效果。在同一平面内，当定子开槽方向为与直槽呈30°侧开时，流场内的负压明显小于其余两种，原因可能是流体在惯性离心力的作用下更易流入侧开的定子齿槽内，导致转子中心区负压增加。若再提高叶轮转速，叶轮中心区的负压会继续增大，并且有利于空穴效应的形成。

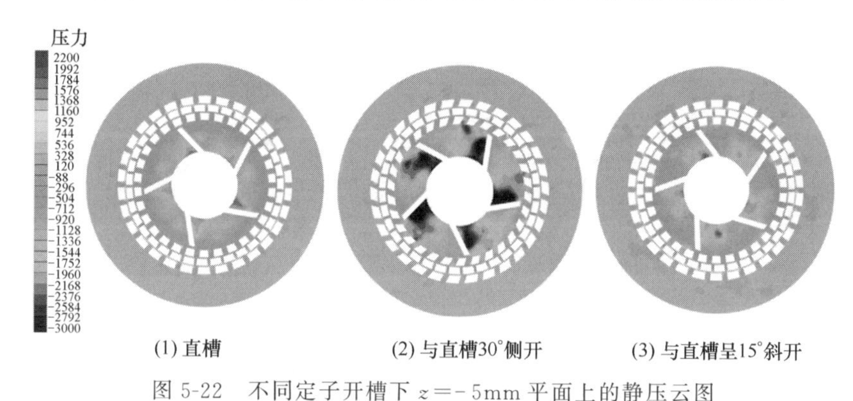

图5-22　不同定子开槽下$z=-5mm$平面上的静压云图

（3）定子齿槽宽　在高速运动的转子和叶轮离心力的作用下，流体经过剪切缝隙和定子齿槽区并最终排出均质头。定子齿槽宽度不同，液体流量便会不同。比较图5-23（1）、（2）、（3），发现随着定子齿槽宽度的增加，定子射流区的射流在均质头外部流场更加明显。但是定子齿槽宽度越宽，回流的流体就越容易返回

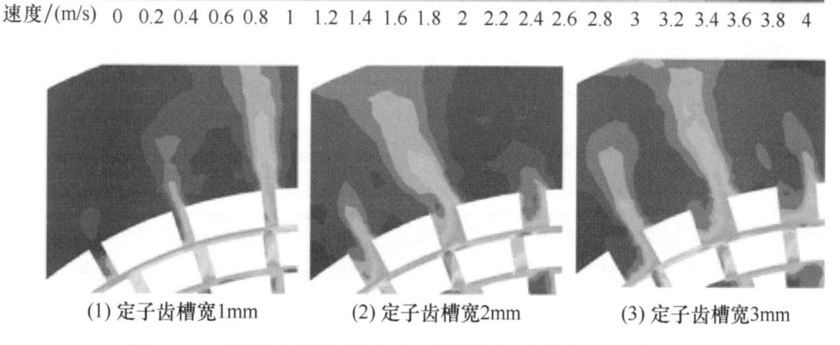

图5-23　不同定子齿槽宽度下外端定子射流区速度云图

定子齿槽和剪切缝隙内，从而造成径流量的降低。因此，若对于黏度低的流体，狭窄的定子齿槽宽度更有利于避免返混的产生，增强均质机混合分散的效果。

（4）齿尖-基座距离　图 5-24 为不同齿尖-基座距离下 $x=0$mm 平面的速度云图，其中齿尖-基座距离用 g 表示。随着齿尖-基座距离的增加，从齿尖-基座缝隙中流出的流体越来越多，其中存在未经高速剪切或者均质效果的不好的流体，会引起均质机工作效率和产品质量的下降。减小齿尖-基座距离，从其缝隙流出的流体减少，大部分流体将从外端定子齿槽排出，将较少定子周围的死区。

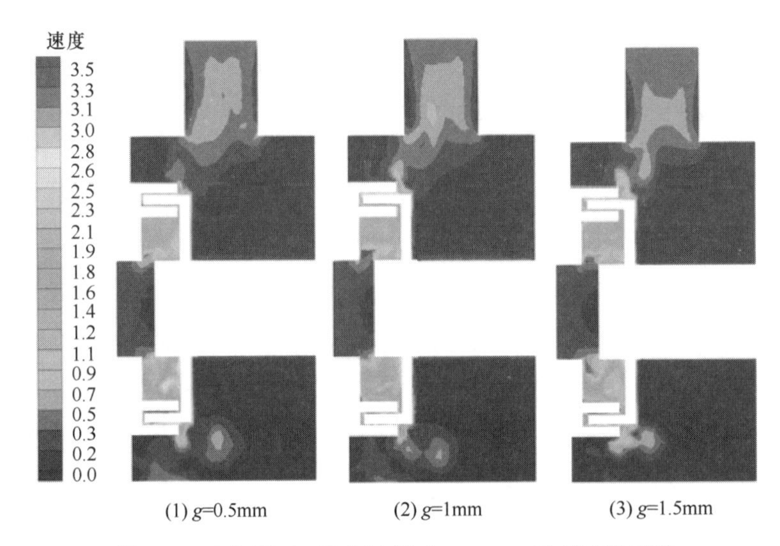

图 5-24　不同齿尖-基座距离下 $x=0$mm 平面速度云图

第六节　湿法超细剪切设备的应用

在食品行业中常遇到的固-液和液-液分散系多为非均质分散系，为了实现这类分散系的高度均一化，就需要既保证分散相均匀分布，又保证分散质微粒细化。通过剪切均质可以将食品原料的浆、汁、液进行细化、混合，从而大大提高食品的均匀度和细度，防止或减少液状食品物料的分层，改善外观、色泽及香度，提高食品质量。

在日化产品中，湿法超细剪切设备可用于有效减小化妆品中的口红、护肤膏、面膜、肥皂、牙膏、洗发液与洗澡液等产品中都含有的粉体颗粒的粒径，如钛白粉、碳酸钙、颜料、色素。通过对活性物原料进行超细粉碎，可以大大降低活性物的溶解温度，有利于活性的保持和透皮吸收。

在生物医药领域湿法超细剪切具有广泛的应用，不仅加工无污染、物质的化学性质保持良好，而且医药细化后，可以提高其吸收率、疗效及利用率，适当条件下可以制成微米及纳米药粉作为针剂使用。

第三篇

粉体分级设备

第六章　气流分级机

第一节　引　　言

一、研究背景及意义

1. 研究背景

微纳米食品相比传统食品的附加值和功能效用更高，具有更为广泛的应用前景和经济价值。微纳米食品是利用物理、化学、生物降解等方法对食品进行微纳米处理后得到的产品，目前市场上常采用物理粉碎的方法得到微纳米食品。微纳米食品通过精细分级后得到的产品具有特有的小尺寸效应、表面效应和体积效应，提高产品的溶解性、吸附性、分散性和生物利用率。例如，纳米级大米淀粉由于比表面积增大，在表面效应和小尺寸效应作用下可以有效提高吸湿性能，有效增加肠胃道的接触面积便于人体吸收；通过将白砂糖、玉米淀粉和透明油脂混合后制成微纳米防潮糖粉（粒径小于5μm）具有很强的吸水性，常用于烘焙食品表面保持干燥，让烘焙食品更加美观；果皮、纤维和核常规粉碎后，如果没有对分级产品中的粗颗粒进行分级会导致产品口感欠佳，影响营养成分的吸收；微纳米果蔬制品在果酱、冰淇淋、蛋糕、奶油等食品中得到了广泛应用，不仅提高食品的营养价值，而且可以改善食品的口感、香味和色泽。

微纳米处理后的食品存在颗粒粒径大、粒径分布范围宽等问题，影响微纳米食品的品质。在超微粉碎过程中，由于食品颗粒的质地、硬度、黏性和纤维含量不同，食品颗粒受到的剪切力和摩擦力不均，这会导致超微粉碎后的产品颗粒粒径大小不一，影响微纳米食品性能的稳定性。因此需要对超微粉碎后的食品进行分级，获得粒径小、粒径分布范围窄的产品。随着食品颗粒粒径的要求由微米级向微纳米级的方向发展，为了获得粒径更小、粒径分布范围更窄的微纳米食品，需要对食品产品进行精细分级获得微纳米食品。

微纳米食品的分级方法根据流体介质不同，分为湿法分级和干法分级。湿法分级以液体为流动介质，根据分级过程中，粗细颗粒受到重力、浮力、阻力和上升流体对颗粒向上曳力不同，导致粗细颗粒运动轨迹不同发生分级。湿法分级具有设备结构简单、体积小、无爆炸性粉尘等优点，但是存在分级后产品需二次处理干燥、设备磨损较严重等问题。由于微纳米食品溶于常用液态溶剂（水）会导致营养成分流失，而采用特殊溶剂会导致分级的成本高昂，因此湿法分级无损分级食品产品较为困难。目前常采用干法分级对食品颗粒进行分级，气流分级机（也称为涡流空气分级机）是最为常见的干法分级设备，被广泛应用于矿物工程、精细化工、医疗药物、电子材料和膳食纤维食品等众多领域。干法分级常以干燥空气为流动介质，其原理是气流带动物料进入分级腔中，通过分级轮转动在分级轮周围形成旋转离心力场，粗细颗粒在离心力作用下由于质量不同，导致所受离心力不同发生分级。但是由于食品颗粒密度比无机矿物（重质碳酸钙、滑石粉、石灰粉等）小，食品黏度较大易发生团聚等原因，导致气流分级微纳米食品较为困难，因此亟须研究针对微纳米食品的精细分级技术。

2. 气流分级机特点

气流分级机利用空气作为流体介质，具有能耗低、结构简单、操作方便、产品适用性广等优点。具体如下所述。

（1）产品种类多，能耗小　与湿法分级相比，气流分级机可用分级的产品种类更多。比如常见食品淀粉溶于水后营养物质会析出，导致产品的营养价值下降；矿物中的石灰粉溶于水后会发生化学反应导致产品变质，因此这些产品无法采用湿法分级。其次湿法分级后的产品需要进一步进行干燥和分散处理，在干燥时需要吸收大量的热量，大大增加了能耗。气流分级机可以有效避免以上的问题，原因如下：一是气流分级采用空气或惰性气体作为分散剂，可有效防止物料与分散剂发生反应；二是在撒料盘作用下可以更好地分散物料；三是分级后的产品通过旋风分离器收集后可直接使用，无须后续进一步干燥加工处理。因此气流分级机的能耗小，可用于分级的产品种类更多。

（2）结构简单，生产制造方便　对物料进行分级时，只需要更换不同型号的分级轮，即可实现对不同种类和不同粒径的物料进行分级。微纳米食品气流分级系统由以下六个部分组成，包括用于输送物料的螺旋送料机、提供低温气体的水冷风机、对粗细颗粒进行分级的气流分级机、对细颗粒进行收集的旋风分离器、对尾气进行颗粒除尘的袋式除尘器和为提供气力输送动力的风机组成。

气流分级系统中的气流分级机由分级腔和分级轮两部分组成。分级腔属于简单的壳体结构，由进风口、粗粉出料口和细粉出料口组成，其内部为完全中空腔体，没有复杂的通道结构。分级轮的制造加工简单，由若干数量的分级轮叶片焊接在两块环形铁板上加工而成，安装在分级腔内中部偏上的位置。部分气流分级机为了更好稳定分级腔内的气流速度流场，会安装导风叶片进行气流引导。因此气流分级机具有制造加工快、安装简单、维修方便等优点。

（3）操作简单，处理量大　气流分级机对粗细颗粒进行分级时，通过调节进风速度和分级轮转速即实现不同粒径颗粒的分级。通过改变进风速度可获得以下优点：一是可以有效对物料粉体进行分散，防止颗粒之间发生团聚影响粗细颗粒的精细分级；二是增大进风速度有助于提高颗粒的流动性，有助于分级轮更好地对粗细颗粒进行分级。通过改变分级轮的转速可以轻松改变颗粒所受离心力大小，进而改变产品的颗粒粒径。因此气流分级机分级时不需要通过复杂的操作，就可以适用于不同种类和粒径的物料，同时由于分级轮高效的分级性能，可以实现每小时几千至上万千克的处理量。

3. 研究意义

随着微纳米食品的应用与研究不断深入，对于超微粉碎后的微纳米食品产品提出了更高的要求。要求食品微纳米产品具有更高的球形度、更小的粒径和更窄的粉体颗粒粒径分布。产品球形度更高，粒径更小可以使产品具有更高的溶解性、分散性和生物利用率，颗粒粒径分布范围更窄可以使产品性能更加稳定。因此对微纳米食品中粗细颗粒进行精细分级变得越来越重要。

气流分级机作为干法分级常用设备，在微纳米食品精细分级时存在以下问题：①气流分级机的进风口位置不合理，进风口的位置决定了气流在分级轮周围的运动状态，进风口位置的不合理会造成分级轮周围速度流场紊乱，影响粗细颗粒的有效分级；②分级轮叶片结构过于简单，由于微纳米食品的密度小且黏度大的特点，采用宽度一样的分级轮叶片难以满足产品精细分级的要求，造成产品的粒径分布范围大；③微纳米食品精细分级时进风速度、进料速度、分级轮转速、分级轮叶片数量等性能参数不匹配，这会造成微纳米食品精细分级时分级效率低，分级后的产品需要多次分级才能满足加工使用要求。

针对以上问题，需要对气流分级机进行更深层次的研究。通过对气流分级机进行结构改进和性能参数优化来改善分级腔内的气流速度流场分部，达到降低能耗、提高分级效率、减小产品粒径和粒径分布范围的目的。获得粒径更小、粒径分布更窄的微纳米食品，提高微纳米食品的各项理化性能和产品应用的稳定性。本研究不仅拓宽了气流分级机的应用领域，对于微纳米食品在高分子化合物、食品添加剂、功能性纳米食品中的应用起到一定推进作用，分级得到的微纳米食品也有助于食品行业的转型，促进产品的功能性和附加值的提高。

二、气流分级机的研究现状

1. 国内研究现状

气流分级机的早期原型是离心式空气分级机，经过不断的理论和结构创新，分级效率和分级精度显著提高。早在 20 世纪 80 年代，我国就已经对离心式气流分级机进行研制并列入“七五”规划。随后在 90 年代我国引入了旋流式气流分级机，在对旋流式气流分级机的分级理论研究中，引入“空气动力筛”概念说明其分级原理，并提出提高气流分级机的分级效率和分级精度的关键在于改善分级腔内气流流场均匀性和稳定性。因此，学者们对分级机的结构参数（包括进风口位置、分级机外形结构、分级轮的结构、叶片的结构）、操作参数、预分散物料、分级区测速等进行深入研究，研究这些因素对分级腔内气流速度流场分布的影响。

（1）环形区测速研究　环形区测速的研究主要包括速度测量、速度分布模拟。Guo 等通过激光多普勒测速仪，研究在不同操作参数下分级机环形区内切向速度的变化规律，研究发现分级轮转速会对分级轮附近气流的切向速度产生重大影响；何富军等对新型涡流空气分级机内的流场进行数值模拟，研究环形区内及分级轮轴向和横向区的速度分布，发现进风速度和分级轮转速不匹配会在叶片间产生反旋涡干扰颗粒分级，当分级轮外圈转速和进风速度相近时分级轮附近的气流速度流场更稳定。

（2）操作参数研究　对操作参数的研究主要包括进风速度、分级轮转速、进料速度等。Gao 等通过 FLUENT 软件分析分级轮径向速度对分级精度的影响，通过研究在相同进风速度、不同分级轮转速时，比较分级轮叶片间的气流径向速度分布的变化，为进一步优化气流分级机的操作参数提供理论指导。Yang 等采用 CFD 模拟分级腔内的气流流动轨迹，通过实验对模拟结果进行验证，研究发现当进风速度稳定时，存在一个临界速度可以使叶片间的流场最稳定，从而提高气流分级机的分级性能。Feng 等分析了操作参数对分级腔内气流流场特性的影响，通过激光多普勒测速仪对分级腔内气流的 2D 速度进行测量，发现操作参数对径向速度分布的影响大于对切向速度分布的影响。Jiao 等以分级效率为评价指标，通过实验和模拟对气流分级机进行研究，发现切向速度分布主要由于分级轮的转速决定，在不同分级轮转速下进风速度对气流分级机分级效率的影响程度不同。Zhao 等对气流分级机的不同的喂料方式进行了研究，发现两种喂料方式（采用上部进料并用气流进行预分散的喂料方式，采用下部进料并用机械分散的喂料方式）均能提高气流分级机的分级效率，研究还表明分级轮转速对气流分级机的分级性能的影响较大。刘蓉蓉等研究进风速度和分级轮转速对气流分级机分级性能的影响，发现当进风速度与分级轮外侧的切向速度相近时，分级轮附近的速度流场最稳定，同时在适当提高分级轮转速和进风速度时，能有效分散物料，提高气流分级机的分级精度和分级效率。

（3）分级轮叶片研究　对分级轮叶片的研究主要包括分级轮叶片形状、分级轮叶片数量、分级轮叶片安装角度等。童聪等分别研究了直叶片、Z 形叶片和流线型叶片对气流分级机分级性能的影响，发现直叶片会引起分级轮外侧气流的速度降低，增大分级轮内外的速度差，影响粗细颗粒的有效分级，而 Z 形叶片和流线型叶片可以有效提高分级轮外侧的湍动能，并使分级轮叶片间速度流场更均匀，有利于提高气流分级机的分级性能。杨庆良等设计了采用弯曲分级轮叶片的分级轮，发现弯曲分级轮叶片可以减小叶片间气流引起的惯性反旋涡，达到有效分散物料的效果，提高了气流分级机的分级性能。Xu 等设计了一种向后弯曲形的分级轮叶片，研究发现分级轮高速旋转时，通过相邻两叶片间的气流会产生旋涡，该旋涡能抵消相反方向产生的附着旋涡，减小叶片间产生旋涡的概率，气流能更流畅通过分级轮叶片，提高气流分级机的分级效率。Ren 等通过计算和分析分级腔内气流流场的速度和分布，优化分级轮叶片的形状轮廓成非径向弧形叶片，与直叶片分级轮相比，由于气流和叶片间的入射角为零，能有效避免气流和粉体颗粒在分级轮叶片间发生碰撞。黄强等比较了等长叶片分级轮和交错叶片分级轮在分级腔内的气流速度分布云图，并通过实验表明当长短叶片的长度之比为0.77 时，交错叶片分级轮比直叶片分级轮的分级精度更高，切割粒径更小。焦渤等模拟分析不同分级轮转速和分级轮叶片数量对分级腔内气流速度流场，发现分级轮转速和分级轮叶片数量的适度增加都可以改善分级腔内的速度流场分布，从而更好对颗粒粉体进行分级。Xing 等通过粒子图像速度场仪测量和分析分级轮叶片间气流的速度场，发现分级轮相邻叶片间或者在环形区存在旋涡，但随着旋涡的区域增大，会造成旋转强度下降。陈海焱等对分级轮结构进行优化，研究了分级轮高度对径向速度的影响规律，发现分级轮的高度和直径之比为 0.3～0.5 时，径向速度最佳，气流分级机的分级精度最高。

(4) 分级腔结构研究　对分级腔结构的研究主要包括进风口位置、进风口形状、分级腔外形轮廓等。Sun 等分析和比较采用切向进风时，分级轮旋转方向对气流分级机分级的影响，通过改变进气方向和垂直涡流的方向，可以极大地改善分级腔内的速度流场分布，消除叶片间的二次旋涡。Li 等对离心气流分级机的最佳螺旋角进行研究，以非定常流场中的时均效率和声级为参数，确定分级腔的最佳形状。Yu 等对气流分级机的分级腔轮廓进行研究，基于涡轮机械和粒子运动特性理论设计了一种对数螺旋分级腔轮廓，这种分级腔具有更好的气流导向作用且气流速度分布更加均匀，能提高了气流分级机的分级精度。

2. 国外研究现状

气流分级机在国外研究较早，研究主要针对气流分级机制论和结构创新。在气流分级机研制过程中，以日本的 MS（MSS）型分级机和德国的 ATP 单轮分级机最为经典，国外学者对气流分级的理论研究较为完善，并针对气流分级的优点和局限性进行了深入研究。学者们对颗粒在气流分级机内运动规律、气流的流速和不同区域的压力进行研究，提出改善分级腔内的气流流场分布是提高气流分级机分级效率的有效方法。

(1) 环形区测速研究　对分级轮附近速度的研究包括流场可视化研究和气流流速测量。Morimoto 等设计了一种新型气流分级机，通过栅格化装置并用油显示颗粒的运动轨迹，分析分级轮附近切向速度分布，研究发现通过提高分级轮旋流速度可以有效对超细粉体进行分级。Guizani 等采用 FLUENT 中的 DPM 模型模拟高湍流状态下气流分级机内颗粒的分级，并对分级轮附近的切向速度、轴向速度和压力分布进行研究，发现 RSM 模型能较好地描述气流分级机分级的现象。

(2) 分级轮研究　对分级轮的研究主要包括分级轮叶片形状、分级轮的高径比、分级轮附近的流场分布等方面。Bauder 对分级轮的几何形状进行研究，通过实验发现分级轮高径比的改变对分级轮内涡流强度和气流径向速度影响最大，尤其对分级轮叶片间螺旋涡的产生有很大影响。Eswaraish 等研究了气流分级机的分级轮叶片设计参数对颗粒分级的影响，研究发现工艺或设计参数的变化会改变作用在颗粒上的离心力，进而影响粗细粉体的分级。Toneva 等对粉体在气流分级机内气固两相流动和压力进行研究，发现分级轮叶片间如果存在涡流会明显降低分级效率，同时还发现分级机内最高粉体颗粒浓度主要集中在分级轮叶片上，大部分颗粒在分级轮外围转动，因此需要减小分级轮叶片间的涡流强度，防止粉体颗粒在分级轮中长时间逗留影响分级效率。

（3）分级腔结构研究　对分级腔结构研究主要为进风口位置的改进。Hideto 等对气流分级机的进风口结构进行了改进，实验和模拟结果表明通过增加二次进风口，能有效增加分级轮外侧的气流旋转速度，减小分级轮内侧的轴向速度，改进的气流分级机的颗粒收集效率和分级精度显著提高。

3. 研究现状小结

综上所述，虽然众多研究人员对气流分级机开展了大量理论、实验和模拟的研究，但是目前关于气流分级仍存在以下三点问题。

① 法分级的分级机制需要进一步研究。干法分级的过程中分级腔内的流场分布对粗细颗粒的分级非常重要，而目前对于分级的理论主要集中于宏观粗细颗粒群分级的研究，对于分级区域微单元的受力及运动分析还不够彻底。

② 对于气流分级机结构参数的设计有待进一步完善。气流分级机的发展正朝着产品粒径小，粒径分布范围窄和分级效率高的目标发展，已有的分级轮叶片结构较简单和进风口位置不合理，导致了气流分级机的产品粒径分布大，分级精度低。

③ 气流分级机的分级产品种类有待扩展。国内外学者对于气流分级机的产品限制于无机粉体的分级，针对气流分级机用于食品粉体的分级研究尚未见文献报道，因此将气流分级机用于微纳米食品的制造缺乏理论依据。

基于以上认识，从改进分级轮叶片结构，改善进风口位置以及优化性能参数三个方面入手，对气流分级机用于微纳米食品的精细分级进行深入研究。

第二节　分级机制

一、基本分级原理

气流分级的原理是由于粗细颗粒在分级轮附近受力不同，造成颗粒运动轨迹而不同发生分级。当食品颗粒经过超微粉碎后，在风机气流带动下充分分散进入分级腔中，当颗粒运动到分级轮附近时会受到三个不同方向力的作用，分别为向心力 F_1（由负压气流经过分级轮叶片产生）、离心力 F_a（由气流在分级室内作圆周运动产生）和重力 F_w（由地球对颗粒的吸引产生）。

分级主要是由于不同粒径的颗粒受到的向心力 F_1 和离心力 F_a 不同造成的。由于物料颗粒形状、大小不同，粒径较小的颗粒质量较小，更容易受到气流流动产生的向心力 F_1 的作用，导致向心力 F_1 大于离心力 F_a，因此细颗粒向分级轮内部移动，最终被旋风分离器收集；粒径较大的颗粒由于质量较大，在分级轮周围会受到更大的离心力 F_a 作用，导致离心力 F_a 大于向心力 F_1，因此粗颗粒被甩出分级轮，沿着分级腔内壁落入下方的锥形漏斗中被收集，最终由于颗粒不同的运动方式使粗细颗粒发生分级。气流分级机的工作原理图如图 6-1 所示。

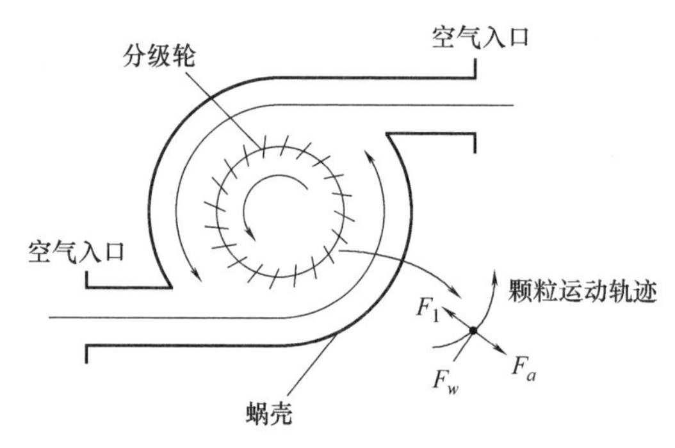

图 6-1 气流分级机的工作原理图

二、气流分级机的无量纲方程

1. 气流分级机的无量纲参数

无量纲参数对指导气流分级机的模型实验，减少实验的工作量以及分析实验结果有着重要的作用。影响气流分级机分级的因素包括操作参数、结构参数和流体本身性质参数，其中操作参数包括进料速度、分级轮转速和进风速度，结构参数包括入口的横截面面积（进料口、细颗粒出口和进风口）、分级腔结构（高度、半径）、分级轮结构（内径、外径和高度）和导风叶片结构（内径、外径和安装角度），流体和原物料的主要特性参数包括物料的密度、空气的密度和空气的黏度。以上所有的参数都是自变量，影响气流分级机分级性能的因数如表 6-1 所示。

表 6-1 影响气流分级机分级性能的因素

No.	因素	符号	维度
1	重力加速度	g	$[LT^{-2}]$
2	进风口横截面面积	A_e	$[L^2]$
3	细颗粒出口横截面面积	A_f	$[L^2]$
4	进料口横截面面积	A_g	$[L^2]$
5	分级腔高度	H	$[L]$
6	分级轮内径	R_{zn}	$[L]$
7	分级轮外经	R_{zw}	$[L]$
8	导风叶片内径	R_{dw}	$[L]$
9	导风叶片外径	R_{dn}	$[L]$
10	导风叶片安装角度	β	

续表

No.	因素	符号	维度
11	空气密度	ρ_a	$[ML^{-3}]$
12	原料密度	ρ	$[ML^{-3}]$
13	空气黏度	μ	$[ML^{-1}T^{-1}]$
14	进风速度	v	$[LT^{-1}]$
15	分级轮转速	n	$[T^{-1}]$
16	进料速度	Q	$[MT^{-1}]$
17	切割粒径	d_{50}	$[L]$
18	压力差	ΔP	$[ML^{-1}T^{-2}]$

气流分级机的无量纲方程如式（6-1）所示。

$$\pi = g^a A_e^b d_{50}^c \rho^d \mu^e \nu^f \Delta P^l Q^h R_{zw}^i n^j \tag{6-1}$$

将表 6-1 中的量纲代入式（6-1）中，并令方程 π 的值为 1，如式（6-2）所示。

$$\begin{gathered} d+e+l+h=0 \\ a+2b+c-3d-e+f-l+i=0 \\ -2a-e-f-2l-h-j=0 \end{gathered} \tag{6-2}$$

观察式（6-2）可以发现 h、i、j 是由其他指数组成的，因此方程进行变形，如式（6-3）所示。

$$\begin{gathered} h=-d-e-l \\ i=-a-2b-c+3d+e-f+l \\ j=-2a-e-f-2l-h \end{gathered} \tag{6-3}$$

观察表 6-1，发现存在 3 个基本量纲为 M、L、T，并根据 π 定理，可推导出七个无量纲的参数。分别为 $\pi'_1=g/(R_{zw}n^2)$，$\pi'_2=A_e/R_{zw}^2$，$\pi'_3=d_{50}/R_{zw}$，$\pi'_4=\rho R_{zw}^3 n/Q$，$\pi'_5=\mu R_{zw}/Q$，$\pi'_6=\nu/(R_{zw}n)$，$\pi'_7=\Delta P R_{zw}/(Qn)$。

根据 $\pi'_3=d_{50}/R_{zw}$，可以推导出相似的无量纲参数 $\pi'_8=R_{zn}/R_{zw}$，$\pi'_9=R_{dw}/R_{zw}$，$\pi'_{10}=H/R_{zw}$，$\pi'_{11}=R_{dn}/R_{zw}$。

进一步推导无量纲参数。根据等式右边是以量纲为 $[L]$ 的结构参数相除得到的无量纲参数，采用相同方法，对相似的结构参数 $[L^2]$ 和原材料和流体的参数 $[ML^{-3}]$，也可以通过参数相除推导出以下无量纲参数：$\pi'_{12}=A_f/A_e$，$\pi'_{13}=A_g/A_e$，$\pi'_{14}=\rho_a/\rho$。

其中叶片的安装角度本身是无量纲的参数，表示成 $\pi'_{15}=\beta$。

对这些无量纲参数进行整理，可得气流分级机的无量纲参数如表 6-2 所示。

表 6-2　气流分级机的无量纲参数

式	无量纲参数	式	无量纲参数
$\pi_1=10^5 g/(R_{zw}n^2)$	格拉晓夫数(Gr)	$\pi_2=A_e/R_{zw}^2$	Er
$\pi_3=1000d_{50}/R_{zw}$	D_r	$\pi_4=\rho R_{zw}^3 n/Q$	Ld
$\pi_5=\mu R_{zw}/Q$	雷诺数(Re)	$\pi_6=100\nu/(R_{zw}n)$	Rn

续表

式	无量纲参数	式	无量纲参数
$\pi_7=1000\Delta PR_{zw}/(Qn)$	欧拉数(Eu)	$\pi_8=R_{zn}/R_{zw}$	Gd
$\pi_9=R_{dw}/R_{zw}$	Fd	$\pi_{10}=H/R_{zw}$	Ad
$\pi_{11}=R_{dn}/R_{zw}$	Hd	$\pi_{12}=A_f/A_e$	Fe
$\pi_{13}=A_g/A_e$	Ge	$\pi_{14}=\rho_a/\rho$	阿基米德数(Ar)
$\pi_{15}=\beta$			

2. 切割尺寸的无量纲方程

无量纲参数可以分成定性参数和非定性参数。定性的无量纲参数只包括独立变量，非定性的无量纲参数只包括因变量。根据相似理论，如果物理现象中的定性参数相等，那么相对应的非定性参数必然是不相等的。因此一个非定性的无量纲参数可以通过若干定性无量纲参数共同来表示。表6-2中，雷洛数（Re）为非定性准则数，为了研究切割粒径 d_{50} 的无量纲表达式，将包含 d_{50} 的无量纲参数 π_3（D_r）当作非定性无量纲参数，用其余的无量纲参数（即定性无量纲参数）表示 D_r，D_r 的表达式如式（6-4）所示。

$$D_r=kGr^{n1}Ld^{n2}Re^{n3}Rn^{n4}Ar^{n5}Er^{n6}Ad^{n7}Gd^{n8}Fd^{n9}Hd^{n10}Fe^{n11}Ge^{n12}\beta^{n13} \quad (6\text{-}4)$$

无量纲方程中其他的无量纲参数也可以用相似的方式来表示。为了简化切割粒径 d_{50} 的无量纲方程，只需要考虑对气流分级机分级有关的变量。与分级无关的无量纲参数 A_r，E_r，A_d，G_d，F_d，H_d，F_e，G_e 和 β 都被认为是常数，简化的 D_r 的表达式如式（6-5）所示。

$$D_r=kGr^{n1}Ld^{n2}Re^{n3}Rn^{n4} \quad (6\text{-}5)$$

三、气流分级机制

1. 分级轮相邻叶片间流体单元的动态分析

为了进一步改进分级轮叶片形状，对相邻两个叶片间的流体单元受力情况进行分析。从两种情况下对流体单元进行分析，一是通过分级轮转动带动空气流动时；二是空气在中央负压作用下向内流动时。对于任何时候的流体单元来说，它的绝对速度 V 可以分成相对速度 W 和牵连速度 U。在笛卡尔坐标系中，分级轮叶片间的流体单元动态分析图如图6-2所示。

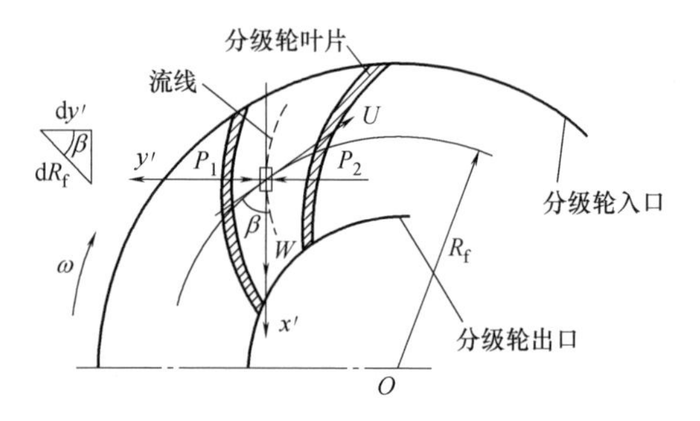

图6-2 分级轮叶片间的流体单元动态分析图

根据相对运动理论，流体单元单元在 y 方向上力学平衡，力学平衡方程如式

(6-6) 所示。

$$P_1-P_2=\frac{\mathrm{d}p}{\mathrm{d}y}=\rho\left(\omega^2R_f\cos\beta+\frac{W^2}{R_c}+2\omega W\right) \tag{6-6}$$

在 y 方向上的伯努利微分方程如式 (6-7) 所示。

$$\frac{\mathrm{d}p}{\mathrm{d}y}=\rho\left(U\frac{\partial U}{\partial y}-W\frac{\partial W}{\partial y}\right) \tag{6-7}$$

根据式 (6-6) 和式 (6-7) 可以推导出相对速度的一阶微分方程，相对速度的一阶微分方程如式 (6-8) 所示。

$$\frac{\partial W}{\partial y}=-2\omega-\frac{W}{R_c} \tag{6-8}$$

从式 (6-8) 中可以推测出相对速度只与分级轮转速 (W) 和叶片流线的曲率半径 (R_c) 相关。当分级机的操作参数不变时，叶片间流体单元的相对速度只和叶片流线的曲率半径 (R_c) 有关，进一步可以推导出直叶片和弧形叶片分级轮叶片间的流体单元相对速度如下。

① 对于直叶片分级轮，由于叶片流线的曲率半径 (R_c) 趋向于无限大，流体单元的相对速度表达式如式 (6-9) 所示：

$$W=-2\omega y+C_1 \tag{6-9}$$

② 对于弧形叶片分级轮，流体单元的相对速度的表达式如式 (6-10) 所示：

$$W=\mathrm{e}^{-\frac{y}{R_c}}(C_2\pm 2\omega R_c)-2\omega R_c \tag{6-10}$$

2. 分级轮叶片安装角的理论分析

对叶片的安装角度进行分析有助于提高气流分级机的分级精度。研究表明当入射气流与转子叶片切向方向的角度不为零或足够大时，气流会以一定角度撞击转子叶片。气流撞击叶片将导致分级轮中的流场分布不均，造成颗粒反弹影响气流分级机的分级效率。因此需要根据分级轮附近的流场分布来计算分级轮叶片安装角度，达到良好的分级效果。在气流分级时，常采用导风叶片来优化分级腔内的气流流场分布，在研究分级轮叶片的安装角度前，需要对导风叶片进行研究。导风叶片间的气流示意图如图 6-3 所示。

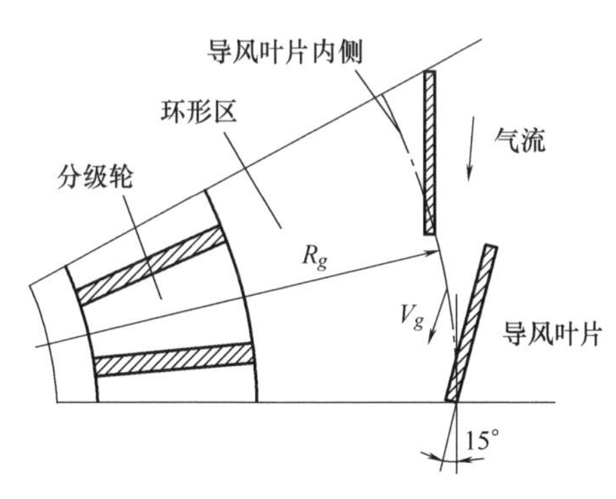

图 6-3　导风叶片间的气流示意图

在理想流场的情况下做出以下两个假设：

① 气流分级机内的流场是二维的，分级轮旋转后附近流场是均匀的；

② 气流通过导风叶片后能均匀进入分级轮外侧。

根据图 6-3，可以推导出气流的径向速度表达式如式 (6-11) 所示。

$$V_{gr}=\frac{Q}{\left(2\pi R_g-\frac{\delta}{\sin\theta}\times n_1\right)\times b} \tag{6-11}$$

根据假设②可以推导出切向速度的表达式如式（6-12）所示。

$$V_{gt}=V_{gr}\cot\theta \tag{6-12}$$

根据动量守恒定律，可以推导出分级轮入口处的切向速度表达式如式（6-13）所示。

$$V_{1t}=\frac{R_g}{R_1}V_{gr} \tag{6-13}$$

根据连续性方程，可以推导出分级轮入口处的径向速度表达式如式（6-14）所示。

$$V_{1r}=\frac{Q}{\left(2\pi R_1-\frac{\delta}{\sin\alpha_1}\times n_2\right)\times b} \tag{6-14}$$

分级轮入口处的绝对速度（V_1）表达式如式（6-15）所示。

$$V_1=\sqrt{V_{1r}^2+V_{1t}^2} \tag{6-15}$$

绝对速度和圆周方向之间的绝对速度角（γ）表达式如式（6-16）所示。

$$\gamma=\mathrm{arctg}\left(\frac{V_{1r}}{V_{1t}}\right) \tag{6-16}$$

根据分级轮入口处的牵连速度（U_1）等于叶片边缘的圆周速度，因此牵连速度（U_1）表达式如式（6-17）所示。

$$U_1=\frac{2\pi R_1\omega\times10^{-3}}{60} \tag{6-17}$$

进一步推导出相对速度（W_1）表达式如式（6-18）所示。

$$W_1=\sqrt{U_1^2+V_1^2-2U_1V_1\cos\gamma} \tag{6-18}$$

求得绝对速度（V_1）、牵连速度（U_1）和相对速度（W_1）后，分级轮入口和出口的速度分解图如图 6-4 所示。

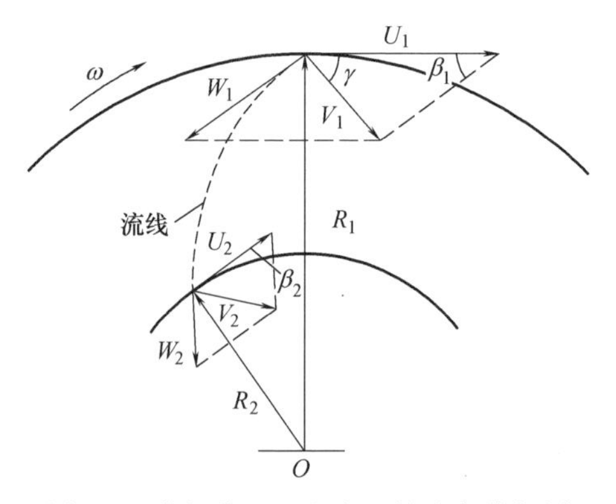

图 6-4 分级轮入口和出口的速度分解图

根据余弦定理可求得相对速度角表达式如式（6-19）所示。

$$\beta_1=\cos^{-1}\left(\frac{U_1^2+W_1^2-V_1^2}{2U_1V_1}\right) \tag{6-19}$$

结合图 6-4 可知，传统直叶片分级轮采用垂直安装时（$\alpha_1=90°$），造成分级轮入口处气流入射角偏大，影响粗细颗粒的有效分级。

进一步研究分级轮叶片轮廓示意图如图 6-5 所示。

当相对速度角（β_1）与叶片外部安装角（α_1）相等时，此时的入射角为（α_1

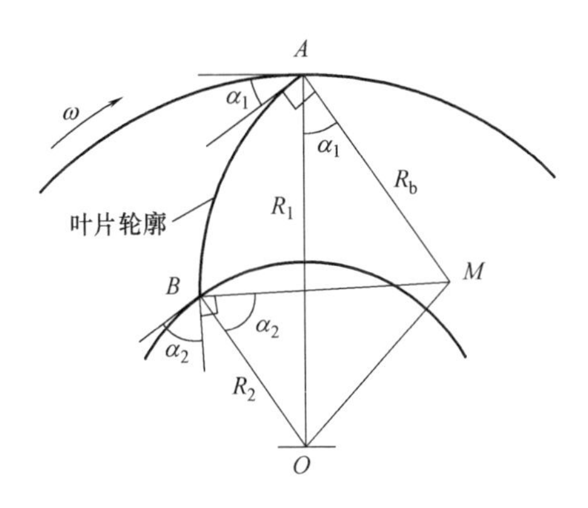

图 6-5　分级轮叶片轮廓示意图

$-\beta_1$）$=0$，能有效避免入射角对气流分级造成的不良影响，因此叶片入口处的最佳安装角 α_1 表达式如式（6-20）所示。

$$\alpha_1=\beta_1 \tag{6-20}$$

根据气流通过分级轮叶片前后质量守恒原理和连续性方程，推导出叶片出口处的最佳安装角 α_2 表达式如式（6-21）所示。

$$\alpha_2\approx\sin^{-1}\left[\frac{R_1}{R_2}\sin\alpha_1\right] \tag{6-21}$$

第三节　气流分级机的结构设计

分级轮是气流分级机的关键结构部件，本节针对此部件开展结构设计。研究气流分级机分级的结构参数有利于微纳米食品更好分级。气流分级机分级的结构参数主要包括分级轮的叶片形状、叶片的数量安装及角度、分级腔的结构、进料口和出料口的大小及位置等。评价分级的重要参数切割粒径的大小，主要取决于风量和转笼转速的大小，因此气流分级机的分级轮叶片的纵向切面形状（之后简称分级轮叶片形状）和进风口的位置对微纳米粉体能否有效分级起着至关重要的作用。

分级轮叶片形状过于简单，难以满足产品精细分级的要求。分级轮叶片的形状决定了粉体所受离心力的大小，合理的分级轮叶片形状有助于细颗粒更好地通过分级轮被收集，而粗颗粒则被甩出无法混入细粉中。但由于微纳米食品的密度小且黏性大的特点，直叶片分级轮叶片结构过于简单，采用宽度一样的分级轮叶片难以满足产品精细分级的要求。这会造成产品的粒径分布范围大，影响分级后微纳米食品产品的各项理化性能的稳定性。

进风口的位置不合理，造成分级腔内气流轨迹紊乱。进风口的位置决定了气流在分级腔内的运动轨迹，而分级腔内的气流轨迹决定了微纳米食品的运动规律，因此进风口的位置对于微纳米食品的有效分级起着重要作用。进风口位置的不合理会造成分级轮周围速度流场紊乱，比如当进风口正对分级腔时，在进风速度较大时会造成颗粒进入分级腔后与分级腔壁相撞发生反弹，反弹后的颗粒会直接进入分级轮内部导致分级轮的分级性能失效。此时粗颗粒由于气流流速过大进入分级轮内，会造成收集到的颗粒的粒径分布范围增大，影响分级后微纳米食品产品的各项理化性能的稳定性。

本节主要开展分级腔结构设计、叶片结构优化设计和进风口位置优化设计。

一、分级腔设计

1. 分级腔结构设计

气流分级机内气流的运动主要由分级腔的尺寸和结构决定，因此分级腔对分级轮外侧的气流流场分布起着极其关键的作用。为了进一步提高气流分级机的分级精度，需要对分级腔进行结构分析，达到稳定分级轮外侧气流流场分布的目的，确保在不同圆周位置上，流场作用在相同颗粒上的作用力相同，提高气流分级机的分级性能。

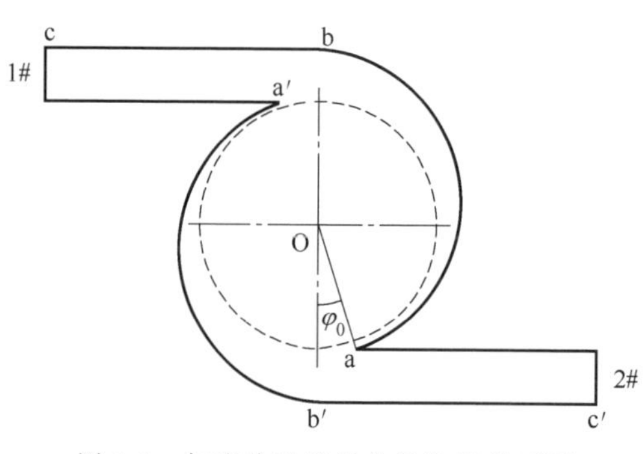

图 6-6 气流分级机的分级腔横截面图

涡流空气分级机也称为气流分级机。以涡流空气分级机为例对分级腔结构进行分析，分级腔由气流入口（1＃和 2＃）以及蜗壳（$\overset{\frown}{ab}$和$\overset{\frown}{a'b'}$为蜗壳轮廓）组成。气流分级机的分级腔横截面图如图 6-6 所示，图中 cb 和 c′b′为气流直通道，虚线圆为导向叶片的外边缘截面圆。

为了更好地设计分级腔轮廓，强化气流的导向作用，对气流在分级腔中的运动轨迹进行分析。气流在分级腔中的运动图如图 6-7 所示，图中 BC 为气流的轨迹线。

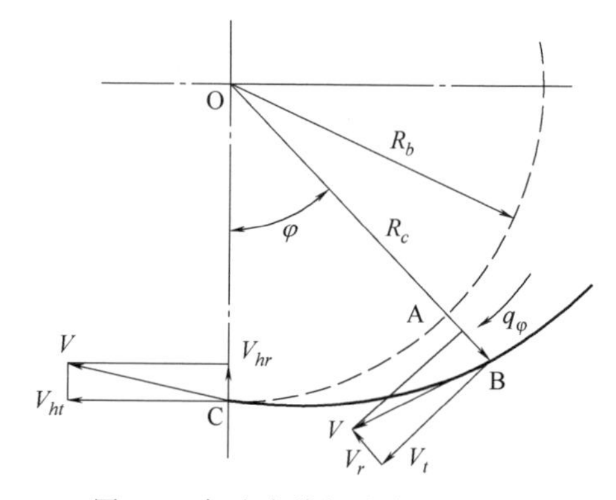

图 6-7 气流在分级腔中的运动图

为了保证气流在周向方向上均匀地进入导风叶片，实现气流在周向方向上的均匀分布。当流过 $q_{\varphi}=Q_{\varphi}/2\pi$ 时，来自单个气流入口的空气流量等于通过虚线圈的一半（$\varphi=0\sim\pi$），即 $q_{\varphi}=q'_{\varphi}$时，可以有效避免两个气流入口在蜗壳中混合影响气流流场分布，确保分级轮外侧气流流场的稳定性。推导出蜗壳轮廓表达式如式（6-22）所示：

$$q'_{\varphi}=q_{\varphi}=Q\,\frac{\varphi}{2\pi} \tag{6-22}$$

通过 AB 的气流总量表达式如式（6-23）所示：

$$q'_{\varphi}=\int_{R_h}^{R_c} hV_t\,\mathrm{d}r \tag{6-23}$$

在忽略摩擦力影响时，分级腔内的气流没有动量损失，根据动量守恒可得不同位置上气流的速度表达式如式（6-24）所示：

$$R_h V_{ht} = R_c V_{ct} \tag{6-24}$$

根据式（6-23）和式（6-24）可以推导出AB的气流总量表达式如式（2-25）所示：

$$q'_{\varphi} = \int_{R_h}^{R_c} h \frac{R_h V_{ht}}{R} \mathrm{d}R = hR_h V_{ht} \ln \frac{R_c}{R_h} \tag{6-25}$$

最终可推导出分级腔中气流流线的半径表达式如式（6-26）所示。

$$R_c = R_h \mathrm{e}^{\frac{Q}{2\pi h R_h V_{ht}}\varphi} \tag{6-26}$$

2. **分级腔体积计算**

气流分级机模型的稳态和瞬态模拟结果相近，气流流线可以近似于气流的运动轨迹。即蜗壳中的气流流线应该满足式（6-26）中表示的对数螺旋线，根据计算可以得出对数螺旋线轮廓的蜗壳对气流具有良好的导向效果。根据已有的操作条件，可以计算出每个气流方向所对应的流线曲率半径（R_c），进一步可以获得气流运动轨迹上不同点的位置坐标，通过拟合这些点来获得分级腔的轮廓形状。

由于分级腔轮廓的变化会改变入口的横截面，因此采用入口空气体积流量来表示Q，推导出每个流线的半径（R_c）表达式如式（6-27）所示。

$$R_c = R_h \mathrm{e}^{\frac{bV_0}{\pi R_h V_{ht}}\varphi} \tag{6-27}$$

分别令φ为0，$\pi/6$，$\pi/3$，$\pi/2$，$2\pi/3$，$5\pi/6$和π，计算出不同的气流的曲率半径R_c，将这些点顺序连接后即为分级腔的轮廓形状。两种不同分级腔轮廓形状如图6-8所示。

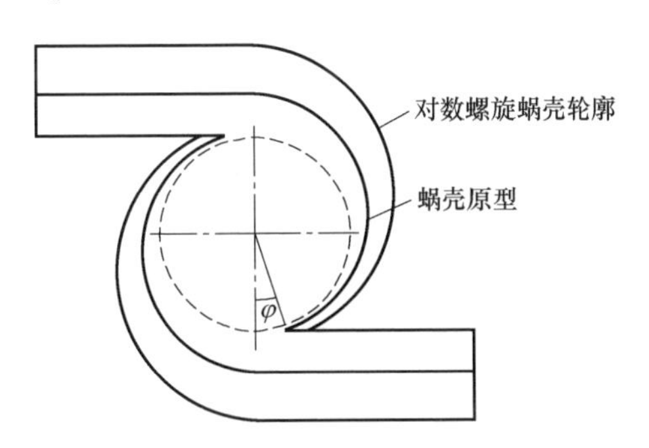

图6-8　两种不同分级腔轮廓形状

气流分级机作为重要的粉体分级设备，具有能耗小、处理量大及分级效率高等优点，广泛应用于化工、医药、矿物加工与食品等行业。目前对于气流分级机的研究主要集中于分级轮的结构参数（叶片的横截面形状、分级轮的整体形状、叶片安装角度、叶片数量）、操作参数（加料速度、分级轮转速及进风速度）以及颗粒预分散对粉体分级的影响。目前缺乏对分级轮叶片的纵向切面形状和进风口位置的研究，影响气流分级机的分级精度。

二、气流分级机几何模型及网格划分

1. **几何模型**

在Soilidworks中对气流分级机进行建模。为了方便在ICEM中进行结构化网格划分，将分级单元拆分为出料区、分级区和进料区。其中出料区内径为206mm，高66.6mm，出风口直径和长度分别为40mm和49mm，安装位置位于进料区上平面到出风口圆心的距离为28mm，出料区的结构图如图6-9所示。

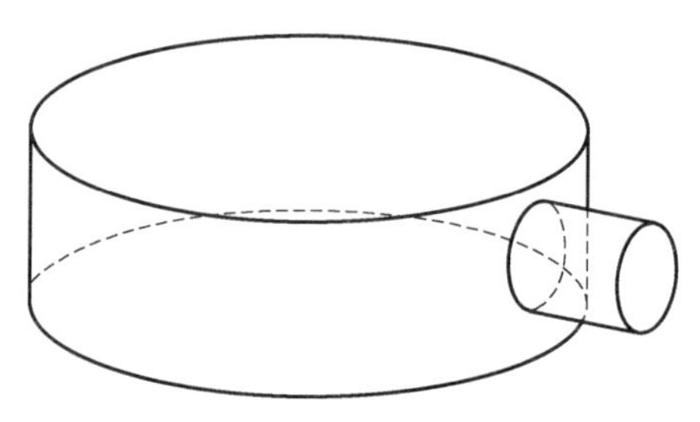

图 6-9　出料区的结构图

为了研究分级轮外侧、分级轮叶片间和分级轮内侧的气流流场分布规律，将分级区分为三个部分。一是分级轮外侧区，最大外径为 206mm，最小外径为 179mm，高度为 50.4mm；二是分级轮叶片区域，上部外径和内径分别为 152mm 和 132mm，下部外径和内径分别为 100mm 和 80mm，高度为 50.4mm；三是分级轮内侧，上直径、下直径和高度分别为 132mm、80mm 和 50.4mm。分级区的结构图如图 6-10 所示。

进料区的结构尺寸如下：上部直径为 179mm，下部直径为 70mm，高度为 100mm，出风口直径为 40mm，安装位置位于进料区上平面到出风口圆心的距离为 46.6mm，出风口面到中心面的距离为 100mm，进料区的结构图如图 6-11 所示。

图 6-10　分级区的结构图

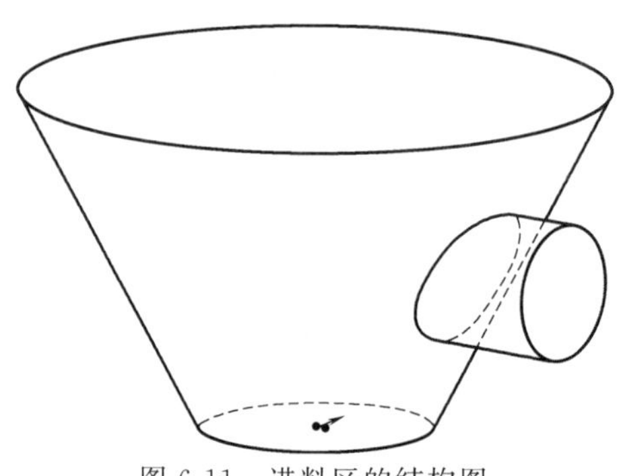

图 6-11　进料区的结构图

2. **网格划分**

对气流分级机的流体区域进行三维建模，并用 ICEM 进行结构化网格划分，中部进风时气流分级机的结构图和网格模型如图 6-12 所示。为了保证计算精度，需要对模型进行网格无关性检查，分别对不同网格数量和节点数量的网格模型进行计算。本模型的进风速度最大在 10m/s，随着网格数量和节点数量的增加，最终模拟计算后计算结果的误差小于 0.007%。最终 CFD 仿真模拟的模型网格数量为 191982 个，节点数量为 165472 个的模型计算，在此数量下的模型有利于减少计算时间，又保证计算结果的准确性。

确定仿真模拟时气流分级机的操作参数。根据分级轮转速在 0～4000r/min，

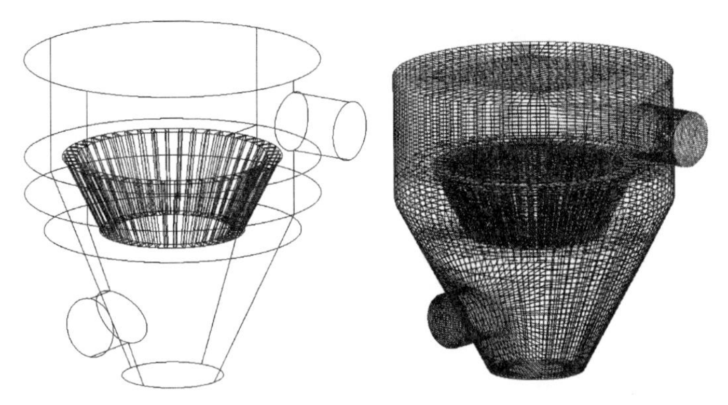

图 6-12　中部进风时气流分级机的结构图和网格模型

淀粉分散所需的气流流速为 6～9m/s。为了更好研究气流和物料在分级腔内的运动规律，在四种操作参数下对气流分级机进行分级模拟。采用的操作参数分别为：

① 分级轮为最大转速 4000r/min，匹配正常风速 6m/s；

② 分级轮为最大转速 4000r/min，匹配较大风速 10m/s；

③ 分级轮为正常转速 2000r/min，匹配正常风速 6m/s；

④ 分级轮为正常转速 2000r/min，匹配较大风速 10m/s。

3. 理论模型及计算方法

（1）连续性控制方程　RNG k-ε 模型的控制方程如式（6-28）和式（6-29）所示。

$$\frac{\partial}{\partial t}(\rho k)+\frac{\partial}{\partial x_i(\rho k u_i)}=\frac{\partial}{\partial x_j}\left(\alpha_k\mu_{eff}\frac{\partial k}{\partial x_j}\right)+G_k+G_b-\rho_\varepsilon-Y_M+S_k \tag{6-28}$$

$$\frac{\partial}{\partial t}(\rho\varepsilon)+\frac{\partial}{\partial x_i}(\rho\varepsilon u_i)=\frac{\partial}{\partial x_j}\left(\alpha_\varepsilon\mu_{eff}\frac{\partial\varepsilon}{\partial x_j}\right)+C_{1\varepsilon}\frac{\varepsilon}{k}(G_k+C_{3\varepsilon}G_b)-C_{2\varepsilon}\rho\frac{\varepsilon^2}{k}-R_\varepsilon+S_\varepsilon \tag{6-29}$$

RNG 和标准 k-ε 模型的区别在 R_ε，如式（6-30）所示。

$$R_\varepsilon=\frac{C_\mu\rho\eta^3\left(1-\frac{\eta}{\eta_0}\right)}{1+\beta\eta^3}\frac{\varepsilon^2}{k} \tag{6-30}$$

（2）离散相控制方程　对 CFD 仿真模拟时的离散相控制方程进行研究。在使用离散相模型进行计算时，忽略颗粒之间的热交换和质量传递，使用随机轨道模型 Discreate Random Walk（DRW）追踪粒子的运动轨迹。DRW 适用于计算粒子在湍流中的运动轨迹，它是利用随机的方法考虑瞬时速度对粒子运动的影响，并且考虑了粒子与一连串湍流旋涡之间的相互作用。湍流的生存时间（τ_e）是随 T_L 作无规则变化的函数，如式（6-31）所示。

$$\tau_e=T_L\log(r) \tag{6-31}$$

颗粒穿过湍流旋涡的时间（t_{cross}）如式（6-32）所示。

$$t_{cross}=-\tau\ln\left[1-\left(\frac{L_\varepsilon}{\tau\left|\mu-\mu_p\right|}\right)\right] \tag{6-32}$$

$|\mu-\mu_p|$为流体与颗粒相对速度的大小，而颗粒与连续相的作用时间取决于τ_e与t_{cross}中较小的那个。

三、叶片结构优化设计

气流分级机工作时，分级轮叶片形状对微纳米食品的分级起到关键作用。通过分级轮转动，粗细颗粒在分级轮叶片附近发生分级后，细颗粒通过分级轮叶片间的间隙进入分级轮内部，最后被收集装置所收集。因此合理的分级轮叶片形状有助于细颗粒快速通过分级轮叶片间隙，防止粗颗粒和叶片发生剧烈碰撞混入产品中，造成产品中切割粒径增大，影响产品性能的稳定性。本章从改进分级轮叶片形状入手，对比分析改进前后分级轮叶片间的气流径向速度、分级轮外侧气流切向速度、分级轮内侧气流轴向速度以及产品切割粒径的变化规律。设计更加合理的分级轮叶片形状，提高气流分级机的分级效率和分级精度。

1. 分级轮叶片的结构及网格模型

传统直叶片分级轮的叶片参数如下：分级轮叶片的长、宽和厚度分别为50mm、8mm和2mm，叶片的自身倾斜角度为28.2°，叶片采用30°安装角度进行安装，最小内径为40mm，最大外径为75mm。

对分级轮叶片形状进行研究，将直叶片分级轮改进为变截面叶片分级轮。在保持叶片长度和厚度不变时，对距离顶部10mm区域的叶片的宽度进行改进，将宽度为8mm的叶片局部增长为16mm。在保持安装角度、最小分级轮内径等结构参数不变时，改进后分级轮外径增大为83mm。以上述条件建立的分级轮模型，分级轮结构图及网格模型如图6-13所示。

2. 改进前后叶片间气流径向速度对比

研究分级轮叶片间气流径向速度，有利于细颗粒更好通过分级轮叶片。在分级轮旋转和气流的共同作用下，大多数颗粒在分级轮外侧发生分级。分级后的细颗粒需要通过分级轮叶片之间的间隙，才可以进入分级轮内部，最终被收集装置所收集。因此分级轮叶片间的气流流场对细颗粒能否快速、准确地进入分级轮内部起着重要作用。由于叶片采用30°角安装，细颗粒经过叶片间隙时主要受到径向力的作用。基于上述原因，本节对叶片间的径向速度进行分析，比较改进前后叶片间径向速度的差异，研究分级轮叶片形状对细颗粒分级的影响。在进风速度为6m/s，分级轮转速为2000r/min，叶片间气流径向速度图如图6-14所示。

图6-14（1）为直叶片分级轮叶片间的径向速度分布图，图6-14（2）为变截面叶片分级轮叶片间的径向速度分布图。从图6-14中可以发现气流在分级轮叶片附近时，分级轮外侧到分级轮内侧的径向速度逐渐减小。进一步可以发现在相同区域内，改进前后分级轮叶片间的径向速度分布都较均匀，分级轮叶片间没有产生反向旋涡，影响细颗粒进入分级轮内部。但是比较图6-14（1）和图6-14（2），发现采用变截面叶片时径向速度有所减小。采用变截面叶片径向速度最小

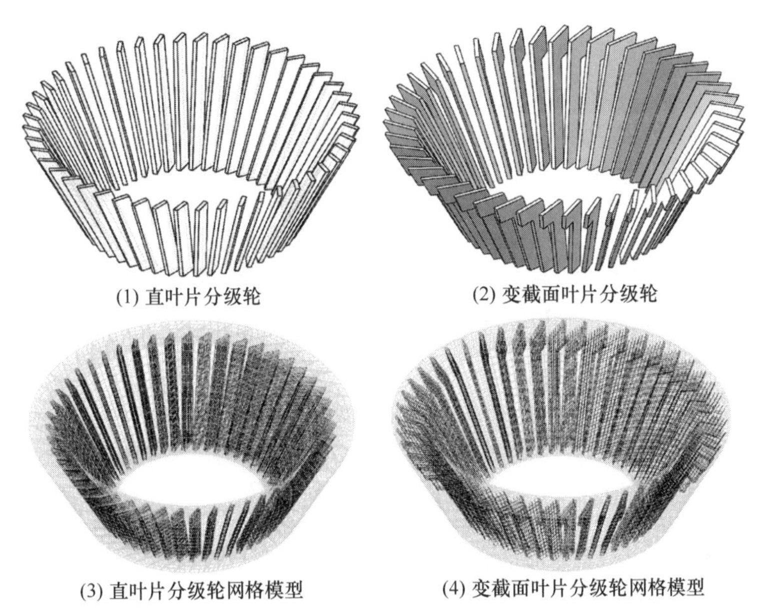

图 6-13　分级轮结构图及网格模型

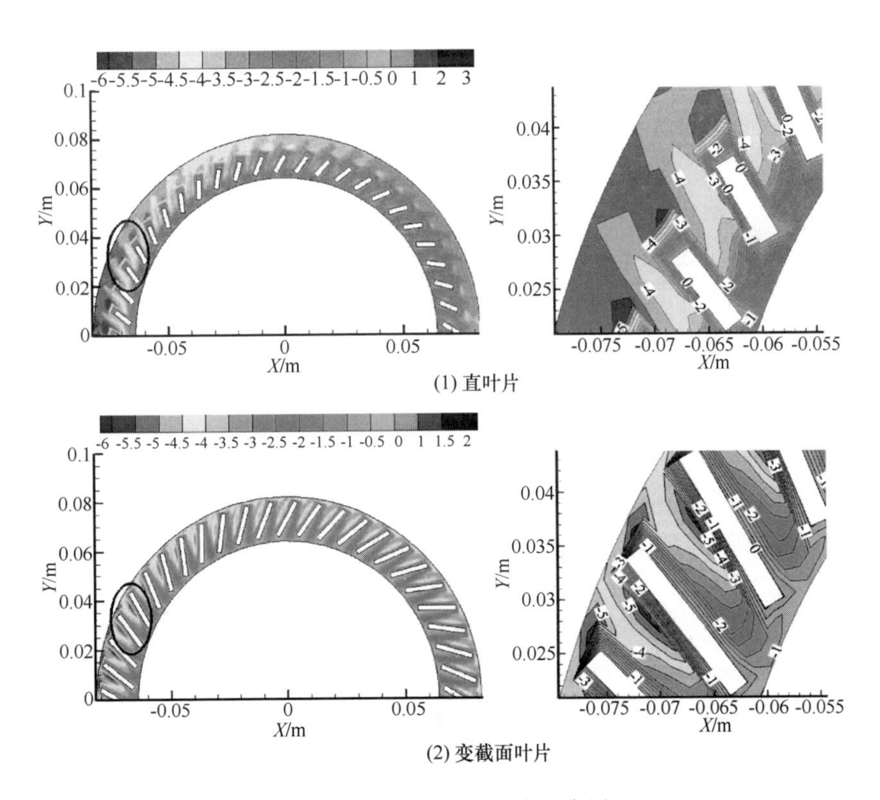

图 6-14　叶片间气流径向速度图

值为2m/s，采用直叶片时径向速度最小值为3m/s，而两者最大径向速度均为－6m/s，因此采用变截面叶片有助于减小叶片间的径向速度分布，使粗细颗粒分级更加稳定。

分析叶片间的相对速度矢量，更好直接观察气流在叶片间的运动情况。研究在进风速度为6m/s，分级轮转速为2000r/min时，叶片间气流流线图如图6-15所示。

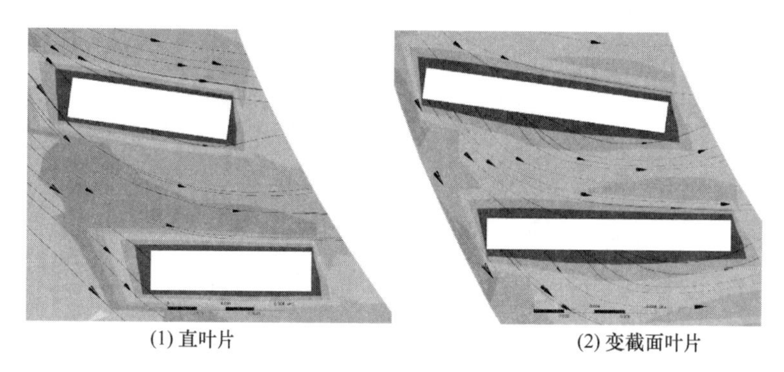

(1) 直叶片　(2) 变截面叶片

图6-15　叶片间气流流线图

从图6-15中可以发现，采用两种分级轮叶片时气流都可以顺利通过分级轮叶片间的间隙。说明微纳米食品的粗细颗粒分级后，细颗粒都能顺利进入分级腔内。说明采用变截面叶片时叶片间流场通畅，排除粗细颗粒无法进入分级轮内引起的产品中值粒径减小的可能性。

3. 改进前后分级轮外侧气流切向速度对比

微纳米食品颗粒在分级轮外侧主要受到气流的离心力作用。对分级轮外侧的切向速度进行研究，分析四种工况下（6m/s-2000r/min、6m/s-4000r/min、10m/s-2000r/min和10m/s-4000r/min），变截面叶片高度为0.145m处的切向速度分布。改进前后分级轮叶片高度0.145m处，分级轮外侧的气流切向速度分布图如图6-16所示。

分析图6-16（1）、图6-16（2）和图6-16（4）可以发现，采用变截面叶片时叶片间的切向速度变化较小。同时采用变截面叶片分级轮外侧的切向速度分布更加均匀，分级轮外侧的切向速度较大。因此微纳米食品颗粒会受到更大的离心力作用，粗颗粒更容易被甩出，提高气流分级机的分级精度。分析图6-16（3）可以发现分级轮附近的切向速度产生波动，这可能是由于进风速度过大，分级轮转动时的切向速度明显小于进风速度，导致进风气流对分级轮区域的流场产生干扰，导致切向速度分布不均匀，因此需要对进风口位置进行研究来削弱或消除这种现象。

分析分级轮附近的切向速度的变化规律。对上述四种工况下分级轮附近的切向速度进行数值提取，分级轮附近的切向速度分布曲线如图6-17所示。对分级轮附近的切向速度分布进行研究。分析图6-17（1）、图6-17（2）和图6-17（4）可以发现，切向速度随着半径的增大呈现先增大后减小的趋势，这是由于分级轮

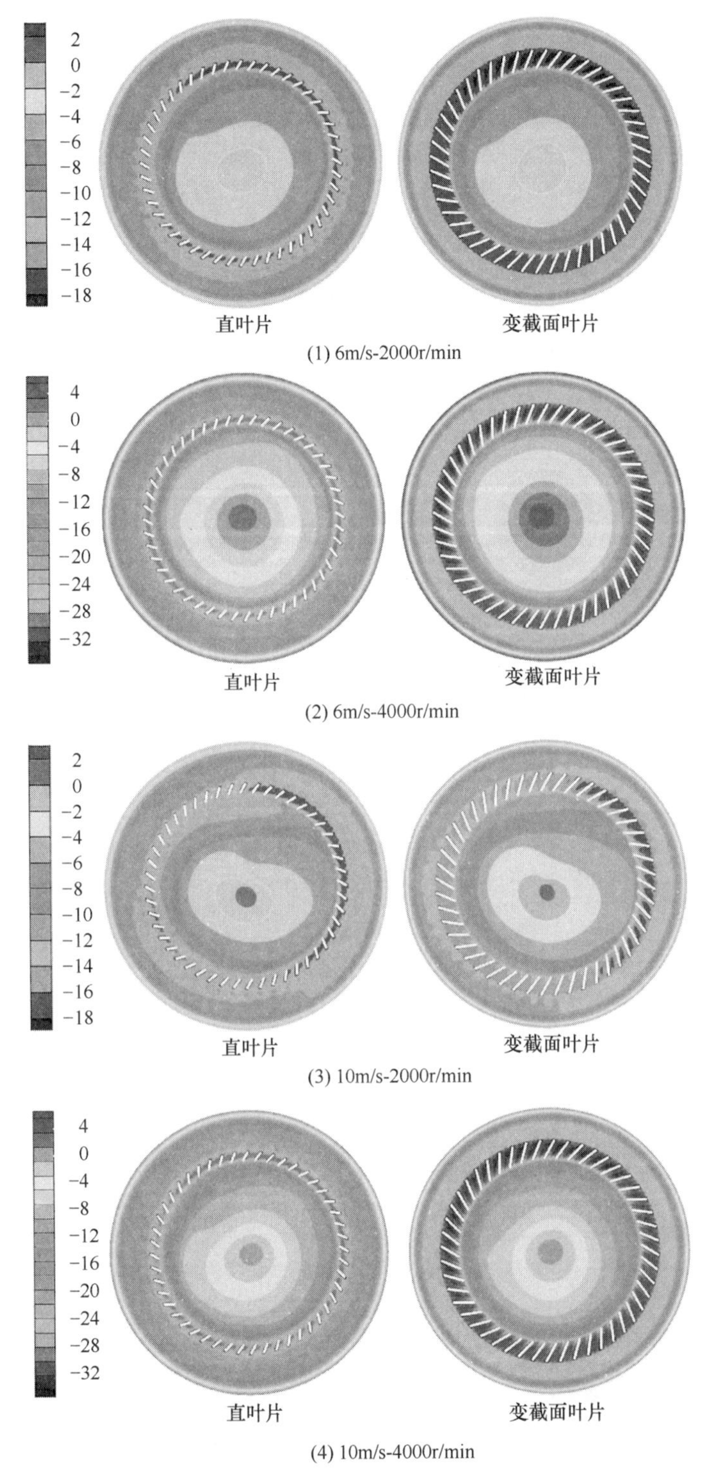

图 6-16　分级轮外侧的气流切向速度分布图

的转动，在靠近分级轮外侧附近的气流切向速度最大，然后远离分级轮外侧逐渐减小。在分级轮内侧（r＜0.045m）相同高度下两种分级轮的切向速度曲线几乎重合，因此叶片的改变对分级轮内侧切向速度的影响较小。在分级轮外侧（r＞0.063m）时，切向速度曲线发生了较大变化，采用变截面叶片时切向速度明显较大。这是由于变截面叶片较长，切向速度增大，颗粒会受到更大的离心力作用，能有效提高气流分级机的分级精度。分析图 6-17（3）可以发现当 r＞0.063m 时，切向速度的变化明显小于其余三种工况，因此当进风速度过大，分级轮转速较小时，气流会影响分级轮附近的切向速度分布，造成分级轮附近气流紊乱，粗颗粒进入到产品中，影响气流分级机的分级精度，亟须对进风口位置进行研究来削弱或消除这种影响。

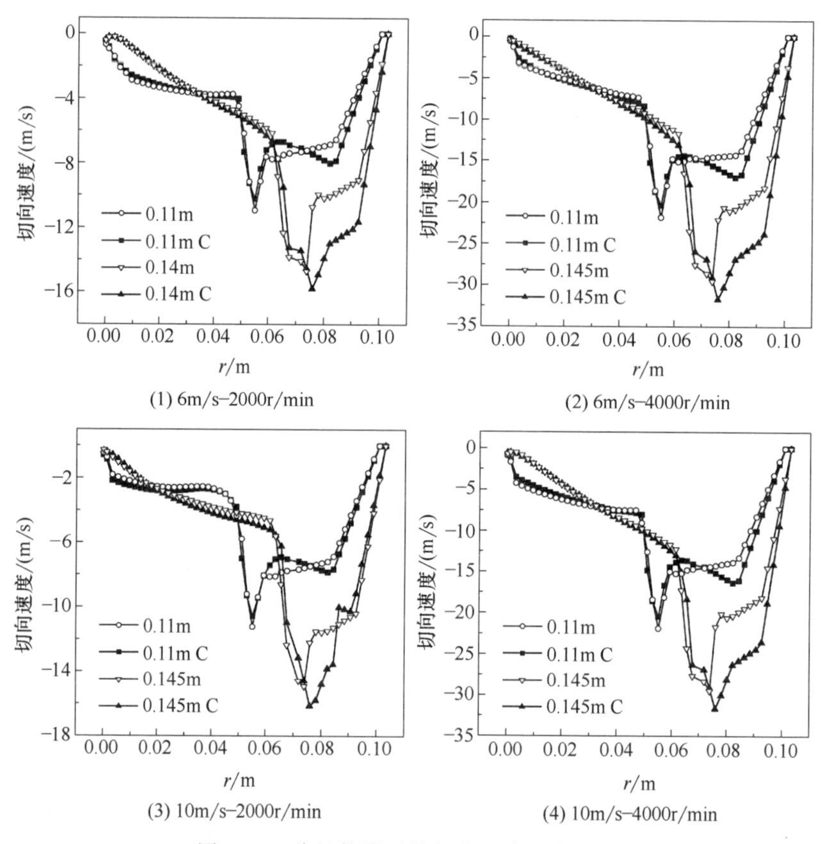

图 6-17 分级轮附近的切向速度分布曲线

4. 改进前后分级轮内侧气流轴向速度对比

分级轮内侧的轴向速度决定了细颗粒在分级轮内侧的运动规律。颗粒经过叶片间隙进入分级轮内部后会受到上升气流的轴向力作用，分级轮内侧的轴向速度分布和大小决定了细颗粒能否顺利快速通过分级轮内部。因此本节对不同操作参数下分级轮内侧的轴向速度进行研究，分级轮内侧轴向速度分布图如图 6-18 所示。

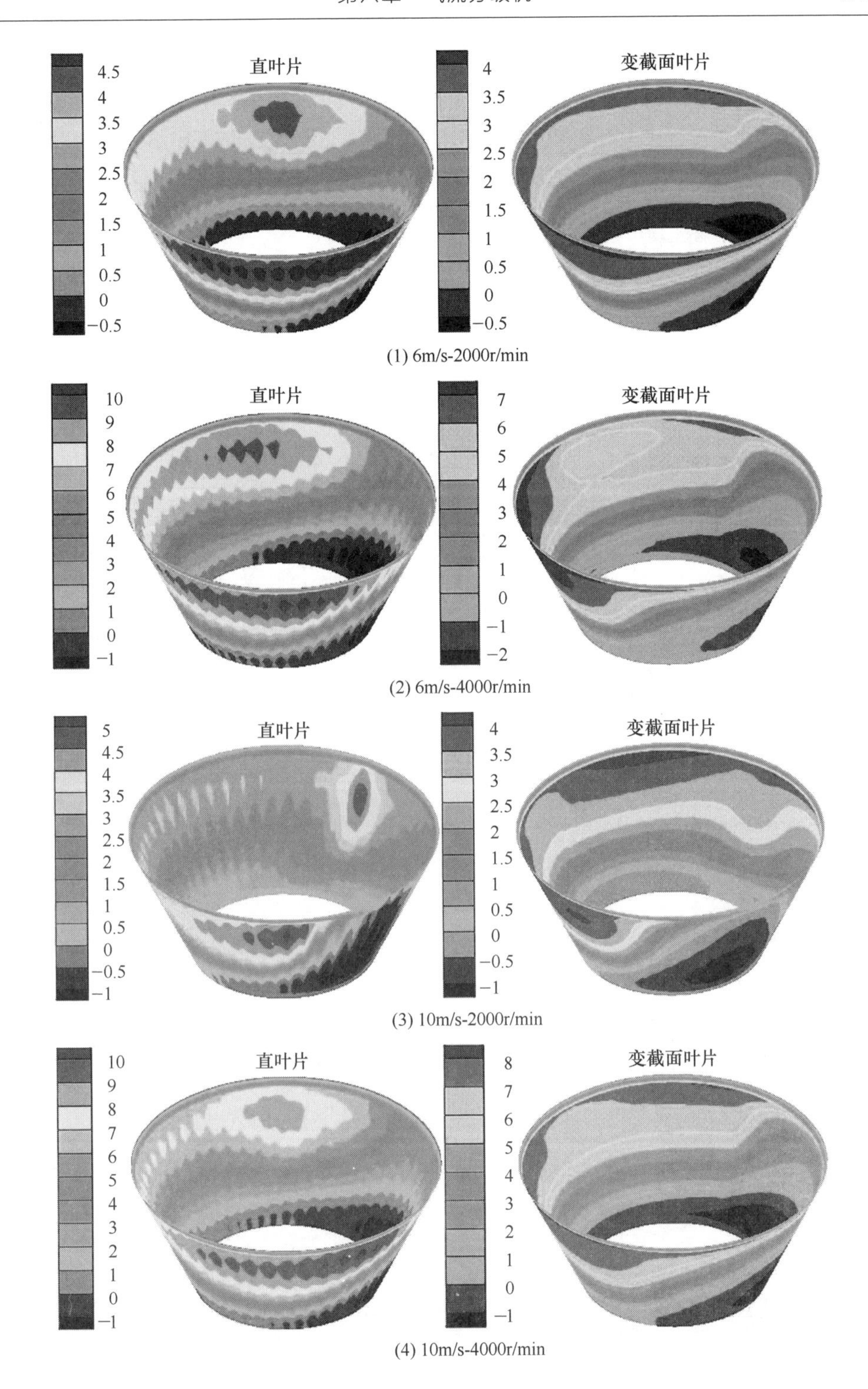

图 6-18　分级轮内侧气流轴向速度分布

对分级轮内侧的气流轴向速度分布进行研究。从图 6-18（1）～(4）中可以看出，无论采用直叶片还是变截面叶片，分级轮内侧下方的轴向速度为负值，分级轮内侧上方的轴向速度为正值。气流出现负值是由于分级轮下方为全封闭的铁板，气流无法从分级轮下方进入分级轮内部，所以当气流从叶片间隙进入分级轮后，在本身气流垂直向上的轴向速度作用下，气流进入后向上运动。但是上升气流过快会在底部区域形成负压区，部分气流回流出现负值。随着汇聚气流向上运动，动能增大引起气流的轴向速度逐渐增大。在图 6-18（3）中，发现当进风速度较大，分级轮转速较小时，分级轮内侧的轴向速度分布不均匀，在分级轮内侧上方区域出现负值，这会造成进入分级轮内部的细颗粒回流，严重影响颗粒的分级，亟须对进风口位置进行研究来削弱或消除这种影响。

采用变截面叶片时分级轮内侧的轴向速度分布更加均匀，减小最大轴向速度。这可能是由于采用变截面叶片时，叶片上方的宽度较大，使气流在通过分级轮叶片时更稳定，平稳顺利进入分级轮内部。同时气流经过的叶片距离更长，消耗的动能越多，能有效降低气流的最大轴向速度，使轴向速度分布更加均匀。因

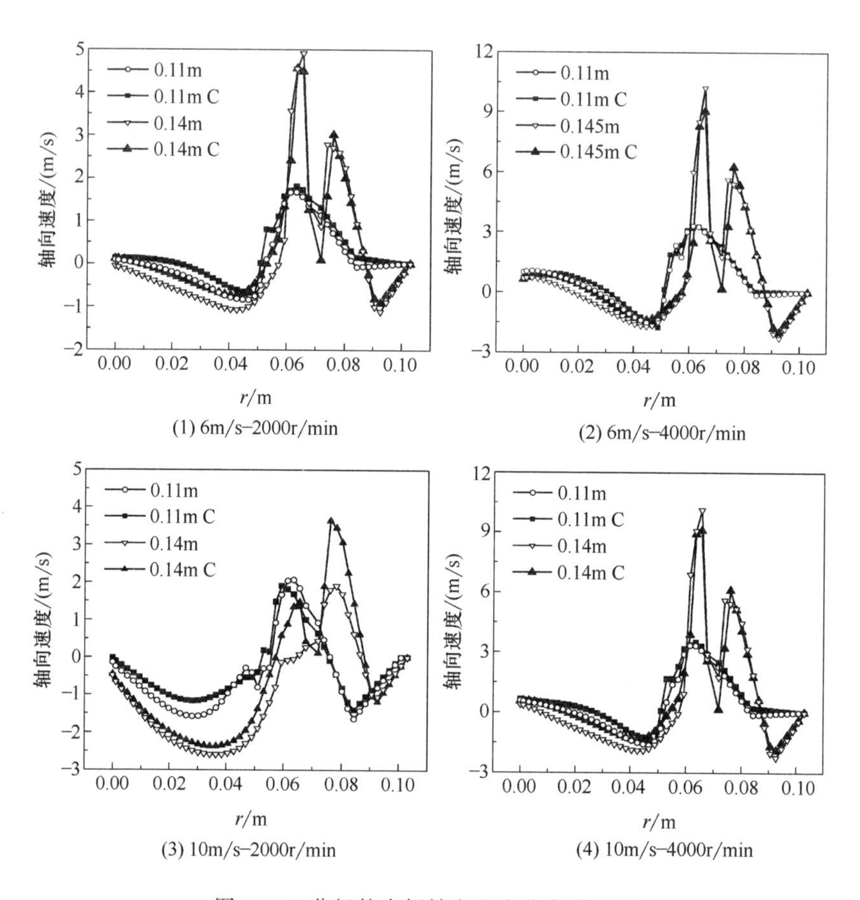

图 6-19 分级轮内侧轴向速度分布曲线图

此采用变截面叶片能有效减少细颗粒进入分级轮内后发生碰撞，使细颗粒能顺利通过分级轮内侧。

对分级轮内侧的轴向速度大小进行深入研究，分级轮内侧轴向速度分布曲线图如图 6-19 所示。分析图 6-19（1）、图 6-19（2）和图 6-19（4）可以发现，采用变截面叶片时，可以有效减小分级轮内侧的区域内的轴向速度和轴向速度分布，但对分级轮外侧的轴向速度影响较小。这可能是由于变截面叶片的上方宽度较大，有助于稳定分级轮内侧上方的轴向速度，分级轮上方轴向速度稳定有助于减小分级轮下方的轴向速度。但从图 6-19（3）可以看出，轴向速度的变化规律发生明显差异。随着半径的增大，轴向速度迅速变大，这会使进入分级轮内部的颗粒向下运动，导致颗粒聚集在分级轮底部发生碰撞，无法顺利通过分级轮内部被收集。这可能是由于进风速度较大、分级轮转速较小破坏了分级轮内部的流场，影响粗细颗粒的有效分级，亟须对进风口位置进行研究来削弱或消除这种影响。

5. **分级轮叶片形状对气流分级机分级性能的影响**

探究分级轮叶片形状对气流分级机分级性能的影响。本研究从评价分级的主要参数——颗粒分级效率、分级精度和切割粒径入手，比较采用直叶片分级轮和变截面叶片分级轮时气流分级机分级性能的差异。模拟不同操作参数下气流分级机的颗粒分级效率。气流分级机的颗粒分级效率如图 6-20 所示。

对气流分级机的颗粒分级效率进行研究。从图 6-20（1）、图 6-20（2）、图 6-20（3）和图 6-20（4）中可以发现，随着颗粒粒径的增大，颗粒分级效率逐渐增大。这是由于颗粒粒径越大，在相同分级轮转速时受到的离心力越大，粗颗粒越容易被甩出，使气流分级机的分级效率增大。当颗粒粒径过大时，所有颗粒均被分级轮甩出无法进入分级轮内部，使颗粒分级效率为 100%。比较采用直叶片和变截面叶片时的颗粒分级效率，发现采用变截面叶片分级轮时的颗粒分级效率较大，因此得到的产品颗粒的粒径分布更窄。

为了更好对气流分级机进行研究，分析气流分级机的切割粒径和分级精度。在不同工况下，对直叶片分级轮和变截面叶片分级轮的气流分级机切割粒径（d_{50}）和分级精度（K）进行计算，气流分级机的切割粒径和分级精度如表 6-3 所示。从表 6-3 中可以看出，采用变截面分级轮叶片时气流分级机的切割粒径 d_{50} 更小，这与分级轮内侧轴向速度分析、分级轮外侧的切向速度分析的结果相同，进一步证明采用变截面叶片有助于减小气流分级机产品的粒径。

表 6-3　气流分级机的切割粒径和分级精度

操作参数	d_{50}/μm		K	
	直叶片	变截面叶片	直叶片	变截面叶片
6-2000	30.6	25.2	0.854	0.846
6-4000	13.7	12.9	0.783	0.795
10-2000	55.7	50.7	0.845	0.805
10-4000	19.9	15.9	0.874	0.861

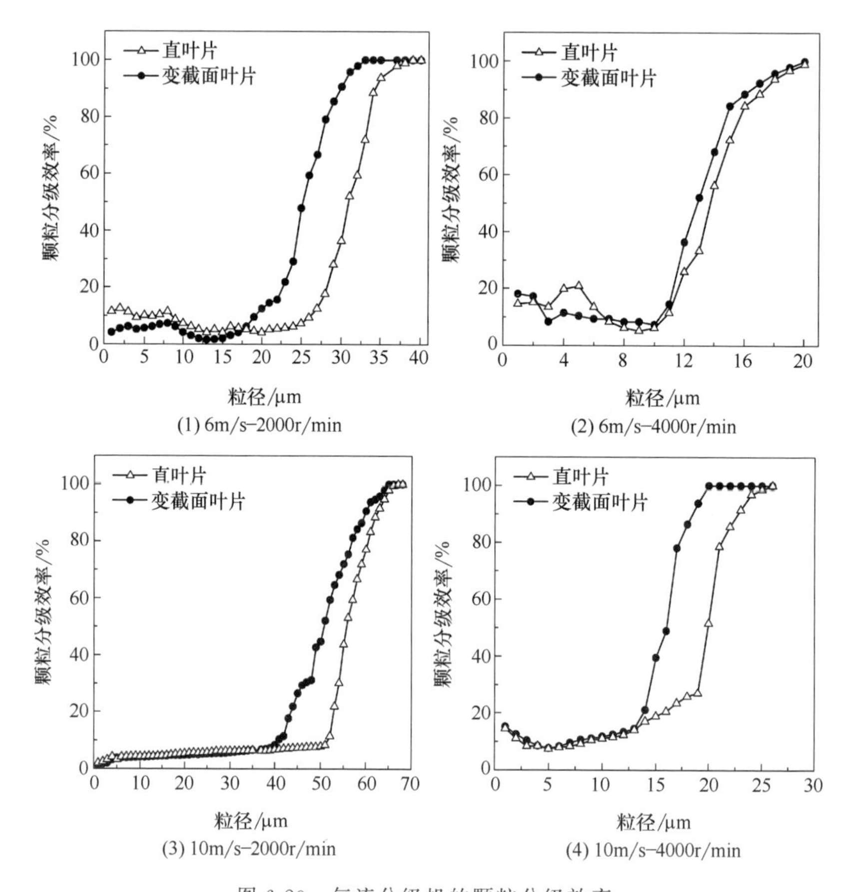

图 6-20　气流分级机的颗粒分级效率

采用变截面叶片和直叶片的分级精度 K 几乎相同。这可能是由于改变叶片长度对分级腔内的气流运动规律影响较小造成的。同时从叶片间的径向速度、分级轮外侧的切向速度和分级轮内侧的轴向速度的变化规律可以看出，在相同操作条件下采用变截面分级轮叶片与采用直叶片时，各项速度的分布规律和变化趋势相似，导致产品的颗粒粒径分布范围相差较小。因此改变叶片形状对气流分级机分级精度的影响较小。

为了更为清晰观察颗粒在分级腔内的运动情况，对颗粒在分级腔内的运动轨迹进行研究。两种叶片的分级轮在进风速度为 10m/s，分级轮转速为 4000r/min 时，比较 20μm 颗粒在分级腔内部的运动轨迹的差异。如图 6-21 为 10m/s-4000r/min 下 20μm 颗粒的运动轨迹图。从图 6-21 中可以看出，当颗粒进入分级腔内，采用直叶片分级轮时颗粒快速通过分级轮并从出料口离开。而采用变截面叶片分级轮时，颗粒无法进入分级轮内部，进入分级轮内部的颗粒也会在变截面叶片上方，在离心力作用下甩出分级轮外，无法被收集。因此采用变截面叶片分级轮，相比直叶片分级轮能甩出粒径更小的颗粒，有利于减小产品的切割粒径。

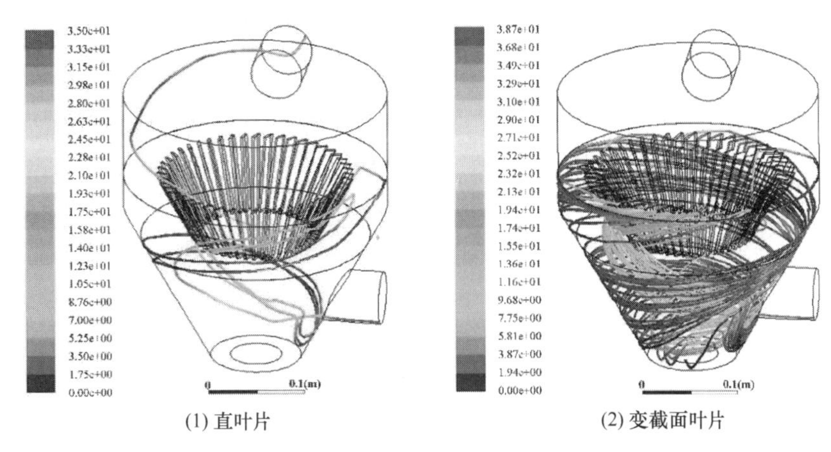

(1) 直叶片　　(2) 变截面叶片

图 6-21　10m/s-4000r/min 下 20 μ m 颗粒的运动轨迹图

四、进风口位置优化设计

气流分级机进风口位置决定了气流在分级腔内的运动轨迹，对气流分级机的进风口位置进行研究有利于提高气流分级机的分级性能。在上一节的研究中，发现当进风速度较大、分级轮转速较小时，分级轮附近切向速度、轴向速度和径向速度的变化规律出现异常，造成分级轮附近的速度流场紊乱，严重影响微纳米食品的分级。因此需要设计合理的进风口位置，来改善分级腔附近的气流流场，提高气流分级机的分级精度和分级效率。

本章针对气流分级机进风口的位置，研究气流分级机进风口位置对微纳米食品分级的影响。分级轮外侧的切向速度和分级轮内侧的轴向速度对粉体颗粒能否有效分级起着关键性作用，本章从分级腔内气流轨迹分布、分级轮外侧切向速度和分级轮内侧轴向速度作为研究对象，评价切向位置进风（简称为切向进风）相比中部位置进风（简称为中部进风）是否对分级腔内气流流场具有优化作用。并以气流分级机分级性能的因素（颗粒粉及效率、分级精度、切割粒径）为评价指标，进一步验证切向位置进风能否减小气流分级机的切割粒径，提高分级精度。

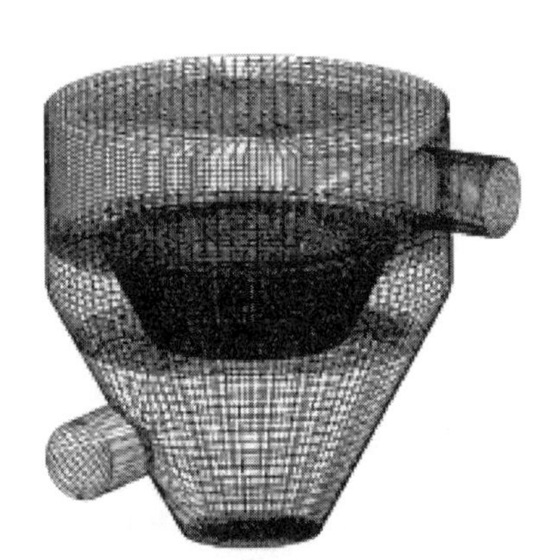

图 6-22　切向进风时气流分级机结构图及网格划分

1. 物理模型及网格划分

本章将气流分级机的进风口位置从原来中部进风优化为切向进风的进风方式。用 ICEM 对模型进行结构化网格划分，网格划分后，切向进风时气流分级机结构图及网格划分如图 6-22 所示。

2. 改进前后分级腔内气流轨迹分布对比

采用中部位置进风和切向位置进风时，对分级腔内气流的运动轨迹进行模拟。研究中发现进风速度较大，分级轮转速较小时，气流分级机内的存在气流流场紊乱和速度分布不均匀的问题。为了更为清晰地分析气流分级机内的气流流场，模拟在不同进风速度和分级轮转速的操作条件下，气流在分级腔内的运动轨迹。研究时采用较大进风速度，减小分级轮转速的方法，增大气流在分级腔内的运动轨迹差异。CFD 模拟采用以下操作参数。

① 分级轮为正常转速 2000r/min，匹配正常风速 6m/s；

② 分级轮为正常转速 2000r/min，匹配较大风速 10m/s；

③ 分级轮为较小转速 1000r/min，匹配正常风速 6m/s；

④ 分级轮为较小转速 1000r/min，匹配较大风速 10m/s。

研究中部进风时分级腔内气流轨迹的运动规律。中部进风时分级腔内气流轨迹线如图 6-23 所示，从图 6-23（1）～（4）中可以看出，气流从进风口进入分级腔后，由于自身的流速较高，会直接与对侧的分级腔内壁相碰撞。气流与分级腔内壁碰撞后，根据动量守恒原理，气流会反向运动导致部分气流进入分级轮内。残余气流由于流速降低，在分级轮转动流场的影响下随着分级轮转动的方向做旋

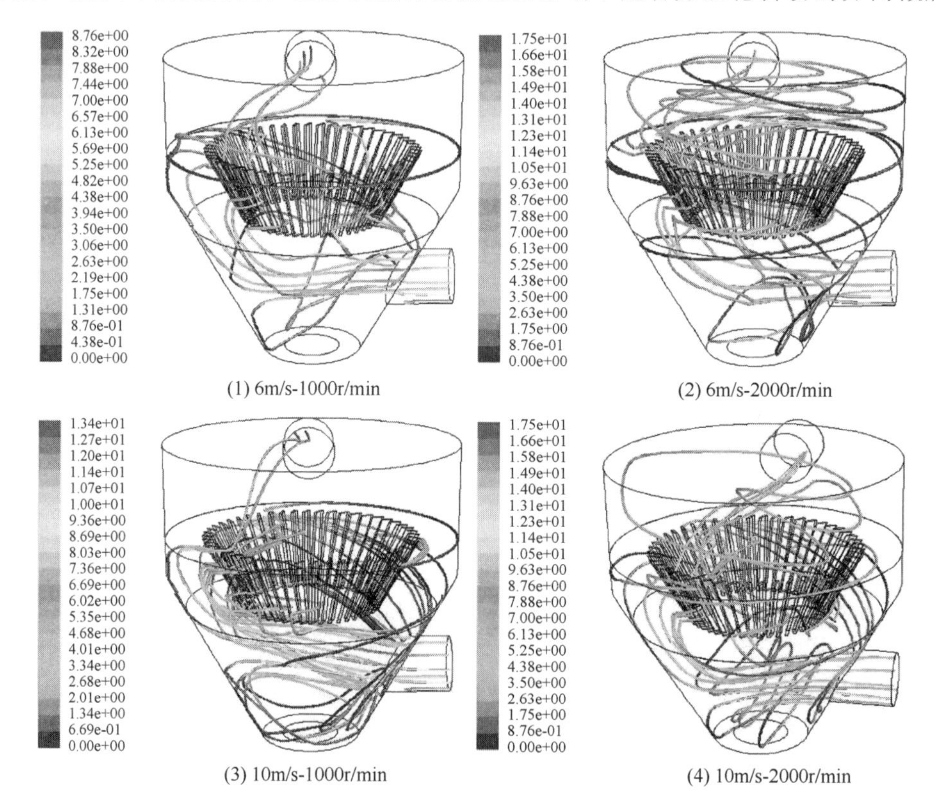

图 6-23　中部进风时分级腔内气流轨迹线

转运动。当气流运动到进风口上方时，由于进风气流较大破坏了气流的旋转，导致气流流动出现紊乱并破坏分级腔外侧的气流流场分布，影响粗细颗粒的分级。尤其是进风口上方和相对进风口上方区域的气流流速最强，气流流速过强会导致分级轮分级性能失效。物料不经过分级轮的筛选作用直接进入分级轮内部，部分粗颗粒被收集。结果将导致分级后产品的颗粒粒径大小和粒径分布范围变大，气流分级机的分级精度减低。

鉴于以上发现，将原有中部位置进风改进成采用切向位置进风。通过对进风口位置的改进，优化分级腔内的气流流场，达到提高气流分级机分级精度和分级效率的目的。在相同操作参数下，切向进风时分级腔内气流轨迹线如图 6-24 所示。

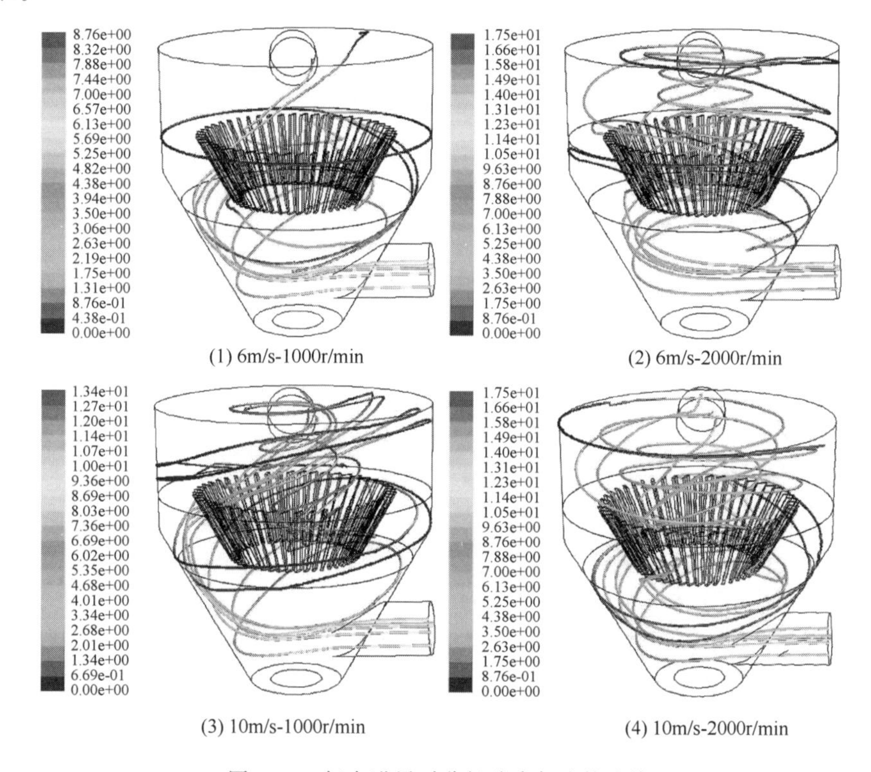

(1) 6m/s-1000r/min　(2) 6m/s-2000r/min

(3) 10m/s-1000r/min　(4) 10m/s-2000r/min

图 6-24　切向进风时分级腔内气流轨迹线

研究切向进风时分级腔内气流轨迹的运动规律。从图 6-24 (1)～(4) 中可以发现气流从进风口进入分级腔后，会在分级腔内壁形成旋流。之后在分级腔内部负压作用下，气流逐渐向分级轮旋转靠近，最终在分级轮外侧形成稳定旋流流场。由于分级轮转动带动气流旋转的运动方向与进风口气流运动形成的旋转方向大致相同，因此进风气流在分级腔外侧的旋转运动不会阻碍分级轮转动引起气流的运动，有利于分级轮外侧的气流流场较均匀和稳定，提高气流分级机的分级效率和分级精度。同时分级轮转速带动气流的切向速度与气流本身的切向速度存在速度差，粉体颗粒随气流运动时不同粒径的颗粒在分级轮外侧会受到大小不同的剪切力，能有效促进粒径不同的微纳米食品颗粒在切向力、重力和气流拽力的共同作用下有效分级，提高气流分级机的分级精度。

采用切向进风有利于分级轮附近气流的稳定。通过对比分级腔内的气流轨迹线可以发现，与采用中部进风的进风方式相比，采用切向进风时分级轮周围的气流轨迹线更加的稳定，符合分级轮分级所需的旋流流场。比较气流速度发现采用切向进风时，能有效防止粗颗粒由于气流流速过大，在气流拽力作用下直接进入分级轮内部。同时当气流运动方向与分级轮转动方向相同时，有利于粗细颗粒进行有效分级，从而有效提高气流分级机的分级效率，减小产品的粒径。

3. **改进前后分级轮外侧切向速度分布对比**

对改进前后分级轮外侧切向速度分布进行研究。颗粒的分级是由于不同粒径大小的颗粒所受的径向力、轴向力和切向力不同，粗细颗粒在气流分级机内实现有效的分级主要发生在分级轮外侧区域，因此分级轮外侧切向速度分布的均匀性好坏是决定分级性能的关键因素。本研究从分级轮外侧的切向速度分布入手，探讨不同操作条件下分级轮外侧切向速度的分布情况。采用中部进风时，在分级轮距离底部 0.1m 处，中部进风时分级轮外侧切向速度分布如图 6-25 所示。

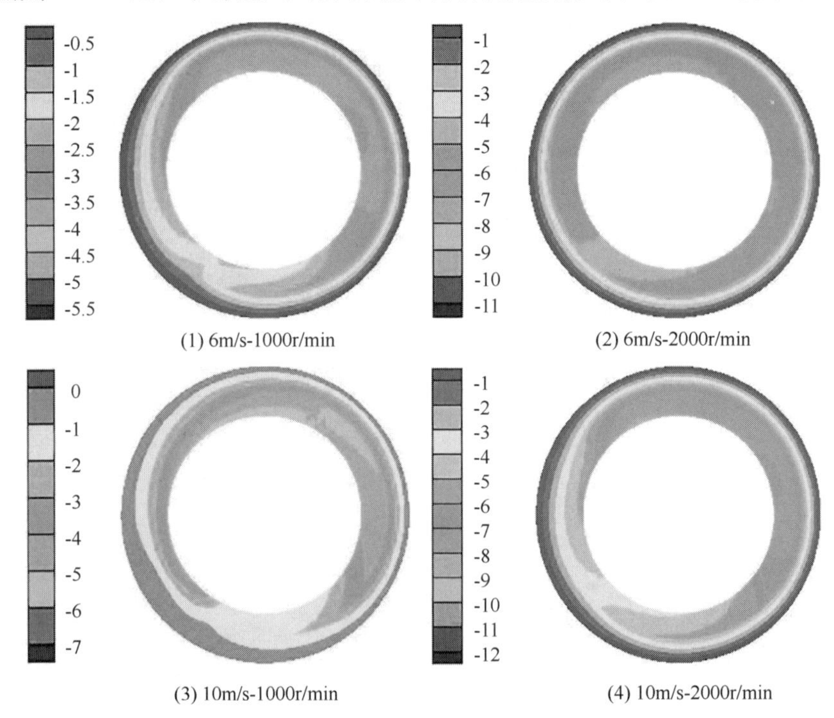

图 6-25 中部进风时分级轮外侧切向速度分布

分析中部进风时分级轮外侧切向速度分布的规律。通过比较图 6-25（1）和图 6-25（3）可以发现，当分级轮转速较小时，进风速度的大小会对分级轮周围的流场产生较大的影响，破坏分级轮外侧切向速度分布的均匀性，造成气流分级机的分级精度下降。比较图 6-25（1）和图 6-25（2），可以发现随着分级轮转速的增大，进风速度对分级轮外侧切向速度分布的影响减小，分级轮外侧的流场较为均匀和稳定。但是随着进风速度进一步增大为 10m/s 时，分级轮外侧的切向速度分布再次出现不稳定的现象。这可能是由于采用中部进风的进风方式时，进风速度过大会造成气流进入分级腔后，破坏分级轮外侧的速度流场分布，造成分级轮外侧的气流运动紊乱，从而出现切向速度分布不均的现象。分级轮外侧切向速度分布不均，会造成粗细颗粒在分级轮外侧分级时效率下降，导致粗颗粒误进入分级轮内部使收集到产品的中值粒径增大。分级轮外侧切向速度分布不均会进一步导致分级轮叶片间的湍流强度增大，颗粒在分级轮叶片间剧烈运动使粗颗粒由于碰撞进入分级轮内部，造成气流分级机的分级效率下降。

对中部进风的进风方式进行改进，本研究将中部进风改为切向进风的进风方式。研究切向进风对分级轮外侧速度流场分布的影响。采用切向进风时，在分级轮距离底部 0.1m 处，切向进风时分级轮外侧切向速度分布如图 6-26 所示。

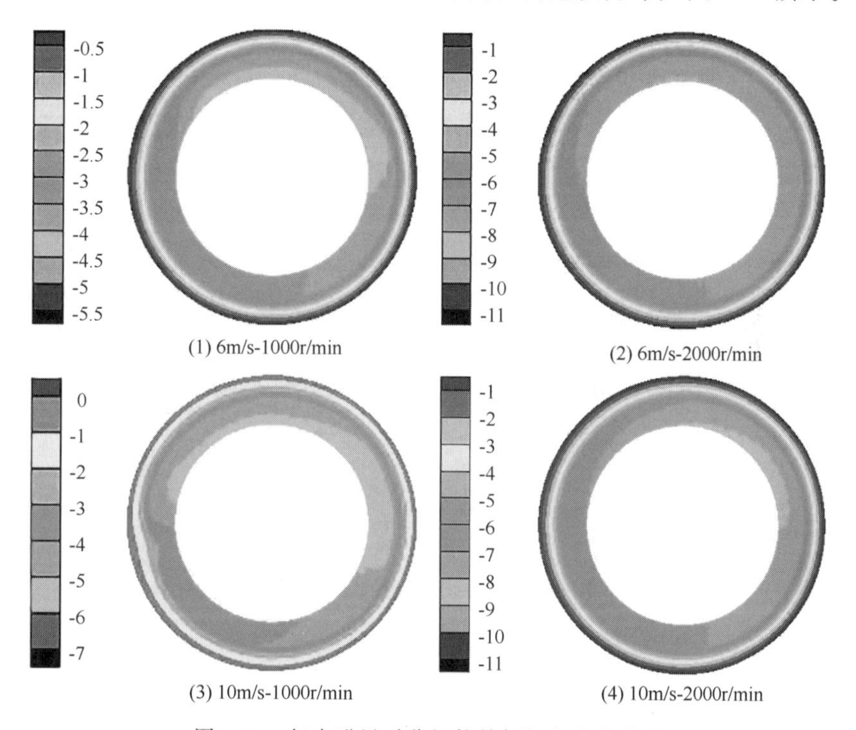

图 6-26　切向进风时分级轮外侧切向速度分布

研究切向进风时分级轮外侧切向速度分布的规律。通过比较图 6-26（1）和图 6-26（3），发现在分级轮转速较小时（1000r/min），进风速度增大对分级轮外侧切向速度分布的影响较小。比较图 6-26（1）和图 6-26（2）发现，随着分级轮转速达到 2000r/min 时，进风速度对分级轮外侧切向速度的分布影响变小，同时由图 6-26（2）和图 6-26（4）可知，随着进风速度增大到 10m/s，分级轮外侧的切向速度分布仍较为均匀。这可能是由于切向进风时，气流由进风口进入分级腔后，沿着分级腔内部旋转，在分级轮外侧区域形成旋流，削弱了气流进风速度增大对分级轮外侧气流切向速度的影响。

分析切向进风的进风方式对分级轮外侧切向速度的影响。为了避免研究的偶然性，对距离气流分级机底部不同高度的切向速度进行比较分析。分级轮附近切向速度曲线图如图 6-27 所示，带 C 字符的曲线为采用切向位置进风时的结果。

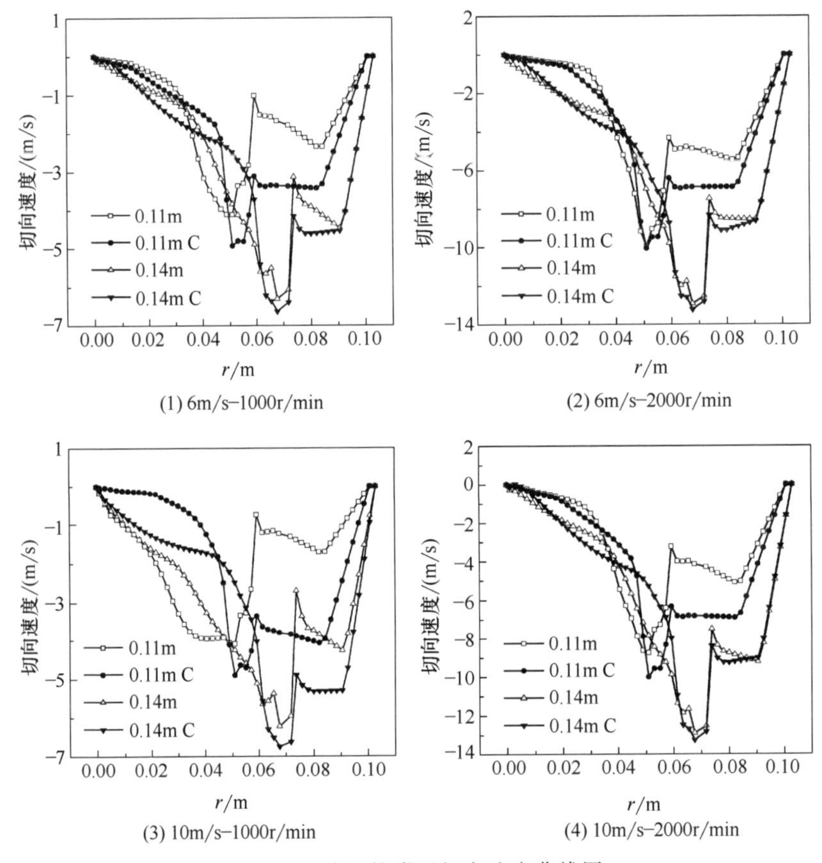

图 6-27 分级轮附近切向速度曲线图

对分级轮附近切向速度曲线进行分析。分析比较图 6-27（1）、图 6-27（2）、图 6-27（3）和图 6-27（1）可以发现，在进风速度较大（10m/s），分级轮转速较小（1000r/min）时，分级轮外侧（r>0.063m）采用切向进风时，气流的切向速度都大于中部进风。这是因为气流由进风口进入分级腔后，沿着分级腔内部旋转，进一步加强了分级轮外侧的切向速度造成的，而切向速度的适当增大有利于粗细颗粒的有效分级。在图 6-27（3）中，分级轮高度为 0.11m 处采用中部进风时切向速度在分级轮内侧（r<0.045m）的气流速度大小变化异常，说明在进

风速度较大，分级轮转速较小时不利于粗细颗粒进行分级。

采用切向进风的进风方式，可以有效提高气流分级机的分级效率。采用切向进风的进风方式可以使分级轮外侧的切向速度分布更加均匀，使粗细颗粒在分级轮外侧所受切向力更加稳定，从而有利于粗细颗粒的分离。同时提高分级轮外侧的切向速度，可以使颗粒所受的离心力增大，粗颗粒更容易被甩出，粗细颗粒的分离更加彻底。

4. 改进前后分级轮内侧轴向速度分布

对改进前后分级轮内侧轴向速度分布进行研究。当粗细颗粒在分级机作用下成功分离后，细颗粒通过分级轮叶片进入分级轮内部，这时颗粒在向上的空气拽力作用下在分级轮内侧轴向上升。因此轴向速度的大小将决定颗粒能否顺利通过分级轮内侧，最终被收集装置所收集。当分级轮内侧的轴向速度较大时，颗粒快速上升，将造成分级轮上部的细颗粒浓度增加，当分级轮上部浓度达到一定程度，会导致颗粒间发生激烈的碰撞，导致分级机的分级效率下降。因此需要对分级轮内侧的轴向速度分布进行研究，适当减小分级轮内侧的轴向速度，提高轴向速度的稳定性，达到提高气流分级机分级效率的目的。

从分级轮内侧的轴向速度分布入手，研究不同进风方式时分级轮内侧切向速度的分布规律。在不同分级轮转速和进风速度时，分级腔内的气流轨迹分布大致相同，此处比较在进风速度为 6m/s，分级轮转速为 2000r/min 时，分级轮内侧区域的轴向速度分布。采用中部进风时，分级轮内侧轴向速度分布如图 6-28 所示。

研究分级轮内侧轴向速度的分布规律。图 6-28（1）、图 6-28（2）、图 6-28（3）和图 6-28（4）比较了不同进风速度时分级轮内侧轴向速度的分布，分析图 6-28（1）可以发现，当分级轮转速较低，进风速度较小时，采用两种进风方式对分级轮内侧轴向速度分布影响不大，速度流场分布相似。比较图 6-28（1）和图 6-28（2），随着分级轮转速增大，分级轮内侧轴向速度分布趋势相同，但是采用中部进风时，分级轮内侧轴向速度出现负值的区域较大，因此采用切向进风时，轴向速度分布更加均匀。比较图 6-28（1）和图 6-28（3），可以发现当进风速度较大，分级轮转速较小时，采用切向进风时分级轮内侧的轴向速度分布更加均匀，说明采用切向进风可以改善由于分级轮内侧轴向速度的突变，使分级轮内侧轴向速度分布更加稳定。比较图 6-28（3）和图 6-28（4）可以发现随着分级轮转速增大，分级轮内侧的轴向速度分布会逐渐变得均匀。采用切向进风的进风方式，可以有效减小分级轮内侧气流的轴向速度，使轴向速度分布更加均匀。因此采用切向进风的进风方式可以有效防止细颗粒进入分级轮后在内部发生碰撞的概率，使细颗粒可以高效快速通过分级轮内部，最终被收集装置所收集，从而提高气流分级机的分级效率。

5. 进风口位置对气流分级机性能的影响

探究不同进风口位置对气流分级机分级性能的影响。本研究以评价分级的主

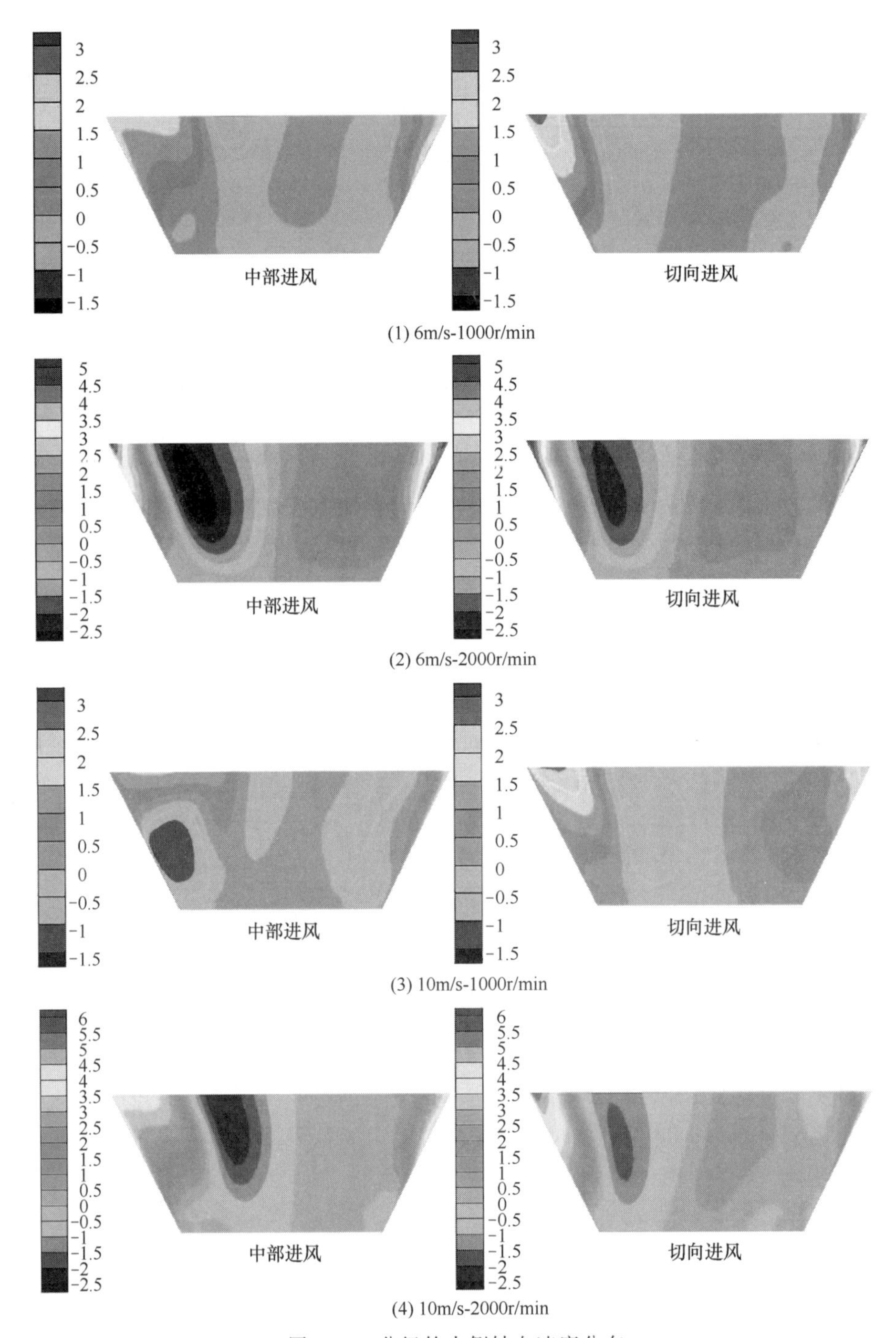

图 6-28 分级轮内侧轴向速度分布

要参数——颗粒分级效率、分级精度和切割粒径为评价指标，分析采用切向位置进风能否有效提高气流分级机的分级效率。模拟不同粒径的淀粉颗粒在不同操作参数下的颗粒分级效率，气流分级机的颗粒分级效率如图 6-29 所示。

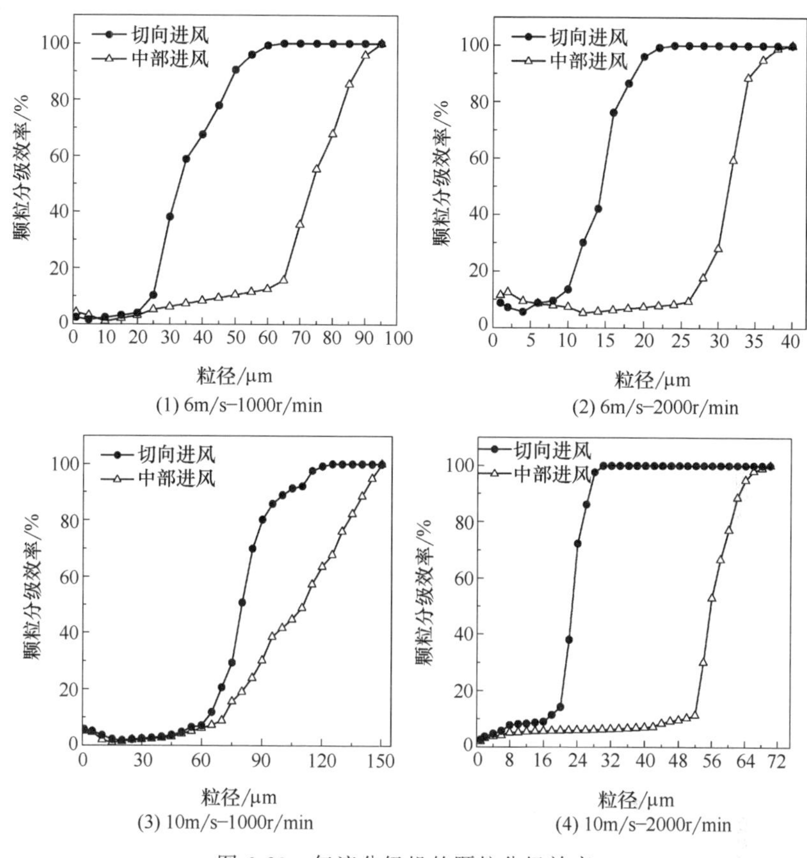

图 6-29　气流分级机的颗粒分级效率

研究气流分级机在不同进风方式时淀粉颗粒的分级效率。从图 6-29（1）中可以发现，随着颗粒粒径的增大，无论采用中部进风还是切向进风，颗粒分级效率都逐渐增大，但是采用切向进风时的颗粒分级效率明显要高于采用中部进风时，产品的粒径分布更窄。从图 6-29（2）、图 6-29（3）和图 6-29（4）中可以看出，无论改变进风速度或者是改变分级轮转速，采用切向进风时的颗粒分级效率更高，分级后颗粒的粒径更小。分析比较图 6-29（1）和图 6-29（3）可以发现，当分级轮转速较小时，进风速度较大时，采用切向进风时气流分级机的分级效率更加稳定，说明采用切向进风比中部进风时的工作性能更加稳定。

采用切向进风的进风方式时，分级轮内侧的轴向速度分布都更加均匀和稳定。相比采用中部进风的进风方式，采用切向进风时具有以下优势：一是分级轮内侧出现极小值的轴向速度区域面积更小；二是在进风速度较大，分级轮转速较小时，分级轮内侧轴向速度分布更加均匀，有利于粗细颗粒的分级；三是在相同操作条件下，轴向速度分布极值相差更小，有利于细颗粒顺利通过分级轮内侧而被收集。这可能是由于采用切向进风时，气流进入分级腔后可以快速绕着分级腔内壁旋转，使分级轮附近的速度流场更加均匀稳定。采用中部进风时，气流进入分级腔后会破坏分级轮周围的速度流场，尤其当分级轮转速较低，进风速度较大时，气流会直接进入分级轮内部，干扰分级轮内侧轴向速度，导致细颗粒无法顺利通过分级轮内侧，影响气流分级机的分级精度和分级效率。

对不同工况下，采用不同进风方式时气流分级机的切割粒径（d_{50}）和分级精度（K）进行对比研究。气流分级机的切割粒径和分级精度如表 6-4 所示。

表 6-4　　气流分级机的切割粒径和分级精度

操作参数	$d_{50}/\mu m$		K	
	中部进风	切向进风	中部进风	切向进风
6-1000	74.5	32.9	0.811	0.711
6-2000	30.6	14.5	0.854	0.832
10-1000	92.5	76.8	0.694	0.732
10-2000	55.7	22.6	0.845	0.775

从表 6-4 中可以看出，在四种操作参数下，采用切向进风时气流分级机的切割粒径 d_{50} 都更小。结果与分级腔内气流轨迹分析、分级轮外侧区域切向速度分析和分级轮内部区域轴向速度分析相吻合，证明采用切向进风的进风方式可以有效减小分级后产品的切割粒径，得到的产品颗粒粒径更小。

采用切向进风的进风方式时，气流分级机的分级精度 K 变低。这可能是由于采用切向进风时气流在分级腔内产生旋流，造成粒径较小的颗粒由于质量太小，在气流作用下绕着分级腔内壁旋转无法进入分级腔内。在模拟分析时由于 FLUENT 计算步数的限制，在一定计算时间和长度限制下，这部分旋转的粒子无法被捕捉。而采用中部进风时可以有效打破物料在分级腔的旋转，在相反运动的旋转气流对撞后可以迅速进入分级腔内侧，使这部分细小颗粒被快速收集。

第四节　仿真分析

经过第对气流分级机的进风口位置改良后，发现圆形分级腔切向进风时虽然可以有效改善分级轮内外区域的流场，提高分级效率，降低产品的切割粒径，但是存在部分气流在分级腔内旋转，导致极小颗粒无法产于分级轮的分级的问题。为了成功打破分级腔内的旋流流场，使粉体颗粒可以顺利与分级轮发生分级，已有研究将分级腔结构制造成蜗壳的形状，并采用双向平行进风口安装在分级轮两侧，其优点是物料在风力作用下进入分级腔后就可以使分级轮和物料直接处在同一个水平面上，更加有益于颗粒的分级，能有效提高分级效率和分级精度。

本研究通过研究进风速度、分级轮转速和分级轮叶片数量对气流分级机性能的影响及其变化规律，并运用响应面分析法对气流分级机进行参数优化，以求得气流分级机分级的最佳条件。

一、物理模型及网格划分

气流分级机由分级轮和分级腔组成。分级轮部分：叶片包括上下两部分，上部分叶片的长、宽、厚度分别为30mm、27mm、3mm，下部分叶片长、宽、厚度分别为12mm、65mm、3mm，分级轮的内径为38mm；分级腔部分，采用蜗壳结构和对称双向进风，进风口的长、宽、高分别为120mm、30mm、95mm，分级腔蜗壳的开角为15°，上部细粉出口和下部粗粉出口的直径均为60mm，气流分级机模型如图6-30所示，分级轮叶片结构图如图6-31所示。

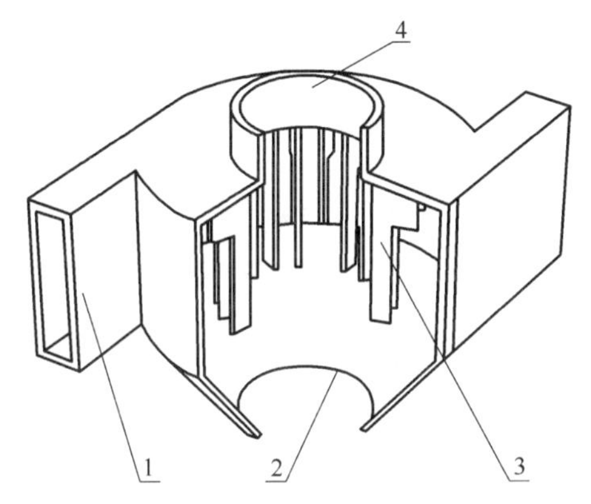

图6-30　气流分级机模型

1—进风口　2—粗粉收集口

3—分级轮叶片　4—细粉出口

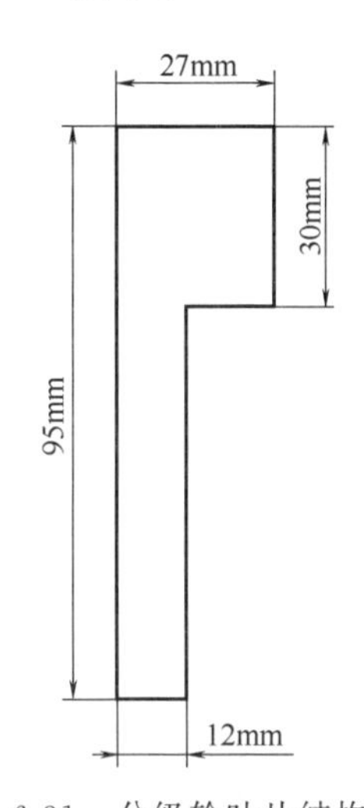

图6-31　分级轮叶片结构图

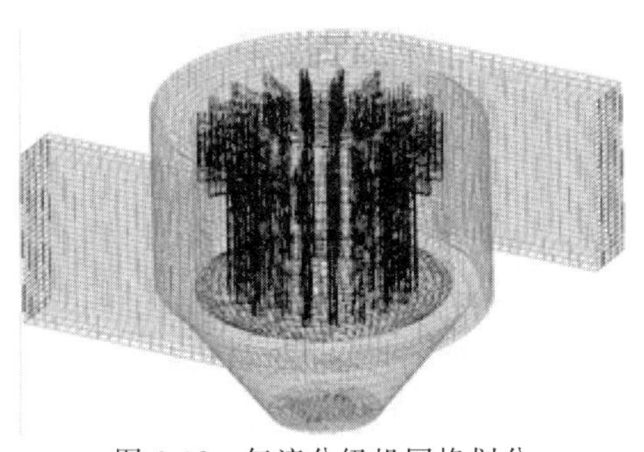

图6-32　气流分级机网格划分

在Solidworks里建立三维模型后，通过STEP文件导入ICEM进行结构化网格划分，具体步骤为使用Block虚拟拓扑方法创建六面体结构化网格，并对分级轮叶片区域进行边界层网格加密，最终网格质量在0.5以上，气流分级机网格划分如图6-32所示。

二、影响气流分级机分级性能的操作参数

1. 进风速度

进风速度的大小直接决定了气流在分级腔内的运动轨迹，从而对分级轮周围的流场起着重要的作用。进风速度较小会造成颗粒无法分散抑或是带动颗粒在分

级轮附近漂浮，导致分级效率下降；进风速度过大会造成颗粒由于气流速度过快，导致粗颗粒在较大空气拽力作用下混入细粉中，导致产品颗粒的中值粒径增大，因此需要对进风速度进一步研究。

2. **分级轮转速**

分级轮转速的大小直接决定了粉体颗粒所受离心力的大小。在所受空气拽力相近时，粗颗粒所受离心力大于细颗粒，更容易被分级轮甩出从而粗细分离分离，因此适当提高分级轮转速可以提高分级精度；但是分级轮转速过大，将造成叶片间的湍流强度增大，导致颗粒在分级轮叶片间碰撞，导致细颗粒无法顺利通过分级轮叶片抑或是粗颗粒由于激烈碰撞进入细粉中，因此需要对分级轮转速进一步研究。

3. **分级轮叶片数量**

在相同分级轮叶片、叶片安装角度和安装内径时，分级轮叶片数量将决定叶片之间气流流道的大小，气流流道的大小决定了颗粒在叶片间的流动。当分级轮叶片数量太多会造成颗粒叶片间流道过窄，叶片间流通面积过小会阻碍细颗粒顺利进入分级轮内部从而不利于分级；当叶片数量较小时，颗粒可能会直接随气流进入分级轮内部，导致气流分级机的分级性能失效，因此需要对分级轮叶片的数量进一步研究。

三、不同操作参数对气流分级机性能的影响

1. **进风速度对气流分级机性能的影响**

研究进风速度对气流分级机切割粒径的影响，在分级轮转速为1600r/min，分级轮叶片数量为20，研究进风速度在4、8、12、16、20、24和28m/s时气流分级机切割粒径的大小，进风速度对切割粒径的影响如图6-33所示。

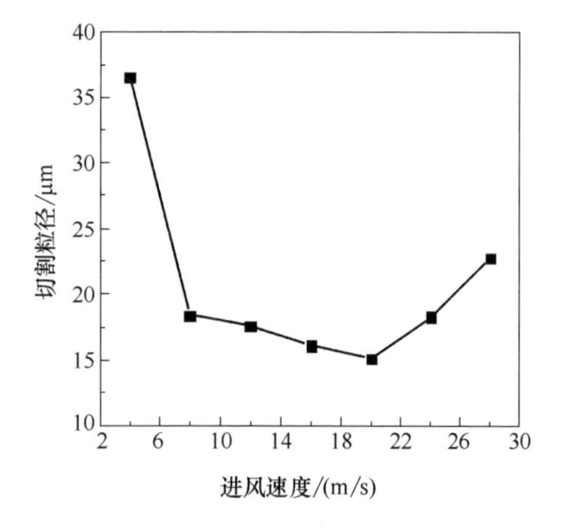

图6-33 进风速度对切割粒径的影响

从图6-33中可以看出，随着进风速度的增大，气流分级机的切割粒径呈现先减小后增大的趋势，当进风速度为20m/s时，切割粒径达到最小值。当进风速度较小时，适当地增大风速有助于粉体颗粒更好地在分级腔中运动，即更有助于颗粒的分散，达到更加的分级效果，减少产品中粗颗粒的混入量，因此分割粒径减小；但是随着进风速度增大，气流对颗粒的空气拽力会进一步增大，强行将粗颗粒拽入分级轮内部，造成切割粒径增大。

2. **分级轮转速对气流分级机性能的影响**

研究分级轮转速对气流分级机切割粒径的影响，在进风速度为 16m/s，分级轮叶片数量为 20 时，研究分级轮转速在 800、1600、2400、3200、4000、4800 和 5600r/min 时气流分级机切割粒径的大小，分级轮转速对切割粒径的影响如图 6-34 所示。

从图 6-34 中可以看出，随着分级轮转速的增大，气流分级机的切割粒径呈现先减小后增大的趋势，当分级轮转速为 3200r/min 时，切割粒径达到最小值。当分级轮转速较小时，适当地增大分级轮转速有助于提高粗颗粒所受离心力的大小，粗颗粒更容易和细颗粒发生分离，减小了产品中粗颗粒的混入量，可以有效减小切割粒径；但是随着分级轮转速增大，会造成叶片间的气流湍动能急剧增加，进一步导致颗粒与分级轮叶片发生剧烈碰撞，在强大的碰撞力下粗颗粒与叶片发生弹跳进入产品中，造成切割粒径增大。

3. **分级轮叶片数量对气流分级机性能的影响**

研究分级轮叶片数量对气流分级机切割粒径的影响，在进风速度为 16m/s，分级轮转速为 2800r/min 时，研究分级轮叶片数量在 8、10、12、14、16、18 和 20 时气流分级机切割粒径的大小，分级轮叶片数量对切割粒径的影响如图 6-35 所示。

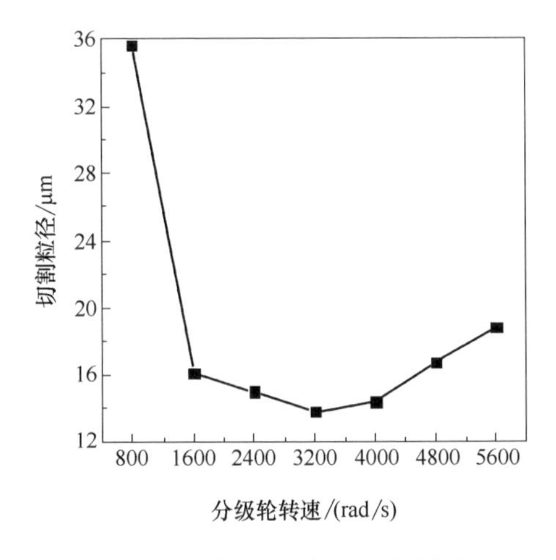

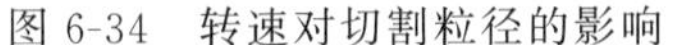
图 6-34　转速对切割粒径的影响

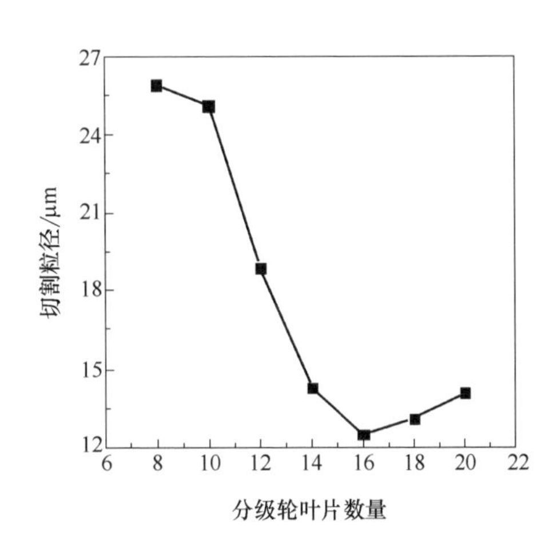

图 6-35　分级轮叶片数量对切割粒径的影响

从图 6-35 中可以看出，随着分级轮叶片数量的增加，气流分级机的切割粒径呈现先减小后增大的趋势，当分级轮叶片数量为 16 时，切割粒径达到最小值。叶片通道是颗粒进入到分级轮内的必经之路，叶片间距的大小会对叶片通道内的流场产生影响，因此叶片数量决定了叶片间距，进一步影响了切割粒径。当分级轮叶片数量较小时，适当地增大分级轮叶片数量有助于减小叶片间的流道间隙，从而有助于增加叶片间的径向速度，减小切向速度，减小颗粒与分级轮叶片间的碰撞，分割粒径减小；但是分级轮叶片数量过多时会导致叶片间的流通面积过小，阻碍细颗粒顺利通过叶片间的通道，造成产品中细粉的比例大大减小，粗颗粒由于本身数量明显小于细颗粒，因此在通过叶片间流场时所受影响远远小于细颗粒，此消彼长之下，造成切割粒径会有短时间的增大，最后随着分级轮叶片数目过大，粗细颗粒都无法穿过叶片间隙，气流分级机无法正常工作，因此不再考虑。

四、响应面优化分析

1. 响应面优化模拟试验

根据Box-Benhnken试验设计原理，在单因素试验的基础上，采用进风速度、分级轮转速和分级轮叶片数量为自变量，以切割粒径为响应值，用软件Design-Expert 8.0.5b软件进行三因素三水平响应面分析，响应面试验的因素及水平分析如表6-5所示，响应面试验设计与结果如表6-6所示。

表6-5　　响应面试验因素分析

编码	A 转速/(r/min)	B 进风速度/(m/s)	C 分级轮叶片数量
-1	2400	16	14
0	3200	20	16
1	4000	24	18

表6-6　　响应面试验设计与结果

试验号	A	B	C	Y 分割粒径/μm
1	−1	−1	0	16.5
2	1	−1	0	13.7
3	−1	1	0	19.7
4	1	1	0	14.0
5	−1	0	−1	19.6
6	1	0	−1	15.5
7	−1	0	1	18.7
8	1	0	1	13.5
9	0	−1	−1	16.3
10	0	1	−1	19.7
11	0	−1	1	15.3
12	0	1	1	16.9
13	0	0	0	11.6
14	0	0	0	12.1
15	0	0	0	11.5
16	0	0	0	11.3
17	0	0	0	11.8

2. 二次回归方程和方差分析

对表6-6数据进行多元二次方程回归拟合与方差分析，得到的二次回归方程：

$$Y=11.66-2.22A+1.06B-0.84C-0.73AB-0.27AC-0.05BC+1.79A^2-2.52B^2+3.37C^2 \quad (6\text{-}33)$$

为了分析二次回归方程的有效性，进一步对回归模型进行方差分析，回归模型方差分析如表 6-7 所示。

表 6-7　回归模型方差分析

方差来源	平方和	自由度	均方	F 值	P 值
模型	154.28	9	16.14	143.79	<0.000 1**
A	39.60	1	39.60	332.22	<0.000 1**
B	9.03	1	9.03	75.76	<0.000 1**
C	5.61	1	5.61	46.07	0.000 2**
AB	2.10	1	2.10	16.64	0.004 0**
AC	0.30	1	0.30	2.54	0.155 2
BC	1.00E-002	1	1.00E-002	0.08	0.780 5
A^2	13.57	1	13.57	113.80	<0.000 1**
B^2	26.74	1	26.71	224.29	<0.000 1**
C^2	46.82	1	46.82	401.11	<0.000 1**
残差	0.83	7	0.12		
失拟项	0.46	3	0.15	1.66	0.311 5
纯误差	0.37	4	0.41		
总变异	155.11	16	0.09		

** 表示差异极显著，$P<0.01$；* 表示差异显著，$P<0.05$。

由表 6-7 可知，分割粒径的模型极显著（$P<0.01$），且 2 个模型的失拟项不显著（$P>0.05$），表明非试验因素影响较小，模型较合理。分割粒径的相关系数 $R^2=0.9877>0.8$，表明各因素和分割粒径之间的线性关系好，校正系数 $R^2_{Adj}=0.9485$，表明此模型可用于解释响应值中 94.85%的变化；试验所得的变异系数 $C.V.$ 值为 2.26%<10%；信噪比为 31.447>4。综上所述，模型可用于分析气流分级机分割粒径的预测和模拟。

模型中 A、B 和 C 对 Y 的影响极显著（$P<0.01$）；交互项 AB 对 Y 的影响极显著（$P<0.01$），AC 和 BC 对 Y 的影响不显著（$P>0.05$）；二次项 A^2、B^2 和 C^2 对 Y 的影响极显著（$P<0.01$）。对 F 值分析可知，对分割粒径影响的大小顺序为 $A>B>C$，即分级轮转速>进风速度>分级轮叶片数量。

3. 响应面交互作用分析

由图 6-36 可知，分级轮转速和进风速度都对分割粒径有较大的影响，两者交互作用的响应面图陡峭，交互作用明显。由图 6-37 可知，分级轮转速对分割粒径的影响大于分级轮叶片数量，两者交互作用的响应面图曲面较陡峭，说明两者存在一定交互作用，但由方差分析可知交互作用不明显。由图 6-38 可知，进风速度对分割粒径的影响大于分级轮叶片数量，两者交互作用的等高线图趋向于椭圆，说明有一定交互作用，但由方差分析可知交互作用不明显。

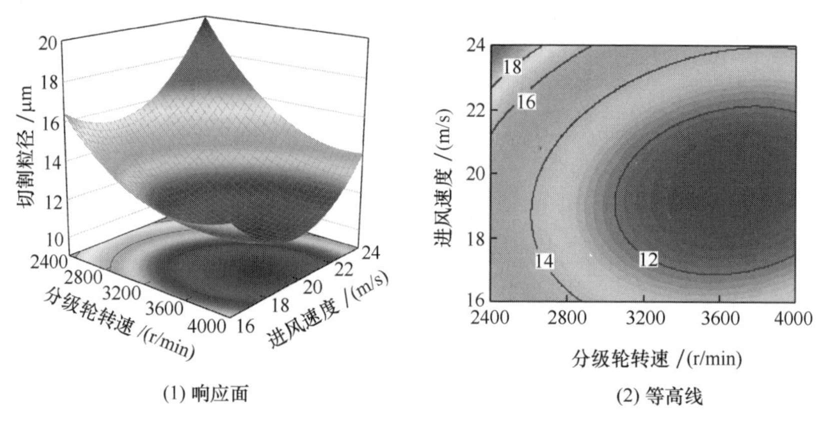

图 6-36　转速和进风速度对分割粒径交互作用的响应面图和等高线

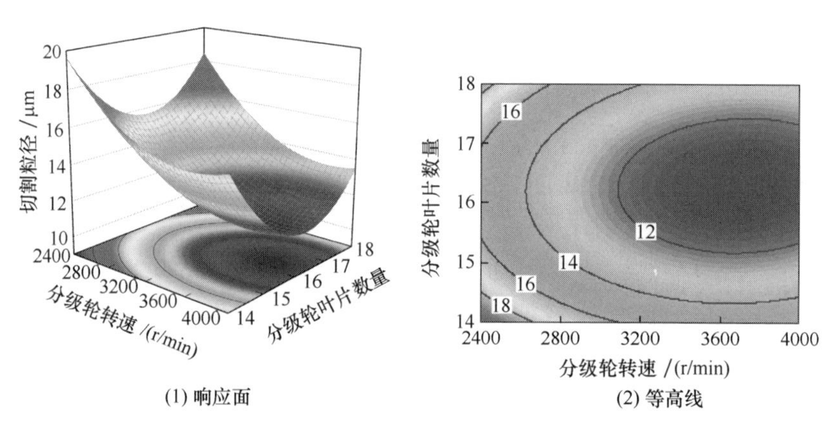

图 6-37　转速和叶片数量对分割粒径交互作用的响应面图和等高线

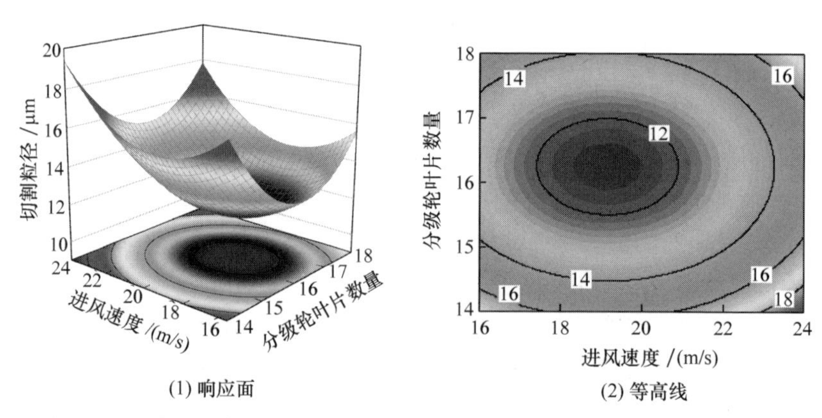

图 6-38　进风速度和叶片数量对分割粒径交互作用的响应面图和等高线

通过对分割粒径回归模型进行分析，得出气流分级机最佳参数条件为：分级轮转速为 3378r/min，进风速度为 19m/s，分级轮叶片数量为 16，该条件下气流分级机的分割粒径预测值为11.1μm。在上述最佳条件下设计3组平行模拟实验进行验证，求得气流分级机的分割粒径为11.2μm，与预测值的相对偏差为0.9%，表明该模型对马铃薯淀粉切割粒径有较好的预测效果。

第五节　气流分级机的应用

气流分级机被广泛应用于化工、医药、食品以及非金属等行业，用于对粉体分离、除铁、精选等有效分级得到微纳米颗粒，对现代食品、医疗、化工、矿业等行业的发展具有重要意义。

第七章　静电场湿法分级装置

第一节　引　　言

静电场湿法分级基本原理是电泳，即液体中带电粒子在静电场作用下作定向迁移运动。早在1807年，俄国学者Ferdinand Frederic Reuss首次观察到电泳现象。1948年，瑞典科学家Tiselius将电泳定义为带电胶体粒子在电场中的迁移。经过两个多世纪的发展，电泳技术在分子生物学、免疫学、胶体化学等领域获得广泛应用。然而，利用荷电粒子在电场中移动进行超细粉体湿法分级的研究直到20世纪末期才见诸报道。

在国内相关文献中，仅有南京理工大学超细粉体中心李凤生团队对静电场湿法分级技术开展过相关实验探究。研究人员针对超细炸药等易燃易爆粉体，提出了静电场湿法分级方法，实验原理如图7-1所示。采用340V直流电源产生的静电场，电场强度约为43V/m，对物料浓度为3%、中值粒径为5.53μm的超细炸药黑索金颗粒分级20 min，得到中值粒径为2.03μm的细产品。而在不施加静电场的条件下，收集到的细产品中，最大颗粒直径为6.25μm，中值粒径为3.57μm。该研究通过实验研究证明了静电场对超细粉体分级性能的促进作用，但对静电场湿法分级的内在机制以及各因素对分级性能的具体影响规律均未进行深入研究。

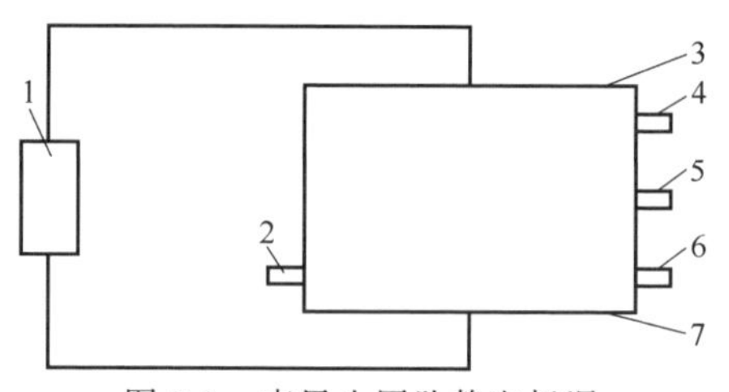

图7-1　李凤生团队静电场湿法分级实验原理示意图

1—直流稳压电源　2—进料口　3—上电极板　4—上出料口　5—中出料口　6—下出料口　7—下电极板

国外关于静电场湿法分级技术的研究则相对较多。在2005年，由泰国朱拉隆功大学Wongsarivej Pratarn和日本广岛大学Hideto Yoshida等学者联合开发了图7-2（1）所示的底流收集器增设电极的静电水力旋流器，其特点是所用水力旋流器的底部设有收集器，收集器内部设有中心电极轴，外侧为圆柱形金属电极壁。通过实验发现，施加电压可以减小分级粒径，且发现溶液pH、中心电极直径和电极长度对粉体底流分级效率均存在一定影响。此后，Hideto Yoshida团队进一步对静电水力旋流器开展研究，通过在旋流器中心设置电极轴，在旋流器锥

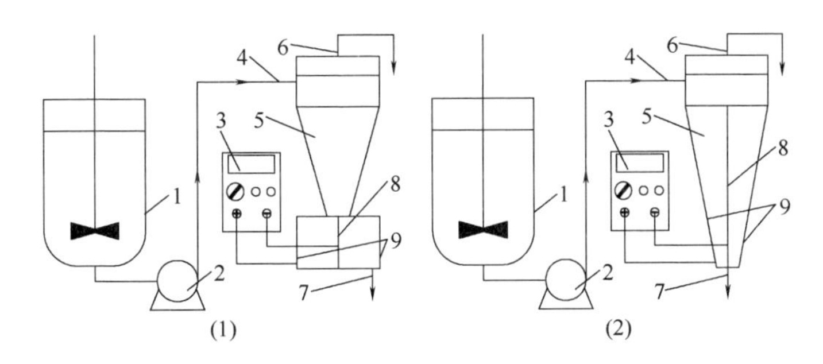

图 7-2　(1) 底流收集器增设电极的静电水力旋流器；
(2) 锥段增设电极的静电水力旋流器
1—原料罐　2—恒流泵　3—电源　4—进料口　5—旋流器
6—溢流口　7—底流口　8—中心电极　9—侧壁电极

段内壁设置金属片，并将二者分别与电源的负极和正极相连，形成了图 7-2 (2) 所示的旋流器锥段增设电极的静电水力旋流器，并先后考察了电极电压、物料浓度、进料流速以及旋流器锥段长度等因素对底流分级效率的影响。

此外，Hideto Yoshida 团队还注重开发新型结构形式的静电场湿法分级实验装置，先后设计了水平流动型静电场湿法分级实验装置和竖直流动型静电场湿法分级实验装置，分别如图 7-3 (1) 和图 7-3 (2) 所示。

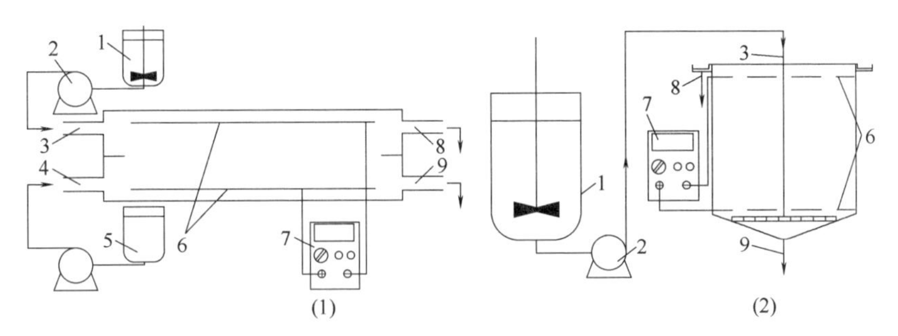

图 7-3　(1) 水平流动型静电场湿法分级实验装置；(2) 竖直流动型静电场湿法分级实验装置
1—原料罐　2—恒流泵　3—进料口　4—进水口　5—储水罐
6—电极板　7—电源　8—溢流口　9—底流口

图 7-3 (1) 所示为 Yoshida H 团队 2014 年的研究中报道的水平流动型静电场湿法分级实验装置，通过实验研究发现进料流速越小，颗粒水平方向运动速度越小，电场和重力场的作用时间增加，颗粒沉降增多，底流分级效率增大，分级粒径减小；施加 10V 电极电压，可将 1μm 颗粒的沉降时间从 24h 减小到 1h，分级效率大大提高。图 7-3 (2) 所示为 2014 年日立化学有限公司和广岛大学共同开发的竖直流动型静电场湿法分级实验装置，通过实验考察分流比、电极电压对底流分级效率的影响。结果发现，随着底流速率增加，底流分级效增大小，分级粒径减小；在 0～30V 内增加电压，分级粒径也将减小，且最小可将分级粒径减

小到约为0.62μm。2017年，Shirasawa N等在2014年研究的基础上，进一步考察了电压和分散方式对分级性能的影响，发现采用砂磨机分散处理后SiO_2颗粒表面Zeta电位高于超声分散处理，施加30V电压，可将分级粒径减小到0.55μm。

尽管上述学者对静电场湿法分级技术开展了一些实验研究，但是目前该技术仍然存在如下关键问题：①静电场湿法分级机制还不够清晰。静电场分级要求颗粒必须荷电，而目前关于静电场湿法分级的相关研究均未阐明液体中固体颗粒的荷电机制以及表面荷电量的计算方法，静电场湿法分级技术的理论基础还不够完善。②静电场湿法分级的多物理场仿真研究还比较缺乏。静电场湿法分级仿真涉及流场、重力场、电场的耦合求解和荷电颗粒的属性定义，由于颗粒表面荷电量难以直接测定，导致静电场湿法分级的仿真研究缺乏。③静电场湿法分级实验研究还不够深入。过去对静电场湿法分级的研究都是采用单因素方法对工艺参数（如电极、进料流速、分流比）或结构参数（如静电水力旋流器的锥段电极长度）开展实验，以部分分级效率评判分级性能。然而对于工艺参数和结构参数的交互作用并未进行相关分析；相关分析结果仅表明增大电压可以提高沉降颗粒的部分分级效率，对影响静电场湿法分级性能的因素未进行全面研究。

第二节 分级机制

一、液体中固体颗粒表面荷电机制

1. 液体中固体颗粒表面电荷来源

与极性介质（如水）接触的固体表面上总会呈现一定的电性，此时固体表面与其附近的液体会带有电性相反、电量相同的两层离子。液体中固体颗粒表面电荷来源主要有以下五个方面。

（1）固体电解质电离　有些固体粒子是电解质，在水中可离解成带正电荷的离子或带负电荷的离子，从而使整个大分子带电。如蛋白质等高分子电解质，它的羧基或氨基在水中解离成—COO^-或—$NH_4{}^+$，从而使蛋白质分子的剩余部分成为带电的离子。这类溶胶粒子的带电性质与介质的pH密切相关。以蛋白质为例，pH低时，分子带正电荷；pH高时，分子带负电荷。

（2）固体表面对离子的吸附　有些固体粒子可以通过对电解质正、负离子的不等量吸附而获得电荷。如石墨和纤维等非离子型晶体，可以从水中吸附H^+、OH^-等离子，从而呈现一定电性，胶体颗粒的带电也多属这种类型。影响固体颗粒对电解质正、负离子不等量吸附的因素主要有两个。首先水化能力强的离子往往留在水中，而水化能力弱的离子则容易被吸附于固体表面。由于阳离子的水化能力一般强于阴离子，所以固体表面带负电荷的可能性比正电荷大。其次，凡是与溶胶粒子的组成相同的离子最易被吸附，这是因为晶粒表面上容易吸附继续形成结晶格子的离子。

（3）离子晶体的溶解　由离子型的固体物质所形成的溶胶具有两种电荷相反的离子，如果这两种离子的溶解是不等量的，那么胶粒表面上也可以获得电荷。例如，在碘化银的晶格中，银离子的活动能力较强，结合力小于碘离子，所以 Ag^+ 比 I^- 更容易溶解。如果溶液中 Ag^+ 的浓度大于 $10^{-5.5}$ mol/dm^3，过量的 Ag^+ 就使胶粒表面带正电荷，而只要 I^- 的浓度超过 $10^{-10.5}$ mol/dm^3，过量的 I^- 就会使胶粒表面带负电荷。决定离子晶体粒子表面电性的因素主要是 H^+ 和 OH^- 的浓度。

（4）晶格取代　晶格取代是黏土粒子带电的特殊情况，在其他溶胶中很少见到。黏土是由铝氧八面体和硅氧四面体的晶格骨架组成，其中 Al^{3+} 或 Si^{4+} 通常会被一部分低价的 Mg^{2+} 和 Ca^{2+} 所取代，形成类质晶，结果使黏土晶格带负电，为维持电中性黏土表面就吸附一些正离子，而这些正离子在水中因水化而离开表面，于是溶液中黏土粒子带负电。

（5）摩擦带电　在非水介质中，有些固体的表面电荷来源于固体与液体介质间的摩擦。由于两相在接触时对电子有不同亲和力，这就使电子由一相流入另一相。一般，介电常数较大的一相将带正电，另一相则带负电。例如玻璃小球（ε＝5～6）在水（ε＝81）中带负电，在苯（ε＝2）中带正电。

基于上述五种方式，分散在水性体系中的大部分固体颗粒都将获得表面电荷。这些表面电荷会改变周围离子的分布情况，在微粒周围形成不同于本体溶液的一层。如果微粒发生移动，例如在布朗运动，这层也将作为颗粒的一部分发生移动。Zeta 电位是在滑移面的电位，滑移面以内的颗粒和离子作为一个整体运动。在该平面的电荷将对溶液中离子的浓度和类型非常敏感。不论正负，具有较高 Zeta 电位的同电荷号的颗粒之间都将互相排斥，通常将小于－30mV 和大于＋30mV 都视为高 Zeta 电位。当微细颗粒的表面彼此足够接近时，粒子间会产生相互静电作用；当处于外部电场中时，湿体系中这些荷电粒子会向与其电性相反方向的电极移动。

2. 双电层模型

由于静电吸引作用，溶液中带相反电荷的离子会向浸没在液体中的荷电粒子表面靠拢，这种被吸引的带相反电荷的离子称为反离子。反离子仍处于溶液之中，距固体表面存在一定距离，这就形成了双电层结构。为了描述液体中荷电颗粒表面离子的分布状态，研究学者先后提出了 Helmholtz 平行板电容模型、Gouy-Chapman 扩散双电层模型和 Stern 双电层模型。

（1）Helmholtz 平行板电容模型　双电层概念最早由 Helmholtz 于 1853 年提出，并建立了平行板电容模型。如图 7-4 所示 Helmholtz 平行板电容模型，固体表面为一个带电层，距固体表面一定距离的溶液中存在另一个带相反电荷的电层，二者相互平行且排列整齐，类似于一个平行板电容器。

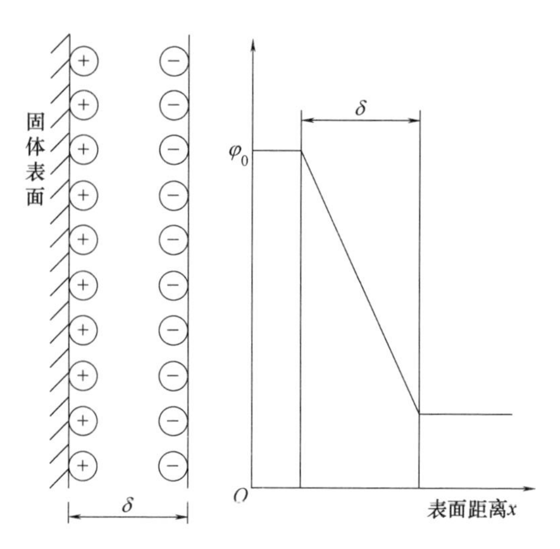

图 7-4 Helmholtz 平行板电容模型

如果两平行板之间距离是 δ，约为水化离子半径的大小，数量级约为 10^{-10}m，两平行板之间的总电位差为 φ_0，则有式（7-1）：

$$\varphi_0=\frac{4\pi\varepsilon\sigma}{\delta} \tag{7-1}$$

式中 ε——液体介质的介电常数

σ——固体表面电荷密度，C/m^2

δ——两平行板之间距离，m

尽管 Helmholtz 平行板电容模型在可以解释一些电动现象，但它忽略了离子在溶液中的热运动，无法解释带电表面与溶液发生相对移动时的两界面间的电势差，存在一定的局限性。

（2）Gouy-Chapman 扩散双电层模型 实际上，溶液中的反离子同时受到固体表面的静电吸引与离子本身无规则的热运动两种作用，从而在固-液界面附近建立起一定的分布平衡。靠近固体表面的反离子分布稠密而远离固体表面的反离子分布稀疏；随着距离增加，反离子浓度逐渐降低直至净电荷为零。为了更加准确描述双电层内的电荷与电位分布，Gouy 和 Chapman 于 1910 年左右提出扩散双电层模型，如图 7-5 所示。由于胶粒远大于离子，Gouy 和 Chapman 作了如下假设：

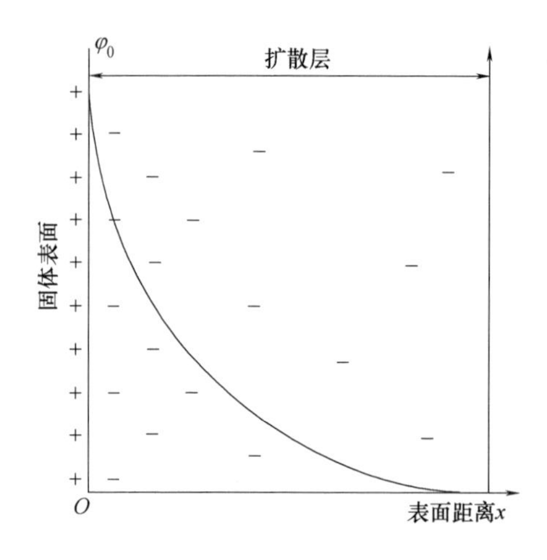

图 7-5 Gouy-Chapman 扩散双电层模型

① 固体表面是电荷均匀分布的无限大平面；

② 将扩散层内反离子视为点电荷，其分布符合玻尔兹曼能量分布定律；

③ 正、负离子的电荷数目相等，整个体系为中性；

④ 整个扩散成内溶剂的介电常数处处相等。

如图 7-5 所示，若固体表面带正电荷，电势为 φ_0，则距离表面一定距离处 φ 的电势可以用玻尔兹曼定律描述为式（7-2）：

$$\varphi=\varphi_0 e^{-kx} \tag{7-2}$$

式中，k 的倒数 $1/k$ 具有长度的量纲，称为有效扩散层厚度。

Gouy-Chapman 扩散双电层模型正确反映了溶液中反离子的扩散分布情况及电势变化，但没有考虑反离子的吸附作用。

（3）Stern 双电层模型　溶液中的电荷实际上都是以离子的形式存在的。对于真实离子，Stern 认为：①真实离子具有一定大小，这限制了固体表面离子的最大浓度和离固体表面的最大距离；②真实离子与带电固体表面之间除了存在静电相互作用，还有非静电相互作用，如范德华吸引作用。为此，Stern 发展了扩散双电层理论，提出以一个假想平面把双电层的溶液部分分为两个区域，此平面就是 Stern 平面。在 Stern 平面与固体平面之间的空间内，反离子受到强烈的静电吸引力和范德华引力，从而牢固地结合在固体表面，形成紧密的吸附层，即 Stern 层。Stern 层内的离子分布遵循朗格缪尔单层吸附理论，电位变化是线性的，从固体表面到 Stern 平面，电位从 φ_0 降到 φ_d。在 Stern 层之外，粒子在溶液中呈扩散分布，构成扩散层，该层的电荷和电位分布按照 Gouy-Chapman 扩散双电层模型处理。当产生动电现象时，固液界面之间的剪切面与液体之间的电位差叫作 ξ 电位（又称 Zeta 电位），剪切面通常在 Stern 平面略微靠外一点的溶液中。由于剪切面的位置难以确定，通常近似地将 ξ 电位看作 Stern 平面上的电位 φ_d。Stern 双电层模型如图 7-6 所示。

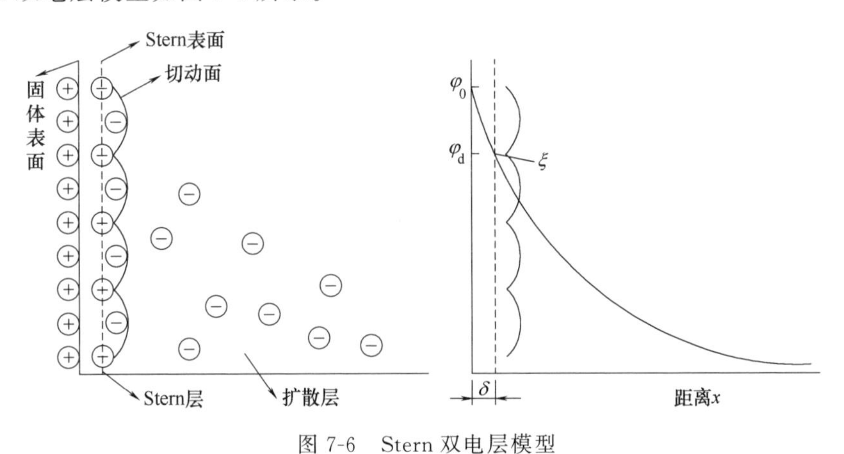

图 7-6　Stern 双电层模型

Stern 双电层模型考虑到离子大小，且后来经过 Grahame 的进一步发展，已经较为成熟，能很好地解释各种动电现象，目前得到了广泛使用。

3. 颗粒表面荷电量与 Zeta 电位的关系

从本质上看，在静电场作用下溶液中颗粒的定向迁移运动，与带有电荷的溶胶粒子的电泳现象一致的。当电场强度为 E，颗粒表面所带电荷量为 q 时，颗粒所受静电场力为 $F=qE$。在静电场作用下颗粒运动将受到介质阻力 R 的影响，这种阻力通常与颗粒的运动速率成正比。假设介质对颗粒的摩擦因数为 f，则当半径为 r 的荷电颗粒以速度 v 做匀速运动时，有 $qE=F=R=fv=6r\pi\eta v$，所以

有 $v=qE/6r\pi\eta$。令 μ_0 为荷电颗粒在单位电场强度下的移动速率，μ_0 称为电泳淌度，可推导出：

$$\mu_0=q/6r\pi\eta \tag{7-3}$$

式中 μ_0——电泳淌度，$m^2/(V \cdot s)$

q——球形荷电颗粒表面荷电量，C

r——球形荷电颗粒半径，m

η——液体介质黏度

为了讨论方便，将颗粒近似简化为球形，且认为颗粒是不导电的。在不同浓度的溶液中，颗粒表面 ξ 电位（又称 Zeta 电位）与其电泳淌度 μ_0 之间存在不同的对应关系，颗粒表面荷电量计算方式也不相同。令 r 为颗粒半径，k^{-1} 为扩散成厚度，下面分别针对不同浓度下的颗粒表面荷电量理论计算方法进行讨论：

（1）$kr<0.1$　即在颗粒半径 r 较小的稀溶液中，扩散双电层的分布较宽，把颗粒表面水化层也包括在颗粒半径之内也不会有很大误差，所以移动的颗粒表面电位可以近似看作是 ξ 电位。根据 Hückel 公式，有 $\mu_0=\varepsilon\xi/1.5\eta$，此时颗粒表面荷电量 q 与 ξ 电位存在式（7-4）的对应关系：

$$q=4\pi\varepsilon\xi \cdot r \tag{7-4}$$

式中 ε——液体介质的介电常数

ξ——颗粒表面 Zeta 电位，V

（2）$kr>100$　即颗粒半径 r 远大于扩散层厚度 k^{-1}，这相当于颗粒浓度很高的情况，可近似将颗粒表面看作为平面或者曲率较小的情况。根据 Helmholtz-Smoluchowoski 公式，有 $\mu_0=\varepsilon\xi/\eta$，此时颗粒表面荷电量 q 与 ξ 电位存在式（7-5）的对应关系：

$$q=6\pi\varepsilon\xi \cdot r \tag{7-5}$$

（3）$0.1<kr<100$　在这种条件下，可变参数较多，数学处理困难，为此需要作如下限制条件：

① 颗粒是非导体的小球；

② 稀溶液、颗粒间无作用力；

③ 双电层结构符合 Gouy-Chapman 模型，切面符合 Stern 层界面；

④ 在双电层内 ε 和 η 为常数；

⑤ 双电层内的电位和外加电场可以叠加处理。

根据以上条件，此时颗粒的电泳淌度 μ_0 和 Zeta 电位的关系由 Henry 公式给出：

$$\mu_0=\frac{\varepsilon\xi}{1.5\eta}\left\{1+\frac{1}{16}(kr)^2-\frac{5}{48}(kr)^3-\frac{1}{96}(kr)^4+\frac{1}{96}(kr)^5-\left[\frac{1}{8}(kr)^4-\frac{1}{96}(kr)^6\right]\exp(kr)\int_{\infty}^{kr}\frac{\exp(-t)}{t^n}dt\right\} \tag{7-6}$$

由式（7-3）和式（7-6）即可计算 $0.1<kr<100$ 时荷电颗粒表面荷电量。

在实际进行分级操作时，为了提高超细粉体颗粒的分散性，保证良好的分级效果，静电场作用下的超细粉体湿法分级通常是在颗粒浓度较低的条件下进行，因此超细粉体颗粒表面的理论荷电量可以近似采用 $kr<0.1$ 的情况进行计算。

二、静电场湿法分级原理

静电场湿法分级，即是利用在液体中微细颗粒表面呈现 Zeta 电位的特性，通过施加静电场，改变颗粒的受力状态和运动轨迹，从而对粒径大小不同的颗粒进行分级处理。为便于阐述静电场湿法分级原理，分别对处于静止流体介质和竖直上升流体介质环境中的荷电球形颗粒进行受力和运动状态分析。为了便于处理，这里假设荷电颗粒为球形，颗粒密度大于液体介质密度。

1. 球形荷电颗粒在静止流体介质中的运动分析

在流体介质静止的环境条件下，球形荷电颗粒将在重力场和静电场的共同作用下产生沉降运动。由于球形荷电颗粒表面荷电量与 Zeta 具有正相关的对应关系，因此对于具有相同 Zeta 电位的荷电颗粒而言，粗颗粒所受静电场力大于细颗粒。在颗粒沉降过程中，为了增大粗细颗粒间的沉降速度差以提高分级效率，应通过合理布置静电场使荷电颗粒所受电场力方向竖直向下。忽略荷电颗粒之间的相互作用力，则单个球形荷电颗粒受到的外力主要有重力、电场力、浮力和流体阻力，其受力示意如图 7-7 所示。

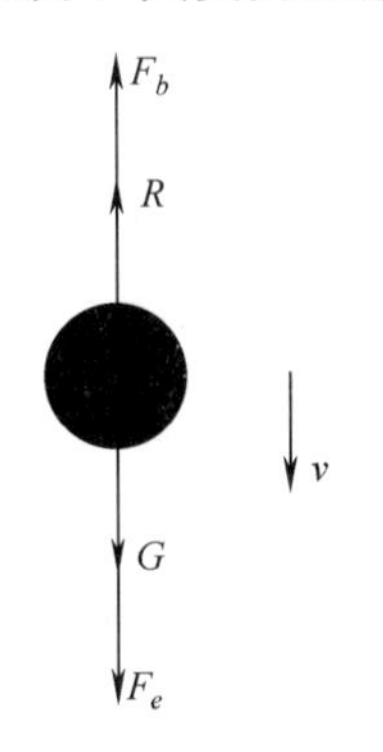

图 7-7　静止流体介质中球形荷电颗粒受力示意图
v 为球形荷电颗粒的沉降速度，m/s；F_b 为颗粒所受浮力，N；R 为颗粒沉降时所受流体介质阻力，N；G 为颗粒自身重力，N；F_e 为颗粒所受电场力，N。

其中，颗粒所受的重力、电场力和浮力与颗粒的密度、粒径、表面 Zeta 电位值及液体介质密度有关，与颗粒的沉降速度无关；流体阻力是关于雷诺数（Re）和颗粒形状的函数，它包括切应力产生的黏性阻力和颗粒形状引起的压差阻力两个方面。当雷诺数较小时，黏性阻力起主要作用；当雷诺数较大时，压差阻力起主要作用；当雷诺数中等时，二者均起作用。颗粒受力公式为：

重力：

$$G=\rho_p gV=\frac{1}{6}\pi\rho_p gd^3 \tag{7-7}$$

浮力：

$$F_b=\rho gV=\frac{1}{6}\pi\rho gd^3 \tag{7-8}$$

静电场力：

$$F_e=QE=4\pi\varepsilon\zeta rE=2\pi\varepsilon\zeta dE \tag{7-9}$$

介质阻力：

$$R=R_N+R_S \tag{7-10}$$

压差阻力：

$$R_N=\frac{\pi}{16}\rho d^2v^2 \tag{7-11}$$

摩擦阻力：

$$R_S = 3\pi\mu dv \tag{7-12}$$

式中 Re——雷诺数

ρ_p——球形荷电颗粒密度，kg/m^3

ρ——流体介质密度 kg/m^3

g——重力加速度，m/s^2

V——球形固体颗粒体积，m^3

R——介质阻力，N

R_N——压差阻力，N

R_S——摩擦阻力，N

r——球形荷电颗粒半径，m

d——球形荷电颗粒直径，m

E——电场强度，V/m

v——球形固体颗粒的沉降速度，m/s

μ——流体介质动力黏度，常温下水的动力黏度为 $\mu = 1.01\times10^{-3}$ Pa·s

静止介质中的球形固体颗粒在重力和电场力的作用下产生沉降运动，其速度将逐渐增大，同时颗粒所受介质阻力也逐渐增大。最终，颗粒所受外力将达到平衡，即颗粒加速度为零，颗粒达到匀速运动状态。当颗粒所受外力平衡时，有：

$$G - F_b + F_e = R \tag{7-13}$$

将式（7-7）～式（7-12）代入式（7-13），化简可得：

$$3\rho dv^2 + 144\mu v + 8(\rho - \rho_p)gd^2 - 96\varepsilon\xi E = 0 \tag{7-14}$$

这是一个关于颗粒沉降速度的一元二次方程，求解可得：

$$v_o = \frac{\sqrt{5184\mu^2 + 288\rho d\varepsilon\zeta E + 24gd^2(\rho_g - \rho)} - 72\mu}{3\rho d} \tag{7-15}$$

式中 v_o——球形荷电颗粒在静止流体介质中的终端沉降速度，m/s

式（7-15）即为静电场作用下的静止流体介质中球形荷电颗粒的终端沉降速度表达式。从式（7-15）可以看出，v_o与流体介质的动力黏度、密度、介电常数，荷电颗粒的密度、粒径、表面 Zeta 电位值以及电场强度大小等因素有关。对于处在相同重力场、流场和静电场环境中的球形荷电颗粒而言，流体介质的动力黏度、密度、介电常数和固体颗粒的密度均为固定值，故而不同粒径大小荷电颗粒的终端沉降速度 v_o与颗粒粒径 d、电场强度 E 和表面 Zeta 电位值有关，且呈现正相关。

类比离心分级机的分离因数，定义荷电颗粒所受静电场力与自身重力的比值为静电场湿法分级装置的分离因数 F_{re}，则根据式（7-7）和式（7-9）可得：

$$F_{re} = \frac{F_e}{G} = \frac{2\pi\varepsilon\xi dE}{\frac{1}{6}\pi\rho_p gd^3} = \frac{12\varepsilon\xi E}{\rho_p gd^2} \tag{7-16}$$

由式（7-16）可知，分离因数 F_{re}是一个与电场强度 E 和荷电颗粒粒径 d 有关的函数，即 F_{re}与电场强度 E 成正比，与颗粒粒径 d 的平方成反比。

2. 球形荷电颗粒在匀速上升流体介质中的运动分析

如图 7-8 所示的匀速上升流体介质中球形荷电颗粒的受力示意图，单个球形固体颗粒在匀速上升介质中的受力状态与在静止介质中的受力相同，所不同的只是流体介质的运动状态。因此，通过比较单个球形荷电颗粒在静止介质中的终端沉降速度与流体介质匀速上升速度的大小，即可判断颗粒在匀速上升介质中的运动状态。

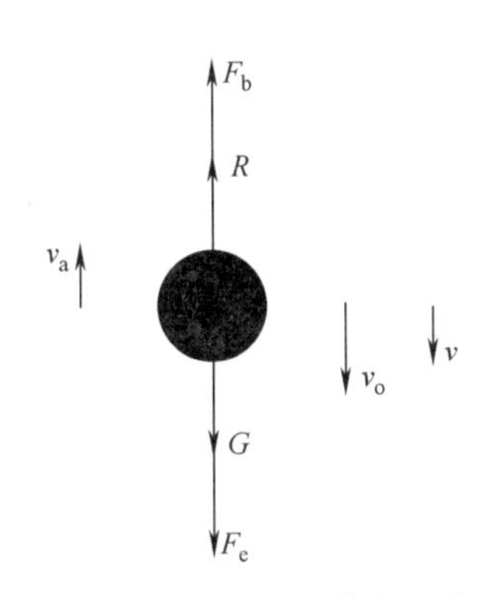

图 7-8　匀速上升流体介质中球形荷电颗粒的受力示意图
v_o为球形荷电颗粒在静止介质中的终端沉降速度，m/s；v_a为流体介质的匀速上升速度，m/s。

球形荷电颗粒与流体介质之间的相对沉降速度为：

$$v=v_o-v_a \tag{7-17}$$

由于不同粒径荷电颗粒的终端沉降速度 v_o与颗粒粒径 d 具有正相关的关系，设 $v_o=v_a$即在匀速上升流体介质中处于悬浮状态的球形荷电颗粒粒径为 d_o，则可以根据式（7-17）判断不同粒径大小荷电颗粒的运动状态，即：

当 $d>d_o$时，有 $v=v_o-v_a>0$，即粒径大于 d_o的球形荷电颗粒作沉降运动；

当 $d=d_o$时，有 $v=v_o-v_a=0$，即粒径等于 d_o的球形荷电颗粒处于悬浮状态；

当 $d<d_o$时，有 $v=v_o-v_a<0$，即粒径小于 d_o的球形荷电颗粒作上升运动。

上述分析表明，在流体介质竖直上升过程中，粒径较大的荷电颗粒将产生沉降，粒径级小的荷电颗粒则随流体介质上升，即实现了对不同粒径大小荷电颗粒的分级。

第三节　静电场湿法分级装置的结构设计

一、总体设计

如图 7-9 所示为本章设计的静电场湿法分级工艺流程，它主要由原料混合罐、强力电动搅拌机、恒流泵、直流稳压电源、转子流量计、分级实验装置、球阀、溢流产品罐和底流产品罐组成。其中分级实验装置是该实验系统的关键，为了增大粗颗粒的沉降速度提高分级效率，应通过合理布置静电场使荷电颗粒受到竖直向下的电场力。实验开始前，称取一定质量的超细粉体溶于去离子水，采用

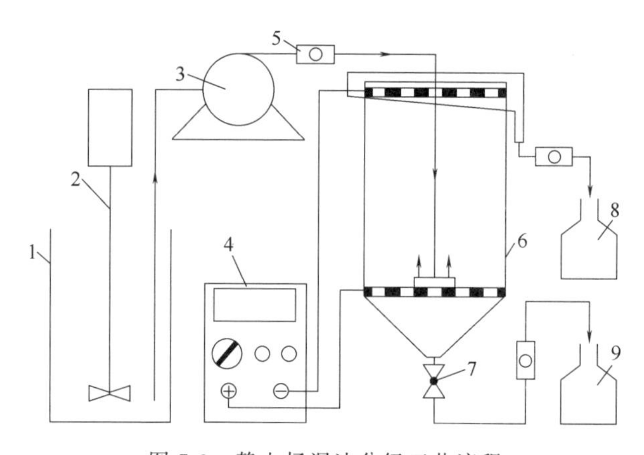

图 7-9 静电场湿法分级工艺流程

1—原料混合罐 2—强力电动搅拌机 3—恒流泵 4 直流稳压电源 5 转子流量计 6—分级实验装置 7—球阀 8—溢流产品罐 9—底流产品罐

强力电动搅拌机将其充分搅拌分散。实验时，开启恒流泵，混合均匀的浆料在恒流泵的作用下，沿进料喷头从进料喷孔进入分级室。在浆料上升过程中，粒径较大的粉体颗粒因为受到更大的电场力和重力而沉降，粒径较小的颗粒则因受到较小的电场力和重力而随液体介质溢流出去，从而实现对超细粉体的分级处理。在进料管路、溢流管路和底流管路均设有转子流量计，用于测定相应管路的体积流量。

如图 7-10 所示为本章设计的静电场湿法分级实验系统三维示意图。静电场湿法分级实验系统的三维结构主要包含分级实验装置、系统动力部件、原料罐、管路及其配件和装置支撑台架等。其中分级实验装置是本实验系统的核心部件，主要包括分级室筒体、进料喷头和正负电极板。系统动力部件包含恒流泵和直流稳压电源。管路包含进料管路、溢流管路和底流出料管路，每个管路上均安装有转子流量计，底流管路上还安装有球阀。经分级实验装置分级后，含有粗颗粒的浆料从底流管路进入原料罐，含有细颗粒的浆料从溢流管路进入分级室，从而实现混合物料的循环。原料罐和分级实验装置通过螺栓固定在系

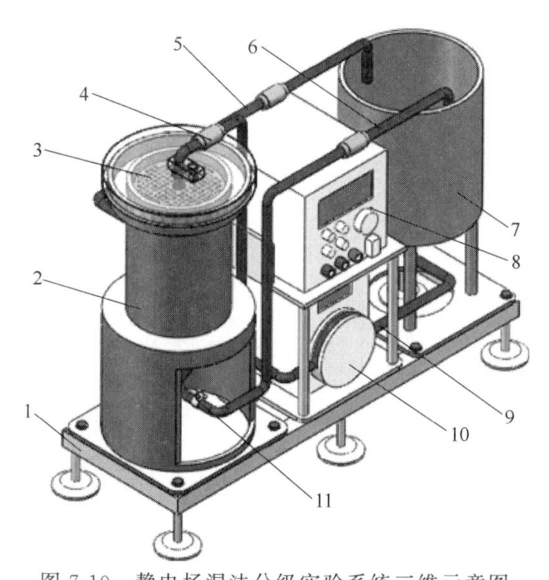

图 7-10 静电场湿法分级实验系统三维示意图

1—支撑台架 2—分级实验装置 3—电极板 4—转子流量计 5—溢流管路 6—底流管路 7—原料罐 8—直流稳压电源 9—进料管路 10—恒流泵 11—球阀

统支撑台架上，恒流泵和直流稳压电源放置在支撑台上。装置支撑台架主体通过3mm厚的矩形管焊接而成，底部设有6个可调地脚，以便保持整个系统的水平放置。

二、分级实验装置设计

分级实验装置是静电场湿法分级实验系统的关键部分，是超细粉体分级操作的主体设备。本章所设计的分级实验装置，是基于水力溢流分级机的结构模型，在分级室内增设了正、负电极板结构以产生静电场，并设计了进料喷头结构用于改进装置的进料方式。分级实验装置设计主要包括分级实验装置总体结构设计、分级室设计、进料喷头设计和电极板设计。

1. 总体结构设计

分级实验装置的设计是整个静电场湿法分级实验系统设计的关键，其基本设计要求有三点：①实现超细粉体静电场湿法分级的功能性要求，即通过合理布置静电场，使得液体中荷电固体颗粒能够在静电场作用下产生移动，从而改变颗粒运动轨迹以实现对粗细颗粒的分级处理；②保证操作过程的绝对安全性，避免实验时由于带电操作引发安全事故问题；③满足长期实验的稳定性要求，减小甚至消除液体通电引起的电化学反应，避免剧烈的电化学反应对实验结果造成不良影响。因此，本装置在设计过程中需要考虑的主要问题有：电极板的安放稳定性及可更换性、电极板的电化学稳定性、电极电压的连续可调性、进料喷头的可更换性、实验过程的直观可见性等。此外，由于流体介质为液体，必须保证分级室各连接部分之间以及进料喷头与分级室之间的良好密封性，避免产生流体介质泄露问题。

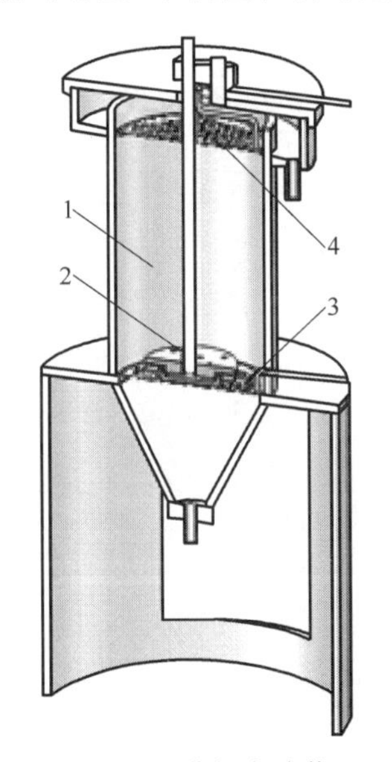

图7-11　分级实验装置三维示意图

1—分级室　2—进料喷头　3—下电极板　4—上电极板

如图7-11所示为分级实验装置三维示意图，该装置主要包括分级室、进料喷头以及上、下电极板等结构。分级室是整个分级实验装置的主体结构，其主要作用是作为物料分级过程的场所，具体可将其分为分级室筒体、底座、溢流槽以及顶部端盖四部分。其中分级室筒体用于实现对粗细颗粒的分级处理；底座的作用是支撑整个分级实验装置，保证分级过程平稳进行；溢流槽用于溢流物料的及时排出和收集；顶部端盖的作用有两点：一是避免实验过程中杂质落入分级室造成实验物料污染，二是通过平行管夹将进料喷头与顶部端盖连接、实现对进料喷头的固定和更换。电极板的主要作用是与外部直流稳压电源相连，通过调节直流稳压电源的输出电压，在两电极板之间形成电势差，从而产生稳定的静电场，为静电场湿法分级提供强大稳定的分级力场。进料喷头的作用是改进浆料的进料方式，将传统的分级室底部进料改为顶部进料，将分级室底部锥口作为底流出口，可以及时将粗颗粒排出分级室或实现粗颗粒在底部锥段富集，避免底部进料方式导致的粗颗粒的沉降与后续分级物料上升之间的干扰问题。

2. 分级室设计

如图 7-12（1）所示的分级室结构三维图，分级室筒体主体上采用传统的水力溢流分级机结构模型，即下段为锥形结构，上段为柱形结构。如图 7-12（2）所示的分级室二维剖视图，本章对分级室作了四点改进设计：①在分级室上部设有具有一定倾斜角度的溢流槽，以保证能够较为稳定地收集溢流产品；②在分级室筒体内壁设置有两个电极放置台阶，分别用于安放上、下电极板；③在分级室底部设计有支撑平台，以实现实验操作时分级室的平稳放置；④在分级室端盖上设计有进料喷头支撑杆，可以通过平行管夹将进料管与支撑杆进行锁紧连接，以实现对进料喷头的固定。

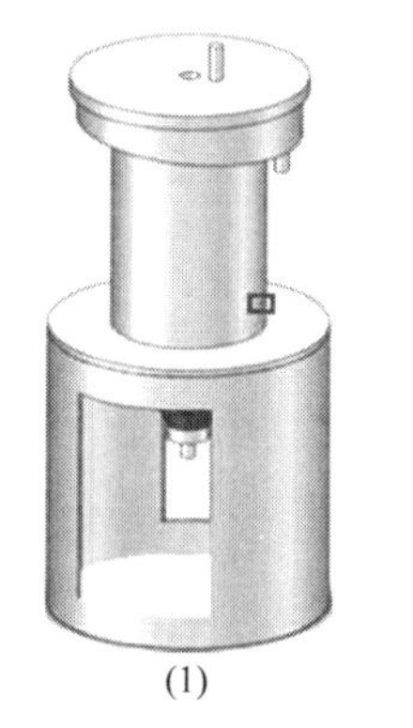
(1)

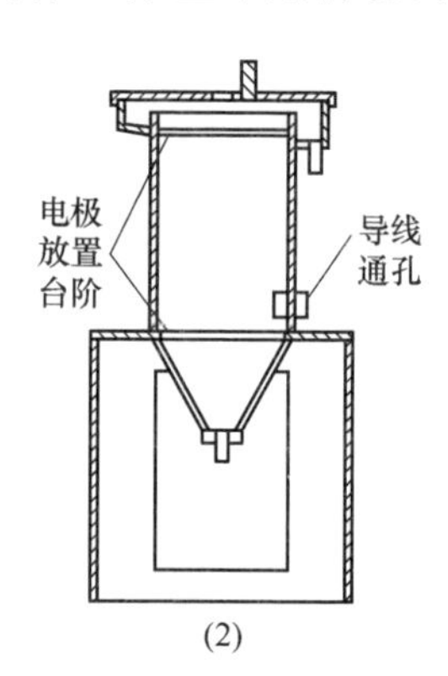

(2)

图 7-12 （1）分级室三维结构图；（2）二维剖视图

除上述改进设计，还需要考虑上、下电极板与外部直流稳压电源的接线问题。如图 7-12（2）所示，在下电极板上方 15mm 处的分级室筒体侧壁设有一个直径为 3mm 的导线通孔，以便于下电极板连接用导线通过，导线与分级室筒体之间采用有机玻璃胶水进行密封固连。上电极板的连接导线从端盖中心孔引出。

为便于直观观察分级过程中粉体颗粒物料的宏观运动状态，分级室筒体的材料采用高度透明的无色有机玻璃 PMMA，它具有透明度高、强度大、耐腐蚀、易加工、绝缘性好等优点。本章设计的分级室圆柱段内径为 100mm、高度为 166mm，锥段下底半径为 5mm、高度为 69mm，两电极板间距为 150mm。忽略分级室内进料喷头、电极板及其电极放置台阶的体积，可根据式（7-18）估算分级室的容积：

$$V=\left[\pi R^2 h_1+\frac{1}{3}\pi h_2(R^2+r^2+Rr)\right]\times 10^{-6} \tag{7-18}$$

式中 V——分级室容积，L

R——分级室圆柱段内半径，mm

r——分级室锥段下底半径，mm

h_1——分级室圆柱段高度，mm

h_2——分级室锥段高度，mm

将上述各设计参数代入式（7-18），计算得到分级实验装置的分级室容积约为1.5L。

3. 进料喷头设计

如图7-13所示传统水力溢流分级机的进出料方式，原料通过底部锥口进入分级室，经重力沉降分级后细颗粒物料从分级机上部溢流出去，粗颗粒物料则富集在分级机底部。这种进出料方式在一定程度上可以实现细颗粒的溢流分级和产物收集，但是无法及时将粗颗粒排除分级室。随着分级过程的持续进行，粗颗粒将在分级室锥段部分大量富集，势必影响后续待分级物料的上升和分级过程的顺利进行。

为了解决分级室内富集的粗颗粒与后续待分级物料之间的干扰问题，本章将物料的进料方式由底部进料改为顶部进料，而将分级室的底部作为底流出口。即使将底流口关闭，粗颗粒富集在进料喷头的下部空间区域，后续物料仍然可以从进料喷头进入分级室，从而避免了二者之间的相互干扰，有利于分级过程的持续进行。

如图7-14所示为本章设计的进料喷头三维结构图和二维剖视图。本章所设计的进料喷头由进料管、喷头底座、喷头端盖以及螺栓组件组成。进料管与喷头底座采用有机玻璃胶水直接固连；喷头底座上设有6个周向均匀分布的等直径进料喷孔，用于将物料喷射入分级室；喷头底座与喷头端盖通过四组螺栓组件固定，并采用O型圈进行密封；喷头端盖上开设有O型圈槽。由于进料喷头可能与上、下两块电极板同时接触，故不宜采用金属材质，因此喷头与螺栓组件也采用了具有绝缘特性的PMMA材质。

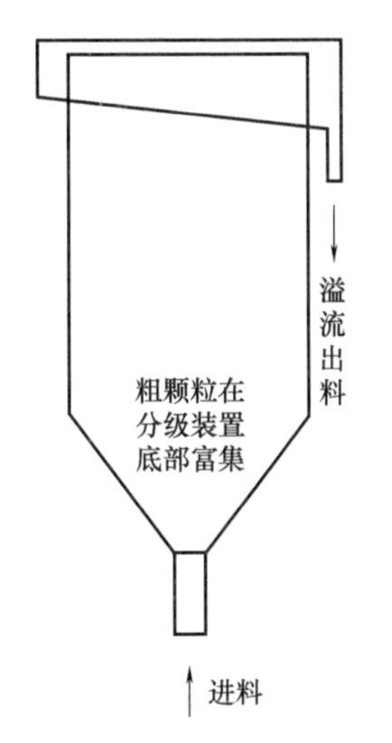

图7-13　传统水力溢流分级机的进出料方式

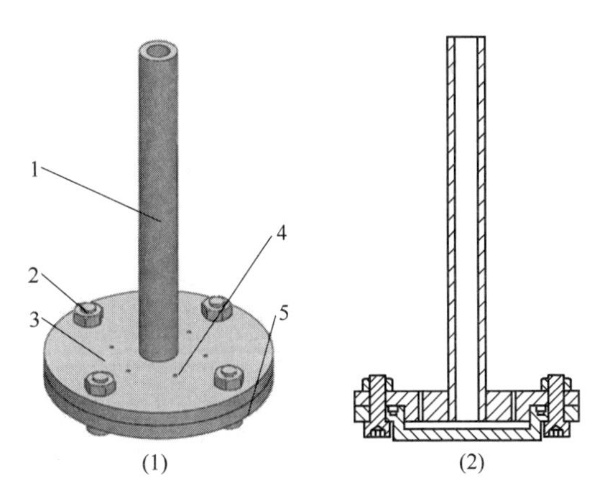

图7-14　(1) 进料喷头三维结构图；(2) 二维剖视图

1—进料管　2—螺栓组件　3—喷头底座　4—进料喷孔　5—喷头端盖

通过本章设计的进料喷头结构，可以将传统水力溢流分级机的底部进料方式转换为进料喷头进料，且将分级室的底部作为底流口或粗颗粒富集区，避免传统进料方式导致的粗颗粒沉降与后续进料上升之间的干扰问题。在其他条件一定时，喷孔直径将影响物料的初始上升速度，进而影响分级性能。为了研究不同喷孔直径条件下关键工艺参数对分级性能的影响规律以及喷孔直径与工艺参数之间的交互作用，本章设计了 1.0mm、1.5mm 和 2.0mm 三种喷孔直径的喷头结构。

4. 电极板设计

对于静电场湿法分级实验装置而言，电极板的设计和合理布置十分重要。基于前文设计的分级室结构，颗粒的运动和分级过程主要发生在竖直方向上，因此为了增大荷电颗粒的沉降速度和粗、细颗粒之间的沉降速度差，应将静电场布置在竖直方向上。同时，为了使流体介质和固体颗粒能够通过电极板，电极板上必须适当开有若干物料通孔。

如图 7-15 所示的上电极板结构图和下电极板结构图，本章设计的电极板上均匀设有若干内径为 4mm 的物料通孔，孔中心距为 6mm，正三角形排列。为了便于电极板与导线之间的连接，在电极板的一侧设有接线柱通孔。如图 7-15（1）所示的上电极板结构图，为了便于进料喷头的安放，在上电极板中心设有进料管通孔，孔径为 16mm。鉴于设计的分级室内径为 100mm，考虑到电极板安装操作的便捷性，设计的电极板外径应略小于分级室内径，取为 98mm。本章实验研究拟选用的流体介质为去离子水，其电导率很低，因此两电极板之间的电阻很大，可近似看作无电流的断路状态，因此电极板选用常用金属材质即可。本章设计的电极板材质为 SUS 304 不锈钢，具有较强的耐腐蚀性，足以满足课题实验的需求。

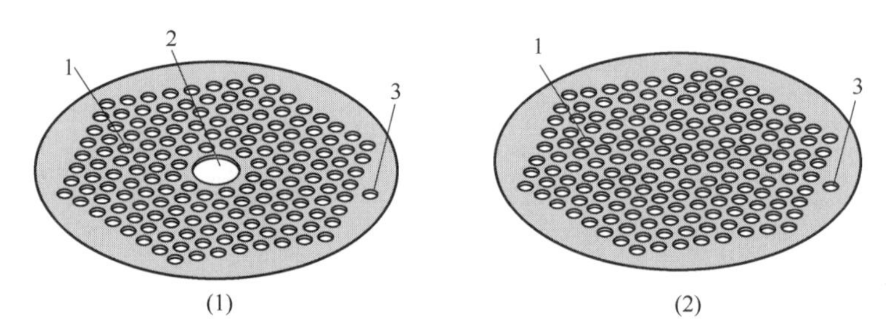

图 7-15 （1）上电极板结构图；（2）下电极板结构图

1—物料通孔 2—进料管通孔 3—接线柱通孔

三、系统动力部件

根据前文所设计的静电场作用下的超细粉体湿法分级实验系统，除了自行设计的分级实验装置外，系统动力部件恒流泵和直流稳压电源也十分重要。恒流泵的作用是将待分级物料送入分级室，要求流量稳定。本章选用了保定兰格恒流泵

图 7-16　BT300-2J 型恒流泵

有限公司生产的 BT300-2J 型恒流泵，如图 7-16 所示。BT300-2J 型恒流泵配有 YZⅡ-15 泵头，转速调节范围为 1～300r/min，可以提供 0.07～1140mL/min 的进料流量。该类型恒流泵还具有外控功能，可以通过 RS485 总线实现设备控制。

直流稳压电源要求能提供恒定的输出电压，避免分级过程中电压频繁跳动影响颗粒所受静电场力的稳定性，其选择依据主要是静电场作用下的超细粉体湿法分级相关研究报道中所采用的电极电压范围。在关于电场作用下的超细粉体湿法分级技术的研究中：李凤生团队的实验研究中使用的电极电压为 340V，电场强度约为 43V/m；Hideto Y 团队在静电-水力旋流器实验研究中采用的电极电压最大值为 150V，电场强度约为 1500V/m，在水平流动型静电场湿法分级实验研究所采用的电极电压最大为 10V，电场强度约为 333V/m；在竖直流动性静电场湿法分级实验研究中采用的电极电压最大为 30V，电场强度约为 150V/m。实际上，电极电压的设定与分级实验装置的结构有关，决定颗粒所受电场力大小密切相关的物理量是电场强度，上述研究中涉及的电场强度最小为 43V/m，最大为 1500V/m。

基于以上对静电场作用下的超细粉体湿法分级相关报道的分析结果，同时为了满足电气程序控制的功能要求，本章选用了北京汉晟普源科技有限公司生产的 HSPY-400-01 型直流稳压电源，如图 7-17 所示。该电源可以输出 0～400V 连续可调的稳定直流电压，电压设定分辨率为 100mV，并且内置有 Modbus 通信协议以实现程序控制的功能。本章设计的分级实验装置，其上、下两电极板之间距离为 150mm，采用 HSPY-400-01 型直流稳压电源，最大可提供约 2667V/m 的电场强度，足以满足本课题实验的需求。

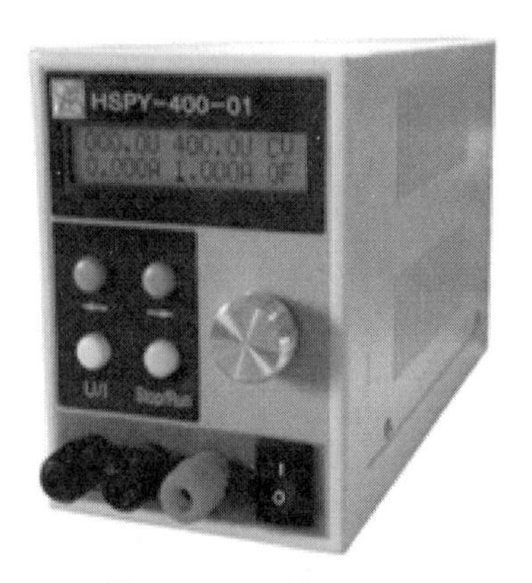

图 7-17　HSPY-400-01 型直流稳压电源

四、控制系统设计

静电场作用下的超细粉体湿法分级实验系统的控制系统包含硬件系统和软件系统两个方面。硬件系统设计主要是通过分析控制系统功能需求，构建硬件系统架构。软件系统设计主要包含上位机软件设计和 PLC 控制程序设计两项工作。

1. **硬件系统设计**

根据对静电场作用下的超细粉体湿法分级实验系统的功能需求分析，整个系统需要实现对直流稳压电源和恒流泵的控制。这里主要是通过程序控制实现对直流稳压电源和恒流泵的启停控制，对电极电压和进料转速的参数设定及读取，本章还在上位机软件设计了数据预处理功能。如图 7-18 所示为本章设计的静电场作用下的超细粉体湿法分级控制系统的硬件系统架构图，可以将其分为管理层、控制层和设备层等三个层次。其中，管理层的功能是实现人机交互，用户可以通过上位机软件发送命令控制整个系统的运行状态和数据处理；控制层的功能是通过逻辑处理，将用户通过管理层的发出的控制命令转化为对设备层的控制指令；设备层包含直流稳压电源和恒流泵两个动力部件，主要用于接收控制层的指令实现启停控制和工作参数设定。

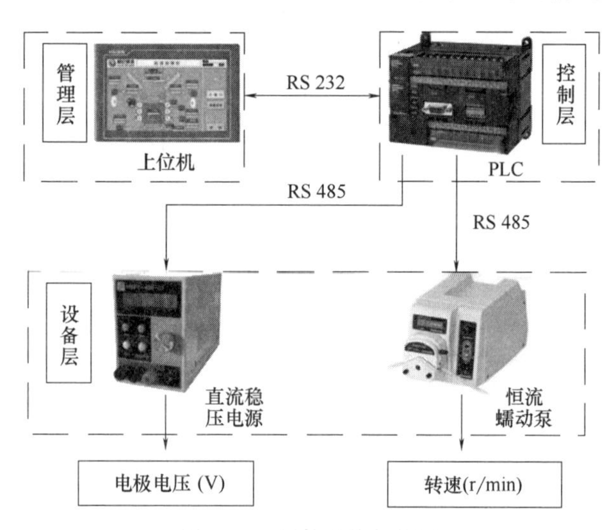

图 7-18 硬件系统架构图

静电场作用下的超细粉体湿法分级实验系统采用上位机触摸屏和下位机可编程逻辑控制器（PLC）相结合的方式实现监控功能。上位机触摸屏与 PLC 之间通过 RS 232 串口通信连接，用于实现用户对直流稳压电源和恒流泵的控制。PLC 在此系统中的功能是接收上位机软件发出的指令，实现对直流稳压电源和恒流泵的启停控制、电压的参数设置、实际输出电压的数值读取以及恒流泵的转速控制。

两电极板之间的电极电压和系统进料流速是静电场湿法分级的关键操作参数，进行实验研究时有两项控制要求：一是通过上位机软件改变直流稳压电源的电压设定值以获得目标电极电压；二是通过在上位机软件改变转速设定值以调节系统进料流速。PLC 通过 RS 485 串口通信方式对直流稳压电源进行控制。主要控制过程是：操作人员在上位机设置电压输出值，触摸屏通过 RS 232 串口通信方式将数据传输到 PLC，PLC 再通过 RS 485 串口通信方式设定直流稳压电源的输出电压。同理，恒流泵也采用 RS 485 串口通信方式与 PLC 进行通信，PLC 从上位机接收恒流泵转速数据，再通过 RS 485 串口通信方式设定恒流泵的转速。

基于以上对硬件系统的分析可知，该系统具有对直流稳压电源和恒流泵的启停控制及关键参数监控的功能，且上位机可以实现对实验数据的预处理，为开展科学实验研究提供了极大便利。

2. **软件系统设计**

静电场湿法分级实验系统的软件系统设计包括上位机软件设计和PLC控制程序设计两个方面。

上位机软件的功能是实现对直流稳压电源和恒流泵的启停控制和参数设置，以及实验数据预处理。上位机触摸屏软件设计工作台包括五个部分：主控窗口、设备窗口、用户窗口、实时数据库和运行策略。主控窗口是工程的主窗口，主要用于管理工程中多个用户窗口。设备窗口是连接和驱动外部设备的工作环境，主要用于设置触摸屏与下位机之间的通信参数，这里主要设置与PLC进行RS 232串口通信参数的设置。用户窗口用于设置工程中的人机交互操作界面。实时数据库是工程各部分的数据交换与处理中心，用于定义软件使用过程中涉及的变量。运行策略主要用于完成工程运行流程的控制。本章主要应用了设备窗口、用户窗口、实时数据库和运行策略等几个模块功能，上位机软件设计界面如图7-19所示，包括恒流泵和直流稳压电源的控制和数据预处理功能。

对于静电场作用下的超细粉体湿法分级实验系统的控制系统而言，PLC控制程序设计是核心工作。在本章设计的控制系统中，PLC的主要功能有：①控制直流稳压电源的启停；②设置直流稳压电源的输出电压参数；③读取直流稳压电源输出端的实际电压值；④控制恒流泵的启停及正、反转；⑤设置恒流泵的转速。设计工作主要包含两个方面：①触摸屏与PLC、PLC与直流稳压电源和恒流泵之间的通信；②PLC与直流稳压电源和恒流泵之间的数据传输。

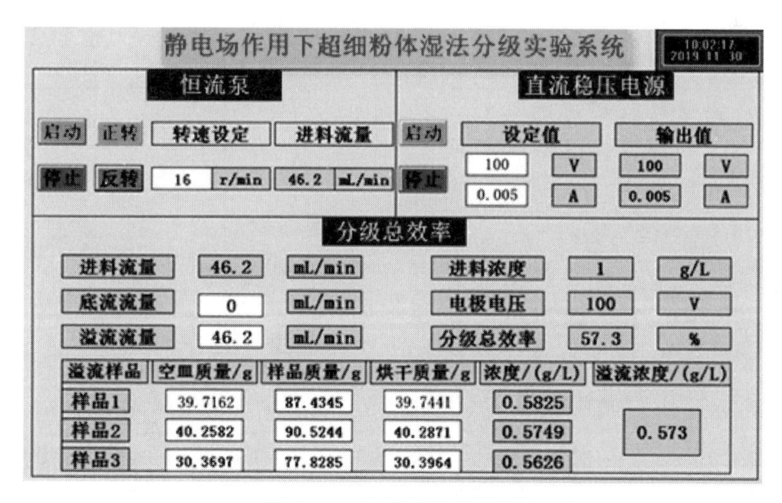

图7-19　上位机软件界面

触摸屏与PLC之间通过RS 232串口通信方式连接，在两个终端分别设置相同的通信参数，即波特率设为9600bps，数据位设为7，停止位设为2，校验方式设为偶校验，从而实现二者之间的通信功能。PLC 与直流稳压电源和恒流泵两个设备之间都是通过 RS 485 串口通信方式连接，结合 PLC 的主站功能实现串行总线通信。PLC 与直流稳压电源的通信参数设具体置为：波特率 9600bps，数据位 8，停止位 2，偶校验方式。PLC 与恒流泵的通信参数具体设置为：波特率 9600bps，数据位 6，停止位 2，偶校验方式。PLC 与直流稳压电源和恒流泵之间的数据传输，包括直流稳压电源输出电压和恒流泵转速，将 PLC 分别与直流稳压电源和恒流泵建立 RS 485 通信后，可直接进行数据传输。

关于实验数据处理功能，采用循环运行策略实现。在上位机软件操作界面手动输入测定的相关实验数据，软件将通过循环策略自动进行数据处理，计算结果实时更新。在循环策略行条件属性设置循环时间 1000ms，在策略执行属性输入数据处理公式。

第四节 仿真分析

一、模型建立

1. 物理模型

本节针对进料喷孔直径为 1.0mm 的分级实验装置开展数值模拟研究。忽略分级室内壁的电极放置台阶、进料喷头上的螺栓组件以及电极板上接线柱通孔等细小结构的影响，将分级实验装置简化，得到图 7-20（1）所示的分级装置实验装置简化模型。由于电极板上开有数量众多的物料通孔，且结构狭小，导致仿真计算需要强大的计算内存。鉴于分级实验装置具有对称的特性，因此为了节约计算内存，模拟时采取了实际分级实验装置的 1/2 结构，如图 7-20（2）所示仿真结构模型。

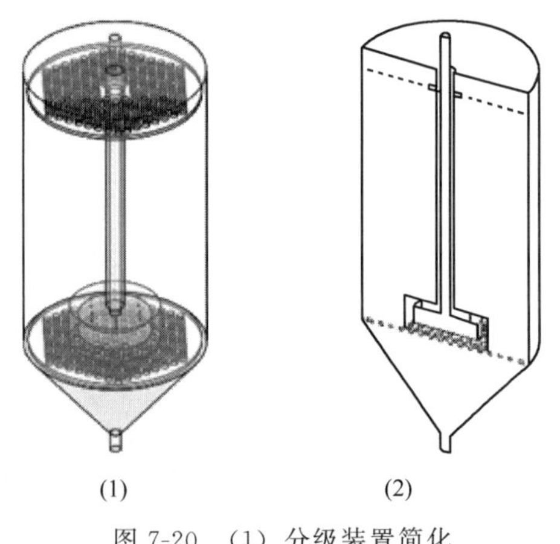

图 7-20 （1）分级装置简化模型；（2）仿真结构模型

为了确定分级实验装置上部自由溢流液面的高度位置，模拟时在原有分级实验装置模型上部增加了一块气体区域，该区域初始流体介质为空气，如图 7-21（1）所示的气液两相流动仿真模型。确定自由溢流液面高度位置后，采用刚盖定理将自由溢流液面简化为一个平面，进行稳态物理场求解及荷电粒子瞬态运动的数值模拟。如图 7-21（2）所示的稳态物理场求解及粒子瞬态运动仿真模型，流体实际出口位于分级实验装置上部一段高度。

2. **数学模型**

(1) 气液两相流动模型 COMSOL Multiphysics 软件提供了三种常用的模拟自由液面的方法，即水平集方法、相场方法和移动网格法。这三种方法都可以较为精确地追踪两种非混溶流体之间的界面位置，其中水平集和相场都是基于场的方法，这类方法将自由液面表征为水平集或相场函数的等值面，几乎可以描述任何类型的自由液面。

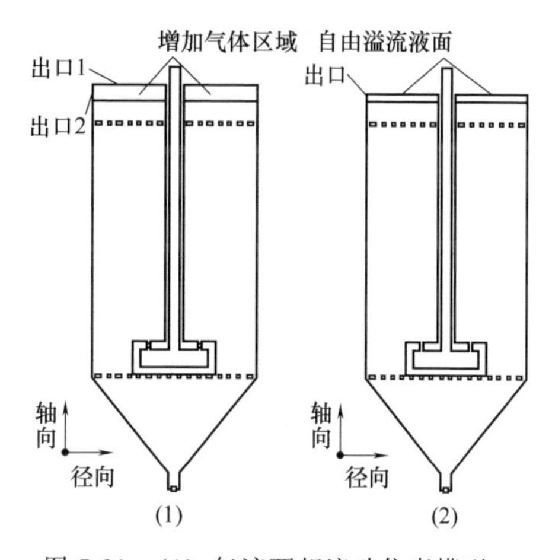

图 7-21　(1) 气液两相流动仿真模型；(2) 稳态物理场及荷电粒子瞬态运动仿真模型

水平集和相场函数都是由纳维-斯托克斯方程计算的速度矢量进行对流传输的，二者均将自由液面的表面张力引入到纳维-斯托克斯方程之中。水平集方法利用表征自由边界的水平集等值面的曲率来描述表面张力，而相场方法根据化学势计算出表面张力对纳维-斯托克斯方程的源项作用。相场方法的目的是将混合能量（流动的表面能量和本体能量的总和）降到最低，它比水平集方法包含更多的物理场。相对于水平集方法只使用一个输运方程，相场方法使用了两个输运方程，其计算成本更高。因此，相场方法一般只适合于对界面的表面形状较为关注的情况，如微流体仿真。水平集方法包含更少的物理场，从数值的角度来看更为稳定，通常适用于界面的平均位置比局部细节更为重要的大比例仿真问题。与水平集和相场方法在固定网格中求解不同，两相流移动网格法是利用（Arbitrary Lagrange-Euler，ALE）方法借助移动网格来追踪两相的界面位置。由于物理界面通常比实际的网格解析度更低，因此利用两相流移动网格方法得到的界面最为精确。表 7-1 所示为 COMSOL Multiphysics 软件三种界面追踪方法的特点。

表 7-1　COMSOL Multiphysics 软件三种界面追踪方法的特点

界面追踪方法	水平集法	相场法	移动网格法
适用性	好	好	不支持技术更改
准确性	好	更好	最好
求解方程	1 组 N-S 方程 1 个连续性方程 1 个输运方程	1 组 N-S 方程 1 个连续性方程 2 个输运方程	1 组 N-S 方程 1 个连续性方程 无输运方程 ALE 移动网格
可用的湍流模型	RANS，k-ε	RANS，k-ε	无
层流需要的模块	微流体模块或 CFD 模块	微流体模块或 CFD 模块	微流体模块
湍流需要的模块	CFD 模块	CFD 模块	无

本章开展气液两相流动仿真研究的目的是通过对气液两相流动模拟以确定分级实验装置的自由溢流液面高度，并在后面的研究中将自由溢流液面简化为一个近似平面，进行分级实验装置内部稳态物理场及荷电粒子瞬态运动仿真求解，研究重点并不关注气液两相界面的局部细节。因此，为节约计算成本，本章采用湍流-水平集方法对分级实验装置的自由溢流液面进行仿真求解。

采用湍流-水平集方法进行分级实验装置内部气液两相流动数值模拟，其控制方程包含湍流模型控制方程、水平集模型控制方程以及两相流-水平集多物理场耦合接口控制方程。对于湍流模型，采用标准 k-ε 湍流模型，动量守恒方程见式（7-19），质量守恒方程见式（7-20）：

$$\rho(u \cdot \nabla)u = \nabla \cdot \{-PI + (\mu + \mu_T)[\nabla u + (\nabla u)^T]\} + F + \rho g \tag{7-19}$$

$$\rho \nabla \cdot (u) = 0 \tag{7-20}$$

该模型还引入了两个附加的输运方程和两个因变量：湍动能 k 和湍流耗散率 ε。湍流黏度模型为：

$$\mu_T = \rho C_\mu \frac{k^2}{\varepsilon} \tag{7-21}$$

湍动能 k 的输运方程为：

$$\rho(u \cdot \nabla)k = \nabla \cdot \left[\left(\mu + \frac{\mu_T}{\sigma_k}\right)\nabla k\right] + P_k - \rho\varepsilon \tag{7-22}$$

$$P_k = \mu_T[\nabla u + (\nabla u)^T] \tag{7-23}$$

湍流耗散率 ε 的输运方程为：

$$\rho(u \cdot \nabla)\varepsilon = \nabla \cdot \left[\left(\mu + \frac{\mu_T}{\sigma_\varepsilon}\right)\nabla \varepsilon\right] + C_{\varepsilon 1}\frac{\varepsilon}{k}P_k - C_{\varepsilon 2}\rho\frac{\varepsilon^2}{k} \tag{7-24}$$

式中 ρ——流体密度，kg/m^3

u——速度向量，m/s

P——压力，Pa

T——绝对温度，K

式（7-21）～式（7-24）中 k-ε 湍流模型常数由实验数据确定，其数值见表 7-2。

表 7-2 COMSOL Multiphysics 软件 k-ε 湍流模型的模型常数

常数	数值	常数	数值
C_μ	0.09	σ_k	1.0
$C_{\varepsilon 1}$	1.44	σ_ε	1.3
$C_{\varepsilon 2}$	1.92		

水平集模型控制方程为：

$$\frac{\partial \phi}{\partial t} + u \cdot \nabla \phi = \gamma \nabla \cdot \left(\varepsilon \nabla \phi - \phi(1-\phi)\frac{\nabla \phi}{|\nabla \phi|}\right) \tag{7-25}$$

式中 γ——初始化参数（默认值为 1）

ε——界面厚度控制参数（设置为 $h_{max}/2$，h_{max}是界面厚度的最大值）

两相流-水平集多物理场耦合接口定义了湍流界面处流体的密度和动力黏度，二者控制方程分别定义为：

$$\rho=\rho_1+(\rho_2-\rho_1)\phi \tag{7-26}$$

$$\mu=\mu_1+(\mu_2-\mu_1)\phi \tag{7-27}$$

式中 ρ、ρ_1、ρ_2——分别为界面处流体、流体 1 和流体 2 的密度，kg/m^3

μ、μ_1、μ_2——分别为界面处流体、流体 1 和流体 2 的动力黏度，Pa·s

（2）稳态物理场模型　本章计算的稳态物理场模型，其控制方程包含湍流接口控制方程和电流接口控制方程。其中湍流接口控制方程与气液两相流动模型中湍流接口控制方程相同，这里不再重复说明。电流接口用于计算导电介质中的电场、电流和电势分布，通过采用欧姆定理求解电流守恒方程来计算电势，其稳态电流控制方程为：

$$J=\sigma E+J_e \tag{7-28}$$

式中 J——介质中电流密度，A/m^2

E——电场强度，V/m

σ——介质电导率，S/m

J_e——外部产生的电流密度，A/m^2

连续性方程的静态形式为：

$$\nabla\cdot J=Q_{j.v} \tag{7-29}$$

在静态条件下，电势 V 由式（4-12）定义：

$$E=-\nabla V \tag{7-30}$$

（3）离散相模型　在 COMSOL Multiphysics 软件中，粒子追踪以拉格朗日形式描述问题，通过牛顿运动定律求解常微分方程来计算粒子轨迹，这需要指定粒子质量和作用在粒子上的所有力。一般情况下，作用在粒子上的力可分为外场对粒子的作用力和粒子间相互作用力两大类，其中外场作用力通常根据 COMSOL Multiphysics 的物理场接口从有限元模型计算得到。

对于在流场中运动的粒子，其运动常常受到流体曳力作用。可以使用粒子追踪模型的系统为稀薄流或分散流，即离散相的体积远小于连续相的体积比例（通常小于 1%），否则应将流体系统归为浓溶液流体。在稀流体中，连续相流体会影响离散相粒子的运动，而离散相粒子则不影响连续相运动，这称为单向耦合。模拟这种系统时，通常先对连续相进行稳态求解得到稳定的速度场和压力场，然后对离散相进行瞬态求解计算粒子的运动轨迹，以获得最高的求解效率。

对于在电场中运动的带电粒子，如果带电颗粒的数密度小于 $10^{13}/m^3$，则粒子对场的影响可以忽略不计。此时，可以独立于粒子轨迹而计算物理场，然后利用物理场计算带电粒子所受电力。如果带电粒子的数密度较大，则需要引入荷电粒子之间的库仑力。如果带电粒子的数密度很高，则需要考虑荷电粒子对电场的影响，即采用双向耦合求解。

本章进行静电场湿法分级数值模拟时，设定荷电颗粒的数密度远小于 $10^{13}/m^3$，离散相颗粒体积远小于连续相的体积比例，故采用离散相模型先求解稳态物理场在后求解荷电粒子瞬态运动。

3. 网格划分

采用 Solidworks 三维软件绘制流体域模型并保存为 SLDPRT 格式，利用 COMSOL Multiphysics 软件的 CAD 导入接口将流体域三维模型导入。利用 COMSOL Multiphysics 软件自带的网格剖分工具对计算模型进行网格划分。网格类型为四面体网格，网格校准模型为流体动力学。网格密度对仿真结果影响较大，为了更加准确地模拟分级实验装置内部的物理场，对模型分别划分了单元数量为 658773、899092、1021624、1301293 的四种不同密度网格。随着网格数量增加，进出口处的平均质量流量相对误差分别为 3.5%、2.3%、0.28% 和 0.12%。综合考虑计算精度和计算内存，选择网格数量为 1021624 的模型进行数值模拟，流体域网格剖分结果见图 7-22。

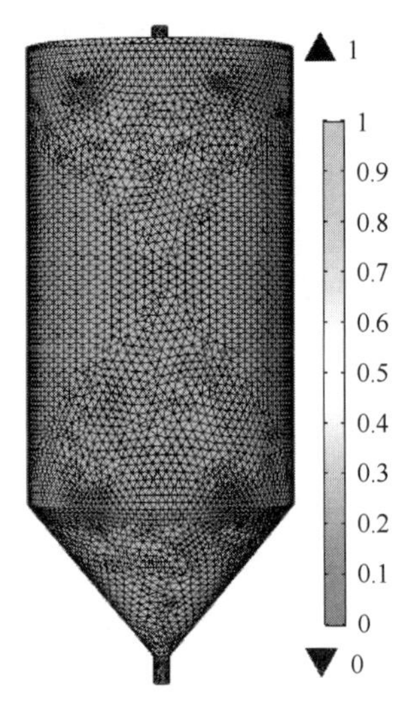

图 7-22 流体域网格剖分

二、求解设置

1. 气液两相流动求解

采用水平集方法求解分级实验装置的自由溢流液面，进行相初始化的瞬态计算。气液两相流流动数值模拟所采用的物理模型包含实际的分级实验装置部分和上部增加的气体区域两个部分。相关求解设置主要包含气液两相的材料属性设置、湍流接口与水平集接口的边界条件设置、两相流水平集的多物理场耦合接口设置以及包含相初始化的瞬态求解设置。

(1) 材料属性设置 气液两相流动的材料属性包含分级实验装置内部空间的液体域和分级实验装置外部空间的空气域两个部分，其材料属性设置见表 7-3。

表 7-3 气液两相流动的材料属性

流体域	流体介质类型	密度/(kg/m^3)	动力黏度/(Pa·s)
域 1	水	1.0×10^3	1.001×10^{-3}
域 2	空气	1.293	1.834×10^{-5}

(2) 边界条件设置 对于湍流接口的边界条件：流体域为域 1 和域 2；添加重力属性，方向为 y，数值为-g_constm/s^2；进口设为速度入口，流速为 0.027m/s；出口选择出口 1，设为压力出口，相对压力为 0。对于水平集接口的边界条件：设置域 1 的初始域为流体 1 ($\varphi=0$)，域 2 的初始域为流体 2 ($\varphi=1$)；初始界面为流体域 1 和域 2 的交界面；入口流体选择流体 1 ($\varphi=0$)；出口选择

出口 1 和出口 2，设为压力出口，相对压力为 0。

（3）多物理场耦合接口设置　设置求解域为域 1 和域 2；流体 1 为水，密度和动力黏度选择来自材料；流体 2 为空气，密度和动力黏度来自材料；表面张力系数选择材料库中液/气界面张力（水/空气），耦合接口中流体流动节点设置为湍流，移动界面节点设置为水平集。

（4）带相初始化的瞬态求解设置　带相初始化的瞬态求解包含相初始化求解和瞬态求解两个步骤。对于步骤 1 相初始化求解，在物理场和变量选择节点下选择水平集物理场接口；因变量值节点下选择物理场控制。对于步骤 2 瞬态求解，在研究设置节点下设置时间单位为 s，时间步 range（0，0.1，30）表示从开始时刻计算，计算步长为 30s，容差选择物理场控制；物理场和变量选择节点下选择湍流、水平集和两相流水平集三个物理场接口；因变量值节点下默认为用户控制。

2. 稳态物理场求解

通过采用 COMSOL Multiphysics 软件的水平集方法对气液两相流动的数值模拟，确定了稳态时自由溢流液面的高度，然后利用刚盖假定定理将自由溢流液面近似简化为一个近似平面，进行分级实验装置内稳态物理场的数值模拟，求解时使用的物理场接口为 k-ε 湍流接口和电流接口。稳态物理场的求解设置主要包含材料属性设置和边界条件设置，此处求解方式直接选择稳态求解即可。

（1）材料属性设置　稳态物理场求解的流体介质为水，其材料属性见表 7-4。

表 7-4　稳态物理场求解的材料属性

流体介质	动力黏度/(Pa·s)	电导率/(S/m)	密度/(kg/m^3)	相对介电常数
水	1.001×10^{-3}	5.5×10^{-6}	1.0×10^{3}	78.4

（2）边界条件设置　对于湍流接口的边界条件：进料口设为速度入口（分别为 0.020、0.027、0.034、0.041m/s）；溢流液面高于分级实验装置的外沿部分流体为自由溢流出口，相对压力为 0；设置仿真所用结构的对称面为对称边界；添加重力属性，方向为 y，数值为-g_constm/s^2。对于电流接口的边界条件：设置上电极板处的电势条件为接地，下电极板处的电势条件为电压值（分别为 100、200、300 V）。

（3）稳态求解设置　在物理场和变量选择节点下选择湍流接口和电流接口，在因变量值节点下选择物理场控制。

3. 荷电粒子瞬态运动求解

在通过对流场和电场求解得到稳态物理场的基础上，利用流体流动粒子追踪接口进行离散相荷电粒子瞬态运动求解，通过粒子计数器获得得到溢流出口的粒子数量，从而计算溢流级效率。离散相粒子瞬态运动求解设置包含粒子属性设置、边界条件设置、颗粒受力设置、粒子计数器设置以及瞬态求解器设置。

（1）粒子属性设置　为了尽可能确保数值仿真与实验结果的一致性，首先采用马尔文激光粒径仪测定了实验原料 SiO_2 超细粉体的频度分布，设定释放的颗粒总数为 1×10^6 个，根据频度分布计算每种粒径颗粒的释放数量；采用 Zeta 电位分析仪测得去离子水中实验原料 SiO_2 超细粉体颗粒表面 Zeta 电位值为-15.03 mV，根据式（7-4）近似计算不同粒径颗粒表面荷电量并转换为电子数，得到离散相荷电粒子属性设置见表 7-5。荷电粒子的密度为 $2.2\times10^3 kg/m^3$，粒子类型为固体粒子。本章采用每次仅释放一种粒径的荷电粒子进行离散相运动数值仿真。

表 7-5　离散相荷电粒子属性

粒径/μm	频度/%	数量/个	表面电子数/个	粒径/μm	频度/%	数量/个	表面电子数/个
0.21	0.05	500	86	1.45	8.72	87200	593
0.24	0.26	2600	98	1.66	8.26	82600	681
0.28	0.45	4500	113	1.91	7.48	74800	781
0.32	0.81	8100	130	2.19	6.36	63600	897
0.36	1.42	14200	149	2.51	4.72	47200	1030
0.42	2.23	22300	171	2.88	3.32	33200	1183
0.48	3.18	31800	196	3.31	2.12	21200	1358
0.55	4.28	42800	226	3.80	1.31	13100	1559
0.63	5.25	52500	259	4.37	0.62	6200	1790
0.72	6.18	61800	297	5.01	0.32	3200	2055
0.83	7.12	71200	341	5.75	0.12	1200	2359
0.96	7.92	79200	392	6.61	0.07	700	2709
1.10	8.53	85300	449	7.59	0.04	400	3111
1.26	8.85	88500	516	8.71	0.01	100	3571

（2）边界条件设置　边界条件包含入口、出口、对称面和边界。选择进料口为粒子入口，释放时间为开始时刻一次性释放，数量按照表 7-5 设置，初始速度为速度场（spf），即颗粒初始速度与流体速度相同；选择溢流口为粒子出口；设置对称面为对称边界；设置边界条件为反弹，即颗粒与边界撞后发生反弹作用；这里将底流口关闭，也作为边界条件处理。

（3）颗粒受力设置　忽略荷电粒子之间的相互作用力，荷电粒子受力主要有流体曳力、重力和电场力。对于流体曳力，设置曳力定律为斯托克斯，速度为速度场（spf），动力黏度和密度均为来自材料，受影响粒子为全部粒子；对于重力，设置 y 方向重力矢量为-g_const m/s^2，密度为来自材料，受影响粒子为全部粒子；对于电场力，设置指定力为电场，电场条件为电场（ec/cucn1），受影响粒子为全部粒子。通过颗粒受力设置，实现了流场、电场和重力场对荷电粒子的耦合作用。

(4) 粒子计数器设置　为了计算分级效率，需要获取到达出口的颗粒数量。添加溢流出口为粒子计数器边界，计算到达溢流口的颗粒的占入口释放颗粒的百分比，而未到达溢流出口的颗粒均视为最终到达底流口。

(5) 瞬态求解设置　设置瞬态求解时间步长为 range (0, 0.1, 3000)，单位 s，在物理场和变量选择节点下选择流体流动粒子追踪接口，求解变量的初始值为物理场控制，不求解变量的初始值为用户控制，即在稳态物理场的基础上，计算离散相颗粒运动。求解器采用默认求解器。

三、模拟结果及分析

1. 自由溢流液面位置确定

图 7-23 所示为分级装置内部气液两相分布云图和溢流出口局部放大图。从图中可以看出，分级装置的自由溢流液面是一个弯曲度较小的曲面，基本呈现水平分布，仅在溢流出口边界处存在较小的弯曲度。

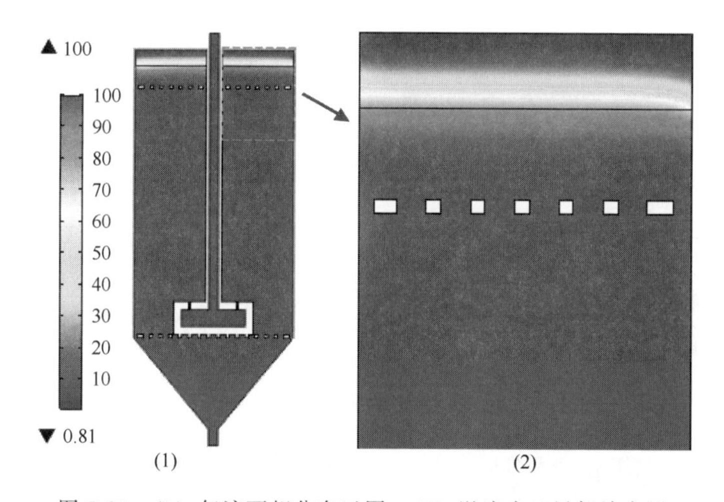

图 7-23　(1) 气液两相分布云图；(2) 溢流出口局部放大图

为了确定静自由溢流液面的高度位置，在高于分级装置溢流出口边界以上 2.0、2.5 和 3.0mm 的位置设置了三条水平线，考察稳定状态时不同水平线位置处气液两相的体积分数，得到分级装置上部不同高度位置的液相体积分数分布情况如图 7-24 所示。从图 7-24 可以看出，在径向距离为 0～42mm 的范围内，同一高度位置的液相体积分数变化不大，这意味着该区域气液两相界面基本水平；在径向距离为 42～50mm 的范围内，同一高度位置的液相体积分数随径向距离增大而减小。在水平界面区域内，位于分级装置上部 2.0mm 处的液相体积分数约为 57%；在分级装置上部 2.5mm 处，液相体积分数约为 50%；在分验装置上部 3.0mm 处，液相体积分数约为 43%。因本章研究的重点并不在于考察自由溢流液面的细节分布，而是通过气液两相流动模拟来确定自由溢流液面高度位置以简化仿真模型，因此基于刚盖定力可将自由溢流液面简化为一个位于分级装置上部2.5mm的水平面。

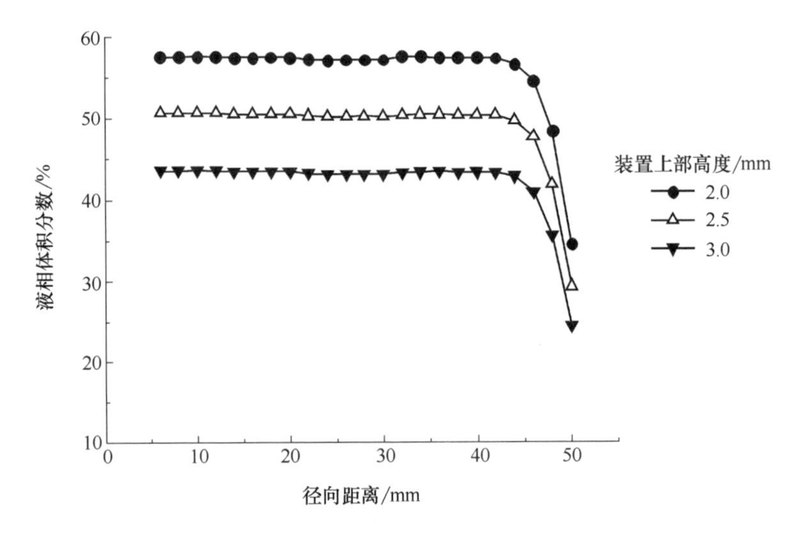

图 7-24 分级装置上部不同高度位置的液相体积分数

2. 稳态物理场分布特性

（1）稳态流场分布特性 图 7-25 所示为仿真所得纵切面流场分布云图及进料喷口局部放大图。如图 7-25（1）所示，分级室内流体流速总体较小，仅进料喷孔处的流体流速有所增大。如图 7-25（2）所示，在进料喷孔上方区域，流体分布呈发散状；在进料管内部区域，流体流速大小不变。这是由于进料喷孔截面积很小，进料料管内的流体经过进料喷孔时流速将急剧增大；进入分级室后由于

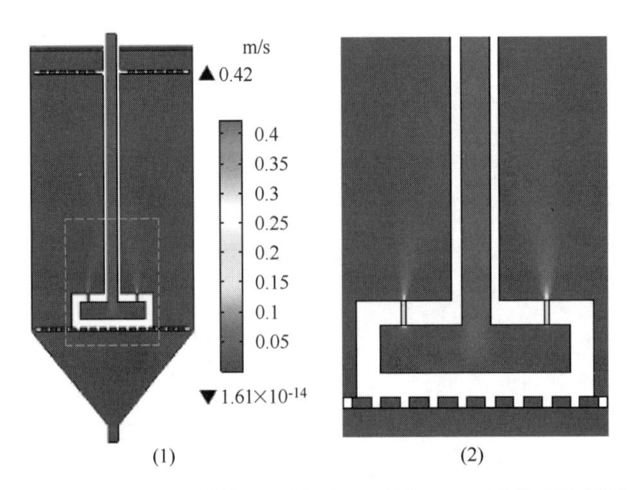

图 7-25 （1）0.027m/s 时纵切面流场分布云图；（2）进料喷孔局部放大图

流道突然增加，故流体流速呈发散状减小。颗粒从进料口进入分级实验装置后，将在流体曳力作用下在进料喷孔处加速到最大速度，然后从进料喷孔喷射进入分级室，并以一定的竖直向上初速度运动。

如图 7-26 所示的 0.027m/s 时径向速度分布曲线，在进料喷头上侧边界以下区域，由于底流口关闭，该区域流体几乎不参与流动，径向速度为 0。进料喷头上侧边界与上电极板之间，轴向高度低时，径向距离大于 15mm（进料喷孔轴心位置）的区域径向速度为负，小于 15mm 的区域径向速度为正；轴向高度高时，径向速度都为正值。这说明，在进料喷孔轴心的内外侧，都存在回流现象，且内侧回流作用较小。在上电极板附近，由于物料通孔所构成的流道小于分级室截面，流体的径向速度产生了突变。

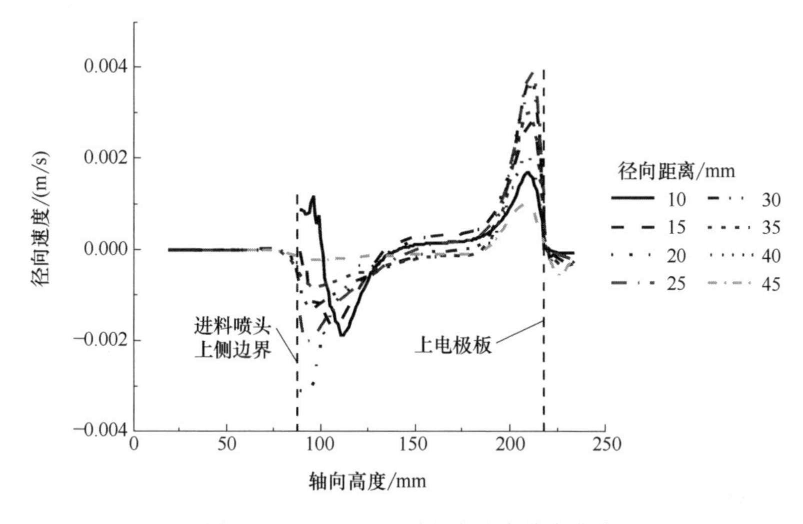

图 7-26　0.027m/s 时径向速度分布曲线

如图 7-27 所示 0.027m/s 时轴向速度分布曲线，在进料喷头上侧边界以下区域，由于底流口关闭，该区域流体几乎不参与流动，轴向速度基本为 0，颗粒在此区域内只能沉降，因此可称为粗颗粒富集区。在进料喷头上侧边界与上电极板之间，径向距离小的区域轴向速度为正即方向竖直向上，可称为上升区；径向距离较大（即靠近分级室内壁）的区域轴向速度为负即方向竖直向下，说明在分级室内壁附近产生了回流，可称为回流区，分级过程中可能会有一部分颗粒在回流作用下产生沉降或者在上升区和回流区之间循环。在上电极板与自由溢流液面之间，径向距离小于 40mm 区域的体轴向速度几乎相等，为正值，仅径向距离为 45mm 处的流体速度为负值，说明这一区域回流作用较小。

如图 7-28 所示的不同进料流速下喷孔轴心位置轴向速度分布曲线，随着进料流速增大，进料喷孔出口处流体速度增大，这意味着荷电颗粒从喷孔进入分级室时竖直上升的初速度将会增大；随着进料流速增大，最终匀速阶段的流体轴向

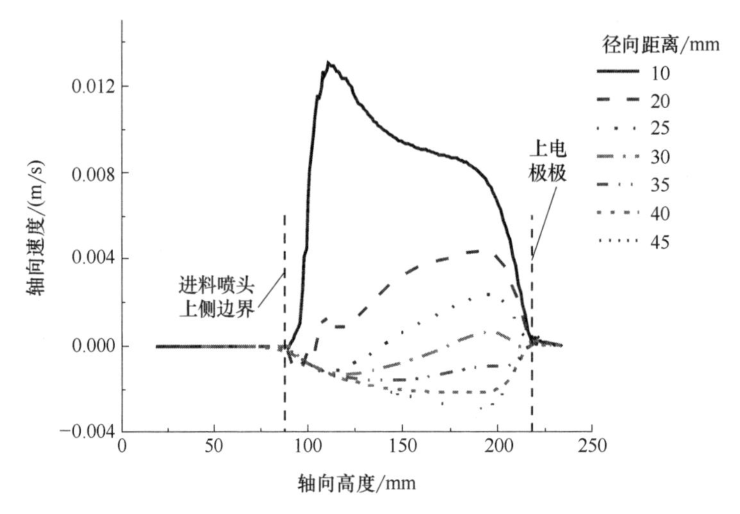

图 7-27 0.027m/s 时轴向速度分布曲线

速度也会增大。这两种速度的增大，都将导致荷电颗粒随流体介质溢流出去的概率增加。

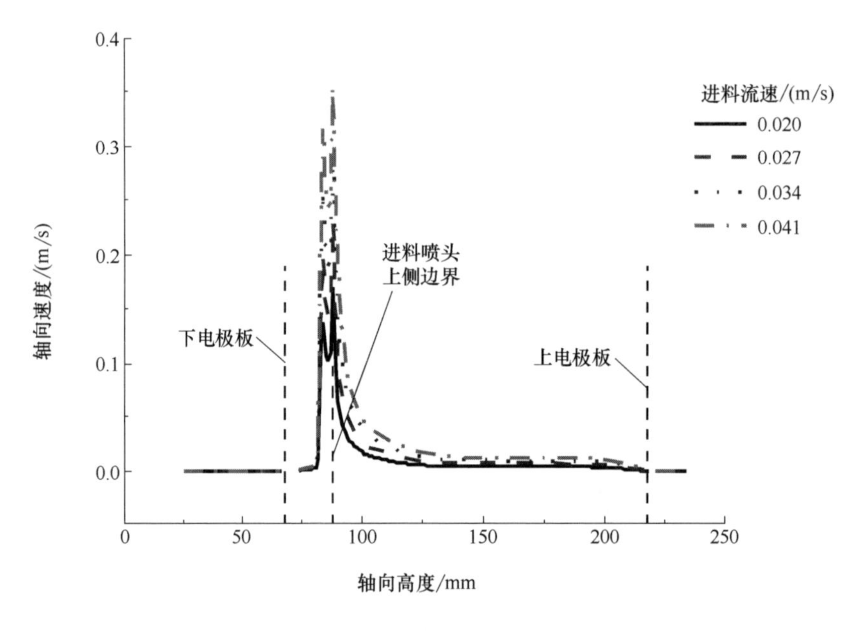

图 7-28 不同进料流速下喷孔轴心位置轴向速度分布曲线

(2) 稳态电场分布特性 图 7-29 所示为 150V 时纵切面电势分布云图和电场分布云图。由图 7-29 (1) 可知，电势梯度变化仅存在于两电极板之间的区域，其中靠近进料喷孔区域的等电势线呈现中间低两端高的凹弧形，而远离进料喷孔区域的等电势线可认为是水平线。这是由于流体介质水具有微弱的导电性，使得进料管和进料喷头内部区域存在一定电势，引起了进料喷孔附近区域电势的非均匀变化。由图 7-29（2）可知，电场仅存在于两电极板之间的区域，两电极板以外区域不存在电场，故颗粒只有在两电极板之间的区域内才会受到明显的电场力作用；两电极板之间区域内，电场强度方向总体在竖直方向上，这意味着，该分级装置可以为荷负电颗粒提供竖直向下的静电场力。

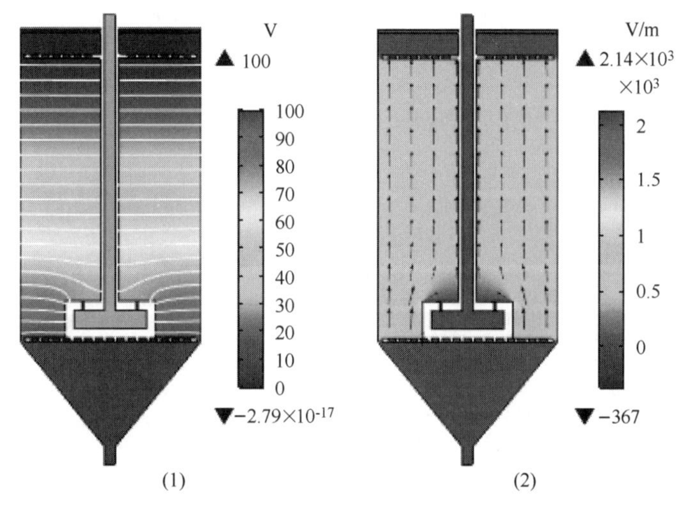

图 7-29　（1）150V 时纵切面电势分布云图；（2）电场分布云图

如图 7-30 所示的 150V 时电场强度分布曲线，在下电极板以下和上电极板以上区域，电场强度基本为 0；在下电极板与进料喷头上侧边界之间且径向距离为 10、15、20mm 即进料喷头内部区域，电场强度也几乎为 0；随着轴向高度增加，上、下电极板之间的电场强度将最终达到恒定值，可视为匀强电场区域；在下电

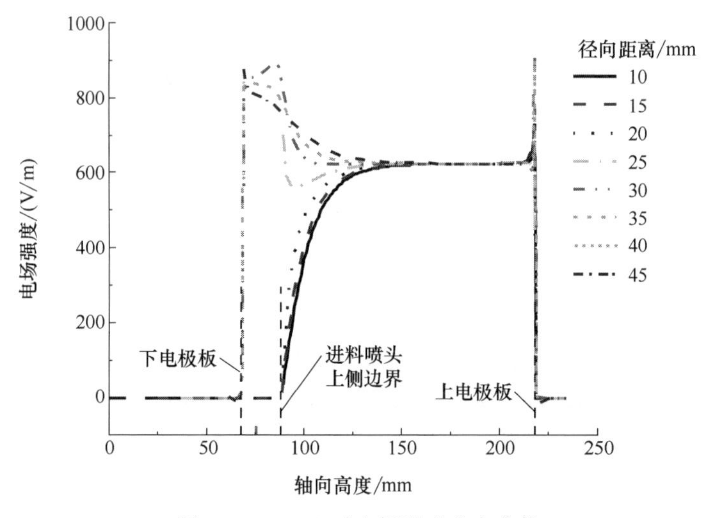

图 7-30　150V 时电场强度分布曲线

极板和上电极板处，电场强度存在突变。这表明，在下电极板以下、上电极板以上以及进料喷孔内的三个区域，荷电颗粒几乎不受电场力的作用；在下电极板与进料喷头上侧边界之间且径向距离大于25mm的区域，电场强度较大，且由于该处流体轴向速度极小，故荷负电的颗粒随流体介质上升运动的可能性极小。

如图7-31所示的不同电极电压下喷孔轴心位置电场强度分布曲线，随着轴向高度增加，不同电极电压下的电场强度值均将逐渐增大至稳定状态；施加的电极电压越大，匀强区域的电场强度数值越大。

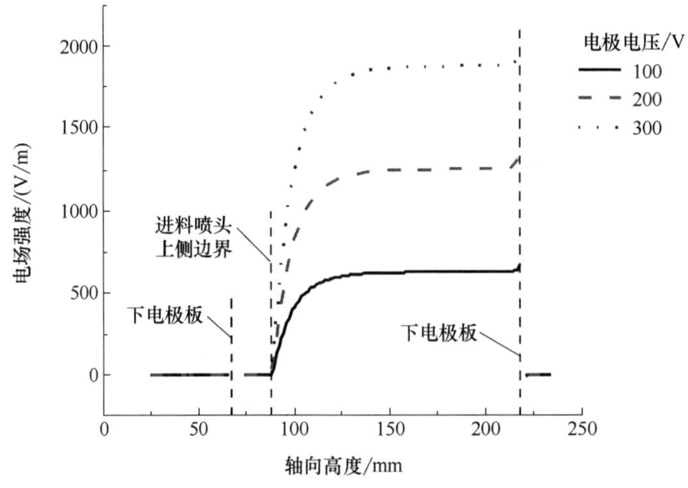

图7-31 不同电极电压下喷孔轴心位置电场强度分布曲线

为了进一步分析施加电极电压对荷电颗粒受力的影响，取不同电极电压下匀强区域的电场强度值，计算分级实验装置的分离因数 F_{re}，得到图7-32所示的电极电压对分离因数的影响。如图7-32所示，随着电极电压增大，分级实验装置

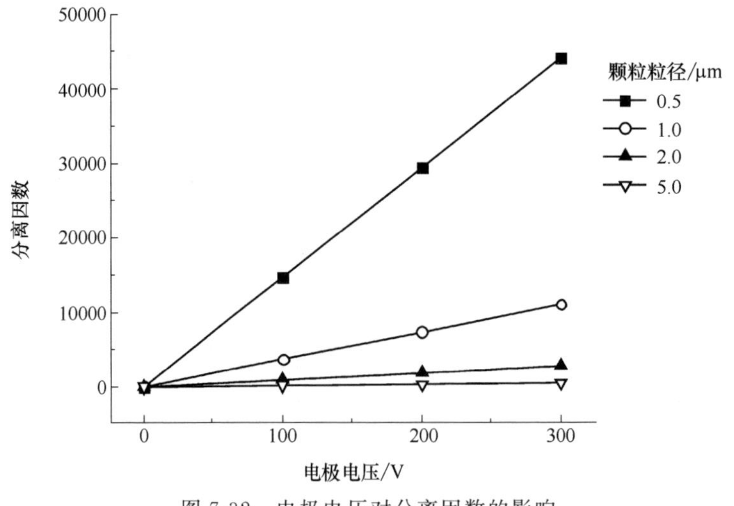

图7-32 电极电压对分离因数的影响

对不同粒径荷电颗粒的分离因数均增大；荷电颗粒粒径越小，分离因数增大的幅度越大。在施加 300V 电极电压时，分级实验装置对 1μm 颗粒的分离因数达到约 11000，而对于 0.5μm 颗粒则高达约 44000。这说明，通过施加静电场，可以为超细粉体分级提供强大的分级力场，且改变电极电压对细颗粒的影响大于粗颗粒。

3. 进料流速和电极电压对溢流级效率的影响

(1) 进料流速对溢流级效率的影响　如图 7-33 所示为进料流速对溢流级效率的影响，随着进料流速增大，荷电颗粒的溢流级效率增大，分级粒径增大。这是因为，随着进料流速增大，进料喷孔出口处流体轴向速度越大，从而整个分级室内流体轴向速度越大，颗粒在分级室内沉降时所受流体曳力作用越强，颗粒随流体介质溢流出去的概率越大，故而溢流级效率越大。这与静电场湿法分级相关研究文献中报道的进料流速对颗粒分级效率的影响规律是一致的。仿真结果表明，采用本章设计的分级实验装置，在 100V 电极电压下，进料流速为 0.020m/s 时，2μm 以上颗粒的溢流级效率为 0，即所得溢流产品均为 2μm 以下的细颗粒，分级粒径可以减小到约为 1.5μm。

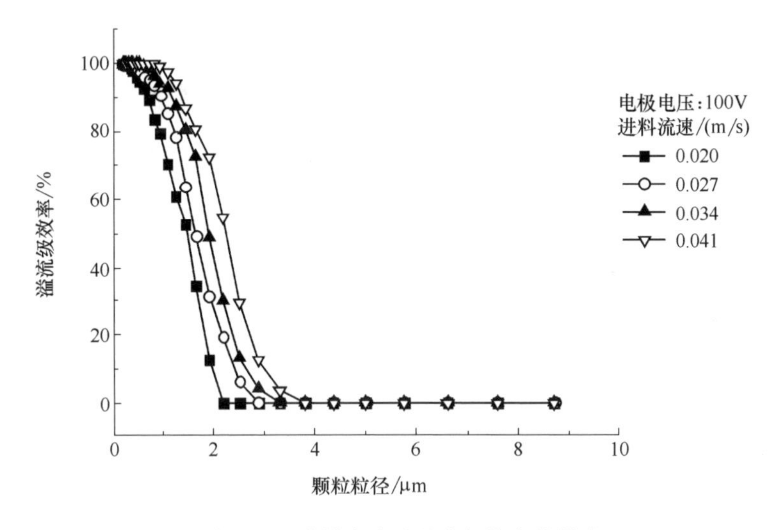

图 7-33　进料流速对溢流级效率的影响

(2) 电极电压对溢流级效率的影响　如图 7-34 所示为电极电压对溢流级效率的影响，随着电极电压增大，不同粒径荷电颗粒的溢流级效率均减小。这是由于随着电极电压增大，电极板之间产生的电场强度增大，荷电颗粒受到的竖直向下的电场力增大，更多的荷电颗粒产生了沉降，导致溢流级效率减小。通过施加电压可以减小荷电颗粒的分级粒径，且施加的电压越大，分级粒径越小，这与静电场湿法分级相关研究文献中报道的电极电压对颗粒分级效率的影响规律是一致的。然而，从图 7-34 中也可以看出，当施加的电压过大时，细颗粒的溢流级效率也会有一个较大幅度的降低，这可能是由于电极电压过大时，分级实验装置对

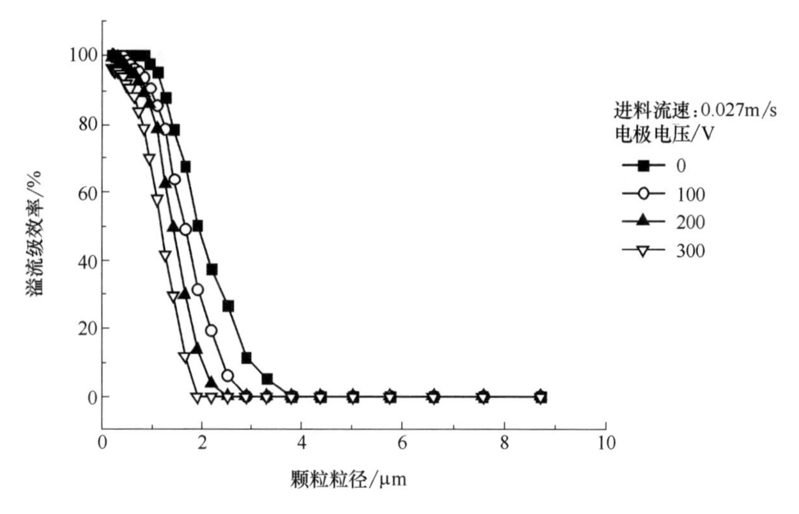

图 7-34 电极电压对溢流级效率的影响

细颗粒的分离因数增加幅度更大所致。

第五节 静电场湿法分级装置的应用

一、实验物料与设备

1. 实验物料

本章实验所用 SiO_2超细粉体购于材料家园零售商城（江苏连云港），其粒径分布如图 7-35 所示，粒径分布范围为 0.21～8.71μm，中值粒径为 1.22μm，密

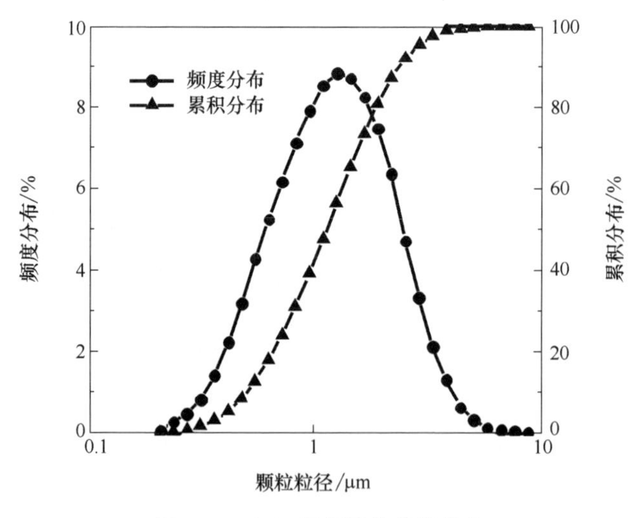

图 7-35 SiO_2超细粉体粒径分布

图 7-36　静电场湿法分级实验装置

度为 $2.2\times10^3kg/m^3$。

2. **实验设备与分析仪器**

实验所用分级实验装置为第三章自行设计，其实物如图 7-36 所示，其他实验设备及分析仪器如表 7-6 所示。

二、实验方法

1. **SiO_2浆料的制备**

称取一定质量的 SiO_2 超细粉体，将其分散到一定量的去离子水中，进行预搅拌，配制成已知物料浓度的 SiO_2 浆料，采用强力电动搅拌机在转速为 160r/min 条件下将预混合的 SiO_2 浆料搅拌 10min，充分混合均匀后开始实验。

表 7-6　实验设备和分析仪器

设备名称	设备型号	生产厂家
直流稳压电源	HSPY-400	北京汉晟普源科技有限公司
恒流泵	BT300-2J	保定兰格恒流泵有限公司
强力电动搅拌机	JB90-D	上海标本模型厂
精密电子天平	ARB120	奥豪斯国际贸易(上海)有限公司
激光衍射粒径分析仪	Mastersizer 2000	英国马尔文仪器有限公司
Zeta 电位分析仪	Litesizer™ 500	奥地利安东帕有限公司
恒温鼓风烘干干燥箱	DHG-9076A	上海精宏实验设备有限公司

2. **实验方案设计**

(1) 进料流速的影响　在电极电压为 100V、物料浓度为 1.00g/L 条件下，选取 12、14、16、18、20、22 和 24r/min 七种恒流泵转速，测得对应的进料流速分别为 0.020、0.024、0.027、0.031、0.034、0.037 和 0.041m/s，考察在 1.0、1.5、2.0mm 三种喷孔直径条件下，进料流速对分级性能的影响。

(2) 电极电压的影响　在恒流泵转速为 16r/min 即进料流速为 0.027m/s、物料浓度为 1.00g/L 条件下，选取 50、100、150、200、250 和 300 V 六种电极电压，并与不施加电压的情况进行比较，考察在 1.0、1.5、2.0mm 三种喷孔直径条件下，电极电压对分级性能的影响。

(3) 物料浓度的影响　在恒流泵转速为 16r/min 即进料流速为 0.027m/s、电极电压为 150V 条件下，分别配制 0.50、0.75、1.00、1.25、1.50 和 1.75g/L 六种物料浓度的浆料，考察在 1.0、1.5、2.0mm 三种喷孔直径条件下，物料浓度对分级性能的影响。

3. **样品测定方法**

测定参数包括进料质量流量、溢流质量流量、进料物料浓度、溢流物料浓度、样品粒径分布和 Zeta 电位，为减小测定时的系统误差，对每个实验样品采取三次测量取平均值的方法进行测定。

（1）质量流量和物料浓度的测定　采用称重法测定进料质量流量 Q_i、溢流质量流量 Q_o、进料物料浓度 C_i 和溢流物料浓度 C_o，即测定空器皿的质量、取样后物料与器皿的总质量、取样时间以及烘干后样品与器皿的总质量，采用式（7-31）～式（7-34）分别计算 Q_i、Q_o、C_i 和 C_o：

$$Q_i=\frac{m_i^1-m_0}{t_i} \tag{7-31}$$

$$Q_o=\frac{m_o^1-m_0}{t_o} \tag{7-32}$$

$$C_i=\frac{m_i^2-m_0}{m_i^1-m_0}\times 100\% \tag{7-33}$$

$$C_o=\frac{m_o^2-m_0}{m_o^1-m_0}\times 100\% \tag{7-34}$$

式中　Q_i——进料质量流量，g/s

Q_o——溢流流量，g/s

C_i——进料物料浓度，%

C_o——溢流物料浓度，%

m_i^1——进料样品和烘干器皿的总质量，g

m_i^2——进料烘干后样品和烘干器皿的总质量，g

m_o^1——溢流样品和烘干器皿的总质量，g

m_o^2——溢流烘干后样品和烘干器皿的总质量，g

m_0——烘干器皿的质量，g

t_i——进料样品取样时间，s

t_o——溢流样品取样时间，s

（2）粒径分布测定　采用 Mastersizer 2000 型激光衍射粒径分析仪对浆料中 SiO_2 超细粉体进行粒径分布测定，从而获得样品中 SiO_2 超细粉体的粒径分布曲线。测试过程中采用分散器对样品进行分散处理，分散器转速为 2000r/min。测试软件中设定 SiO_2 的折射率实部和虚部值分别为 1.53 和 0.01。

（3）Zeta 电位测定　采用 Litesizer™ 500 型 Zeta 电位分析仪测定浆料中 SiO_2 超细粉体颗粒表面的 Zeta 电位值，测试电压为 200V，三次测试结果平均值为－15.03mV。由于 SiO_2 超细粉体颗粒表面 Zeta 电位为负值，故将上、下电极板分别与直流稳压电源负、正极相连。

三、实验结果与分析

1. 不同喷孔直径条件下，进料流速对分级性能的影响

图 7-37 所示为不同喷孔直径条件下，进料流速对分级总效率的影响。如图

7-37 所示，在不同喷孔直径条件下，随着进料流速增加，分级总效率均呈现先增加后趋于稳定的趋势。这是因为，在流量较小时，增大进料流速，颗粒的初始上升速度和分级室内液体介质向上流动速度均会增加，溢流颗粒增多，分级总效率增加。分级总效率最终趋于稳定，可能是装置的分离能力可能达到了极限值。相同条件下，喷孔直径越小，进料喷孔轴心处流体轴向速度越大，颗粒从进料喷孔进入分级室时的初始上升速度越大，被溢流分离出去的概率越大，故分级总效率越高。

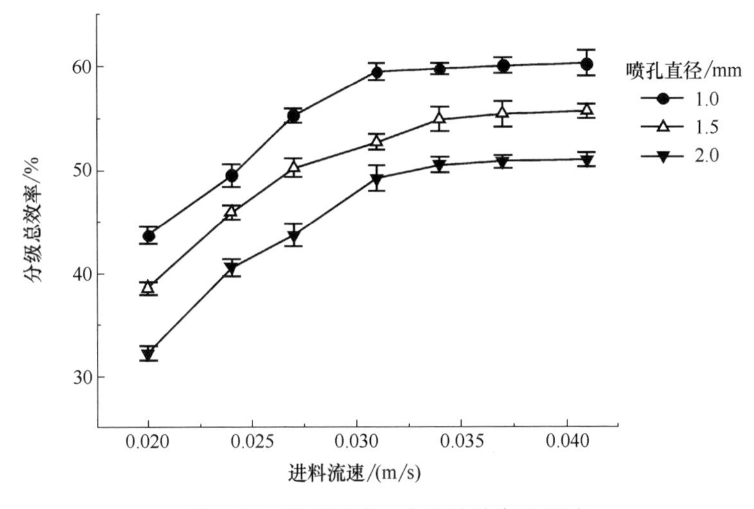

图 7-37　进料流速对分级总效率的影响

图 7-38 所示为 1.0mm 喷孔直径条件下，进料流速对溢流级效率的影响。如图 7-38 所示，随着进料流速增加，颗粒的溢流级效率基本呈现增大趋势。从溢

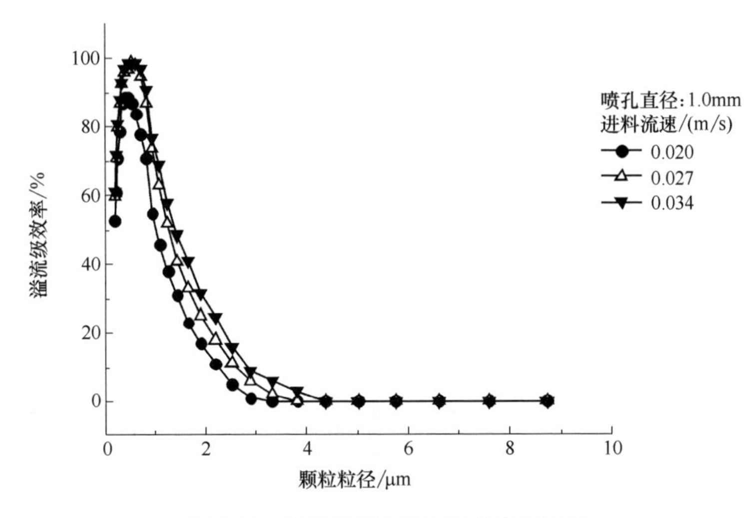

图 7-38　进料流速对溢流级效率的影响

流级效率曲线可以看出，分级过程中存在明显的鱼钩效应，即粗颗粒携带部分细颗粒沉降，导致细颗粒的溢流级效率减小。这可能是因为 SiO_2 粉体颗粒的粒径较小，细颗粒产生了较为严重的团聚，且颗粒粒径越小，颗粒间的范德华引力与其质量之比越大，团聚形成的二次颗粒越难以被分散，故溢流级效率越低。进料流速从 0.020m/s 增大到 0.027m/s，4μm 以下颗粒的溢流级效率均有所增大；而进料流速从 0.027m/s 增大到 0.034m/s，1.2μm 以下细颗粒的溢流级效率增大幅度较小于 1.2～4.3μm 的颗粒。这可能是由于进料流速增大，分级室内的回流作用增强，导致部分细颗粒在回流作用下产生了沉降，故溢流级效率降低；而粗颗粒受回流作用较小，故溢流级效率有所增大。

图 7-39 所示为不同喷孔直径条件下，进料流速对综合分级效率的影响。如图 7-39 所示，在不同喷孔直径条件下，随着进料流速增加，综合分级效率均呈现先增大后减小的趋势。这是因为，随着进料流速增加，粗、细颗粒的溢流级效率均增大，当流速过大时，若粗颗粒的溢流级效率增大幅度大于细颗粒，就会导致综合分级效率降低。喷孔直径越小，颗粒的初始上升速度就越大，综合分级效率越先达到最佳值；进一步增加进料流速，小喷孔直径的综合分级效率将会降低，而大喷孔直径的综合分级效率则继续增加直至达到最大值后开始降低。

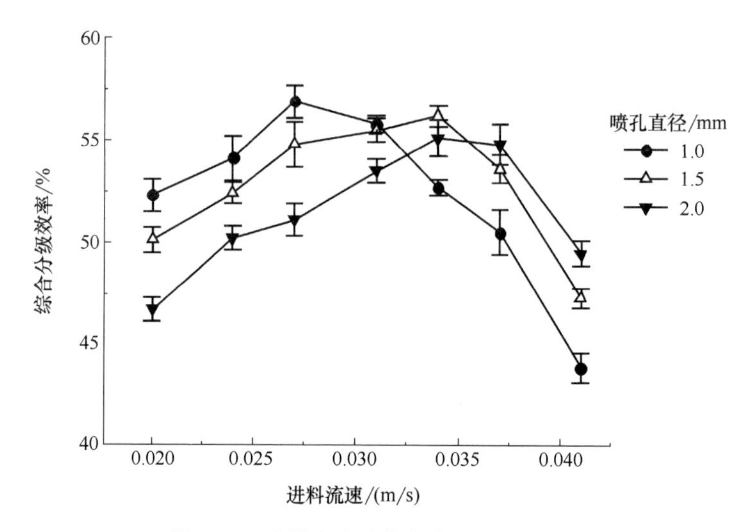

图 7-39　进料流速对综合分级效率的影响

以综合分级效率为响应值，对喷孔直径与进料流速进行双因素方差分析，结果见表 7-7。

表 7-7　　喷孔直径与进料流速的方差分析

方差来源	平方和 SS	自由度 df	均方 MS	F	P
模型	699.924	20	34.996	59.701	<0.0001
喷孔直径	17.269	2	8.634	14.730	<0.0001

续表

方差来源	平方和 SS	自由度 df	均方 MS	F	P
进料流速	473.997	6	79.000	134.768	<0.0001
交互作用	208.656	12	17.388	29.663	<0.0001
误差	24.620	42	0.586		
总和	724.544	62			

注：$R^2=0.966$。

由表 7-7 可知，喷孔直径与进料流速交互作用显著，喷孔直径和进料流速对综合分级效率影响显著。

2. 不同喷孔直径条件下，电极电压对分级性能的影响

图 7-40 所示为不同喷孔直径条件下，电极电压对分级总效率的影响。如图 7-40 所示，在不同喷孔直径条件下，随着电极电压增大，分级总效率均逐渐减小。这是因为，随着电极电压增大，分级实验装置内产生的电场强度增大，荷电颗粒受到的竖直向下的电场力增大，导致沉降颗粒增多，故而分级总效率降低。相同条件下，喷孔直径越小，颗粒从进料喷孔进入分级室的初始上升速度越大，被溢流分离出去的概率越大，故分级总效率越高。

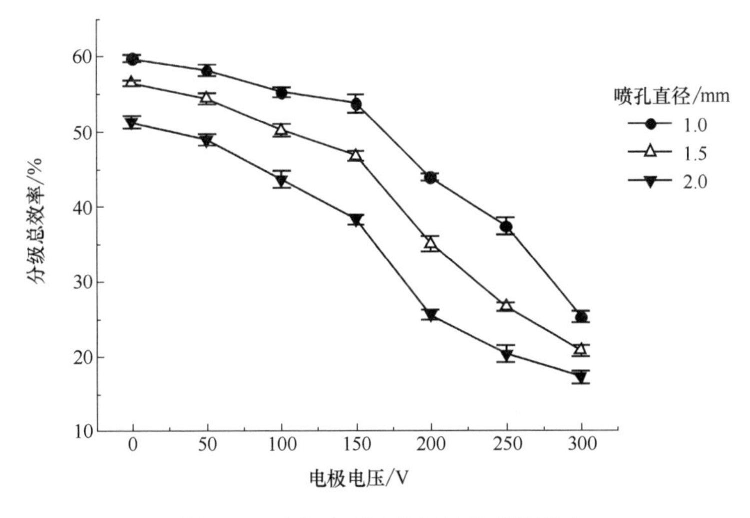

图 7-40　电极电压对分级总效率的影响

图 7-41 所示为 1.0mm 喷孔直径条件下，电极电压对溢流级效率的影响。如图 7-41 所示，随着电极电压增大，不同粒径颗粒的溢流级效率均减小，这是因为电极电压增大，分级实验装置内电场强度增大，负电性的颗粒受到的竖直向下的静电场力增大，更多的颗粒产生了沉降，故溢流级效率减小。电压从 0V 增加到 100V 时，细颗粒的溢流级效率降低幅度较小，仅粗颗粒的溢流级效率降低幅度较大；而电压从 100V 增加到 200V 时，细溢流级效率减小幅度也增大。造成

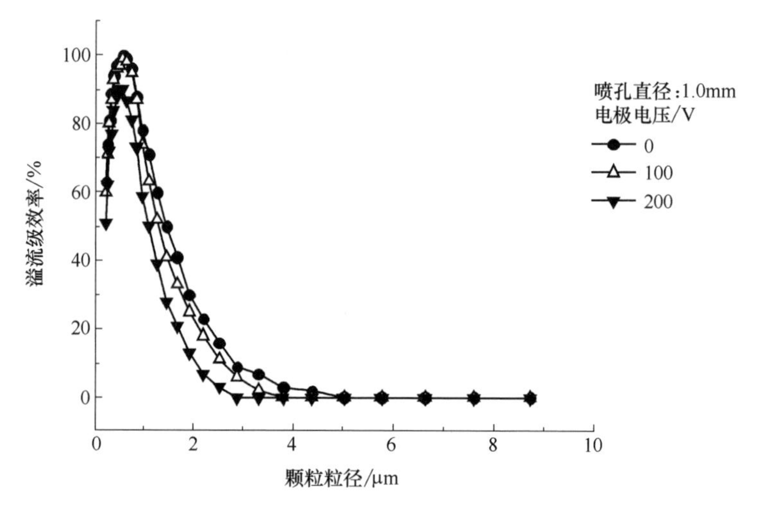

图 7-41 电极电压对溢流级效率的影响

这一现象的原因可能有两方面：一是由于电极电压过高加速了细颗粒团聚，导致细颗粒沉降概率增加；二是由于改变电极电压，分级实验装置对细颗粒的分离因数增加幅度远大于粗颗粒，导致细颗粒的沉降作用增强。

图 7-42 所示为不同喷孔直径条件下，电极电压对综合分级效率的影响。如图 7-42 所示，在不同喷孔直径条件下，随着电极电压增大，综合分级效率均呈现先增大后减小的趋势，且喷孔直径越小，其综合分级效率越高。这是因为，在小范围内增大电压，粗颗粒溢流级效率的减小幅度略大于细颗粒，故综合分级效率增加。当电压过大时，细颗粒的溢流级效率急剧减小，且减小幅度大于粗颗粒，故综合分级效率减小。

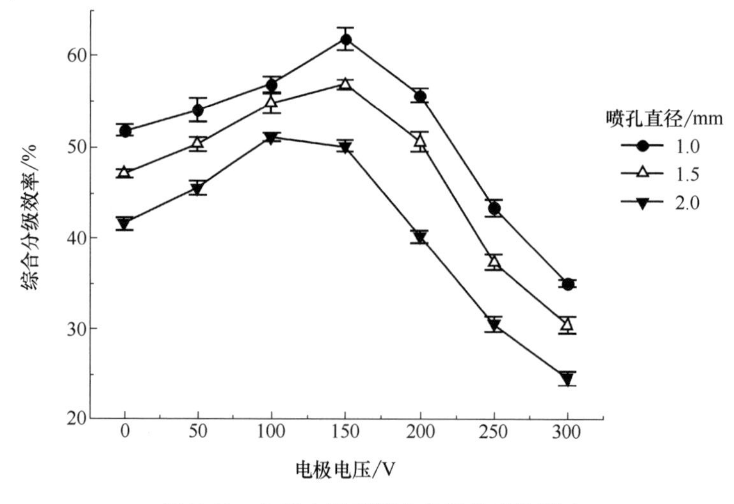

图 7-42 电极电压对综合分级效率的影响

以综合分级效率为响应值，对喷孔直径与电极电压进行双因素方差分析，结果见表 7-8。

表 7-8　喷孔直径与电极电压的方差分析

方差来源	平方和 *SS*	自由度 *df*	均方 *MS*	*F*	*P*
模型	6347.499	20	317.375	410.146	<0.0001
喷孔直径	1253.814	2	626.907	810.157	<0.0001
电极电压	4887.382	6	814.564	1052.667	<0.0001
交互作用	206.304	12	17.192	22.217	<0.0001
误差	32.500	42	0.774		
总和	6379.999	62			

注：$R^2=0.995$。

由表 7-8 可知，喷孔直径与电极电压之间交互作用显著，喷孔直径与电极电压对综合分级效率的影响显著。

3. 不同喷孔直径条件下，物料浓度对分级性能的影响

图 7-43 所示为不同喷孔直径条件下，物料浓度对分级总效率的影响。如图 7-43 所示，在不同喷孔直径下，随着物料浓度增加，分级总效率均呈现先增大后减小的趋势。当物料浓度为 1.0g/L 时，分级总效率达到最大值；进一步增加物料浓度，分级总效率则逐渐降低，其可能原因是超过了当前进料流速条件下装置的分离能力。相同条件下，喷孔直径越小，颗粒从进料喷孔进入分级室时的初始上升速度越大，随流体溢流出去的概率越大，故分级总效率越高。

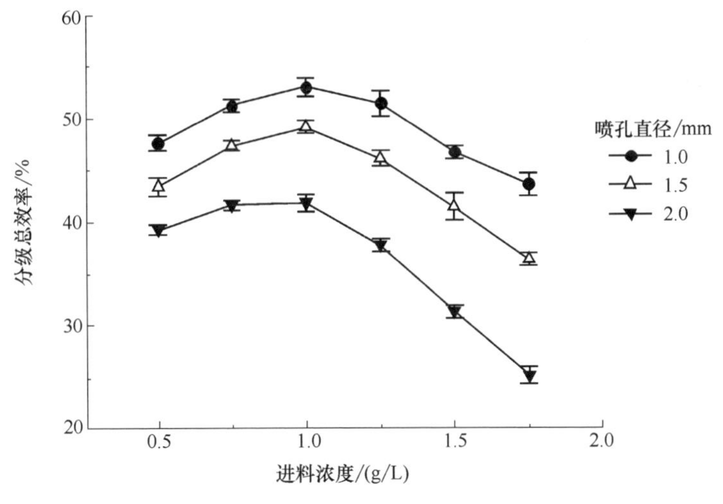

图 7-43　物料浓度对分级总效率的影响

图 7-44 所示为 1.0mm 喷孔直径条件下，物料浓度对溢流级效率的影响。如图 7-44 所示，在研究的条件范围内，物料浓度对溢流级效率的影响较小。浓度过大时，细颗粒的溢流级效率显著降低。其原因可能是物料浓度增加提高了荷电

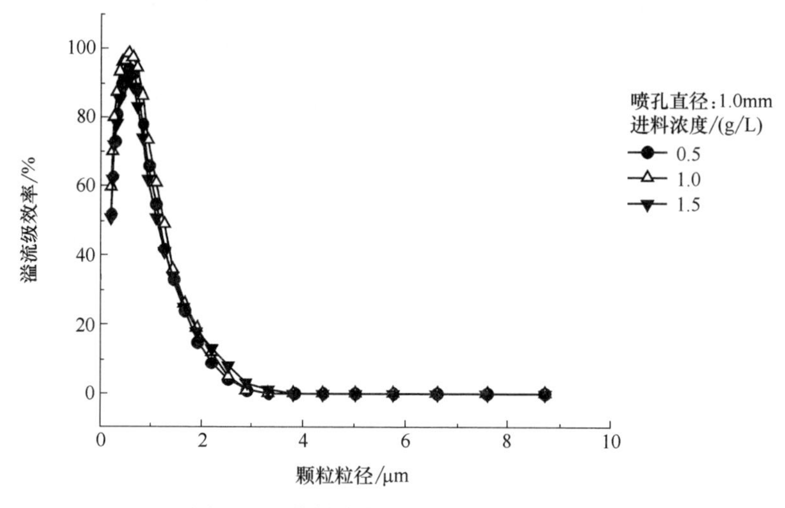

图 7-44　物料浓度对溢流级效率的影响

颗粒间的范德华引力和团聚概率，导致细颗粒进入粗产品的概率增加，溢流级效率降低。

图 7-45 所示为不同喷孔直径条件下，物料浓度对综合分级效率的影响。如图 7-45 所示，在不同喷孔直径下，随着物料浓度增加，综合分级效率均呈现先增大后减小的趋势。这是因为，当物料浓度较小时，增加物料浓度，细颗粒的溢流级效率增大多于粗颗粒，故综合分级效率有所增加；当物料浓度过大时，可能是颗粒间的团聚作用增强导致细颗粒沉降增多，综合分级效率下降。

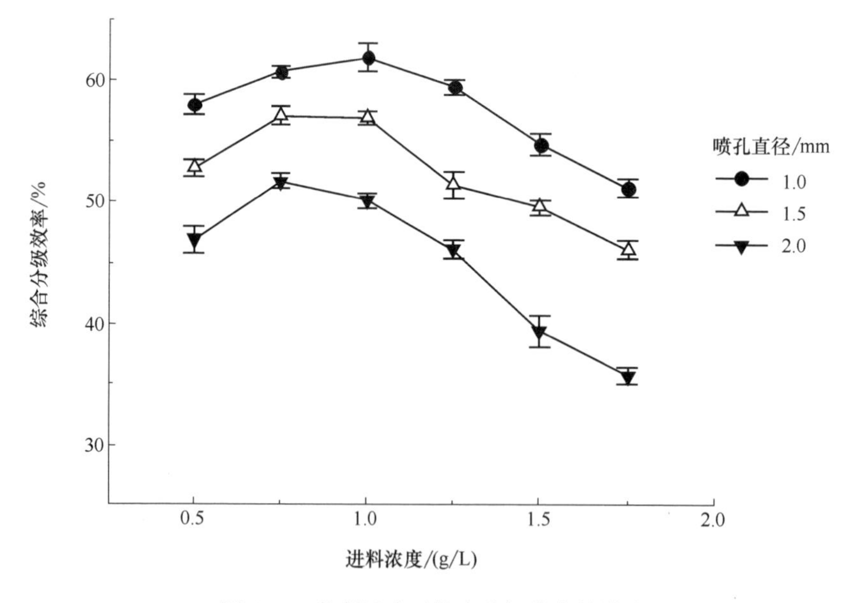

图 7-45　物料浓度对综合分级效率的影响

以综合分级效率为响应值，对喷孔直径与进料流速进行双因素方差分析，结果见表 7-9。

表 7-9　喷孔直径与物料浓度的方差分析

方差来源	平方和 SS	自由度 df	均方 MS	F	$F_{0.01}$
校正模型	2556.447	17	150.379	128.509	<0.001
喷孔直径	1465.754	2	732.877	626.292	<0.001
物料浓度	1019.849	5	203.970	174.306	<0.001
交互作用	70.843	10	7.084	6.054	<0.001
误差	42.127	36	1.170		
总和	2598.573	53			

注：$R^2=0.984$。

由表 7-9 可知，喷孔直径与物料浓度之间交互作用显著，喷孔直径和物料浓度对综合分级效率影响显著。

第八章　微旋流分离装置

第一节　引　　言

一、概述

旋流分级技术的关键在于旋流分离器，根据使用介质的不同（气体或液体），旋流分级技术可分为干法分级和湿法分级两大类。当使用干法分级时，通常使用气体为介质，称之为旋风分级，旋风分级所使用的气体可以是空气或者其他任意气体；当使用湿法分级时，通常使用液体为介质，称之为旋液分级，旋液分级所使用的液体可以是水或者其他液体如甲苯等。旋流分级技术是最早研究并应用于超微粉体分级的技术，旋液分级相较于旋风分级有更广的应用范围，因此本节以旋液分级为主。

旋流分级技术广泛应用于各种行业内的两相或者多相混合物的分离与分级，而旋流分离器是旋流分级技术中应用最广泛的设备。19 世纪末 E. Bretney 在美国申报了第一篇关于水力旋流器的专利，1914 年旋流分离器正式应用于工业生产，但是旋流分离器的发展并不是一路来都备受关注的，早期的发展并不迅速，只有少数厂家在使用。到了 1939 年，荷兰人 Driessen 首次在煤泥的澄清作业中将水力旋流器以商品的形式应用于分离任务，当时水力旋流器是被用作固—液两相的分离设备，从水中分离固体介质。这次的应用使得人们对于水力旋流器有了一定的认识与了解，有些专家学者们也逐渐开始对水力旋流器的一些性能进行了研究，但是这些还只是局限在采矿工业，并没有引起其他行业的重视。直到 1953 年，即旋流器诞生半个多世纪的时候，Van Rossum 将水力旋流器用于脱出油中的水分，此后水力旋流器有了广阔的市场空间。旋流器开始逐渐被广泛地使用起来，不仅有大量的旋流分离器投放市场，而且还有很多相关的研究报道。随后各国专家学者以及政府、企业都开始了对旋流分离器的研究开发工作，例如苏联、瑞典、日本和英国等国家在食品、化学和生物化学等工业领域广泛地使用旋流分离器，并取得了显著的社会经济效益。

1960 年，人们开始将旋流器用于试验设备以及其他更广泛的工业领域，主要有矿冶行业中的颗粒分级、矿物质回收与水处理；化学工业中液—液萃取、固—液滤取、结晶；空间技术中的零重力场分离；机械加工行业中回收润滑油及贵重金属；电子工业中回收稀有金属；生物化学工程中的酶、微生物的回收；食品与发酵工业的淀粉、果汁、酵母等水的分离以及石油工业中的油水分离、油水气分离与油水泥分离等。

1980 年，有更多的科技工作者致力于旋流分离器的研究和推广应用。英国BHRA 流体工程中心发起的旋流分离器国际学术研讨会，更是将旋流分离器的发展推到了极致。在高速发展的科学技术带动下，水力旋流器也正在逐步发展成具有高技术含量的分离设备。在我国，从 20 世纪 90 年代以来掀起了对旋流器特别是多相分离旋流器的研究和开发热潮。

旋流分离器已经经历了一个多世纪的发展，如今旋流技术不仅在化工、石油、选矿等领域广泛应用，在环保、制药、食品、轻工、废水处理、造纸等诸多行业同样具有宽广的潜在应用市场。

二、旋流器优点

旋流器器具有以下优点。

1. 功能全面，分级效率高

旋流器可根据实际应用的需要在不同场合下使用。目前已经研制出固-液、液-液、气-液、固-气、液-气等分离用水力旋流器。在气-固分离方面，用于去除气体中的粉尘的旋风分离器早已使用多年。水力旋流器在应用中分离效率达90%以上，用途十分广泛。

2. 结构简单

旋流器内部没有任何需要维修的运动件、易损件和支撑件，也无须滤料。其结构与容器十分相似，管线连接、阀门控制可实时操作。成本低，在处理量相同时只相当于其他分离设备的几分之一，甚至几十分之一。

3. 占地面积小、安装方便、运行费用低

与处理量相同的其他装置相比，水力旋流器的体积只有其他处理装置的十几分之一，质量只有三十分之一，这对于许多受空间限制的场合，如海洋平台等有着特殊的意义。同时，由于质量轻，不需要特殊的安装条件，只需简单的支撑及管线连接即可工作。另外，水力旋流器运行费用很低，只需要管路中存在一定的压力即可，不需要其他动力设备即可正常运行。

4. 使用方便灵活

旋流器可以单独使用，也可并联使用来加大处理量，或串联使用增加处理深度。同时还可以根据不同的处理要求改变其结构参数以达到更好的分离效果。

5. 工艺比较简单

运行参数确定后可长期稳定运行，管理方便，有着明显的社会效益和经济效益。特别值得指出的是，这种分离过程完全是在封闭的状态下进行的，不产生二次污染。

三、旋流器的功能

1. 澄清或者浓缩

通过对旋流器溢流口获得的液体，可实现矿业和各种污水中杂质的分离；将底流口中获得的高浓度产品作为下一步提纯的产品。旋流器可被用于预增浓或预脱水。

2. 分离

旋流器可应用于不同密度差的相或者颗粒的分离，其中包括固-固、固-液、固-气、液-液、液-气等混合物的分离。

3. 分级

由颗粒动力学可知，不同粒径的颗粒具有不同的沉降速度，因此可以使用旋流器对不同的颗粒直径进行分选。

4. 强化传递过程

由于旋流器内具有强烈的流体剪切、湍流，旋流器在分离的同时还具有强化传质作用。因此，旋流分离技术主要用于分离和传热传质的组合过程，如旋流干燥器、旋流吸收器等。

四、旋流器的分类

旋流器的应用领域从最初的石油化工领域不断扩展，开始在航天工业、武器弹药、生物制药、核工业等领域发挥重要作用，如马铃薯淀粉生产中的分离与稠化、核工业反应堆中大颗粒的分离、船舶底舱水和油轮压舱水的油水处理等。水力旋流器的种类繁多，常见的旋流器的种类如表 8-1 所示。

表 8-1 旋流器分类

分类方法	种类	说明
按分散相类型	固-液旋流器	连续相为液体，分散相固体
	液-液旋流器	两相均为液体气体
	气-液旋流器	不相溶气液体
按混合物组分密度	轻质分散相旋流器	分散相的密度低
	重质分散相旋流器	分散相的密度高
按有无运动部件	静态	—
	动态	加有旋转装置
按旋流管直径	除砂器	直径在 150mm 以上
	除泥器	直径在 15～150mm
	微旋流器	直径在 15mm 以下

五、旋流器的研究方向

进入 21 世纪后，随着分离理论的研究趋于稳定和科学技术的迅猛发展，人们对旋流分离器的研究开始向实用化发展。目前旋流分离器研究现状可以概括为内部流场模拟、应用技术拓展和结构参数优化等三个方面。

1. 内部流场的研究

旋流分离器因内部流场的复杂而无法完全通过数学模型来描述，直到数值模拟方法的出现，才准确高效地解决了流场研究的问题。使用计算流体动力学（CFD）软件对旋流器的实际工况进行模拟，分析流场特点，可以达到预测分离性能、优化结构设计的目标。数值模拟虽然不等同于实际的实验，但因为模型的优选和条件的设定而具有较高的精度。

2. 应用技术的拓展

1960 年水力旋流器就作为高效固-液分离设备广泛应用于矿物的分选，目前主要的应用包括：澄清作业，如化学工业催化剂的回收、机械密封系统中的液体除砂、盐液中盐的回收等；浓缩作业，如矿坑回调料的脱水、碳酸氢钠的浓缩等；颗粒分级，如磷矿石的脱泥、高岭土的分级等；颗粒分选，如黄金浮选、净化滑石等；液-液分离和液-气分离等。随着研究的不断深入，旋流分离技术也在不断地发展，新的应用领域与技术不断出现，旋流器从最初的两相分离到如今出现的气-液-固三相分离装置，同时分离分级的精度也在不断地提高，从粗分离到细分离到如今的超细分离，分离分级技术不断发展。

3. 结构参数的优化

旋流器的结构参数主要包括入口形式、溢流管形式、锥角和锥段长度等，因为水力旋流器的分离过程尚没有建立通用的数学模型，其结构参数对分离性能的影响关系式只能定性或在一定条件下使用。为了达到更好的分离效果，研究人员不断通过实验等手段来优化其结构参数，进一步挖掘水力旋流器的潜能。如入口形式的变化、通过筛网辅助分离、过滤式水力旋流器等新型结构的出现。

六、旋流器的发展趋势

1. 技术控制的自动化与信息化

在旋流器的使用过程中，主要的操作参数包括进口压力、进料流量、进料浓度和进料粒径，这些参数可通过检测设备来实时获取，并反馈给控制模块，由控制模块来实时控制这些参数，以此来保证旋流器能够以最佳的状态持续稳定的工作。由于实际运行时的各种未知性，来料的物性参数可能变化很大，水力旋流器在复杂的工况下长期运行容易发生故障甚至损毁。而信息化控制技术的应用，可以让操作人员能够实时了解水力旋流器的工作状态，更好的保证旋流器的正常工作。自动化和信息化的运用一定程度上也可以节约人工成本。

2. 规格的大型化和微型化

两极化是工业设备的主要发展趋势，大型化可以拥有更大的处理和生产能力，获得更高效率；微型化可以更加精细的生产。水力旋流器也是如此，大型化的水力旋流器（$D \geqslant 2000$mm）可以处理的流量更大而且效率更高，如英国萨拉公司生产的 D2032mm 的水力旋流器；微型化的水力旋流器（$D \leqslant 20$mm）可以用于超细分级、生物制药等方面，随着纳米技术和基因技术的发展，微型水力旋流器的优势也可以体现在这些精细行业中，如目前研究热度比较高的 D10mm 级水力旋流器，其分离粒径为 3～5μm。

3. 设备的模块化和组合化

在很多的分离操作中，由于水力旋流器自身条件所限，使用单级旋流器无法达到满意的效果。串联可以提高分级效率，也可以分级完成不同的分离任务，如一级从事澄清作业，二级从事浓缩作业。并联虽然无法提高处理效率，但可以扩大生产能力，并联设置相当于一个冗余设计，这样水力旋流器可以处理更复杂的工况。将微型旋流器并联设置而构成的微型旋流器组已经得到广泛应用，其在提高生产能力的同时，还缩小了占地面积。

4. 材料的现代化和多样化

材料科学一直制约和带动着其他行业的发展，新材料的引入可以提高工程设备的物理化学性能。目前投入生产使用的水力旋流器多为钢铁等金属材料，这就对来料产生了本质上的限制，如果引入高分子材料、复合材料或生物材料，水力旋流器就可以处理工况更加恶劣的来料且不容易磨损，或者使用亲和性的材料用于生物制药工程，避免对来料的性质产生破坏。

第二节　分 离 机 制

一、旋流分离装置工作原理

旋流分离器的工作机制主要是采用离心力场、重力场和各相之间密度差来进行分级。在分级过程中，混合物由泵或者风机推动沿切向方向进入分离器内，混合物内密度大的相在旋转过程中受到较大的离心力，会逐渐靠近旋流器壁，而密度较小的相向轴线附近靠近。当旋转运动逐渐稳定后，体积大，密度大的相将在半径较大处做旋转运动，而密度较小的相则在轴线附近做回转运动。气流或液流沿圆形分离器内壁作高速旋转运动。在强离心力的作用下，物料中密度较大的相沿分离器锥形内壁向下旋转下沉至出料口排出，密度较小的相由于向心力的作用向分离器中心集中并随气液或液流上升从上出口排出，从而达到了分级的目的，原理图如图 8-1 所示。

二、旋流装置的分离理论研究

对于旋流器的理论研究从很早以前就已经开始，人们对旋流器分离性能的研究成果归结为分离和分级模型的建立。各国学者在致力于总结实验数据，归纳经

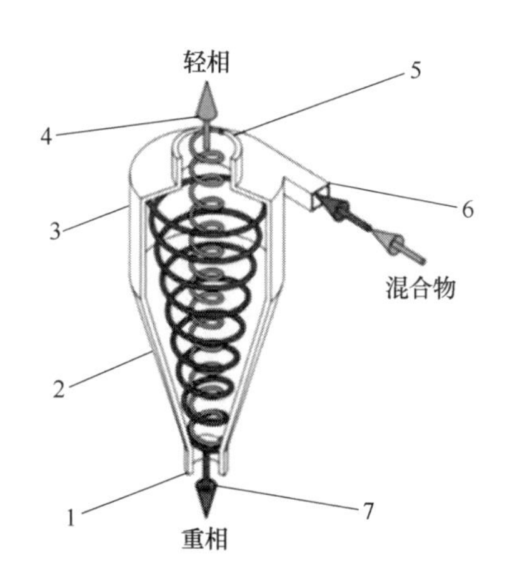

图 8-1　旋流分离器原理图
1—底流出口　2—锥筒部分　3—圆筒部分　4—上升旋流　5—溢流出口　6—入口　7—下降旋流

验模型的基础上，提出了一些纯粹由数学推导而获得的理论数学模型。目前，已提出的理论模型有：经验模型、平衡轨道理论模型、滞留时间理论模型、底流拥挤理论模型、内旋流模型和两相湍流理论模型。平衡轨道理论和滞留时间理论模型发展得较为成熟，两相湍流理论近期发展较为迅速。通过对这些模型进行分析并建立方程求解，可以得出多种数学模型。

1. **经验模型**

经验模型都是由实验数据进行拟合得到的，不同的经验模型所依据的理论也不同。例如，Bohnet 模型根据平衡轨道模型定义了临界颗粒尺寸，用以区分颗粒是否能被分离，该临界尺寸的颗粒被分离的概率为 50%；Braun 模型是在 Bohnet 模型基础上建立的，并将旋流器分为入口、下降流和上升流三部分，且每一部分用不同的公式表达；Mueller 模型通过考虑水力旋流器溢流管附近顶部的二次流从而发展了 Bohnet 模型；Schuber 模型是依靠湍流两相理论所得的半经验模型；Plitt 模型则是由 297 个实验所得数据确定的经验模型。

2. **平衡轨道理论**

平衡轨道理论由来已久，最早由 Driessen 和 Criner 提出，其深入研究水力旋流器的分离理论，并同时发现了水力旋流器的“平衡半径”现象，提出“平衡半径”概念，颗粒的沉降速度和径向速度在旋流器内部的某一半径处相等时，该颗粒在该半径位置处于“静止”状态。在旋流器不同的半径位置会有不同的颗粒处于平衡状态，这个平衡状态的轨迹面即为零轴速包络面（LZVV），零轴速包络面是一个分离面，分离粒径 d_{50} 指的就是零轴速包络面与平衡轨道重合处颗粒的粒径。水力旋流器的半径越大，颗粒的回转半径也就越大，在 LZVV 内的小颗粒受力进入溢流管，而在 LZVV 外侧的大颗粒则会向下运动进入底流口。显然，固体颗粒在零轴速包络面所处的半径位置具有相同的机会进入溢流管和底流，以此为基础，科研工作者们相继进行了拓展研究。

D. Braley 根据平衡轨道理论提出另外一种分离粒径模型：

$$d_{50}=k\left[0.389DD_i\frac{\mu\lambda^{1.5}}{Q(\rho_s-\rho)}\right] \tag{8-1}$$

式中　k——常数（当使用 SI 时，$k=2.85\times10^8$）

D——旋流器直径，mm

D_i——进口直径，mm

μ——液体黏度，Pa·s

ρ、ρ_s——液、固相密度，kg/m^3

λ——颗粒质量浓度，kg/L

Q——生产能力，m^3/h

3. 停留时间理论

时间停留理论是由 Rietema 于 1961 年提出。该理论认为若颗粒在水力旋流器的停留时间内能够在径向到达水力旋流器的壁面区域，则认为颗粒能够分离。在进行分离粒径计算公式的推导过程中，将该过程看为自由沉降过程，因而适合分散相体积浓度较低的情况，实际上水力旋流器内部为干涉沉降。Holland-Batt 则对该模型进行了改进，先求解携岩钻井液的有效停留时间，再根据角位移求解颗粒流方程得到颗粒径向速度，从而得到分离粒径的公式。

4. 底流拥挤模型理论

底流拥挤模型理论是由 Fahlstrom 提出，该模型认为分离粒径是底流流量与入口处分散相粒径分布的函数。当入口分散相体积浓度较高时，底流口处的堵塞效应是分离粒径的主要影响因素，其底流拥挤效应会完全抵消水力旋流器内其他因素的作用。根据进料固粒的 Rosin-Rammler 分布假设，导出分离粒径的计算公式，如式（8-2）所示。

$$d_{50}=De(-\text{In}Et)^{\frac{1}{f}} \tag{8-2}$$

式中 d_{50}——分离粒径

De——颗粒粒径范围量度常数

Et——总效率，即固料在底流的回收率

f——物料特性的常数

5. 两相湍流模型

两相湍流理论充分利用旋流器的分离特征，同时也利用了前述理论的优势，较为全面地反映了分离器内流体的运动规律。为更接近实际的计算模型来估算旋流器的分离效率，Rietema 通过利用 Kelsall 测得的流体切向速度分布来近似估算流体湍流黏度对此问题进行研究。Neesse 和 Schubert 以两相湍流为理论基础推到了分离模型，提出的分离粒径 d_{50} 的计算公式如式 8-3 所示：

$$d_{50}=2.688K_d\left\{\frac{D\ln[0.91(D_o/D_u)^3]}{(\rho_s-\rho)(1-C_v)^3\Delta P^{0.5}}\right\} \tag{8-3}$$

式中 d_{50}——分离粒径

K_d——系数

D、D_o、D_u——旋流器直径、溢流口和底流口直径，mm

ρ、ρ_s——液、固相密度，kg/m^3

ΔP——压力降，MPa

C_v——悬浮液固相体积浓度，g/mL

Svarovsky 对比了该模型与众多实验的结果，发现当底流口为伞形排料时，上式的计算值与实验值相符合。多相湍流理论模型十分复杂，是学术界研究的重点和难点。

6. **内旋流模型**

内旋流法是把水力旋流器内旋流面作为颗粒分级过程中的平衡轨道面推导出的分离粒径计算公式，主要有陶尔扬公式和拉苏莫波瓦洛夫公式。

Tarjan 把半径等于旋流器溢流管半径、高度等于旋流器总高度范围内所形成的面规定为平衡轨道面，推导出的分离粒径公式为：

$$d_{50}=\frac{80D_i^2}{\sqrt{Q(\rho-\rho_s)\ [H_c+(D-D_o)/\tan\theta]}}\left(\frac{D_o}{D}\right)^n \tag{8-4}$$

式中　d_{50}——分离粒径；

Q——生产能力，m^3/h

ρ、ρ_s——液、固相密度，kg/m^3

D、D_o、D_i——旋流器直径、溢流口和进料口直径，mm

H_c——旋流管高度，mm

θ——旋流器的半锥角，rad

n——指数，$n\approx0.64$

波瓦洛夫公式和 Tarjan 公式基本相似，但是考虑了底流口附近大颗粒的堆积对分离面高度的影响，基于这一影响进行了修正，当进料浓度小于15%的时候可以使用此公式计算：

$$d_{50}=1.45\sqrt{\frac{DD_o\mu\tan\theta}{D_i(2\theta)^{0.6}K_DK_\theta(\rho-\rho_s)\Delta P^{0.5}}} \tag{8-5}$$

式中　d_{50}——分离粒径

ρ、ρ_s——液、固相密度，kg/m^3

θ——旋流器的半锥角，rad

K_D——直径 D 的修正系数

K_θ——锥角 θ 的修正系数

ΔP——压力降，MPa

波瓦洛夫认为，当考虑浓度对分离粒径的影响时，旋流器的分离粒径与底流口直径的平方根成负相关，与要分离物料浓度的平方根成正比。

三、旋流装置的流场理论

国内外专家学者对常规旋流分离器的研究发现，常规旋流分离器内流场的速度有以下几个特点：

① 旋流器内的三维速度分量为切向速度、轴向速度和径向速度，其中切向速度的数值最大，轴向速度次之，径向速度最小。

② 径向速度的分布规律性不强，其大小一般比切向速度小一个数量级，一

般认为径向速度的方向，在外旋流区向内，在内旋流区向外。

③ 轴向速度在溢流管下口附近反向，在内为上行流，在外为下行流，最大轴向速度一般在内外旋流分界处。

如图 8-2 所示，当流体绕着垂直的轴线进行旋转运动时，在其半径为 r 的地方取一个宽度为 $\mathrm{d}r$ 和厚度为 $\mathrm{d}z$ 的长方形流管，则在此微单元上同一水面上的伯努利方程为：

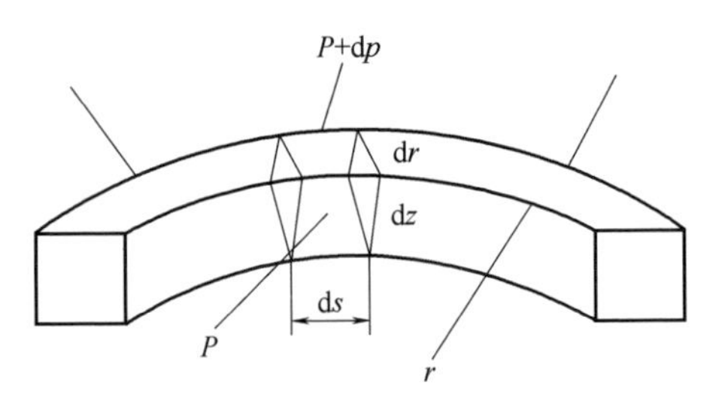

图 8-2　旋转流运动微单元

$$H_b=\frac{p}{\rho g}+\frac{U_t^2}{2g} \tag{8-6}$$

式中　H_b——总压头，m

p——半径 r 处的压力，Pa

ρ——流体的密度，kg/m^3

U_t——半径 r 处的切向速度，m/s

g——重力加速度，m/s^2

对式（8-6）中的半径 r 进行微分，可得：

$$\frac{\mathrm{d}H_b}{\mathrm{d}r}=\frac{\mathrm{d}p}{\rho g\,\mathrm{d}r}+\frac{U_t}{g}\frac{\mathrm{d}U_t}{\mathrm{d}r} \tag{8-7}$$

从式（8-6）可以看出，流体在进行旋转运动时候，沿径向总压头的变化率与径向的压力和速度变化率存有直接的关系。

如图 8-2 中所取的微元流体而言，当作用于该体积上的压力和离心力平衡的时候，则沿着径向的外力之和便会为零，这样公式就可改写为：

$$p\,\mathrm{d}s\,\mathrm{d}z-(p+\mathrm{d}p)\mathrm{d}s\,\mathrm{d}z+\rho\,\mathrm{d}r\,\mathrm{d}s\,\mathrm{d}z\,\frac{U_t^2}{r}=0 \tag{8-8}$$

$$\mathrm{d}p\,\mathrm{d}s\,\mathrm{d}z=\rho\,\mathrm{d}r\,\mathrm{d}s\,\mathrm{d}z\,\frac{U_t^2}{r} \tag{8-9}$$

将式（8-8）代入式（8-9），可得：

$$\frac{\mathrm{d}H_b}{\mathrm{d}r}=\frac{U_t}{g}\frac{\mathrm{d}U_t}{\mathrm{d}r}+\frac{U_t^2}{gr} \tag{8-10}$$

式（8-10）是流体在旋转运动中的微分方程，它反映出流体在旋转运动过程中的能量变化。式（8-10）也是流体在旋转运动中的基本方程，根据该方程可以在不同的条件下导出不同流体旋转运动的基本规律。

流体的流动是一个复杂多变的现象，到目前为止还不能利用数学的方法来准确地描述流体流动的规律。在实际的研究工作中，往往都是在很多假设的基础上对 Navier-Stokes 方程进行求解，然后得到一个近似解，再通过大量的实验数据进行修正，得了一个半经验的数学描述。

旋流分离装置内部多相流的运动情况直接关系到旋流器的分离性能，此方面一直是旋流分离技术的研究热点所在，而对于水力旋流器内部流场的三维速度分布是研究的基础，目前国内外相关研究人员普遍认可的水力旋流器三维速度分布如图 8-3 所示。

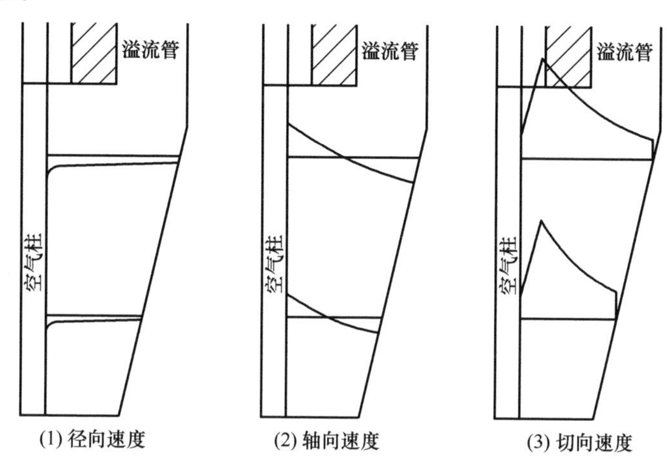

图 8-3　水力旋流器内部流场速度分布

在此三种速度中，切向速度是最为重要的一项参数，其与旋流器中离心力的大小有关。轴向速度的大小关系到流体在旋流器内部的停留时间，一般流体向下运动时轴向速度为负，反之为正，正负分界线即为水力旋流器的零速度包络面（LZVV），通过研究零速度包络面的位置与大小即可明确旋流器的分离性能。径向速度相较于其他两种速度分量量级较小，其在水力旋流器内部的分布情况也较为复杂，目前尚未有公认的相关理论，但其对旋流器的工作性能也具有一定的影响。

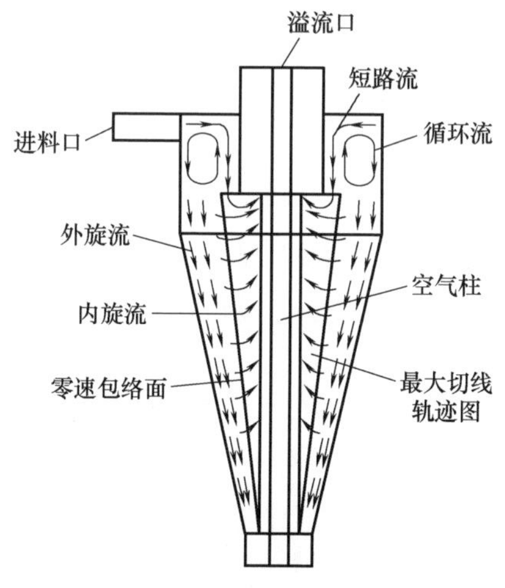

图 8-4　水力旋流器内部流场示意图

因为旋流器中三维速度的不同，水力旋流器在运行过程中也产生了多种流体运动涡流。切向速度分布使得旋流器中自由涡运动与强制涡运动的产生，而轴向速度也与内旋流与外旋流的产生有直接关系，零速度包络面（LZVV）以内为内旋流，外侧向下运动的流体为外旋流。水力旋流器内部流场示意图如图 8-4 所示。

旋流分离装置的分离过程中，其内部流体的运动是十分复杂的三维旋转运动，其实就是流体旋涡的产生、发展与消散的过程，根据流体质点在旋转时有无自转现象而被分成了自由涡运动与强制涡运动两种类型。

1. 自由涡运动

自由涡运动是指流体的运动为无摩擦旋转运动，其流体质点在运动过程中没有围绕自身瞬时轴线的自转，又称为无旋运动，其只有围绕主轴的公转，其角速度矢量为零，$\omega=0$。自由涡运动忽略了流体的黏性，只存在于理想流体中，只有流体的黏性很小时，才可以将流体的运动看作为自由涡。式（8-11）为旋流器理想自由涡运动的速度分布式：

$$u_t r=C \tag{8-11}$$

式中 u_t——内部流体的切向速度，m/s

r——旋转半径，m

C——常数量

从式中可知，当流体被认定为自由涡时，内部流体切向速度与旋转半径成反比。而理想自由涡运动的压力分布可由式（8-12）来表示：

$$P=P_\infty-\frac{\rho}{2}u_t^2=P_\infty-\frac{\rho}{2}\frac{C^2}{r^2} \tag{8-12}$$

式中 P_∞——无穷远处的压力，Pa

u_t——内部流体切向速度，m/s

C——常数量

2. 强制涡运动

强制涡与自由涡相比，是旋流装置中主要的涡流存在方式，强制涡是在外力作用下形成的流体旋转运动，除了有围绕主轴的公转外，还存在围绕自身瞬时轴线的自转运动，其角速度矢量为零，$\omega=0$。其内部流体切向速度与旋转半径成反比。强制涡运动的速度分布表达式如式（8-13）所示：

$$u_t=\omega r \tag{8-13}$$

强制涡运动的压力分布表达式如式（8-14）所示：

$$P=P_\infty+\frac{\rho}{2}u_t^2 \tag{8-14}$$

3. 组合涡运动

组合涡运动时由自由涡与强制涡合成的一种流体运动方式，它具有上述两两种涡流的特点，一般情况下旋流器中的流体运动可以用组合涡运动来解释，流体的外部运动属于自由涡运动，内部中心位置属于强制涡运动。组合涡运动的速度表达式如式（8-15）所示，组合涡的压强分布情况可分为自由涡与强制涡分别进行探讨。

$$u_t r^n=C \tag{8-15}$$

指数 n 指定各种大小，表现出各种各样的组合涡运动，当 $n=-1$ 时，是理想强制涡运动，当 $n=1$ 时，是理想自由涡运动，当 $0<n<1$ 时，是一般组合涡运动。式（8-15）表明，在强制涡和半自由涡的相交的地方，切向速度最大，以

此获得最大切向速度轨迹面，这个是评价旋流器分级能力不可缺失的条件之一。

4. 其他运动

在水力旋流装置中，除上述几种流体运动方式外，因其特殊的结构参数，会产生各种局部的二次流，这些二次流的存在不可避免，会影响旋流装置的工作性能，但是可以通过对结构进行改进以减小此类二次流的影响。这些二次流主要如下。

（1）循环流　主要发生在溢流口伸入旋流管部分与管壁之间，流体进入旋流器后，运动方式由直线运动变化为旋流运动，旋转运动产生的离心力使得管壁位置处的压力大于心位置处。且因管壁摩擦力的存在，流体的运动速度降低，在轴向上出现压力差，因此在旋流管上部环形位置处形成“上灰环”，此流体会携带部分颗粒在此位置循环运动，影响正常颗粒的分离运动。

（2）短路流　主要发生在溢流管出口附近，流体在刚进入旋流管时，其流动尚未稳定，在旋流管壁面处存在静压力梯度，压力梯度的存在导致出现从溢流口位置到旋流管管壁流动的短路流，此位置处的径向速度分布不均匀，部分还未进行分离的颗粒跟随短路流从溢流口流出，从而影响装置的分离效率。

（3）上行流　在旋流器的底流口位置处，随着旋流管直径的较小，流体的流动速度加快，外旋流与旋流发生汇合，流体运动时会发生旋转摆动现象，运动到底流口位置的颗粒和液相会重新进入旋流管内部，干扰内旋流的正常流动，导致旋流装置的分离性能下降。

四、旋流装置内颗粒受力分析

旋流器的分离性能是评价其工作性能的最重要指标之一，在使用旋流装置进行分离工作时，连续相与分散相颗粒同时进行，分散相颗粒的运动与受力情况会直接影响装置的分离性能。固相颗粒在水力旋流装置中所受到的力有：离心力、向心浮力、斯托克斯力、Magnus 力、Basset 力、Saffman 力。

1. 离心力

颗粒在进入旋流管后，由直线运动转变为旋转运动，在此过程中，颗粒因存在切向速度而受到离心力的影响，离心力的存在使得颗粒向旋流管管壁运动，颗粒在离心加速度下受到的离心力大小如式（8-16）所示。

$$F_c = m\frac{u_t^2}{r} = \frac{\pi d^3 \rho_s u_t^2}{6r} \tag{8-16}$$

式中　F_c——颗粒所受离心力，N

d——颗粒的直径，m

ρ_s——分散相颗粒的密度，kg/m^3

u_t——颗粒的切向速度，m/s

r——颗粒位置距离轴心的径向距离，m

2. 向心浮力

向心浮力也叫作压力梯度力，主要是由于颗粒在径向上受到的压力不同，旋流场中靠近旋流管管壁位置处的压力大，轴心位置处压力较小，因此在径向存在着压力梯度，压力梯度所产生的向心浮力使得颗粒向轴心位置运动，此力是颗粒分离的主要原因之一。

对于球形颗粒来说，如果沿着流动方向压力梯度用 $\partial p/\partial l$ 表示，则其所受到的向心浮力如式（8-17）所示，可以用颗粒的体积与压强梯度的乘积表示，符号表示其方向与压力梯度相反。

$$F_p = -\frac{\pi d^3}{6}\frac{\partial p}{\partial l} \tag{8-17}$$

式中　F_p——颗粒所受向心浮力，N

$\partial p/\partial l$——压力梯度

3. 斯托克斯力

当颗粒在理想不可压缩无界流体中运动时，分散相颗粒与连续相之间的运动存在一定的相对运动，因此可知颗粒与液相之间出现了径向速度差，连续相的黏度会对离散相颗粒产生一定的阻力，此力称之为斯托克斯力，此力在数值上较小。其计算公式如式（8-18）所式。

$$F_D = \zeta \frac{A\rho_S v_{row}^2}{2} \tag{8-18}$$

式中　F_D——流体介质阻力，N

A——颗粒在垂直于运动方向的平面上的最大投影面积，m^2

v_{row}——颗粒与流体介质沿径向运动方向上的速度差，m/s

ζ——阻力系数

在实际流动过程中，阻力系数与流体的雷诺数以及颗粒的形状等多个因素有关，斯托克斯力存在于多个方向中，一般只考虑径向方向上的力。

4. Magnus 力

颗粒在旋流器内部运动时，因颗粒在径向上的切向速度不同，速度梯度的存在使得颗粒发生自转，此种情况下，颗粒会受到沿着半径方向的 Magnus 力。同时在自由涡与强制涡中内外侧速度分布不同，在自由涡中，由于外侧速度大于内侧，Magnus 升力由外指向内，抑制颗粒相旋流管管壁运动，强制涡与之情况相反。Magnus 升力的求解如式（8-19）所示：

$$F_M = \rho_w (v_{\tau w} - v_{\tau o})\Gamma \tag{8-19}$$

式中　F_M——颗粒所受到的 Magnus 升力，N

$v_{\tau w}$——连续相沿切向方向的流动速度分量，m/s

$v_{\tau o}$——颗粒沿切向方向的流动速度分量，m/s

Γ——分散相颗粒表面的切向方向的速度环量，m^3/s

而分散相颗粒表面的切向方向的速度环量计算如式（8-20）所示：

$$\Gamma = \iint (\omega_o r_o + v_{\tau w} - v_{\tau o}) \mathrm{d}S = \frac{1}{3}\pi\omega_o d^3 \tag{8-20}$$

式中　ω_o——颗粒自转角速度，rad/s

S——颗粒的表面积；m^2

根据式（8-19）和式（8-20）可得到旋流器内分散相颗粒所受 Magnus 升力如式（8-21）所示：

$$F_M = \frac{1}{3}\pi\omega_o\rho_w d_o^3 (v_{\tau w} - v_{\tau o}) \tag{8-21}$$

5. Basset 力

颗粒在刚进入旋流装置中，其运动尚未稳定，存在一定的加减速运动，当颗粒在静止的黏性流体中做任何速度的直线运动时，颗粒会受到一个瞬时流动阻力的作用，这种瞬态阻力被称为 Basset 力，该阻力可以描述颗粒的加速历程，此力对颗粒的运动有较大的影响，因此不可以忽略，其计算如式（8-22）所示

$$F_B = \frac{3}{2} d\sqrt{\pi\rho_g\mu} \int_{-\infty}^{t} \frac{\frac{\mathrm{d}v_g}{\mathrm{d}t} - \frac{\mathrm{d}v_g}{\mathrm{d}\tau}}{\sqrt{t-\tau}} \mathrm{d}\tau \tag{8-22}$$

式中　F_B——颗粒所受离心力，N

μ——连续相的动力黏度，Pa·s

v_g——颗粒的切向速度，m/s

t——颗粒运动初始时间

τ——颗粒运动结束时间

6. Saffman 力

当固体颗粒在有速度梯度的流场中运动时，由于颗粒两侧的流速不一样，会产生一个由低速指向高速方向的升力。与 Magnus 力不同，它不是因为颗粒的旋转所产生的力，在以气体和固体颗粒相对速度计算的雷诺数 Re 小于 1 的情况下，升力的计算如式（8-23）所示：

$$F_S = 1.61 d^2 (\rho_S \mu)^{1/2} (v - v_p) \left| \frac{\mathrm{d}v_g}{\mathrm{d}y} \right|^{1/2} \tag{8-23}$$

式中　F_S——颗粒所受离心力，N

在高雷诺数区，暂时没有合适的计算公式，通常情况下，将 Saffman 力归入因可能存在的但还没有考虑到的不确定因素所产生的类似升力的作用下，此作用可以通过试验获得。从结果可以得知，当雷诺数较大时，此作用力几乎等于 0，对颗粒的运动影响可以忽略。

第三节　微旋流分级装置的结构设计

适用于干法的旋风分离器与适用于湿法的水力旋流器，其结构基本相同，均包括以下参数：旋流器旋流腔的直径 D、入口直径 D_i、溢流口直径 D_o、底流口

直径 D_u、溢流管插入深度 L_0、圆柱段高度 L_1、圆锥段高度 L_2、整体高度 L 和锥段角度 θ。直径典型的旋流器的基本结构如图 8-5 所示。

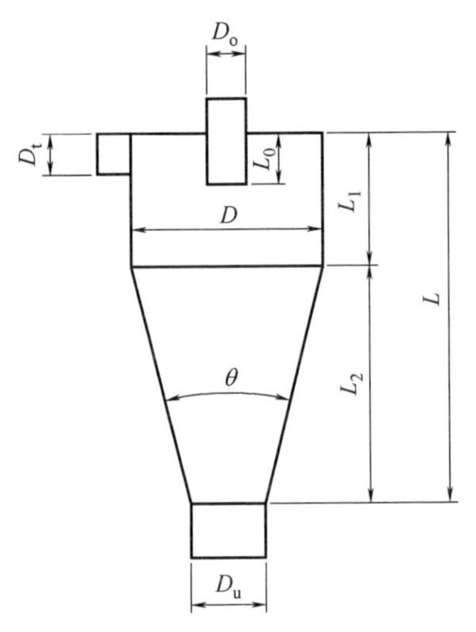

图 8-5 旋流器基本结构示意图

一、旋流器主直径的确定

旋流器的主直径主要影响生产能力和分离粒径的大小，一般来说，生产能力和分离精度会随着旋流分离器直径增大而增大，在分离粒径较大，处理能力较高的场合一般采用大直径旋流器；当分离粒径较小时，可以采用小直径的旋流器。不能简单地利用几何相似准则在实验室或半工业实验厂内用小直径旋流器来模拟工业规模的大直径旋流器。利用庞学诗导出的旋流器主直径的计算公式，来确定旋流器的主直径。有两种方法来计算，分别为利用生产能力和分级粒径来确定旋流器主直径。

依据分级粒径计算水力旋流器直径：

$$D=2.0\times10^{-5}\frac{d_m^2(\delta-\rho_m)\Delta P_m^{0.5}}{\rho_m\mu_m} \tag{8-24}$$

式中 d_m——分级粒径，μm

依据生产能力计算水力旋流器基本直径：

$$D=\frac{1.95q_m^{0.5}\rho^{0.25}}{\Delta p_m^{0.25}[C_w+\rho(1-C_w)]^{0.25}} \tag{8-25}$$

式中 D——旋流器主直径，cm

q_m——处理量，m^3/h

Δp_m——出入口压差，MPa

ρ——固相密度，kg/m^3

C_w——固相质量浓度，%

二、料口尺寸确定

1. 入口直径 D_i

旋流器的入料口，其尺寸用 D_i 表示。圆形和长方形是水力旋流器进口最常用的两种方式。应用较为广泛的是长方形进口，这是因为长方形进口可以起到减小能量的消耗和减弱紊流干扰的作用，安装时一定要尽可能的将其边长同水力旋流器的器壁相平衡，有利于立体更好的进去旋流器，入口直径对旋流器的性能影响较大，适当增大入口尺寸有利于提高处理量和提高旋流器的分离性能，但是尺寸过大反而会降低旋流器的分离性能。一般情况下，旋流器的最佳入口直径

$D_i=(0.15\sim0.2)D$，在此基础之上，考虑旋流装置对于处理量的要求，旋流装置的连接管道的尺寸，综合多方面因素，确定旋流器的入口直径。

2. 溢流口直径 D_o

旋流器的溢流口，即低浓度液体（相）介质出口。它位于旋流腔顶部的中心处，其尺寸用 D_o 表示。不仅对水力旋流器的生产能力和分离粒径有影响，还能对旋流分离器的分离效率、产物分配和产物浓度等产生影响。溢流口直径对旋流器的分离性能影响较大，随着溢流口直径的增大，旋流器的处理量和分离粒径均会增加，底流口浓度会增大、分级效率相应降低。设计时需考虑旋流装置的工作参数以及连接管件的尺寸，综合多方面因素，确定旋流器的溢流口直径。旋流器溢流口的直径选择应该遵循溢流产率和给矿中欲分粒级产率相适应的原则，理想选择是溢流产率小于给矿中欲分粒级产率的 3%～5%。

通常，对一般分级、脱泥和浓缩作业的标准型水力旋流器，其溢流口直径：

$$D_o=(0.20-0.30)\times D \tag{8-26}$$

对细粒分级、澄清的长锥型水力旋流器，其溢流口直径：

$$D_o=(0.20-0.32)\times D \tag{8-27}$$

3. 底流口直径 D_u

旋流器的底流口，即高浓度液体（相）介质出口。它位于圆锥段的下方，其尺寸用 D_u 表示。旋流体、溢流管和底流管位于同一轴线上，在一定的同轴度要求，以满足旋流器的分离性能需要。旋流分离装置的底流口直径对其分离性能有重大的影响，随底流口直径的减小，溢流中悬浮颗粒的粒径变大，溢流的流量增大，底流的颗粒浓度上升，底流的流量减小，旋流分离装置的分级效率降低。一般情况下，底流口直径小于溢流口直径，在此基础之上，综合多方面因素，确定旋流器的底流口直径。

通常，对一般分级、脱泥和浓缩作业的标准型水力旋流器，其溢流口直径：

$$D_u=(0.07-0.10)\times D \tag{8-28}$$

4. 溢流管结构与插入深度 L_0

常见的溢流管采用轴向溢流管，但是存在溢流跑粗、循环流等问题，造成溢流产物中粗细颗粒混合、能量耗损大等问题，不能很好地进行相关分离。因此出现了渐扩式溢流管、厚壁溢流管等结构，对于抑制短路流和提高分离精度有不错的效果。

溢流管深度对旋流分离装置的分离性能也有较大的影响，溢流管插入过浅，会导致短路流量增加，液固分离时间缩短等问题，从而导致溢流中大粒径固体颗粒含量增加，分级效率下降。

对一般分级、脱泥和浓缩作业的标准型水力旋流器，其溢流管的插入深度为：

$$L_o=(0.50-0.80)\times D \tag{8-29}$$

对细粒分级、澄清的长锥型水力旋流器，其溢流管的插入深度为：

$$L_o=(0.33-0.57)\times D \quad (8\text{-}30)$$

三、筒体结构尺寸确定

1. 柱段高度 L_1

旋流器的圆柱段部分是流体进入锥段前起稳流作用的部分，柱段的高度用L_1表示，旋流分离装置的圆柱段是一个有益于固相颗粒分离的有效离心沉淀区，柱段高度会对旋流器的分离性能产生影响，加长圆柱段可以使分离粒径降低，并使处理能力增大，但是圆柱段过长，会增加能量的消耗，使得旋流器内切向速度减小，收到的离心力减小，对于圆柱段的长度，还要进一步的实验与理论研究。一般情况下，柱段高度 $L_1=(0.7\sim2.0)\times D$，使用时可根据实际情况，准确选取圆柱段的高度。

2. 锥段角度 θ

锥段是旋流分离装置中两相重要的分离区，表 8-2 所示为水力旋流器锥角的分类。锥段的角度用θ表示，锥段角度的大小会对旋流器的分离性能产生，影响随着锥角的增大，腔内流体阻力变大，在同样的进口压力下，旋流分离装置的底流流量会有所减小，分离粒径变大，分离时间变短。使用时可根据实际情况，准确选取锥段的角度。

表 8-2　　水力旋流器锥角的分类

类型	锥角/°	主要用途	备注
长锥型	＜20	细小颗粒分级、澄清和脱泥；密度小和粒径细物料的分离工作	最小锥角为 1.5°
标准型	20	一般物料分级、浓缩或脱泥工作	—
短锥形	＞20	粗粒物料分级工作	最大锥角为 140°

四、影响旋流装置工作性能因素

1. 结构参数的影响

（1）入口尺寸 D_i 与结构形式　水力旋流器入口直径对其分离效果也有重要影响，相同处理量时，入口直径越小，流体初速度越大，分选效果也就越好，但同时能耗越高。研究发现，水力旋流器入口个数增加，可以有效降低其内部流场的湍流强度，增加流场的稳定性，但入口个数越多，对于入料的均匀分配、现场的管路布置等要求也越高，因此常用的水力旋流器仍然是单入口。水力旋流器入口截面形状决定着流体进入旋流器内腔之后动量矩的分布，常用的旋流器入口截面形状为圆形或矩形，圆形入口加工简单，但矩形入口能使液流进入旋流器内腔时具有更大的角动量，也更有利于流场的稳定。

（2）溢流口直径 D_o 对分离性能影响　溢流管直径对泥沙分离效率有着非常重要的影响，过大或者过小的溢流管直径，都会对旋流器的分离效率产生不利影响。溢流口的大小将影响短路流和循环流的产生，若选的溢流管直径过小，分离之后的液体不能从溢流管及时排出，溢流口附近的湍流强度会增大，循环流加剧，导致发生抑制现象，增加了能耗，从而使分离性能降低；溢流口直径过大，溢流压力会变低，流口越大，溢流压力越低，流体越容易通过溢流口流出，短路流将会更严重，细小的颗粒会随短路流从溢流口流出，从而降低除砂器的分离效率。因此选用旋流器时，需确定一个最佳的溢流口尺寸。

（3）溢流管插入深度 L_o 对分离性能影响　溢流管插入深度会对分离性能产生影响，过深或者过浅的溢流管深度都会减小旋流器的分离效率。当溢流管的深度过短时，会减少预分离的空间，导致混合液仍然是处于紊流状态，若流体以紊流的状态进入锥段，会造成一部分液体直接从溢流口逃逸。旋流器的分离效率不增反减，此时的溢流率也开始逐渐增加。主要是因为随着溢流管插入深度进一步的增长，分离区域进一步减少，可能出现混合液尚未分离完全就进入溢流管的现象，进一步甚至会破坏旋流器内部流场的稳定性。因此，与溢流管直径的影响相比，溢流管深度对分离效果的影响要比溢流管直径的影响更为直接。所以，对于溢流管的深度选取要合适，不宜过深或者过浅。

（4）底流口直径 D_u 对分离性能影响　底流口直径对分离效率的影响较大。在一定的范围内，底流口直径越大，分离效率越高，当底流直径较小时，反映在流体的流型上，有较多的回流，而且回流也早，使得颗粒的平均停留时间减少，从而使粒径或密度小的颗粒来不及完成沉降而作为溢流排出，蛋白质颗粒因比重小而率先进入滋流，分离效率高。淀粉颗粒进入滋流的机会增多，分离效率低。随着底流直径进一步增大，底流速率超过 50%，流体涡旋运动削弱，轴向速度增加，反而使离心加速度和颗粒的停留时间减小，使分离效率有所下降。

（5）圆柱段高度 L_1 对分离性能影响　旋流器的柱段主要能容纳、稳定并缓冲入口液流，同时还可以预旋液流、稳定溢流。一定范围内，圆柱段长度应该是越长越好，因为此时的混合液有更多的时间留在预分离区，使得分离进行的更彻底，应该得到更好的分离效果。当柱段过短时，入口液流还比较紊乱时即进入锥段，柱锥结合部的尺寸突变将进一步加强流体的紊乱程度，使此处湍流程度变大，短路流和循环流的影响加大，降低分离效率。当柱段过长时，入口来液的切向速度下降较多，也不利于分离的进行，因此柱段应选择适宜的长度。

（6）锥段角度 θ 对分离性能影响　研究表明，随锥角的减小，锥段内内旋流和外旋流的轴向流速均增大，最大切向流速明显提高，对小颗粒固体的分离有促进作用。但过小的锥角却会使锥段内的涡流强度增加，反而降低了最大切向流速，对固相的分离不利。过大的锥角还会引起固相颗粒在底流口附近的拥堵，因此需选择合适的锥角。

2. 操作参数的影响

（1）入口流量 Q_i 对分离性能影响　随着入口流量的增大，底流固体颗粒分离效率下降，溢流颗粒产率升高；底流中固体颗粒浓度下降，溢流颗粒浓度升高。从不同入口流量的流场特征可知，随着入口流量的增大，流场的径向速度和轴向速度均增大，湍流流动加剧，不利于固相颗粒的沉降，底流固体颗粒浓度降幅较大，分离效率降低。随着入口流量增大，中间区域的轴向速度增幅变大，内旋流增强，增加了颗粒的溢出，溢流固体颗粒浓度增加，溢流流量增大，使得溢流产率升高。

(2) 进料压力 P_i 对分离性能影响　旋流管进料压力高低对分离效率影响较大，进料压力可以明显改善分离效果。进料压力高，则离心力大，而且由此产生较大的剪切力有利于颗粒的分离。但是，当进料压力过高时，进料流量会相应增加，湍流加剧，短路流增加，进料压力增加到一定程度后，分离效率不再继续增加，但能耗上升，旋流管的磨损也加剧，影响设备使用寿命，所以应把进料压力控制在合适的范围内。

(3) 分流比 F 对分离性能的影响　分流比也是一个直接影响旋流器分离效率的重要操作参数。它是指旋流器溢流口流量与进料口流量的比值，反映了溢流口与底流口的流量平衡程度。其表达式为：

$$F=\frac{Q_u}{Q_i}\times 100\% \tag{8-31}$$

式中　F——旋流器分流比，%

Q_u——旋流器的底流口流量，kg/h

Q_i——旋流器的溢流口流量，kg/h

分流比会对旋流器分离性能产生影响，主要是因为分流比的大小会对旋流器内流体的流型产生影响，流型主要反映回流区的大小与位置。分流比较小时，一定程度上的增大，会增大回流区的范围，增加颗粒的停留时间，有利于分离过程的进行；但是分流比过大时，回流区范围过大，停留时间过长，在底流口附近会引起夹带，导致分离效率的降低。

(4) 温度 T 对分离性能影响　温度的高低影响物性参数，特别是流体的黏度、表面张力等。这些物性参数的变化将直接改变流场中流体的黏性力和离心力。但在工业应用中，旋流器都是在入口处含有分散相的多相流介质的温度下进行操作，很少在进入旋流器之前对含有分散相的多相流介质进行换热。

(5) 安装角度对分离性能影响　安装角度是指工作中的水力旋流器，其中也轴线与地平线的配置情况。一般常用的中小型水力旋流器，安装角度对其分离效果没有明显影响，因此工业上常用的小型水力旋流器常采用与地面垂直安装。但有研究表明，某些情况下改变水力旋流器的安装角度，使其倒置或水平安装能够提高其生产能力，降低底流口的磨损和堵塞等，当水力旋流器水平安装时，还能降低其安装高度。

3. 物料参数的影响

(1) 入口浓度对分离性能影响　随着入口浓度的增大，底流固体颗粒分离效率下降，溢流颗粒产率升高。从不同入口浓度的流场特征可知，随着入口浓度的增大，流体的速度减小，颗粒间的作用效果变得明显，特别是锥段处的下行轴向速度明显减小，颗粒筒体内滞留时间变长，不利于固相颗粒的沉降，分离效率降低。随着入口浓度增大，滞留颗粒浓度增大，增加了颗粒的溢出，溢流固体颗粒浓度增加，使得溢流产率升高。

(2) 颗粒粒径对分离性能影响　分离效率都是随着颗粒粒径的增大而呈现上升的趋势；定量来说，大颗粒在分离过程中受到流量的影响程度要比小颗粒小，当粒径增加到一定程度时，分离效率增加的幅度变得非常缓慢，出现这一情况的原因可能是在当水力旋流器进口速度一定的情况下，流体在水力旋流器内部流动产生的内旋流提供的向上的离心力能量有限，当颗粒粒径增加时，颗粒本身在流场中受到的力也在有所增加，所以在进口速度一定的情况下，颗粒粒径增加到一定的程度时，分离效率不再变化。

第四节　仿真分析

一、控制方程与计算模型

1. 基本控制微分方程

(1) 质量守恒方程　质量守恒方程也被叫作流体连续性方程，其意义指的是在单位时间内流入某微元内增加的质量与在此时间段内流出该微元内减少的质量相同，此方程适用于所有流体的运动，包括不可压缩和可压缩流体以及稳态和非稳态流体，其表达式如式 (8-32) 所示：

$$\frac{\partial \rho}{\partial t}+\frac{\partial(\rho u)}{\partial x}+\frac{\partial(\rho v)}{\partial y}+\frac{\partial(\rho w)}{\partial z}=0 \tag{8-32}$$

式中　ρ——流体的密度，kg/m^3

t——流体的流动时间，s

u——速度矢量在 x 方向上的速度分量，m/s

v——速度矢量在 x 方向上的速度分量，m/s

w——速度矢量在 x 方向上的速度分量，m/s

(2) 动量守恒方程　动量守恒方程是流体在运动过程中另一项重要的控制方程，在牛顿第二定律的基础上，建立了理想流体的密度、速度、压力以及外力之间的关系，其意义是指流体微元内累积动量的增加等于其所受所有外力在单位时间内的合力变化。其表达式如式 (8-33)～式 (8-35) 所示。

$$\frac{\partial(\rho u)}{\partial t}+\nabla\cdot(\rho u\vec{a})=-\frac{\partial P}{\partial x}+\frac{\partial \tau_{xx}}{\partial x}+\frac{\partial \tau_{xy}}{\partial y}+\frac{\partial \tau_{xz}}{\partial z}+\rho g_x \tag{8-33}$$

$$\frac{\partial(\rho v)}{\partial t}+\nabla\cdot(\rho v\vec{a})=-\frac{\partial P}{\partial y}+\frac{\partial \tau_{yx}}{\partial x}+\frac{\partial \tau_{yy}}{\partial y}+\frac{\partial \tau_{yz}}{\partial z}+\rho g_y \tag{8-34}$$

$$\frac{\partial(\rho w)}{\partial t}+\nabla\cdot(\rho w\vec{a})=-\frac{\partial P}{\partial z}+\frac{\partial \tau_{zx}}{\partial x}+\frac{\partial \tau_{zy}}{\partial y}+\frac{\partial \tau_{zz}}{\partial z}+\rho g_z \tag{8-35}$$

式中　P——静压力，Pa

τ——τ_{xx}、τ_{yy}和τ_{zz}等为流体微元体表面所受到的应力分量，Pa

g_x——流体在 x 方向上的重力加速度分量，N/kg

g_y——流体在 y 方向上的重力加速度分量，N/kg

g_z——流体在 z 方向上的重力加速度分量，N/kg

(3) 能量守恒定律　能量守恒定律也称热力学第一定律，此方程用来描述系统中各种类型能量的变化过程。其意义是指在单位时间内，流体微元中的能量变化等于流入微元中的能量以及流体受到外力所做功之和，其表达式如式 (8-36) 所示。

$$\frac{\partial(\rho T)}{\partial t}+\frac{\partial(\rho u T)}{\partial x}+\frac{\partial(\rho v T)}{\partial y}+\frac{\partial(\rho w T)}{\partial x}=\frac{k}{C_p}\left(\frac{\partial}{\partial x}\frac{\partial T}{\partial x}+\frac{\partial}{\partial y}\frac{\partial T}{\partial y}+\frac{\partial}{\partial z}\frac{\partial T}{\partial z}\right)+S_T \quad (8\text{-}36)$$

式中　T——温度,℃

k——流动介质传热系数

C_p——比热容，J/(kg・℃)

S_T——黏性消耗

2. 湍流计算模型

根据流场运动的剧烈程度将流体分为层流与湍流两种模型。当流体的运动为层流流动时，流体的流速较低且流动比较规则，而微旋流器运行时其内部的旋流场流动速度较快，流体的流动轨迹出现了紊乱其流场属于湍流运动的一种。正确的理解并选择微旋流分离装置中的湍流流动模型有助于获得准确的分析结果。目前，湍流的处理方法主要包含四种，为直接数值模拟法 (DNS)、大涡模拟法 (LES)、雷诺平均法 (RANS) 和分离涡模拟法 (DES)，应用最广泛的湍流流动数值模拟方法为雷诺平均法 (RANS)，此种方法相较于其他三种方法可以大大的简化求解的难度，提升计算效率。常见的湍流流动模型主要包括以下三种。

(1) RNG k-ε 模型　RNG k-ε 模型是一种半经验公式，其通过计算获得湍动能 k 以及湍流耗散率 ε，以此获得雷诺应力的解。其具有较好的收敛性以及精确度，广泛应用于各项工程计算实践中，但是此模型也存在不足之处，因其计算时假定流体的流动为各向同性，所以对于强分离流动、大旋转流动以及压力发生较大变化的流场计算时存在一定的误差，对于此模型的改性工作也在不断进行中。RNG k-ε 模型是基于 k-ε 模型，利用再规范化组方法对 N-S 方程重新进行计算得到的一种湍流模型，其在标准模型在方程中加了一个条件来计算湍流的黏性，从而有效地提高了精度。RNG k-ε 模型计算时默认湍流扩散仅发生在高雷诺数条件下，实际上所有的运动过程都会对湍流扩散产生影响，RNG k-ε 模型正是通过解释在不同雷诺数的流动过程，使得其相较于标准模型有更高的可信度和精度。

(2) RSM 模型　雷诺应力模型也被称为二阶矩阵闭合模型，其在二维流动中加入了多个方程，此方程通过直接计算雷诺应力张量的分量，避免了黏性假设以及耗散不封闭问题，通过精确的雷诺应力传输方程解释了湍流中雷诺应力之间的复杂相互作用，同时考虑了所有可能引起雷诺应力变化的各项原因，显著提高了计算的精度。对于旋流分离装置来说，其内部流体运动时，速度以及压力梯度变化显著，且存在大量的旋转以及涡流运动，因此 RSM 模型相较于 k-ε 模型更适用于水力旋流器中国流场的计算过程。

（3）LES 大涡模型　大涡模型是一种新型数值模拟计算模型，与上述模型存在较大差别。此模型在计算的过程中，会识别流场中的大小涡流来分别进行计算处理。此方法计算精确度高，能够准确地预测流场的流动特性，但是此方法对计算环境要求较高，计算耗费时间长。因此无法得到大规模应用。

3. 多相流计算模型

本课题利用微旋流装置进行固液两相的分离研究，因此需要选择正确的多相流计算方法与计算模型。目前，对于两相流计算的方法主要包括 Lagrange 法和 Euler 法，Lagrange 法计算时将流体视为连续相，而颗粒被视为离散相，两相之间存在能量以及动量的相互影响，通过此种方法可以得到粒子的运动轨迹，但此方法只适用于颗粒浓度较低的情况；Euler 法计算时则是将颗粒与流体均视为连续相，两相之间存在相互耦合作用，模型针对各相分别进行连续方程、动量方程以及湍流方程的求解，同时考虑颗粒之间的相互作用，可以准确地描述颗粒在湍流中的运动以及混合过程，适用于颗粒浓度较高情况下的模拟计算。

FLUENT17.0 软件中有 VOF 模型、Mixture 模型、Euler-Euler 模型和 DPM 模型四种模型可供选择。

（1）VOF 模型　VOF 模型适用于流场存在有自由表面的流场，通过对穿过流场某一区域的流体的动量以及容积比进行单独计算，进而对多种不能混合的流体进行计算，在模拟过程中同时可以得到各相占总体积的比例。

（2）Mixture 模型　Mixture 模型能够模拟混合物料中各相运动速度不同的情况，各相被看作发生交互作用的连续相，适用于各相之间混合度很强的情况，同时此模型计算时会对多相流进行一定的简化，能够显著缩短计算所需时间。

（3）Euler-Euler 模型　通过利用动量方程组来分别对流场中各项进行计算，同时考虑了各项间的交互流动，对于各项采用不同的动量方程组以及控制方程，可以应用于复杂的多相流计算过程，因此求解精度最高，但是计算时间较长。

（4）DPM 模型　离散相模型主要应用于存在颗粒运动的情况下。在利用此模型进行计算时，会在一定程度上忽略颗粒间的相互作用，因此使用时要求分散相的浓度较低，一般小于 10%。本课题中，离散相的颗粒浓度较低，因此采用离散相模型进行微旋流器内部流场分析与颗粒分离情况的模拟。

二、几何模型与网格划分

1. 微旋流管物理模型

试验所用微旋流装置通过多组微旋流管同时进行工作以提高分离效率，根据所用微旋流管建立流场模拟的计算域，也就是流体存在的区域。通过 SolidWorks2017 软件建立微旋流管流场区域的三维模型如图 8-6 所示，微旋流管尺寸参数如表 8-3 所示。

表 8-3　　试验用微旋流管主要尺寸参数

柱段直径 (D_c/mm)	进料口尺寸 /(mm×mm)	底流口直径 D_u/mm	溢流口直径 D_0/mm	锥角 θ/°	总长度 L/mm
8	2×2	2.0	2.0/2.2/2.4	6	88

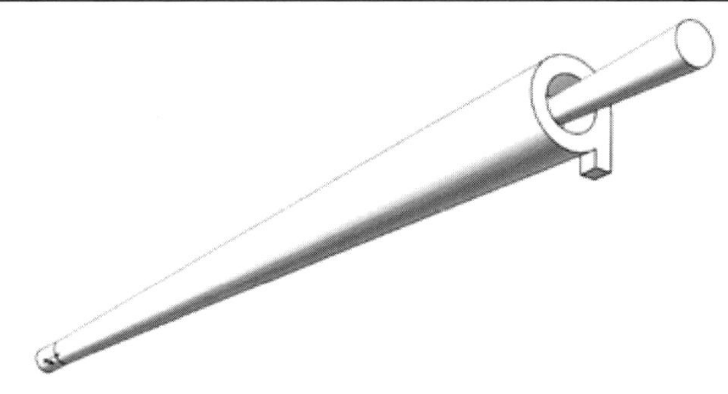

图 8-6　微旋流分离装置流体计算区域三维模型图

2. 微旋流管网格划分

本研究通过使用 ICEM CFD 软件对微旋流管进行网格的划分，通过软件的三维软件接口，将建立的微旋流管三维模型导入到 ICEM CFD 软件中，进行网格的划分。分别创建 part，并分别命名为 inlet、outlet 和 overlet，对应微旋流管的进口、底流口和溢流口，其余部分均为 wall。在进行网格划分时，网格的数量是一个重要的影响因素，网格的数量过少，计算所得的结果与实际误差较大；若网格的数量过多，则计算所需的时间则会大大增加，因此需选择一个合适的网格数量，以此获得较为准确的计算结果，同时也能够降低计算时所需的计算资源。本研究中将网格最大尺寸 maximum size 设置为 1，划分完成后的网格如图 8-7 所示。

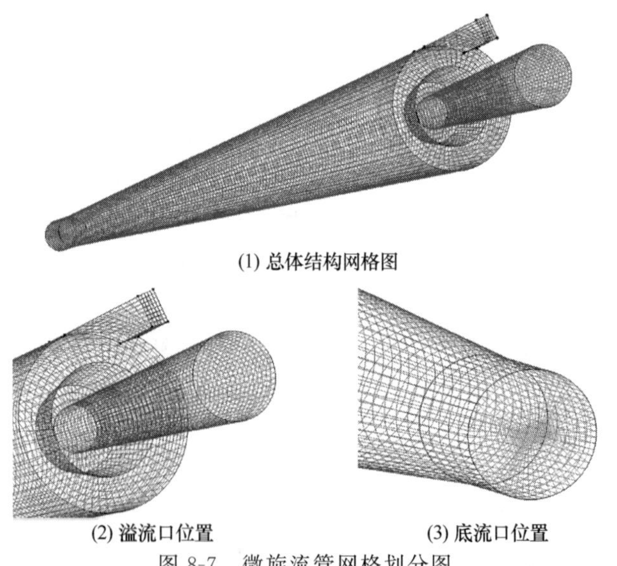

(1) 总体结构网格图

(2) 溢流口位置　　(3) 底流口位置

图 8-7　微旋流管网格划分图

3. 边界条件和模拟参数条件

使用 FLUENT 软件进行计算时，边界条件的正确设置是模拟计算取得正确结果的前提。在对边界条件进行设置时，对微旋流管的流场运动做出一定的简化假设：①因装置中流体流动较慢，设定流体为不可压缩流体；②微旋流装置的进料速度稳定，固相颗粒在液相中分布均匀；③忽略对于颗粒之间的碰撞以及能量交换；④不考虑温度以及热交换的影响。

(1) 入口条件　设置入口的边界条件为速度入口（Velocity-inlet），其适用于流动稳定且不可压缩流体的计算过程中。

(2) 出口条件　出口包括底流口以及溢流口，因考虑到分流比的设置以及计算收敛的问题，将底流口以及溢流口的边界条件均设置为压力出口（Pressure-outlet）。

(3) 微旋流管管壁　将微旋流管的壁面设置为标准壁面边界（Wall），此条件下壁面不发生渗透，无能量交换和运动滑移。

(4) 离散相边界条件　设置颗粒密度为颗粒从微旋流管的进料口进入旋流器。当颗粒从溢流口流出微旋流管时，设置为逃逸（escape）；从底流流出微旋流管时，设置为捕捉（trap）；而微旋流管壁面设置为反弹（reflect），颗粒运动到壁面后发生反弹继续运动，其动量不发生变化。

4. 物性参数以及数值求解方法

研究中连续相设置为水，密度为 998kg/m^3，运动黏度为 1.003g/m^2；离散相设置为大米淀粉颗粒，密度为 1500kg/m^3。

算法的选择即确定求解时的方法与步骤。在利用 FLUENT17.0 软件进行求解时，采用基于压力的方法进行求解，计算时选用 SIMPLEC 算法进行压力与速度的耦合计算。此方法计算时将压力场与速度场进行耦合，通过上一次获得压力值，通过动量离散方程求解获得速度场，在将获得的速度场进行修正后代入连续方程中，获得修正后的压力值，并由此压力值在此计算速度场，直到最终的结果收敛。

水力旋流器内部流体流动时速度快，流场较为复杂，而 PRESTO 方法适用于高旋转流和高雷诺数流动等情况下的流体分析，因此选用 PRESTO 方法能够更好进行压力离散，计算的精度也更高。而对控制方程组的扩散项、源项和对流项采用一阶迎风格式和 QUICK 格式进行离散相插值计算，采用此种插值方法可以降低计算所需时间，有效地避免了在进行质量和动量方程迭代计算时出现死循环问题。

三、微旋流管内部流场分析

1. 微旋流管内部流场流线

利用 FLUENT 数值模拟可以得到水力旋流器内部流体运动的流场流线图，如图 8-8 所示，从图中可以清晰地看出微型旋流器内外流场的运动轨迹线。从微旋流管的进料口进入后，流体沿着微旋流管管壁螺旋向下运动，在向下运动的过程中，部分流体运动到旋流管中心的位置，从下运动转变为向上运动，从溢流口部分流出，剩余部分则继续沿着微旋流管管壁向下运动从底流口流出，流体的运动情况与旋流分离装置的原理相符合。同时从流体的运动速度可以看出，流体在从进料口进入后的运动过程中，整体运动速度呈现下降趋势，且微旋流管中心位置流体运动速度小于管壁位置流体的速度。

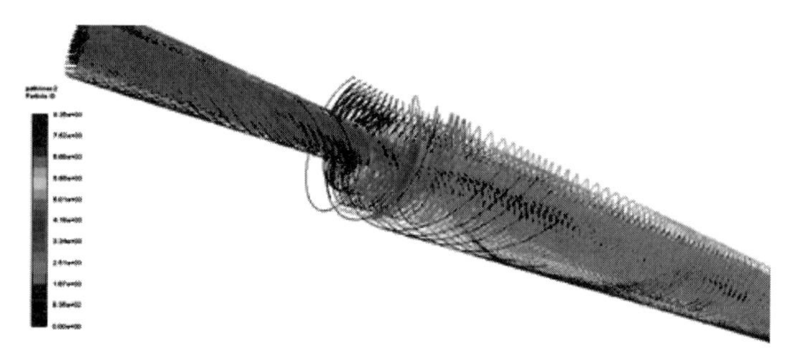

图 8-8　微旋流管流场运动流线图

2. 微旋流管内部压力分布

为了更加清晰的明确旋流分离装置的工作原理，选择雷诺应力模型对微旋流管内的流场进行分析，设置进料速度为 15m/s，得到此时的微旋流管内部的压力分布情况，分别截取了 $Z=25$mm、$Z=50$mm 以及 $Z=65$mm 三个截面处的压力分布云图，通过压力分布曲线对比了不同截面处的压力值，其中 $Z=25$mm 截面微旋流管靠近底流口位置，$Z=50$mm 截面是微旋流管中间段位置，而 $Z=100$mm 处为微旋流管靠近进料口位置处。压力分布云图以及压力分布曲线分别如图 8-9 和图 8-10 所示。

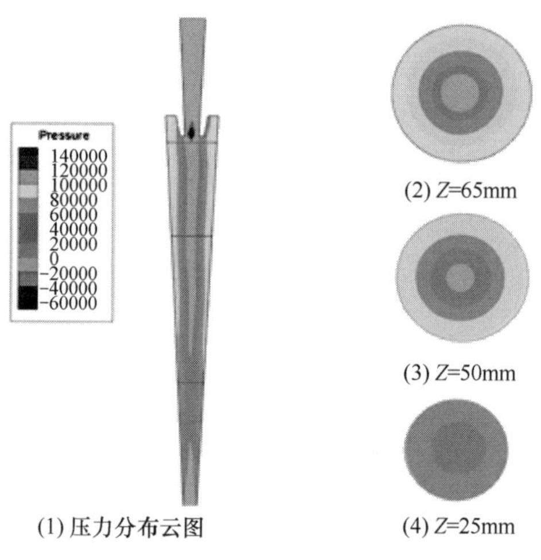

图 8-9　微旋流管压力分布云图

从图中可以看出旋流管内部的压力分布呈现中心对称形式，从微旋流管中心位置到微旋流管管壁位置处，流场的压力逐渐增加，在微旋流管壁位置处压力最大。同时根据三个不同平面上压力的分布情况，可以发现物料从进料口进入旋流管内部时的压力值最大，流场在运动的过程中压力值逐渐减小，当流体运动到接近底流口位置时压力接近 0。在旋流管中心位置以及溢流口出口位置处，压力为负值，说明空气从溢流口位置进入旋流管中，形成的空气柱在一定程度上有利于分离的进行。

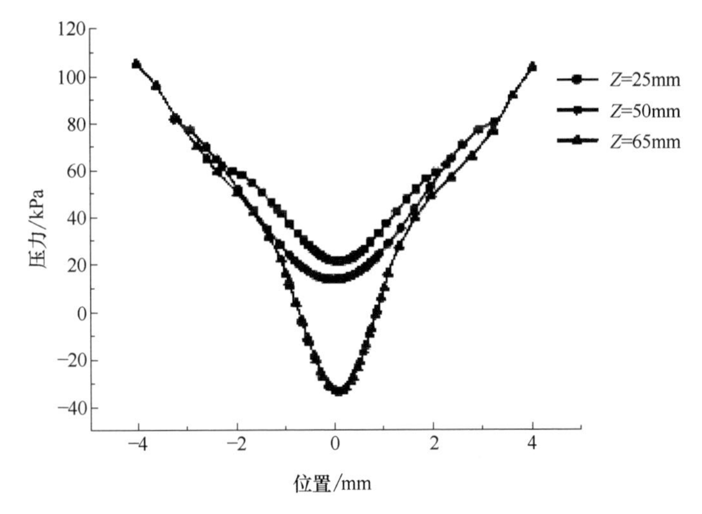

图 8-10　微旋流管不同截面处压力分布曲线图

3. **微旋流管内部速度分布**

微型水力旋流器内由于入口速度极快，内部的流场属于高速强旋转的湍流，微旋流器内部流场的实际运动情况极为复杂，微旋流管内部流场速度矢量图如图 8-11 所示。从图中可以看出，在微旋流管入口进入旋流管后，流场的速度较大，流体在进行旋转运动的同时也向下运动，运动速度逐渐减小，在底流口与溢流口处，由于旋流管的直径相对于中间段部分较小，流体的运动速度提高。

图 8-11　微旋流器速度矢量图

目前，利用实验手段很难对旋流管内速度的大小进行准确的测量，随着技术的发展，激光粒子测速仪（PIV）等高端先进仪器被用于测量旋流器中流体的运动情况。但是此类仪器成本较高，对测量环境及其测量对象均有较高的要求，所以存在一定的局限性。而利用 CFD 有限元数值模拟，可以直观的观测微旋流管内部速度的分布情况以及具体的数值大小，能够让我们对于旋流分离过程有更好的理解，有利于我们对旋流分离装置做出进一步的研究。

（1）微旋流管内流场切向速度分布　微旋流管在分离的过程中，内部流体的切向速度分布云图如图 8-12 所示，而不同截面处的切向速度分布如图 8-13 所示。从图中可以看出，微旋流管内部流场的切向速度分布呈现对称分布形式，中心位置的切向速度接近为 0，从中心沿径向向外，切向速度不断上升，当靠近旋流管管壁时，因壁面对于流体运动的阻碍作用，切向速度开始减小。同时根据三个不同平面上切向速度的分布情况，发现切向速度的分布在不同截面处的分布形式基本相同，在微旋流管的进料口位置，切向速度存在最大值，随着流场的逐渐向下运动，切向速度逐渐减小。因为此次模拟中，所采用微旋流管模型的进料方式为单侧旋流进料，可发现切向速度的分布在偏向于进料口的一边较大，切向速度在旋流管中心位置的变化趋势较大，具有明显的梯度变化现象。

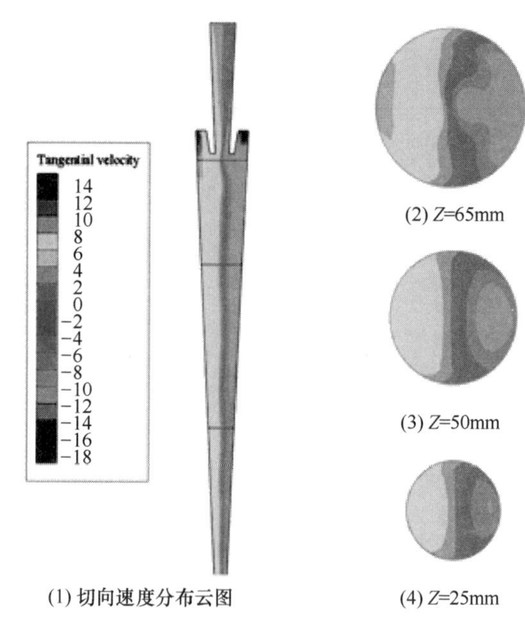

图 8-12 微旋流管切向速度分布云图

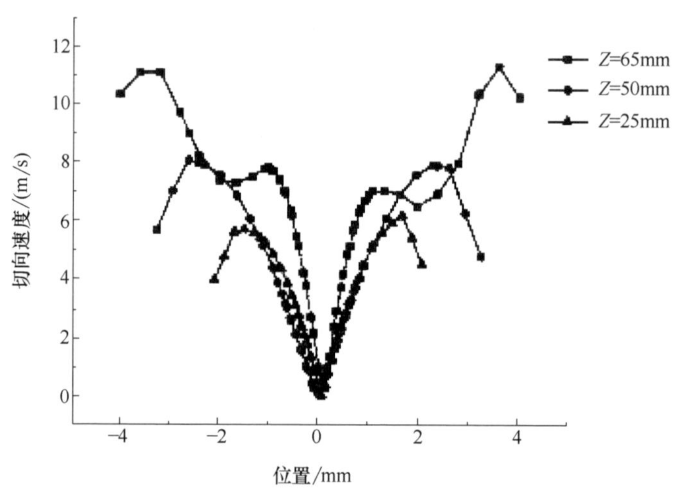

图 8-13 微旋流管不同位置切向速度分布曲线

（2）微旋流管内流场轴向速度分布　微旋流管在分离的过程中，内部流体的轴向速度分布云图如图 8-14 所示，而不同截面处的切向速度分布如图 8-15 所示。轴向速度的正负值大小代表的是流体的运动方向，速度为正表示流体向上运动，速度为负表示流体向下运动。从图中可以看出，轴向速度的分布在旋流管内呈现

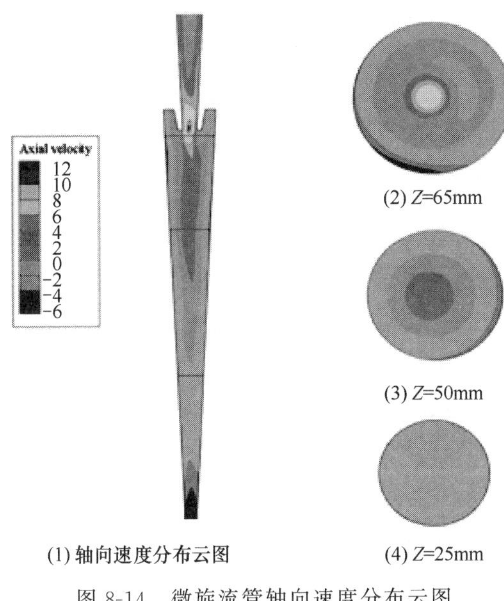

图 8-14　微旋流管轴向速度分布云图

中心对称形式。微旋流管的中心位置的轴向速度为正值，流体向上运动最终从溢流口流出，从靠近微旋流管管壁的位置轴向速度为负值，流体向下运动最终从底流口流出，模拟结果符合水力旋流器的基本分离原理。从不同截面的轴向速度分布情况上可以看出，在微旋流管靠近溢流口位置以及上端部分，流体较为明确的分为内旋流以及外旋流，而随着微旋流管直径的变化，在靠近底流口位置时，旋流运动减弱导致内旋流逐渐消失，流体加速向下从底流口流出。

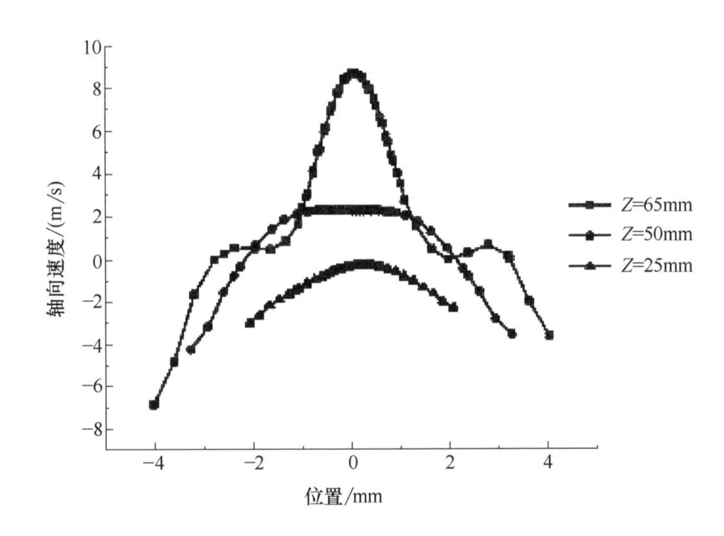

图 8-15　微旋流管不同位置轴向速度分布曲线

(3) 微旋流管内流场径向速度分布　微旋流管在分离的过程中，内部流体的径向速度分布云图如图 8-16 所示，而不同截面处的径向速度分布如图 8-17 所示，微旋流管内径向速度的分布相较于其余两种速度的分布更为复杂。从图中可以看出其分布情况无明显规律，径向速度的数值较小，微旋流管中心位置的径向速度略大于管壁位置。同时从不同截面处的径向速度分布情况可以看出，在微旋流管上端位置处的径向速度数值较大，但是在下部区域以及靠近底流出口处的径向速度变化趋势不显著。

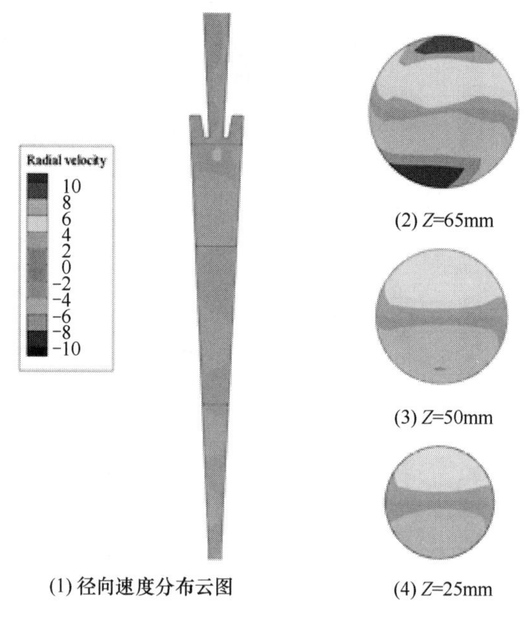

图 8-16　微旋流管径向速度分布云图

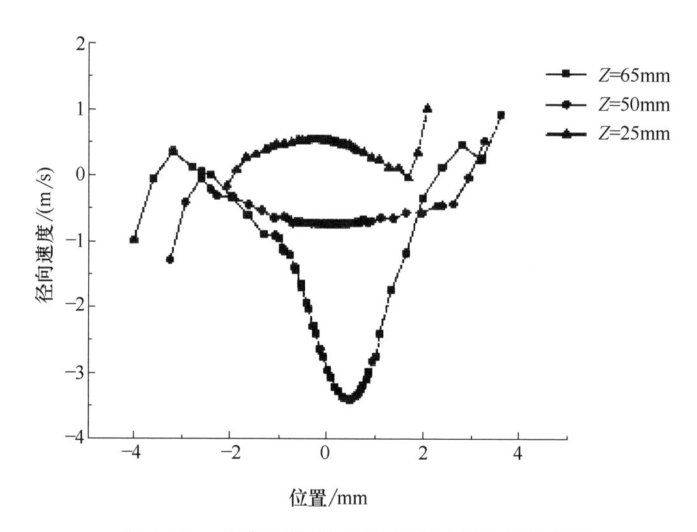

图 8-17　微旋流管不同位置径向速度分布曲线

四、操作参数对流场及分离效率的影响

1. 进料速度的影响

在利用 FLUENT17.0 软件对微旋流管内部流场进行分析时，将进料口的边界条件设置为速度进口比压力进口的准确度更高。进料速度的大小对微旋流管内部流场的影响较大，同时也是影响微旋流装置分离效率的重要因素之一，分别将

进料速度设置为 12、14、16、18、20、22m/s，分析不同进料速度下，微旋流管内部速度场以及压力场的变化情况，因径向速度的变化较小，且与分离效果之间的变化关系不显著，因此本课题在此不再分析径向速度的变化情况。

（1）对速度场的影响　不同进料速度下微旋流管内部切向速度分布云图以及分布曲线分别如图 8-18 和图 8-19 所示。从图中可以看出，随着进料速度的变化，微旋流管内切向速度的分布形式基本不变，进料速度的变化主要影响切向速度数值大小，且对于靠近器壁位置处的切向速度影响程度较大。随着进料速度的逐渐增大，切向速度也随之增大，随着轴向向外位置处切向速度的增长速度大于中心位置处的增长速度，在微旋流管管壁位置处，进料速度越大，最终的切向速度也越大。这是因为当进料速度较小时，所产生的离心力也较小，连续相的黏度对流

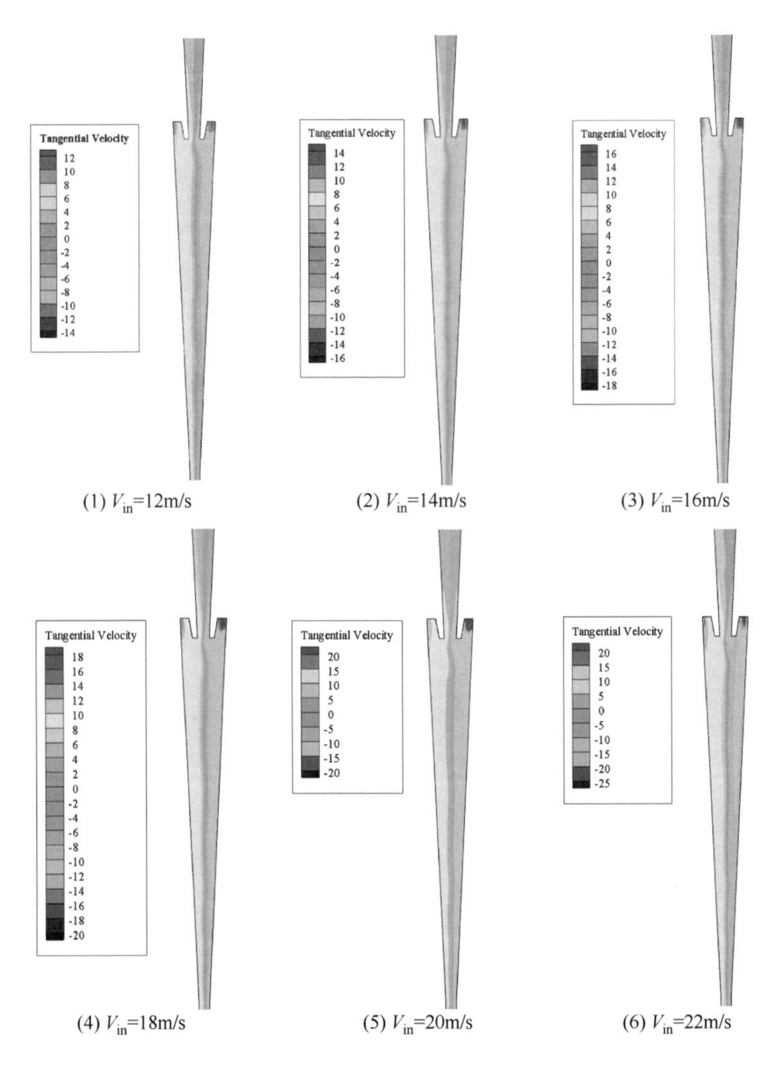

(1) V_{in}=12m/s　(2) V_{in}=14m/s　(3) V_{in}=16m/s

(4) V_{in}=18m/s　(5) V_{in}=20m/s　(6) V_{in}=22m/s

图 8-18　不同进料速度下的速度场分布云图

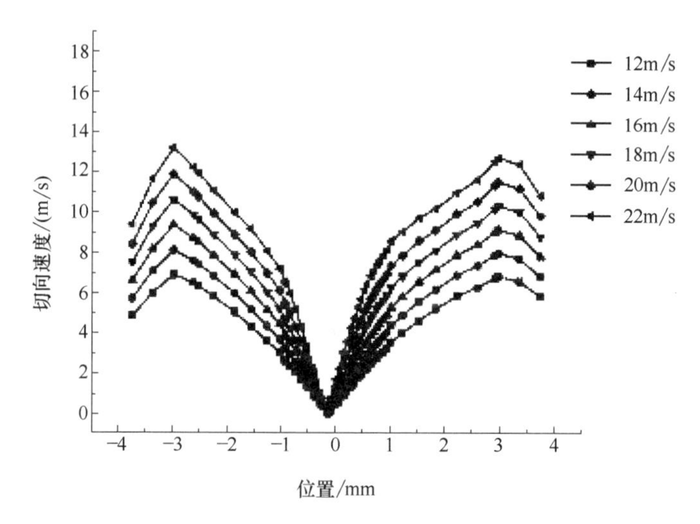

图 8-19 不同进料速度下的切向速度分布曲线

体的运动产生影响，随着进料速度的增加，黏度的影响也随之减小，切向速度的增大速度也随之增加。

不同进料速度下微旋流管内部轴向速度分布云图以及分布曲线分别如图 8-20 和图 8-21 所示。从图中可以看出，随着进料速度的变化，微旋流管内轴向速度的分布形式基本不变，进料速度的变化主要影响轴向速度数值大小。随着进料速度的增大，中心位置处靠近微旋流管管壁处的轴向速度也随之增大，中心位置与管壁位置处之间的轴向速度差也增大。进料速度决定着微旋流管内流体运动的激烈程度，进料速度越大，中心区域的内旋流运动与管壁位置处的外旋流运动越大，从而影响零速包络线的位置，影响旋流装置的分离性能。

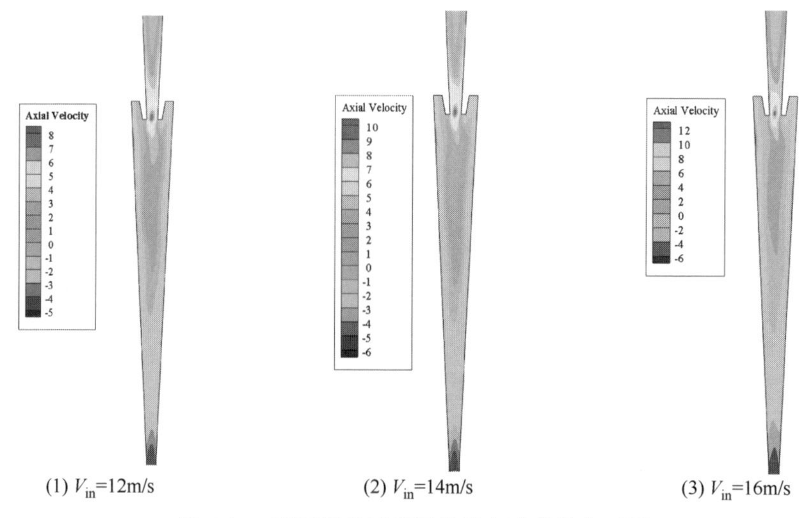

(1) V_{in}=12m/s (2) V_{in}=14m/s (3) V_{in}=16m/s

图 8-20 不同进料速度下的轴向速度分布云图

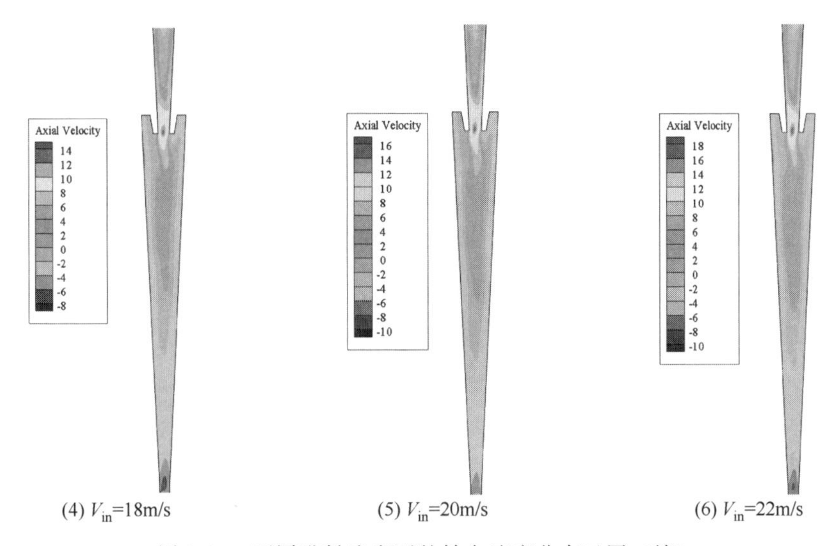

(4) V_{in}=18m/s　(5) V_{in}=20m/s　(6) V_{in}=22m/s

图 8-20　不同进料速度下的轴向速度分布云图（续）

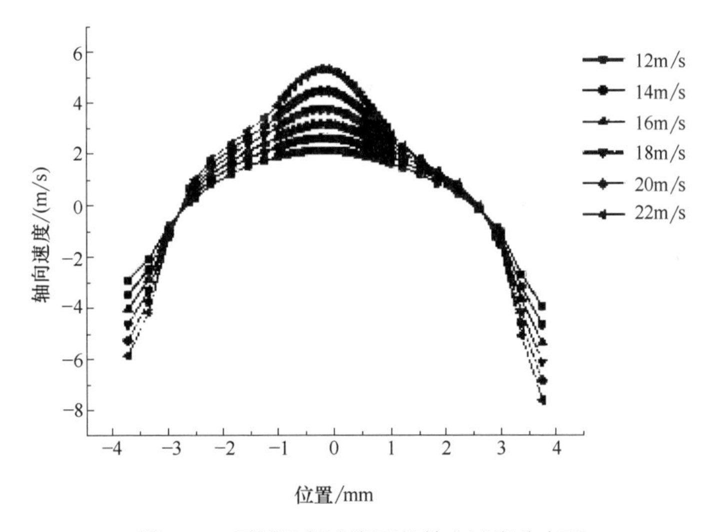

图 8-21　不同进料速度下的轴向速度分布图

（2）对压力场的影响　不同进料速度下微旋流管内部压力分布云图以及分布曲线如图 8-22 和图 8-23 所示。从图中可以看出，随着进料流量的增加，微旋流管内压力的分布形式基本不变，进料速度的变化主要影响压力数值大小。随着进料速度的增大，压力也逐渐增加，不同位置处的压力增长速度不同，靠近壁面处的最大压力值不相同。进料流量越大，流场内部的压力梯度也越大，靠近壁面处的压力值也越大。

（3）对分离效果的影响　利用 FLUENT 软件对微旋流管的分离性能进行分析，利用软件中的离散相分析对颗粒的运动以及分离效率进行分析，分离效率为

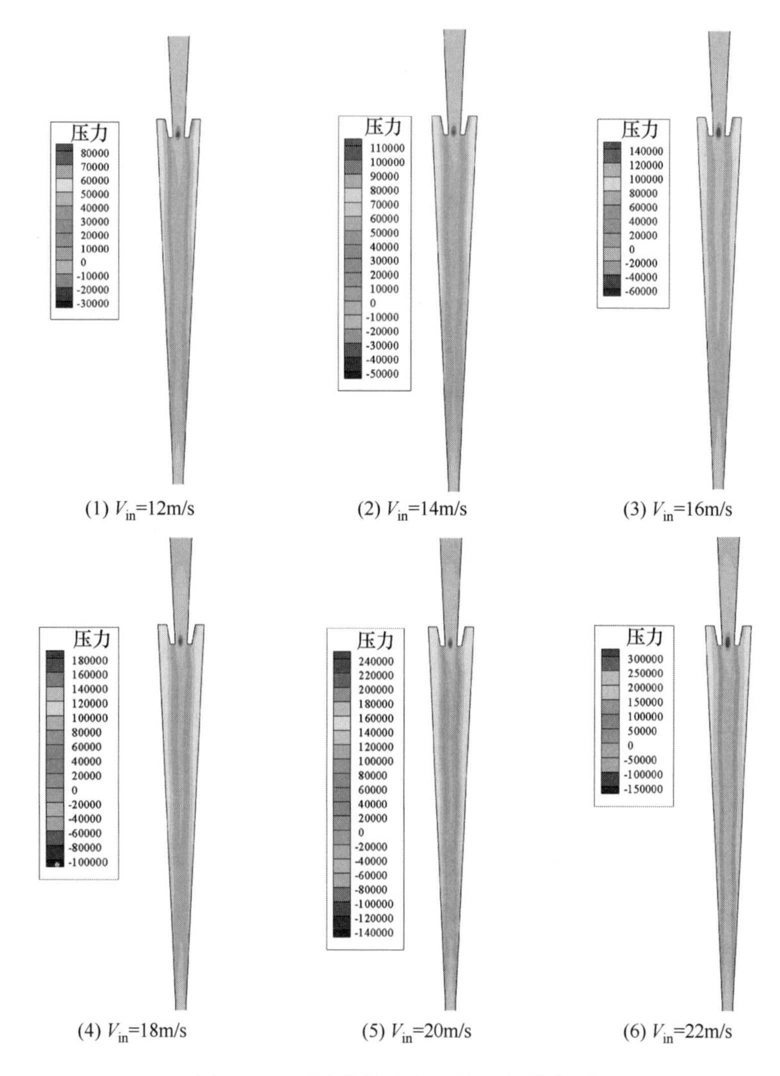

图 8-22 不同进料速度下的压力分布图

底流口位置所收集到的颗粒数目占总输入颗粒数目的比例。不同进料速度下，微旋流管的分离效率如图 8-24 所示。从图中可以看出，随着进料速度的增加，颗粒的分离效率也随之增加，进料速度的增加使得流体的旋流运动得到强化，流体的切向速度与轴向速度均增大，旋流器内部颗粒受到的离心力也不断增加，内旋流与外旋流的涡流运动得到强化，从而增强了分离效果。

2. 分流比的影响

（1）对速度场的影响 不同分流比下微旋流器内部流场切向速度的分布云图以及分布曲线如图 8-25 和图 8-26 所示。从图 8-26 中可以看出，分流比对于微旋流管内上端区域切向速度影响不显著，随着分流比的增大，切向速度的分布形式

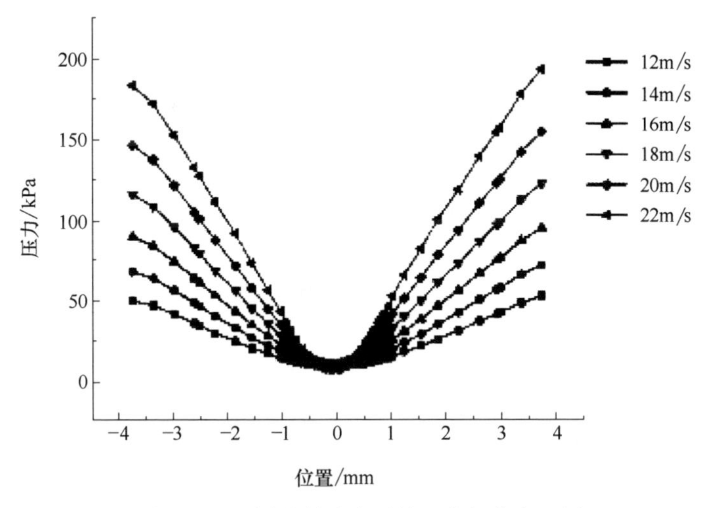

图 8-23　不同进料速度下的压力场分布云图

以及大小变化较小。但从图 8-25 切向速度的分布云图可以看出，分流比的大小会对微旋流管下端区域以及靠近底流口位置处的切向速度影响较大，随着分流比的增加，下端区域处的切向速度变化趋势变小，流体整体向下运动，且随着分流比的增加，对于流场的影响范围也随之增加，因此选择合适的分流比有利于分离过程的高效进行。

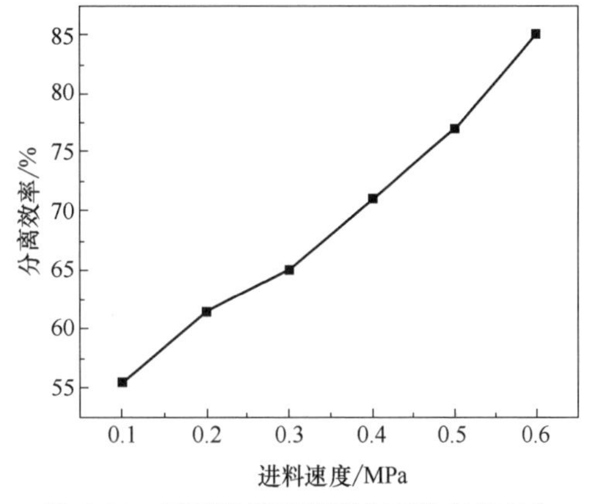

图 8-24　不同进料速度下分离效率的变化

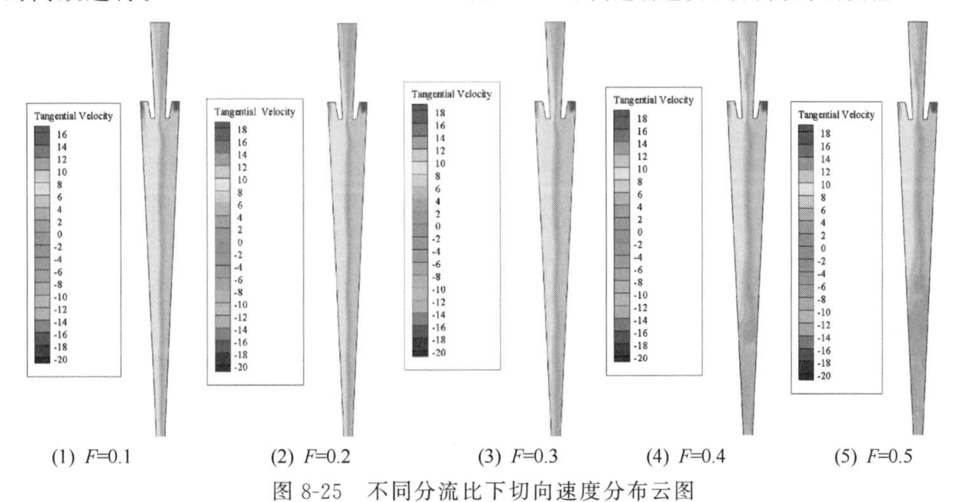

图 8-25　不同分流比下切向速度分布云图

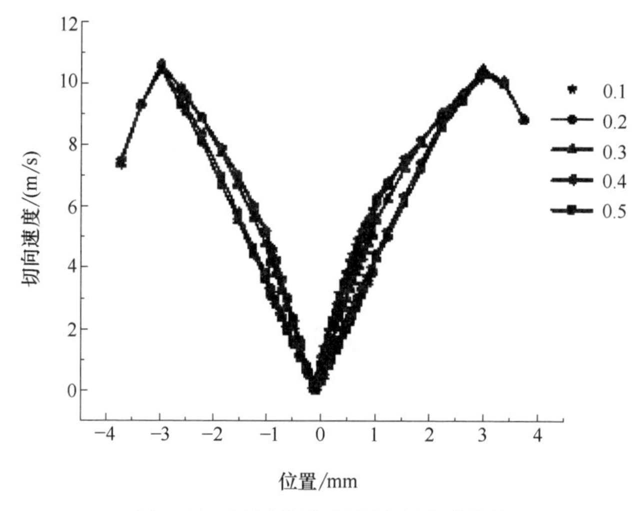

图 8-26 不同分流比下切向速度分布

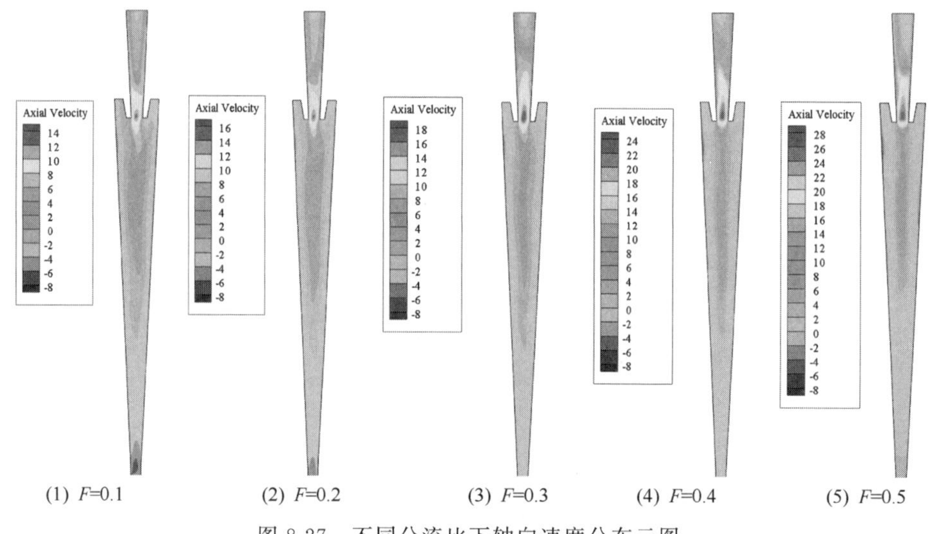

图 8-27 不同分流比下轴向速度分布云图

不同分流比下微旋流器内部流场轴向速度的分布云图以及分布曲线如图 8-27 和图 8-28 所示。从图中可以看出，分流比的大小主要会影响微旋流管中心区域位置处的速度大小，随着分流比的增大，中心位置处的轴向速度也随之增加，当分流为小于 0.3 时，轴向速度的增加程度较小，分流比越大，轴向速度的变化程度越显著。

（2）对压力场的影响 不同分流比下微旋流器内部流场压力的分布云图以及分布曲线如图 8-29 和图 8-30 所示。从图中可以看出，随着分流比的变化，微旋流管内分流比的分布形式基本不变，分流比的变化主要影响轴向速度数值大小。

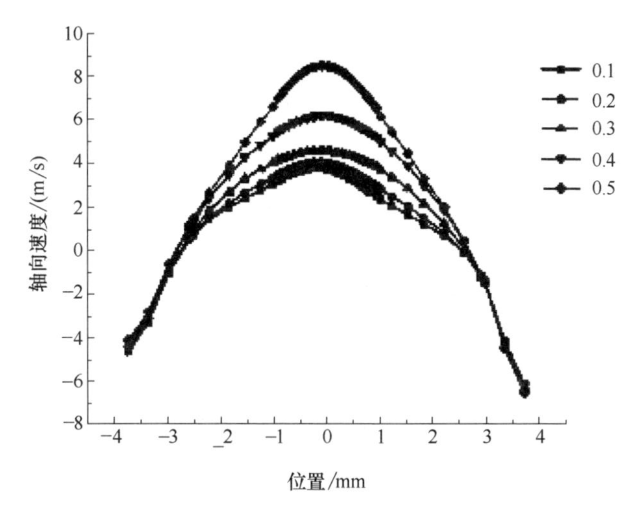

图 8-28 不同分流比下轴向速度分布曲图

随着分流比的增加，微旋流管内的压力也随之增加，当分流比小于 0.3 时，压力增加的幅度较小，当分流比较大时，压力增加的幅度也变大。根据图 8-29 的云图分布可以发现，分流比对不同区域压力的分布影响不同，当分流比较大时，微旋流管下端区域的压力分布梯度减小，且分流比越大，影响的区域也越大，在一定程度上不利于分离的进行。

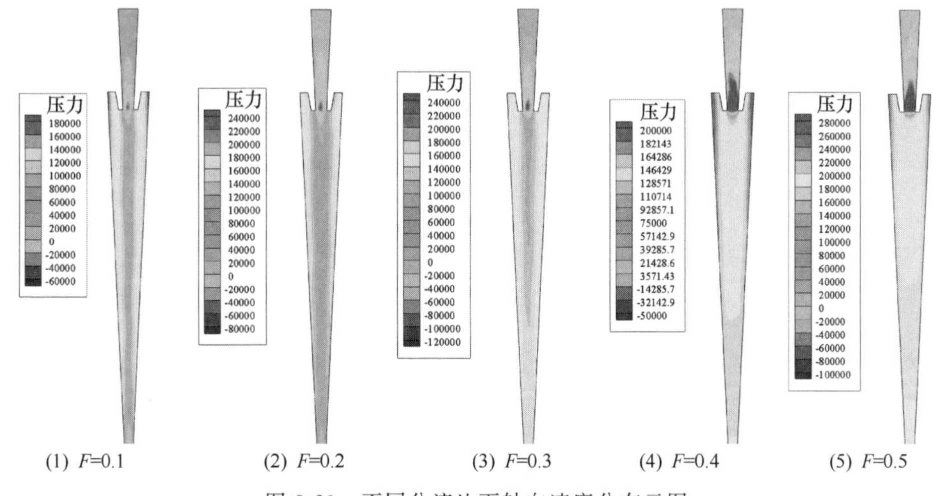

图 8-29 不同分流比下轴向速度分布云图

（3）对分离效率的影响 利用 FLUENT 软件对微旋流管的分离性能进行分析，利用软件中的离散相分析对颗粒的运动以及分离效率进行分析，分离效率为底流口位置所收集到的颗粒数目占总输入颗粒数目的比例。在不同分流比条件下，颗粒的分离效率变化情况如图 8-31 所示。从图中可以看出，随着分流比的

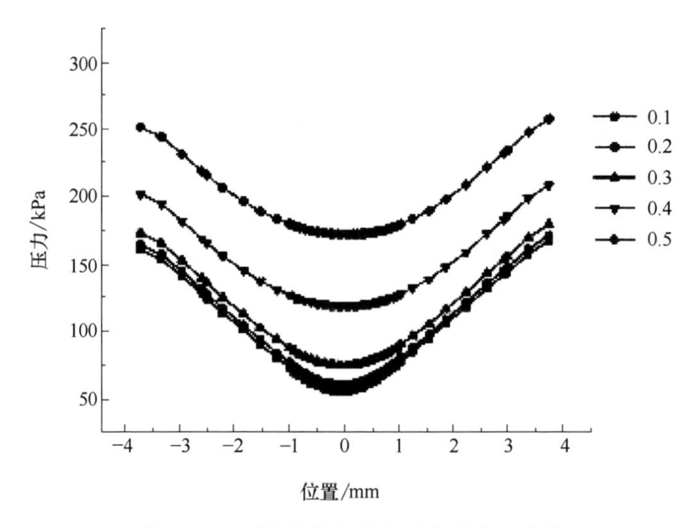

图 8-30 不同分流比下的压力场分布曲线

增加，颗粒的分离效率也随之增加。这是因为随着分流比的增加，进入底流的颗粒的量不断增加，淀粉颗粒在底流处之间的相互挤压和碰撞的机会减少，快速地跟随连续相从底流排出，从而增加了淀粉的分离效率。

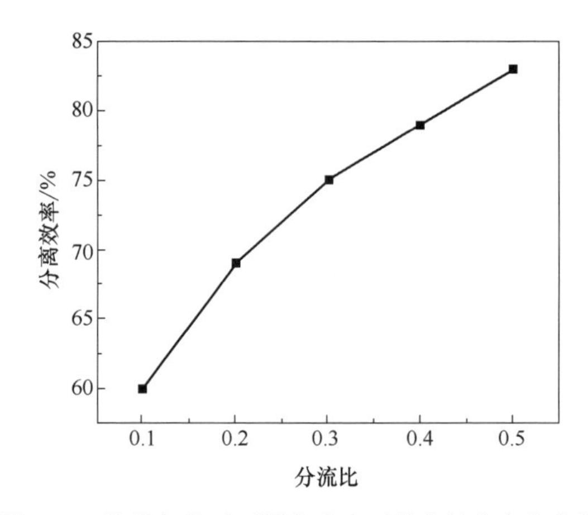

图 8-31 模拟条件下不同分流比下分离效率变化曲线

第五节 微旋流分级装置的应用

一、实验应用

1. 试验材料与仪器

大米淀粉购于安徽省联河米业有限公司，根据国标《GBT 12087—2008 淀粉含水量测定-烘箱法》测定后含水量为 6.1%，使用前均使用恒温鼓风烘干干燥箱进行脱水处理；试验用水为去离子水。

试验中的主要仪器与设备如表 8-4 所示。

表 8-4　主要仪器与设备

仪器名称	型号	生产厂家	主要用途
精密电子分析天平	ARB120	奥豪斯国际贸易(上海)有限公司	称量试剂药品
恒温鼓风烘干干燥箱	DHG-9076A	上海精宏实验设备有限公司	烘干试验所用相关玻璃仪器
高速离心机	TGL-16C	上海安亭科学仪器厂	分离试验样品中的大米淀粉颗粒
超重力微旋流分离装置		自制	分离大米淀粉的主装置

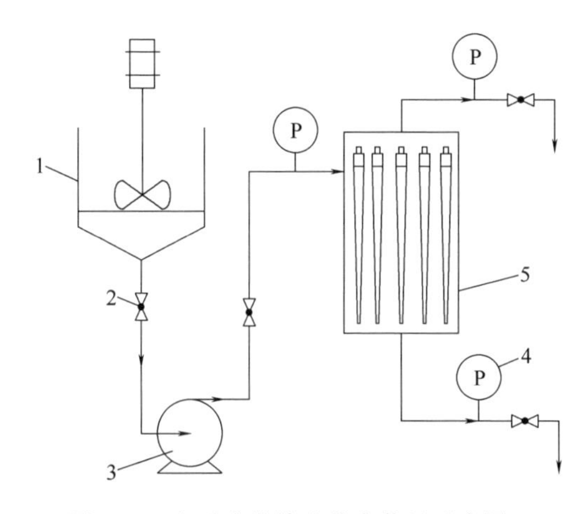

图 8-32　超重力微旋流分离装置示意图
1—物料罐　2—控制球阀　3—多相流泵
4—压力表　5—微旋流管组

试验所用超重力微旋流分离装置示意图如图 8-32 所示，装置设置有搅拌装置，物料罐的容量为 50L，微旋流管组由六根直径为 8mm 的微旋流管组成，微旋流管的溢流口直径分别可取 2.0、2.2 和 2.4mm。

2. 试验方法

本试验中将分析溢流口直径、大米淀粉浓度、分流比以及进料浓度对于微旋流器分离效率的影响，具体试验流程如下。

(1) 试验前准备工作　试验前需要将整个试验装置进行多次清洗，防止上次试验后残留在试验装置中从而污染试验样品，对实验结果产生影响，因此需要对试验装置进行反复清洗，单次试验结束后，同样需要对装置进行清洗，防止残留出现。

(2) 试验样品的配置　根据需要分别配置大米淀粉悬浮液，首先使用电子天平准确称取符合试验所需质量的大米淀粉，将大米淀粉加入到去离子水中，搅拌均匀后，配置成所需的样品。试验所需的大米淀粉悬浮液均在试验进行前配置，防止大米淀粉出现沉淀与絮凝现象对试验结果产生影响。试验时，将配置好的大米淀粉悬浮液同时倒入微旋流分离装置中。

(3) 试验进行过程　将物料倒入物料罐后，首先打开搅拌桨对物料进行搅拌，进行初步的混合，同时防止大米淀粉在试验刚开始时发生沉淀，将物料罐的出料口堵住。然后打开多相流泵，将物料输入到微旋流管组中，等待装置的底流口与溢流口出料稳定后，根据试验条件调节装置上的各个阀门，记录下此时装置的运行参数。

（4）试验结果样品取样　等待试验装置运行稳定后，根据试验设计的取样时间点，分别在微旋流器的底流口与溢流口进行取样。为保证试验的准确性，每次取样时进行多次取样，样品收集完成后，对样品进行实时分析。

（5）试验结束后处理　试验结束后，关闭电源，将装置中的物料排净，对装置进行反复清洗，直到水变成无色后为止，等待下次试验的进行。

3. 试验结果的检测与评定

（1）分流比的测定　微旋流分离装置的分流比通过装置上安装的球阀进行控制，通过分别调节底流口与溢流口球阀出口的大小来调节出口的质量流量，而出口的质量流量则通过量筒与秒表的配合使用来进行测量，通过此种方法，可以分别计算出微旋流分离装置的底流质量流量与溢流质量流量，而微旋流分离装置的分流比的计算如式（8-37）所示：

$$F=\frac{Q_u}{Q_o+Q_u}\times 100\% \tag{8-37}$$

式中　F——微旋流装置的分流比，%

Q_u——微旋流装置的底流质量流量，kg/h

Q_o——微旋流装置的溢流质量流量，kg/h

（2）底流质量浓度的测定　为了测量吸附后样品中大米淀粉的分离回收情况，需要对微旋流分离装置的底流质量流量进行测量。在每个试验点对底流进行三次取样，取样完成后将样品放入烘干机中进行烘干处理，利用天平分别测量烘干前后样品质量，利用式（8-38）计算微旋流分离装置的底流质量浓度，最终取三组样品计算后所得的平均值为最终的底流质量浓度：

$$C_u=\frac{m_2-m_1}{m_1-m_0}\times 100\% \tag{8-38}$$

式中　C_u——微旋流装置的底流质量浓度，%

m_0——空的烘干器皿的质量，g

m_1——样品与烘干器皿的总质量，g

m_2——烘干后样品与烘干器皿的总质量，g

（3）分离效率的测定　利用微旋流器作为试验装置能够有效地对吸附后的大米淀粉进行回收，而分离效率是反映微旋流分离装置性能的重要参数之一，分离效率定义为旋流器底流口分离出的颗粒数量所占进入旋流器颗粒数量的比例。测量装置的底流质量流量与溢流质量流量，同时根据试验时所取的样品获得底流的质量浓度，而分离效率的测量方法如式（8-39）所示：

$$E=\frac{Q_uC_u}{Q_iC_i}\times 100\% \tag{8-39}$$

式中　E——微旋流装置的总分离效率，%

Q_u——微旋流装置的底流质量流量，kg/h

Q_i——微旋流装置的进料质量流量，kg/h

C_u——微旋流装置的底流质量浓度，%

C_i——微旋流装置的进料质量浓度，%

4. 单因素实验设计

通过前期相关试验与相关文献的调研后，本试验将研究溢流口直径、大米淀粉浓度、分流比、进料流量对大米淀粉分离效率的影响。通过单因素试验的设计，考察其对分离效率的影响。

（1）不同大米淀粉浓度对处理工艺的影响研究　大米淀粉的浓度对于整个工艺过程的影响很大，同时考虑大米淀粉浓度对旋流分离效率的影响，选择合适的大米淀粉悬浮液浓度。分别配置大米淀粉悬浮液将进行混合，而大米淀粉悬浮液的浓度分别设置为 0.2%、0.4%、0.6%、0.8%、1.0% 和 1.2%，同时设置微旋流装置的分流比为 35%，进料流量为 1150kg/h，分别在此条件下进行试验，获得微旋流器对大米淀粉的分离效率，分析大米淀粉浓度的变化对于处理工艺的影响。

（2）不同分流比对处理工艺的影响　微旋流装置的分流比会对实验的效果产生一定的影响，因此通过调节微旋流装置的底流口与溢流口处的阀门就可以控制微旋流装置的分流比。试验时，将原料加入到微旋流装置中，大米淀粉的浓度为 0.6%，设置微旋流装置的进料流量为 1150kg/h，分别设置微旋流装置的分流比为 10%、20%、30%、40%、50% 和 60%，分别在此条件下进行试验，获得微旋流器对大米淀粉的分离效率，分析分流比的变化对于处理工艺的影响。

（3）不同进料流量对处理工艺的影响　通过调节微旋流装置进料管处的阀门就可以控制微旋流装置的进料流量。试验时，将原料加入到微旋流装置中，使得混合后的原料中，大米淀粉的浓度为 0.6%，而设置微旋流装置的分流比为 35%，分别设置微旋流装置的进料流量为 900、1000、1100、1200、1300 和 1400kg/h，分别在此条件下进行试验，获得微旋流器对大米淀粉的分离效率，分析进料流量的变化对于处理工艺的影响。

（4）不同溢流口直径对处理工艺的影响　溢流口直径作为一项重要的参数会影响微旋流器颗粒的分离效率，通过更换微旋流管的溢流管分析溢流口直径的影响，装置的溢流口直径取 2.0mm、2.2mm 和 2.4mm。分别配置大米淀粉悬浮液与亚甲基蓝溶液，将两种物料进行混合，混合后的物料中，大米淀粉的浓度为 0.6%，同时设置微旋流装置的分流比为 35%，进料流量为 1150kg/h，获得微旋流器对大米淀粉的分离效率，分析溢流口直径变化对于处理工艺的影响。

5. 试验结果与分析

（1）淀粉浓度对分离效率的影响　由图 8-33 可知，随着大米淀粉浓度的逐渐增加，微旋流分离装置的分离效率呈现先增加后下降的趋势，当大米淀粉的浓

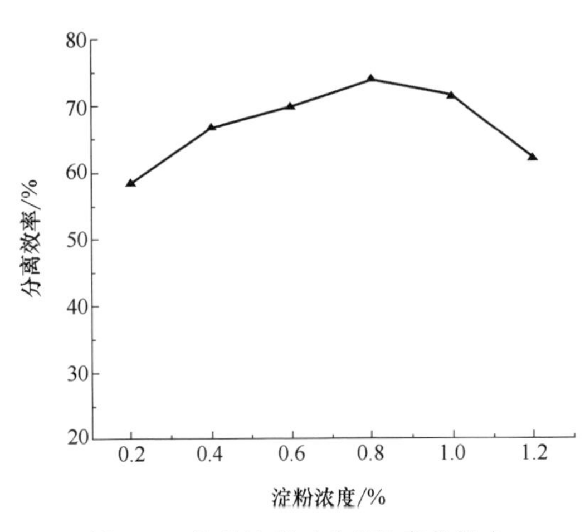

图 8-33 淀粉浓度对分离效率的影响

度最终达到 0.8%时，分离效率达到最高，最终的吸附效率可以达到 75.6%。对相关原因进行分析，可能的原因是，大米淀粉初始浓度一定程度的增大有利于分离，但随着淀粉浓度的不断增大，颗粒间的碰撞产生的能耗也在增加，导致旋流器中流体的离心加速度和切向速度减小，导致分离效率的降低，最终超过旋流器的分离能力。

（2）分流比对处理效果的影响　由图 8-34 可知，随着分流比的逐渐增加，分离效率均呈现先上升后下降的趋势。当分流比为 21%时，分离效率均达到最大值为 77.6%，随后则开始迅速下降。可能的原因是，分流比的大小会对微旋流器内流体的流型产生影响，流型主要反映回流区的大小与位置。分流比较小时，一定程度上的增大，会增大回流区的范围，增加颗粒的停留时间，有利于分离过程的进行；但是分流比过大时，回流区范围过大，停留时间过长，在底流口附近会引起夹带，导致分离效率的降低。

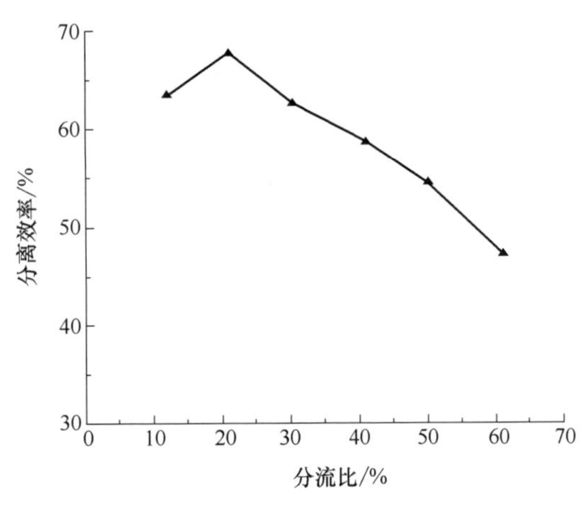

图 8-34 分流比对分离效率的影响

（3）进料流量对处理效果的影响　由图 8-35 可知，随着进料流量的逐渐增加，微旋流装置对于大米淀粉的分离效率呈现先上升后下降的趋势，当进料流量为 1099kg/h 时，分离效率达到最高值为 73.4%，当进料流量继续增大时，分离效率则开始持续下降。分析其中的原因可知，进料流量的持续增加会使得旋流器内的离心力增大，有利于分离的进行，但流量达到一定程度后，剪切力的增加会破坏流体的连续性，使得水滴破碎，导致分离效率的降低。

（4）溢流口直径对处理效果的影响　经过试验研究发现，溢流口直径对大米淀粉的吸附效果影响不显著，主要会对微旋流装置的分离效率产生影响。分别分析了溢流口直径为 2.0、2.2 和 2.4mm 时不同分流比对分离效率的影响，试验结果如图 8-36 所示。由图可知当溢流口直径对旋流器的分离效率有一定的影响，当溢流口直径为2.2mm时，分离效率相对于直径为2.0mm和2.4mm时有小幅度的提高，可以近似得到结论，随着溢流口直径的增加，分离效率呈现先增大后降低的趋势。在旋流分离过程中，溢流口直径会影响旋流管内部的空气柱，当溢流口直径过小时，旋流管内部的空气柱无法很好的形成，使得分离流场内的湍流强度增强，流场较为紊乱，底流口出料较多。而当溢流口直径过大时，微旋流内部的空气柱直径也随之增大，短路流与循环流增多，流场稳定性降低，分离效率降低。因此可知，本试验中溢流口选择直径为2.2mm的溢流口，在此条件下，分离效率最佳。

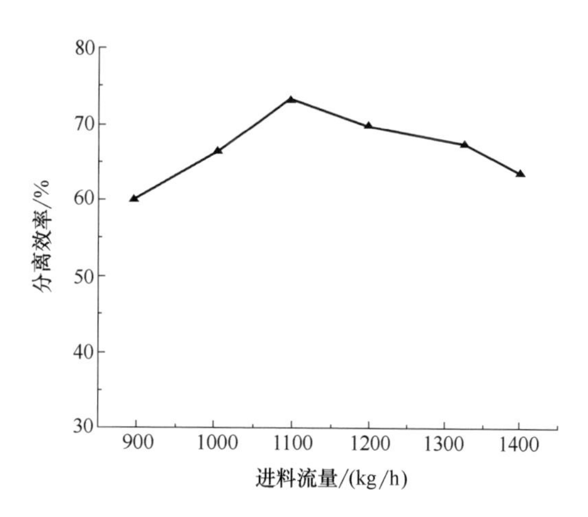

图8-35　进料流量对分离效率的影响

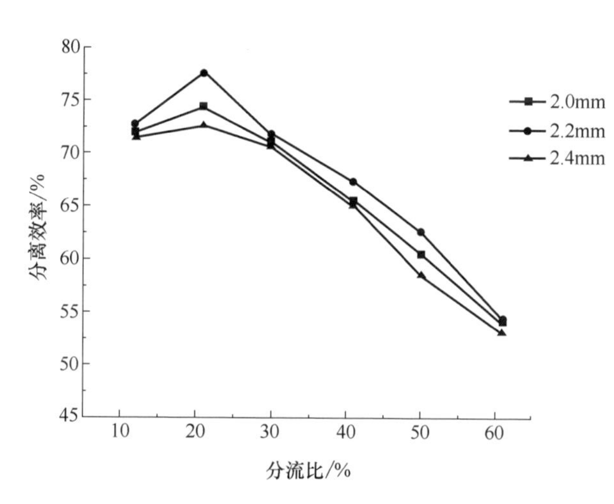

图8-36　溢流口直径对分离效率的影响

6. 响应面优化

（1）响应面优化试验设计　在单因素试验的结果基础上，考虑操作参数分离效率的影响，溢流口直径为2.2mm，大米淀粉浓度的适宜范围是0.6%～0.8%，微旋流分离装置的分流比的适宜范围是10%～30%，而进料流量的适宜范围是1000～1200kg/h。根据上述结果，利用响应面优化的方法，通过采用响应面Box-Benhnken模型，设计三因素三水平的试验，对微旋流装置对大米淀粉的分离过程进行响应面优化，试验的因素和水平的选取见表8-5，试验设计方案及处理结果见表8-6。

表8-5　响应面试验因素水平表

编码	A淀粉浓度/%	B分流比/%	C进料流量/(kg/h)
−1	0.6	10	1000
0	0.8	20	1100
1	1.0	30	1200

表 8-6 响应面试验设计与结果

试验号	A	B	C	Y_1分离效率/%
1	−1	−1	0	66.7
2	1	−1	0	66.5
3	−1	1	0	64.9
4	1	1	0	64.5
5	−1	0	−1	70.2
6	1	0	−1	72.1
7	−1	0	1	74.4
8	1	0	1	71.6
9	0	−1	−1	67.5
10	0	1	−1	67.2
11	0	−1	1	67.7
12	0	1	1	66.8
13	0	0	0	75.8
14	0	0	0	76.6
15	0	0	0	75.9
16	0	0	0	75.9
17	0	0	0	76.3

（2）二次回归方程和方差分析　为了分析吸附效率模型与分离效率模型的正确性，对表 8-6 中的数据进行多元二次方程回归拟合与方差分析，可以得到二次回归方程，如式（8-40）所示：

$$Y_1 = 76.24 - 0.19A - 0.62B + 0.44C - 0.050AB - 1.18AC - 0.15BC + 2.91A^2 - 7.68B^2 - 1.26C^2 \quad (8\text{-}40)$$

为了检验二次多元回归方程的有效性，进一步对回归模型进行方差分析，其分析结果如表 8-7 所示。

由表 8-7 可知，吸附效率模型极显著（$P<0.001$），且模型的失拟项不显著（$P>0.05$），表明非试验因素影响较小，模型较为适宜。吸附效率模型的相关系数 R^2分别为 0.9897，表明分离效率实际值与预测值误差小；校正系数 R^2_{Adj}分别为 0.9654，说明模型能够用于解释 96.54%响应值的变化；变异系数 CV 为 0.98%，小于 10%；信噪比分别为 26.027 和，均大于 4。综上所述，模型可用于分析和预测试验的分离效率。

模型中大米淀粉浓度对分离效率的影响不显著（$P>0.05$），分流比对分离效率的影响均显著（$P<0.05$），进料流量对分离效率的影响均不显著（$P>0.05$）；大米淀粉浓度和分流比的交互项以及分流比和进料流量的交互项对分离效率的影响均不显著（$P>0.05$），大米淀粉浓度和进料流量的交互项对分离效率 Y_2的影响均极显著（$P<0.01$）；大米淀粉浓度的二次项对分离效率的影响极显著（$P<0.01$），分流比的二次项以及进料流量的二次项分离效率的影响均显著（$P<0.01$）。

表 8-7　回归模型方差分析*

方差来源	指标	平方和	自由度	均方	F 值	P 值
模型	Y_1	319.81	9	35.53	74.71	<0.0001**
A	Y_1	0.28	1	0.28	0.59	0.4671
B	Y_1	3.12	1	3.12	6.57	0.0374*
C	Y_1	1.53	1	1.53	3.22	0.1159
AB	Y_1	0.01	1	0.01	0.02	0.8888
AC	Y_1	5.52	1	5.52	11.61	0.0113**
BC	Y_1	0.09	1	0.09	0.19	0.6767
A^2	Y_1	35.59	1	35.59	74.83	<0.0001**
B^2	Y_1	248.51	1	248.51	522.47	<0.0001**
C^2	Y_1	6.66	1	6.66	14.00	0.0072**
残差	Y_1	3.33	7	0.48		
失拟差	Y_1	2.76	3	0.92	6.43	0.0521
纯误差	Y_1	0.57	4	0.14		
总变异	Y_1	323.14	16			

**表示差异极显著，$P<0.01$；*表示差异显著，$P<0.05$。

（3）响应面交互作用分析与最佳参数条件验证　根据响应面试验的结果绘制大米淀粉浓度、分流比以及进料流量三个参数两两之间的交互作用的响应面图与等高线图。由图 8-37 可知，分流比对分离效率影响大于大米淀粉浓度。二者交互作用响应面图较陡峭，等高线图趋向于椭圆，说明二者之间有一定的交互作用，但由方差分析可知交互作用不显著。由图 8-38 可知，而进料流量对分离效率影响大于大米淀粉浓度。二者之间交互作用得到的响应面图较陡峭，而等高线图趋向于椭圆，由此可知二者的交互作用显著。由图 8-39 可知，分流比分离效率影响均于进料流量，二者之间交互作用的等高线图趋向于椭圆，说明有一定的交互作用，但由方差分析可知交互作用不显著。

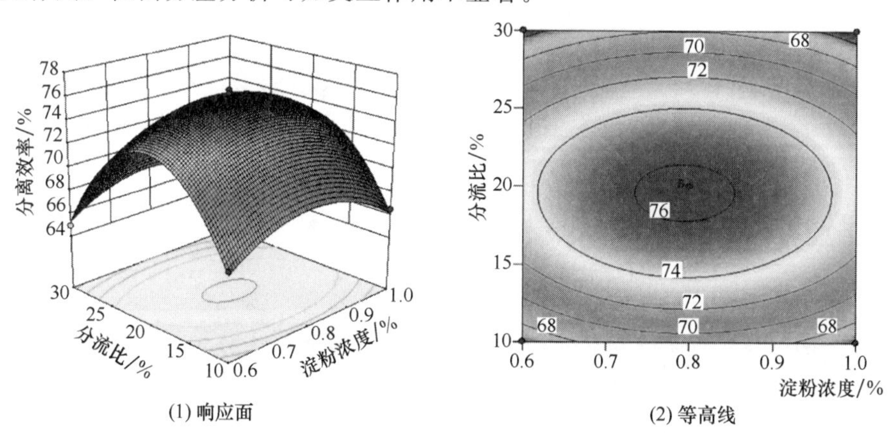

图 8-37　淀粉浓度和分流比对分离效率交互作用的响应面图和等高线

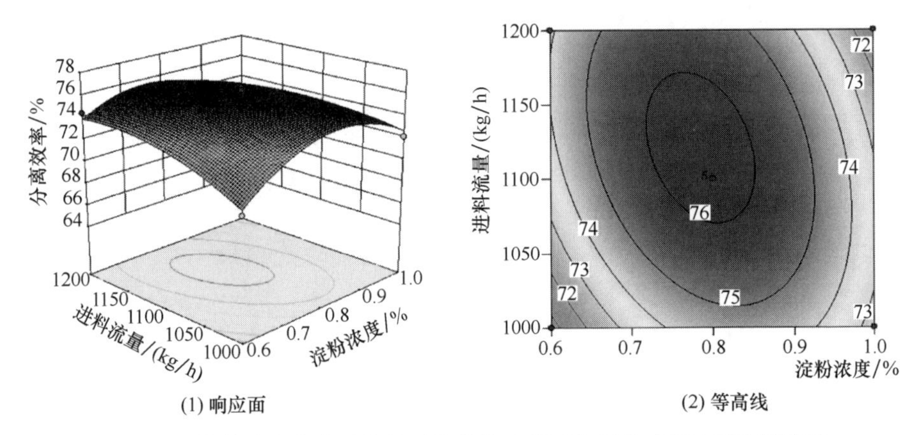

图 8-38 淀粉浓度和进料流量对分离效率交互作用的响应面图和等高线

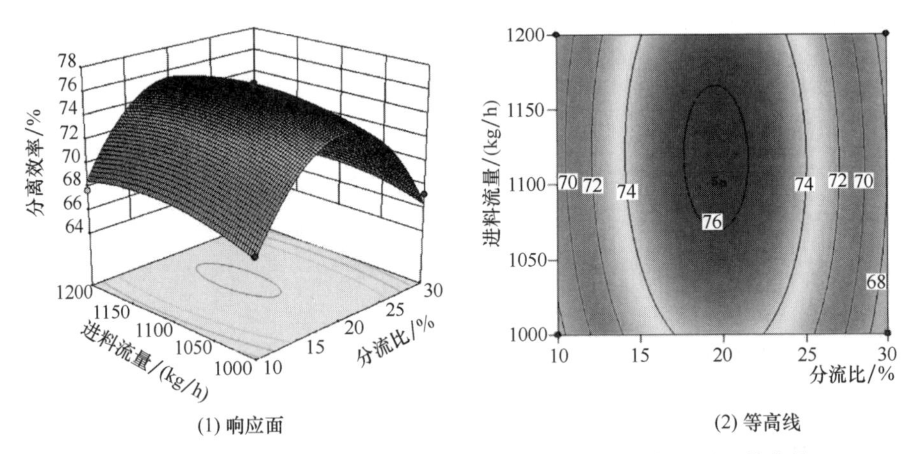

图 8-39 分流比和进料流量对分离效率交互作用的响应面图和等高线

通过对分离效率的回归模型进行分析，在综合考虑两个试验结果和实际操作情况下得到最佳参数组合为：淀粉浓度 1.0%、分流比 19%、进料流量 1080kg/h，在该试验条件下，分离效率为 74.3%。同时按此工艺参数进行 3 次平行试验验证，试验结果测得分离效率为 73.6%，与预测值相差较小，所以该模型可用于对微旋流装置分离大米淀粉的过程进行预测。

二、工业应用

1. 旋流分离在非金属矿中的应用

(1) 高岭土（膨润土）行业应用　旋流分离技术可以很好的应用于高岭土或者膨润土的分离，可利用多级旋流装置对原料进行处理，得到的产品可以用作不同的用途，其加工工艺流程如图 8-40 所示。

如图 8-40（1）所示，当原料进入分离装置时，首先需要进行搅拌和捣浆，

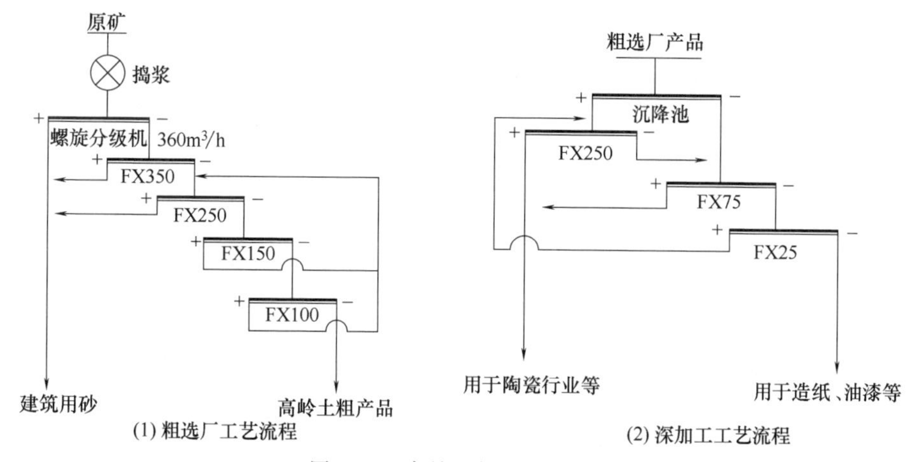

图 8-40 高岭土加工工艺流程

利用螺旋分级机进行初次的加工与分级，然后分别利用型号为 FX350、FX250、FX150 和 FX100 的旋流装置进行分级处理，每一级的旋流装置的溢流口产物进入下一级旋流装置，最后一级装置的溢流口产物为高岭土粗产品，而其余产品可用作建筑用砂进行再次利用。

而深加工工艺的流程图如图 8-40（2）所示。粗产品获得的高岭土粗产品首先利用沉降池进行沉降，沉降获得的粗产品首先利用 FX250 旋流装置进行分离，而细产品与利用 FX250 旋流装置获得的细产品则利用 FX25 型旋流装置进行分离，最终得到的产品可以用于造纸、油漆等行业，而其余产品可用于陶瓷行业。

利用不同级别的旋流装置得到的产物以及用途如表 8-8 所示。

表 8-8 高岭土加工工艺产品以及用途

设备	产品	浓度/%	−2μm/%
分级机	溢流	20～25	40
FX100	溢流(粗产品)	16～20	48-50
	底流	30～40	32
FX250(加工厂)	底流	68～70	10
FX75	入料	16～17	50
	溢流(陶瓷)	14～15	55
	底流	30	30
FX25	入料	14～15	55
	溢流(造纸油漆)	10～12	60～65
	底流	20～25	26

不同型号的旋流装置示意图如图 8-41 所示。

（2）长石、云母选别应用 长石、云母磨矿粒径较粗，一般要求分级粒径为 40～120 目，−200 目含量为 40%～60%，常选用筛子或者螺旋分级机进行分

图 8-41 不同型号旋流分离装置示意图

级。相关加工工艺流程如图 8-42 所示，其中长石分离装置示意图如图 8-43 所示。从图中可以得知，对原矿进行处理时，首先需要利用磨机进行预处理，进行初步粉碎的物料进入分级旋流器中，分级旋流器中得到的溢流产物进入下一级磁选机中，而底流需要重新进行粉碎。磁选机进行分选后，产物进入下一级脱泥旋流器，可以将矿石中的铁质分离出来，在脱泥旋流器中，溢流进入下一级浮选机，底流为所分离的泥土。浮选机的底流产物为锂云母，而溢流进入下一级的浓缩旋流器。浓缩旋流器可以分为两种，一种进入浓密机中，对溢流产物进行压缩，对底流产物可以进行回水再处理；另一种进入脱水筛，脱水后得到长石产物，整个流场中会用到平底旋流器以及多锥旋流器等，某现场分级型旋流器运行指标如表 8-9 所示。

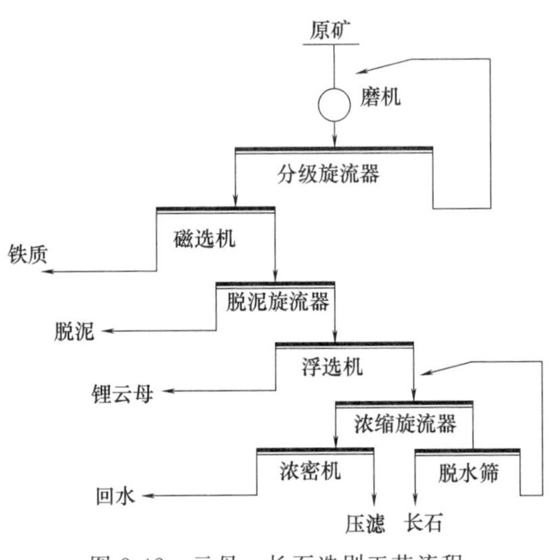

图 8-42 云母、长石选别工艺流程

表 8-9　某现场分级型旋流器运行指标

产品	浓度/%	−100 目含量/%	分级量效率/%	分级质效率/%	循环负荷/%
入料	52.68	27.10	74.59	56.32	198.25
溢流	37.95	60.28			
沉沙	65.48	10.36			

图 8-43　长石分离装置示意图

（3）旋流器多级串联分级工艺　在旋流装置的一应用过程中，单独一级旋流装置无法高效地完成分离与分级工作，在实际的生产过程中，通常将多级旋流装置进行串联，利用多级分离，从而实现高效且彻底的分离工作。

工业生产太阳能电池基板时不断排放出大量的废砂浆，这些砂浆中通常含有聚乙二醇、碳化硅以及贵重的硅屑粉，碳化硅和硅具有很高的附加值，可以经过回收后循环使用。碳化硅的密度为 3.2g/cm³，硅的密度为 2.4g/cm³，由于二者的密度差异，碳化硅和硅的回收过程们可以使用旋流器对二者进行高效分离，其工艺流程如图 8-44 所示。

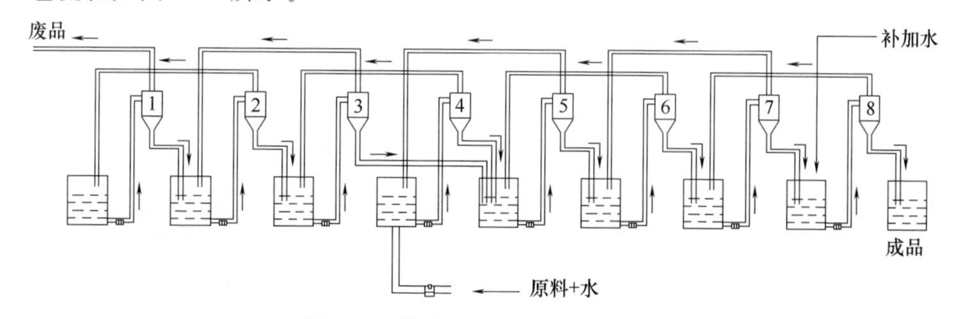

图 8-44　旋流器多级串联分级工艺

将多级旋流装置进行串联后对物料进行分离，废浆纱经过 4～5 次洗涤后，配置成浓度 15%～20%的浆液，使用 8 级旋流器进行串联，进行碳化硅与硅的分离工作。原料和水由第 4 级旋流器给料，溢流向前洗涤，底流向后洗涤。工作压力需要达到 0.25～0.4MPa，当原料中的碳化硅含量在 80%以上时，底流产品的最终碳化硅可以达到 96.5%以上，碳化硅回收率可以达到 90%以上，生产现场示意图如图 8-45 所示。

图 8-45 生产现场示意图

2. **旋流分离在金属矿中的应用**

（1）铁矿石原料处理 在对铁矿石原料进行处理时，传统的旋流装置无法高效的对矿石进行处理，运行以来一直存在以下问题：

① 在处理过程中，过磨以及泥化现象严重，对产品的品质产生影响。

② 旋流装置的底流口负荷重，不稳定且易堵塞。

③ 旋流装置底流中的合格粒径含量多，循环负荷高，造成顽石返回量大，影响原矿的处理能力。

而在原有基础之上，利用预分级技术以及平底结构旋流替换原旋流装置，能有效地提高处理能力。利用新型旋流分离技术后，旋流装置的底流口负荷显著降低，运行状态非常稳定，溢流中极细物料含量大幅度降低，泥化现象缓解，分级效率高，质效率在 60%以上，底流反富集缓解，底流夹杂量减少。生产现场图如图 8-46 所示。

图 8-46 铁矿石生产现场图

（2）铜钼矿石原料处理　在铜钼矿石的处理过程中，一般采用半自摸＋球磨＋旋流分级处理工艺，在旋流分级阶段，在原有技术之上，利用螺旋进料技术、渐变锥体技术对矿石进行处理。

某铜钼矿对矿石进行处理时，将旋流分级阶段分为 6 个系列，最终得到矿石产品旋流器溢流 43μm 含量＞90％。在处理过程中，对物料粒径的变化情况进行测量，其变化情况如表 8-10 所示，而生产现场图如图 8-47 所示。

表 8-10　　矿石原料粒径变化情况

	给矿/%		溢流/%		沉砂/%	
	粒径	浓度	粒径	浓度	粒径	浓度
－220 目	62.40	44.68	99.53	14.50	48.00	77.69
－325 目	42.20		91.78		25.5	
分级质效率(325 目)/%			50.3			
循环负荷/%			304			

图 8-47　铜钼矿分级生产现场图

3. 其他领域

（1）电厂烟气脱硫工艺应用　旋流分离技术还可以应用于电厂烟气脱硫过程中，相关工艺流场如图 8-48 所示。在整个处理过程中，旋流装置主要应用于两个方面。

① 石灰石磨矿分级过程中，利用旋流分级技术得到合格的石灰石浆液能够提高脱硫效率；

② 在石膏浆液浓缩过程中，和真空皮带过滤机组合使用，能够提高石膏的脱除率，提高处理效果。

（2）建筑泥浆净化工艺应用　泥浆净化装备以旋流器微核心，将脱水筛、泵、管道等设备有机组合而成，用于桥梁、隧道、地下连续墙施工中，将建筑泥浆中的固体杂质脱除，提高泥浆的回用率（图 8-49）。

（3）污水高效处理工艺应用　利用旋流器的离心分离作用，将旋流器与传

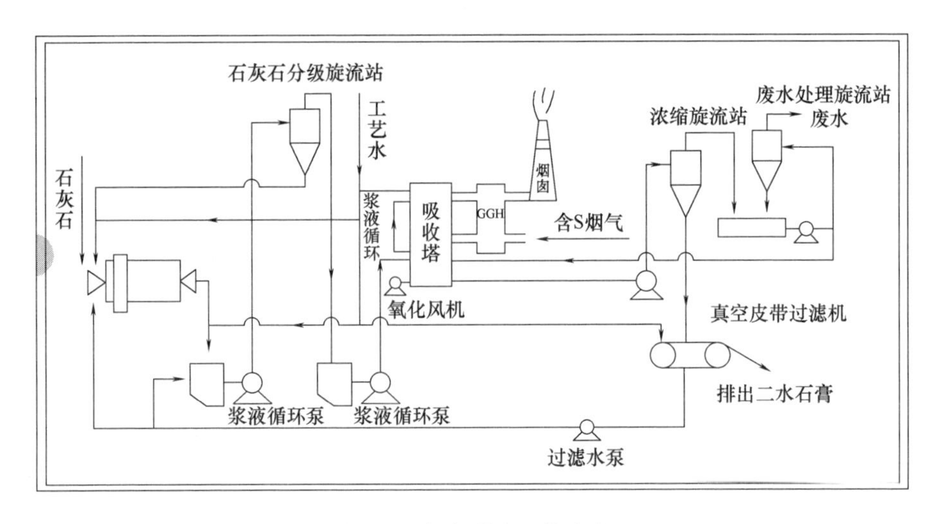

图 8-48　烟气脱硫工艺流程

图 8-49　旋流装置用于净化建筑泥浆

统的污水处理设备联合使用，从而实现污水的高效处理，存在以下几种组合形式。

① 旋流装置＋砂水分离器：高效处砂；

② 旋流装置＋污泥消化池：减量消化；

③ 旋流装置＋混凝沉淀池：高效沉淀。

(4) 成品油除杂工艺应用　成品油在储存、输送过程中，由于管道腐蚀等原因，会含有少量铁屑、砂粒等杂质，会影响成品油的使用，利用旋流过滤器，将离心沉降技术与重力沉降技术相组合，实现两次浓缩，两次除渣。排渣浓度高，除杂能力强，能有效地延长精细滤芯的使用寿命，生产现场图如图8-50所示。

图 8-50　成品油除杂工艺生产现场图

第四篇

粉体气力输送技术

第九章　气力输送技术

第一节　引　言

粉体输送技术也是粉体领域的研究重点，其中以气力输送技术最为广泛。气力输送是指利用具有静压力能的气体作为媒介，通过管道输送固体颗粒的技术。该技术不仅可输送不同种类颗粒和粉体物料的功能，而且在实际输送中具有设备简单、输送过程密封环保、操作方便、管道布置灵活多样等优点，被广泛应用到水泥、电厂、化工、粮食等行业中，具有重要的现实意义，并且已经发展成为一种先进的输送手段。

气力输送是一种通过气体携带物料在管道中进行运动输送的技术，与其他输送方式（如机械输送）相比较，具有以下优点。

① 组成设备较简单紧凑，可以根据厂区的实际工况，结合各种管道（水平管、弯管、渐变管、分支管等）灵活布置，便于加工、改装和修理，可以实现向任意方向输送物料，能够更加合理的利用厂区空间，减小占地面积，实现空间利用的最大化。

② 气力输送对物料的选择范围大，不仅可以对直径几毫米、几微米甚至更加细小的粉体（如水泥、炭黑等）进行输送，同时也可以对直径为几厘米的一些颗粒也可以进行输送，如将粮食等颗粒物料由车辆转运输送至粮仓中。惰性气体作为输送介质可以在输送一些特殊粉体时使用。

③ 气力输送系统可以通过中控室对整个输送过程进行自动化控制，对人工的要求降低，减少了人工管理，自动化程度高，且相应的输送与控制设备较简单，节省设备成本费及人工管理费。

④ 在进行运输任务的同时，还可以对物料进行二次操作，如加热、冷却、吸湿以及吸热等，在保持颗粒原本的物性同时，可以间接的改变下一步操作的设备工作环境。其末端可以连接包装机，对物料进行装袋散装处理，如对水泥、粮食等进行的包装，提高了工作效率。

⑤ 在管道输送物料时，系统是密闭的，设备具有一定的封闭性，减少了物料的损耗以及对环境的粉尘污染，减少了着火点与爆炸源，增大厂区的安全性。

⑥ 气力输送系统的管道布置相对灵活，在工况条件下，可以集中或分散输送，一点至多点或多点至一点的长距离输送，节约空间和能源。

气力输送技术经过了多年的发展和应用已经广泛应用于各个行业，但是在实际的应用中也存在一些不足之处。

① 由于气力输送需使用大型空压机或真空泵设备，相较于提升机及其他机械输送设备，在短距离、稀相气力输送上所需的动力较大，能源的消耗也较大。

② 对于不同的物料，气力输送的输送距离也有所不同。在输送过程中由于受压力损失、物料之间的相互作用等其他因素影响，无法实现超远距离输送，对于气力输送应用较为成熟的粉煤灰领域，其输送距离能够达到 3000m，但是对于其他物料的输送尤其是物性较差、不易流动的物料来说，其输送距离要远远小于最长距离，使得气力输送技术的应用受到一定限制。

③ 气力输送对所输送的物料是有所限制的，通常在工业生产中，对一些物料的输送是不允许其颗粒破碎的，这就对气力输送的方式有所要求，通常采用密相输送方式来减少或避免输送物料的破碎问题，但这种输送方式对系统的参数设定和设备要求较高，造成系统的成本较高，同时在一些特殊物料的输送时，需要对输送系统进行特殊化处理，从而保证特殊物料在管道中不发生吸潮、化学变化等。

第二节　气力输送理论

气力输送过程中，由于载气性质、颗粒物性、输送装置以及操作条件等的差异，在管道中可呈现不同的流动形态。而流动形态与输送过程中的稳定性联系紧密。因此，针对气固两相流流动形态的研究，对气力输送装置的设计以及工业运行有重要的指导意义。

一、颗粒行为

流动形态，即是管道内颗粒（群）运动行为的集合。因此，理解密相输送流动形态，需先知晓颗粒的运动方式。总的来讲，在流场中颗粒的行为分两种，即静止或运动。著名风沙物理学奠基人 Bagnold 对气流场中颗粒运动行为进行划分，提出单颗粒在气流场中的运动分为悬移、跃移以及表层蠕移。

1. 悬移

较大的颗粒由于自身重力作用显著，一般不会真正悬浮，而较小的颗粒受到向上的气流漩涡，能在气流中悬浮移动较长时间，并跟随气流方向运动。

2. 跃移

部分不能长时间悬浮的颗粒，沉降过程中通过与其他颗粒碰撞获得动量，而再次跃起运动，这种运动方式对气流有阻力作用。

3. 表层蠕移

在静止颗粒层表面的颗粒，主要依靠跃移颗粒的碰撞作用获得切向应力而产生缓慢移动，这种颗粒几乎不会对气流产生阻力。

Bagnold认为大部分运动的沙粒处于跃移状态，说明悬移与表面蠕移只是运动着的沙粒中的很少一部分。在密相气力输送中，必然期望大部分颗粒保持着工艺要求的速度运动。悬移只是其中细小颗粒的运动方式。而表面蠕移甚至静止，意味着颗粒沉积在管道底部，占据管道流道，降低装置输送能力。有研究者认为颗粒发生启动以及沉积的速度是气力输送设计的重要参数，因此开始研究颗粒启动以及沉积行为的机制。

颗粒启动时，对应的表观气速被称作拾起速度（pickup velocity），经过研究表明，拾起速度越大，即静止颗粒被吹起的难度越大。同样，跃移着的颗粒保持运动的难度也越大，经过相关研究可知，当颗粒粒径大于55μm时，由于颗粒的重力效应显著，粒径越大，拾起速度越大；粒径在15～55μm时，粒径减小，粉体颗粒之间黏聚力作用增强，因此拾起速度增大；粒径低于15μm时，颗粒的黏聚力过大，从而发生团聚，主要以颗粒聚团的形式运动，很难将单颗粒吹起，因此拾起速度大。

研究颗粒启动与沉积不是孤立的，一般来讲，容易启动的颗粒就不容易发生沉积，反之则越容易沉积。同种物质中粒径越小更容易沉积；同粒径的粉体则是黏聚性越大的更容易沉积；在相同物料、相同气速下，固相质量流率越高的更容易沉积。尽管颗粒启动与沉积看似相反的两种行为，但是拾起速度与沉积速度并不相等。在颗粒发生沉积后，重新启动所需的能量较大，因此在某些生产工艺中应该尽量避免。

二、两相流流型

气力输送是气固两相流，其流动模型、压力损失计算、流变分析、测试技术等与气固两相流具有一定的共性。随着系统输送风速变化，输送物料的运动状态也随之变化。当输送物料的风速比较高时，物料处于悬浮状态，输送气流把呈均匀分布状态的物料输送前进；当输送物料的风速有所降低时，被气流输送的物料就开始汇集；随后部分被输送的物料开始在输送管道聚集，呈现出脉动集团式输送；输送物料的风速继续降低，管道截面被物料堵塞，开始产生不稳定的料栓，此时空气的压力推动料栓向前输送；输送物料的风速如果再继续下降，之前状态不稳定的料栓就会开始形成相对比较稳定的料栓，这时稳定状态的料栓在空气压力的推动下向前输送。

气固两相间的相互作用决定了两相间存在着不断变化的相面，相面的不断变化使两相流流型不固定，流型不止一种，同时伴随着随机性。这也是两相流与单相流的重要区别之一。两相流在管道内的流动较复杂，流动的不稳定化及两相间的相互作用、料性等，在管道内形成端流，现有的模型并不能完全描述气固两相端流流动，因此，根据流型建设合适模型以及检测识别流型都是气力输送研究的重点方向。一般来说，气力输送的管道可以分为水平管道和垂直管道两种类型。

1. 水平管道

根据研究，气力输送的水平管内流动模型可以分为几下几种，如图 9-1 所示。

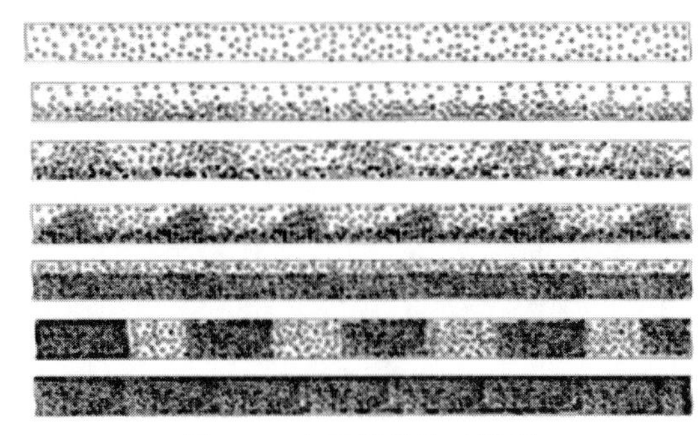

图 9-1　水平管的流动模型

（1）悬浮流　当料气比较小、气体速度大时，在低压低真空环境下，粉体在管道内均匀悬浮分散，这种流动状态称为悬浮流，只在稀相输送中才会出现悬浮流。

（2）线条流　气流速度减小，伴随着气固两相流之间的作用力减小，有些粉体由于所受气体曳力减小，会在重力的作用下沉积，但并没有停滞不前，水平管内的流型呈现线条，对于弯管和垂直管则在外侧管壁，随着料气比增大线条流会变多。

（3）疏密流　增大粉体的浓度及减小气速，疏密流流型出现，由于管道内的湍流作用，粉体会出现呈现漩涡前进，管底速度小，上边速度较大，上部粉体输送速度快，管底粉体富集但未停滞不前，而是缓慢滑动，颗粒在管底悬浮直至形成沙丘。

（4）沙丘流　由于气速减小，粉体出现分层，管底为运动缓慢的粉体，上部为气固混合物，输送不稳定，输送方式由稀相转为浓相方式输送。

（5）沉积流　粉体几乎都沉积在管底，上部几乎不存在物料，管底粉体形成粉体层，气体在上部流动，粉体层在管底运动速度较慢。

（6）料栓流　不易悬浮的粉体（如水泥）等物料在管道可呈现料栓流。该流型的推动力通过料栓前后两边的压力差实现。与悬浮流输送相比，在根本上是有区别的，料栓流靠前后料栓间的压力差推动，而悬浮流则是通过气流带动。

（7）柱塞流　对于黏度较小的粉体在管道内形成间断的柱塞，粉体形成的柱塞充满管道，管道上半部分顶部为气体，底部为静止的粉体层，管道内上部的气流会携带少量粉体输送，底部粉体形成的料栓会连同前部所有粉体一起运动，而在料栓移动后的部位形成新的静止的粉体层。柱塞流在浓相气力输送中较常见。

2. 垂直管道

相对于水平管，垂直管内因重力与运输方向在同一直线上，所以其流动模型相对简单，主要有 3 类，如图 9-2 所示。

① 均匀流。颗粒沿着管道向上运动，在管道内呈现均匀分布的状态。

② 疏密流。颗粒在管道中呈现不均匀的分布状态。

③ 栓状流。颗粒在管道中堆积形成料栓，依靠静压差推动颗粒沿垂直方向运动。

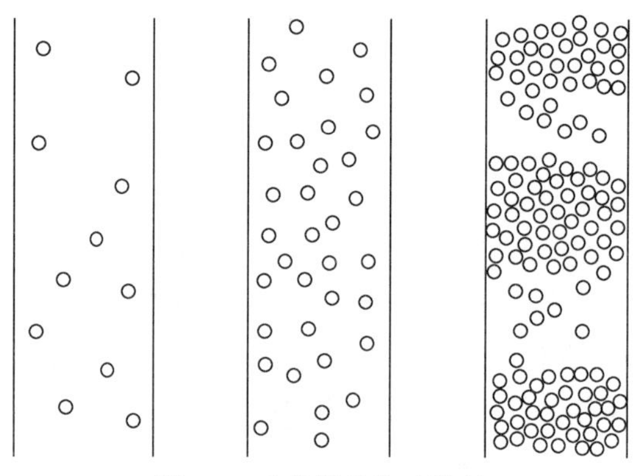

图 9-2 垂直管的流动模型

三、关键参数

1. 粉体物料性质

在气固两相流输送中，输送物料的特性对于气力输送特征有重要影响。物料的流动主要由物料特性决定，因此对于不同物料的特性研究有助于气力输送的选型和操作。对于不同的物料选择正确的输送方式，确保了输送的稳定高效。

常见的输送物料的特性是指物料的物理和化学性质，主要包括物料的粒径、颗粒形状、几何结构、透气阻力、粉体静力学、粉体动力学以及粉体磨损等，同时对于一些物料还需考虑静电效应、黏附和凝聚以及易爆易燃性等。这些物料颗粒的性质与气力输送之间关系如表 9-1 所示。

表 9-1 颗粒性质与气力输送的关系（A-密切相关，B-一般相关）

颗粒性质	吸送式	压送式	栓流式	特种	压送罐和料斗	直管和弯管	分离除尘器
粒径	A	A	A	A	A	B	A
颗粒形状	A	A	A	A	B	A	A
几何结构	B	B	A	B	A		
透气阻力	B	A	A	B	A		B
粉体静力学	B	A	A	B	A		
粉体重力学	A	A	A	A	A		
粉体磨损	A	A	A	B	A	A	A
黏附和凝聚	A	B	A	B	B	A	A
颗粒静电	A	B	B	B	B	A	A
粉尘爆炸	A	B		B	B		A

（1）物料颗粒尺寸及其分布　物料颗粒尺寸是物料最基本的性质，颗粒尺寸的大小可以用粒径来表示。对于规则球形颗粒而言，其尺寸就是它的直径；但是对于不规则颗粒，其粒径的测定方法不同，测定值也会不同。比较常用的颗粒粒径测定方法有沉降法、筛分法、显微镜法等。

物料颗粒的尺寸以及尺寸分布往往影响物料的流动性和气力输送的难易程度。在选择气力输送形式、风速以及除尘设备时，物料颗粒尺寸和尺寸分布是重要的考虑因素。

（2）物料的堆积特性　物料中的颗粒以某种空间排列组合形式构成一定的堆积状态，并表现出如空隙率、堆积密度、填充物存在形态以及空隙的分布状态等堆积性质。堆积性质由物料的物理性质所决定，它与粉体层的压缩性、流动性等粉体特性密切相关，并直接影响到单元操作过程参数和成品及半成品的质量，如流体通过料层阻力。料仓储存粉料时的“起拱”现象以及铸造砂型的透气性和强度等，都与物料的堆积特性有密切联系。

物料的堆积密度定义为物料质量与物料堆积体积之比，是指散状物料在堆积状态或松散状态下，含颗粒间隙在内的单位体积物料所具有的质量，如式（9-1）所示：

$$\rho_s = \frac{M}{V_s} \tag{9-1}$$

式中　ρ_s——堆积密度，kg/m^3

M——物料质量，kg

V_s——堆积体积，m^3

物料的堆积密度不仅仅与物料颗粒的尺寸以及尺寸分布有关，还与物料的堆积方式有关。堆积方式主要分为松动堆积方式和紧密堆积方式。松动堆积方式是指物料在重力作用下缓慢沉积后的形成的堆积，而紧密堆积方式是指物料在机械振动作用下所形成的紧密堆积。

物料的堆积密度还与所处的状态密切相关。这几种状态分别是：物料从设备倾浑流出时的流出状态密度、流出的物料在沉降积聚时的沉聚状态密度、物料在料仓中储存时的储存状态密度和物料在充气状态下的密度。物料在不同状态下堆积密度值不同，反映了物料的流动性能以及能否被充气流态化的特性。

（3）物料的输送特性　在水平管道中，物料颗粒所受重力方向与气流方向垂直，空气动力对颗粒的悬浮不起直接作用，但实际上物料颗粒还是能被悬浮输送的，这是由于物料颗粒除受到水平推力之外，还有其他对抗重力的力的作用。在垂直管道中，物料颗粒主要受到气流向上的推力作用，当气流速度大于物料的悬浮速度时，物料颗粒向上运动。同时，由于气流中存在与流向相垂直的分量，以及颗粒本身形状不规则的影响，所以物料颗粒并不是直线上升，而是呈现不规则的曲线上升。

① 悬浮速度。当物料与气体两相流在水平管道中流动时，气流速度分布有显著变化，最大速度的位置移至管道中心线以上。这主要是由于物料在运动过程中受到自身重力的作用，不断向管底沉积，造成管道底部的气流速度较低。输送过程中气流的速度分布是随着物料颗粒运动状态的改变而不断变化的。在水平输送管中，越靠近管底，空气受到的阻力越大，速度越小。在垂直输送管中，要使物料能与气流同向运动，气流的速度必须大于物料的悬浮速度。

物料悬浮速度是进行气力输送系统设计时确定气流速度的依据。由于物料颗粒之间和物料与管壁之间的摩擦、碰撞和黏着，以及管道断面上气流速度分布不均匀和边界层的存在，实际物料悬浮所需的气流速度要比理论计算值大，所以各种物料的实际悬浮速度仍需要通过实验来确定。

② 物料在管道中的运动状态。在水平输送管中，一般来说输送气流速度越大，物料越分布越均匀。但根据不同条件，当输送气流速度不足时，流动状态会有显著变化。在输料管的起始段是按管底流大致均匀地输送，越到后段就越接近疏密流，最后终于形成脉动流或停滞流。水平管越长，在水平管的沿程，这一现象越明显。根据经验，若将输送气流速度降低到一定限度时，则伴有明显的脉动，在弯头处产生周期性的强烈的冲击压力，由于输送气流速度的不同，物料在水平管道中呈现出不同的运动状态，由于输送气流速度的不同，物料在水平管道中呈现出不同运动状态。

在垂直输送管中，物料颗粒受到自身重力以及气体向上推力的共同作用，只有当气体向上的推力大于物料的自身重力时，物料才会不断地向上运动。由于管道中气流运动的不稳定性、物料颗粒尺寸的不规则性、物料颗粒间的相互作用以及物料颗粒与管壁的相互作用，会使得物料颗粒在垂直管道中的运动状态呈现出不规则特性。由于输送气流速度的不同，物料在垂直管道中呈现出不同的运动状态。

（4）物料的摩擦特性　物料的摩擦性质是指物料固体颗粒之间以及颗粒与固体边界表面因摩擦而产生的一些特殊物理现象，以及由此表现出的一些特殊的力学性质。物料的静止堆积状态、流动特性及对料仓壁面的摩擦行为和滑落特性等摩擦性质是气力输送系统设计过程中的重要参考。摩擦角是表示物料摩擦特性的物理量，用于表征物料静止及运动力学特性，在设计气力输送装置时是非常重要的参考。物料的摩擦角主要有四种：休止角、内摩擦角、壁面摩擦角和滑动角。

① 休止角。休止角是指物料在自然堆积状态下的自由表面在静止状态下与水平面所形成的最大角度。休止角常用来衡量和评价物料的流动性。休止角有两种形式：堆积角和排出角。堆积角是指在某一高度下将物料注入一个理论上无限大的平板上所形成的休止角；排出角是指将物料注入某一有限直径的圆板上，当物料堆积到圆板边缘时，如再注入物料，则多余物料将由圆板边缘排出而在圆板上形成的休止角。

一般而言，物料颗粒球形度越大，其流动性越好，它的休止角就越小；对于同一种物料而言，粒径越小则其休止角越大，这是因为粒径较小的粉体颗粒间黏附性较强，导致流动性减弱。当物料受到冲击或振动等外部作用时，其休止角会减小，致使流动性增加，工业生产过程中常利用这一特性来解决储料仓下料困难问题。同样，可以将压缩空气通入物料内使其流动性大大提高，有助于储料仓下料及空气斜槽输送物料。表 9-2 所示为几种常见物料的休止角。

② 内摩擦角。物料的活动局限性很大，这主要是由于物料内部粒子间存在着相互摩擦力。由于物料层中粒子的相互哨合是产生切断阻力的主要原因，所以内摩擦角受到颗粒表面粗糙度、附着水分粒径分布以及空隙率等内部因素和粉体静止存放时间及振动等外部因素的影响。对同一种物料，内摩擦角一般随空隙率的增加近似呈线性关系减小。

表 9-2　**常见物料的休止角**

物料名称	休止角 φ/°	物料名称	休止角 φ/°
煤渣	35	锯末	45
无烟煤	22	大豆	27
棉籽	29	小麦	23
飞灰粉	42	石块	45

③ 壁面摩擦角。壁面摩擦角表示料层与固体壁面之间的摩擦。在工业生产中，经常碰到物料与各种固体材料壁面直接接触以及相对运动的情况，如物料从储料仓中流出时与仓壁的摩擦。因此，在物料储料仓设计和气力输送阻力计算时，壁面摩擦角是个很重要的参数。

壁面摩擦角的影响因素有颗粒的大小和形状、壁面的粗糖度、颗粒与壁面的相对硬度以及物料的静置存放时间等。

④ 滑动角。滑动角的测量是将载有物料的平板逐渐倾斜，当物料开始滑动时，平板与水平面之间的夹角。物料颗粒与倾斜壁面间的摩擦行为可以通过此物理量来进行研究，如对于物料颗粒在旋风分离器中下降行为的研究。

物料摩擦角的影响因素非常复杂。虽然各种摩擦角都有其一定的定义，但由于测定方法的不同，所得摩擦角亦不同；即使同一种物料也会因生产加工处理情况不同而导致摩擦角改变。例如颗粒粒径变小，黏附性、吸水性增加，都会使摩擦角增大；反之，颗粒表面光滑成球形，空隙率大，对粉料充气等，摩擦角变小。

2. **料气比**

料气比是气力输送过程中的一个重要参数，是以管道输送物料的质量流量与气体的质量流量之比，用 m 表示，如式（9-2）所示。

$$m=\frac{G_s}{G_a} \tag{9-2}$$

式中　m——料气比

G_s——物料的质量流量，kg/min

G_a——气体的质量流量，kg/min

常见的气力输送料气比的选择范围如表 9-3 所示。

表 9-3　**料气比的选择范围**

输送方式	压力	料气比/μ
吸送式	低真空	1～10
	高真空	10～50
压送式	低压	1～10
	高压	10～40
	液态化压送	40～80

料气比对于气力输送系统的设计过程有着重要的研究意义，同时对于输送状态的表征有着重要意义，它把物料的流动状态数字化，在实际生产的过程中根据实际的消耗量进行计算来验证气力输送系统的经济性。

当设计输送系统时，理论上讲，料气比越大越好，这样可以以最小的耗气量和能源消耗实现最大的输送能力，同时料气比越大，输送系统所需要的管径就会相应减小，除尘器的选择也会相应降低成本，整体投资大大降低；在实际生产中，料气比的选择并不能做到尽量大，因为要考虑在实际输送过程中的相关因素，料气比选择过大后，物料在管道内发生堵管的概率也会上升，一旦发生堵管，整个生产流程都会受到影响。在进行气力输送系统设计的时候，料气比的选择应当考虑实际的工况，并对物料进行充分的物性研究之后得出，并需要进行验证性试验来检验所选料气比对系统的稳定性的影响。

3. 输送气量

输送气量，即输送一定量的物料所需的压缩气体量，一般用 Q_a 表示，如式（9-3）所示。

$$Q_a = \frac{G_a}{\rho_a} \tag{9-3}$$

式中　ρ_a——气体的密度，kg/m^3

4. 输送能力

在气力输送系统中，粉体的输送能力也可以用另外定义的参数的表示，和粉体的质量流量接近。主要是指在管道内，某一截面在单位时间内通过的粉体质量。常用电子称重仪称重粉体的质量变化，如式（9-4）所示。

$$G_s \approx M_s \tag{9-4}$$

式中　M_s——粉体的输送能力，kg/min

输送能力的大小受多种因素的影响，输送压力、粒径、管径等都会对粉体的输送能力产生影响，其中对设计已经成型的系统，调节输送压力是最简单的调节输送能力的手段。

在工程中，则需要考虑输送能为，根据输送能力来选择设备，确保设备能够满足生产需要。实际选择时，增加10%左右的设计裕量。

5. 输送速度

输送速度是气力输送系统中较为关键的设计参数，气力输送系统能否稳定运行在一定程度上也取决于输送速度。输送速度的确定对于整个系统的成本控制，如能源消耗方面有着决定性的影响。

气力输送系统中的输送气流速度主要包含表观气速、真实气速、最大输送气速以及最小输送气速。通过对气速的控制可以使输送系统运行更加平稳并且能够节省能量。为了降低系统能耗，减少管道的磨损，降低颗粒破碎，采用的输送气速越小越好。但是由于过小的输送气速会导致系统动力不足，产生管道的堵塞。因此存在一个最优气流速度，即最小输送气速，使系统的各项参数实现最佳配置。最小输送气速是系统重要的参数。研究可知，降低最小输送气速可增加输送量。

输送物料的最小气速是依据物料颗粒的物性、系统的结构配置以及输送管道的管径和长度来确定的。一般是根据设计计算或者实际测量的颗粒的悬浮速度 v_0，再根据输送距离和料气比，选取经验系数来确定的输送气流速度 v_a。输送气流速度的经验系数见表 9-4 所示。

表 9-4　输送气体速度的经验系数

输送物料情况	输送气流速度 v_0/(m/s)	输送物料情况	输送气流速度 v_0/(m/s)
松散物料在铅垂管中	$\geqslant(1.3\sim1.7)v_a$	在两个弯管的垂直或者倾斜管	$\geqslant(2.6\sim1.7)v_a$
松散物料在倾斜管中	$\geqslant(1.8\sim2.0)v_a$	管路布置较复杂时	$\geqslant(2.6\sim5.0)v_a$
松散物料在铅水平中	$\geqslant(1.5\sim1.10)v_a$	大密度成团的黏结性物料	$\geqslant(5.0\sim10.0)v_a$
在一个弯管的上升管	$\geqslant2.2v_a$	细粉状物料	$\geqslant(50\sim100)v_a$

表观速度是指在一定压力下，气体的体积流量与管道的横截面积之比，其表达式如式 9-5 所示：

$$U_{ST}=\frac{60Q_a}{A} \tag{9-5}$$

式中　U_{ST}——表观速度，m/s

Q_a——气体的体积流量，m^3/min

A——管道的横截面积，m^2

气体的真实气速是指在一定压力下，气体的体积流量除以管道中气体所占的横截面积。实际上由于不清楚管道横截面中的空隙率，所以很难计算。在密相悬浮输送中，其值稍大于表观气速，其表达式如（9-6）所示。

$$U_g=\frac{60Q_a}{A-A_s} \tag{9-6}$$

式中　U_g——真实气速，m/s

A_s——管道横截面上物料所占的面积，m^2

最大速度的定义也是通过考虑具体的物料在输送中的破碎率以及管道的磨损、距离、能量消耗等来确定的。

6. 输送管道的参数

输送管道的参数所包含的方面较多，主要有输送管道的直径大小、管道的制造材料、管道内衬等方面，同时在设计过程中，对于管道的布置也是有着严格的要求的，根据实际布置的情况来进行等效换算，推算出当量长度。

气力输送系统输送管道内径的确定是根据输送的形式和管道末端的速度来决定的，其关系如式（9-7）所示。

$$D=\sqrt{\frac{4Q_a}{60\pi v_a}} \tag{9-7}$$

式中 D——输送管道直径，m

v_a——输送气流速度，m/s

但如果输送管道的距离过长，通常的做法是把管道做变径处理，在输送的末端采用直径较小的管道输送，以防止在输送末端，由于管道直径与前段同样大小所造成的气速降低。

在设计输送系统时提到的输送管道长度是指管道的当量长度，当量长度与输送管道的几何长度是不相同的。其计算方法如下：

$$L_{eq}=L_x+kL_s+\delta D\frac{\theta}{90} \tag{9-8}$$

$$k=1+0.08m$$

$$\delta=70+2m$$

式中 k——竖直管道当量长度系数

δ——输送弯管当量长度系数

L_{eq}——当量长度，m

L_x——管道水平段长度，m

L_s——管道竖直段长度，m

θ——输送弯管总弯曲角度，°

在气力输送系统设计时，理论上讲，管道的布置最佳的方案是采用两点最短距离的直线布置这样一方面便于管道的安装，同时也能高效的进行物料的输送。但在工况中，由于车间的建筑条件限制或者是已安装的设备的阻挡，管道的布置必须考虑实际情况来做出调整，但仍然是尽量采用直线、减少管道的弯头为原则。当管道的布置中，必须采用弯头时，由于物料在弯头处的磨损和运动受到较大影响，因此尽可能增大弯头出管道的布置直径，当弯头布置直径和管道内径的比值5～30左右时，管道的压力损失较小、对于物料的运动状态影响不大。同时，在管道布置时，两个管道弯头的间隔距离至少是管道直径的约40倍，才能不影响物料的输送，防止发生堵管现象。

7. 输送管道的压损

在气力输送粉体过程中，压力损失主要是由于气体和粉体物料在管道中流动造成的，压力损失在整个气力输送参数中是最重要的一个参数，对于压力损失的计算可以有针对性的降低能量损耗，提高输送效率。粉体料性、管长、管径、管网布置以及料气比和气速等都对压力损失有影响。

输送粉体产生的压为损失伴随着整个输送过程，从输送开始至结束。粉体在开始输送时，在下料口与压缩气体混合，至将粉体输送至收料罐内，整个过程要保持连续稳定输送，在设计计算时必须对各部分的压力降进行分析计算。携带粉体开始输送，粉体气体混合形成的两相流在输送管道内流动时，粉体的悬浮间相互碰撞、气固与管道内壁摩擦、粉体在垂直管中上升等都会造成压力损失。在输送管道中，气体的压力随着输送的不断进行而逐渐减小，在正压输送系统中，输送管道内的压力在下料口位置最大，沿着管道克服作用力，压力逐渐变小，在除尘器处压力最小，设计计算时，一般按一个标准大气压计算。

(1) 水平管压力降 对于水平管来说，水泥粉体悬浮流动，粉体在气流带动下在母管内流动，之间存在多种力的作用，同时对母管管壁的摩擦等都会产生阻力损失。水平管内的粉体运动产生的压力损失经验方程如式 (9-9) 所示：

$$\Delta P_1 = \Delta P_2 (1 + mK) \tag{9-9}$$

式中 ΔP_1——水平管压力损失，Pa

ΔP_2——纯气体产生的压力降，Pa

K——阻力系数

阻力系数 K 主要与管径、粉体颗粒料性以及气速有关，一般由实验测定，表 9-5 为不同物料的阻力系数 K 值。

表 9-5 阻力系数 *K*

物料类别	细粒状	粉状(低真空)	粉状(高真空)	粉状	纤维状
气流速度/(m/s)	25～35	16～25	20～30	16～22	15～18
K	0.5～1.0	0.5～0.7	0.3～0.5	0.5～1.5	1.0～2.0

(2) 垂直管压力降 对于垂直管，粉体在管中提升，压力降主要为两相流沿程压力损失以及克服重力作用（提升力）产生的压力损失。常用式 (9-10) 计算：

$$\Delta P_3 = \Delta P_4 (1 + mK) + \Delta P_5 \tag{9-10}$$

$$\Delta P_5 = mh \frac{V_1}{V_2} \rho_1 g$$

式中 ΔP_3——垂直管压力损失，Pa

ΔP_4——纯气体产生的压力降，Pa

ΔP_5——粉体提升产生的压力降，Pa

h——提升高度，m

V_1——气体输送速度，m/s

V_2——粉体在垂直稳定输送速度，m/s

因此，有：

$$\Delta P_3 = \Delta P_4 (1 + mK) + mh \frac{V_1}{V_2} \rho_1 g \tag{9-11}$$

(3) 弯管压力损失 对于弯管，水泥粉体在气流带动下流经弯管时，由于弯头角度、曲率半径、内径等弯管几何结构的作用，两相流速度方向发生变化，弯管向心力和粉体惯性力的作用，两相流间相互摩擦、碰撞，造成动力损耗和粉体损耗、弯头磨穿，粉体速度和大小改变重新在母管内分布、加速。粉体流经弯管造成的压力降不仅与弯管几何结构有关，还与水泥粉体性质有关。弯管处的压力降相较于水平管来说，变化最大，尤其是在弯头由水平管连接垂直管时达到最大的压力损失。压力降经验方程如式（9-12）所示：

$$\Delta P_6=\zeta_6\frac{\rho_1 V_6^2}{2}(1+mK_6) \tag{9-12}$$

式中 ΔP_6——弯管压力损失，Pa

V_6——弯管处初始位置气速，m/s

ζ_6——弯管阻力系数（纯气体）

ρ_1——弯管处初始位置气体密度，kg/m^3

K_6——弯管阻力系数（气固两相流）

第三节 气力输送系统的结构与分类

气力输送系统有多种不同的分类方法，可按气力输送的输送装置，也可按物料流动状态来分类。对于不同类型的气力输送系统，其流动差异很大，相互间的流动规律也不能通用。

一、气力输送系统的组成

气力输送装置一般由下列部件组成，包括：气源、供料装置、管道和管件、气固分离器、除尘器以及各测试仪器组成。这些部件结构性能的合理选择、配置与正确计算，对气力输送装置运行的经济性和可靠性有很大的影响。

1. 气源

气源是气力输送系统运行的能量来源。它给系统提供一定压力和流量的气体，以克服系统中的各项压力损失，因此，正确的选择气源装置对系统的稳定运行十分重要。选择气力输送系统气源装置的首要条件是当输送管内压力变化较大时气体流量变化较小。考虑到系统的沿程压损及局部压损，气源的工作压力应比系统的最高工作压力高左右；对于系统工作压力要求较低的场合，可以经减压阀减压后再供入系统中。

压缩机、鼓风机和离心通风机都是空气处理机械，可分别作为各种气力输送系统的气源，在气力输送工程领域具有广泛的应用。但离心通风机输送气体的压力很小，可将气体看作是不可压缩的；鼓风机与压缩机输送气体的压力很大，气体是可压缩的。三者输送的气体压力大致如下：离心通风机的排气压力小于鼓风机的排气压力为压缩机的排气压力大于。离心通风机与鼓风机的排出流量大，压力较低，一般适用于短距离的稀相输送和除尘过程；压缩机主要为容积式，它包括往复式和螺杆式压缩机，适合于一般的密相气力输送系统。

（1）压缩机　对于压缩机，其种类有很多，常用的有活塞式、螺杆式和离心式空气压缩机。其中螺杆式空压机的结构示意如图 9-3 所示，空气的压缩主要是依靠机壳内相互平行啮合的阴阳转子的齿槽容积的变化来实现的。转子副在与它精密配合的机壳内转动，使转子齿槽之间的气体不断地产生周期性的容积变化，并沿着转子轴线由吸入侧推向排出侧，完成吸入、压缩、排气三个工作过程。

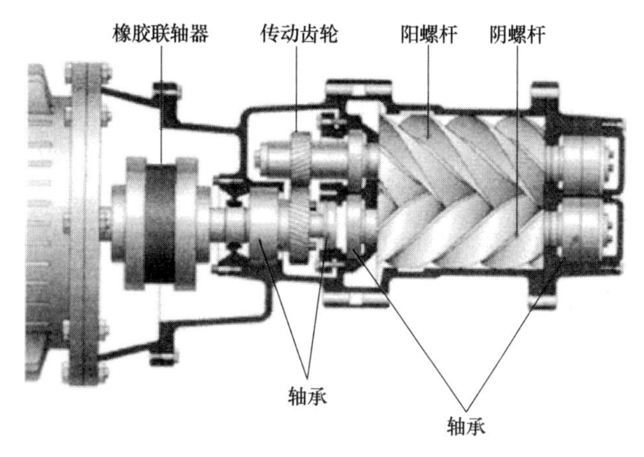

图 9-3　螺杆式空压机结构示意图

螺杆式空压机广泛用作气力输送系统的气源设备，它具有其他类型空压机无可比拟的优点，具体如下：

① 螺杆式空压机的转速较高，而且体积小、质量轻，因而经济性好。

② 螺杆式空压机没有往复质量惯性力，动力平衡性能好，故基础可以很小。

③ 螺杆式空压机结构简单紧凑，易损件少，所以运行周期长，使用可靠。

④ 螺杆式空压机具有强制输气的特点，即输送量几乎不受压力的影响。在较宽的工作范围内，仍可保持较高的效率。

（2）罗茨鼓风机　对于罗茨鼓风机，它主要是依靠两个“8”字形转子的转动，使进气侧工作室的容积增大形成负压而进行吸气，使出口侧工作室容积减少来压缩气体以及输送气体的，故其称为定容式鼓风机，其结构如图 9-4 所示。罗茨鼓风机的两个转子相互之间以及转子与机壳之间均保持相当的间隙。此间隙一般为，一方面可以避免转子与转子之间和转子与机壳之间的摩擦，另一方面还可以保证输送风量不致因空隙过大造成泄漏而影响机械效率。

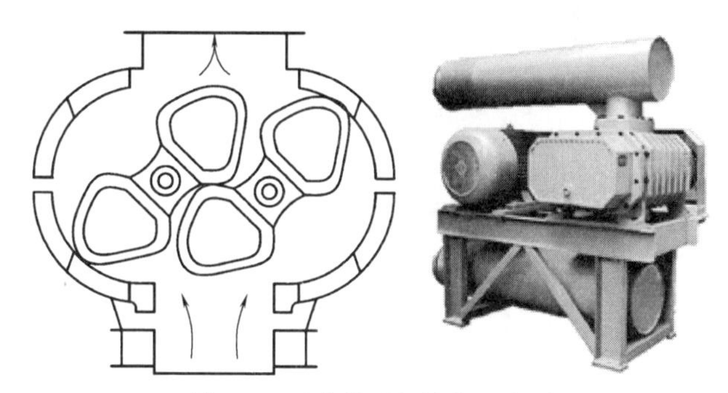

图 9-4　罗茨鼓风机结构示意图

罗茨鼓风机现已经广泛应用于气力输送系统中，与常规的低压旋转阀组成理想的配合。它的出口与入口的静压差称为风压，单位为 Pa。工作状态时，罗茨鼓风机所产生的压力取决于管道中的阻力。当转速一定时，随着压力的变化，风量的变化值较小，这种工作特性适用于气力输送装置工作时压力损失变化很大而风量变化很少的特点，不会对系统的稳定性造成影响。同时其轴功率是随着静压力的增加而增大，应空载启动，逐渐增压，以防事故的发生。

（3）离心通风机　对于离心通风机，由于其一级压缩比值较小，为了适应高料气比或长距离的气力输送，必须采用高速或多级压缩的离心式通风机。离心式通风机的风量受风压的影响很大。在气力输送系统中，压力的波动是很正常的，对于离心式通风机，压力的波动会造成风量的变化。当输料管中的阻力明显增大时，通风机排出口的压力会提高以克服输送阻力，这样会使其出口风量相应减少，从而使料气比增大，导致管道的堵塞。因此，这类气源机械设备在气力输送系统中的运用不太可靠。

2. 供料装置

供料装置是气力输送系统的主要部件之一，用以将物料连续地供入输送管道中，它的设计是否得当对系统的性能会产生显著的影响。常用的发料器主要有仓式泵、文丘里式供料装置以及旋转叶片供料装置等，这些供料装置在实际中都得到广泛的应用。设计供料器时需要考虑很多方面的因素，要能够均匀定量地供料，降低装置的漏气率，减少物料的破碎，降低功率消耗，进出料要通畅等。综合考虑这些要求并分析其主次进行设计，同时还应该考虑物料性质随温度、湿度、压力等因素的变化，以及物料的黏附性、磨削性和腐蚀性等。

图 9-5　仓式泵给料器

（1）仓式泵　仓式泵是输送系统的重要部件之一，如图 9-5 所示，主要应用于正压压送式输送中，其操作使用性能与料气比、输送稳定性以及输送能力等密切相关。在实际工况中，仓式泵主要有上引式和下压式两种出料方式，两种不同的仓式泵在结构和出料方式的不同造成了不同的给料特性和流动特性。上引式是物料经下部吸料、流化后，从泵体上部引出，下压式主要是利用物料的重力作用和压力进入输送管道，料气比较大，两种不同的仓式泵都被广泛使用。

（2）文丘里式供料装置　文丘里供料器是最简单的供料设备。如图 9-6 所示，文丘里供料器的工作原理主要是利用喷嘴或收缩段喷出的气流在喉部产生负压（低于一个大气压），依靠输送粉体颗粒的重力作用下落和喉部产生的负压环境将物料吸入文丘里供料器中，高速气流能将粉颗粒加速在渐扩管内转化为输送压力，对粉颗粒物料进行输送。由于动能转化为输送压力效率较低，因此输送距离和输送量有限，但是其具有设备构造简单紧凑、设备价格便宜、输送稳定性和

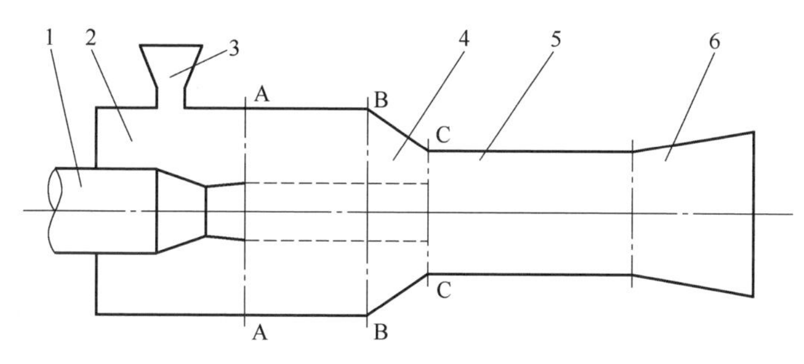

图 9-6　文丘里供料器示意图

1—喷嘴　2—接收室　3—下料口　4—混合室入口　5—混合室　6—扩散室

连续性好、占地小等优点，应用到各工况系统中。

(3) 旋转供料器　转供料器作为一种气密性供料装置，广泛地应用于粉体气力输送系统中。旋转供料器的结构如图 9-7 所示，主要部件有叶轮和机壳，它依靠上部料仓的物料充填在叶片之间的空隙中，随着叶片的旋转而在下部卸出，均匀连续地向输送管供料，保证气力输送管内的料气比稳定，同时又可将供料器的上下部气压隔断而起到锁气作用。它的特点是结构较为简单，保养较为方便，可通过调节转速改变供料量，适用于流动性较好，磨琢性较小的粉粒块状物料。

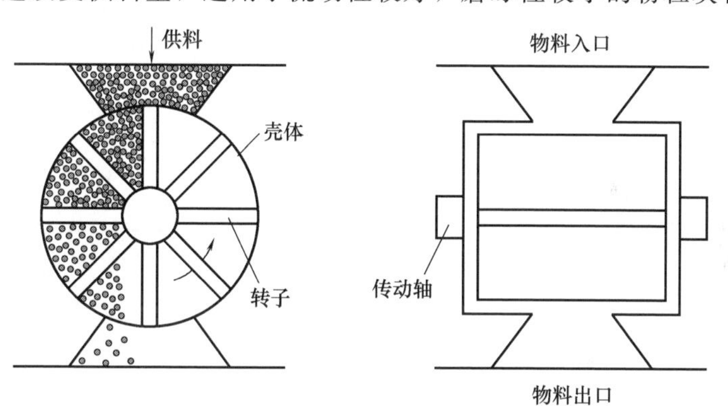

图 9-7　旋转供料器

叶轮的圆周速度与供料量之间的关系如图 9-8 所示，在一定的数值范围内，供料器的能力随着转子转速的增加而增大；但是当超过这一数值时，供料能力随着转速的增加而降低。产生这一现象的原因有以下几点，一是当转子叶片的速度过大时，粉粒体向下卸料的过程中未落下又被带了回去，导致供料量的减少；二是由于转速较高，供料器的容积效率下降，导致供料量的减少；三是由于转速增加，使得供料器的漏气量增加。考虑到系统运行时的稳定性问题，转速的数值一般在直线段范围内选取。

3. 管道

气力输送管道主要用以输送物料，按照输送工艺的特点，一般由直向输送管

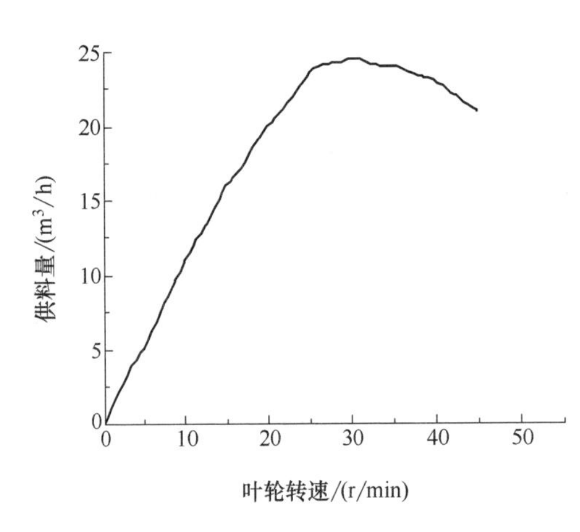

图 9-8 叶轮的圆周速度与供料量之间的关系

和转向输送管组成。对于气力输送管道的基本要求是要有足够的强度和刚度，较高的气密性和耐磨性，内表面要光滑，能够快速安装及拆卸，便于清理堵塞等。

（1）输送直管的设计　输送直管一般都是采用圆形截面，相对于其他类型的截面，其阻力较小且制作简单。对于一般物料的输送，可选用无缝钢管来输送；对于食品行业以及石油化工行业的粉粒体，可以采用不锈钢管来输送；对于磨蚀性较大的物料，可以采用陶瓷内衬复合钢管来输送；对于黏附性较大的物料，则可以采用带有橡胶内衬的铝合金管来进行输送。

输送直管壁厚应根据物料的性质以及气力输送的类型来确定。例如，对于磨蚀性较小的物料，输送管壁厚较小；对于磨蚀性较大的物料，则输送管壁厚较大。在输送管设计的过程中，要考虑到管道内壁的平滑，在管道连接的部分要考虑焊缝的处理，应平滑过渡，不能出现凸出管道内壁的焊渣；法兰连接处不能安装错位，以免在输送过程中产生局部涡流，增加阻力造成堵塞现象。

在气力输送系统中，管道材质及粗糙度对输送过程同样有很大影响。对于稀相输送，物料在管道中呈悬浮状态，颗粒在管道内壁碰撞造成能量损耗；对于密相输送，特别是静压输送，管道材质及粗糙度对输送效果和输送能耗的影响更大。材质不同的管道，物料与它们之间的摩擦系数就不同，比如在输送管道中常用的不锈钢材质、铝合金材质加橡胶内衬、碳钢材质、塑料材质。各种材质的管道与物料之间的摩擦系数相差很大，管道的磨损率也差别较大，选择时需要正确选用。

（2）输送弯管的设计　输送弯管应用在需要改变物料输送方向的场合，弯管的横截面可以做成圆形或矩形。输送弯管的压力损失及磨损量均比输送直管大，输送弯管处的压力损失除与风速和料气比有关外，还取决于其弯曲半径及。一般情况下，弯曲半径越大，则压力损失越小。但是当弯曲半径超过弯管当量直径的10倍时，压力损失的变化不太显著。

黏附性较强的粉料容易在输送弯管壁面产生附着，因此需要在结构上采取适当措施，以防止物料在弯管处产生堆积。当黏附比较严重时，需要安装振动机构或捶打装置，并采用拆卸方便的连接方式。

4. 料气分离装置

料气分离分离装置是气力输送系统中必不可少的部分，气流将物料输送至目标位置后需要将物料从气流中分离出来，有时也称作卸料器。分离物料和气体的设备称为分离器。分离器的设计应保障其分离效率，不会造成物料的堆积，从而影响输送效率，能够迅速高效的将物料从气流中分离出来。同时还要具有较好的稳定性，具有一定时间的连续工作能力，和对一定工况变化的适应能力。常用的卸料器按其工作原理来分，可分为重力式、惯性分离式、离心式等若干种，

5. **除尘器**

除尘器是气力输送装置的重要组成部分，其种类有很多，按其作用原理可分为重力式、惯性式、离心式、滤袋式和静电式等。对于同一种形式的除尘器，使用条件和安装地点不同，其达到的效果就会不同。在选择除尘设备时，一般应考虑下列因素：一是需净化气体的物理化学性质，如温度、含尘浓度、处理量、湿度以及腐蚀性等；二是气体中粉尘的物理化学性质，如粒径分布、亲水性、黏结性、爆炸性以及摩擦角等；三是净化后气体的允许含尘浓度要求。

袋式除尘器是利用有机或无机纤维织物制作的滤袋将气流中的粉尘过滤出来的一种高效净化设备。袋式除尘器的类型很多，按进气口位置不同分为下进风、上进风和侧进风；按清灰方式不同分为机械振打式、气环吹洗式和脉冲喷吹式等；按过滤方向不同分为内滤式除尘器和外滤式除尘器；按通风方式不同分为负压式和正压式。袋式除尘器的除尘机制主要包括重力沉降作用、筛滤作用、惯性力作用、扩散效应和静电效应等。在实际的过滤过程中，以上各种效应往往是综合发挥作用的，随着滤料材质、滤料孔隙、粉尘特性、气流速度等因素的变化，各种效应对过滤性能的影响程度也不同。一般来讲，袋式除尘器的高效率主要是依靠滤袋表面的粉尘层，粉尘层的过滤作用比滤袋本身更为重要。影响袋式除尘器性能的因素有很多，表 9-6 所示为各种因素对袋式除尘器性能的影响。

表 9-6　影响袋式除尘器性能的各种因素

影响因素	减小压力损失	提高搜集效率	延长滤袋寿命	降低成本
除尘效率	小	大	大	小
清灰方式	大	小	大	小
处理风量	高	高	高	高
过滤速度	低	高	低	高
气体温度	低	低	低	低
气体相对湿度	/	高	低	低
气体压力	低	/	/	大气压
粒径	大	大	小	大
入口含尘浓度	小	大	小	小
粉尘比重	/	大	小	—

二、气力输送系统的分类

1. 按输送装置分类

（1）负压（吸送）式　在系统末端安装风机或者真空泵，通过风机抽吸使系

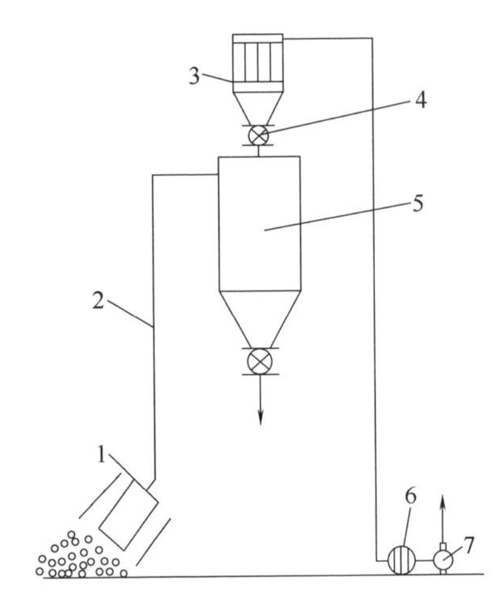

图 9-9 负压吸送式气力输送系统
1—吸嘴 2—输料管 3—袋滤器 4—旋转式卸料器 5—分离器 6—过滤器 7—气源

统内的空气在系统内形成负压环境，物料与空气同时从吸嘴或诱导式接料器进入系统，粉体在负压作用下沿管道运行，当物料被吸送到输送终点后，管道末端的分离器使气体与物料相分离，气体经过除尘器等设备处理后，可直接排入大气。负压吸送式气力输送系统如图 9-9 所示。

负压（吸送）式气力输送装置有如下特点。

① 在应用负压输送时，通过安装换向阀等装置，可以实现从多处取料点取料，实现物料的集中运输，便于在实际工况中的应用，同时在多处取料的同时，取料的位置也可以根据工况来设定，对于取料位置高度较低，需要从低处吸取的物料，负压输送有着较大的优点。从多处取料时，分支运输管数目可以是一个或者几个，并且可以按照事先安排进行有顺序的输送；

② 在负压输送设备密封良好的情况下，管道内的物料是与风机等处的不纯净空气隔绝的，这就使管道内的物料能够保持卫生、清洁，对于一些食品加工厂如面粉厂等食品级别的粉体输送，是卫生安全的保证。且由于整个管道和设备都处在低于外界大气压的状态，因此在输送的过程中管道中的粉粒体不会泄露到外界，这就对一些有毒物料的输送有了安全保障；

③ 虽然负压输送设备具有显著优点，但由于其系统设备的条件限制，负压输送压差也有一定限制，一般输送的上限真空度在－45kPa 左右，且多用于距离较短的稀相输送。

（2）正压（压送）式　正压输送在实际工况中应用的最为广泛，是一种最基本的输送方式。压缩设备将压缩空气通入输送系统中，同时粉体物料定量进入高速运行的气流中，压缩空气与粉体物料混合，在气流的带动下在管道内运动，通过分离除尘等工序，最终将粉体输送到收料罐内，其中空气排入大气，而一些惰性气体能够通过装置循环利用。压送式气力输送系统如图 9-10 所示。

正压（压送）式气力输送装置有如下特点。

① 输送压强大于一个大气压，为正压环境，根据压力的大小，又可以分为低压和高压两种。其中低压输送为 0～0.1MPa，常选用空气斜槽作为供料设备；高压输送一般小于 0.7MPa，常选取螺旋泵用作供料器；

② 正压输送具有比较高的容量，并且适合于较远距离的输送。在实际应用中，当需要由同一物料库向多处使用地输送物料时，正压输送具有明显优势，通

过安装换向阀，实现了一点对多点的物料输送；

③ 由于正压输送的末端可以直接与料仓相连接，相比起负压输送来，其分离装置的结构较为简单，节约了制造成本。同时，由于空压机的位置在输送起点，物料到达目标位置后不会再分离过程中进入风机，从而造成风机的损坏，保证了系统的稳定性，延长了设备的使用寿命。

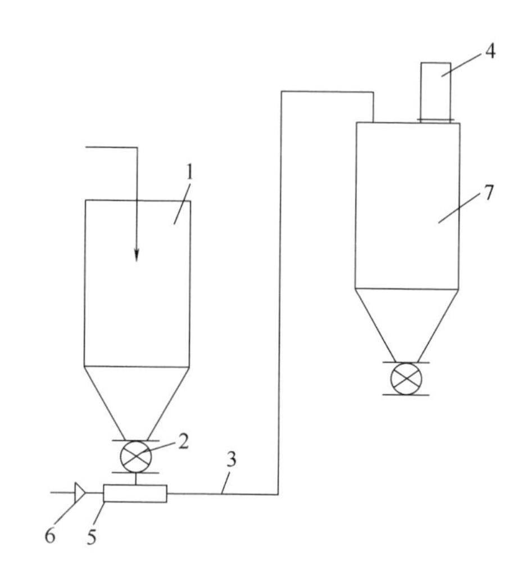

图 9-10　压送式气力输送系统

1—储料仓　2—旋转式卸料器　3—输送管　4—排放袋滤器　5—喷射给料器　6—气源　7—分离器

(3) 混合式输送　输送系统内结合了正压压送和负压吸送两种输送方式，两种方式同时存在于一个输送系统内，混合式输送方式不仅应用了正压输送的优点，而且结合了负压输送的优点，在工业生产中有着突出的优势。但由于造价相对高，使用范围小，仅在一些复杂特殊环境下使用。混合型输送设备的一部分是利用负压输送系统把物料从原始位置吸送到各个料仓，进入料仓后，再利用正压压送式输送，进行高效率地输送。图 9-11 所示的混合型输送设备是双级混合型输送方式，双级混合型输送利中间料仓，使负压和正压两个输送系统分开，并且分别安装有两个风机为各自提供空气动力源，一方面可以利用负压吸送方式的优点，从多点进行物料的吸送，同时过程不会产生粉料的泄露；当物料到达中间料仓后，正压输送设备进行长距离、多点的输送。在实际的应用过程中，可根据具体的生产情况，设置相应的输送设备来高效地完成生产。

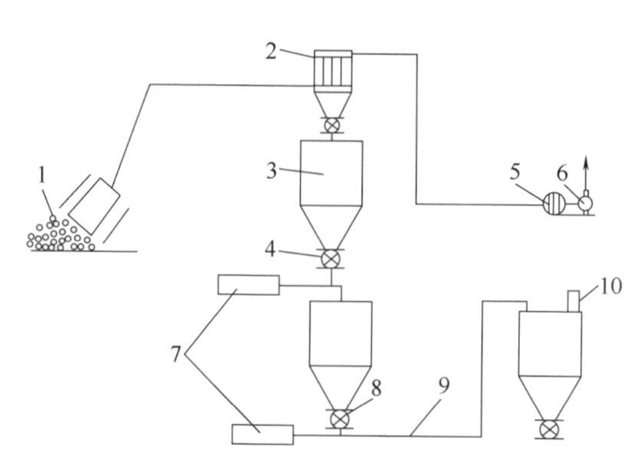

图 9-11　混合式气力输送系统

1—吸嘴　2—分离器　3—储料器　4—旋转送料器　5—排放袋滤器　6—风机　7—气源　8—喷射供料器　9—输料管　10—排放过滤器

2. 按物料流动状态分类

在气力输送系统中，稀相流动与密相流动的划分界限尚未形成统一的看法。比较典型的说法有以下几种：一是按照颗粒的体积浓度来划分，当物料的体积浓度大于40%或50%时，对气相流场会有较显著的影响，就可认为是密相流动；二是按照料气比来划分，当料气比大于10、15或25时，可以认为是密相流动；三是按照输送状态来划分，对于水平输送，气量不足以使所有物料处于悬浮状态，对于垂直输送，有颗粒回落现象，即可认为是密相流动所以根据物料在管道内的流动状态，可将输送系统分为以下四类：

(1) 稀相气力输送　稀相气力输送状态是在气力输送技术发展最初期应用最为广泛的一种形式，稀相输送的粉体浓度较小，粉体在管道内均匀分散悬浮，系统内空隙大，流速快，高速的气流带动物料快速地进入收料仓内，气体速度较大，通常为20～35m/s，最大可达40m/s。稀相输送时，需要的气量较大，但由于其管道内物料的状态较为分散，其输送能力较低，料气比通常不超过10。

稀相气力输送状态可以对大多数的物料进行输送，其适用范围较广。在输送的过程中，由于管内的气速较高，所以整个过程的压力损失相比起其他输送方式来是较低的，要求设备的密封性也比起密相气力输送来相对较低，这就节约了较大的生产成本。但由于稀相气力输送的气速高，增加了物料在管道内的摩擦和碰撞，对于破碎率要求较高的物料不能采用稀相输送形式，另外稀相输送的气速较高，对于管道末端的分离和除尘设备需要进行特殊的设计来满足大气量的处理，增加了能耗。

(2) 密相气力输送　密相气力输送是一种较为先进且应用前景很好的输送方式，是随着气力输送技术的不断发展而出现的。物料在管道内的状态是聚集存在的，物料以一个整体在管道内移动，而物料颗粒之间几乎没有相对运动，因此，密相气力输送的速度较低，通常在3～12m/s。由于输送时物料几乎充满整个管路，输送的料气比很高，通常在15以上，最高可达100左右。密相输送时，管道内的运动状态是由气源动能所决定的。在目前所应用的密相气力输送中，较多的情况是以紊流的形式存在的，在输送前会使物料在压缩罐内实现充分的流态化，后由压缩空气将压送罐内的物料进行输送，这样输送的形式可以使物料的输送相对稳定，避免发生管道堵塞的情况。

密相气力输送并不能应用于所有物料，需要对物料进行物性分析和研究后才能决定，以免发生管道堵塞等事故。密相气力输送相比起稀相气力输送来讲，其输送的速度较低，因此物料的破碎率和磨损较小，所需要的风量也较小，避免了管道末端需要安装大型除尘器的弊端，能耗大大降低。但密相气力输送的管道损失较大，要求管道的密封性较好，在管道连接处等位置，需要增加成本来保证密封性，密相输送的过程中，由于管道内的压力较大，会使管道发生振动，在管道与固定设备的连接处，需要改装软连接来消除振动。同时，密相气力输送会有一定的不稳定性，在输送过程中会出现管路堵塞，若不增加旁通管来对管道进行侧吹，可能无法使管路恢复畅通，这就增加了整套设备的成本。

（3）栓流气力输送　栓流气力输送状态是一种在理论上最为高效、最佳的输送方式，这种输送方式主要应用于中等距离的物料输送。栓流状态的物料输送形式并不是自然形成的形态，而是人为通过安装气力装置，使管道内的物料被切割成一段形式的栓状结构，不同物料段之间存在一定的空气，形成一个空气栓，这也推动料栓在管道内运动的动力源。栓流气力输送效率很高，管道内的料气比可达 200 以上，相比起其他形式的输送来讲，是效率最高的，但输送的速度较低，通常为 4～5m/s，输送的长度也因物料状态的原因，无法长距离输送。在工况中应用时，需要对所输送的物料进行实验研究，找出该物料在管道输送最佳的料栓长度，从而安装相应的气刀装置，以实现最佳的输送效果。但因栓流气力输送的技术要求较高，同时对于物料物性的限制等条件，在实际工况并没用大范围的应用，还需要对其进行深入研究。

（4）集装容器式气力输送　根据不同类型的装料容器该类型的输送装置主要又被分为带轮集装容器车和无轮的传输筒。其原理跟料栓气力输送相仿，通过运用气压来实现集装容器车或者传输筒在气力输送管道中比较快地向前输送。

第四节　气力输送系统设计

气力输送系统设计必须对下列主要参数进行计算与确定。这些参数的正确计算与合理选定，不但是为了确保设备的正常操作与运转，而且也体现了气力输送整体设计的合理性与先进性。这些主要参数有：生产率、混合比、风速、风量、输料管直径、压力损失、风机功率等。

设计环境：输送物料：白炭黑，粒径 15～100nm，堆密度为 0.2～0.3t/m^3，黏性较小，空气密度 1.2kg/m^3，悬浮速度 0.9×10^{-6} m/s。

一、生产率计算

生产率的计算与确定是设备设计与选型的主要有之一。根据工程要求的年度输送量、年工作日以及日工作班制进行计算。计算气力输送系统在单位时间内通过的最大输送量。本文中输送能力为 3t/h，增加设计裕量后：

$$M_{S1}=a_{o}M_{S2}=1.2\times3=3.6 \tag{9-13}$$

本系统实际输送能力为 3.6t/h。

二、混合比

混合比 μ 即气力输送系统中气体所含输送物料的质量浓度，指单位时间内输送物料质量与气体质量之比。混合比推荐值见表 9-7。

表 9-7 混合比推荐值

输送方式	压力/kPa	混合比 μ
吸送式	低真空 −10 以下	0.1～8
	高真空 −10～−50	8～20
压送式	低压 50 以下	1～10
	中压 50～100	10～25
	高压 100～700	10～40
	流态化压送	40～80 或更高

三、输送物料的气流速度

输送管中的风速 v_a是气力输送过程中另一个非常重要的参数。输送物料的气流速度首先要保证白炭黑能够被可靠的输送，输送物料的气流速度必须能防止物料在管道中阻塞，且能避免物料颗粒与管壁之间的碰撞导致其破碎。在选取输送风速的同时，还要考虑系统工作的经济性，风速过高，系统动力消耗太高；风速过低，对物料输送能力变化的适应性不足，容易产生堵塞。因此，对于不同的粉料，都存在一个最合适范围的输送气流值，即为“经济速度”。“经济速度”与物料颗粒的大小、密度、形状表面形态以及管道特性、料气比等多种因素有关。因此，确定“经济速度”时，应综合考虑管路特性、气源压力、物料特性等因素。为可靠起见，设计时考虑到某些装置部件使用后可能因磨损产生漏气现象，致使气流速度下降，故供料点气流速度应在“经济速度”上保留 10%～20%的裕量。对本系统而言，输送风速一般在 8m/s 左右。

四、输送风量

输送所需的空气量 Q_a为：

$$Q_a=\frac{M_{S1}}{m\rho a}=\frac{3.6\times1000}{60\times1.2\times20}=2.5 \tag{9-14}$$

在按式（9-14）计算空气量时，还要根据输送方式以及选定的设备形式，附加一定的漏气量，还应考虑到计算与实际情况的误差，也要求空气量留有一定的余量，一般情况下实际选用的空气量是理论空气量的 110%～120%，即实际所需空气量为 3m^3/min。

五、输送管道直径计算

1. 主管直径计算

$$D=\sqrt{\frac{40\boldsymbol{Q}_a}{60\pi v_a}}=\sqrt{\frac{4\times3}{60\times3.14\times8}}=89.21 \tag{9-15}$$

故主管选用 DN100，Φ108mm 的不锈钢管。

2. 辅管直径 d

在气力输送系统之中，辅管直径与主管直径之比约为 $d : D = 1 : (8\sim10)$，因此辅管直径：

$$d = \frac{D}{8} = \frac{89.21}{8} = 11.16 \tag{9-16}$$

选用 DN15，Φ22mm 的不锈钢管。

六、压力损失计算

气力输送过程中所需的能量，主要消耗于空气和被输送物料在输料管中运动所引起的压力损失。目前，在气力输送设计中，对压力损失的计算多采用经验公式。

对于白炭黑高压密相气力输送系统，所选气源机械的最大排气压力必须大于各部分压力损失之和 ΔP_{M}。

1. 空气管中的压力损失 ΔP_{jg}

指从气源机械出口至压送罐的压力损失，其阻力约为 3000mm 水柱（该管段的另一端设有储气罐、气液分离器以及气体净化装置）。

$$\Delta P_{jg} = 3000 \times 9.8 = 29.4\text{kPa} \tag{9-17}$$

2. 加速压力损失 ΔP_{ma}

白炭黑经压送罐输送到输料管有一个加速过程，而加速过程会造成压力损失。在加速过程中，空气与白炭黑存在加大的速度差，气流阻力增加，粒子加速产生了空压损失。

$$\Delta P_{ma} = \left[C + \mu\left(\frac{v_s}{v_a}\right)^2\right]\rho_a \frac{v_a^2}{2g} \tag{9-18}$$

式中　C——取决于供料方式，压送罐一般取 10

v_s——物料速度，单位 m/s

管内压力取 0.25MPa，则管内空气密度为：

$$\rho_a = \frac{1.2}{0.1 \times 0.35} = 4.2\text{kg/m}^3 \tag{9-19}$$

当卸料分离装置在水平输料管末端时，水平管中 v_s/v_a 的范围是 0.8～0.9，本系统中取值为 0.85，则：

$$\Delta P_{ma} = (10 + 0.72\mu)\rho_a \frac{v_a^2}{2g} = (10 + 0.85^2 \times 30) \times 4.2 \times \frac{8^2}{2 \times 9.8} = 0.435\text{kPa} \tag{9-20}$$

可知在高压密相气力输送装置中，由于空气压缩机气源压力很高，故加速影响不大。

3. 输料管中的压力损失 ΔP_{mf}

本系统中输料管由水平、铅锤管道两部分所组成。一般而言铅锤管道造成的压力损失要比水平管道大得多。在稳压状态下输送物料时，直管段的压力损失

$$\Delta P_{mf}=(1+\mu K)\lambda_a\frac{L}{D}\rho_a\frac{v_a^2}{2} \tag{9-21}$$

$$K=\frac{\lambda_z}{\lambda_a} \tag{9-22}$$

$$a=(1+\mu K) \tag{9-23}$$

式中 λ_z——附加压损系数

λ_a——沿程阻力附加系数

a——压损比，a 的大小与物性、输料管径以及输送气流速度等因素有关

对于水平管道：

$$a_1=0.2\mu+\sqrt{\frac{30}{v_a}}=0.2\times30+\sqrt{\frac{30}{8}}=8 \tag{9-24}$$

对于垂直管道：

$$a_2=0.15\mu+\sqrt{\frac{250}{v_a^{1.5}}}=0.15\times30+\sqrt{\frac{250}{8^{1.5}}}=15.6 \tag{9-25}$$

空气摩擦阻力系数 λ_a 为雷诺数 Re 和管壁绝对粗糙度 ε/D 的函数，即

$$Re=\frac{\rho_a v_a D}{\mu_0}=\frac{1.2\times8\times0.089}{1.81\times10^{-5}}=0.48\times10^5 \tag{9-26}$$

由柏拉修斯（Blasius）光滑管计算公式可得：

$$\lambda_a=\frac{0.3164}{Re^{0.25}}=0.022 \tag{9-27}$$

因此：

$$\Delta P_{mf}=(a_1L_1+a_2L_2)\frac{\lambda_a\rho_a v_a^2}{2D}=60.79\text{kPa} \tag{9-28}$$

4. 弯管的压力损失 ΔP_{jb}

弯管处压力损失远大于直管，尤其是水平转向时最大，可以将弯管换算成水平管当量长度进行计算，如式（9-29）所示。

$$L_b=\delta D(\theta/90) \tag{9-29}$$

式中 L_b——弯管当量长度，m

δ——系数，其数值为 $\delta=70+2u$

θ——总弯管角度

$$\Delta P_{jb}=a_1\lambda_a\frac{L_b}{D}\rho_a\frac{v_a^2}{2}=8\times0.022\times\frac{51.07}{0.089}\times4.2\times\frac{64}{2}=13.58\text{kPa} \tag{9-30}$$

5. 卸料器、除尘器的压损 ΔP_{jx}

由于卸料器和除尘器内物料颗粒和灰尘的仅靠惯性移动，不消耗压能，只有空气继续依靠压力沿给定路线流动．因此只考虑气流通过的压损，本系统的脉冲袋式除尘器的阻力 ΔP_{jx} 一般在 1.0kPa 左右，当阻力达到 1.2～1.8kPa 时，就需对其进行电磁脉冲反吹。

6. 排气管的压力损失 ΔP_{st}

排气管中还有一部分在除尘器中未被分离的细微灰尘。若气流速度过小，灰

尘会在排气管内沉降。且排气压力也是压力损失，起着背压的作用，同样需要计算在总压力损失内。计算公式如下。

$$\Delta P_{st}=\lambda_{a}\frac{L}{D}\rho_{a}\frac{v_{a}^{2}}{2}=0.022\times\frac{5}{0.089}\times4.2\times\frac{64}{2}=0.17\text{kPa} \tag{9-31}$$

式中　L——除尘器出口到排气口管道长，本设计取5m

7. **总压力损失 ΔP_M**

气源机械的最高压力 P，需高于上述各部分压力损失之和 ΔP_M。

$$\Delta P_{M}=\Delta P_{jg}+\Delta P_{ma}+\Delta P_{mf}+\Delta P_{jb}+\Delta P_{jx}+\Delta P_{st}=105.375\text{kPa} \tag{9-32}$$

考虑到计算误差和输送条件改变的可靠性，一般需留有10%～20%的余量。

第五节　气力输送技术的应用及发展趋势

一、气力输送技术的应用

气力输送技术由于具有效率高、环保节能、自动化程度高、结构简单成本低等优点，被应用到水泥、电厂、食品、冶炼等行业。

1. **食品行业**

气力输送技术较早使用在粮食行业，相关设备和技术的开发利用较为成熟可靠。在输送过程中，既可以对粮食进行物理处理（如干燥、去砂、除杂等），又可以达到输送的目的。

2. **化工行业**

在化工领域，由于化工原料和成品的特殊性，从原料的运输和加工到成品的储存和包装都需气力输送，因此气力输送在化工领域应用最为广泛，在产品制备和后期处理间起纽带作用，采用管道输送可以减小原料破碎以及飞丝现象的出现，与机械输送相比可以较好地满足化工厂的需求。

3. **电力行业**

在电力行业，气力输送主要应用在发电厂。SO_2等指标随着环保要求的提高而受到严格控制，这就要求采用脱硫技术来改善含硫量较高的火力发电厂的生产状况，而脱硫需要的原材料从入库到喷入硫化锅炉或烟道大多采用气力输送技术。

4. **港口行业**

在港口行业，气力输送技术可以输送船舶上的散装物料，具有卸货速度快的特点，可以有效地减少船舶停港时间。

总的来说，气力输送技术在许多领域中被广泛使用，虽然气力输送的使用存在一定的局限性，但是随着对气力输送研究深入，对于新设备的开发与优化，新的理论和模型的建立，都将会推动气力输送的发展和应用。

二、发展趋势

进入21世纪之后，科学技术发展的突飞猛进，物料运输方式也得到了快速发展，在这些年中，气力输送得到了长足的进步，现阶段虽然发展迅速，但是仍有许多问题尚未探究清楚，存在一些不足之处。气力输送技术的发展趋势有如下几个方面。

1. 新兴气力输送技术的研发

近几十年来，一些新兴的气力输送技术发展迅速。其中之一就是低速高浓度的密相气力输送装置不断涌现。如联邦德国葛泰（Gattys）公司的内重管式和布勒（Buhler）公司的外重管式装置，微料罐密相栓流输送装置。英国华伦-斯普林（Warren·Spring）研究所的脉冲气力输送装置。这些研究成果，使散装物料的气力输送技术进入一个崭新的阶段。新兴的气力输送技术不断出现，越来越多的应用于各个行业之中。

2. 管道磨损问题的研究

管道磨损过于严重是气力输送中常见而难以解决的问题，如何解决该问题是让气力输送得到更多应用的关键一步。而且在气力输送中两相流运动情况十分复杂，颗粒间的相互碰撞、颗粒和管道间的碰撞，甚至速度过高的气体也会对管道也会造成一定的磨损。所以，目前对于如何能够减缓磨损、预测磨损区域、了解管路磨损机制的研究越来越多。

3. 输送控制方式的研究

气力输送的整个过程是在管道中完成的，因此输送过程操作人员是无法实时监控的，虽然现阶段有科研人员在管道上加装压力传感器等检测工具，但由于输送过程的不稳定和传感器的自身条件限制，无法很好的在线检测，实现整个输送过程的控制。同时，压力传感器等设备反馈回来的信号仅代表了某段管道一时的压力上升或下降，无法真实地还原和展现管道内物料的输送状态，对于输送过程的控制是没有实质意义的。

随着工业生产自动化、智能化等要求的不断提出，对于气力输送系统的控制，也有了更高的要求，如何实现控制系统的闭环控制，从而实现其自动化和智能化，是气力输送技术向更高层次发展的新要求，也是如今研究的热点所在。

4. 输送参数的计算研究

气力输送相关参数的确定很大一部分是在系统设计时进行的理论计算，而气力输送技术又属于相对较为复杂的一门学科，仅靠单纯的理论计算并不能准确表征输送参数，前人在大量实验的基础上，得到了一些经验的公式，但公式并不是针对所有物料都适用的，其适用性较差。在实际生产过程中，输送参数的确定也仅依靠输送系统的流量表或压力表来确定，对于管道内的空占比等参数的确定并没有较好的方法。因此实际生产过程中的实际参数大多通过理论公式进行估算，这就使实际管道内的物料流动状态缺乏准确的表征参数。而在实际生产中，如输送量、空占比对于输送稳定运行和系统控制都是有着重要意义的。如何较为准确地计算输送参数，也是制约气力输送发展的一个重要方面，对于此方面的研究也在不断深入。

第五篇

模拟仿真技术

第十章　粉体设备仿真技术

第一节　Fluent 模拟计算

一、涡流空气分级机内部流场模拟

1. 案例简介

涡流空气分级机是 20 世纪 70 年代末日本发明的，属于第三代动态干式分级机，具有能耗低、流畅稳定等特点，广泛应用于建材、精细化工、食品、医药以及矿物加工等领域。涡流空气分级机可以对超细粉体进行粗细颗粒的分级，为了进一步提高分级效率，需要对涡流空气分级机内部的流场进行模拟研究，通过应用 Fluent 17.0 软件研究不同结构和工艺参数对涡流空气分级机分级性能的影响，期许获得颗粒分级的最佳参数条件。

涡流空气分级机的结构如图 10-1 所示。粉体颗粒进行气流预分散后，通过气流从两个平行对称安装在转笼两侧的进风口进料，使待分级的物料和转笼处于同一平面上，形成平面涡流场。利用粗细颗粒大小不同，粗颗粒所受离心力大于向心力，被甩到分级轮外；细颗粒所受离心力小于向心力，进入分级轮内，实现粗细颗粒的分离。

本案例对涡流空气分级机内部流场进行数值模拟分析，本例中涡流空气分级机模型的参数如下，叶片的长、宽、厚度分别为 95、27、3mm，采用径向垂直

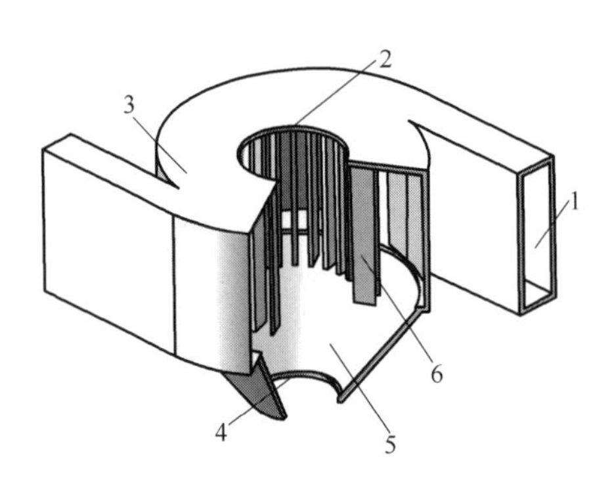

图 10-1　涡流空气分级机几何模型
1—进风口　2—细粉出口　3—分级区　4—粗粉出口　5—锥形出料口　6—分级轮叶片

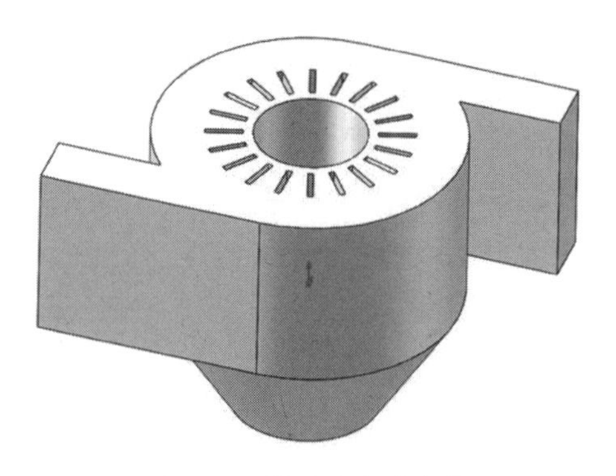

图 10-2　涡流空气分级机流体区域三维模型

安装的方式均匀分布在半径为 38mm 的转笼上。转笼的分级区直径为 168mm，进风口的长、宽、高分别为 120、30、95mm，进风口处蜗壳的开角为 15°，粗粉出口和细粉出口的直径均为 60mm。通过 SoildWorks 2017 软件建立了涡流空气分级机流体区域三维模型，如图 10-2 所示。

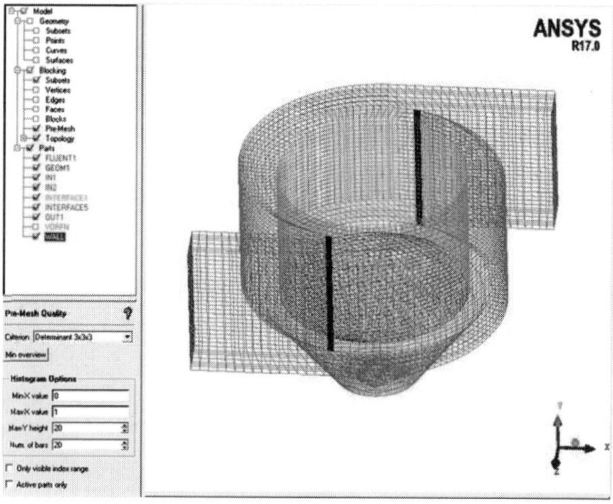

图 10-3　机架网格划分

2. **网格划分**

由于涡流空气分级机的几何模型较为复杂，为了得到高质量的网格，采用 ICEM CFD 三维结构化网格生成方法，利用定义 Interface 对的方法将计算域切分成多个区域进行网格划分，包括机架、转笼区和出口区，分别对三个结构进行网格划分，如图 10-3～图 10-5 所示。

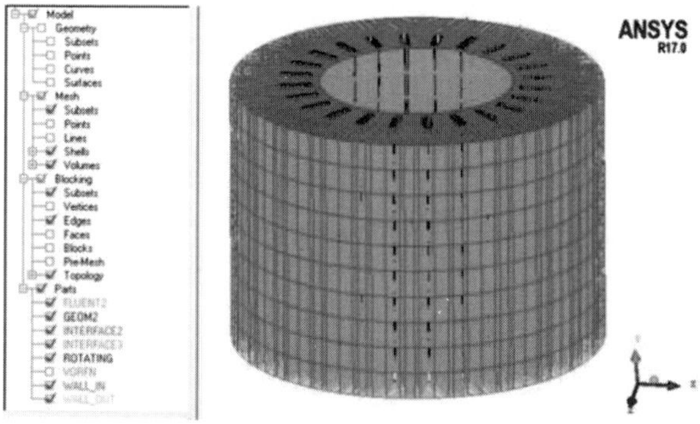

图 10-4　转笼旋转区网格划分

而涡流空气分级机整体网格示意图如图 10-6 所示。

3. **FLUENT 求解设置**

（1）启动 FLUENT 软件　双击桌面 FLUENT 图标，进入启动界面，弹出 FLUENT Launcher 窗口。Dimension 项选择 3D，修改相应的工作目录 Working Directory，其余保持默认值，单击 OK 确定，如图 10-7 所示。

（2）导入并检查网格

① 单击菜单栏 File →Read →Mesh，读取 msh 格式网格文件，如图 10-8 所示；

② 检查网格，单击模型操作树下的 General 选项，参数设置面板出现 General 通用设置面板，单击 Mesh 子面板下的 Check，TUI 窗口显示出网格信息，最小体积和最小面积为正数即可。

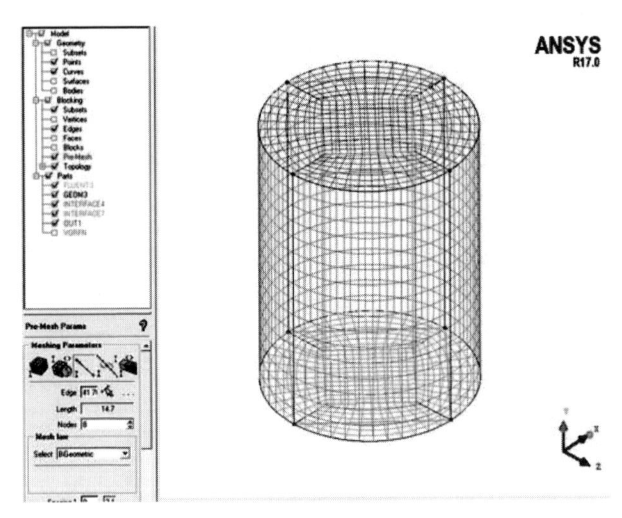

图 10-5　中心出口区网格划分

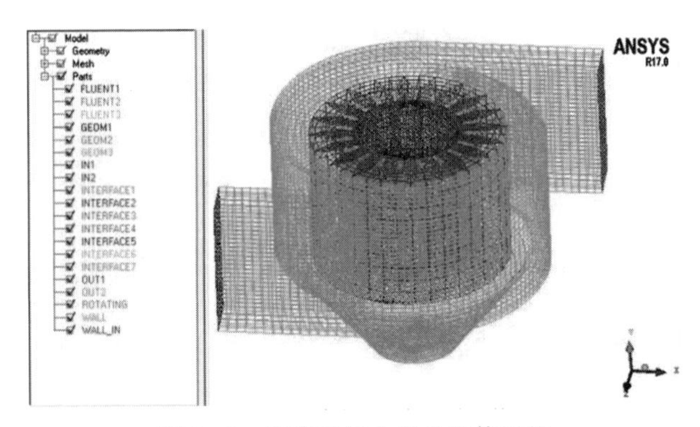

图 10-6　涡流空气分级机整体网格

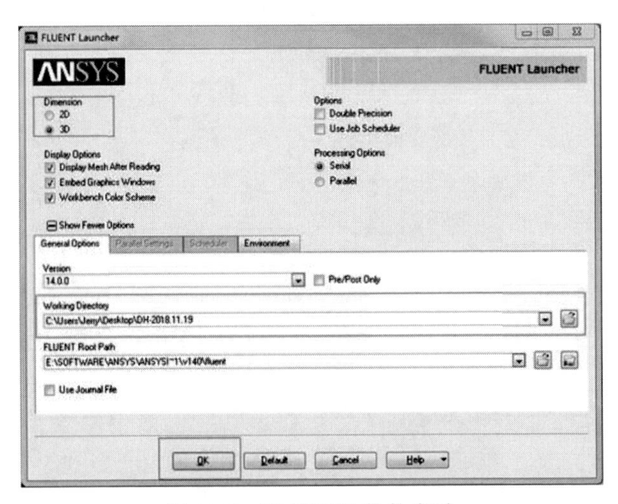

图 10-7　FLUENT 软件启动

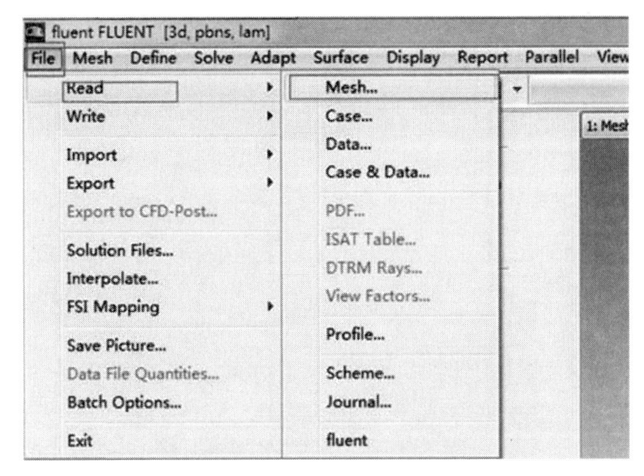

图 10-8 FLUENT 导入网格

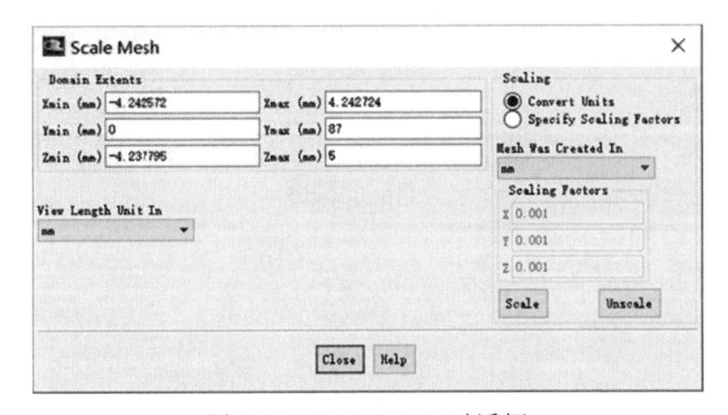

图 10-9 Scale Mesh 对话框

（3）通用设置

① 调整网格比例尺寸，单击模型操作树下的 General，参数设置面板出现 General 通用设置面板，单击 Mesh 子面板下的 Scale，弹出 Scale Mesh 窗口，在 Mesh Was Created In 栏选择 mm，View Length Unit In 栏也选择 mm，单击 Scale 按钮完成比例缩放，单击 Close 结束，如图 10-9 所示；

② 单击模型操作树下的 General 选项，分别设置 Type 为 Pressure-Based，Velocity Formulation 为 Absolute，Time 为 Steady，勾选 Gravity，设置重力加速度为 9.8m/s^2，General 选项的设置如图 10-10 所示。

（4）设置基本物理模型

单击项目树中的 Models 选项，单击 Viscous-RNG k-ε，Standard Wall Fn，选择 K-epsilon（2 equ）选项，选

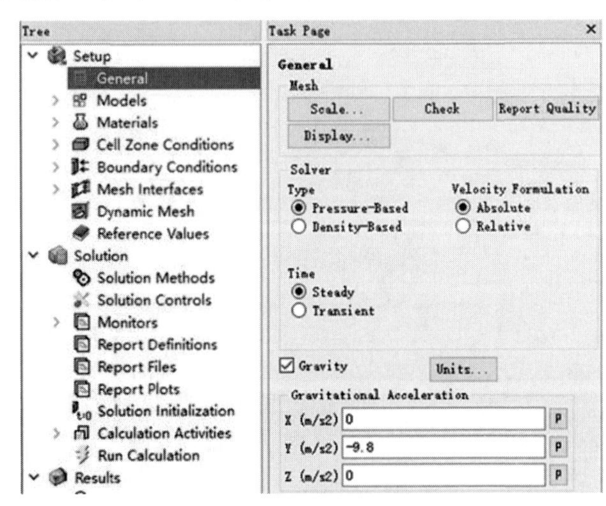

图 10-10 General 的设置

择 RNG k-epsilon 模型，选择标准壁面运算模型，如图 10-11 所示。

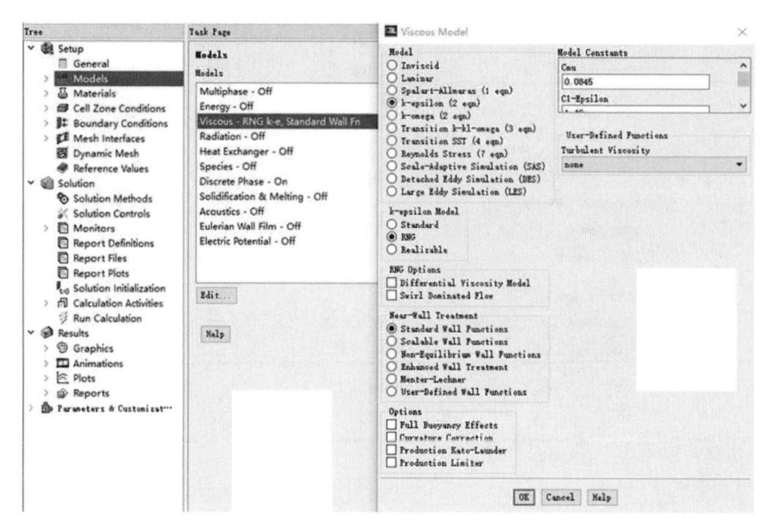

图 10-11 Models 设置界面

（5）定义材料属性 涡流空气分级机的分级属于气固分离领域，是固体颗粒在空气带动下的运动，所以材料属性无须定义，默认设置即可。

（6）设置计算区域条件 设置旋转域，选择模型项目树中的 Cell Zone Conditions，出现 Cell Zone Conditions 参数设置面板双击 fluent2，勾选 Frame Motion 后，设置旋转轴为 Y 轴，如图 10-12 所示。

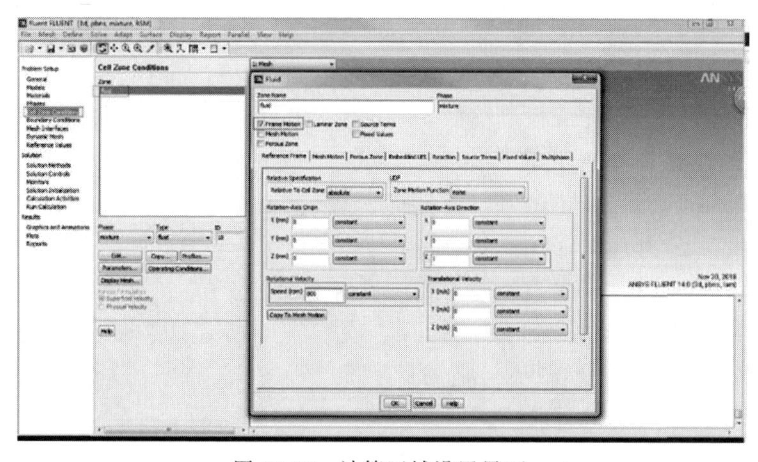

图 10-12 计算区域设置界面

（7）设置边界条件 单击模型操作树内的 Boundary Conditions，在右侧 Zone 选项框中单击 in1，在下方 Type 选项中设置类型为 velocity，如图 10-13 所示。重复上述步骤，将 in2 的 Type 设置为 velocity，out1 的 Type 设置为 Pressure-outlet，out2 的 Type 设置为 wall，rotating 的 Type 设置为 wall，在 Wall

选项中设置 Wall Motion 为 Moving Wall，Motion 为 Rotational，设置旋转轴为 Y 轴，其他边界条件为 wall。

（8）Interface 的设置　对网格划分时建立的 Interface 进行设置，选择工具栏上的 Interfaces 按钮，在弹出的 Create/Edit Mesh Interfaces 选项框中输入 Mesh Interface 的名称为 interface1，分别选择 interface1 和 interface2，勾选 Coupled Wall 和 Mapped 选项框，单击 create 确认，创建 interface，如图 10-14 所示。按上述步骤分别关联 interface3 和 interface4 为一对。Interface5 和 interface6 为一对。

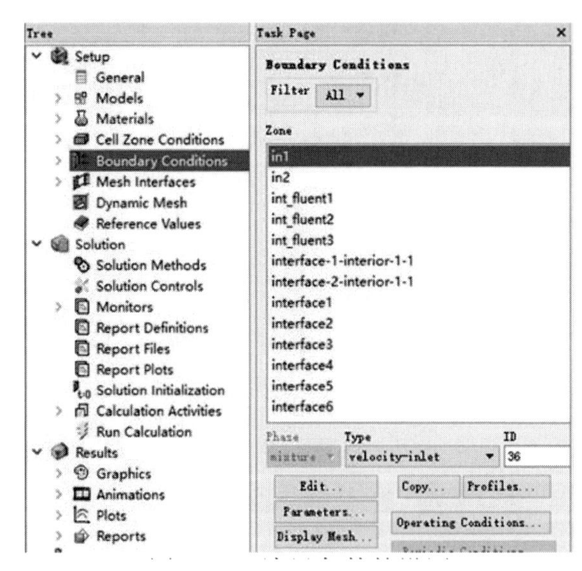

图 10-13　边界条件的设置

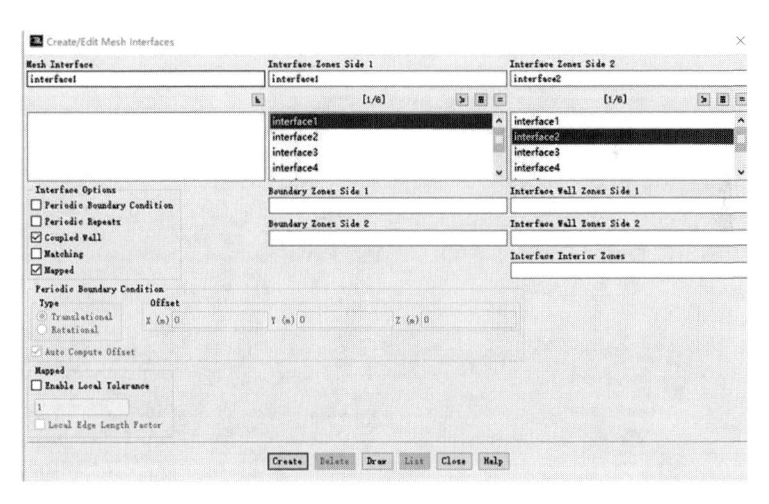

图 10-14　创建 interface 界面

4. 求解计算

（1）求解方法设置　设置求解方法，选择模型操作树下的 Solution Methods，出现 Solution Methods 参数设置面板，求解算法选择 SIMPLEC 压力-速度耦合算法，其余离散方法等设置如图 10-15 所示。

（2）求解控制设置　设置松弛因子，选择模型操作树下的 Solution Methods，出现 Solution Methods 参数设置面板，各项松弛因子保持默认值，如

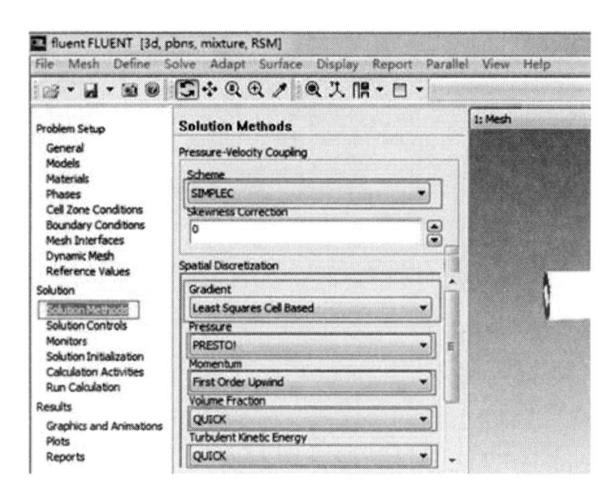

图 10-15 求解方法设置

图10-16所示。

（3）收敛条件设置 设置收敛条件，选择模型操作树下的 Monitors，出现 Monitors 参数设置面板。在 Residuals，Statistic and Force Monitors 项选择 Residuals-Point，Plot，双击弹出 Residuals Monitors 窗口，收敛标准均设置为 0.001，单击 OK 完成设置，如图 10-17 所示。

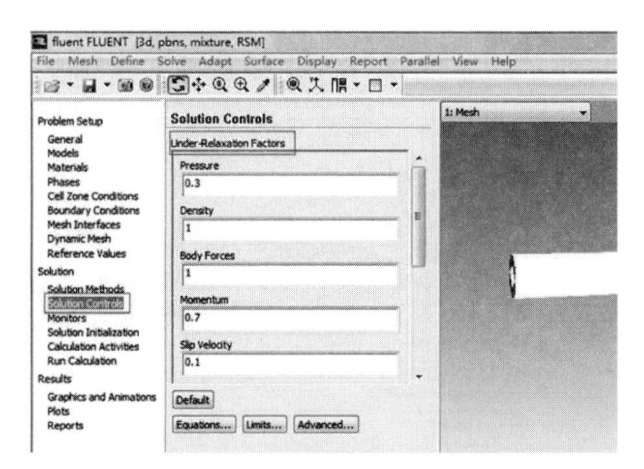

图 10-16 松弛因子设置

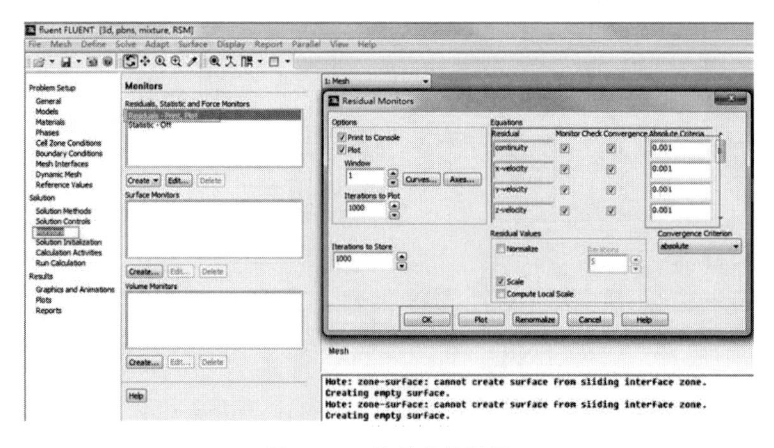

图 10-17 收敛条件设置

(4) 流场初始化设置　求解初始化设置，选择模型操作树下的 Solution Initialization，出现 Solution Initialization 参数设置面板。在 Computer From 项选择 inlet，其余保持默认，单击 Initialize 进行初始化，如图 10-18 所示。

(5) 计算　单击模型操作树下的 Run Calculation，出现 Run Calculation 参数设置面板。设置 Number of Iterations 为 10000，其余保持默认，单击 Calculate 进行计算，如图 10-19 所示。

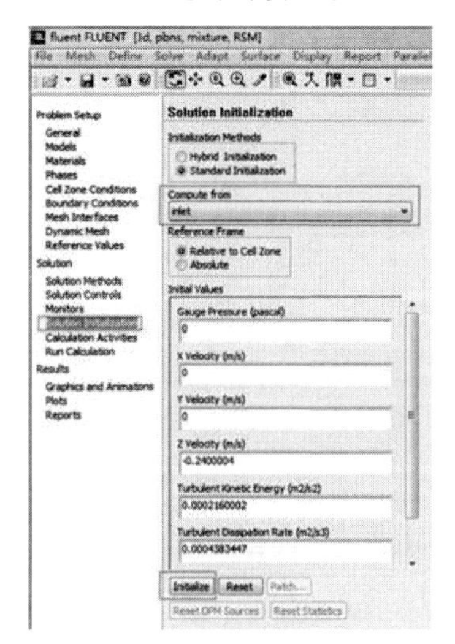

图 10-18　求解初始化

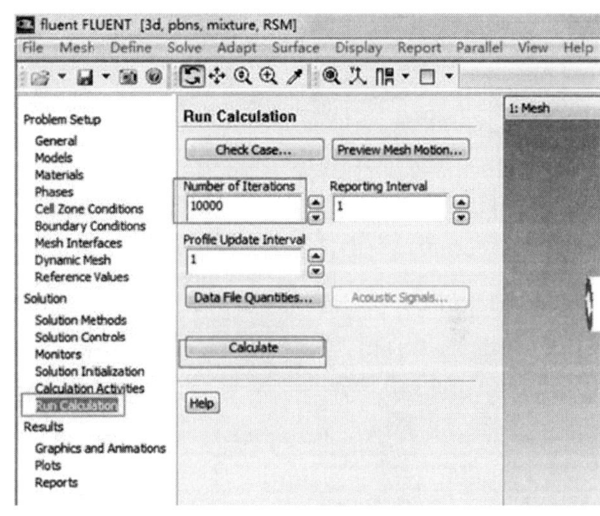

图 10-19　迭代计算

5. 计算结果后处理

(1) 残差　单击 Calculate 进行计算后，FLUENT 图形显示主窗口就会弹出残差监视窗口，如图 10-20 所示。

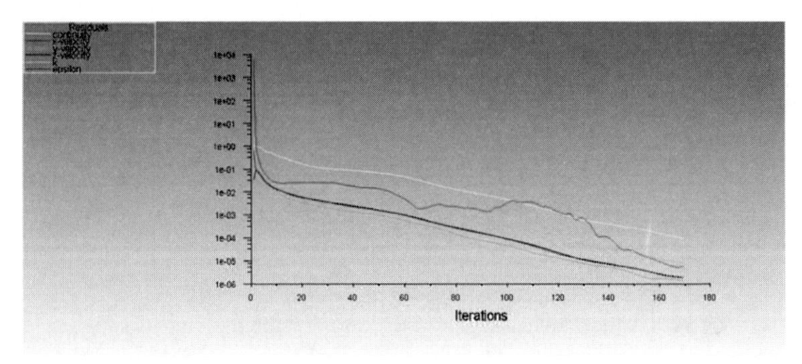

图 10-20　残差监视窗口

(2) 速度云图与压力云图

① 创建云图显示面。点击功能区的 Surface，点击 Create 中的 Plane。输入平行于分级轮水平面上的三个点，输入三个点坐标后，输入 New Surface Name 的名字，点击 Create，如图 10-21 所示；

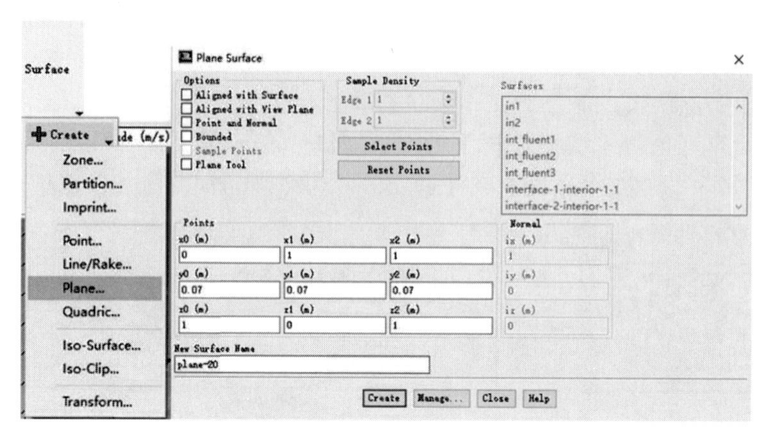

图 10-21　Create Plane 界面

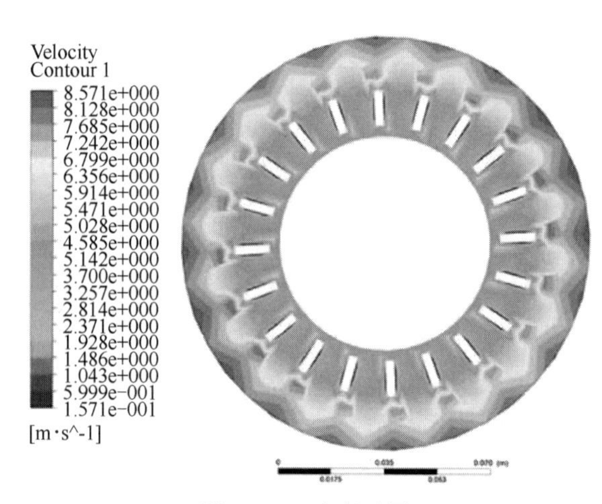

图 10-22　速度云图

② 速度云图。选择模型操作树 Result 中的 Graphics，单击 Contours，弹出 Contours 界面，选择 Velocity，选择上述创建的界面，点击 Display 查看速度云图，如图 10-22 所示；

③ 压力云图。选择模型操作树 Result 中的 Graphics，单击 Contours，弹出 Contours 界面，选择 Pressure，点击 Display 查看速度云图，如图 10-23 所示；

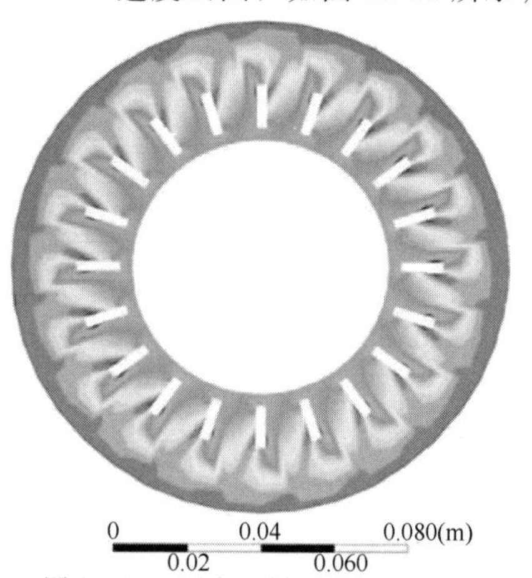

图 10-23　压力云图

④ 颗粒轨迹图。打开 DPM 模型，勾选 Interaction with Continuous Phase，再点击 Injections，点击 Create 设置发射粒子的属性，如图 10-24 所示。选择 Injection Type 为 surface，选择入射面为 in1 和 in2，选择 Point Properties 中的 Diameter（粒径），并勾选 Inject Using Face Normal Direction，然后选择颗粒的发射速度为 10m/s。

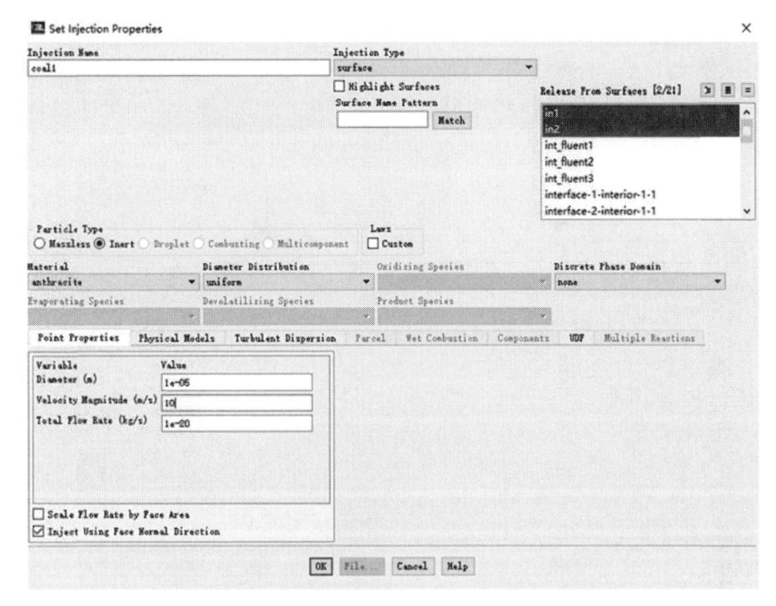

图 10-24　Set Injection Properties 选项框

选择 Turbulent Dispersion 选项框，勾选 Discrete Random Walk Model，修改 Number of Tries 为 10，其他参数保持不变，如图 10-25 所示。

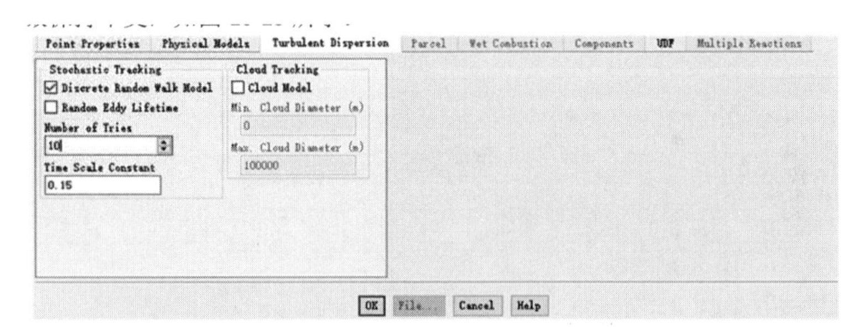

图 10-25　Turbulent Dispersion 选项框

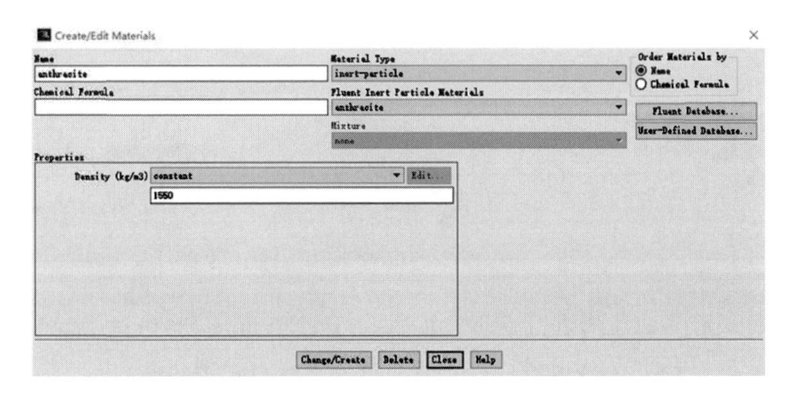

图 10-26　Create/Edit Materials 选项框

选择发射粒子的颗粒属性，打开 Materials-Insert Particle-anthracite 选项框，选择颗粒的 Density（密度）为 1550kg/m^3，如图 10-26 所示。

设置发射颗粒的接收面和逃逸面，打开 Pressure-Outlet 选项框，点击 DPM 模型，选择 Discrete Phase BC Type 为 Escape，如图 10-27 所示。

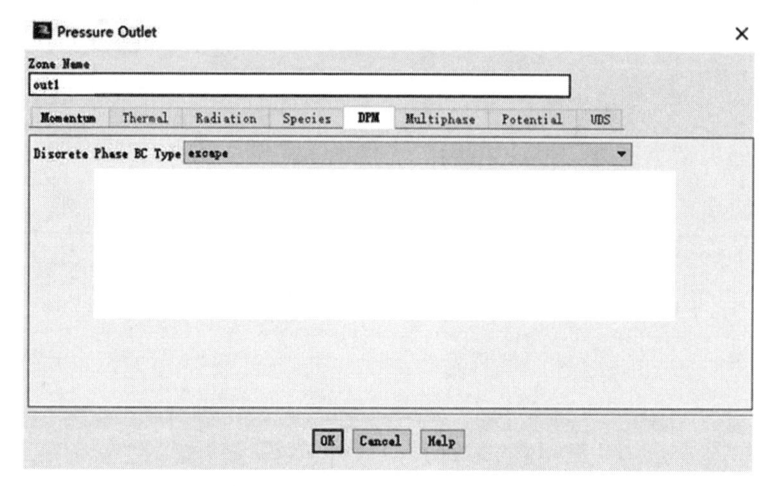

图 10-27 Pressure-Outlet 选项框

打开 Out2 的 Wall 选项框，点击 DPM 模型，选择 Discrete Phase BC Type 为 Trap，如图 10-28 所示。

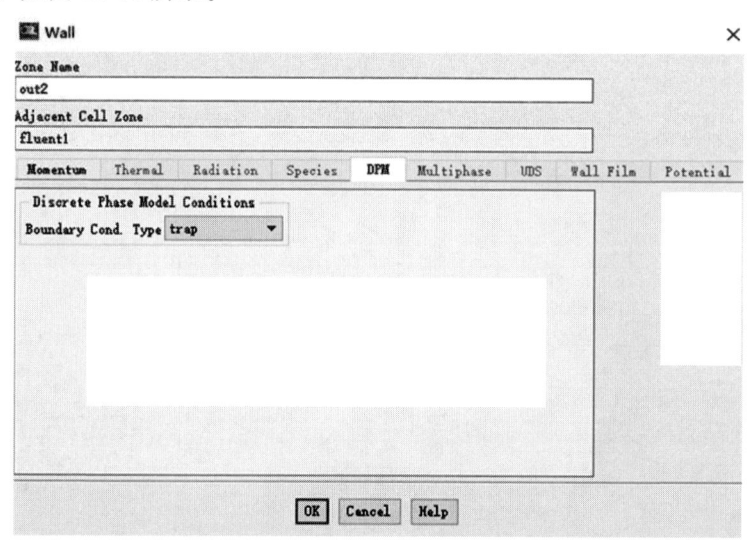

图 10-28 Out2 选项框

在对分级腔内的流场进行稳态计算后，打开 Results-Particle Tracks 选项框，选择 Color by 中颜色为 Velocity，后面默认为 Velocity Magnitude，点击 Release from Injections 中 coal1，点击 Track 进行计算。如图 10-29 所示。

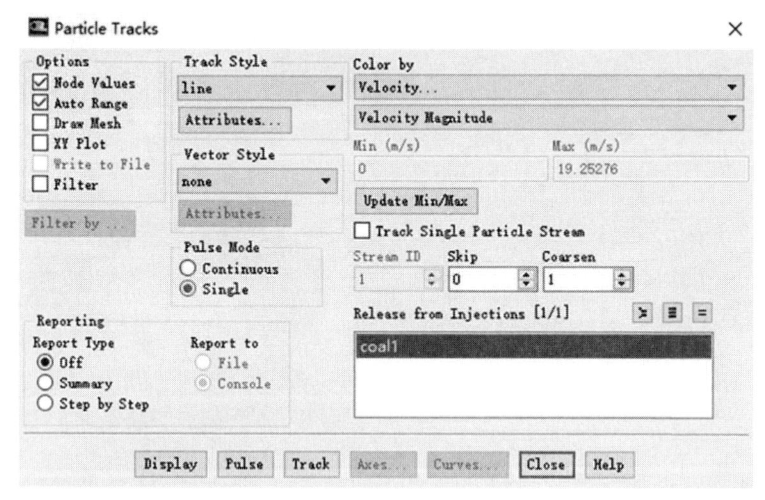

图 10-29　Particle Tracks 选项框

进行 Track 计算后，点击 Display 查看颗粒的运动轨迹，颗粒轨迹图如图 10-30所示。

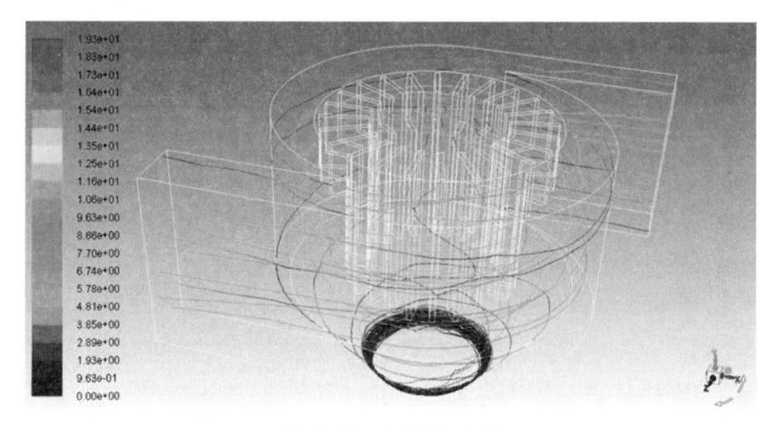

图 10-30　颗粒轨迹图

（3）Tecplot 分析切向、径向、轴向速度　由于在 Fluent 内对速度云图进行分析无法满足论文清晰度要求，需要通过图形后处理软件 Tecplot 对图片进行处理。

在 Fluent 依次点击 File-Export-Solution Data，如图 10-31 所示。在 File Type 中选择 Tecplot，在 Surfaces 中选择需要输出的截面，Export 选项框如图 10-32 所示。

输出成 plt 文件后，打开 plt 文件，造 Plot 选项框中点击 Mesh，如图 10-33 所示。

打开 Zone Style 选项框，点击 Zone Number1，2，3 显示网格模型，如图 10-34 所示。

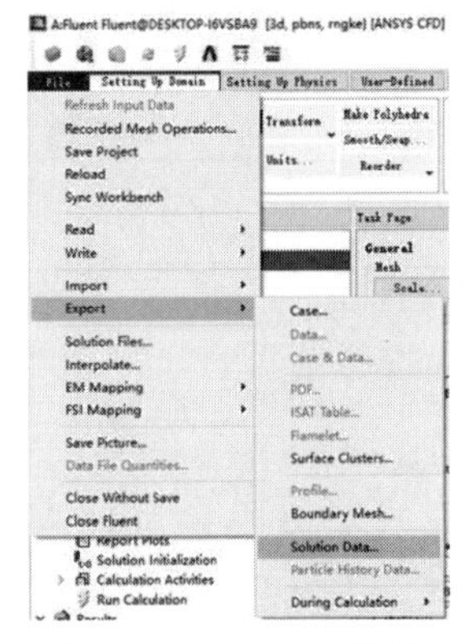

图 10-31　Export 步骤

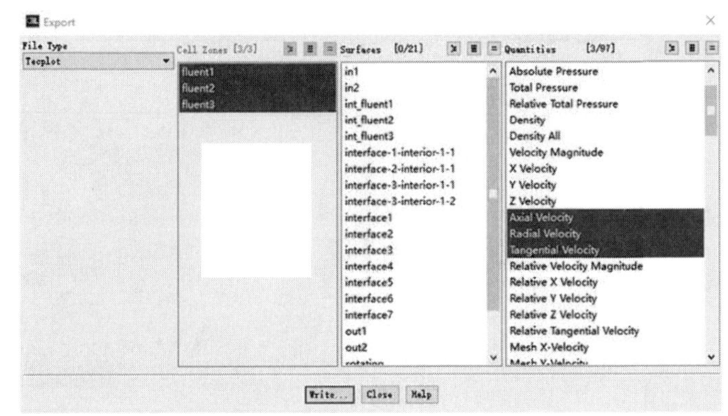

图 10-32　Export 选项框

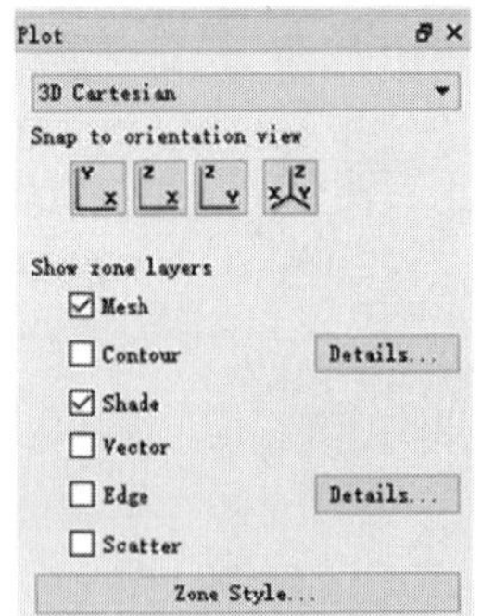

图 10-33　Plot 选项框

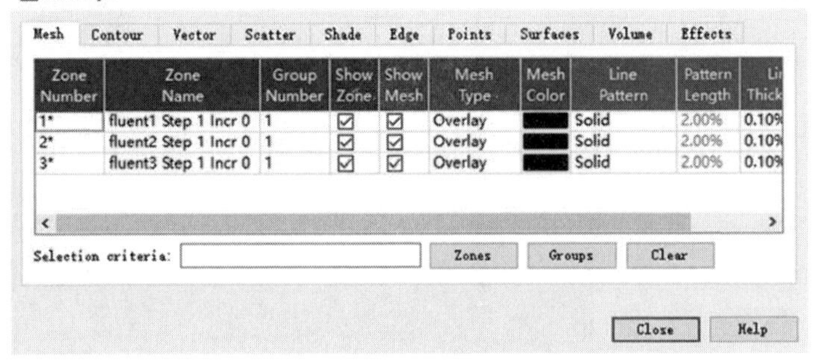

图 10-34　Zone Style 选项框

① 分析分级轮叶片间径向速度。点击 Show derived objects 选项框中 Details，如图 10-35 所示。

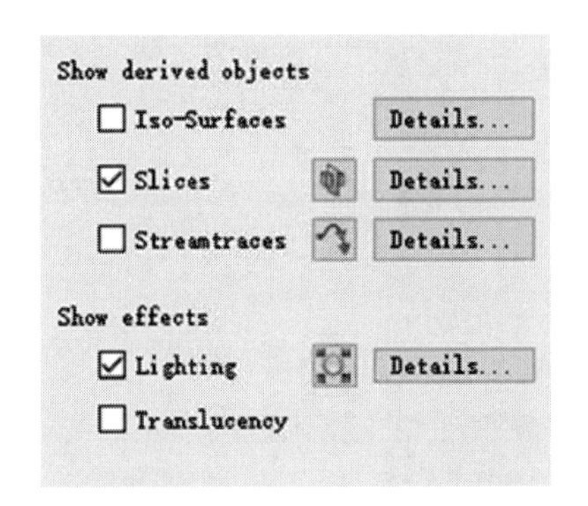

图 10-35　Show derived objects 选项框

在 Slice Details 选项框中选择 Slice Location 中选择纵向 Y-Planes，选择切割面为模型纵向方向，根据自己的模型选择 Show primary slice 的高度，如图 10-36 所示。

点击 Extract Slices，弹出的 Extract Slice 选项框中点击 Extract，输出需要截取的 Slice，如图 10-37 所示。

点击 Zone Style 选项框，在 Zone Style 中选取 Slice：Y=0.055 的面，如图 10-38 所示。

选取需要的平面后，在 Plot 选项框中点击 Contour，再点击 Contour 右侧的 Details，如图 10-39 所示。

图 10-36　Slice Details 选项框

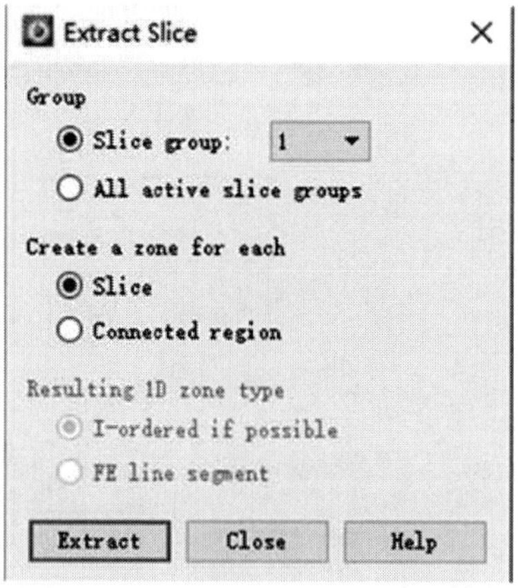

图 10-37　Extract Slices 选项框

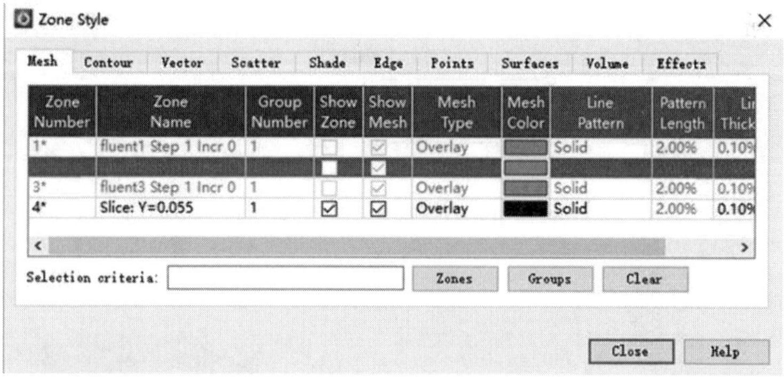

图 10-38　Zone Style 选项框

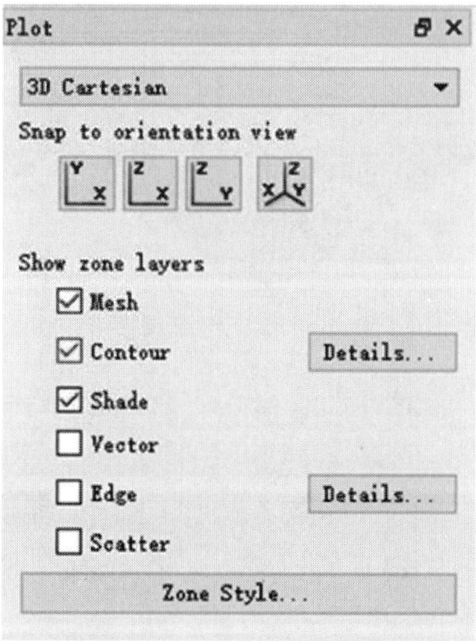

图 10-39　Plot 选项框

弹出 Contour & Multi-Coloring Details 选项框，在上方选项框中选择 radial-velocity（径向速度）。当需要对两种结构进行比较时，根据需要测量的速度范围对 Contour levels 的范围进行调整，如图 10-40 所示。

最终得到叶片间的径向速度如图10-41所示。

② 分析分级轮外侧切向速度。对模型的网格进行重新建模，如图 10-42 所示。

在 Slice Details 选项框中，选择 Y-Planes，选择截取平面的高度为 0.8m，点击 Extract Slices 输出平面，如图 10-43 所示。

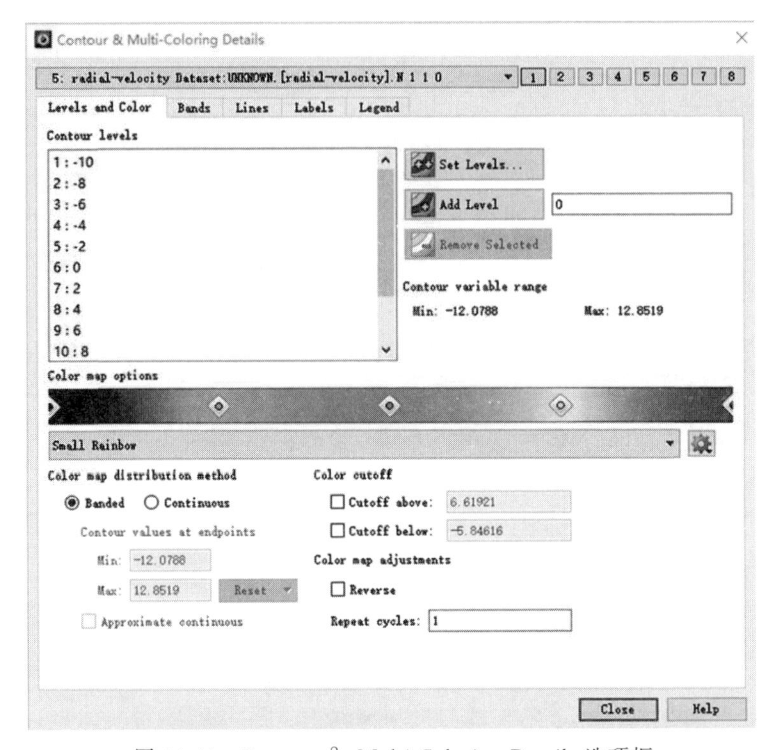

图 10-40 Contour & Multi-Coloring Details 选项框

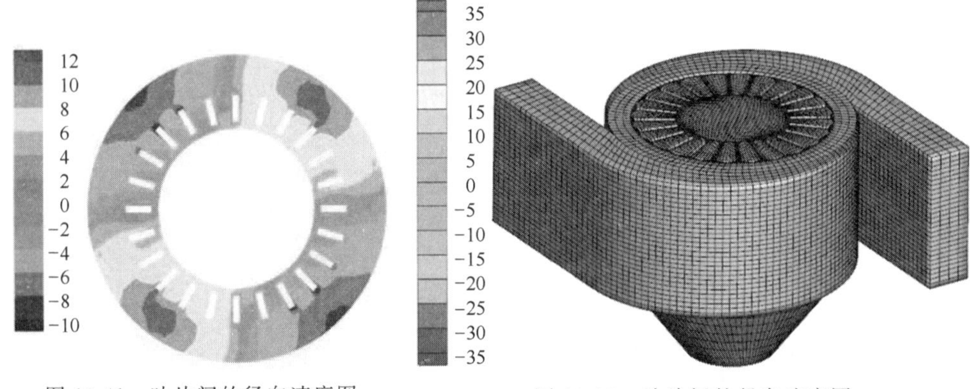

图 10-41 叶片间的径向速度图

图 10-42 叶片间的径向速度图

在 Zone Style 选项框中，选择截取的平面，如图 10-44 所示，平面如图10-45 所示。

在 plot 选项框中，点击 Contour 选项，然后点击 Details，如图 10-46 所示。

在 Contour & Multi-Coloring Details 选项框中选择 tangential-velocity，根据速度大小更改 Contour levels 中速度大小，如图 10-47 所示。

选择颜色后分级轮外侧的切向速度如图 10-48 所示。

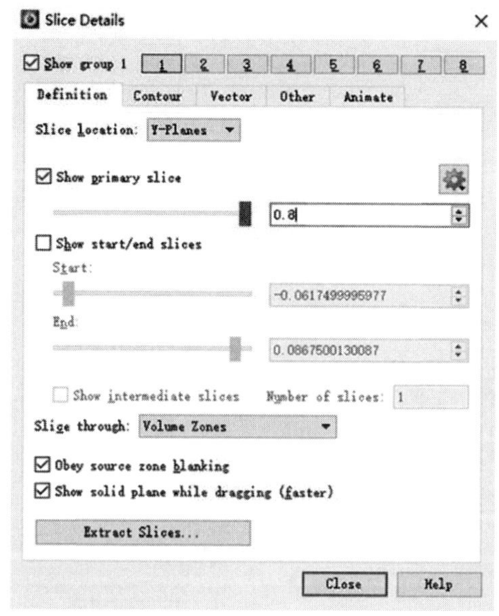

图 10-43　Slice Details 选项框

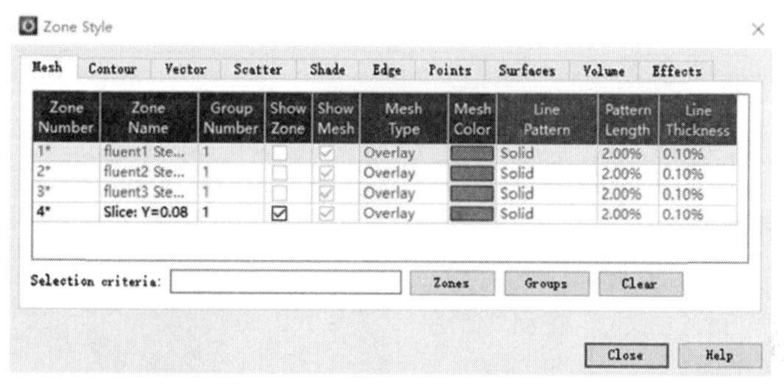

图 10-44　Zone Style 选项框

图 10-45　平面图

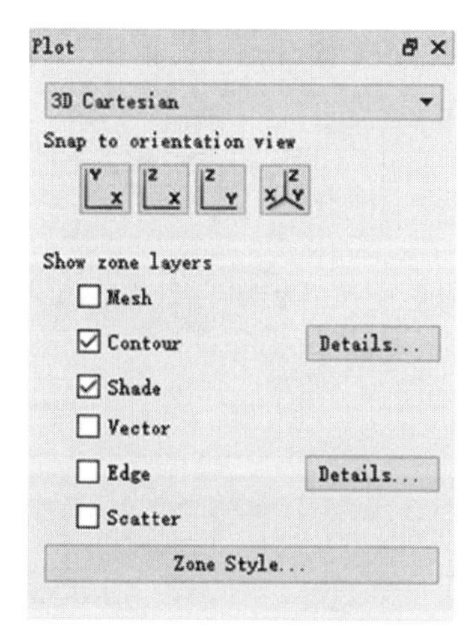

图 10-46　plot 选项框

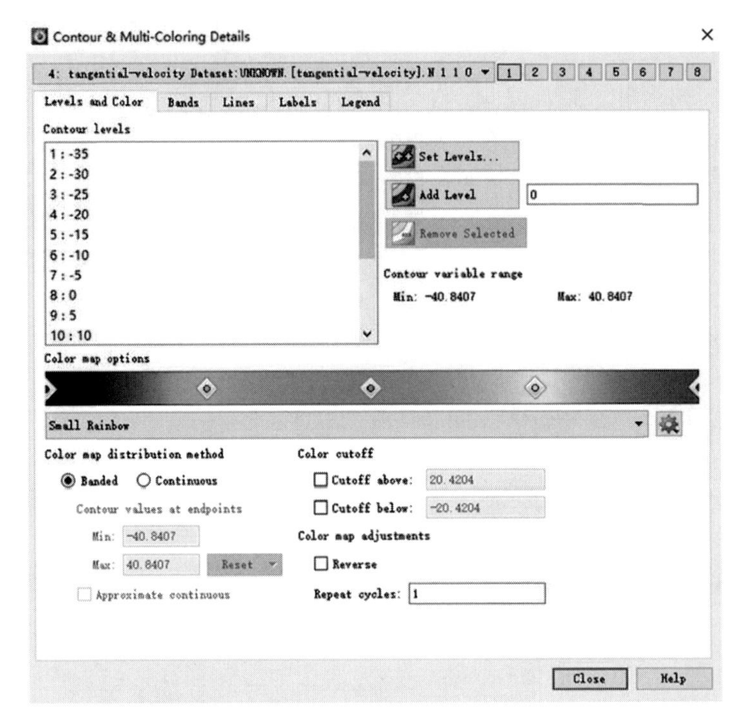

图 10-47　Contour & Multi-Coloring Details 选项框

③ 分析分级轮内侧轴向速度。对分级轮内侧的轴向速度进行分析，本案例中 fluent3 为分级轮的内部流场区域，那么 fluent3 的外柱面即为分级轮内侧的轴向速度，因此对 fluent3 进行分析，在 Zone Style 选项框中选取 fluent3 流体区域，如图 10-49 所示。

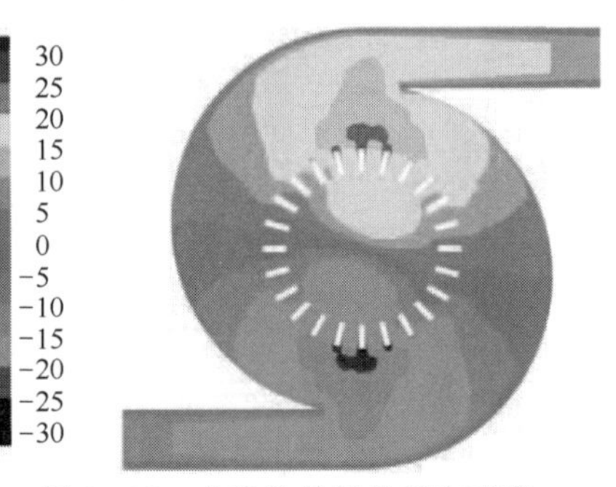

图 10-48　分级轮外侧的切向速度

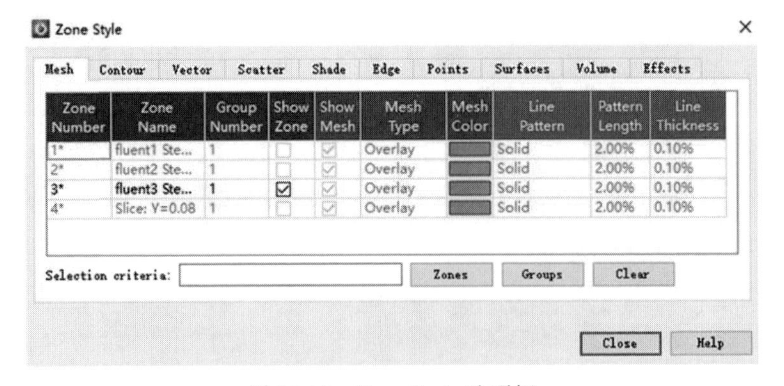

图 10-49　Zone Style 选项框

Fluent3 的模型如图 10-50 所示。

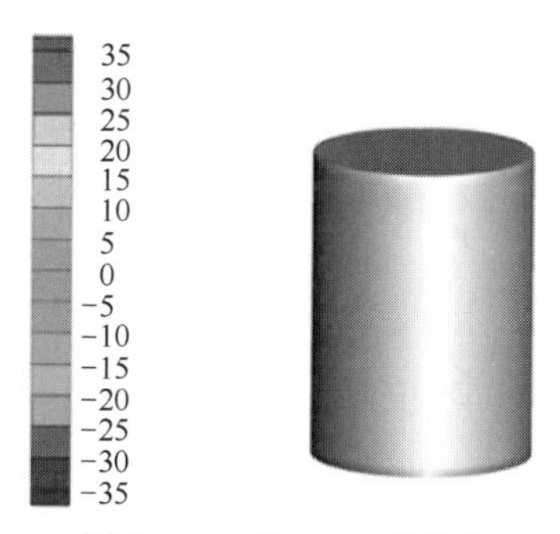

图 10-50　Fluent3 的模型

以同样的方式在 Contour & Multi-Coloring Details 选项框中选取 axial-velocity 选项，如图 10-51所示，分级轮内侧的轴向速度如图 10-52 所示。

（4）分离级效率的计算

① 选择模型操作树中 Models 项的 Discrete Phase，激活离散相模型（DPM），勾选 Interaction with Continuous Phase 按钮，同时设置最大计算步数和每步步长，如图 10-53 所示；

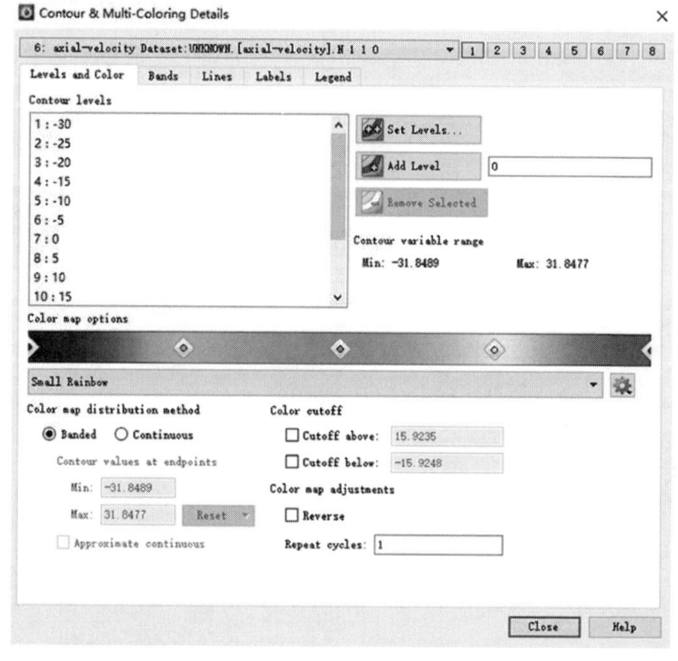

图 10-51　Contour & Multi-Coloring Details 选项框

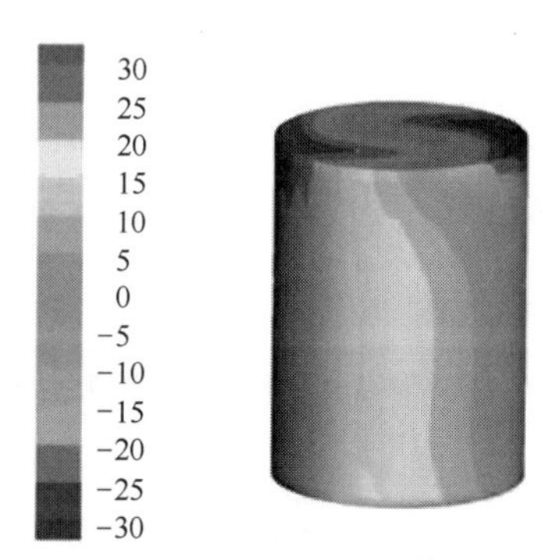

图 10-52　分级轮内侧的轴向速度

② 选择离散相计算的物理模型，勾选 Erosion/Accretion 选项用于颗粒的模拟计算，如图 10-54 所示；

③ 设置发射粒子的各项参数，包括发射面，颗粒直径和密度进行设置，如图 10-55 所示；

④ 计算参数设置完后，将溢流出口的 DPM 边界类型设为 escape，将底流出口的 DPM 边界类型设为 trap，对颗粒进行分级模拟，如图 10-56所示；

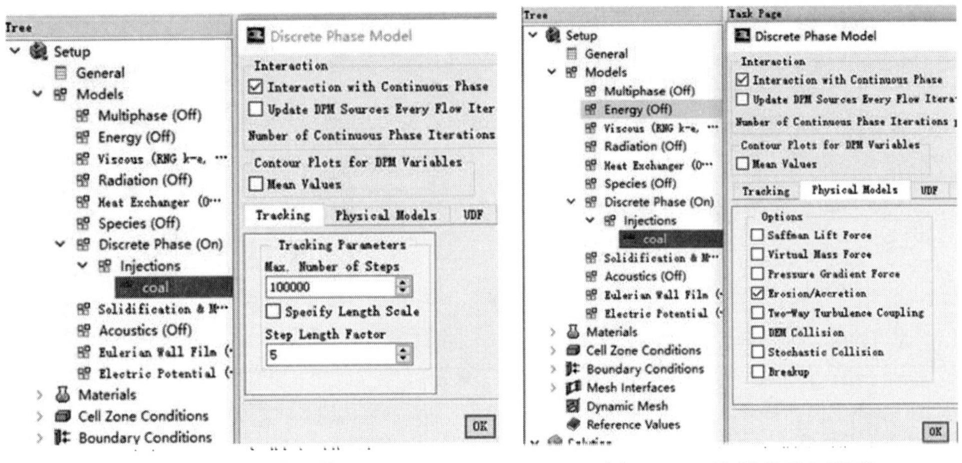

图 10-53 离散相模型　　　　图 10-54 选择离散相模型

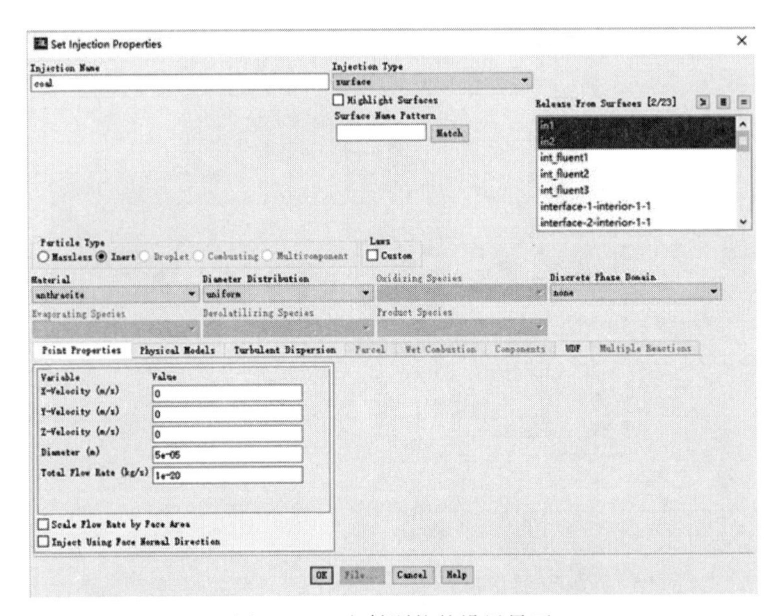

图 10-55 发射颗粒的设置界面

⑤ 选择模型操作树 Result 项中的 Graphics，双击 Particle Tracks 按钮，在弹出的选项框中，单击 coal 确定，单击 Display 开始计算颗粒的分级情况，如图 10-57 所示。

6. 涡流空气分级机分级性能影响因素分析

对涡流空气分级机分级性能进行分析，模拟不同粒径淀粉的分级。具体步骤如下，分别发射粒径为 1，5，10，15，20，25，30，35，40，45，50，55，60，65，70μm 的淀粉颗粒，模拟在进风速度不变，改变分级轮转速时淀粉颗粒的分离级效率。分离级效率的公式如下：

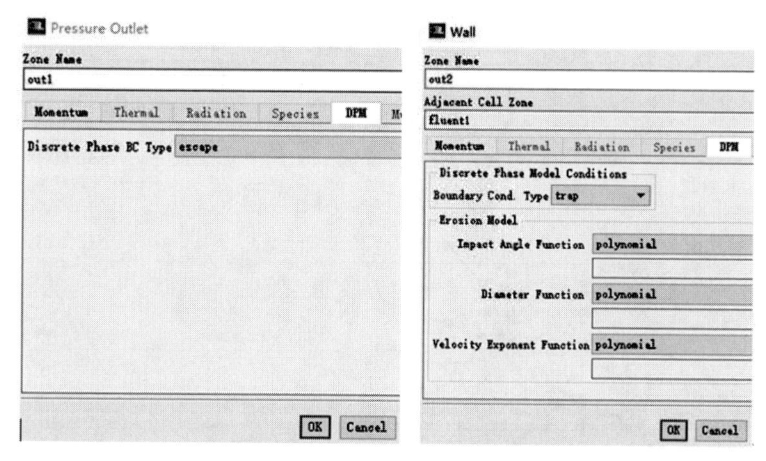

图 10-56　出口面 DPM 设置

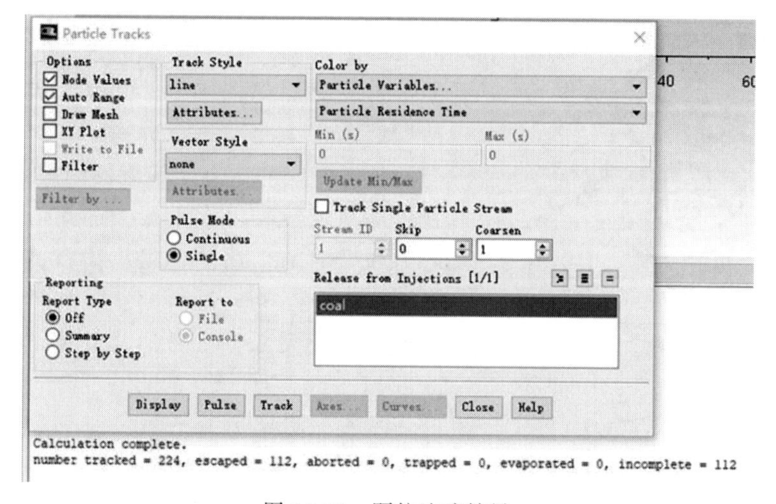

图 10-57　颗粒追踪结果

$$G(d_j)=\left(1-\frac{n_1}{n_2}\right)\times 100\% \tag{10-1}$$

式中　$G(d_j)$——颗粒直径为 d_j 的分离级效率，%

n_1——颗粒直径为 d_j 的逃脱颗粒总数

n_2——颗粒直径为 d_j 的发射颗粒总数

不同粒径的分离级效率如图 10-58 所示。从图中可以看出，在进风速度不变时，存在一个分级轮转速使涡流空气分级机的分离级效率最佳。

二、水力旋流器内部流场模拟

1. 案例简介

水力旋流器是一种应用广泛的分离装置，广泛应用于各个行业。水力旋流器

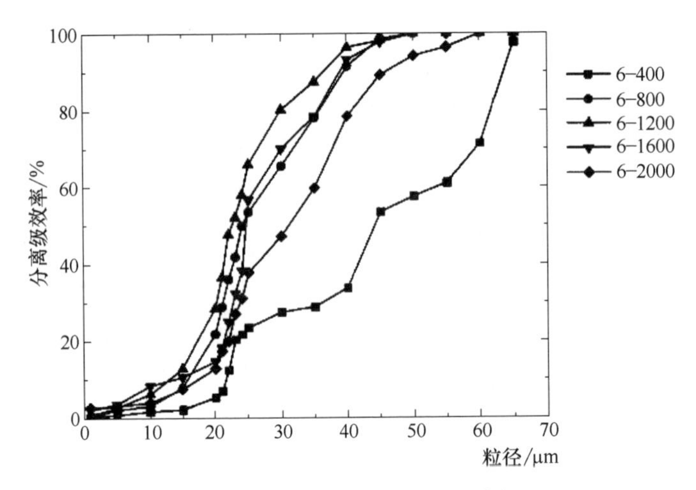

图 10-58　不同粒径的分离级效率

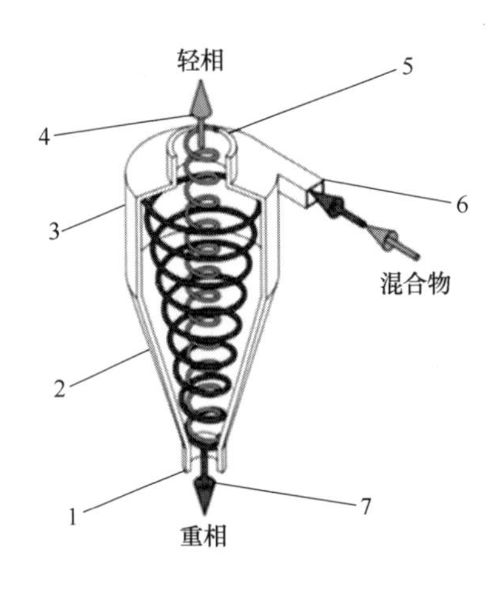

图 10-59　分流比对分离效果的影响
1—底流出口　2—锥筒部分　3—圆筒部分　4—上升旋流　5—溢流出口　6—入口　7—下降旋流

的上部呈圆筒形，下部呈圆锥形，目前通用的水力旋流器如图 10-59 所示。水力旋流器使用液体作为介质进行分离，工作时，液体与颗粒以一定的压力从旋流器切线方向进入，在内部高速旋转，产生很大的离心力。在离心力和重力的作用下，粗粒物料被抛向器壁做螺旋向下运动，最后由底流口排出，较细的颗粒以及大部分水分形成旋流，沿中心向上升起，到达溢流管排出。

本案例将水力旋流器的流场进行数值模拟与分析，通过 SolidWorks 2017 软件建立水力旋流器流场的三维模型，如图 10-60 所示。本案例中，水力旋流器直径为 8mm，圆柱段长度为 3.5mm，圆锥段长度 85mm，锥角 3.5°，溢流口直径 4mm，底流口直径 2.5mm。

2. 网格划分基本思路

对于微旋流器网格的划分，采用 ICEM CFD 三维结构化网格生成方法，可以将微旋流器的主体部分当作是一个圆筒状结构，通过 O 型块划分的方法对主体部分进

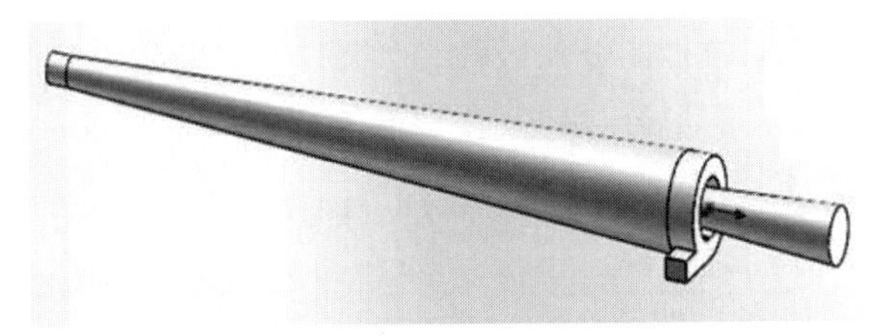

图 10-60　微旋流器流体部分示意图

行划分，剩下的入口部分与溢流管部分可以采用面拉伸的方式进行块的构建与网格的划分。网格划分的最终结果如图 10-61 所示。

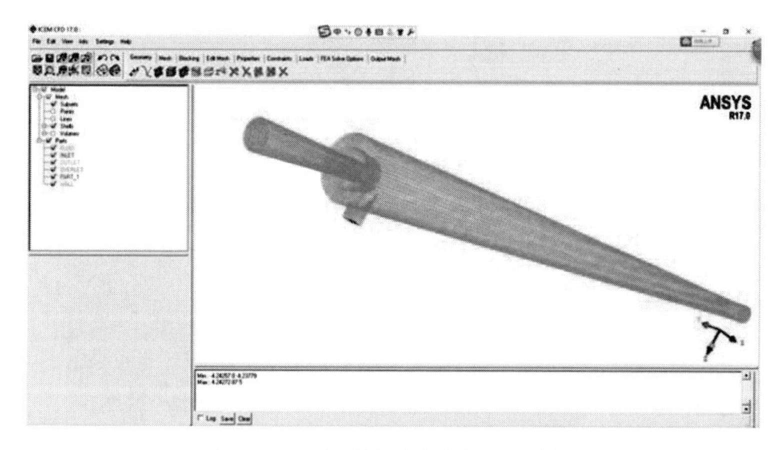

图 10-61　微旋流器流体部分示意图

3. FLUENT 求解设置

（1）启动 FLUENT 软件　双击桌面 FLUENT 图标，进入启动界面，弹出 FLUENT Launcher 窗口。Dimension 项选择 3D，修改相应的工作目录 Working Directory，其余保持默认值，单击 OK 确定，如图 10-62 所示。

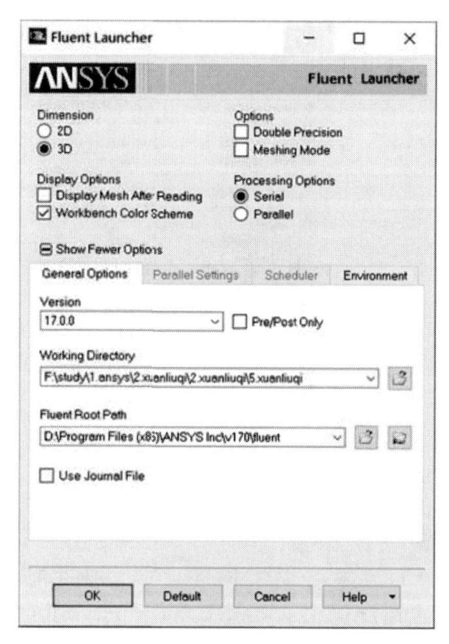

图 10-62　FLUENT 软件启动

（2）导入并设置网格、检查网格

① 选择菜单栏 File→ Read → Mesh，读取 Msh 格式网格文件，如图 10-63 所示；

② 检查网格，单击模型操作树下的 General 选项，参数设置面板出现 General 通用设置面板，单击 Mesh 子面板下的 Check，TUI 窗口显示出网格信息，最小体积和最小面积为正数即可。

（3）通用设置

① 读取网格文件后，进入 FLUENT 模拟操作界面，选择模型操作树中的 General 选项，点击 Scale，在弹出的 Scale Mesh 对话框中定义设备尺寸为 mm，点击 Scale 确定，如图 10-64 所示；

② 单击模型操作树下的 General 选项，分别设置 Type 为 Pressure-Based，Velocity Formulation 为 Absolute，Time 为 Steady，勾选 Gravity，设置重力加

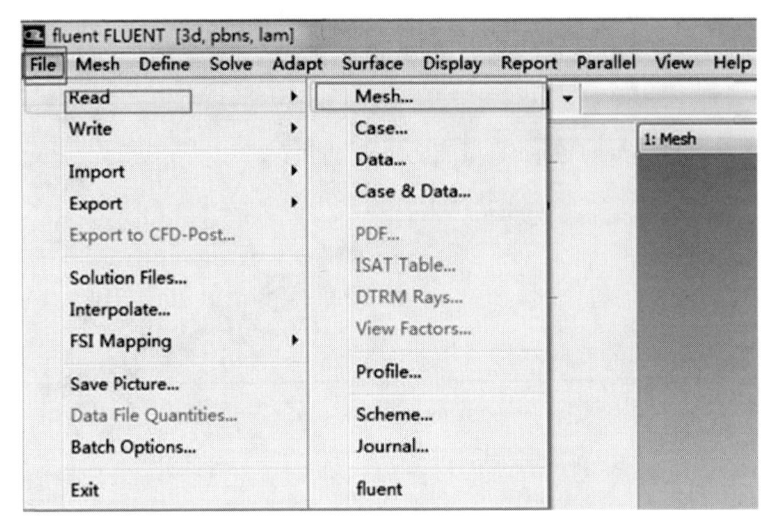

图 10-63 FLUENT 导入网格

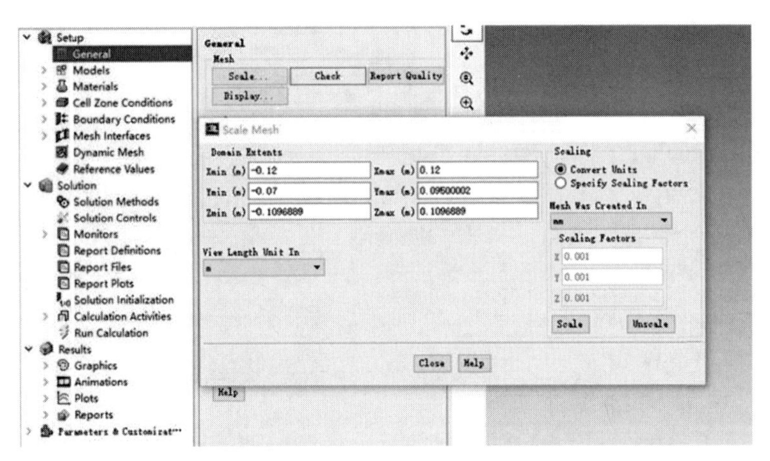

图 10-64 Scale Mesh 对话框

速度为 9.8m/s^2，General 选项的设置如图 10-65 所示。

（4）选择基本物理模型 单击项目树中的 Models 项，打开 Models 面板，可以选择模型。水力旋流器流场涉及强旋转，各向异性湍流，所以使用雷诺应力模型进行湍流模拟，由于雷诺应力模型计算量大，收敛较为困难，所以计算时可以采用 RNG K-E 模型，待收敛后再使用雷诺应力模型。选择 Viscous Model，Model 选择 k-espilon（2 eqn），k-espilon Model 选择 RNG 按钮，以及标准壁面函数进行计算，如图 10-66 所示。

（5）定义材料属性 单击项目树中的 Materials 项，打开 Materials 面板。单击 Materials 面板中的 Creat/Edit 按钮，可以打开材料编辑对话框，如图 10-67 所示，单击 FLUENT Database 按钮，可以打开 FLUENT 的材料库选择材料，

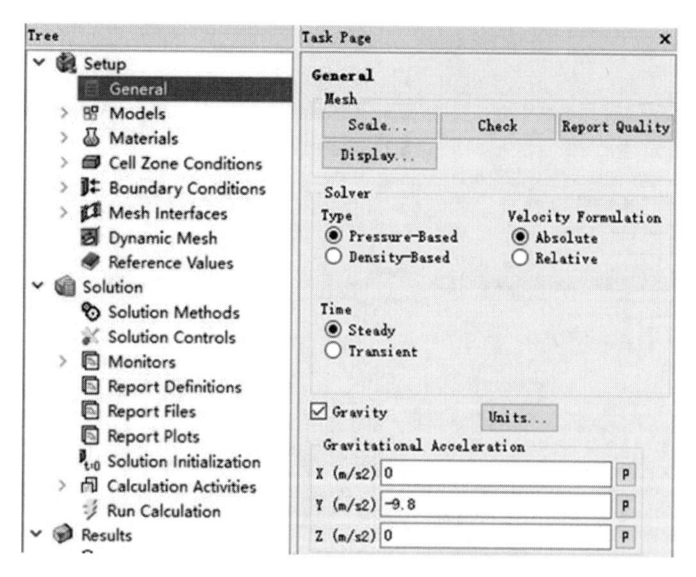

图 10-65　General 的设置

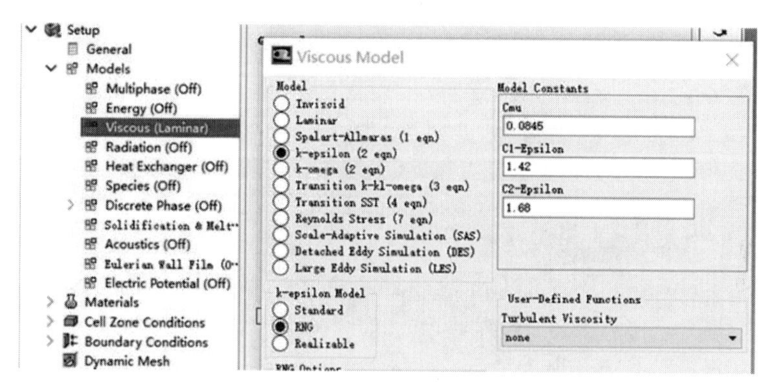

图 10-66　选择物理模型

在 FLUENT Fluid Materials 列表中选择 water-liquid（h2o<1>）。

（6）设置计算区域条件　设置计算域条件，单击模型项目树中的 Cell Zone Conditions，打开 Cell Zone Conditions 面板设置，在 Materials Name 选择 water-fluent 项，单击 OK 按钮，如图 10-68 所示。

（7）边界条件的确定　单击模型操作树中的 Boundary Conditions 项，打开 Boundary Conditions 面板，可以选择边界类型。

① 进口的边界条件。设置 inlet 入口部分采用 velocity inlet，指定入口速度为 12m/s，同时设置入口的水力直径，如图 10-69 所示。

② 出口的边界条件。设置出口的边界 overlet（溢流）为自由出流边界。设置 outlet（底流）为 wall，其余部分保持默认设置，如图 10-70 所示。

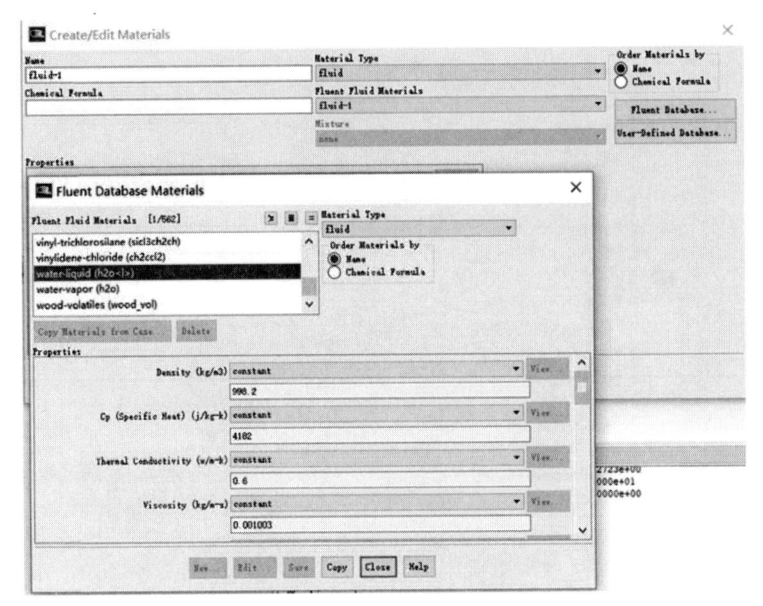

图 10-67 材料的选择

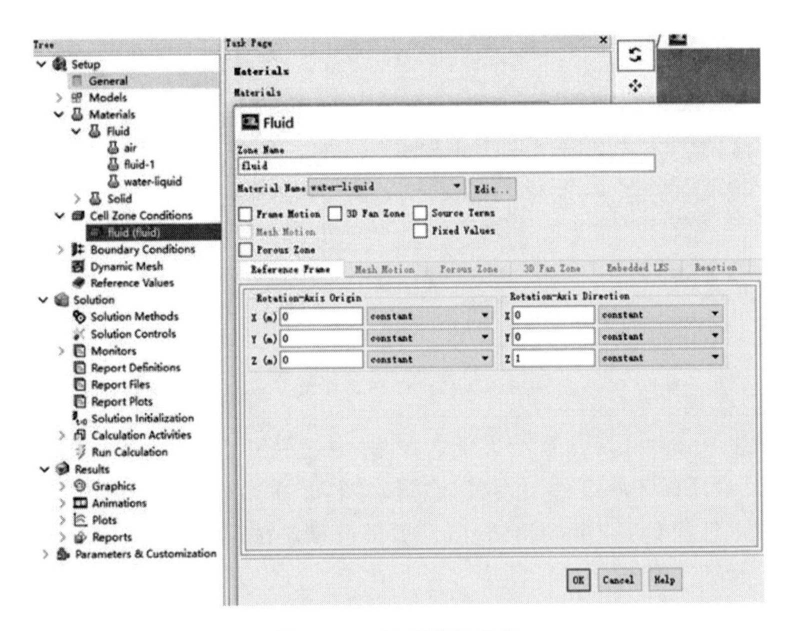

图 10-68 计算域的选择

4. 求解计算

(1) 求解方法设置 设置求解方法，单击模型操作树下的 Solution Methods，出现 Solution Methods 参数设置面板，求解算法选择 SIMPLEC 压力-速度耦合算法，其余离散方法等设置如图 10-71 所示。

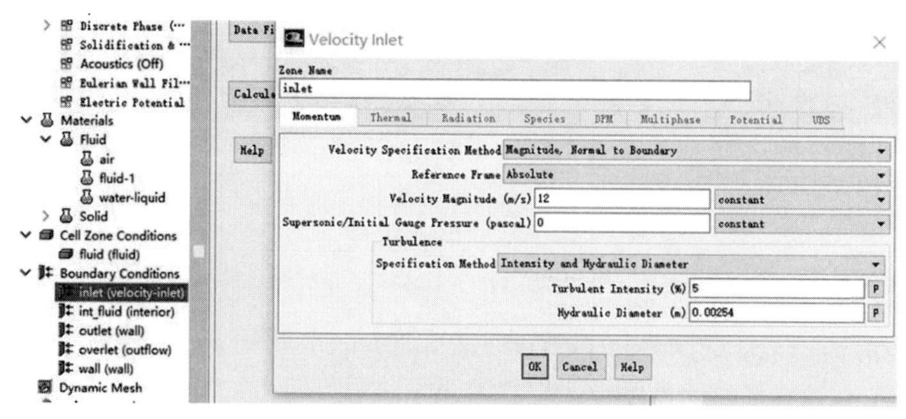

图 10-69　入口边界的设定

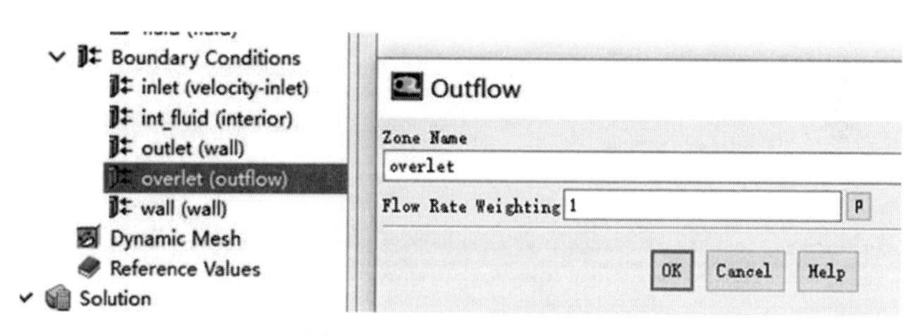

图 10-70　出口边界的设定

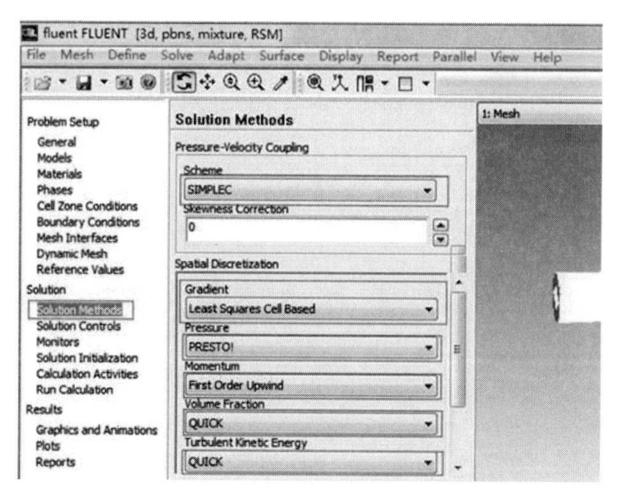

图 10-71　求解方法设置

（2）求解控制设置　设置松弛因子，单击模型操作树下的 Solution Methods，出现 Solution Methods 参数设置面板，各项松弛因子保持默认值，如图 10-72 所示。

（3）收敛条件及监控设置　设置收敛条件，单击模型操作树下的 Monitors，出现 Monitors 参数设置面板。在 Residuals，Statistic and Force Monitors 项选择 Residuals-Point，Plot，双击弹出 Residuals Monitors 窗口，收敛标准均设置为 0.001，单击 OK 完成设置，如图 10-73 所示。

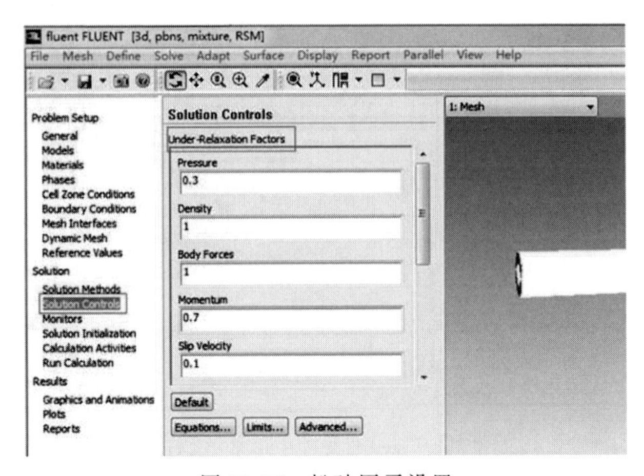

图 10 72　松弛因子设置

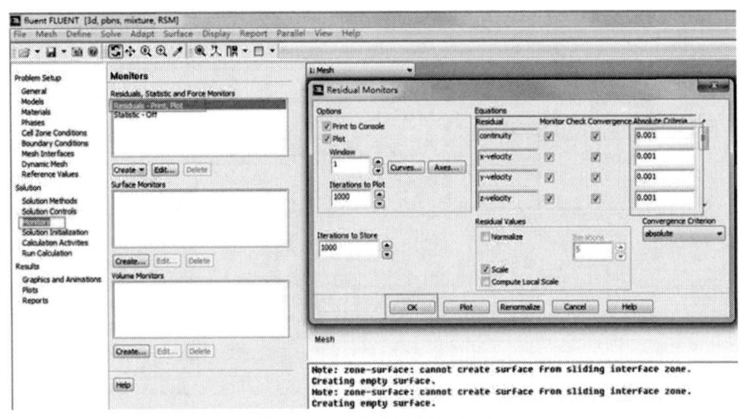

图 10-73　收敛条件设置

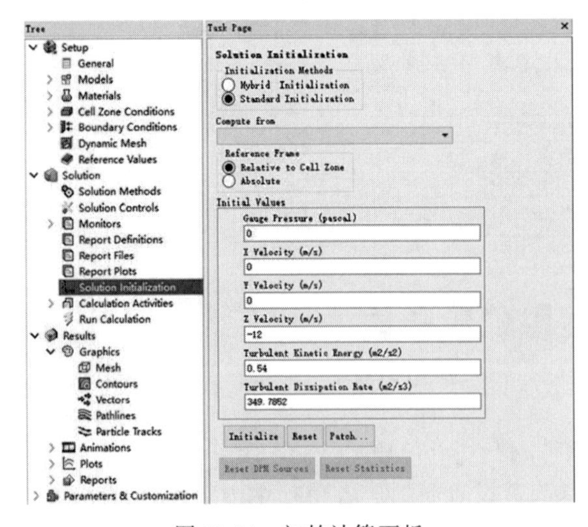

图 10-74　初始计算面板

（4）流场初始化设置　求解初始化设置，单击模型操作树中的 Solution Initialization 选项，打开 Solution Initialization（流场初始化）面板，如图 10-74 所示，设置相关参数，点击 Initialization 按钮进行初始化计算。

（5）计算　计算，单击模型操作树下的 Run Calculation，出现 Run Calculation 参数设置面板。设置 Number of Iterations 为 2000，其余保持

默认，单击 Calculate 进行计算，如图 10-75 所示。

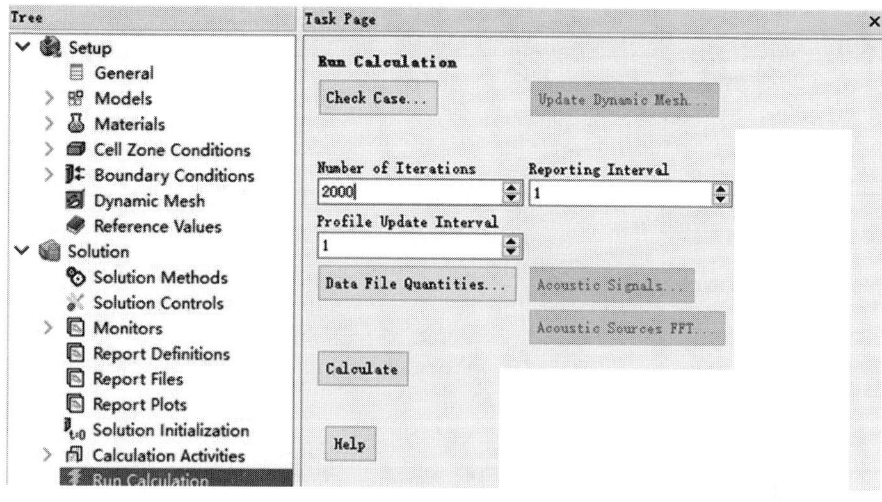

图 10-75　迭代计算

5. 计算结果后处理

（1）残差　单击 Calculate 进行计算后，FLUENT 图形显示主窗口就会弹出残差监视窗口，如图 10-76 所示。

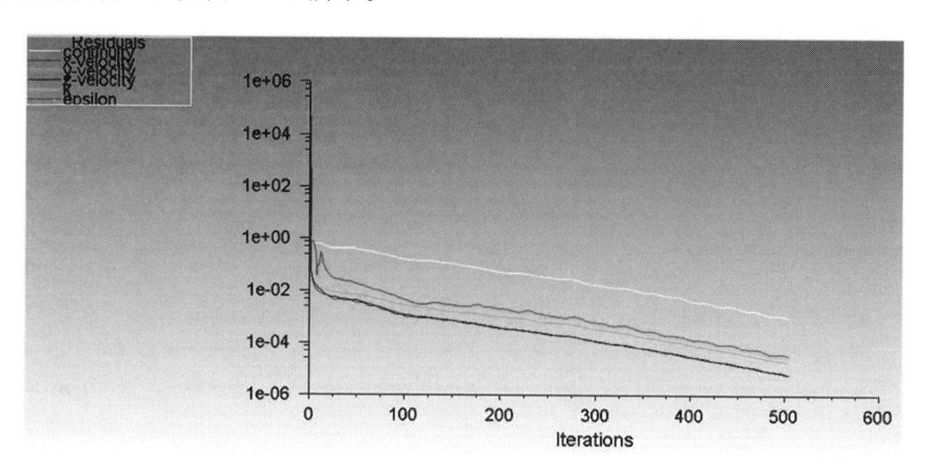

图 10-76　残差监视窗口

（2）速度云图与压力云图

① 创建云图显示面。点击功能区的 Surface，点击 Create 中的 Plane，输入平行于分级轮水平面上的三个点，输入三个点坐标后，输入 New Surface Name 的名字，点击 Create，如图 10-77 所示；

② 速度云图。选择模型操作树 Result 中的 Graphics，单击 Contours，弹出 Contours 界面，选择 Velocity，选择上述创建的界面，点击 Display 查看速度云

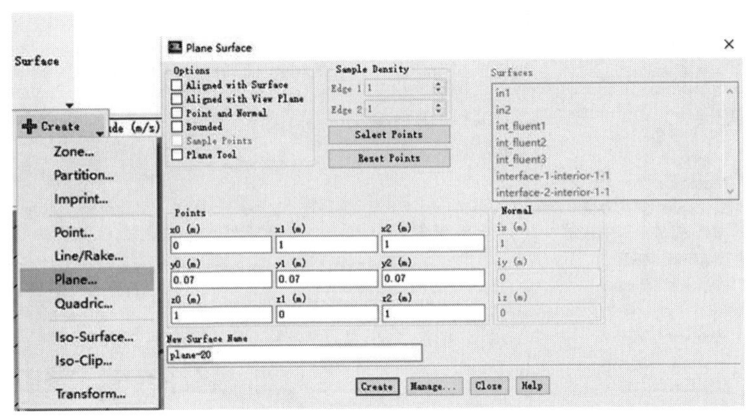

图 10-77 Create Plane 界面

图，如图 10-78 所示；

图 10-78 速度云图

③ 压力云图。选择模型操作树 Result 中的 Graphics，单击 Contours，弹出 Contours 界面，选择 Pressure，点击 Display 查看速度云图，如图 10-79 所示。

（3）分离级效率的计算

① 选择模型操作树中 Models 项的 Discrete Phase，激活离散相模型（DPM），勾选 Interaction with Continuous Phase 按钮，同时设置最大计算步数和每步步长，如图 10-80 所示；

② 选择离散相计算的物理模型，勾选 Erosion/Accretion 选项用于颗粒的模拟计算，如图 10-81 所示；

③ 粒子入射源设置，单击 Models→Discrete Phase，进入 Discrete Phase Model 界面，设置粒子追踪步数，设置 Max Number of Steps 数目为 200000，点击 Injections 按钮，进入 Injections 界面，单击 Create 按钮，进入射入粒子属性设置界面，如图 10-82 和图 10-83 所示，设置射入粒子速度、直径与数量，单击 OK 按钮确认；

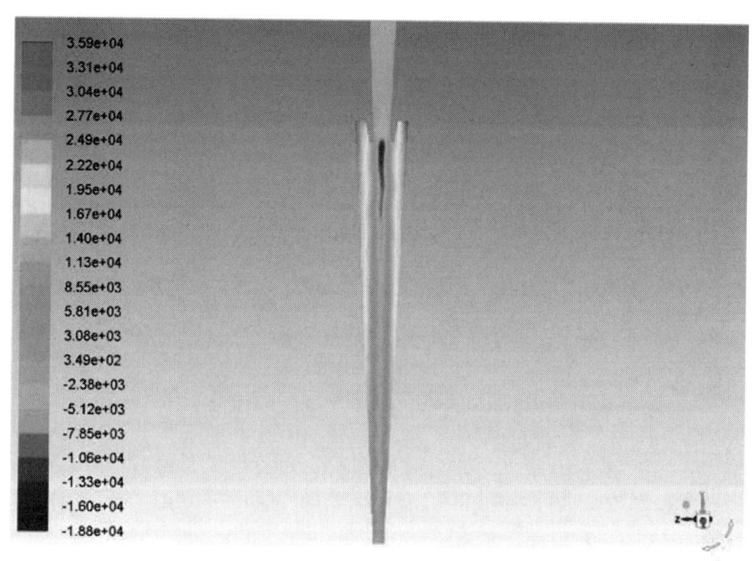

图 10-79　压力云图

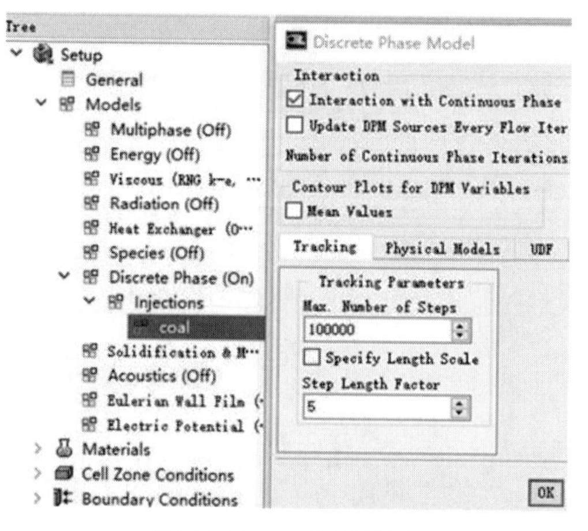

图 10-80　离散相模型

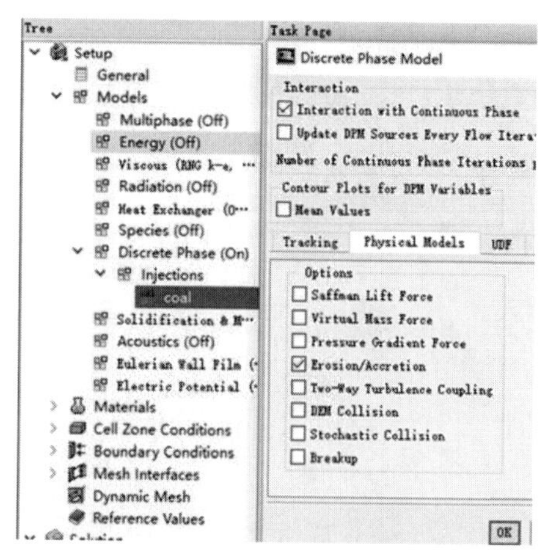

图 10-81　选择离散相模型

④ 计算参数设置完后，将溢流出口的 DPM 边界类型设为 escape，将底流出口的 DPM 边界类型设为 trap，对颗粒进行分级模拟，如图 10-84 所示；

⑤ 选择模型操作树 Result 项中的 Graphics，双击 Particle Tracks 按钮，在弹出的选项框中，点击 Display 开始计算颗粒的分级情况，如图 10-85 所示；

⑥ 粒子追踪计算完成后，在信息框中会出现计算结果，如图 10-86 所示；

⑦ 粒子在旋流器内的运动轨迹如图 10-87 所示。

6. 水力旋流器分离性能影响因素分析

① 进料流量的影响。对水力旋流器分离性能进行分析，模拟在进料流量不同的情况下的水力旋流器分离效率。经过相关计算，不同进料流量下的分离级效

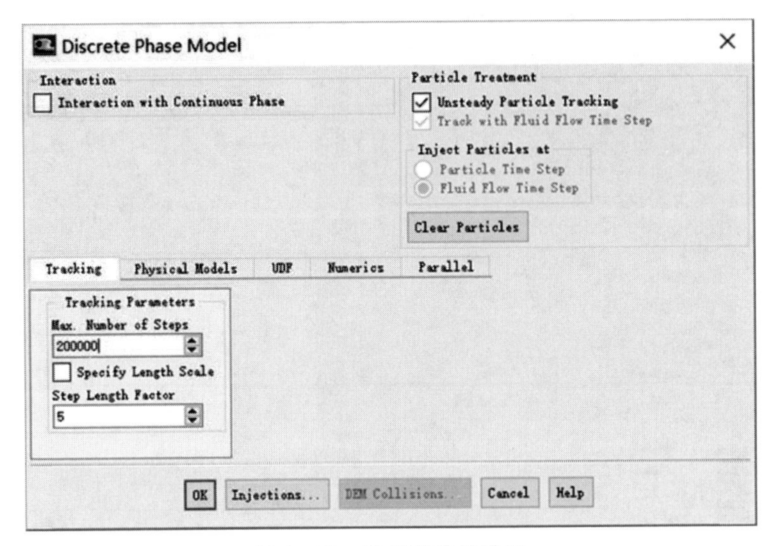

图 10-82　发射颗粒的设置

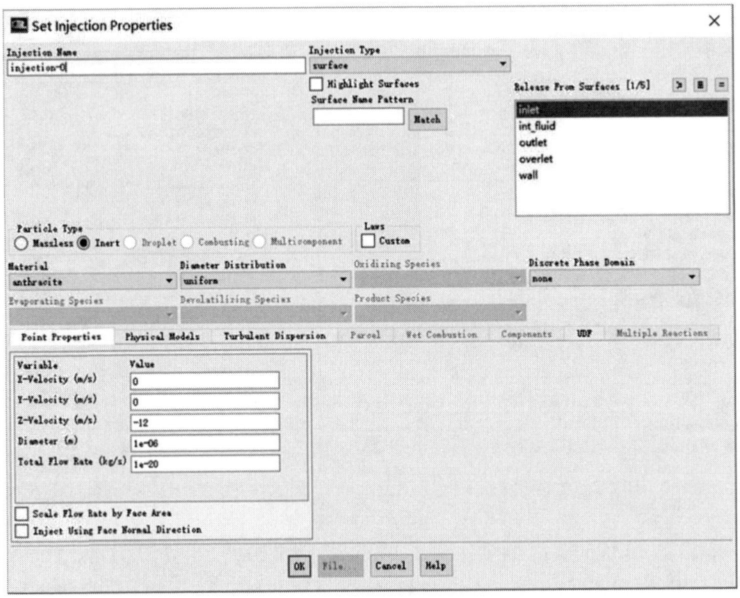

图 10-83　发射颗粒的设置界面

率如图 10-88 所示。从图 10-88 可以看出，在其余条件不变的情况下时，存在一个最佳进料流量使水力旋流器的分离效率最佳；

② 分流比的影响。对水力旋流器分离性能进行分析，模拟在分流比不同的情况下的水力旋流器分离效率。经过相关计算，不同分流比下的分离级效率如图 10-89 所示。从图 10-89 可以看出，在其余条件不变的情况下时，存在一个最佳分流比使水力旋流器的分离效率最佳。

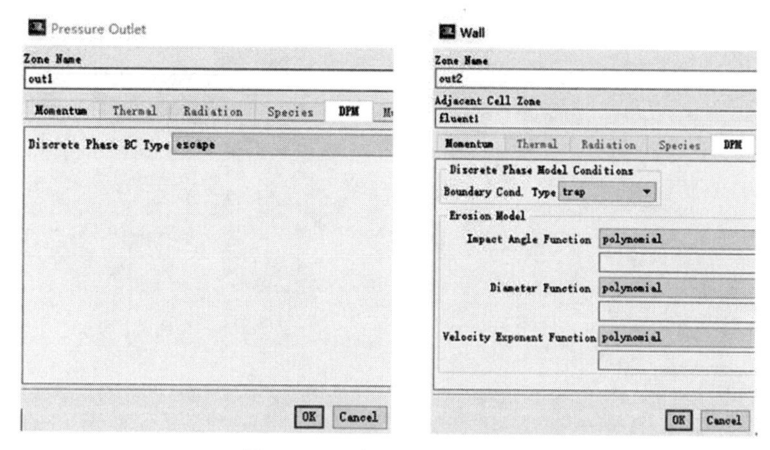

图 10-84　出口面 DPM 设置

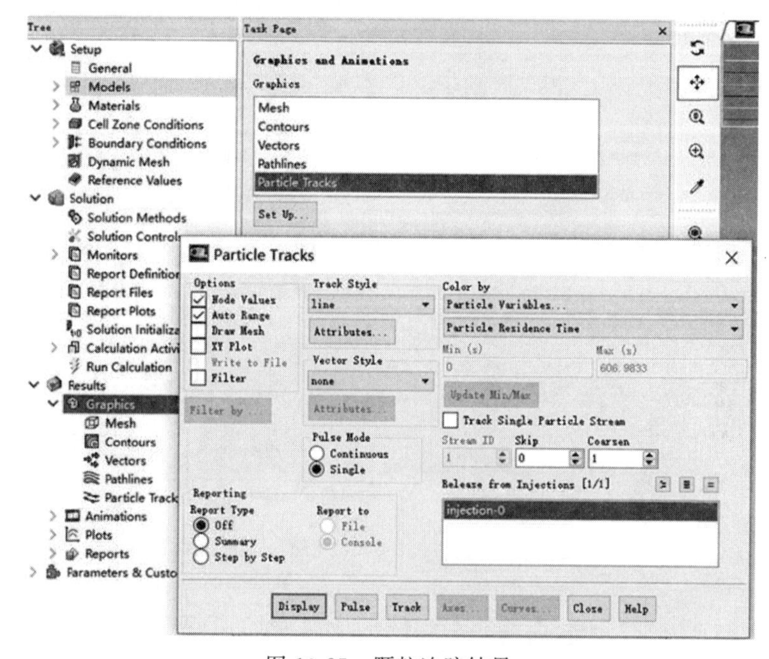

图 10-85　颗粒追踪结果

```
Console
  499  1.1207e-03  7.1185e-06  2.0271e-05  6.7710e-06  2.8809e-05  3.7320e-05  0:13:54 1501
  500  1.0974e-03  6.9634e-06  1.9933e-05  6.6506e-06  2.8378e-05  3.6596e-05  0:11:07 1500
  501  1.0734e-03  6.8052e-06  1.9577e-05  6.5292e-06  2.7904e-05  3.5713e-05  0:13:53 1499
  502  1.0459e-03  6.6459e-06  1.9202e-05  6.4136e-06  2.7350e-05  3.4725e-05  0:11:06 1498
  503  1.0155e-03  6.4879e-06  1.8821e-05  6.3056e-06  2.6709e-05  3.3603e-05  0:13:52 1497
!  504 solution is converged
  504  9.8433e-04  6.3362e-06  1.8439e-05  6.2032e-06  2.6014e-05  3.2407e-05  0:11:05 1496

Calculation complete.
number tracked = 40, escaped = 18, aborted = 0, trapped = 14, evaporated = 0, incomplete = 8
number tracked = 40, escaped = 18, aborted = 0, trapped = 14, evaporated = 0, incomplete = 8
number tracked = 40, escaped = 18, aborted = 0, trapped = 14, evaporated = 0, incomplete = 8
```

图 10-86　粒子追踪计算结果

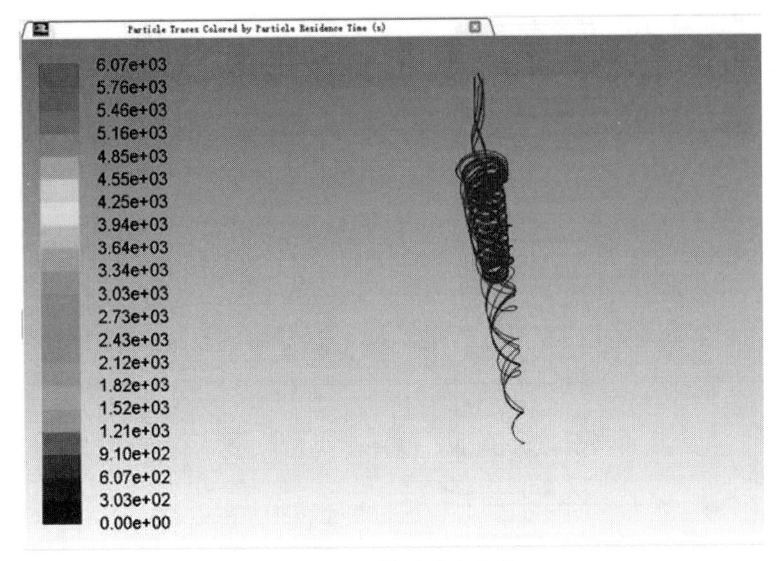

图 10-87 粒子运动轨迹

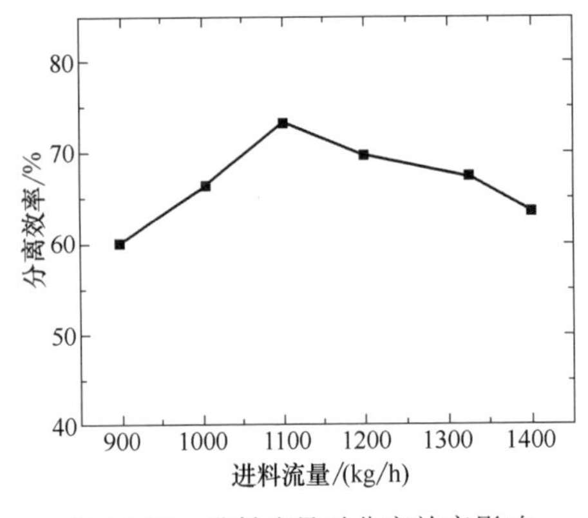

图 10-88 进料流量对分离效率影响

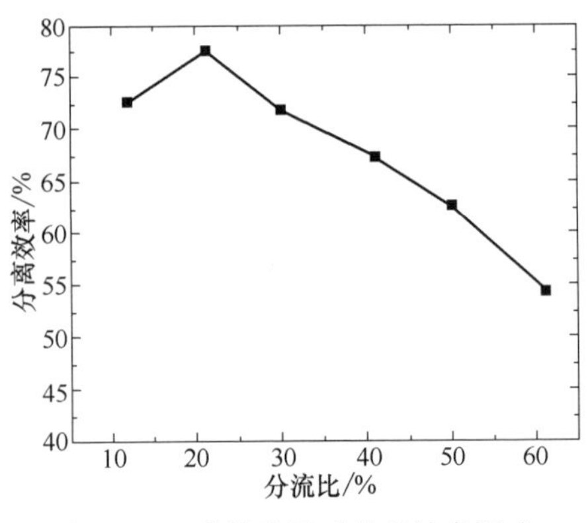

图 10-89 进料流量对分离效率影响

三、湿法搅拌磨设备内部流场模拟

1. 湿法搅拌磨理论

(1) 动网格坐标系 ANSYS Fluent 在求解流体流动及热传递方程时，通常情况下采用固定参考系（或者惯性系）来求解。对于许多现实工程应用中，要求在动参考系（或非惯性系）下进行求解，例如运动的汽车，杯中液体的晃动，旋转的叶片、搅拌桨以及类似的运动面，而且这些运动部分的流动状态是我们重点要了解的。在固定参考系中的求解这样的运动问题为瞬态求解问题，需要通过使用运动参考系，将流体运动转化为稳态问题进行求解。当动参考系被激活时，运动方程被修改为包含额外加速度项，这是由于从静态参考系转化为动参考系所形成的。

ANSYS Fluent 的动参考系如图 10-90 所示，其允许用户通过在选择的网格区域激活运动参考系，模拟求解动区域的问题。例如搅拌器中流体的流动问题，可以将参考系固定在搅拌器上一起运动，搅拌器是静止的，外部的流体在运动，这种情况，我们称之为单参考系模型（Single Reference Frame SRF）。当搅拌容器内存在多个搅拌器，这时候采用单参考系是不方便的，Fluent 中包含的多参考系模型（Multiphase Reference Frame MRF）可以用来求解此类流动。Fluent 还提供了滑移网格（sliding mesh）滑移网格对于运动区域之间的相互作用十分有效，但是滑移网格并不是真正的动网格，滑移网格只是模拟流体区域的运行而不是边界运动，边界运动需要用到动网格模型（dynamic mesh）。

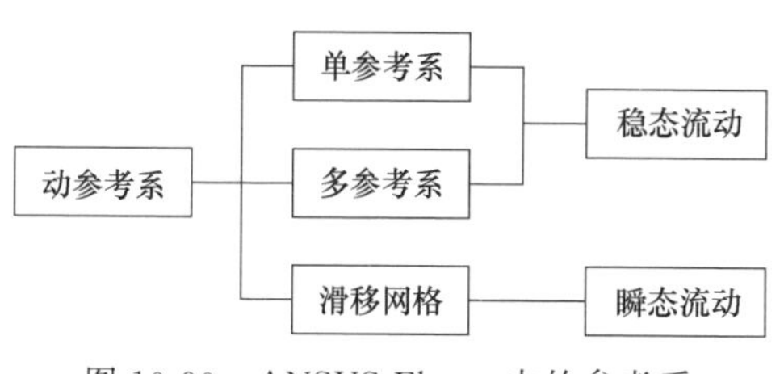

图 10-90　ANSYS Fluent 中的参考系

（2）搅拌磨局部研磨效果指标　超细搅拌磨机的内部流场的流动类型属于多相流范畴，内部的流动介质由成水、浆料和研磨介质组成。但考虑到物料的粒径小，可近似看成一种在水中添加进成分的流体。在搅拌磨机内磨球之间的间隙非常小，彼此之间的相对运动可以忽略，磨球的浓度分布基本不发生变化。在分析中一般将搅拌磨机内部流场看作单一流场进行模拟。

评价搅拌磨局部研磨效果指标是速度梯度和剪切率分布，在不可压缩的各向同性湍流能量流动过程中，黏性能量耗散率 P 是动力黏度和平均速度梯度的函数。可以用来分析研磨腔中各部分的研磨效果，其定义：

$$P=\mu\varphi_v \tag{10-2}$$

式中　φ_v——能量耗散函数

能量耗散函数 φ_v 的定义为：

$$\varphi_v=2\left[\left(\frac{\partial u}{\partial x}\right)^2+\left(\frac{\partial v}{\partial y}\right)^2+\left(\frac{\partial w}{\partial z}\right)^2\right]+\left(\frac{\partial u}{\partial y}+\frac{\partial v}{\partial x}\right)^2+\left(\frac{\partial v}{\partial z}+\frac{\partial w}{\partial y}\right)^2+\left(\frac{\partial u}{\partial z}+\frac{\partial w}{\partial x}\right)^2 \tag{10-3}$$

式中　u——x 方向分速度，m/s

v——y 方向分速度，m/s

w——z 方向分速度，m/s

在 Fluent 中不能直接取得黏性能量耗散率 P 的定义，而是选用剪切率 S 来替代表征：

$$S=\sqrt{P/\mu} \tag{10-4}$$

由于水为牛顿流体，动力黏度是一常量，剪切率 S 与黏性能量耗散率 P 平方根呈正比，可以用来表征搅拌介质磨机研磨腔局部研磨效果。

2. 案例简介

本案例中，分析的设备为棒销式搅拌介质磨机的研磨腔部分，搅拌介质磨机（又称砂磨机）具有研磨效率高，能量利用率高的优点，被广泛应用于涂料、制药、冶金和选矿等行业，物料在旋转研磨盘作用下与研磨体混合并旋转，经与研磨体之间及与粉碎室各部分之间产生的研磨、剪切而粉碎，而常见的研磨介质一般有氧化锆珠，玻璃珠、硅酸锆珠等。本案例中的研磨腔结构尺寸如图 10-91 所示。

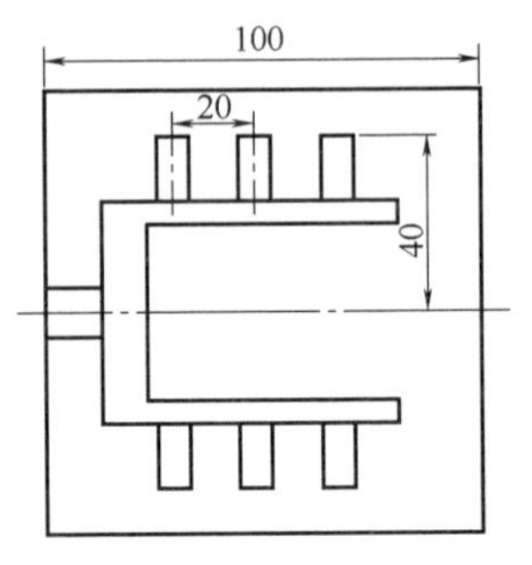

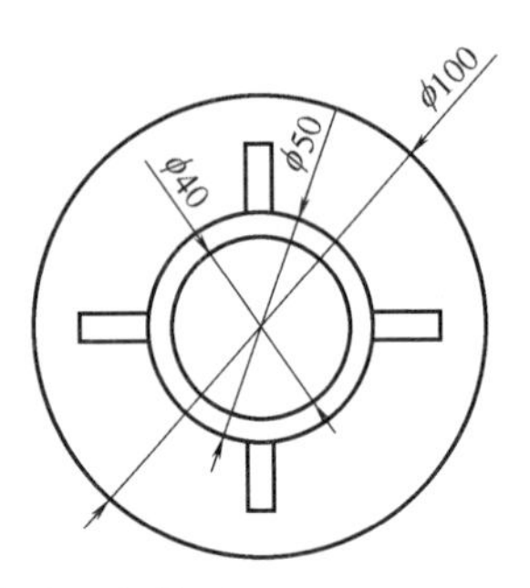

图 10-91 研磨腔几何模型

利用 SolidWorks 2017 相关软件建立了搅拌介质磨机研磨腔的三维结构模型，如图 10-92 所示。

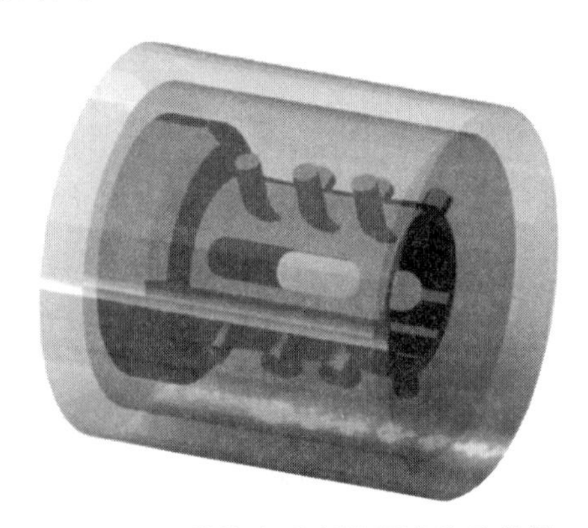

图 10-92 搅拌介质磨机研磨腔示意图

3. 网格划分基本思路

在 Fluent 流体仿真中的绝大多数问题都是在静态坐标系下的，而本案例中旋转区域是研究的重点。本案例采用动参考系下滑移网格方法来解决旋转流动问题，滑移网格将计算区域分为两部分，包含搅拌器在内的旋转区域和静止区域。划分网格后定义静止区域与旋转区域的动静耦合交界面（interface），旋转区域与旋转元件的接触表面为无相对运动。

应用 Fluent 17.0 的前处理软件 ICEM 来建立搅拌研磨流体计算域网格模型。为了简便运算和节省时间，省略了圆角、倒角等细节。为提高计算效率和计算精度，仿真计算中采用非结构化网格，共划分 1357691 个单元，233655 个节点。流体区域结构网格划分见图 10-93。计算区域分为两部分，包含搅拌器在内的旋转区域和静止区域，两区域之间由 Interface 面间隔。

图 10-93 研磨腔几何模型

4. FLUENT 求解设置

（1）启动 FLUENT 软件　双击桌面 FLUENT 图标，进入启动界面，弹出 FLUENT Launcher 窗口。Dimension 项选择 3D，

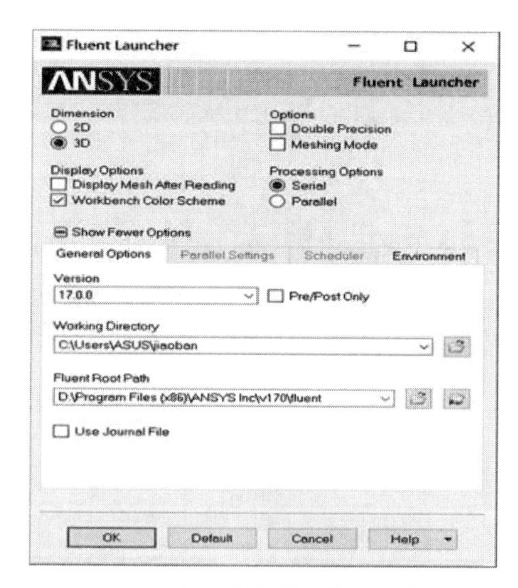

图 10-94　FLUENT 软件启动

修改相应的工作目录 Working Directory，其余保持默认值，单击 OK 确定，如图 10-94 所示。

（2）导入并设置网格、检查网格

① 选择菜单栏 File → Read → Mesh，读取 Msh 格式网格文件，如图 10-95 所示；

② 检查网格，选择模型操作树下的 General，参数设置面板出现 General 通用设置面板，单击 Mesh 子面板下的 Check，TUI 窗口显示出网格信息，最小体积和最小面积为正数即可；

③ 设置转速单位，选择模型操作树下的 General，参数设置面板出现 General 通用设置面板，Units，弹出 Set Units 窗口，在 Quantities 栏选择 angular-velocity，Units 栏选择 rpm，单击 Close 按钮完成设置，如图 10-96 所示。

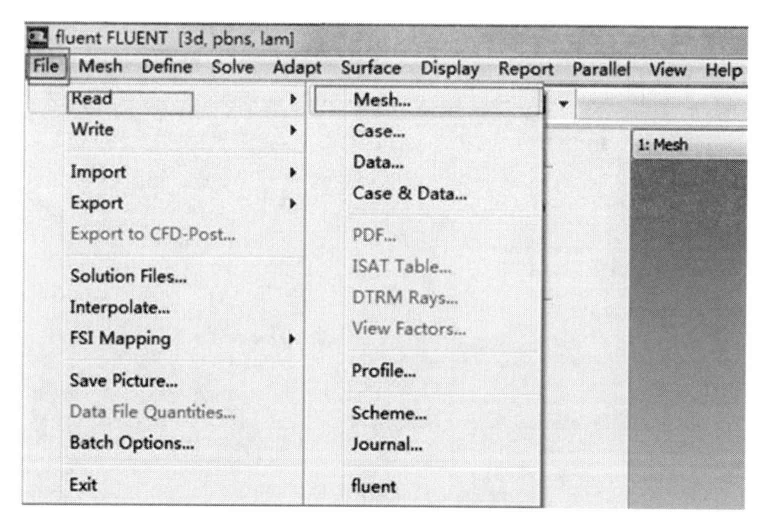

图 10-95　FLUENT 导入网格

（3）通用设置

① 单击模型操作树下的 General 选项，分别设置 Type 为 Pressure-Based，Velocity Formulation 为 Absolute，Time 为 Transient，勾选 Gravity，设置重力加速度为 9.8m/s^2，General 选项的设置如图 10-97 所示；

② 调整网格比例尺寸，单击模型操作树下的 General，参数设置面板出现

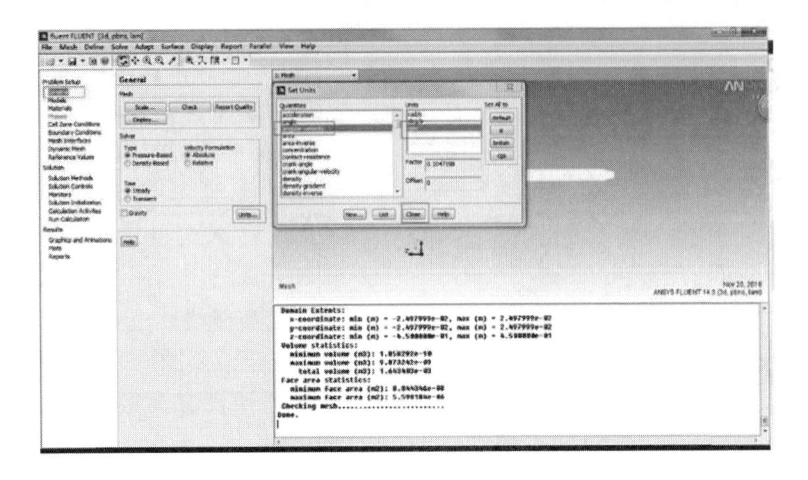

图 10-96 FLUENT 转速单位设置

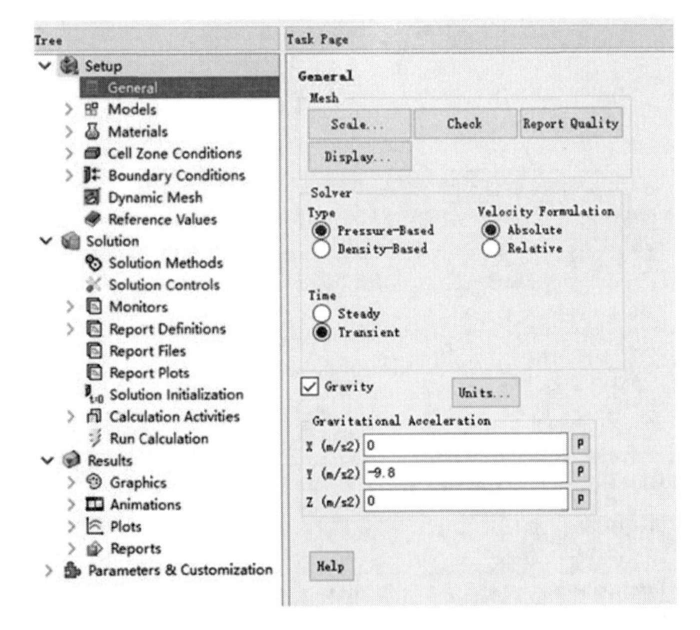

图 10-97 General 的设置

General 通用设置面板，单击 Mesh 子面板下的 Scale，弹出 Scale Mesh 窗口，在 Mesh Was Created In 栏选择 mm，View Length Unit In 栏也选择 mm，单击 Scale 按钮完成比例缩放，单击 Close 结束，如图 10-98 所示。

（4）选择基本物理模型 单击项目树中的 Models 项，打开 Models 面板，可以选择模型。选择 Viscous Model，Model 选择 k-espilon（2 eqn），k-espilon Model 选择 RNG 按钮，以及标准壁面函数进行计算，如图 10-99 所示。

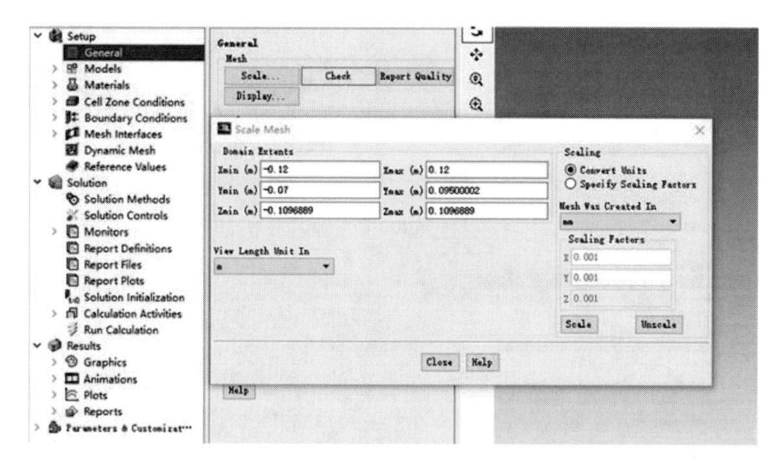

图 10-98　设置网格比例尺寸

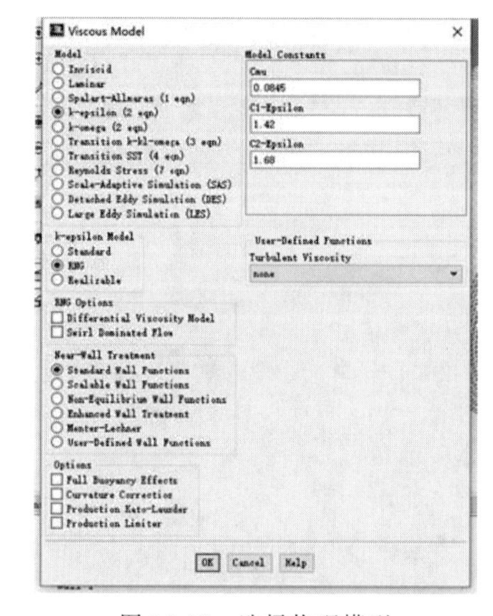

图 10-99　选择物理模型

（5）定义材料属性　单击项目树中的 Materials 项，打开 Materials 面板，可以看到材料列表，如图 10-100 所示。单击 Materials 面板中的 Creat/Edit 按钮，可以打开材料编辑对话框，单击 FLUENT Database 按钮，可以打开 FLUENT 的材料库选择材料，在 FLUENT Fluid Materials 列表中添加材料，设置相关的参数包括流体密度，流体黏度等。

（6）设置计算区域条件

① 单击模型项目树中的 Cell Zone Conditions，打开 Cell Zone Conditions 面板设置，在 Materials Name 选择流体材料；

② 流动区域设置。将包含搅拌器在内的区域设置为转动，勾选 Mesh Motion，设置旋转轴（本例中旋转方向为 z 轴方向，将 z 方向改为 1,）设置转动速度（rotational velocity speed 输入转速），如图 10-101 所示；

③ 静止区域设置。类似于流动区域设置，可以设置流动方向，也可以不用设置。

（7）边界条件的确定　将搅拌器壁面 rator 设置为与流场区域一起转动（Moving Wall），其壁面设置为相对速度为 0m/s。本例不需要设置进出口边界，如图 10-102 所示。

（8）Interface 的设置　对网格划分时建立的 Interface 进行设置，选择工具

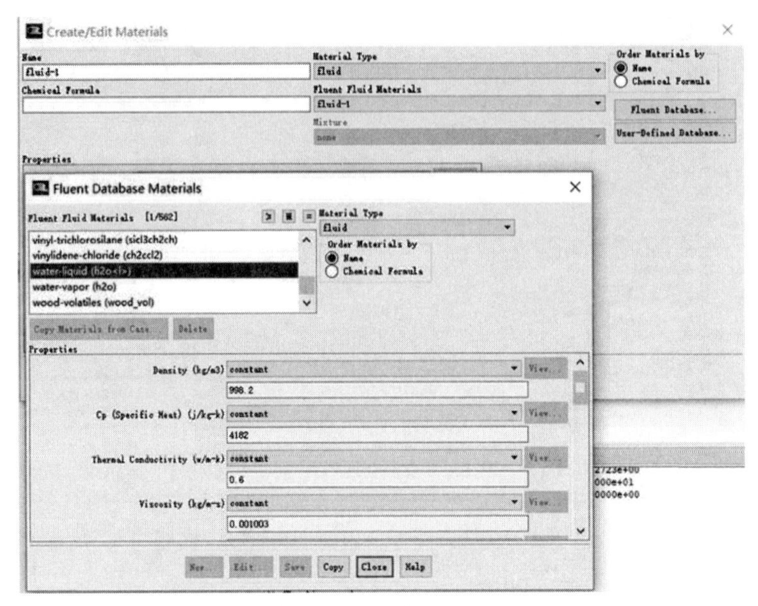

图 10-100 材料的选择

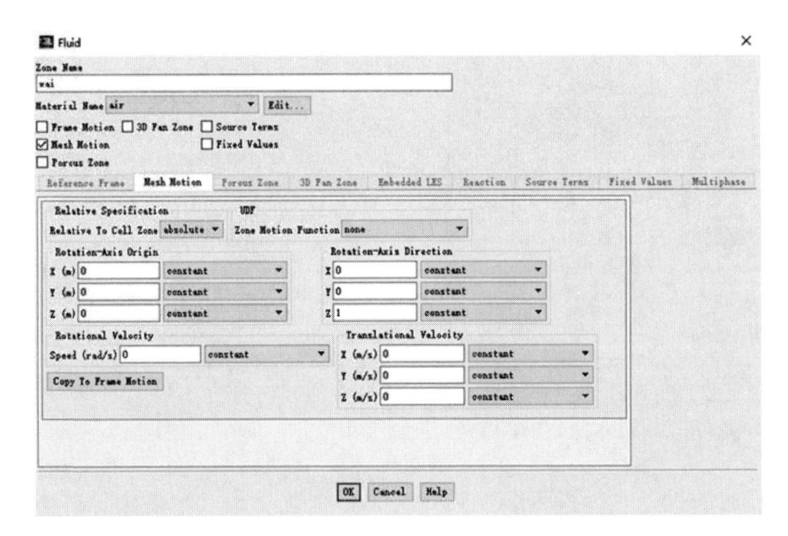

图 10-101 流体区域运动方式设置

栏上的 Interfaces 按钮，在弹出的 Create/Edit Mesh Interfaces 选项框中输入 Mesh Interface 的名称为 interface1，分别点击 interface1 和 interface2。

5. 求解计算

（1）求解方法设置　设置求解方法，选择模型操作树下的 Solution Methods，出现 Solution Methods 参数设置面板，求解算法选择 SIMPLEC 压力-速度耦合算法，其余离散方法等设置如图 10-103 所示。

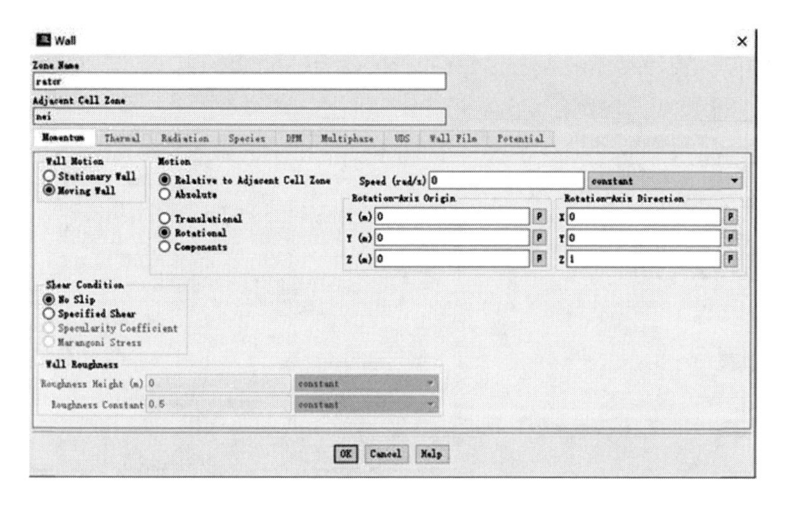

图 10-102 搅拌器壁面条件设置

（2）求解控制设置 设置松弛因子，选择模型操作树下的 Solution Methods，出现 Solution Methods 参数设置面板，各项松弛因子保持默认值，如图 10-104 所示。

图 10-103 求解方法设置

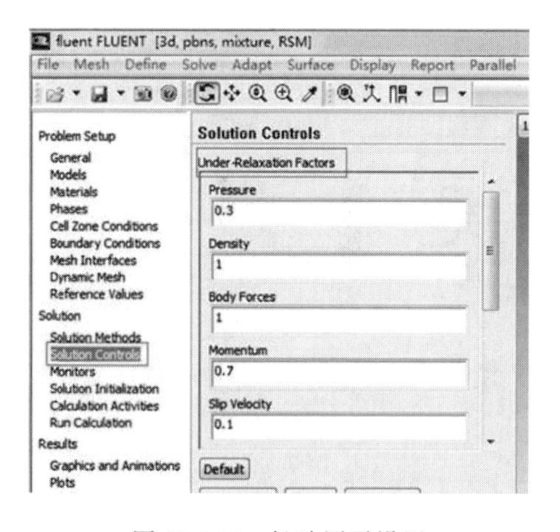

图 10-104 松弛因子设置

（3）收敛条件设置 设置收敛条件，选择模型操作树下的 Monitors，出现 Monitors 参数设置面板。在 Residuals，Statistic and Force Monitors 项选择 Residuals-Point，Plot，双击弹出 Residuals Monitors 窗口，收敛标准均设置为 0.001，单击 OK 完成设置，如图 10-105 所示。

（4）流场初始化设置 求解初始化设置，选择模型操作树下的 Solution Initialization，出现 Solution Initialization 参数设置面板。在 Computer From 项选择 inlet，其余保持默认，单击 Initialize 进行初始化，如图 10-106 所示。

（5）计算　单击模型操作树下的 Run Calculation，出现 Run Calculation 参数设置面板。设置 Number of Iterations 为 10000，其余保持默认，单击 Calculate 进行计算，如图 10-107 所示。

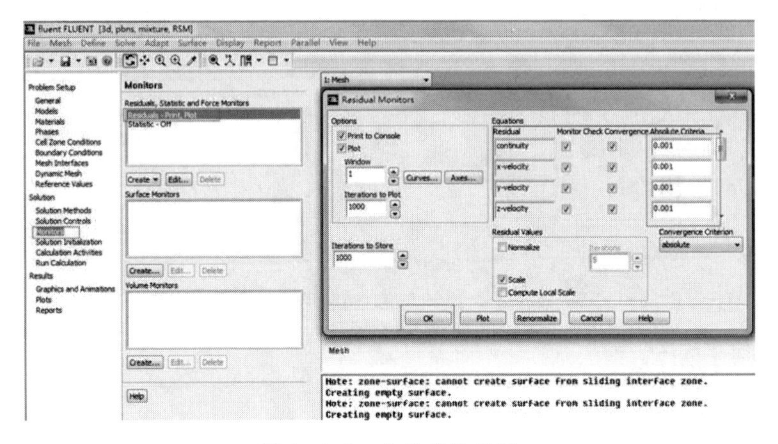

图 10-105　收敛条件设置

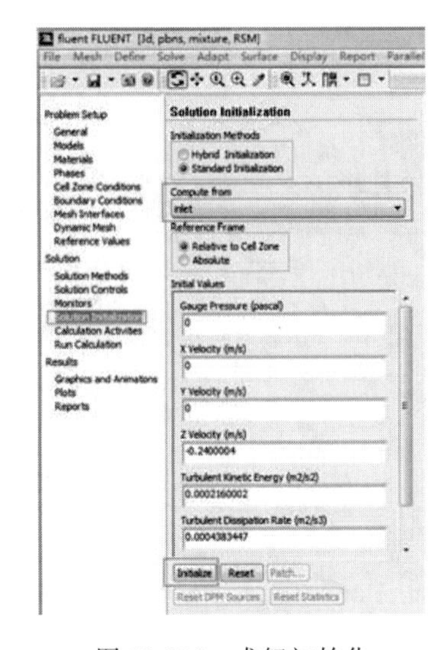

图 10-106　求解初始化

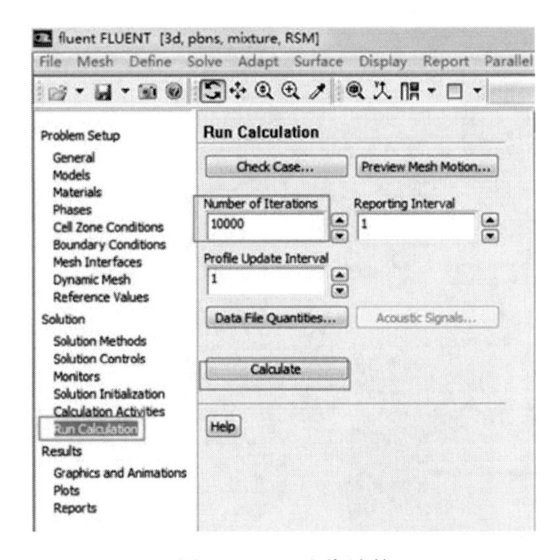

图 10-107　迭代计算

6. 计算结果后处理

（1）残差　单击 Calculate 进行计算后，FLUENT 图形显示主窗口就会弹出残差监视窗口，如图 10-108 所示。

（2）速度云图与压力云图

① 创建云图显示面，点击功能区的 Surface，点击 Create 中的 Plane。输入平行于研磨腔水平面上的三个点，输入三个点坐标后，输入 New Surface Name 的名字，点击 Create，创建一个新的面。以同样的方法创建一个垂直于研磨腔水

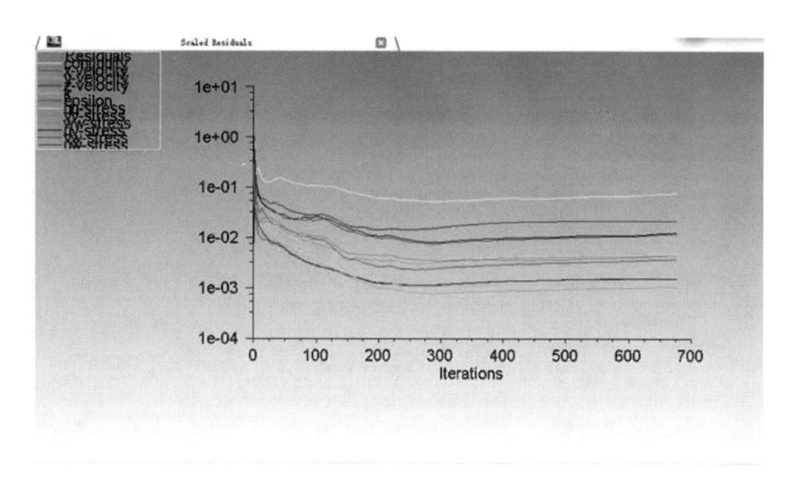

图 10-108　残差监视窗口

平面的点；

② 速度梯度图，选择模型操作树 Result 中的 Graphics，单击 Contours，弹出 Contours 界面，选择 Velocity，选择上述创建的界面，勾选 Global Range，点击 Display 查看速度梯度图，如图 10-109 所示。

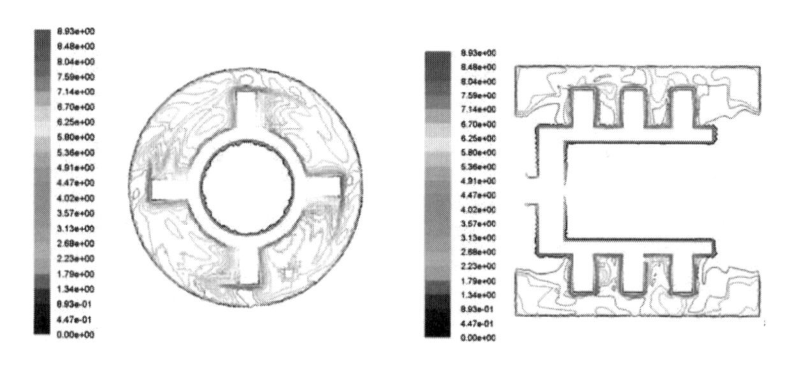

图 10-109　速度梯度图

图 10-109 为 1000r/min 时的速度梯度分布，可以看到在搅拌器附近的速度梯度曲线密集，表示在这些区域速度变化较大，颗粒之间相对速度较大，研磨介质碰撞剧烈，研磨效果较好；

③ 流场剪切率分布，选择模型操作树 Result 中的 Graphics，单击 Contours，查看研磨腔的流场剪切率分布云图，如图 10-110 所示。

图 10-110 所示为 1000、2000、3000r/min 时的剪切率分布，搅拌器与研磨腔筒壁之间的区域剪切率较大，特别是棒销末端剪切率最大。而且随着搅拌转速增大，研磨发生区域明显扩大，荷叶粉被捕捉破碎的概率增大，研磨效果加强。但是较大转速的能量耗散也在增加，能量利用效率反而在降低。

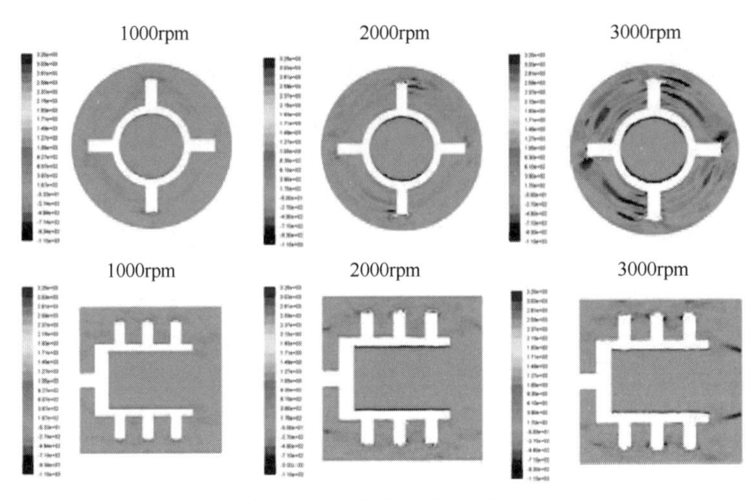

图 10-110 剪切率分布云图

第二节 离散单元法 EDEM 模拟

一、离散单元法理论基础

离散单元法（Discrete Element Method，DEM）是近年来发展起来的新型数值分析方法，主要用于处理不连续体力学问题，区别于有限元。Cundall 和 Strack 于 1971 用来分析土壤在动态加载条件下的行为模型时年首次提出，到现在已经获得了长足发展，作为有限元的替代方法已经被应用于各种物理模型。它适用于模拟离散颗粒体在动态或准静态条件下的运动过程。

离散单元法的基本假设是：针对具体研究对象，设置一个合力的时间步伐。保证在此时间步伐内，除了与选定的个体有互相接触的个体，系统内其他所有个体的运动都不能对其运动产生影响。在研究特定的时间步伐内，个体之间所具有的速度与加速度保持不变。此假设是使用离散单元法分析离散系统整体运动的前提条件。由此可得到以下结论：任意时刻个体单元所受物理力的作用与两方面因素相关，其一个体单元自身，其二与该个体接触的其他个体有关。

在离散元中依据物料颗粒接触时的方式不同而区分为硬颗粒接触与软颗粒接触。硬颗粒接触：假定在颗粒物料表面有较低应为载荷时，颗粒的撞击发生在瞬间。此时该模型认为在彼此撞击的颗粒表面不会发生明显的形变塑性现象。此假设仅仅适用于运动速度快物料颗粒密度小的系统。软球粒接触可适用于颗粒物料彼此碰撞发生在一段时间内，粒子之间可同时碰撞。

接触模型通过将颗粒碰撞过程中的颗粒冲击速度、接触时颗粒的物理参数、接触时的重叠量以及上一时间步伐的信息，利用相互作用为将其联系起来，通过求解颗粒的受为解得颗粒的加速度，并更新颗粒的位移速度。

二、离散元仿真流程

离散元法仿真模拟能够补充部分物理实验，提供了获取散体材料与颗粒物料的内在运动规律的手段，而这些信息往往是物理实验难以考察的。离散元法仿真软件 EDEM 仿真流程依次需要经过模型前处理、求解计算和数据后处理三个阶段。

1. 模型前处理

模型前处理阶段，用户需要输入具体的仿真参数，确定颗粒物料模型、几何模型参数和其他的相关参数，然后 EDEM 软件对参数进行预处理。一般需要输入的参数如下。

① 颗粒形状（半径及颗粒中心位置）和材料参数（密度、泊松比、剪切模量等）；

② 颗粒产生的区域（颗粒工厂）、颗粒的数量、粒径分布和速度等；

③ 导入几何模型（边界条件）文件，几何模型的颜色、材料参数等；

④ 几何模型的初始位姿、运动方式等；

⑤ 颗粒与颗粒，颗粒与几何接触模型、接触参数、物理场作用等；

⑥ 仿真时间、时间步长、仿真图像更新和数据写出频率等，判断接触搜索网格数等。

2. 求解计算

求解计算阶段，一个计算时间步中依次要经历接触判断、接触力计算、颗粒系统运动更新和边界模型运动更新步骤。将上述求解流程遍历仿真系统中所有的颗粒单元，并在设定的计算时间内反复循环，直至计算结束。

3. 数据后处理

EDEM 后处理程序保存并访问结果数据文件，对结果数据进行分析和处理，可以用来观看仿真动画、绘制图表及输出数据。在后处理模块中主要进行模型显示设置，元素颜色标识，模型网格组定义，模型截断分析，视频资料制作，仿真数据导出和截图生成。其中可以从 EDEM 软件中导出的数据包括碰撞、接触、黏结、颗粒和几何体等属性分量。

三、球磨机颗粒碰撞模拟

1. 案例介绍

本节介绍球磨机中研磨介质碰撞的 EDEM 仿真模型的建立，离散单元法（DEM）可以更好地理解球磨机中研磨介质运动情况。本例主要讨论球磨过程中工艺参数对的研磨介质运动特性的影响。球磨机的尺寸为 900mm×600mm，内置有 16 块圆弧形衬板，几何模型如图 10-111 所示。模拟中为减小计算量，截取

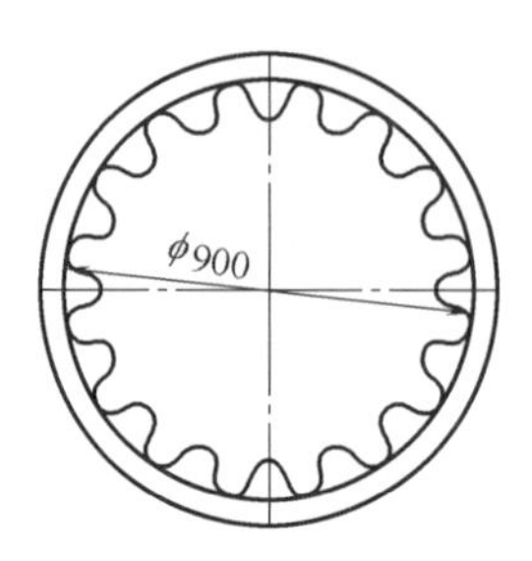

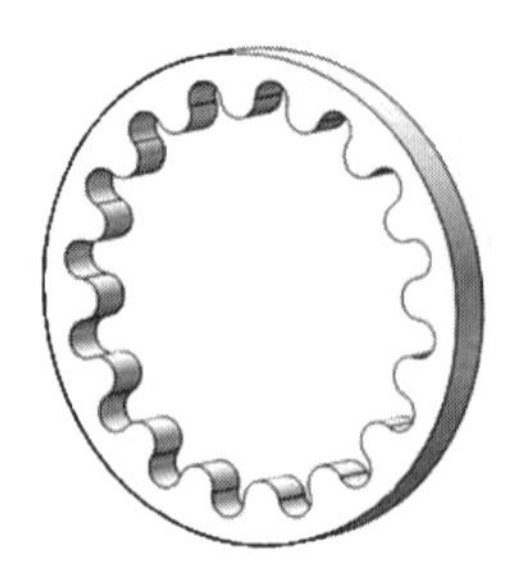

图 10-111 球磨机几何模型

其中一段进行模拟。

2. EDEM 仿真

（1）文件导入 打开 EDEM 软件，选择 File>save as>保存到“SAG mill”文件夹中（图 10-112）。

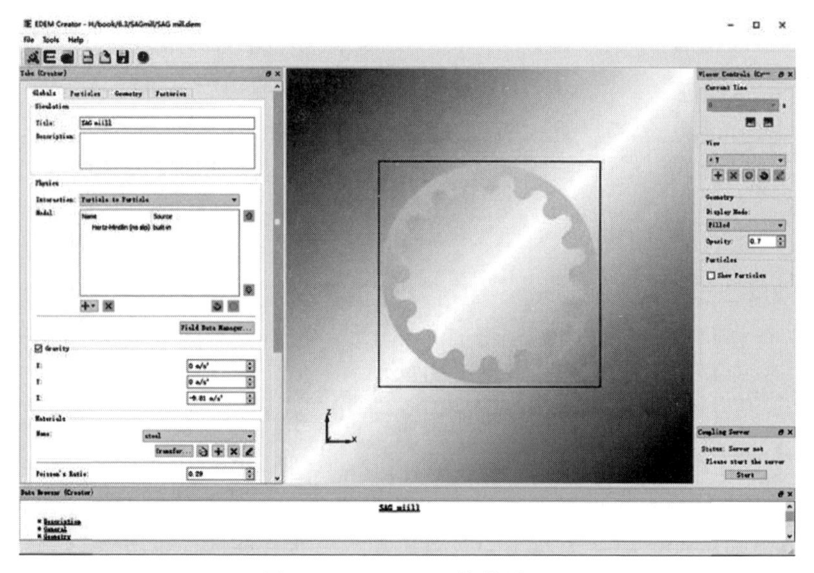

图 10-112 EDEM 软件界面

（2）全局模型设置（Tabs>Globals）

① 设置模拟项目名称。Simulation>Title>输入 SAG mill。Physics 中有各种接触模型情况，如 Hertz-Mindlin、Linear Spring、Cohesion、Bonded Particle 和 Moving Surface 等。通过 EDEM API，我们还可以任意添加和修改所需的接触力学模型和力场。

② 颗粒与颗粒之间的碰撞模型设置。Physics>Interaction s>下拉选中 particle-to-particle>model 中确定 Hertz-Mindlin（no slip）；

③ 颗粒与几何体之间的碰撞模型设置。Physics>Interaction>下拉选中 particle-to-geometry>model 中确定 Hertz-Mindlin（no slip）；

④ 设置重力。Gravity-设置 z 方向重力加速度为-9.81m/s，如图 10-113 所示；

图 10-113　重力方向设置

⑤ 添加材料。利用 EDEM Creator，我们可以定义颗粒模型，包括颗粒的形状和物理性质，需要定义的参数泊松比，剪切模量和密度。找到 Materials>单击“+”添加新材料 new materials 1>点击修改名称按钮，将材料名称改为 Steel（研磨腔壁面材料为钢）；同样的方式将颗粒材料定义为 Grinding Ball（研磨介质球材料为钢球），如图 10-114 所示。

Materials
Name: steel
grind media
steel
Poisson's Ratio: 0.29
Shear Modulus: 7e+10 Pa
Density: 7800 kg/m³
Work Function: 0 eV

图 10-114　添加材料

⑥ 定义材料之间的相互作用，包括接触恢复系数、静摩擦系数和滚动摩擦因数。参数见表 10-1 和图 10-115。

表 10-1　颗粒模型的物理属性

物理参数	密度/(kg/m³)	泊松比	剪切模量/GPa	恢复系数	静摩擦因数	滚动摩擦因数
筒体(钢)	7800	0.29	70	0.4	0.6	0.01
钢球	7800	0.29	70	0.4	0.6	0.01

（3）颗粒设置（Tabs>Particle）　在此定义的颗粒被称为原型颗粒，这里主要是建立一个新的颗粒类型和定义颗粒表面属性（图 10-116）。

点击 Particle 选项>Select Particle>点击“+”>surface radius 为 2mm>找到 Properties>Materials>选择 steel2>点击 Lculate Properties。

颗粒可以是由一个或多个球体组成的，在搅拌研磨中采用最广泛的研磨介质

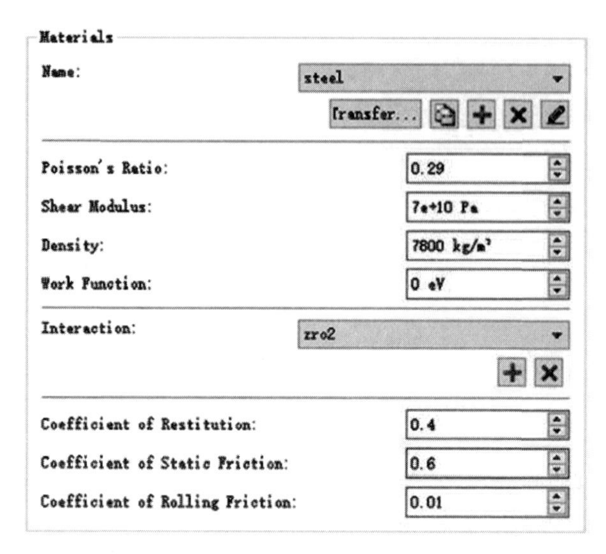

图 10-115 定义材料之间的相互作用

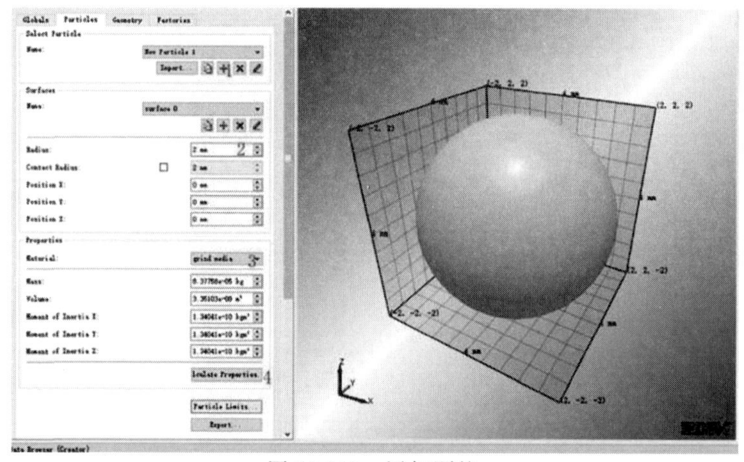

图 10-116 添加颗粒

是球型，本例中采用球型。对于不规则形状颗粒需要采用多个球来进行拟合。例如，蒋恩臣对割前摘脱稻麦联合收获机惯性分离室内谷物的运动进行 CFD -DEM 数值模拟时，对籽粒和短茎秆建立的模型如图 10-117 所示。

图 10-117 不规则物料颗粒模型（籽粒和短茎秆）

（4）几何体设置（Tabs＞Geometry） EDEM支持各种CAD文件的导入，如CATIA、Pro/ENGINEER及Solid Works等。导入模型方式如下：在Section中点击Import，选择模型“SAG mill”，导入后会提示选择单位，选择Millimeters，如图10-119所示。导入后每一部分都需要制定材料，在Sections＞Name中选择每一个零件，在Details中找到Material下拉steel，指定壁面为钢，所有零件依次指定。定义运动特征：在Sections＞Name中选择rotor，选择Dynamics，点击“＋”，选择Linear Rotation，转速设为2000r/min，旋转轴设为y轴（点击Display Vector可以显示旋转轴以及旋转方向）。

（5）颗粒工厂设置（Tabs＞Geometry） 在Section中点击Import，选择一个在SolidWorks建一个虚拟的几何体，当然，除了从外界导入几何体以外，EDEM软件还可以提供软件内建立面或几何体等方式来生成一个颗粒工厂。导入几何体“factory . x_t”后，将Details中的Type设置为Virtual，这个区域并不是几何体的一部分，只是提供颗粒生成的场所，颗粒在运动过程中也不会与这一部分发生碰撞。

（6）颗粒生成设置（Tabs＞Factories） 在Select Factories中点击“＋”，新建一个颗粒工程New factory 1，生成方式设置为dynamics，设置生成数目为5000，设置生成速率为5000。其余默认。

EDEM中颗粒生成方式中有两种：动态（dynamic）与静态（static）。动态方式需要明确颗粒生成数量：无限制（Unlimited Number）、总数量（Total Number）或总质量（Total Mass），同时还需指定生成速率（Generation Rate）：每秒生成个数（Target Number per second）或质量流量（Target Mass）；静态方式可以指定：完全填充（Full Section）、总个数（Total Number）或总质量（Total Mass）。同时，无论何种生成方式，都需要设置开始时间（Start Time），以及放置颗粒的最大尝试次数（Max Attempts to Place Particle）。

颗粒参数是指定颗粒的初始状态，包括颗粒类型（Type）、粒径分布（Size）、位置分布（Position）、速度（Velocity）、方向（Orientation）、角速度（Angular Velocity）等。

（7）保存 选择File＞Save，保存相关文件。

（8）仿真运行设置

① 时间步长设置。一般选择Raleigh时间步长的30％～40％作为时间步长，Raleigh时间步长与颗粒的平均半径有关系，由式（10-5）计算决定：

$$T_R=\pi R\left(\frac{\rho}{G}\right)^{\frac{1}{2}}$$

$$(0.1631\sigma+0.8766)^{-1} \tag{10-5}$$

式中 R——颗粒半径，m

ρ——颗粒密度，kg/m^3

G——颗粒材料的剪切模量，Pa

σ——材料的泊松比

EDEM 设置中首先在 Time Step 下找到 Fixed Time Step，然后输入 40%，之后将下面的时间步长调整为一个整数，Fixed Time Step 会自动调整到 30%～40%；

② 设置模拟总时间和数据保存时间。在 Simulation Time 下找到 Total Time，设置总的模拟时间为 2s，在 date save 中找到 target save interval，设置每 0.1s 保存一个数据（此处要根据需要保存想要的数据）；

③ 设置网格和碰撞选项。在 Simulator Grid 中找到 cell size 选项，将值改为 4R，勾选 Track Collisions 选项（球磨机模拟中碰撞情况是主要的目标信息）。

3. 计算结果后处理与分析

通过 Analyse，我们可以很方便地对 Simulator 获得的结果进行处理，输出任何所需的数据：与机器表面相互作用的颗粒几何的内部行为、颗粒系统组分间碰撞的强度/频率/分布、每个颗粒的速度/位置以及受力等。

此处模拟结果与吉林大学所做的实验结果相对比，吉林大学利用具有透明有机玻璃端盖的球磨机进行研磨实验，并通过高速摄像机对内部介质运动形态进行拍照分析，球磨机的尺寸为 900mm×600mm，内置有圆弧形衬板，内部颗粒填充率为 30%，转速率为转速率 86%、82%、76%、70%、60%、50%。结果如图 10-118 所示。

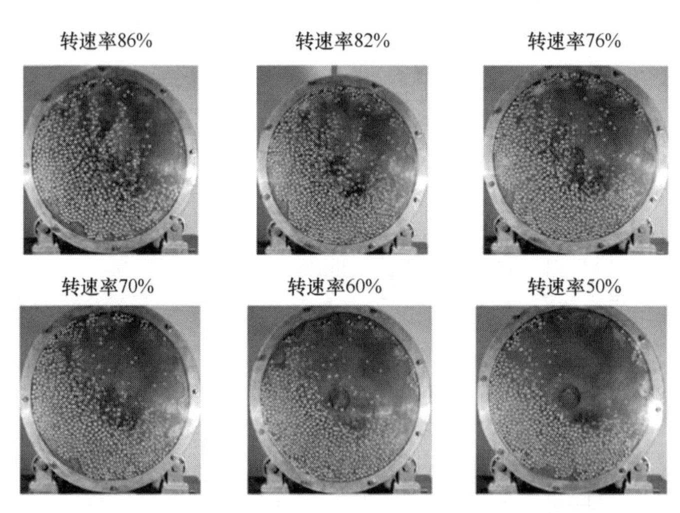

图 10-118　不同转速下研磨介质球的运动形态（填充率 30%）

球磨机在运转时，研磨介质在衬板的提升以及惯性离心力作用下，外层研磨介质贴在筒体内壁上升，内层研磨介质附在外层研磨介质上升。当研磨介质所受到的惯性离心力与重力的径向分力平衡时，研磨介质开始脱离壁面，沿着筒体的切线方向抛出，在球磨机筒体中抛落，然后重新降落到筒体上。球磨机内研磨介质的冲击特性影响球磨机的工作效率、能耗以及球磨机和衬板寿命，研磨介质的冲击特性主要包括冲击方向以及冲击能量。冲击特性一般用研磨介质在球磨机内部的做抛落运动的研磨介质数量，抛落点高度和研磨介质经提升再次落回到筒体时的速度等参数来考虑。

由高速照相机拍摄的照片可以看到，球磨机的转速越大，做抛落运动的介质数量越多，球磨介质的抛落点高度也越高。另一方面，高填充率下磨机内部介质运动复杂，当外层介质达到抛落状态时，其内层研磨介质仍做泻落运动。EDEM模拟结果如图10-119所示。

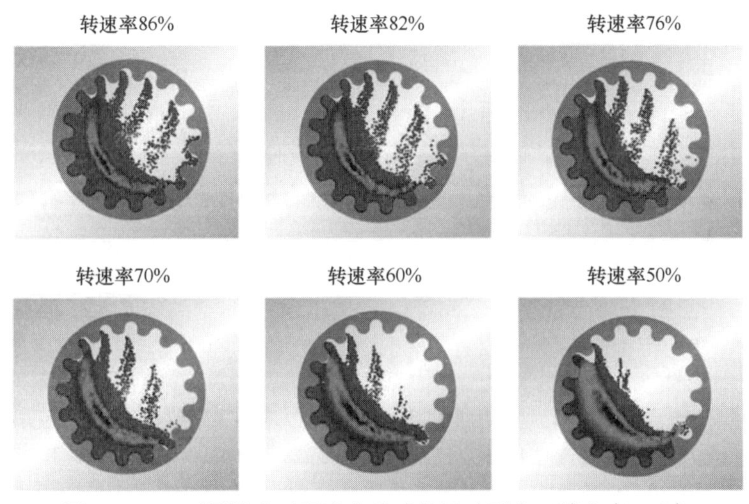

图10-119　不同转速下研磨介质球的运动形态（填充率30%）

EDEM模拟结果中可以看出，球磨机中研磨介质存在多种运动状态，外层和内层的介质运动速度存在很大差异，在内部的研磨介质速度最低。随着转速的增加，球磨机研磨介质做抛落运动的数量增加，抛落点高度增加。模拟与相机拍摄的运动情况相吻合，EDEM模拟为了解球磨机中介质运动情况提供了一种技术与理论支持。

第三节　湿法搅拌磨设备Fluent与EDEM耦合

一、CFD-DEM耦合法理论基础

CFD-DEM耦合法是目前较新的一种模拟固液两相流的数值模拟方法。将颗粒与流体耦合计算的CFD-DEM模型有两种：一种是Lagrangian模型和Eulerian模型。Lagrangian模型只考虑了液体相与固体相之间的动量交换，可以认为与DPM模型类似，Eulerian模型除了考虑两者之间的动量交换还考虑到固体相对液体相的影响。Lagrangian模型适合于固体相占比小于10%的情况，计算密度小，在计算中 CFD 仿真以单相的形式瞬态计算，在每个时间步长内，CFD 迭代至收敛，然后根据 DEM 中颗粒所在单元的流体条件计算作用在颗粒上的力，然后 DEM 进行迭代。依次交替计算。在 Eulerian 模型中因为要考虑固体相的影响，在守恒方程中需要额外加入一个体积分数项 ε。

Fluent 软件和 EDEM 软件的耦合计算正是基于 CFD-DEM 耦合原理，形成了模拟固液两相流和气固两相流的强有力的分析计算工具。CFD-DEM 耦合在煤粉的燃烧，气力管道输送，流化床、旋风除尘以及气吹式排种器模拟研究中应用广泛。

二、CFD-DEM 耦合法仿真流程

CFD-DEM 的基本耦合过程为：首先在 EDEM2.7 软件中设置颗粒相关工程参数；然后打开耦合服务，启动 Fluent 17.0 软件设置流体相关参数；而后打开耦合界面设置耦合路径；最后在 Fluent 17.0 启动运算服务。其中 EDEM 仿真时间步长设置要为 Fluent 步长的整数倍。

三、Fluent 与 EDEM 耦合模拟仿真

1. 案例简介

本例主要讨论搅拌介质磨机研磨过程中的研磨介质碰撞特性。研磨腔几何模型如图 10-120 所示。为了简便运算和节省时间，省略了圆角、倒角等细节。为提高计算效率和计算精度，仿真计算中采用非结构化网格，共划分 1357691 个单元，233655 个节点。流体区域结构网格划分见图 10-121。计算区域分为两部分，包含搅拌器在内的旋转区域和静止区域，两区域之间由 Interface 面间隔。

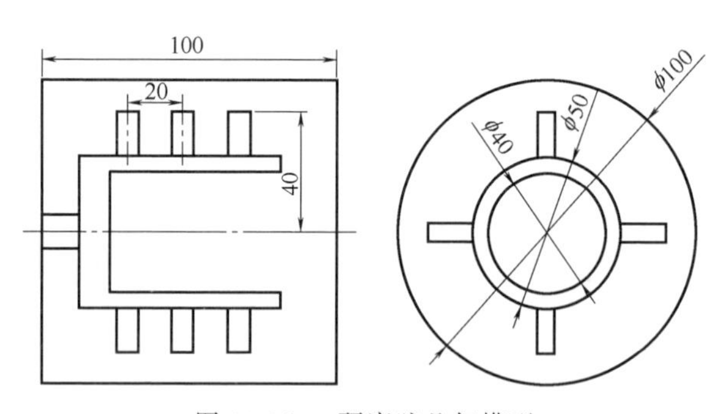

图 10-120 研磨腔几何模型

应用离散单元法模拟软件 EDEM 2.7 对搅拌介质磨机研磨介质运动进行仿真，离散单元法基于牛顿运动定律来描述每一个颗粒的运动。EDEM 和 Fluent 模拟中采用同一网格模型。搅拌介质磨机研磨腔体及搅拌器材料为钢，研磨介质材料为氧化锆球。

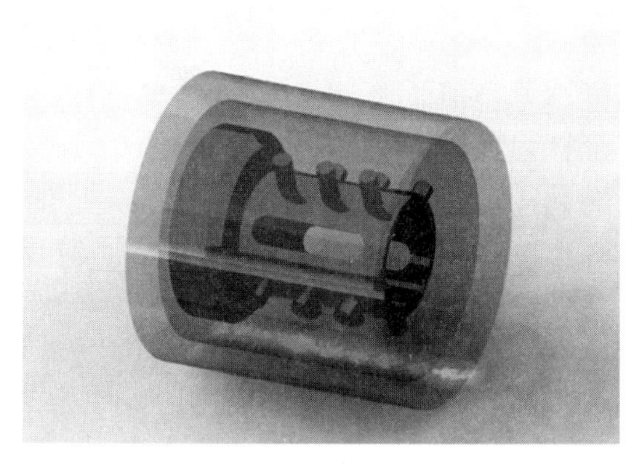

图 10-121　研磨腔几何模型

CFD-DEM 的基本耦合过程为：首先在 EDEM2.7 软件中设置颗粒相关工程参数；然后打开耦合服务，启动 Fluent 17.0 软件设置流体相关参数；而后打开耦合界面设置耦合路径；最后在 Fluent 17.0 启动运算服务。其中 EDEM 仿真时间步长设置要为 Fluent 步长的整数倍。

2. EDEM 相关工程设置

（1）文件导入　打开 EDEM 软件；选择 File>save as>保存到“Stirred Media Mill”。

（2）全局模型设置（Tabs>Globals）

① 设置模拟项目名称。Simulation>Title>输入 Stirred Media Mill；

② 颗粒与颗粒之间的碰撞模型设置。Physics>Interactions>下拉选中 particle-to-particle>model 中确定 Hertz-Mindlin（no slip）；

③ 颗粒与几何体之间的碰撞模型设置。Physics>Interactions>下拉选中 particle-to-geometry>model 中确定 Hertz-Mindlin（no slip）；

④ 设置重力及添加材料。Gravity-设置 y 方向重力加速度为－9.81m/s；

⑤ 添加材料。找到 Materials>单击“+”添加新材料 new materials 1>点击修改名称按钮，将材料名称改为 Steel（研磨腔壁面材料为钢）；同样的方式将颗粒材料定义为 ZrO_2（研磨介质球材料为氧化锆）；

⑥ 定义材料之间的相互作用，包括接触恢复系数、静摩擦系数和滚动摩擦因数。参数见表 10-2。

表 10-2　颗粒模型的物理属性

物理参数	密度/(kg/m³)	泊松比	剪切模量/GPa	恢复系数	静摩擦因数	滚动摩擦因数
Steel	7800	0.29	70	0.4	0.6	0.01
ZrO_2	7850	0.29	70	0.4	0.6	0.01

（3）颗粒设置（Tabs>Particle）　点击 Particle 选项>Select Particle>点击

"+"＞surface radius 为 2mm＞找到 Properties＞Materials＞选择 ZrO_2＞点击 Lculate Properties。

（4）几何体设置（Tabs＞Geometry） EDEM 支持各种 CAD 文件的导入，如 CATIA、Pro/ENGINEER 及 Solid Works 等。导入模型方式如下：

在 Section 中点击 Import，选择划分好的网格模型，主要是包括搅拌器 rotor 和研磨腔壁面（wall）等，导入后会提示选择单位，选择 Millimeters。

导入后每一部分都需要制定材料，在 Sections＞Name 中选择每一个零件，在 Details 中找到 Material 下拉 steel，指定壁面为钢，所有零件依次指定。

定义运动特征：在 Sections＞Name 中选择 rotor，选择 Dynamics，点击"+"，选择 Linear Rotation，转速设为 2000rpm，旋转轴设为 z 轴（点击 Display Vector 可以显示旋转轴以及旋转方向）。

（5）颗粒工厂设置（Tabs＞Geometry） 在 Section 中点击 Import，选择一个在 SolidWorks 建一个虚拟的几何体，当然，除了从外界导入几何体以外，EDEM 软件还可以提供软件内建立面或几何体等方式来生成一个颗粒工厂。

导入几何体"factory . x_t"后，将 Details 中的 Type 设置为 Virtual。

（6）颗粒生成设置（Tabs＞Factories） 在 Select Factories 中点击"+"，新建一个颗粒工程 New factory 1，生成方式设置为 dynamics，设置生成数目为 5000，设置生成速率为 5000。其余默认。

（7）保存 选择 File＞Save。

（8）运行仿真设置

① 时间步长设置。EDEM 设置中首先在 Time Step 下找到 Fixed Time Step，然后输入 40%，之后将下面的时间步长调整为一个整数，Fixed Time Step 会自动调整到 30%～40%；

② 设置模拟总时间和数据保存时间。在 Simulation Time 下找到 Total Time，设置总的模拟时间为 2s，在 Date Save 中找到 target Save Interval，设置每 0. 1s 保存一个数据（此处要根据需要保存想要的数据）；

③ 设置网格和碰撞选项。在 Simulator Grid 中找到 cell size 选项，将值改为 4R，勾选 Track Collisions 选项（球磨机模拟中碰撞情况是主要的目标信息）。

3. 耦合模块

选择菜单 Tools＞EDEM Coupling Options＞Show Coupling Server，在右下角对话框中点击按钮 Start，开启耦合模块。

4. FLUENT 相关工程设置

详见本章第二节中的求解计算部分。

5. 设置 EDEM 耦合路径

① 打开 user-defined＞Functions＞Manage，如图 10-122 所示，在 Library Name 中输入：C：\ Program Files \ DEM Solutions \ edem_udf，点击 load，如图

10-123 所示；

加载完毕后，在 Models 树节点下出现 EDEM 子节点，如图 10-124 所示。

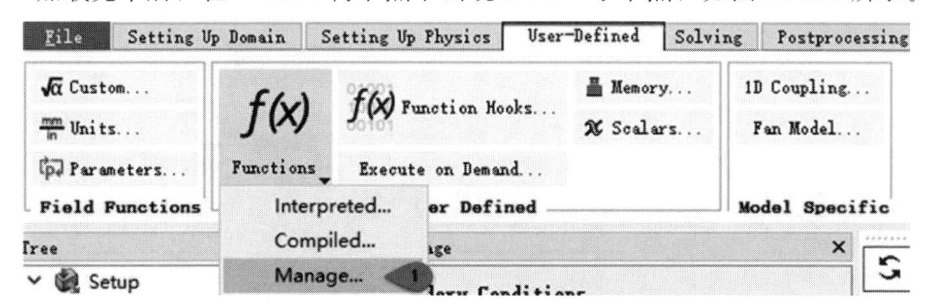

图 10-122　EDEM 耦合路径设置

图 10-123　EDEM 耦合路径加载

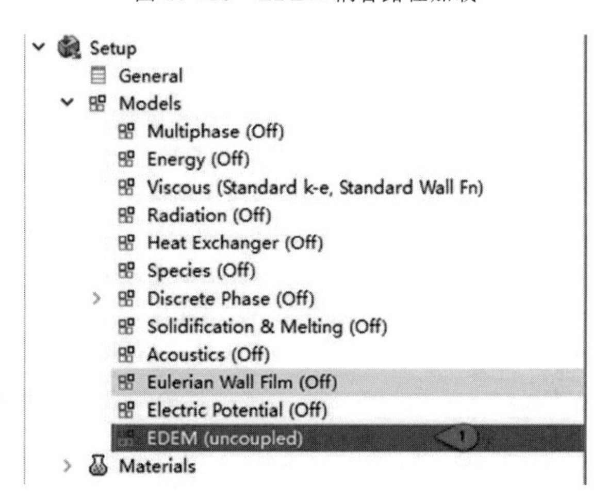

图 10-124　Fluent 中加载有 EDEM 节点

② 在 Fluent 中打开耦合界面，如图 10-125 所示。

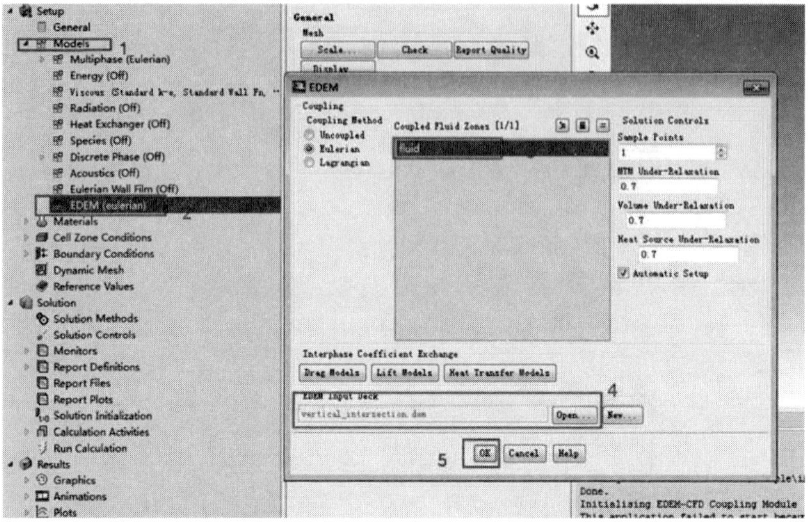

图 10-125　Fluent 中打开耦合接口

6. FLUENT 计算

① Solution iniaialization 设置。在模型树中找到 Solution iniaialization：Computer From＞all zore＞Initialize；

② Run Calculation 设置。设置时间步长 Time Step Size：0.002s；设置计算时间步 Number of Time Step：1000 步，计算 2 s 内的颗粒运动情况；点击 conclusion，开始计算。

为了准确地得到接触行为，EDEM 的时间步长通常要比 Fluent 中的时间步长小很多，颗粒在一个 EDEM 时间步长内不会运动太远的距离，所以不需要将 EDEM 的时间步长和 Fluent 中的时间步长设置成 1∶1。一般情况下将 EDEM 的时间步长和 Fluent 中的时间步长设置成 1∶10～1∶100 的。EDEM-Fluent 耦合模块会自动调整 EDEM 计算的迭代次数，从而合理匹配 Fluent 的时间步长。

四、结果后处理与分析

在 EDEM 中模拟的是搅拌介质的运动而非实际物料的运动。我们追求的工艺参数是研磨介质球在粉磨的过程中具有较高的碰撞能量，较高的碰撞频率以及较低的能量，因此，仿真的结果需要在后处理器中提取碰撞最大法向力均值 $F_{n(max)}$，研磨介质碰撞频率 C_f 和研磨介质平均碰撞能量 E。

研磨介质碰撞最大法向力均值 $F_{n(max)}$ 是指搅拌介质磨机稳定运转一定时间内的最大法向力的均值。本次仿真碰撞最大法向力均值是指 1～2s 内的颗粒碰撞最大法向力的平均值。最大法向力均值 $F_{n(max)}$ 如图 10-126 所示。

研磨介质碰撞频率 C_f 是指搅拌介质磨机稳定运转一定时间内，单位时间单个颗粒的碰撞次数。本次模拟的颗粒碰撞频率是指 1～2s 时间内一个颗粒的碰撞次数。不同搅拌转速下的研磨介质碰撞频率 C_f 如图 10-127 所示。

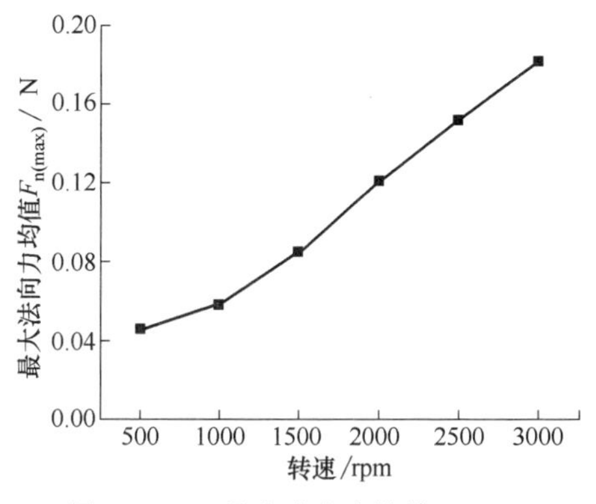

图 10-126　最大法向力均值 $F_{n(max)}$

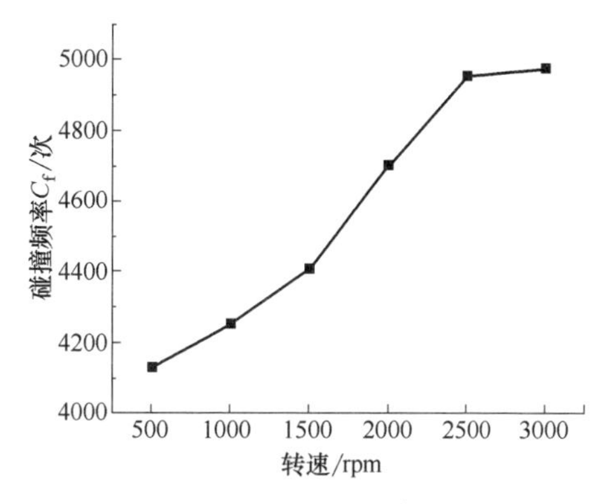

图 10-127　碰撞频率 C_f

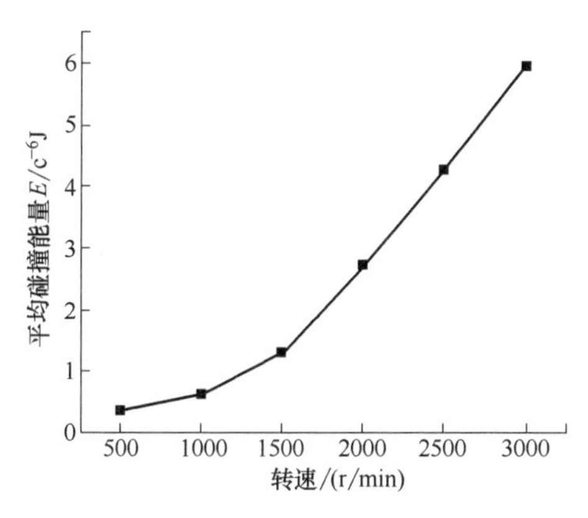

图 10-128　平均碰撞能量 E

研磨介质平均碰撞能量 E 是指 1s 内单个介质颗粒的所有碰撞总能量，也就是碰撞频率与颗粒在单次碰撞中动能大小的乘积，单次碰撞动能大小由 $1/2mv_{ij}^{n}$ 计算，v_{ij}^{n} 是碰撞相对法向速度。不同搅拌转速下的研磨介质平均碰撞能量 E 如图 10-128 所示。

根据图 10-126～图 10-128 以及其他文献报道可以发现，搅拌器的转速对搅拌介质磨机的研磨介质的碰撞情况影响较大，随着转速的提高，较高速度的研磨介质数量增多，研磨介质碰撞时速度梯度增大，研磨介质互相之间的碰撞越来越剧烈，运动与能量的传递效率得到提高，因此提高搅拌器的转速是提高搅拌介质磨机研磨效率的有效方法之一。